国外电子与通信教材系列

数字集成电路

——电路、系统与设计

（第二版）

Digital Integrated Circuits
A Design Perspective

Second Edition

Jan M. Rabaey

［美］　Anantha Chandrakasan　　著

Borivoje Nikolić

周润德　等译

电子工業出版社·

Publishing House of Electronics Industry

北京·**BEIJING**

内 容 简 介

本书由美国加州大学伯克利分校 Jan M. Rabaey 教授等人所著。全书共 12 章，分为三部分：基本单元、电路设计和系统设计。本书在对 MOS 器件和连线的特性做了简要的介绍之后，深入分析了数字设计的核心——反相器，并逐步将这些知识延伸到组合逻辑电路、时序逻辑电路、控制器、运算电路以及存储器这些复杂数字电路与系统的设计中。为了反映数字集成电路设计进入深亚微米领域后正在发生的深刻变化，本书以 CMOS 工艺的实际电路为例，讨论了深亚微米器件效应、电路最优化、互连线建模和优化、信号完整性、时序分析、时钟分配、高性能和低功耗设计、设计验证、芯片测试和可测性设计等主题，着重探讨了深亚微米数字集成电路设计所面临的挑战和启示。

本书可作为高等院校电子科学与技术（包括微电子与光电子）、电子与信息工程、计算机科学与技术、自动化等专业高年级本科生和研究生有关数字集成电路设计方面课程的教材，也可作为这一领域的工程技术人员的参考书。

图书在版编目（CIP）数据

数字集成电路：电路、系统与设计：第 2 版/（美）简·M. 拉贝艾（Jan M. Rabaey）等著；周润德等译.
北京：电子工业出版社，2017.1
（国外电子与通信教材系列）
书名原文：Digital Integrated Circuits：A Design Perspective，Second Edition
ISBN 978-7-121-30505-4

Ⅰ．①数…　Ⅱ．①简…②周…　Ⅲ．①数字集成电路－电路设计－高等学校－教材
Ⅳ．①TN431.2

中国版本图书馆 CIP 数据核字（2016）第 287927 号

策划编辑：马　岚
责任编辑：马　岚
印　　刷：三河市华成印务有限公司
装　　订：三河市华成印务有限公司
出版发行：电子工业出版社
　　　　　北京市海淀区万寿路 173 信箱　邮编　100036
开　　本：787×1092　1/16　印张：32.75　字数：901 千字
版　　次：2017 年 1 月第 1 版（原著第 2 版）
印　　次：2025 年 3 月第 13 次印刷
定　　价：99.00 元

凡所购买电子工业出版社图书有缺损问题，请向购书店调换。若书店售缺，请与本社发行部联系，联系及邮购电话：(010)88254888，88258888。

质量投诉请发邮件至 zlts@phei.com.cn，盗版侵权举报请发邮件至 dbqq@phei.com.cn。

本书咨询联系方式：classic-series-info@phei.com.cn。

再 版 序

由美国加州大学伯克利分校 Jan M. Rabaey 教授和麻省理工学院 Anantha Chandrakasan 教授等人合著的《数字集成电路——电路、系统与设计（第二版）》，是一本多年来一直深受国内外广大读者欢迎的力作。与其他有关数字集成电路设计的教材不同，这本书以在数字设计中建立起电路和系统之间的桥梁为写作精神和编写目的，在分层次介绍"数字电路"、"数字系统"和"设计方法"的基础上，把这三者有机地结合起来。它不仅深刻揭示了 CMOS 制造工艺在以惊人步伐推进过程中器件特性变化对数字集成电路可靠性、成本、性能及功耗的影响，而且在介绍有关内容的同时，单独列出了相应的设计方法学和先进的设计例子，以着重说明器件特征尺寸大幅缩小后数字集成电路设计所面临的挑战和启示，以及复杂电路设计者所共同关注的问题：包括什么是起决定作用的设计参数，设计的哪些部分需要着重考虑而哪些部分又可以忽略，以及设计时如何同时协调电路和系统两方面的问题。通过这一独特的介绍分析技术和综合技术的方法，本书能最有效地为读者提供处理复杂设计问题所需要的基本知识和设计技能。

全书共 12 章，分为三部分：基本单元、电路设计、系统设计。在对 MOS 器件和连线特性做了简要介绍之后，深入分析了数字设计的核心——反相器，并逐步将这些基础知识延伸到组合逻辑电路、时序逻辑电路、控制器、运算电路及存储器等复杂数字电路单元的设计；在系统层面上介绍了电路模块和互连线的建模和优化、信号完整性、时序分析、时钟分配、高性能和低功耗设计，以及设计验证和芯片测试等。由于涉及面广，内容丰富和分析深入，本书既可作为高等院校电子科学与技术、电子与信息工程、计算机科学与技术、自动化等专业高年级本科生和研究生有关数字集成电路设计课程的教材，也可作为这一领域工程技术人员非常有用的参考书。

为了将这本优秀教材介绍给国内广大读者，电子工业出版社在数年前出版了该书的英文影印版和中译本。译者有幸承担了该书的翻译工作。许多年来，国内诸多高校都将该书的影印版和中译本作为数字集成电路设计课程的基本教材，译者本人也由此得到了多位高校教师和学生对中译本的热情反馈和指正，在此深表谢意。

这次电子工业出版社再版中译本，不仅为了满足国内读者对这本经典教材的进一步需求，也为译者提供了一个校正修改中译本的好机会。译者仔细对照阅读了英文版原著和中译本，在此版本中做了三方面的修订工作：(1)根据原著者提供的勘误表及国内读者的反馈意见对中译本进行了勘误，力求确保内容的正确性；(2)斟酌修改了中译本中的部分译文，力求提高表达著者原意的准确性；(3)针对读者反馈意见比较集中，容易出现误解或误导的个别内容新增了译者注，力求改善此版本译文的可读性。

为了提高出版质量，电子工业出版社对这次出版工作非常重视，在排版、编辑等方面做了许多细节上的提高，并对译者的勘误和修正进行了极为细致的审阅，以确保核对无误。译者的修订工作也得到了清华大学微纳电子系/微电子学研究所领导和教师的关心，特别是得到了李树国教授、吴行军副教授、李翔宇副教授、何虎副教授等多位老师的帮助与指正，在此一并致谢。

最后，再版译文虽经仔细校对，但由于译者水平有限，文中仍会有不当或欠妥之处，望读者进一步批评指正。

译　者
2016 年 6 月于清华园

前　言

本书特色

欢迎使用本书。在本书第一版出版后的6年中，数字集成电路领域已有了某些惊人的进展和变化。IC制造工艺继续缩小到空前小的尺寸。自写作这本书的第一版以来，最小特征尺寸缩小到接近1/10，现在已接近100 nm的范围。这种尺寸的缩小对数字集成电路的设计产生了两方面的影响。首先，在单片上能设计的复杂性大大提高，为了应对这一挑战，产生了一些新的设计方法和实现策略。与此同时，在尺寸小到深亚微米范围后器件的行为特性发生了变化，从而把一系列影响数字IC的可靠性、成本、性能以及功耗的新问题提到了面前。对这些问题的深入讨论是本书第二版与第一版之间的区别所在。

看一下目录就可以知道本版扩大了内容范围，包括深亚微米器件、电路优化、互连模型和优化、信号完整性、时钟和时序以及功耗。所有这些内容都用目前最新的设计例子来说明。同时，鉴于MOS现已占有数字IC领域99%的市场份额，我们删去了像硅双极型和砷化镓这样较陈旧的内容，不过对此有兴趣的读者仍可通过本书配套网站找到有关这些技术的内容（http://icbook. eecs. berkeley. edu/，首次使用的读者需先申请密码）。为了强调现今设计过程中方法学的重要性，我们贯穿全书增加了"设计方法插入说明"，每一插入部分着重说明设计过程中特有的一些问题。新版对原书做了重要修订，最大的变化是增加了两个合著者——Anantha和Borivoje，他们为本书带来了有关数字IC设计方面更宽阔的见地，以及有关此领域的最新趋势和挑战。

保留了第一版的基本精神

在进行这些修改的同时，我们一直力图保留第一版的基本精神和编写目的——在数字设计中建立起电路设计和系统设计之间的桥梁。我们从彻底弄清电子器件的操作并深入分析数字设计的核心（反相器）开始，逐步将这些知识引向设计比较复杂的模块，如逻辑门、寄存器、控制器、加法器、乘法器以及存储器。我们认识到当今复杂电路设计者共同面临的感兴趣的问题是：起决定作用的设计参数是什么？设计的哪些部分需要着重考虑而哪些细节又可以忽略？显然，简化是处理日益复杂的数字系统的唯一途径，但是过度简化由于忽略了像时序、互连以及功耗这样一些影响整个电路的效应，又可能导致电路不能工作。为了避免这一点，在进行数字电路设计时一定要同时注意电路和系统两方面的问题。这就是本书所采用的方法，通过分析技术和实验技术为读者带来处理复杂问题所需要的知识和技能。

阅读指南

本书的核心部分是为大学高年级数字电路设计课程编写的。围绕这一核心，还纳入了一些涵盖更前沿专题的章节。在编写本书的过程中，我们发现很难确定应当包括数字电路设计领域的哪些部分才能满足所有人的需要。一方面，刚刚进入该领域的人希望有关于基本概念的详尽内容；另一方面，来自原有读者和评阅人的反馈意见又表明希望并需要在深度和广度上增加高层次的前沿专题和当前所提出的问题。提供这样一个全面的讨论造成了这本教材的内容大大超出一学期课程的需要，因此其中较为高深的部分可作为研究生课程的基础。由于本书涉及面广泛且包含最新的前沿内容，也使它成为对专业工程师非常有用的参考书。这里我们假定上这门课的学生对基本的逻辑设计已相当熟悉。

本书在内容的安排上使各章节可以按许多不同的方式来讲授和阅读，只需遵守一些前后顺序关系即可。本书的核心部分由第5章~第8章构成。第1章~第4章可以看成导论。为了满足一般要求，在第2章中引入了有关半导体制造方面的简短论述。曾经学过半导体器件的学生可以很快地浏览一下第3章。我们十分希望每个人至少都这样做一遍，因为一些重要符号和基础知识都在该章中介绍。此外该章还介绍了一种能用来进行手工分析的深亚微米晶体管最原始的建模方法。为了强调互连在当今数字设计中的重要性，我们将互连建模部分提前到本书的第4章。

第9章~第12章的内容较深，可作为某些课程的重点。例如，侧重电路方面的课程可增加第9章和第12章的核心材料，侧重数字系统设计的课程则应考虑增加第9章、第10章和第11章的(部分)内容。所有这些内容较深的章节都可以作为研究生课程或后续课程的核心。内容较深的章节在书中都标注有 * 号。

对于本科高年级的课程，下面列出了几种可能的教学安排顺序。本书配套网站所提供的教师文档(instructor documentation)中还列出了某些大学相关课程采用的完整教学大纲中列出的章节号。

电路基础课程(针对器件方面知识较少的学生)：
1, 2.1~2.3, 3, 4, 5, 6, 7, 8, (9.1~9.3, 12)。
稍高级一些的电路课程：
1, (2, 3), 4, 5, 6, 7, 8, 9, 10.1~10.3, 10.5~10.6, 12。
系统方向的课程：
1, (2, 3), 4, 5, 6, 7, 8, 9, 10.1~10.4, 11, 12.1~12.2。

"设计方法插入说明"部分可与它们所在章同时选用。

为了保持全书风格一致，各章首先介绍本章主题，接着对概念进行详细深入的讨论。综述一节讨论本章介绍的概念与实际设计之间的关系，以及它们如何会受到未来发展的影响。每一章以小结作为结束，它简要列举了教材中讲过的各个主题。小结后面的进一步探讨和参考文献部分为那些希望更详细了解教材中某些内容的读者提供了丰富的参考资料和线索。

正如书名所示，本书的目的之一是强调数字电路的设计特点。为了树立比较实际的观点和达到真正的理解，在全书各处加入了设计实例和版图。对这些个例的研究可以帮助我们回答像"采用这一技术到底可以节省多少面积、速度或功耗"等这样一些问题。为了模拟真实的设计过程，我们广泛使用了各种设计工具，如电路和开关级的模拟以及版图编辑和提取。全书普遍利用计算机分析来验证手工计算的结果、说明新的概念或考察人工无法分析的复杂特性。

最后，为了便于学习，书中还附有大量的例题。每一章还有一定数量的思考题(答案可以在书末找到)，它们有助于激发读者在阅读中进行思考和理解。

本书的全球网络指南

本书配有一个全球范围的网络指南，可以提供已全部完成的设计题目和书中最重要图表和照片的全套PPT文件。

与第一版不同的是，我们决定不把习题集和设计题目放在书中，而是放在本书的网页上。这样就使我们有机会不断更新和扩充题目，为授课教师提供更有效的工具。目前已有300多道富有挑战性的习题。其目的是为不同的读者提供一个独立评判对书中知识理解程度的标准和实际使用某些设计工具的机会。每一道题都说明了教材中与它相关的章节（如＜1.3＞）、解题时必须使用的设计工具（如 SPICE）及难度等级：容易（E）、中等（M）和难题（C）。标有（D）的题目含有设计或研究的成分。部分习题答案可提供给选用本书作为教材的教师授课使用①。

开放型设计题目有助于深入理解设计优化和综合考虑中最重要的问题。当试做这些设计题目时，建议使用设计编辑、验证和分析工具。在配套网站上可以找到已全部完成的这些设计题目的结果。

此外，本书配套网站还提供硬件和软件的实验例子、额外的背景资料和有用的关联信息。

本书的亮点

- 将电路和系统在设计方面的观点联系在一起，使设计者深刻领会复杂数字电路的设计问题，为随时可能面对的挑战做好准备。
- 全书贯穿以设计为导向的思路，突出了设计难点和设计准则。在介绍技术时用真实的设计和完整的 SPICE 分析来说明。
- 是第一本专门针对深亚微米器件的电路设计书籍。为了便于叙述，我们建立了一个用于手工分析的简单晶体管模型，称为通用 MOS 模型。
- 在说明如何运用最新技术设计高性能或低功耗复杂电路方面有独到之处。全书将速度和功耗放在同等重要的地位。
- 内容涵盖实际系统设计中的重要问题，例如信号完整性、功耗、互连、封装、时序以及同步问题。
- 独一无二地提供了有关最新设计方法及设计工具的内容，同时讨论了从一个设计者的角度如何来使用它们。
- 提出数字电路技术将来可能发展的方向。
- 出色的例图和可用于设计的四色插图②。
- 进一步探讨和参考文献部分为对某些内容的细节感兴趣的读者提供了丰富的参考资料和线索。
- 由作者维护的配套网站可以得到更多的指导材料，包括设计软件、PPT 文件、习题、设计题目、实际版图以及软件和硬件实验。

内容概览

快速浏览一下目录可以看到各章的安排顺序以及涵盖的内容与所提倡的设计方法学是相一致的。从半导体器件的模型开始，然后逐渐向上进行，涉及反相器、复杂逻辑门（NAND、NOR、XOR）、功能模块（加法器、乘法器、移位器、寄存器）和系统模块（数据通路、控制器、存储器）的各个抽象层次。对于这些层次中的每一层，都确定了其最主要的设计参数，建立简化模型并去除了不重要的细节。虽然这种分层建模是设计者处理复杂问题最好的方法，但它也有一些不足之

---

① 采用本书作为授课教材的教师可联系 te_service@ phei. com. cn 获得相关教辅资料。——编者注
② 彩图和部分习题可通过华信教育资源网（www. hxedu. com. cn）注册并免费下载。——编者注

处。这将在第9章和第10章中说明，届时将讨论像互连寄生参数和芯片时序这样对全局有影响的专题。为了进一步强调电路和系统设计这两个分支，我们将书中的内容分为两个主要部分：第二部分（第4章～第7章）主要讲述数字电路设计中电路方面的内容，而第三部分（第8章～第12章）则阐述更多面向系统方面的观点。第一部分（第1章～第4章）是必要的基础知识（设计质量评价、制造工艺、器件和互连模型）。

第1章是全书的引论。在概述了数字电路设计的历史之后，引入了层次化设计的概念和不同的抽象层次。同时介绍了一些基本的质量评价方法，用于帮助量化一个设计的成本、可靠性和性能。

第2章简洁介绍了MOS制造工艺。了解工艺过程中的基本步骤有助于建立对MOS晶体管的三维概念，这对于识别器件寄生参数的来源是非常关键的。器件参数的许多变化也与制造过程有关。本章进一步介绍了设计规则的概念，它是设计者与制造者之间的接口。最后概述了芯片封装工艺，这是一个经常被忽视但在数字IC设计全过程中非常关键的一环。

第3章概括了最基本的设计模块即半导体器件。这一章的主要目的是使读者对MOS管的工作有一个直观的了解，并介绍器件模型，这些模型将在以后的章节中广泛使用。本书将重点放在现代亚微米器件本身及其模型上。已经具备器件方面知识的读者可以很快地浏览一下这部分内容。

第4章对导线包括互连线及由此引入的起主要作用的寄生参数进行了仔细分析。我们依次讨论了与导线相关的每一种寄生参数（电容、电阻和电感）。对手工分析和计算机分析用的模型都做了介绍。

第5章涉及数字设计的核心，即反相器。首先介绍了一些数字门的基本特性。这些可以帮助我们量化一个门的性能和可靠性的参数是针对由两种器件构成的具代表性的反相器结构（即静态互补CMOS）详细推导出来的。在这一章中介绍的技术和方法是非常重要的，因为在分析其他门和更复杂门的结构时将多次重复使用它们。

第6章中这一基础知识被延伸来说明简单和复杂数字CMOS门的设计，如NOR和NAND结构。说明了由于主要设计要求（可靠性、面积、性能或功耗）不同，除互补静态门外还有其他一些CMOS门结构也是很有吸引力的。本章还对现代的一些门及逻辑系列的特性进行了分析和比较，并且介绍了优化复杂门的性能和功耗的技术。

第7章讨论如何利用正反馈或电荷存储来实现存储功能。除了分析传统的双稳态触发器外还介绍了其他一些时序电路，如单稳态和不稳态多谐振荡器。第7章之前的所有各章涉及的都是组合电路，这些电路与系统的过去经历没有关系。与此相反，时序逻辑电路可以记忆和存储过去的状态。

第8章之前的各章介绍数字设计中有关电路方面的步骤。分析和优化过程一直局限于单个的逻辑门。本章将进一步分析各个门如何连接在一起形成系统的构造模块。本书的系统级部分顺理成章地从设计方法学的讨论开始。设计自动化是处理日益复杂的数字设计的唯一方法。第8章中将讨论在有限时间内完成大的设计的重要方法。这一章花费了大量时间来说明今天的设计者可以采用的各种不同的实现方法。定制与半定制、硬布线与固定布线、通用阵列与专用阵列等是其中提到的一些内容。

第9章重新回顾了互连线对数字门功能和性能的影响。连线所引起的寄生电容、电阻和电感效应随着工艺尺寸的缩小正在变得空前重要。本章介绍了使这些互连寄生参数对电路性能、功耗及可靠性的影响减到最小程度的途径，还阐述了如电源电压分配和输入/输出电路这样一些重要的问题。

第10章详细说明了为使一个时序电路正确工作必须严格控制切换顺序。没有这些时序限制，错误的数据可能会被写入存储单元。大多数数字电路采用同步时钟控制方法来确保这一顺序。在第 10 章中讨论了实现数字电路时序和时钟控制的不同方法。分析了像时钟偏差(skew)这样一些重要效应对数字同步电路行为特性的影响。对同步方法与其他技术(如自定时电路)进行了比较。本章最后简短介绍了同步实现和时钟产生电路。

第 11 章讨论了各种复杂的运算构造模块，如加法器、乘法器和移位器。这一章非常关键，因为它展示了在第 5 章和第 6 章中介绍的设计技术怎样延伸到上一个抽象层次。本章介绍了关键路径的概念并广泛用于性能分析和优化，推导了高层次的性能模型。这些可以帮助设计者对一个设计模块的工作情形和质量好坏有一个基本的洞察，而不需要借助于对基本电路深入细致的分析。

第 12 章深入讨论了不同类型的存储器和它们的实现。在需要存储大量数据时，数字设计者可以借助称为存储器的特殊电路模块。半导体存储器通过对数字门某些基本特性的折中处理可以达到非常高的存储密度。可靠和快速存储器的设计要借助于外围电路的实现，如译码器、灵敏放大器、驱动器和控制电路，这些都在本章的内容中涵盖了。最后，由于存储器设计的最基本问题是要保证在任何工作环境中器件都能始终如一地工作，所以本章末详细讨论了存储器的可靠性问题。对于大学本科课程来说，这一章和上一章可作为选修内容。

致谢

作者在此要感谢所有对本书手稿的诞生、创作和修改做出贡献的人们。首先，要感谢所有的研究生，是他们多年来的帮助使本书得以完成。还要感谢在美国加州大学伯克利分校学习 eecs141 和 eecs241课程以及在美国麻省理工学院学习 6.374 课程的学生，他们在以本书为基础提供的实验课上"吃了不少苦头"。从世界各地的教师、工程师和学生们中反馈回来的意见极大地帮助了确定新版的方向以及最终这本书的精细修订。连续不断地发来的一系列电子邮件向我们表明我们的方向是正确的。

我们要特别感谢下列人士为本书所做出的贡献，他们是 Mary-Jane Irwin, Vijay Narayanan, Eby Friedman, Fred Rosenberger, Wayne Burleson, Shekhar Borkar, Ivo Bolsens, Duane Boning, Olivier Franza, Lionel Kimerling, Josie Ammer, Mike Sheets, Tufan Karalar, Huifang Qin, Rhett Davis, Nathan Chan, Jeb Durant, Andrei Vladimirescu, Radu Zlatanovici, Yasuhisa Shimazaki, Fujio Ishihara, Dejan Markovic, Vladimir Stojanovic, SeongHwan Cho, James Kao, Travis Simpkins, Siva Narendra, James Goodman, Vadim Gutnik, Theodoros Konstantakopoulos, Rex Min, Vikas Mehrotra, 以及 Paul-Peter Sotiriadis。衷心感谢他们所给予的帮助、投入和反馈意见。当然我们还要感谢那些为第一版的创作和出版提供了帮助的人们。

在此我还要强调在本书手稿的创作过程中计算机的辅助作用。所有的初稿均在 FrameMaker 出版系统(Adobe 系统)上完成，例图大多用 MATLAB 制作，网页制作采用了微软的 Frontpage。电路模拟使用 HSPICE(Avant!)，所有版图采用 Cadence 的物理设计工具制作。

最后我们要对在本书创作过程中所"殃及"到的家人 Kathelijn, Karthiyayani, Krithivasan 和 Rebecca说声谢谢。虽然新版的出版比第一版明显要轻松些，但我们总是低估所需要的付出，特别是在每天的日常工作之后。在写作这本书的过程中他们给予了我们始终如一的支持、帮助和鼓励。

Jan M. Rabaey

Anantha Chandrakasan

Borivoje Nikolić

Berkeley, Calistoga, Cambridge

目　　录

第一部分　基本单元

第二部分　电 路 设 计

第三部分　系 统 设 计

第一部分 基本单元

"成本最低的元件的复杂性在以大致每年翻一番的速度递增。可以预见这一速度在短期内肯定还会继续下去，甚至会以更快的速度增长。虽然从长期来看增长速度还不能完全确定，但我们有理由认为至少在最近的 10 年内它会保持这种几乎不变的增长态势。这就意味着到 1975 年，成本最低的每个集成电路中元件的数目将达到 65 000 个。"

Gordon Moore

在集成电路上"塞进"更多的元件(1965)

第1章 引 论

- ■ 数字电路设计进展
- ■ 数字电路设计中亟待解决的问题
- ■ 如何衡量设计质量
- ■ 有价值的参考资料

1.1 历史回顾

数字数据处理的概念对我们的社会产生了巨大的影响。人们长期以来已习惯于数字计算机的概念。从大型机和微型机起稳步发展，如今 PC 机和笔记本电脑已蓬勃进入了日常生活。然而更有意义的是所有其他电子领域都有继续朝着数字化方向发展的趋势。仪表是第一个这样的非计算领域之一。在那里，人们已认识到数字数据处理可能比模拟处理更好。诸如控制等其他领域也很快追随而至。只是到最近我们才看到电信和家电朝着数字化的形式转变。电话数据也逐渐在有线和无线网络上用数字进行传输和处理。CD(光盘)已经对音频领域进行了革命，而数字视频则正在追随它的脚步。

运用编码数据格式来实现计算引擎决不是当今才有的概念。在 19 世纪早期，Babbage 构想了一个大型的机械计算装置，称为差动引擎(Difference Engines)[Swade93]。尽管这些引擎采用的是十进制数系统而不是在现代电子设备中普遍采用的二进制数表示方式，但它们的基本概念是非常类似的。解析引擎于 1834 年开发，曾被认为是一种通用的计算机器，其特点惊人地接近现代的计算机。除了能以随意的顺序执行所有的基本运算(加、减、乘和除)以外，这一机器还以两个周期的序列来操作，分别称为"存放"和"执行"，这与现在的计算机没有什么不同。它甚至运用流水线来加速执行加法操作！遗憾的是，这一设计的复杂性和成本使得这一设想并不可行。例如 Difference Engine I(它的一部分见图 1.1)的设计要求 25 000 个机械部件，总成本为 17 470 英镑(这是在 1834 年)。

图 1.1 世界上已知的第一个自动计算器——Babbage 的 Difference Engine I
(1832年)的工作部件(摘自[Swade93]，由伦敦科学博物馆提供)

　　利用电来解决的方案最终看来性价比是较为合适的。早期的数字电子系统基于磁控开关(或继电器),它们主要用来实现非常简单的逻辑网络。这样的系统现在仍然在火车的安全系统中使用。数字电子计算的时代是在发明了真空管之后才全面开始的。虽然真空管原先几乎无一例外地用于模拟处理,但人们很快就认识到它也可以用于数字计算。不久,第一台完整的计算机就实现了。在设计了如 ENIAC(用于计算大炮发射表)和 UNIVAC I(第一个成功的商用计算机)等机器之后,以真空管为基础的计算机时代也就达到了它的顶点。为了解那时的集成密度有多大,我们以 ENIAC 为例,这一计算机为 80 英尺①长,8.5 英尺高以及几英尺宽,并含有 18 000 个真空管。然而人们很快就发现这一设计技术已达到了它的极限。可靠性问题及过大的功耗使得在经济上和实际上都不可能实现更大的计算引擎。

　　随着晶体管于 1947 年在贝尔实验室的发明,一切都改变了[Bardeen 48],随后 Schockley 在 1949 年发明了双极型晶体管[Schockley 49]②。直到 1956 年才出现了第一个双极型数字逻辑门,这是由 Harris 发明的分立元件构成的[Harris56]。1958 年,Texas Instruments(美国德州仪器公司)的 Jack Kilby 提出了集成电路(IC)的构想,在这里所有的元件,无论是无源的还是有源的,都集成在一个半导体衬底上——Jack Kilby 因这一突破性的构想而获得了诺贝尔奖。由此产生了最早一组集成电路逻辑门产品,称为 Fairchild Micrologic family(仙童公司微逻辑系列)[Norman60]。第一个真正成功的 IC 逻辑系列 TTL(晶体管–晶体管逻辑,Transistor-Transistor Logic)是在 1962 年发明的[Beeson62]。为了得到较高的性能又设计了其他逻辑系列。这些系列的例子是电流开关电路,它们产生了第一批亚纳秒(subnanosecond)数字门并最终形成了 ECL(射极耦合逻辑,Emitter-Coupled Logic)系列[Masaki74]。然而 TTL 具有较高集成密度的优点,因而成为第一场集成电路革命的基础。事实上,TTL 元件的制造使第一批半导体大公司如 Fairchild、National(国家半导体)以及 Texas Instruments 成为领头公司。这一逻辑系列如此成功,以至到 20 世纪 80 年代它都一直占据着数字半导体市场的最大份额。

　　双极型数字逻辑最终失去了在数字设计领域的霸主地位,其原因与真空管电路中常常出现的问题一样:每个门的大功耗限定了能可靠集成在单片、封装、机壳或机箱上的逻辑门的最大数目。尽管曾进行了许多尝试来开发高集成度、低功耗的双极型系列,如 I²L(集成注入逻辑,Integrated Injection Logic[Hart72]),但 MOS 数字集成电路最终还是占据了支配地位。

　　MOSFET 管原先称为 IGFET(Isolated Gate Field Effect Transistor,绝缘栅场效应晶体管),其基本原理是早在 1925 年由 J. Lilienfeld(加拿大人)在一项专利中提出的,1935 年 Q. Heil 也在英格兰独立提出了这一原理。然而由于对材料和门的稳定性问题认识不足,使这个器件的实际使用推迟了很长一段时间。这些问题一经解决,MOS 数字集成电路在 20 世纪 70 年代早期就开始应用了。令人惊奇的是,最初提出的 MOS 逻辑门是 CMOS 类型的[Wanlass63],并且这一趋势继续到 20 世纪 60 年代末。制造工艺的复杂性使这些器件的完全采用又推迟了 20 年。而不同的是,第一个实用的 MOS 集成电路是仅用 PMOS 逻辑来实现的,并且用在如计算器这样的应用中。数字集成电路革命的第二个时代无疑是 Intel 公司在 1972 年和 1974 年推出的第一批微处理器(1972 年为 4004 型[Faggin72],1974 年为 8080 型)[Shima74]。这些微处理器仅用 NMOS 逻辑来实现,它的优点是具有比 PMOS 逻辑更高的速度。与此同时,采用 MOS 工艺又实现了第一个高密度的半导体存储器。例如第一个 4Kb(Kbits)的 MOS 存储器就是在 1970 年推出的[Hoff70]。

---

①　1 英尺 = 0.3048 米。——编者注
②　一个关于数字集成电路进展的饶有兴趣的综述可参见[Murphy93](本综述中的大部分数据取自这一参考资料)。此外还有一些在数字集成电路领域历史上有原创性成果的出版物。

　　这些只不过是向更高集成密度和速度性能的惊人进展的开始。这是一场现在仍在全速进行的革命。然而发展到当今集成度水平的道路并不是一帆风顺的。与使高密度双极型逻辑失去吸引力和现实性的原因一样,20世纪70年代末仅用NMOS的逻辑开始遭遇到同样的瘟疫:功耗。这一认识连同在制造工艺上的进展最终使天平向CMOS工艺倾斜,并且这仍然是我们今天的情形。有意思的是功耗很快也变成在CMOS设计中主要考虑的问题,但这一次似乎还没有一种新的工艺可以马上解决这个问题。

　　尽管当前大部分集成电路是用MOS工艺实现的,但当性能问题至关重要时也会采用其他工艺。这种情形的一个例子是BiCMOS工艺,它把双极型和MOS器件放在同一芯片上。当需要甚至更高的性能时就出现了其他工艺,如锗硅(silicon-germanium),甚至是超导工艺。但这些工艺在整个数字集成电路的设计舞台上只起很小的作用。随着CMOS性能的日益提高,这些作用必将随时间的推移进一步缩小,因此本书只集中讨论CMOS。

1.2 数字集成电路设计中的问题

　　集成电路的集成密度和性能在过去20年间经过了一场翻天覆地的革命。在20世纪60年代,Gordon Moore(当时在仙童公司工作,而后成为Intel公司的合伙奠基人)预见了能够在一个单片上集成的晶体管数目将随时间按指数规律增长。这一预见后来被称为摩尔定律(Moore Law),它已被证明具有超凡的想像力[Moore65]。它的准确性可以用一组图来显示。图1.2画出了逻辑IC和存储器集成密度随时间增长的趋势。正如可以看到的,集成的复杂程度大约每1~2年翻一倍,结果从1970年起存储器密度的增加已超过1000倍。

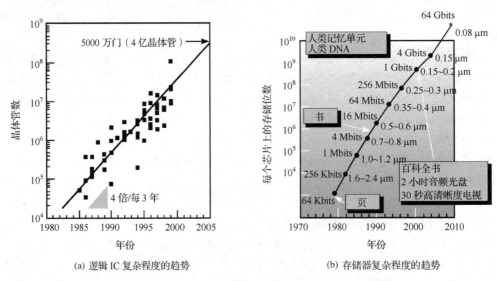

(a) 逻辑IC复杂程度的趋势　　　　　　　(b) 存储器复杂程度的趋势

图1.2　逻辑IC和存储器集成复杂程度随时间发展的趋势

　　微处理器的发展则是另一个令人感兴趣的例子。从20世纪70年代早期微处理器问世以来,它在性能和复杂性上一直以一个稳定和可预见的步伐发展,图1.3为微处理器各个发展阶段许多标志性设计中晶体管的数目。20世纪80年代末,微处理器每个芯片的晶体管数目已突破百万大关。在过去十年中时钟频率则每3年翻一倍,已达到千兆赫兹(GHz)的范围,如图1.4所示。图中画出了21世纪初微处理器在性能方面发展的趋势。我们观察到的很重要的一点是这一趋势至今还没有任何要慢下来的迹象。

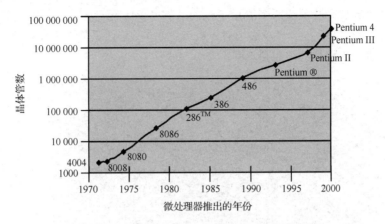

图 1.3　微处理器晶体管数目的增长历史[Intel01]

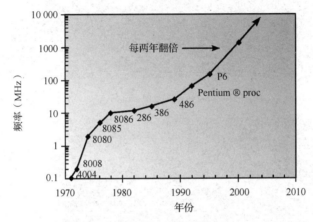

图 1.4　21 世纪初期微处理器性能的发展趋势(由 Intel 公司提供)

毋庸置疑,这一变革已经对如何设计数字电路产生了巨大影响。早期的设计完全是手工操作,每个晶体管都要画出其版图并且一个一个地优化和仔细地放入它周围的四邻之间。图 1.5(a)充分说明了这一点,它显示了 Intel 4004 微处理器的设计。显然,这一方法对于要形成并组装 100 万个以上器件的情况是不合适的。随着设计技术的迅速发展,产品投放市场的时间已成为一个部件最终成功的关键因素之一。

因此,设计者已经越来越遵循比较适合于设计自动化的严格设计方法和策略。这一方法的影响从最近的 Intel 微处理器之一即 Pentium 4 的版图中可以明显看出,见图 1.5(b)。与早期一个一个地进行设计的步骤不同,现今一个电路的设计是按层次化方式进行的:一个处理器是许多模块的集合,每个模块又分别由许多单元构成。单元尽可能重复使用以减少设计压力并提高设计一次成功的机会。这一层次化步骤完全可行的事实是数字电路设计成功的关键,同时也解释了为什么至今人们并不那么乐意设计规模非常大的模拟电路。

显然,下一个问题是为什么这一步骤在数字领域可行而在模拟设计中却不可行(至少在较小程度上)。这里关键的概念(也是对付“复杂”问题时最重要的概念)是“抽象”。即在每一个设计层次上,一个复杂模块的内部细节可以被抽象化并用一个黑盒子或模型来代替。这一模型含有用来在下一层次上处理这一模块所需要的所有信息。例如一旦一个设计者实现了一个乘法器模块,它的性能可以非常精确地确定并放入一个模型中。一般来说这一乘法器的性能只是略受它在一个较大系统中运用方式的影响,因此任何情况下它都可以被考虑成一个具有已知特性的黑盒子。由于系统设计者不必了解这个黑盒子内部的细节,从而大大减少了设计的复杂性。这种各个击破的方法十分有效,设计者不必去对付数不清的单元,而只需考虑屈指可数的部件,每个部件则用少量的参数来表征其性能和成本。

(a) 4004 微处理器

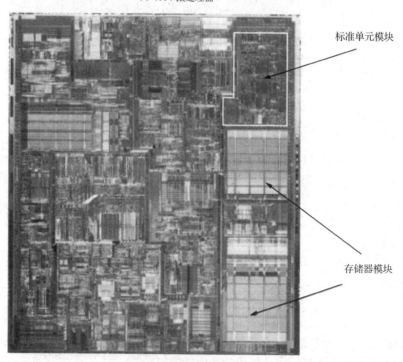

标准单元模块

存储器模块

(b) Pentium 4(奔腾 4)微处理器

图 1.5   Intel 4004(1971 年)和 Pentium 4(2000 年)微处理器设计方法比较(由 Intel 公司提供)

这类似于运用软件子程序库(如输入/输出驱动程序)的软件设计者。写一个大程序的人并不需要去了解这些子程序的内部细节,他唯一关心的是调用其中一个模块得到所希望的结果。想像一下,如果一个人必须从磁盘中一个一个地取出每个二进制位(bit)并保证它的正确性,而不是依赖于方便的"打开文件"(file open)和"取字串符"(get string)这样的操作符,那么写一个软件程序将会变得多么困难。

　　数字电路设计中运用的典型抽象层次按抽象程度增加的顺序依次为器件、电路、门、功能模块(如加法器)和系统(如处理器),如图1.6所示。一个半导体器件是一个具有复杂特性的实体。从来没有哪个电路设计者在设计一个数字门时会认真考虑决定器件特性的固体物理方程,相反,他会利用一个简化模型来恰当描述这个器件的输入/输出特性。例如,一个 AND 门可以用这个门的布尔表达式($Z = A \cdot B$)、它的版图边框、输入和输出终端的位置以及在输入和输出之间的延时来恰当描述。

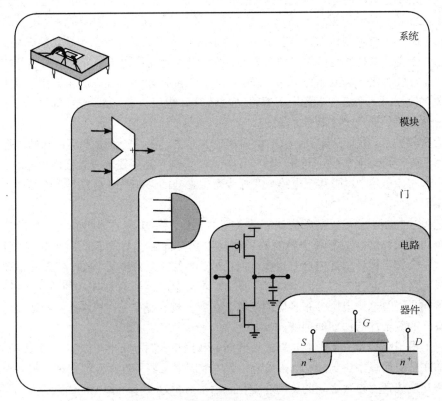

图1.6　数字电路设计的抽象层次

　　这一设计哲理使精心构思的数字集成电路计算机辅助设计(CAD)平台的出现成为可能——没有它是不可能实现当前的设计复杂程度的。设计工具包括在各个复杂层次上的模拟、设计验证、版图生成以及设计综合。本书的第 8 章给出了有关这些工具和设计方法的综述。

　　另外,为了避免重复设计和重复验证一些常用单元,如基本的门以及运算和存储模块,设计者常利用单元库。这些库不仅包含版图,还提供描述这些单元行为的完整文件和特征数据。例如 Pentium 4 处理器[见图1.5(b)]的版图中显然就运用了单元库。这里,整数和浮点单元的很大一部分采用了一种特定的以单元为基础的标准单元方法来设计。逻辑门被放在等高的单元行中并通过布线通道来连接。当有单元库时,这样一个功能块的版图就可以自动生成。

　　前面的分析表明,设计自动化和模块化的设计方法已经有效地解决了在现代数字设计中存在的一些复杂性问题。这自然又要引起如下相应的问题:既然设计自动化可以解决所有的设计问题,为什么我们还要去关心数字电路设计呢?下一代的数字设计者究竟还需不需要担心有关晶体管和寄生效应的问题呢?或者说他们会不会总是认为门和模块是最小的设计实体呢?

事实上现实是比较复杂的，并且存在下述各种理由，可以说明为什么在未来很长时间内对于数字电路和它们复杂性的深刻理解仍将是极为重要的。

- 首先，仍然必须有人来设计和实现模块库。半导体工艺在年复一年地持续发展，除非人们开发了一种能确保把一个单元从一种工艺正确地"移植"到另一种工艺的方法，否则工艺上的每一次变化(大约每两年发生一次)都要求重新设计库。

- 其次，建立一个单元或模块的合适模型要求对它的内部操作有深刻的理解。例如，为了找出一个给定设计的主要性能参数，首先必须找出关键的时序路径。

- 第三，以库为基础的方法在设计约束(如速度、成本或功耗)不是很严格的时候十分有效，这是大多数专用电路设计的情形。在这些情形中主要的目的是提供较为集成的系统解决方法，而性能要求则自然在工艺能力的范围内。可惜的是，对于大量其他产品，如微处理器，由于它们以高性能作为成功的关键，所以设计者往往力图充分利用工艺所能提供的极限，此时层次化方法就显得不那么吸引人了。与前面软件编程方法相类比，当执行速度成为关键因素时一个编程者倾向于编写"定制"软件程序，因为编译器(即设计工具)毕竟还没有达到能传送人类才智的水平。

- 更为重要的是，我们观察到：以抽象为基础的方法只在一定程度上是正确的。例如一个加法器的性能可以明显受它与其环境连接方式的影响。互连线本身就会产生延时，因为它们会引起寄生电容、电阻甚至电感。互连线寄生参数的影响在今后几年将必然随工艺尺寸的缩小而增加。

- 工艺尺寸的缩小会使以抽象为基础的模型的其他一些缺陷更为明显。某些设计实体往往是全局的或外部的。影响全局的例子如在数字设计中进行同步的时钟信号以及电源线。加大一个数字设计的规模会对这些全局信号产生极大的影响。例如，把较多的单元连到电源线上可以引起在导线上的电压降，而这接着又会减慢所有被连接的单元。像时钟分布、电路同步以及电源电压分布这样的问题正在变得越来越关键，解决这些问题要求对数字电路设计的复杂性有深刻的理解。

- 工艺水平提高的另一个影响是新的设计问题和约束条件会不断出现。一个典型的例子是，正如在历史回顾中讲到的，功耗作为一个约束因素会周期性地重复出现。另一个例子是器件和互连线寄生参数之间的比例在变化。为了对付这些不可预见的因素，人们至少必须能模拟并分析它们的影响，这就再次要求对电路的拓扑连接和行为特性有一个深入的洞察。

- 最后，它们也会出错。一个制造出的电路并不总是显示出人们从预先模拟中可以期望得到的确切波形。偏差可能是由于制造工艺参数的变化，或由于封装的电感以及由于时钟信号的模型很差造成的。对一个设计进行检查和排错需要电路方面的专门知识。

鉴于所有以上理由，我们深信对数字电路设计技术和方法的深入了解是一个数字系统设计者应当具有的最基本的资质。尽管他也许不必天天去处理电路的细节，但这些知识将帮助他应对预料不到的情况并在分析一个设计时决定什么在起主要作用。

例1.1 时钟对系统设计的挑战

为了说明在前面讨论中提出的问题，让我们考察在一个设计中时钟(最重要的全局信号之一)的缺陷所造成的影响。在一个数字设计中，时钟信号的作用是使电路中发生的多个事件有序进行。这一任务类似于决定哪些车可以行驶的交通信号灯的功能。它还要确保在下一个操作开始之前所有的操作都已完成——一个交通灯应当使绿灯的时间足够长以允许一辆车或一个行人能穿过马路。理想情况下，时钟信号是一个周期的阶跃信号，在所设计的整个电路上同步翻转，如图 1.7(a)所示。按照我们上面的比拟就是交通灯的切换应当同步,以达到最大的通过量同时避免事故发生。时钟对准概念的重要性可以用两个串联寄存器的例子来说明,这两个寄存器都工作在时钟 ϕ 的上升沿处,如图 1.7(b)所示。在正常工作状况下,输入 In 在 ϕ 的上升沿被采样进入第一个寄存器,并且恰好在一个时钟周期之后出现在输出端。图 1.7(c)所示的模拟结果(信号 Out)证实了这一点。

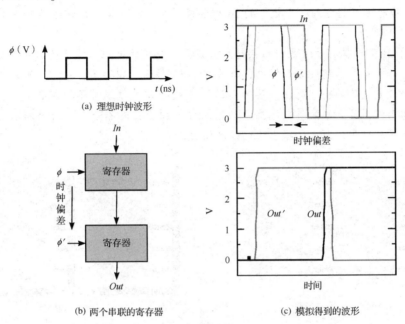

图 1.7　时钟错位的影响

由于存在与时钟布线相关的延时,可能会发生时钟相互间变得不能对准(错位)的情况,结果寄存器对时钟信号所指明时间的理解就会不同。考虑以下情形,若第二个寄存器的时钟信号被延迟(或偏移)了一个 δ 值,则延迟的时钟 ϕ' 的上升沿将推迟对第二个寄存器输入的采样。如果第一个寄存器的输出传播到第二个寄存器的输入所需要的时间小于时钟延迟,则后者将会采到错误的值。这会引起输出提前改变,如在模拟中清楚显示的那样,信号 Out' 在 ϕ' 的第一个上升沿处而不是在第二个上升沿处变为高电平。以交通灯比拟的话,即汽车驶离了第一个交通灯后在下一个灯处撞上了尚未离开那里的车子。

时钟未对准或时钟偏差(clock skew)是全局信号如何影响一个层次化设计的系统功能的重要例子。时钟偏差实际上是高性能大系统设计者面临的最关键的设计问题之一。

例1.2　电源分布网络对系统设计的挑战

时钟信号是穿越芯片各层次边界的全局信号的一个例子,而电源分布网络则代表了另一个例子。一个数字系统要求对各个门电路提供稳定的直流(DC)电压。为了确保正确工作,这个电压应当稳定在只相差几百毫伏以内。电源分布系统必须能在电流变化非常大的情况下提供这个稳定电压。由于芯片内连线具有电阻以及集成电路封装引线具有电感,从而使达到这一要求变得十分困难。例如,供给一个 100 W 的 1 V 微处理器的平均直流电流等于 100 A!而峰值电流可以很容易地达到这个电流的两倍。因此对电流的要求可以在一段很短的时间内——在 1 ns 或更短的范围内从几乎为零变化到这个峰值。这相当于电流的变化率达到 100 GA/s,这确实是一个使人震惊的数字。

　　现在考虑电源布线的电阻问题。当电流为 100 A 时,导线电阻仅为 1.25 mΩ 就会造成供电电压(假定电源为 2.5 V)下降5%。加宽导线可以降低电阻从而减少压降。虽然确定电源分布网络的尺寸大小在非层次化的直接设计方法中是比较简单的,但它在层次化的设计中却比较复杂。例如考虑图 1.8(a)所示的两个功能块[Saleh01]。如果孤立起来仅考虑功能块 A 的电源分配问题,那么就可以不考虑由于存在功能块 B 所引起的附加负载。然而,如果电源线通过功能块 A 到达功能块 B,那么功能块 B 将见到一个较大的 IR 电压降,因为电源电压在到达功能块 B 之前已被功能块 A 消耗了一部分。

　　由于总的 IR 压降取决于所见到的从封装引线至功能块的电阻,所以我们可以把电源线布置在功能块周围并对每个功能块分别供电,如图 1.8(b)所示。理论上,电源主干线应当足够宽以传送流过各个分支电路的全部电流。尽管以这种方式布置电源线易于控制和供电,但它也需要有较多的面积来实现。大的金属电源主干线的尺寸必须能传送各个功能块的所有电流。这一要求使设计者必须从可用的布线区域中为电源总线留出面积。

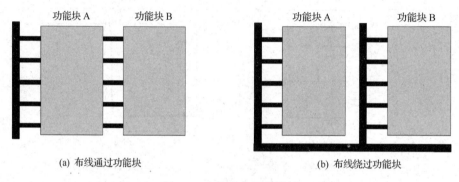

(a) 布线通过功能块　　　　　　　　　　　　　　(b) 布线绕过功能块

图 1.8　电源分布网络设计

　　当增加越来越多的功能块时,在功能块之间复杂的相互作用决定了实际的电压降。例如,当在电源和耗电的门电路之间有多条并行的路径时,并不总能很容易地确定电流将流过哪一条路径,而且流入不同模块的电流很少同时达到峰值。所有这些考虑使电源分配的设计成为一项富有挑战性的任务。它需要一种设计方法学按步骤操作以克服层次化设计所带来的人为边界限制。

　　本书的目的是在数字设计的抽象想像和作为其基础的数字电路及其特点之间建立起一座桥梁。虽然我们从扎实理解电子器件的工作原理和深入分析数字设计的核心元件——反相器开始,但我们将逐步把这一知识联系到比较复杂实体的设计,如复合门、数据通路、寄存器、控制器以及存储器。在设计上述的每一个模块时,一个设计者始终要探讨的是识别出最主要的设计参数,找到应当把他的优化集中在哪个设计部分,以及确定是什么特殊的性质使正在研究的模块(如存储器)不同于任何其他模块。

　　我们还将探讨现代数字电路设计中其他一些令人感兴趣的(具有普遍性的)问题,例如功耗、互连线、时序以及同步问题。

1.3　数字设计的质量评价

　　本节定义了数字设计的一组基本特性。这些特性帮助我们从不同角度来定量设计的质量:成本、功能、稳定性、性能和能耗。这些评定标准中哪一个最为重要取决于具体的应用。例如,速度是一个计算机服务器最关键的性能,而功耗却是诸如手机等手提移动产品的主要评定尺度。这里所介绍的这些特性涉及设计体系的各个层次——系统、芯片、模块和逻辑门。为了保证整个设计层次中定义的一致性, 我们采用了从下至上的设计方法: 从定义一个简单反相器基本的质量评定标准开始, 并逐渐将它们扩展到如逻辑门、模块和芯片这些更为复杂的功能。

1.3.1 集成电路的成本

任何产品的总成本都可以分为两个部分: 重复性费用或称可变成本, 以及非重复性费用或称固定成本。

固定成本

固定成本与销售量即产品售出的数量无关。设计所花费的时间和人工是集成电路固定成本的一个重要组成部分。这一设计成本在很大程度上受设计复杂性、技术要求难度以及设计人员产出率的影响。能够自动完成设计过程主要部分的先进设计方法有助于大大提高设计人员的产出率。在集成电路变得日益复杂的今天, 降低设计成本是半导体工业永远面临的主要挑战之一。

此外我们还必须考虑间接成本, 公司的日常开支不能直接算在一个产品的头上。这些包括公司的研发(R&D)费用、生产设备、市场和销售费用以及基础设施的建设费用等。

可变成本

可变成本是指直接用于制造产品的费用, 因此与产品的产量成正比。可变成本包括产品所用部件的成本、组装费用以及测试费用。一个集成电路的总成本为

$$每个集成电路的成本 = 每个集成电路的可变成本 + \frac{固定成本}{产量} \tag{1.1}$$

对于小批量的产品, 固定成本起主导作用。这就解释了为什么在设计一个能够获得巨大成功的产品(如微处理器)时组织庞大的设计队伍并且花费几年的时间是有意义的。

虽然生产单个晶体管的费用在过去几十年中已大大降低, 但基本的可变成本的计算公式并没有改变:

$$可变成本 = \frac{芯片成本 + 芯片测试成本 + 封装成本}{最终测试的成品率} \tag{1.2}$$

正如在第 2 章中将进一步讨论的, IC 制造过程将许多完全相同的电路制造在同一个圆片上(见图 1.9)。在制造完成后将圆片切割成芯片, 经测试后一个个地封装。我们在这里将集中讨论芯片的成本, 封装和测试成本将在后面的章节中讨论。

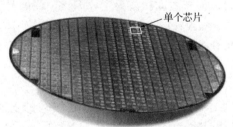

图 1.9 已完成的圆片。每个小方块代表一个芯片, 本图中的
就是 AMD 公司的 Duron 微处理器(由 AMD 公司提供)

芯片的成本取决于在一个圆片上完好芯片的数量以及其中功能合格的芯片所占的百分比。后者称为芯片成品率, 由下式得到:

$$芯片成本 = \frac{圆片成本}{每个圆片的芯片数 \times 芯片成品率} \tag{1.3}$$

每个圆片的芯片数理论上是用圆片的面积除以芯片面积。但实际情况多少要复杂一些, 因为圆

片是圆的而芯片是方的,所以圆片周边的芯片是不能用的。圆片的尺寸在逐年稳步增加,使每批生产能得到更多的芯片。式(1.3)表明电路的成本主要取决于芯片的面积——增大芯片面积就意味着一个圆片上可容纳芯片的数量减少。

成本与面积之间的确切关系是比较复杂的,它还要取决于芯片的成品率。衬底材料和制造过程都会引起缺陷,使芯片失效。假设缺陷在圆片上的分布是随机的,并且芯片的成品率与制造工艺的复杂性成反比,可得到以下公式:

$$芯片成品率 = \left(1 + \frac{单位面积的缺陷数 \times 芯片面积}{\alpha}\right)^{-\alpha} \tag{1.4}$$

式中,α 是取决于制造工艺复杂性的一个参数,它与掩模的数量大致成正比。对于目前复杂的CMOS工艺来说一个合适的估计是 $\alpha = 3$。单位面积缺陷的数目是衡量材料和工艺缺陷的一个指标。目前其典型值为 $0.5 \sim 1$ 个缺陷/cm^2,并在很大程度上取决于工艺的成熟程度。

例 1.3 芯片成品率

假设有一个 12 英寸①的圆片,芯片尺寸为 2.5 cm^2,1 个缺陷/cm^2,$\alpha = 3$。确定该 CMOS 工艺生产的成品率。

每个圆片的芯片数目可以用下式估算,它考虑了圆片周边所损失的芯片数:

$$每个圆片的芯片数 = \frac{\pi \times (圆片直径/2)^2}{芯片面积} - \frac{\pi \times 圆片直径}{\sqrt{2 \times 芯片面积}}$$

这意味着本例中有252(即296 - 44)个功能可能合格的芯片。芯片成品率可以用式(1.4)计算,等于16%。这就是说平均只有40个芯片是功能完好的。

总之,每个圆片上功能完好的芯片数目以及每个芯片的成本与芯片的面积有很大的关系。芯片面积较小的设计往往成品率较高,在超过一定大小后成品率迅速下降。有了前面推导的公式和典型的参数值,可以得出结论——芯片成本与面积的四次方成正比:

$$芯片成本 = f(芯片面积)^4 \tag{1.5}$$

面积是由设计者直接控制的一个因素,而且它是衡量成本的基本指标,所以面积小是一个数字逻辑门希望具有的特性。门越小,集成密度就越高,芯片尺寸就越小。面积较小的门也往往较快并消耗较少的能量——因为门的总电容(它是主要的性能参数之一)常常随面积的减小而减小。

一个门中晶体管的数目反映了预期的实现面积,但其他参数也会对面积有影响。例如在晶体管之间复杂的互连线格局可以使布线面积成为主要因素。门的复杂性表现为其晶体管的数目和互连结构的规则性,它也是影响设计成本的一个因素。复杂的结构较难实现,并且往往要耗费设计者更多宝贵的时间。简单化和规则化是成本要求严格的设计所具有的一个极为重要的特性。

1.3.2 功能性和稳定性

对一个数字电路的基本要求显然是它能完成设计所要求的功能。一个制造出来的电路所测得的行为特性通常都会与预期的响应有差别。这一偏离的一个原因是由于在制造过程中存在差异。每个生产批次之间甚至在同一圆片或芯片上器件的尺寸和参数都会有所不同。这些差异会极大地影响一个电路的电特性。芯片上或芯片外存在的干扰噪声源是使电路响应出现偏离的另一个原因。就数字电路而言,噪声这个词是指在逻辑节点上不希望发生的电压和电流的变化。噪声信号能以多种方式进入电路。图1.10是数字噪声源的一些例子。例如,在一个集成电路中两条并排放置的导线之间形成了一个耦合电容和一个互感。因此在其中一条导

---

① 1英寸 = 2.54厘米。——编者注

线上电压或电流的变化会影响其相邻导线上的信号。一个门的电源线和地线上的噪声也会影响该门的信号电平。

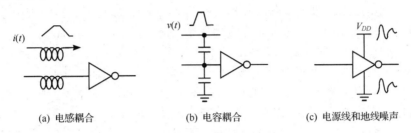

图 1.10　数字电路的噪声源

　　数字系统中的大多数噪声都是内部产生的，噪声的值与信号的摆幅成正比。电容和电感间的串扰以及内部产生的电源噪声就是这样的例子。但如输入电源噪声等另外一些噪声源来自系统之外，它们的值与信号电平无关。对于这些噪声源，其大小直接用伏特和安培表示。而那些与信号电平有关的噪声源则最好用占信号电平的分数或百分比来表示。噪声是数字电路工程中一个主要关注的问题。如何克服所有这些干扰是高性能数字电路设计所面临的主要挑战之一，也是本书将反复涉及的问题。

　　一个门的稳态参数（也称为静态特性）衡量了该电路对制造过程中发生偏差和噪声干扰的稳定性。为了定义和推导这些参数，首先要了解数字信号在电子电路领域中是如何表示的。

　　数字电路（DC）对逻辑（或布尔）变量进行操作。一个逻辑变量 x 只能取两个离散值：

$$x \in \{0,1\}$$

　　作为一个例子，反相（即一个反相器完成的功能）在两个布尔变量 x 和 y 之间实现以下组合关系：

$$y = \bar{x}: \{x = 0 \Rightarrow y = 1; x = 1 \Rightarrow y = 0\} \tag{1.6}$$

　　一个逻辑变量是一种数学抽象，但在实际实现时这样一个变量是由一个电量来代表的。然而一个节点的电压经常不是离散的，而可能是一个连续范围的值。通过把一个额定的电平与每个逻辑状态相联系就可以把这个电压转变成一个离散变量：$1 \Leftrightarrow V_{OH}$，$0 \Leftrightarrow V_{OL}$，这里 V_{OH} 和 V_{OL} 分别代表高和低逻辑电平。把 V_{OH} 加在一个反相器的输入端就会在它的输出端产生 V_{OL}，反之亦然。这两个电平之间的差称为逻辑或信号摆幅 V_{sw}。

$$V_{OH} = \overline{(V_{OL})}$$
$$V_{OL} = \overline{(V_{OH})} \tag{1.7}$$

电压传输特性

　　现在假设一个反相门电路的输入为逻辑变量 in，它产生输出变量 out。一个逻辑门的电路功能可以用它的电压传输特性（VTC，有时称为 DC 传输特性）得到最佳描述，它画出了输出电压与输入电压的关系 $V_{out} = f(V_{in})$。图 1.11 是一个反相器 VTC 的例子。额定高电压 V_{OH} 和额定低电压 V_{OL} 很容易识别：$V_{OH} = f(V_{OL})$，$V_{OL} = f(V_{OH})$。VTC 上另一个重要的特征点是门阈值电压或开关阈值电压 V_M（不要把它混淆于晶体管的阈值电压），它定义为 $V_M = f(V_M)$。V_M 也可以用图解的方法得到，它是 VTC 曲线与直线 $V_{out} = V_{in}$ 的交点。门阈值电压是开关特性的中点，它可以在门的输出端短接到输入端时得到。这一点在研究具有反馈的电路（也称为时序电路）时特别有意义。

即使是一个理想的额定电平值加在一个门的输入端，输出信号也常常会偏离预期的额定值。这些偏离可以由噪声或是门输出端的负载(即与输出信号相连的门的数目)引起。图 1.12(a)显示了每个逻辑电平在实际中如何用某一可接受范围的电压而不仅仅是额定电平来代表，这两个逻辑电平的范围被一个不确定区域分隔开。可接受的高电压和低电压的区域分别由 V_{IH} 和 V_{IL} 电平来界定，根据定义它们代表了 VTC 增益($= dV_{out}/dV_{in}$)等于 -1 的点，如图 1.12(b)所示。V_{IH} 和 V_{IL} 之间的区域称为不确定区，有时也称为过渡宽度(Transition Width，TW)。为了确保电路正确工作，稳态信号应当避开这一区域。

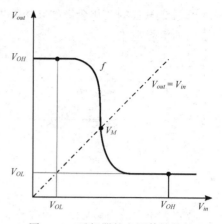

图 1.11　反相器的电压传输特性

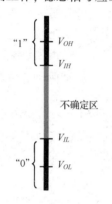

(a) 电压与逻辑电平之间的关系

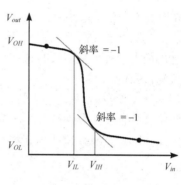

(b) V_{IH} 和 V_{IL} 的定义

图 1.12　逻辑电平映射至电压范围

噪声容限

为了使一个门的稳定性较好并且对噪声干扰不敏感，应当使"0"和"1"的区间越大越好。一个门对噪声的灵敏度是由噪声容限 NM_L(低电平噪声容限)和 NM_H(高电平噪声容限)来度量的，它们分别量化了合法的"0"和"1"的范围，并确定了噪声的最大固定阈值：

$$NM_L = V_{IL} - V_{OL}$$
$$NM_H = V_{OH} - V_{IH}$$

(1.8)

噪声容限表示当门如图 1.13 所示连起来时所能允许的噪声电平。显然，为使一个数字电路能工作，这一容限应当大于零，并且越大越好。

再生性

我们希望有大的噪声容限，但这还不够。假设一个信号受到噪声的干扰并偏离了额定电平，只要该信号还在噪声容限之内，它后面所接的门还会继续正常工作，虽然它的输出电压与额定值会有所不同。这一差别将与注入输出节点的噪声相加并传递到下一个门。各种噪声源的影响可以累积起来并最终使信号电平进入不确定区域。但如果门具有再生

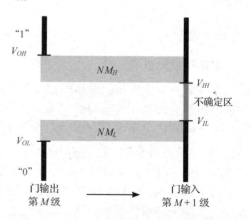

图 1.13　串联的反相器门：噪声容限的定义

性的话这种情况就不会发生。再生性保证一个受干扰的信号在通过若干逻辑级后逐渐收敛回到额定电平中的一个。这一特性可以这样来理解:

把一个输入电压 $v_{in}(v_{in} \in "0")$ 加在一条具有 N 个反相器的链上,如图 1.14(a) 所示。假设在该链中反相器的数目为偶数,当且仅当反相器具有再生性时输出电压 $v_{out}(N \to \infty)$ 等于 V_{OL}。同样,当输入电压 $v_{in}(v_{in} \in "1")$ 加在这条反相器链上时,输出电压将接近额定值 V_{OH}。

例 1.4 再生性

图 1.14(b) 说明了再生性的概念,它画出了一个 CMOS 反相器链模拟的瞬态响应。这个链的输入信号是一个降幅的阶跃波形,降幅可能是由噪声引起的,即 v_0 并不从电源电压到地电压之间摆动,而只在 $2.1 \sim 2.9$ V 的范围内变化。由模拟可以看到当信号逐级通过该链时这一偏差迅速消失。例如,v_1 从 0.6 V 变化到 4.45 V,而 v_2 已经在额定的 V_{OL} 和 V_{OH} 之间摆动了。本例中用到的反相器显然具有再生性。

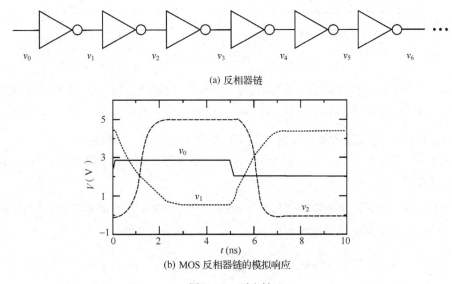

(a) 反相器链

(b) MOS 反相器链的模拟响应

图 1.14 再生性

使一个门具有再生性的条件可以通过分析一个简单情形直观地推导出来。图 1.15(a) 画出了一个反相器的 VTC,即 $V_{out} = f(V_{in})$,以及它的反函数 finv( ),后者将 x 轴和 y 轴的函数互换并定义为

$$in = f(out) \Rightarrow in = \text{finv}(out) \qquad (1.9)$$

假设一个偏离了额定值的电压 v_0 加到链中第一个反相器上。该反相器的输出电压为 $v_1 = f(v_0)$,并被加到下一个反相器上。用图解法,这相应于 $v_1 = \text{finv}(v_2)$。这一信号电压在经过若干反相级后逐渐收敛至额定信号值,如箭头所指。但在图 1.15(b) 中,信号并没有向任何额定电压靠拢,而是收敛至一个中间电平。因此它的特性是非再生性的。这两种情形间的差别是由于门的增益特性不同。要具有再生性,一个门的 VTC 应当具有一个增益绝对值大于 1 的过渡区(即不确定区),该过渡区以两个合法的区域为界,合法区域的增益应当小于 1。这样的一个门具有两个稳定的工作点。这就清楚地定义了构成合法区和过渡区边界的 V_{IH} 和 V_{IL} 的电平。

抗噪声能力

虽然噪声容限对于衡量一个电路相对于噪声的稳定性十分有意义,但这还不够。它描述的是一个电路超过一个噪声源的能力。抗噪声能力则表明系统在噪声存在的情况下正确处理和传递信息的能力[Dally98]。有许多数字电路,它们的噪声容限很小,但却有很好的抗噪声能力,因为它们抑制噪声源而不是压制它。这些电路具有的特性使只有很小一部分可能有破坏力的噪声能耦合至重要的电路节点。更准确地说,噪声源与信号节点间的传递函数比 1 小得多。不具备这一特性的电路则对噪声很敏感。

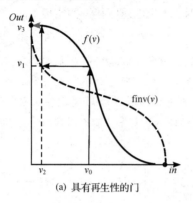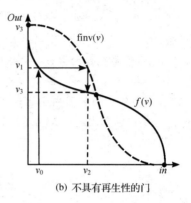

(a) 具有再生性的门　　　　　　　　　　　(b) 不具有再生性的门

图 1.15　具有再生性的条件

为了研究一个门的抗噪声能力,需要规定各个噪声源的噪声指标,即分配给不同噪声源各自所允许的噪声大小。正如前面讨论过的,噪声源可以分为以下两种类型:

- 与信号摆幅 V_{sw} 成正比的噪声。它对信号节点的影响用 $g V_{sw}$ 来表示;
- 固定噪声。它对信号节点的影响等于 $f V_{Nf}$, V_{Nf} 是噪声源的幅值,而 f 是从噪声到信号节点的传递函数。

为了简化起见,假设噪声容限等于信号摆幅的一半(对于 H 和 L 都是如此)。为了能正确工作,噪声容限必须大于耦合噪声值的和:

$$V_{NM} = \frac{V_{sw}}{2} \geqslant \sum_i f_i V_{Nfi} + \sum_j g_j V_{sw} \tag{1.10}$$

给定一组噪声源,可以推导出系统工作所需要的最小信号摆幅:

$$V_{sw} \geqslant \frac{2 \sum_i f_i V_{Nfi}}{1 - 2 \sum_j g_j} \tag{1.11}$$

可以清楚地看到,信号摆幅(以及噪声容限)必须足够大以克服固定噪声($f V_{Nf}$)的影响。另一方面对于内部噪声源的敏感性基本取决于门对噪声的抑制能力,即比例因子或增益因子 g_j。在增益因子较大时,增加信号摆幅对抑制噪声没有任何好处,因为噪声也会按比例增加。在后面的章节中,我们将讨论一些差分逻辑系列,它们能抑制大多数的内部噪声,因而在噪声容限和信号摆幅很小时也不会受影响。

方向性

一个门的方向性要求它是单向的——也就是一个输出电平的变化不应当出现在同一电路的任何一个并未改变的输入上。否则输出信号的翻转就会作为噪声信号反射到这个门的输入上,从而影响信号的完整性。

实际实现的门不可能具有完全的单向性。输出电平的变化不可避免地会部分反馈到输入端,输入和输出间的电容耦合就是这一反馈的典型例子。重要的是要将这些变化减到最小，使它们不会影响输入信号的逻辑电平。

扇入和扇出

扇出表示连接到驱动门输出端的负载门的数目 N（见图 1.16）。增加一个门的扇出会影响它的逻辑输出电平。从模拟放大器中我们知道，通过使负载门的输入电阻尽可能地大（也就是使输入电流最小）并保持驱动门的输出电阻较小（即减小负载电流对输出电压的影响），可以使这一影响减到最小。当扇出较大时，所加的负载会使驱动门的动态性能变差。为此许多通用单元和库单元都定义了一个最大扇出数来保证该单元的静态和动态性能都能满足规定的技术要求。

一个门的扇入定义为该门输入的数目，如图 1.16(b) 所示。扇入较大的门往往比较复杂，这常常会使静态和动态特性变差。

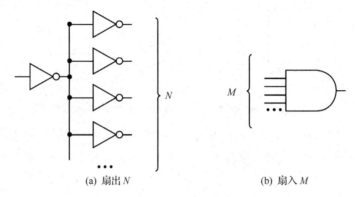

(a) 扇出 N　　　　　(b) 扇入 M

图 1.16　数字门扇出和扇入的定义

理想数字门

基于以上观察，我们可以从一个静态的角度来定义理想的数字门。理想的反相器模型很重要，因为它给了我们一个能判断实际的设计实现好坏的尺度。

这个反相器模型的 VTC 显示在图 1.17 中并具有以下特性：在过渡区有无限大的增益，门的阈值位于逻辑摆幅的中点，高电平和低电平噪声容限均等于这一摆幅的一半。理想门的输入和输出阻抗分别为无穷大和零（即门可以有无限制的扇出数）。虽然这一理想的 VTC 在现实的设计中是不可能的，但某些实现（如静态 CMOS 反相器）与此很接近。

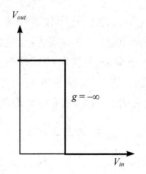

图 1.17　理想的电压传输特性

例 1.5　电压传输特性

图 1.18 是一个实际的早期门结构的例子。直流(DC)参数的值是通过观察这一图形而推导出来的。

$$V_{OH} = 3.5 \, \text{V}; \qquad\qquad V_{OL} = 0.45 \, \text{V}$$

$$V_{IH} = 2.35 \, \text{V}; \qquad\qquad V_{IL} = 0.66 \, \text{V}$$

$$V_M = 1.64 \, \text{V}$$

$$NM_H = 1.15 \, \text{V}; \qquad\qquad NM_L = 0.21 \, \text{V}$$

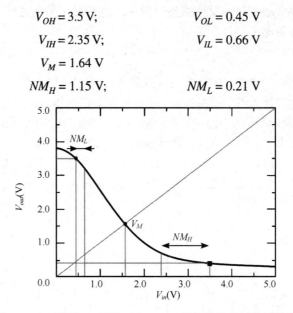

图 1.18　20 世纪 70 年代一个 NMOS 反相器的电压传输特性

　　显然，所观察到的传输特性与理想特性相差甚远。它是不对称的，具有很小的 NM_L 值，并且电压摆幅 3.05 V 大大低于最大可能得到的值 5 V(即这一设计的电源电压值)。

1.3.3　性能

　　从系统设计者的角度来看，一个数字电路的性能表示了它的计算能力。例如，一个微处理器常常是以其每秒钟能执行的指令数为特征的。这一性能同时取决于处理器的体系结构(如它能并行处理的指令数目)以及逻辑电路的实际设计。虽然前者非常重要，但它不是本书的主题。在这方面读者可以参考许多优秀的书籍，如[Hennessy02]。当注意力仅放在设计上时，性能经常用时钟周期的长短(时钟周期时间)或它的速率(时钟频率)来表示。对于一定的工艺和设计，时钟周期的最小值是由许多因素决定的，如信号传播通过逻辑电路所需要的时间、数据出入寄存器所需要的时间以及时钟到达时间的不确定性。本书将详细讨论以上的每一个问题。然而单独一个门的性能是整个性能分析的核心。

　　一个门的传播延时 t_p 定义了它对输入端信号变化的响应有多快。它表示一个信号通过一个门时所经历的延时，定义为输入和输出波形的 50% 翻转点之间的时间，如图 1.19 中一个反相门的情况所示[1]。由于一个门对上升和下降输入波形的响应时间不同，所以需要定义两个传播延时。t_{pLH} 定义为这个门的输出由低至高(或正向)翻转的响应时间，而 t_{pHL} 则为输出由高至低(或负向)翻转的响应时间。传播延时 t_p 定义为这两个时间的平均值：

$$t_p = \frac{t_{pLH} + t_{pHL}}{2} \tag{1.12}$$

　　注意：与 t_{pLH} 和 t_{pHL} 相反，传播延时 t_p 只是一个人为的逻辑门质量指标，本质上没有任何物理意义。它大多用来比较不同的半导体工艺、电路或逻辑设计类型。

---

① 采用 50% 的定义来自于这样的假设，即开关阈值 V_M 一般处在逻辑摆幅的中点上。

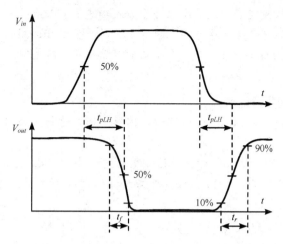

图 1.19　传播延时、上升和下降时间的定义

　　传播延时不仅与电路工艺和拓扑连接有关，还取决于其他因素。最重要的是延时与门的输入输出信号斜率有关。为了定量这些特性，我们引入了上升和下降时间 t_r 和 t_f，它们是用来衡量单个信号波形而不是针对门的(见图 1.19)，并且它们表明了信号在不同电平间的翻转有多快。为了避免无法确定一个翻转实际开始和结束的时间，如图所示把上升和下降时间定义为在波形的 10% 和 90% 点之间。一个信号的上升/下降时间很大程度上取决于驱动门的强度以及它所承受的负载。

　　在比较以不同工艺和电路形式实现的门的性能时，重要的是不要因包括了负载因素、扇入和扇出这样的参数而混淆了整个情形。因此希望有一个一致的方式来衡量一个门的 t_p，以便可以在一个同等的基础上对工艺进行评判。事实上用来度量延时的标准电路是环振，它是由奇数个反相器连成的环状链构成的(见图 1.20)。由于有奇数次反相，这一电路不具有稳定的工作点因而会振荡。振荡周期 T 是由一个信号通过整个链所需的传播时间来决定的，即 $T = 2 \times t_p \times N$，这里 N 是链中反相器的数目。式中有一个系数 2 是因为一个全周期同时要求低至高和高至低两个翻转。注意，这个式子只有在 $2Nt_p \gg t_f + t_r$ 时才成立。如果不满足这一条件，电路有可能不振荡——传播通过这个环的信号的一个"波"将与后续的波相重叠，从而最终减弱这一振荡。一般一个环振至少需要 5 级反相器才能工作。

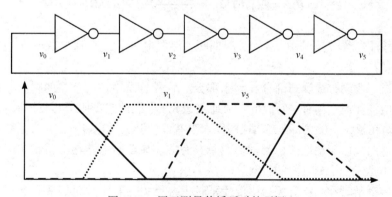

图 1.20　用于测量传播延时的环振

　　注意：我们必须特别谨慎对待从环振测量中得到的结果。$t_p = 20$ ps 并不意味着用这样的门构成的电路可以工作在 50 GHz 的频率。环振测量结果主要对量化不同制造工艺和不同门的拓扑结构之间的差异很有用。环振是一个理想化的电路，其每一个门的扇入和扇出都恰好为 1 并且寄

生负载最小。而在一个较为现实的数字电路中,扇入和扇出都较大,并且不能忽略互连线的延时。门的功能也比一个简单的反相操作要复杂得多。因此平均可达到的时钟频率约为从环振测量得到的频率的1/50至1/100。这只是一个平均的观察结果;通过仔细地优化设计有可能使使用频率更接近理想频率。

例1.6 一阶 RC 网络的传播延时

数字电路常被模拟成图1.21类型的一阶 RC 网络。因此这样一个网络的传播延时是令人感兴趣的。

当加上一个阶跃输入(v_{in} 由 0 至 V)时,这一电路的瞬态响应已知为一个指数函数,并且由以下表达式给出(这里 $\tau = RC$,为网络的时间常数):

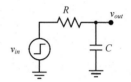

图1.21 一阶 RC 网络

$$v_{out}(t) = (1 - e^{-t/\tau})\, V \qquad (1.13)$$

达到50%点的时间可以很容易计算出为 $t = \ln(2)\,\tau = 0.69\,\tau$。同样,需要 $t = \ln(9)\,\tau = 2.2\,\tau$ 时间从10%达到90%点。应当记住这些数字,因为它们在全书中经常用到。

1.3.4 功耗和能耗

设计电路的功耗决定了每个操作消耗多少能量以及电路耗散多少热量。这些因素会影响许多重要的电路设计决定,如电源容量、电池寿命、电源线尺寸、封装和冷却要求。因此功耗是一个设计的重要特性,它影响到设计的可行性、成本和可靠性。在高性能计算领域中,受芯片封装和散热系统限制的功耗决定了一个单片上可以集成的电路数量以及它们可以切换的速度。随着移动和分布计算的日益普及,能量限制已成为在电池两次充电间时间最短的情况下所能完成计算量的严重限制条件。

针对所面临的设计问题,必须考虑不同的功耗。例如,研究电源线尺寸时,峰值功耗 P_{peak} 很重要。在处理冷却或对电池的要求时,则主要考虑平均功耗 P_{av}。这两个功耗的度量定义如下:

$$P_{peak} = i_{peak} V_{supply} = max[p(t)]$$
$$P_{av} = \frac{1}{T}\int_0^T p(t)\mathrm{d}t = \frac{V_{supply}}{T}\int_0^T i_{supply}(t)\mathrm{d}t \qquad (1.14)$$

式中,$p(t)$ 为瞬时功率,i_{supply} 是在 $t \in [0,\,T]$ 期间从电源电压 V_{supply} 中取出的电流,i_{peak} 是在这一期间 i_{supply} 的最大值。

功耗可以进一步划分成静态部分和动态部分。后者只发生在门开关的瞬间。这是由于对电容充电以及在电源和地之间有一暂时的电流通路造成的,因此它正比于开关频率:发生开关的次数越多,动态功耗越大。反之,静态功耗即使在没有发生开关时也存在,并且是由在电源和地之间的静态导电通路或由于漏电流引起的。它总是存在,甚至当电路在等待状态时也存在。使这一功耗来源最小是一个十分重要的目标。

一个门的传播延时和功耗有关——传播延时主要是由一给定数量的能量能存放在栅电容上的速度来决定的。能量的传送越快(或者说功耗越大)则门越快。对于给定的工艺和门的拓扑结构,功耗和延时的乘积一般为一常数。这一乘积称为功耗-延时积(PDP),它可以作为一个开关器件质量的度量。PDP只不过是一个门的每个开关事件所消耗的能量,环振仍可作为度量一个逻辑系列 PDP 的电路。

一个理想的门应当快速且几乎不消耗能量。能量–延时积(E-D)是把这两个因素放在一起考虑的复合标准，它经常作为最后的质量评价。所以应当很清楚 E-D 相当于功耗–延时^2。

例 1.7　一阶 *RC* 网络的能量损耗

让我们再次考虑一阶 *RC* 网络(见图 1.21)。当加上一个阶跃信号时(V_{in} 由 0 至 V)，信号源向网络提供了一定数量的能量。由信号源传送的总能量(从过渡开始到结束)可以很容易地计算：

$$E_{in} = \int_0^\infty i_{in}(t)v_{in}(t)\mathrm{d}t = V\int_0^\infty C\frac{\mathrm{d}v_{out}}{\mathrm{d}t}\mathrm{d}t = (CV)\int_0^V \mathrm{d}v_{out} = CV^2 \qquad (1.15)$$

可以观察到，对于一个阶跃输入，使电容从 0 充电至 V 所需要的能量是阶跃电压和电容大小的函数，而与电阻的值无关。我们还可以计算出在过渡结束时所传送的能量中有多少存储在电容器上。

$$E_C = \int_0^\infty i_C(t)v_{out}(t)\mathrm{d}t = \int_0^\infty C\frac{\mathrm{d}v_{out}}{\mathrm{d}t}v_{out}\mathrm{d}t = C\int_0^V v_{out}\mathrm{d}v_{out} = \frac{CV^2}{2} \qquad (1.16)$$

这正好是信号源传送能量的一半。有人会问，那么另一半到哪里去了——一个简单的分析表明在这一过程中与此等量的能量变为热消耗在电阻上。我们留给读者来说明在放电阶段(一个从 V 至 0 的阶跃)最初存储在电容上的能量也在电阻上被消耗，然后转变为热。

1.4　小结

本章介绍了数字电路设计的历史和发展趋势，而且还介绍了评价一个设计好坏的重要质量指标：成本、功能、稳定性、性能和能量/功率损耗。

1.5　进一步探讨

数字集成电路设计已成为许多教材和专著的内容。为了帮助读者找到某些内容更多的信息，在下面列出了进一步阅读的参考资料。数字设计领域中的最新进展通常发表在一些科技期刊和会议论文集中，这里列出的是其中最重要的一些。

期刊和会议论文集

IEEE Journal of Solid-State Circuits
IEICE Transactions on Electronics (Japan)
Proceedings of The International Solid-State and Circuits Conference (ISSCC)
Proceedings of the VLSI Circuits Symposium
Proceedings of the Custom Integrated Circuits Conference (CICC)
European Solid-State Circuits Conference (ESSCIRC)

参考书目

MOS

M. Annaratone, *Digital CMOS Circuit Design*, Kluwer, 1986.

T. Dillinger, *VLSI Engineering*, Prentice Hall, 1988.

M. Elmasry, ed., *Digital MOS Integrated Circuits*, IEEE Press, 1981.

M. Elmasry, ed., *Digital MOS Integrated Circuits II*, IEEE Press, 1992.

L. Glasser and D. Dopperpuhl, *The Design and Analysis of VLSI Circuits*, Addison-Wesley, 1985.

A. Kang and Leblebici, *CMOS Digital Integrated Circuits*, 2nd Ed., McGraw-Hill, 1999.

C. Mead and L. Conway, *Introduction to VLSI Systems*, Addison-Wesley, 1980.

K. Martin, *Digital Integrated Circuit Design*, Oxford University Press, 2000.

D. Pucknell and K. Eshraghian, *Basic VLSI Design*, Prentice Hall, 1988.

M. Shoji, *CMOS Digital Circuit Technology*, Prentice Hall, 1988.

J. Uyemura, *Circuit Design for CMOS VLSI*, Kluwer, 1992.

H. Veendrick, Deep-Submicron *CMOS IC's: From Basics to ASICS*, Second Edition, Kluwer Academic Publishers, 2000.

N. Weste and K. Eshraghian, *Principles of CMOS VLSI Design*, Addison-Wesley, 1985, 1993.

高性能设计

K. Bernstein et al, *High Speed CMOS Design Styles*, Kluwer Academic, 1998.

A. Chandrakasan, F. Fox, and W. Bowhill, ed., *Design of High-Performance Microprocessor Circuits*, IEEE Press, 2000.

M. Shoji, *High-Speed Digital Circuits*, Addison-Wesley, 1996.

低功耗设计

A. Chandrakasan and R. Brodersen, ed., *Low-Power Digital CMOS Design*, IEEE Press, 1998.

M. Pedram and J. Rabaey, ed., *Power-Aware Design Methodologies*, Kluwer Academic, 2002.

J. Rabaey and M. Pedram, ed., *Low-Power Design Methodologies*, Kluwer Academic, 1996.

G. Yeap, *Practical Low-Power CMOS Design*, Kluwer Academic, 1998.

存储器设计

K. Itoh, *VLSI Memory Chip Design*, Springer, 2001.

B. Keeth and R. Baker, *DRAM Circuit Design*, IEEE Press, 1999.

B. Prince, *Semiconductor Memories*, Wiley, 1991.

B. Prince, *High Performance Memories*, Wiley, 1996.

D. Hodges, *Semiconductor Memories*, IEEE Press, 1972.

互连和封装

H. Bakoglu, *Circuits, Interconnections, and Packaging for VLSI*, Addison-Wesley, 1990.

W. Dally and J. Poulton, *Digital Systems Engineering*, Cambridge University Press, 1998.

E. Friedman, ed., *Clock Distribution Networks in VLSI Circuits and Systems,* IEEE Press, 1995.

J. Lau et al, ed., *Electronic Packaging: Design, Materials, Process, and Reliability*, McGraw-Hill, 1998.

设计工具和方法学

V. Agrawal and S. Seth, *Test Generation for VLSI Chips*, IEEE Press, 1988.

D. Clein, *CMOS IC Layout*, Newnes, 2000.

G. De Micheli, *Synthesis and Optimization of Digital Circuits*, McGraw-Hill, 1994.

S. Rubin, *Computer Aids for VLSI Design*, Addison-Wesley, 1987.

J. Uyemura, *Physical Design of CMOS Integrated Circuits Using L-Edit*, PWS, 1995.

A. Vladimirescu, *The Spice Book*, John Wiley and Sons, 1993.

W. Wolf, *Modern VLSI Design*, Prentice Hall, 1998.

双极型和 BiCMOS

A. Alvarez, *BiCMOS Technology and Its Applications*, Kluwer, 1989.

M. Elmasry, ed., *BiCMOS Integrated Circuit Design,* IEEE Press, 1994.

S. Embabi, A. Bellaouar, and M. Elmasry, *Digital BiCMOS Integrated Circuit Design*, Kluwer, 1993.

综述

J. Buchanan, *CMOS/TTL Digital Systems Design*, McGraw-Hill, 1990.

H. Haznedar, *Digital Micro-Electronics*, Benjamin/Cummings, 1991.

D. Hodges and H. Jackson, *Analysis and Design of Digital Integrated Circuits*, 2nd ed., McGraw-Hill, 1988.

M. Smith, *Application-Specific Integrated Circuits*, Addison-Wesley, 1997.

R. K. Watts, *Submicron Integrated Circuits*, Wiley, 1989.

参考文献

[Bardeen48] J. Bardeen and W. Brattain, "The Transistor, a Semiconductor Triode," *Phys. Rev.*, vol. 74, p. 230, July 15, 1948.

[Beeson62] R. Beeson and H. Ruegg, "New Forms of All Transistor Logic," *ISSCC Digest of Technical Papers*, pp. 10–11, Feb. 1962.

[Dally98] B. Dally, *Digital Systems Engineering,* Cambridge University Press, 1998.

[Faggin72] F. Faggin, M.E. Hoff, Jr, H. Feeney, S. Mazor, M. Shima, "The MCS-4 - An LSI MicroComputer System," 1972 IEEE Region Six Conference Record, San Diego, CA, pp. 1–6, April 1972.

[Harris56] J. Harris, "Direct-Coupled Transistor Logic Circuitry in Digital Computers," *ISSCC Digest of Technical Papers*, p. 9, Feb. 1956.

[Hart72] C. Hart and M. Slob, "Integrated Injection Logic—A New Approach to LSI," *ISSCC Digest of Technical Papers*, pp. 92–93, Feb. 1972.

[Hoff70] E. Hoff, "Silicon-Gate Dynamic MOS Crams 1,024 Bits on a Chip," *Electronics,* pp. 68–73, August 3, 1970.

[Intel01] "Moore's Law", *http://www.intel.com/research/silicon/mooreslaw.htm*

[Masaki74] A. Masaki, Y. Harada and T. Chiba, "200-Gate ECL Master-Slice LSI," *ISSCC Digest of Technical Papers,* pp. 62–63, Feb. 1974.

[Moore65] G. Moore, "Cramming more Components into Integrated Circuits," Electronics, Vol. 38, Nr 8, April 1965.

[Murphy93] B. Murphy, "Perspectives on Logic and Microprocessors," *Commemorative Supplement to the Digest of Technical Papers, ISSCC*, pp. 49–51, San Francisco, 1993.

[Norman60] R. Norman, J. Last and I. Haas, "Solid-State Micrologic Elements," *ISSCC Digest of Technical Papers*, pp. 82–83, Feb. 1960.

[Hennessy02] J. Hennessy, D. Patterson, and David Goldberg, *Computer Architecture A Quantitative Approach*, Third Edition, Morgan Kaufmann Publishers, 2002.

[Saleh01] R. Saleh, M. Benoit, and P, McCrorie, "Power Distribution Planning", Simplex Solutions, *http://www.simplex.com/wt/sec.php?page_name=wp_powerplan*

[Schockley49] W. Schockley, "The Theory of pn Junctions in Semiconductors and pn-Junction Transistors," *BSTJ*, vol. 28, p. 435, 1949.

[Shima74] M. Shima, F. Faggin and S. Mazor, "An N-Channel, 8-bit Single-Chip Microprocessor," *ISSCC Digest of Technical Papers,* pp. 56–57, Feb. 1974.

[Swade93] D. Swade, "Redeeming Charles Babbage's Mechanical Computer," *Scientific American,* pp. 86–91, February 1993.

[Wanlass63] F. Wanlass, and C. Sah, "Nanowatt logic Using Field-Effect Metal-Oxide Semiconductor Triodes," *ISSCC Digest of Technical Papers,* pp. 32–32, Feb. 1963.

习题

请访问 http://icbook.eecs.berkeley.edu/以得到即时更新的思考题和习题。通过把习题以电子版而不是以印刷品的形式呈现给读者，我们可以提供一个动态的环境来跟踪当今数字集成电路设计技术的飞速进展。

第 2 章　制 造 工 艺

- 制造工艺概述
- 设计规则
- IC 封装
- 数字电路工艺的未来趋势

2.1　引言

大多数数字设计者将不会涉及制造工艺的细节，虽然制造工艺是半导体革命的核心。然而深入了解一下硅芯片的制造步骤能帮助我们更好地理解对一个集成电路的设计者来说有哪些实际的限制以及制造工艺对诸如成本这样的问题有什么影响。

本章将简要叙述在现代集成电路制造工艺中所采用的步骤和技术。我们的目的不是去描述制造工艺的细节，这足以构成一整门课程的内容[Plummer00]。我们的目的是要给出整个工艺流程的一般轮廓和各工艺步骤之间的相互关系。我们知道一套光学掩模在制造工艺本身与用户希望看到的转化到硅结构上的设计之间建立起了主要的联系。掩模定义了转移到半导体材料不同工艺层上的图形，由此形成了电子器件的元件和互连线。因此，如果希望最终的电路能够完全工作，这些图形必须遵守用最小宽度和间距表示的某些限制。这些限制的汇总称为设计规则，其作用如同电路设计者和工艺工程师之间的协议。如果设计者遵守这些规则，则保证了他设计的电路能制造出来。本章概述了现代 CMOS 工艺中遇到的一般设计规则，以及对 IC 封装选择的考虑。封装是硅芯片上实现的电路与外界之间的接口，因此它对于集成电路的性能、可靠性、寿命以及成本都有重要的影响。

2.2　CMOS 集成电路的制造

图 2.1 是一个典型 CMOS 反相器简化的截面图。CMOS 工艺要求把 n 沟道（NMOS）和 p 沟道（PMOS）晶体管都建在同一硅材料上。为了能同时容纳这两种器件，需要形成一个称为阱的特殊区域，在这个区域中半导体材料的类型与沟道的类型相反。一个 PMOS 晶体管只能建立在 n 型衬底或 n 阱内，而一个 NMOS 器件则处于 p 型衬底或 p 阱内。图 2.1 的截面图描述的是一个 n 阱 CMOS 工艺的特点，在这里 NMOS 晶体管在 p 掺杂的衬底上实现，而 PMOS 器件则处在 n 阱中。在现代工艺中越来越多地采用双阱工艺，它既有 n 阱又有 p 阱，生长在一个外延层的上面，如图 2.2 所示。

CMOS 工艺需要经过许多工艺步骤来完成，每一步骤包含一系列基本操作。其中许多步骤或操作在工艺制造过程中是反复进行的。因此我们暂不深入介绍整个工艺流程，而是先讨论原始材料，然后仔细考察那些最经常重复进行的操作。

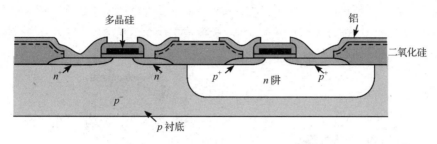

图 2.1　一个 n 阱 CMOS 工艺的截面图

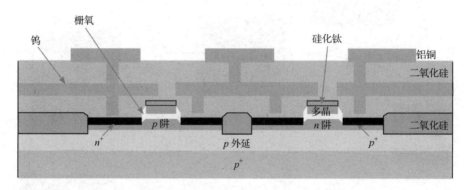

图 2.2　现代双阱 CMOS 工艺的截面图

2.2.1　硅圆片

制造工艺的基础材料是一个单晶轻掺杂圆片。这些圆片的典型直径在 4～12 英寸(即 10～30 cm)之间,厚度最多为 1 mm。它们是通过把一个单晶锭切成薄片得到的(见图 2.3)。一个初始的 p^- 型圆片的掺杂水平约为 2×10^{21} 杂质/m³ 左右。通常圆片的表面掺杂重些,并且在交付制造公司之前还要在圆片表面生长一层类型相反的单晶外延层。基础材料的缺陷密度是一个重要的衡量指标。缺陷密度高会加大不工作电路的比例,从而增加最终产品的成本。

图 2.3　单晶锭和切成薄片的圆片(摘自[Fullman99])

2.2.2　光刻

在每一个工艺步骤中,芯片的某些区域采用合适的光掩模遮蔽起来,从而使所需要进行的工艺步骤能够有选择地应用在芯片的其余区域。这一工艺步骤可以用于很广泛的目的,包括氧化、刻蚀、金属和多晶硅淀积以及离子注入。实现这一选择性掩蔽的技术称为光刻,它应用于生产工艺的整个过程中。图 2.4 概括了典型光刻工艺所包括的不同操作,有下列几个步骤。

1. 氧化层。这一选择步骤通过将圆片暴露在约 1000℃ 的高纯度氧和氢的混合气体中使在圆片的整个表面淀积上一层很薄的 SiO_2。氧化层用做绝缘层,同时也形成晶体管的栅。
2. 涂光刻胶。通过旋转圆片在其上均匀涂上一层厚约 1 μm 的光敏聚合物(类似于乳胶)。这种材料原本能溶于有机溶剂,但在曝光之后具有了聚合物交键的特性,从而使受到曝光影响的区域不可溶。这种类型的光刻胶称为负胶。一个正胶具有相反的特性:原本不可溶,但曝光后可溶。如果正负胶都用,那么同一个掩模常常可以用于两个步骤,形成工艺需要的互补区域。由于随着工艺尺寸的缩小,掩模成本也在迅速增加,所以减少掩模的数量无疑是优先考虑的问题。

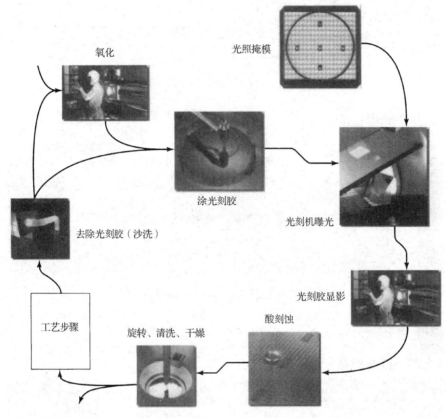

图 2.4　一个光刻过程的典型操作步骤(摘自[Fullman99])

3. 光刻机曝光。它把一个含有我们要转移到硅上的图形的玻璃掩模(或光栅)靠近圆片。掩模上需要加工的区域是不透明的,其余部分是透明的(假设使用的是负光刻胶)。可以把玻璃掩模看成微电路一个工艺层的负片。现在把掩模和圆片组合一起在紫外光下曝光。在掩模透明的地方光刻胶就变成不可溶的了。

4. 光刻胶的显影和烘干。用酸或碱溶液显影圆片,去掉未曝光部分的光刻胶。经过这一去除过程后,即可把圆片放在低温下慢慢烘干使留下的光刻胶变硬。

5. 酸刻蚀。去掉圆片上未被光刻胶覆盖部分的材料。这一过程通过使用许多不同类型的酸、碱溶液和腐蚀剂与要移去的材料作用来完成。许多使用化学品的工作都是在大而湿的工作台上进行的,在台上配有用于特定目的的特殊溶液。由于这些溶液中有些是有危险的,所以安全性和对环境的影响是一个主要的考虑因素。

6. 旋转、清洗和干燥。采用一种特殊的工具(称为 SRD)用去离子水来清洗圆片,再用氮气将其干燥。现代半导体器件的微小尺寸意味着即便是最小的灰尘颗粒或污物也会破坏电路。为了防止这一点,工艺过程是在超净室中完成的,在这里每立方英尺空间中灰尘颗粒的数目在 1 至 10 之间。因此应尽可能采用圆片自动运送和机器人操作。这就解释了为什么现代最先进工艺设备的造价很容易就会达到几十亿美元。即便如此,仍必须不断地清洗圆片以避免污染和去除前一个工艺步骤的遗留物。

7. 各种工艺加工步骤。现在可以对圆片的暴露部分进行各种加工,如离子注入、等离子刻蚀或金属淀积。这些将在下一节中介绍。

8. 去除光刻胶(即"沙洗")。用高温等离子体有选择地去除剩下的光刻胶而不破坏器件层。

图 2.5 说明了运用光刻工艺的一个具体例子,即形成 SiO_2 层的图形。图中的工艺步骤确切表现了这一半导体材料层的形成过程,它看起来似乎非常复杂。然而读者应当记住,这同一序列步骤使整个圆片表面都在形成这一层图案。因此这是一个并行的过程,它把千百万个图形同时转移到半导体表面上。光刻工艺的这种并行性和可伸缩性使廉价生产复杂的半导体电路成为可能,这也是半导体工业在经济上能够成功的核心。

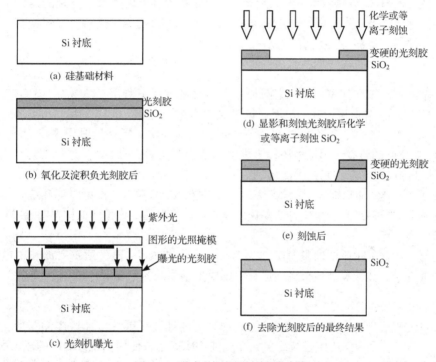

图 2.5 形成 SiO_2 图形的工艺步骤

集成电路最小特征尺寸的不断缩小已成为半导体制造设备开发者的沉重负担。对于光刻工艺更是如此。要转移的特征尺寸超出光源的波长范围使达到所需要的分辨率和精度变得越来越困难。到目前为止,电气工程已将这一工艺的寿命延长到至少可以达到 100 nm(即 0.1 μm)的工艺水平。如光掩模校准(OPC)这样的技术把所画的设计图形先"预修正",以抵消当线条接近光刻所用光源波长时所产生的衍射现象。这就大大增加了制作掩模的费用。在可预见的未来,可能会需要能提供更高分辨率的其他解决办法,如使用超紫外线(EUV)、X 射线或电子束等。这些技术虽然非常有效,但目前由于经济方面的原因尚缺乏吸引力。

2.2.3 一些重复进行的工艺步骤

扩散和离子注入

集成电路制造工艺的许多步骤都要求改变材料某些部分的掺杂浓度。这些例子包括源区、漏区、阱和衬底接触的形成,多晶掺杂以及器件阈值的调整。引入这些掺杂剂有两种工艺方法——扩散和离子注入。在这两种工艺中,要掺杂的区域暴露在外,而圆片的其余部分则用一种缓冲材料层覆盖,一般为 SiO_2。

在扩散注入中圆片放在一个石英管内,置入加热炉中,向管内通入含有掺杂剂的气体。炉子的高温一般在 900 ~ 1100℃,使掺杂剂同时垂直和水平地扩散入暴露的表面部分。最终掺杂剂的浓度在表面最大并随进入材料的深度按高斯分布降低。

在离子注入中掺杂剂以离子形式进入材料。离子注入系统引导纯化了的离子束扫过半导体表面,离子的加速度决定了它们穿透材料的深度,而离子流的大小和注入时间决定了剂量。离子注入法可以独立控制注入深度和剂量,这就是现代半导体制造业大部分已用离子注入取代扩散的原因。

但是离子注入具有一些不良的副作用,其中最主要的是破坏晶格。高能量注入过程中原子核碰撞造成的衬底原子移位使材料出现缺陷。这一问题大多可以通过接下来的退火工序得到解决。在这一工序中,圆片被加热到接近 1000℃ 并保持 15 ~ 30 分钟,然后再慢慢冷却。这一加热过程使原子因热而产生振动,从而使它们可以重新键合。

淀积

任何一个 CMOS 工艺都需要在整个圆片表面上反复淀积材料层,以作为一个工艺步骤的缓冲层,或作为绝缘层/导电层。我们已经讨论过氧化工艺,它是在圆片上生长 SiO_2 层。淀积其他材料要求不同的工艺。例如,氮化硅(Si_3N_4)在形成场氧和注入阻挡层时用来作为缓冲材料(牺牲层)。这一氮化硅的所有淀积都采用称为化学气相淀积(CVD)的工艺。这一工艺以气相反应为基础,通过加热到850℃左右来提供能量。

另一方面,多晶的淀积则采用化学淀积工艺,它在 650℃ 左右的温度时将硅烷气体通过覆盖有 SiO_2 的热圆片。反应结果产生一种非晶体的材料,称为多晶。为了增加材料的导电性,淀积之后必须进行注入工序。

铝互连层一般都采用所谓的溅射工艺。铝在真空中被蒸发,蒸发所需要的热由电子束或离子束的轰击来提供。如铜等其他金属互连材料则要求不同的淀积技术。

刻蚀

材料一旦淀积之后,就可以用有选择的刻蚀来形成如连线或接触孔这样的图形。我们已介绍过湿刻蚀工艺,它是用酸或碱溶液。例如在刻蚀 SiO_2 时常常使用氟化铵缓冲的氢氟酸。

近年来干法或等离子刻蚀已经得到很大的发展。圆片被放入一个刻蚀设备的操作腔,并使之带上负电荷。操作腔被加热到 100℃ 并抽真空到 7.5 Pa,然后充以带正电荷的等离子体(通常是氮气、氯气和三氯化硼的混合物)。两种相反的电荷使快速移动的等离子分子排列成垂直方向,形成一种微观的化学和物理的"喷沙"效应,以此去掉暴露在外的材料。等离子刻蚀的优点是刻蚀的方向性好,因此所形成的图案轮廓垂直清晰。

平坦化

半导体表面的平整度对于保证在其上能可靠地淀积材料层是非常关键的。现代 CMOS 工艺如果未采取特殊的步骤就肯定会有问题。因为在现代 CMOS 工艺中有很多形成图形的金属互连层一层叠一层,因此,每次在绝缘的 SiO_2 层上再淀积一层金属层之前,都必须有一个化学机械平坦化(CMP)的步骤。这一工艺使用一种软膏状化合物(一种含有如氧化铝或二氧化硅等悬浮研磨剂的液体载体)精细地磨平器件层并减小台阶的高度。

2.2.4　简化的 CMOS 工艺流程

图 2.6 粗略概括了一个可能的 CMOS 工艺流程。该工艺从定义有源区开始,晶体管就在这些

区域中形成。芯片的其余部分将覆盖一层厚的二氧化硅（SiO_2），称为场氧。这些氧化物作为相邻器件之间的绝缘体，它们或者生长（如图 2.1 所示的工艺）或者淀积在刻蚀出来的沟槽中（见图 2.2），因此称为沟槽绝缘（trench insulation）。再增加一个反向偏置的 np 二极管可以提供进一步的绝缘，这是通过在场氧下面增加一个称为沟道阻挡注入（channel-stop implant）或称场注（field implant）的额外 p^+ 区形成的。接着，通过离子注入形成轻掺杂的 p 阱和 n 阱。为了在 p 阱中形成一个 NMOS 晶体管，要将重掺杂的 n 型源区和漏区注入（或扩散）到轻掺杂的 p 型衬底。一层称为栅氧的 SiO_2 薄层隔在源区和漏区之间的区域上，栅氧本身表面覆盖有导电的多晶体硅（或简称多晶硅）。该导电材料形成了晶体管的栅。PMOS 晶体管以同样的方式在 n 阱中形成（只是把 n 型与 p 型互换一下）。许多相互隔离的金属（最通常为铝）导线层淀积在这些器件的上面，以提供晶体管之间所需要的互连线。

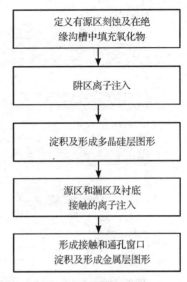

图 2.6 制造双阱 CMOS 电路
工艺顺序的简化图

（图中方框文字，自上而下：）
定义有源区刻蚀及在绝缘沟槽中填充氧化物
阱区离子注入
淀积及形成多晶硅层图形
源区和漏区及衬底接触的离子注入
形成接触和通孔窗口淀积及形成金属层图形

工艺流程中更详细的各个工艺步骤以及它们对半导体材料的影响显示在图 2.7 中。虽然有了前面的介绍，但还是有必要对各个操作进行一些说明。整个工艺从一个 p 型衬底开始，它的表面是一层轻掺杂的 p 型外延层（a）。之后淀积一层很薄的 SiO_2，它在以后将成为晶体管的栅氧层，然后再淀积上一层较厚的氮化硅牺牲层（b）。接着利用有源区掩模的互补区域进行等离子刻蚀，以形成隔离器件的沟槽（c）。在完成沟道阻挡注入后，沟槽内填满 SiO_2，接着进行一系列的工序来平整表面（包括刻蚀与有源区图形相反区域的氧化物以及化学机械平坦化）。这时，氮化硅牺牲层被移去（d）。用 n 阱掩模曝光 n 阱区域（圆片的其余部分为一层厚缓冲材料所覆盖），之后进行注入-退火工序来调整阱的掺杂。接着是第二次注入步骤以调整 PMOS 管的阈值电压。这一注入只对栅氧层下面区域的掺杂产生影响（e）。采用类似的操作（用其他掺杂剂）来形成 p 阱并调整 NMOS 管的阈值（f）。借助多晶硅掩模的帮助将一多晶硅薄层进行化学淀积并形成图形。多晶硅用来作为晶体管的栅电极和互连线材料（g）。依次用离子注入分别对 PMOS 和 NMOS 晶体管的源区和漏区（p^+ 和 n^+）进行掺杂（h），在此之后，刻蚀掉未被多晶硅覆盖的栅氧薄层[①]。同样的注入也用来对多晶硅表面进行掺杂以减小它的电阻率。未掺杂的多晶硅具有非常高的电阻率。注意，在掺杂之前形成图形的多晶硅栅实际确定了沟道区的确切位置，从而也确定了源区和漏区的位置。这一过程称为自对准工艺，它使源和漏这两个区域相对于栅具有非常精确的位置。自对准有助于减小晶体管中的寄生电容。接下来的工艺步骤是淀积多层金属互连层。它们包括下列重复进行的步骤（i~k）：淀积绝缘材料（多为 SiO_2），刻蚀接触孔或通孔，淀积金属（多为铝和铜，但在较低的互连层中也常使用钨），以及形成金属层图形。在这中间的平坦化步骤采用化学机械抛光（CMP），以保证即便存在多个互连层时表面仍保持适度的平整。在最后一层金属淀积之后，最终要淀积一层钝化层即覆盖玻璃来加以保护。这一层一般是 CVD SiO_2，但常常还要再淀积一层氮化物，因为它的防潮性能更好。最后一步工序是刻蚀出用来焊接引线的压焊块的开孔。

[①] 大多数现代工艺也采用额外的注入来形成轻掺杂的漏区（LDD），并同时形成栅的间隔层。为简单起见，我们在此将其省略。

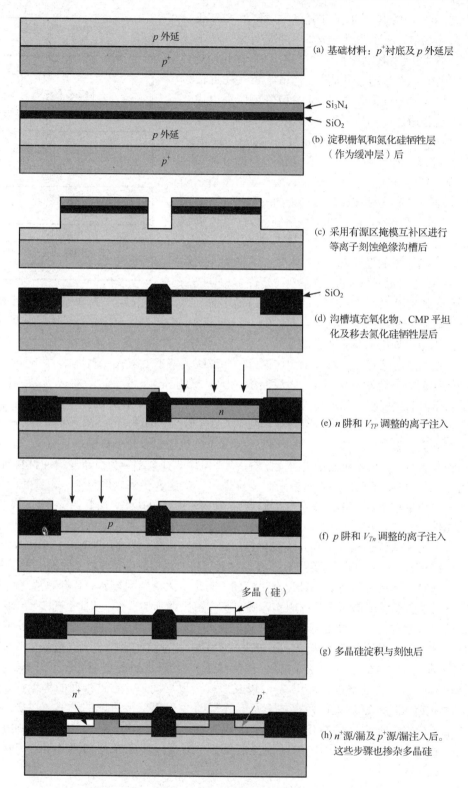

(a) 基础材料：p^+衬底及p外延层

(b) 淀积栅氧和氮化硅牺牲层（作为缓冲层）后

(c) 采用有源区掩模互补区进行等离子刻蚀绝缘沟槽后

(d) 沟槽填充氧化物、CMP平坦化及移去氮化硅牺牲层后

(e) n阱和V_{TP}调整的离子注入

(f) p阱和V_{Tn}调整的离子注入

(g) 多晶硅淀积与刻蚀后

(h) n^+源/漏及p^+源/漏注入后。这些步骤也掺杂多晶硅

图2.7　双阱CMOS工艺中制造NMOS管和PMOS管的工艺流程。注意这一流程图的画法只是为了便于理解，图中的尺寸比例与真实情况并不一致

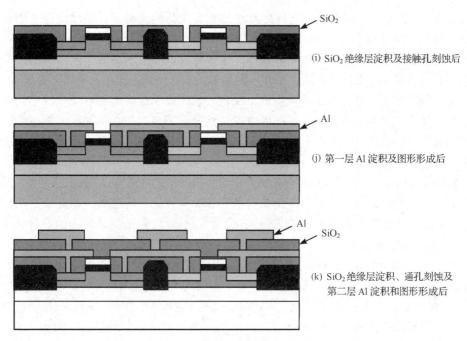

图 2.7(续)　双阱 CMOS 工艺中制造 NMOS 管和 PMOS 管的工艺流程。注意这一流程
图的画法只是为了便于理解,图中的尺寸比例与真实情况并不一致

图 2.8 是最终产品的截面图。注意,晶体管只占了整个结构高度的很小一部分,而互连层则占据了垂直方向尺寸的绝大部分。

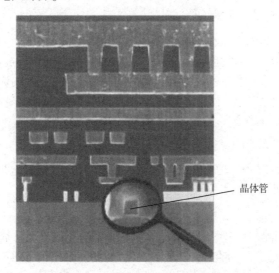

图 2.8　现代 CMOS 工艺的截面图

2.3　设计规则——设计者和工艺工程师之间的桥梁

随着工艺越来越复杂,要求设计者了解难懂的制造工艺以及说明不同掩模之间的关系肯定会成为一个问题。定义一组设计规则的目的就是为了能很容易地把一个电路概念转换成硅上的几何图形。设计规则的作用就是电路设计者和工艺工程师之间的接口,或者甚至可以说是他们之间的协议。

电路设计者一般都希望使设计更紧凑、尺寸更小,因为这样就可以得到更高的性能和电路密度。另一方面，工艺工程师则希望工艺具有再现性和有较高的成品率。因此设计规则是折中这些希望以满足他们双方要求的"协议"。

设计规则提供了一组制造各种掩模的指南，这些掩模是形成图案的工艺过程所必需的。它们包括图形允许的最小宽度以及在同一层和不同层上图形之间最小间距的限制与要求。

一组设计规则定义中最基本的要素是最小线宽。它代表了掩模上能够安全转移到半导体材料上的最小尺寸。一般最小线宽是由图案形成工艺的分辨率来确定的，这些工艺通常以光刻工艺为基础。更先进的方法是采用电子束 EUV 或 X 射线，它们都能提供更精细的分辨率，但从经济的角度看目前尚缺乏吸引力。

即便同样是最小尺寸，设计规则也常常因公司与公司及工艺与工艺的不同而有差异。这就使在不同工艺中移植一个现有的设计成为一个耗时的工作。对付这一问题的一种方法是利用先进的 CAD 技术，它能使设计在互相兼容的工艺间转换。另一种方法是采用可伸缩的设计规则。它由 Mead 和 Conway 提出并被普遍接受[Mead80]。这一方法将所有的规则定义为与单个参数有关，这个参数通常称为 λ。这一规则的确立是要使一个设计能够很容易地移植到工业界的一些典型生产工艺上。最小尺寸的缩放只需通过改变 λ 的值来完成。它使所有的尺寸按线性缩放。对于一个给定的工艺，λ 设定为一个特定的值，于是所有的设计尺寸可随即转换成一组具体的数字。一般来说，一个工艺的最小线宽设为 2λ。例如对于一个 0.25 μm 工艺(即最小线宽为 0.25 μm 的工艺)，λ 等于 0.125 μm。

这一方法虽然有吸引力，但有两个缺点：

1. 线性缩放只能在有限的尺寸范围内进行(例如，在 0.25 μm 和 0.18 μm 之间)。如果缩放的范围较大，那么在不同工艺层之间的关系往往按非线性变化，因此线性缩放规则不再适用。
2. 可缩放设计规则是保守的：它们代表了不同工艺技术的典型情况，因此必须代表所有情况中最坏情况的规则。其结果是使设计尺寸过大和设计密度较小。

由于这些和其他一些原因，工业界通常避免使用可缩放设计规则①。由于电路密度在工业界设计中是一个主要的目标，大多数半导体公司常常使用微米规则(micron rules)，即设计规则用绝对尺寸来表示，因而可以最大限度地挖掘一个给定工艺的特性。采用这些规则进行工艺之间的缩放和设计移植工作的要求更高，而且必须通过手工或先进的 CAD 工具来完成。

在本书中选择了"vanilla"0.25 μm CMOS 工艺作为我们实现设计所用的工艺。本节的余下部分将简短介绍和概括这一工艺的设计规则，它们属于微米规则的范畴。一组完整的设计规则由下列几部分组成：一组工艺层、同一层中各图形之间的关系以及不同层上图形之间的关系。我们将依次讨论它们当中的每一个。

工艺层的表示

工艺层的概念是将当前在 CMOS 中使用的难以理解的一组掩模转化成一组简单的概念化的版图层，它们对电路设计者来说更为直观。从设计者的角度看，所有的 CMOS 设计都基于下列内容：

- 衬底和/或阱，它们有 p 型(对 NMOS 器件)和 n 型(对 PMOS 器件)。
- 扩散区(n^+ 和 p^+)，它们定义了可以形成晶体管的区域，这些区域通常称为有源区。另外还需要相反类型的扩散以形成连接阱或衬底的接触。这些都称为选择区。
- 一个或多个多晶硅层，用以形成晶体管的栅电极(但同时也用做互连层)。
- 多个金属互连层。

---

① λ 设计规则虽然并不完全精确，但在估计工艺伸缩对设计面积的影响时仍然非常有用。

● 接触孔和通孔, 提供层与层之间的连接。

一个版图是许多个多边形的组合, 每一个多边形属于某一工艺层。电路的功能取决于所选择的工艺层以及在不同工艺层上图形间的相互作用。例如, 一个 MOS 管是由扩散层和多晶硅层的交叉部分构成的; 两个金属层之间的互连是由两个金属层和一个附加接触孔层的交叉部分构成的。为了看清这些关系, 规定每一层使用一种标准颜色 (或在黑白图中使用不同的带点图案)。在本书中 CMOS 工艺的不同工艺层显示在彩图 1 中①。

层内限制规则

第一组规则定义了在每一层中图形的最小尺寸, 以及在同一层中图形间的最小间距。所有的距离都用 μm 来表示。这些限制以示图的形式显示在彩图 2 中。

层间限制规则

工艺层之间的规则常常更为复杂。由于涉及许多层, 所以要看清它们的意义或功能更为困难。对版图的理解需要具有将所画的二维版图想像成三维实际器件的能力。这需要一些练习。

我们分组列出了这些规则:

1. 晶体管规则 (见彩图 3)。一个晶体管是由有源层和多晶层重叠而成。层内设计规则已清楚表明晶体管的最小长度等于 0.24 μm (即多晶硅的最小宽度), 而其宽度至少为 0.3 μm (即扩散的最小宽度)。附加的规则包括有源区与阱边界间的距离、有源区对栅的覆盖以及栅对有源区的覆盖。

2. 接触和通孔规则 (见彩图 2 和彩图 4)。接触 (连接金属和有源区或多晶硅) 或通孔 (连接两个金属层) 是通过使两个要互连的层重叠并在两者之间提供一个充以金属的接触孔而成。在我们的工艺中, 接触孔的最小尺寸为 0.3 μm, 而多晶硅和扩散层必须至少超出接触孔区域外 0.14 μm。这就确定了接触的最小面积为 0.44 μm × 0.44 μm。这比最小尺寸的晶体管还大! 因此布线时应当避免过多地在不同互连层之间变动。此外, 该图还指出了接触和通孔之间的最小间距以及它们与周围工艺层的关系。

3. 阱和衬底接触 (见彩图 5)。阱和衬底区与电源电压的良好连接对于所设计数字电路的稳定性非常重要。做不到这一点会造成晶体管衬底接触与电源线之间的电阻, 从而可能导致破坏性的寄生效应, 如闩锁。因此建议采用多个衬底 (阱) 的接触遍布整个区域。为了在用 metal1 实现的电源线和一个 p 型材料间建立起一个欧姆接触, 必须提供一个 p^+ 扩散区。这可以用选择层来完成, 它与扩散层的类型相反。有关使用选择层的一些规则表示在彩图 5 中。

考虑一个 n 阱工艺, 它在一个扩散在 p 型材料中的 n 阱中实现 PMOS 晶体管, 标称的扩散为 p^+。为了得到极性相反的扩散区, 需要用一个 n 选择层在 n 区内帮助建立一个 n^+ 扩散区, 以形成阱接触以及衬底中 NMOS 管的源区和漏区。

版图验证

确保没有违反任何设计规则是对设计过程的基本要求。做不到这一点的设计几乎肯定会是一个不能正确工作的设计。然而对于一个可能包含数百万个晶体管的复杂设计来说要做到这一点也并不是一件容易的事情, 特别是当有些设计规则比较复杂的时候。过去的设计队伍通常要花费大量的时间检查一个房间那么大面积的版图, 但现在这些工作大部分都由计算机来完成。

---

① 彩图可通过华信教育资源网 (www.hxedu.com.cn) 注册下载。——编者注

计算机辅助设计规则检查(DRC)几乎是当今生产的每一个芯片的整个设计周期中不可缺少的一部分。许多版图工具甚至能完成在线 DRC 并在设计构思版图时就能在后台运行设计规则检查。

例2.1　版图举例

图2.9是一个反相器完整版图的例子。为了使工艺过程更形象化，图中包括了一个在该设计中心线处的工艺截面图及一个电路图。

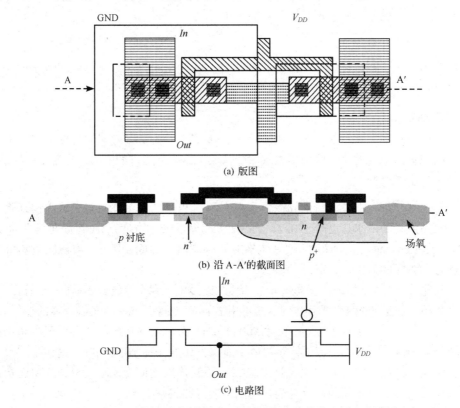

(a) 版图

(b) 沿 A-A'的截面图

(c) 电路图

图2.9　一个详细的版图例子，包括垂直的工艺截面图和电路图

作为练习请读者自己确定 NMOS 和 PMOS 晶体管的尺寸。

2.4　集成电路封装

集成电路封装对元件的工作和性能起着极为重要的作用。除了提供信号及电源线进出硅芯片的界面之外，它还能移去由电路产生的热并为芯片提供机械支持。最后，它还保护芯片免受如潮湿等外界环境条件的影响。

此外，封装技术对微处理器或信号处理器的性能及功耗也有重要的影响。随着时间的推移，由于工艺尺寸的缩小使芯片内部的信号延时和片上电容减小，这一影响正在变得越来越大。当前，一个高性能计算机高达50%的延时来自封装的延时，而且这一数字预期还会上升。近年来已加快了对具有较少寄生电感和电容的高性能封装的开发。在单个芯片上能集成的电路复杂性的增加意味着需要更多的输入/输出引线，因为连向片外的连线数目往往大致与芯片上电路的复杂性成正比。IBM 公司的 E. Rent 首先注意到了这一关系(发表于[Landman71])，他把这总结为一个近似的经验公式，并称为 Rent 定律。这一公式将输入/输出引线的数目和以逻辑门数目衡量的电路复杂性联系在了起来，可写为

$$P = K \times G^{\beta} \tag{2.1}$$

式中，K 是每个门 I/O 的平均数目，G 是门的数目，β 是 Rent 指数，P 是连到芯片上的 I/O 引线的数目。β 值在 0.1 到 0.7 之间，这个值很大程度上取决于电路的应用领域、体系结构和组织方式，如表 2.1 所示。显然，微处理器的输入/输出特性与存储器有很大的差别。

表 2.1　各类系统的 Rent 常数（[Bakoglu90]）

应用	β	K
静态存储器	0.12	6
微处理器	0.45	0.82
门阵列	0.5	1.9
高速计算机(芯片)	0.63	1.4
高速计算机(印刷电路板)	0.25	82

我们注意到，集成电路中的引线数目每年增加 8% ~ 11%，并且 2010 年封装需要的引线数超过 2000 个。由于所有这些原因，传统的双列直插和穿孔封装已为其他一些方法所替代，如表面封装、焊球(ball-grid)阵列和多芯片模块技术等。对电路设计者来说了解可以选择哪些封装以及它们各自的优缺点是非常有用的。

由于封装的多方面功能，一个好的封装必须满足下列各种要求：

- **电气要求**——引线应当具有低电容(线间和对衬底的)、低电阻和低电感。应当调整大的特征阻抗以优化传输线特性。注意集成电路本身的阻抗较高。
- **机械特性和热特性**——散热率应当越高越好。机械可靠性要求在芯片载体与芯片封装的热特性之间有很好的匹配。长期可靠性要求芯片与封装以及封装与印刷电路板之间连接牢固。
- **低成本**——成本是任何项目都要考虑的比较重要的因素之一。例如，虽然陶瓷比塑料封装的性能好，但它们也昂贵得多。提高封装的散热能力也往往会增加它的成本。最便宜的塑料封装可以散去至多 1 W 热量，稍贵一些但质量仍然较差的塑料封装最多可以散去 2 W 的热量。再高的散热要求需要较贵的陶瓷封装。芯片散热超过 20 W 以上时需要特殊的散热片。对于更高的散热要求需要采用甚至更特殊的技术，如风扇和吹风机、液体冷却设备或散热管。封装密度是降低印刷电路板成本的主要因素。增加引线数目需要增加封装的尺寸或者减小引线与引线之间的节距。它们对封装的成本都有很大的影响。

封装可以按许多方式来分类：可以根据它们所采用的主要材料、互连层次的数目以及散热的方式来分类。在本节中，我们只是简单描述一下它们中的每一个。

2.4.1　封装材料

封装主体最常用的材料是陶瓷和高分子聚合物(塑料)。后者具有价格非常低廉的优点，但它们的热性能不佳。例如，陶瓷 Al_2O_3(氧化铝)的导热性能比 SiO_2 和聚酰亚胺塑料分别好 30 和 100 倍。此外，它的热膨胀系数与典型的互连金属非常接近。氧化铝和其他陶瓷的缺点是它们的高介电常数，这会造成较大的互连电容。

2.4.2　互连层

传统的封装方法采用两个层次的互连技术。芯片首先固定在一个芯片载体或衬底上。封装主体上有一个内腔可以安装芯片。内腔有充裕的空间可以使许多连线从芯片的压焊块连到芯片封装的导线(即引线)上。这些引线又构成了第二个层次的互连，它们把芯片连至总的互连线系统,通常这就是印刷电路(PC)板。复杂的系统甚至含有更多层次的互连,因为许多块印刷电路板又通过背板或带状线连在一起。前两个互连的层次结构显示在图 2.10 中。以下两部分简要概括了在第一个和第二个互连层次结构中采用的互连技术,并简短讨论一些较为先进的封装方法。

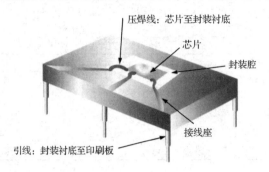

图 2.10   常用封装中的互连层次

互连层次 1——芯片至封装衬底

很长时间以来,导线压焊是提供芯片和封装间电气连接所选用的技术。在这一方法中,芯片的背面用具有良好热导的粘胶固定在衬底上。然后,芯片的压焊块一个个用铝线或金线连至封装的接线座上。压焊机就是用于完成这一任务的,它的操作非常像一台缝纫机。压焊的例子显示在图 2.11 上。尽管压焊过程很大程度上是自动完成的,但它有以下一些主要的缺点。

1. 导线的连接必须一个接一个依次进行。随着引线数目的增加会使制造时间较长。
2. 较多的引线数目使设计一个能避免线间短路的压焊形式更加困难。
3. 由于制造过程和不规则的出线使寄生参数的确切值很难预测。

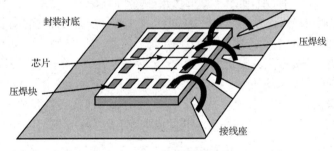

图 2.11   导线压焊

压焊线的电气性能很差,例如具有较高的自感(5 nH 或以上)以及与相邻信号线之间的互感。压焊线电感的典型值约为 1 nH/mm,而每个封装引线的电感在 7 ~ 40 nH 之间,这取决于封装的类型以及引线在封装周边的位置[Steidel83]。表 2.2 总结了一些常用封装寄生电感和电容的典型值。

表 2.2   不同封装和压焊类型电容和电感的典型值(摘自[Steidel83]、[Franzon93]及[Harper00])

封装类型	电容(pF)	电感(nH)
68 引线塑料双列直插	4	35
68 引线陶瓷双列直插	7	20
300 引线焊球阵列	1 ~ 5	2 ~ 15
压焊线	0.5 ~ 1	1 ~ 2
焊球	0.1 ~ 0.5	0.01 ~ 0.1

为了克服这些缺点,现正在采用新的连线技术。在一种称为载带自动压焊(Tape Automated Bonding, TAB)的方法中,芯片连至印制在聚合物薄膜(通常为聚酰亚胺)上的金属接线座上,如图 2.12(a)所示。利用焊球实现在芯片压焊块与聚合物薄膜上导线间的连接,如图 2.12(b)所示。然后可以利用多种技术把载带连至封装主体。一种可能的方法就是利用压力接头。

TAB 工艺的优点是它的高度自动化。载带薄膜上的扣齿用来进行自动传送。所有的连接都同时完成。采用印制方法有利于减小导线的节距,因而可以有较多的引线数目。由于消除了长压焊线,从而改善了电气性能。例如,一个两层导体的 48 mm TAB 电路有以下电气参数: $L \approx 0.3 \sim 0.5$ nH, $C \approx 0.2 \sim 0.3$ pF, 而 $R \approx 50 \sim 200$ Ω[Doane93, p.420]。

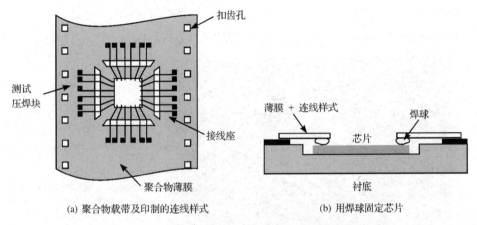

(a) 聚合物载带及印制的连线样式   (b) 用焊球固定芯片

图 2.12　载带自动压焊(TAB)

另一种方法是将芯片倒置并利用焊球直接把它连在衬底上。这一技术称为倒装焊(flip-chip mounting),其优点是具有非常好的电气性能(见图 2.13)。在这一方法中,不是使所有的 I/O 连接都处在芯片的四周,而是可以把压焊块放在芯片上的任何位置处。这有助于解决电源和时钟的分配问题,因为在衬底上互连材料(例如铜或铝)的质量一般都要比芯片上的铝更好。

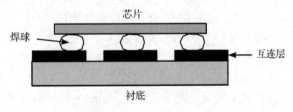

图 2.13　倒装焊

互连层次 2——封装衬底至印刷电路板

在把封装连至 PC 板时,穿孔安装一直是所选择的封装形式。PC 板是通过把多层的铜和环氧玻璃一层层叠起来而制造。在穿孔安装方法中,在板上钻出穿孔并镀以铜。将封装的引线插入孔中并通过焊接完成电气连接,如图 2.14(a)所示。这类安装方式中常用的封装曾是双列直插封装,即 DIP,如图 2.15-2 所示。但当引线的数目超过 64 个时 DIP 的封装密度迅速降低。采用针栅阵列(PGA)封装可以缓解这个问题,因为这一封装的引线是在封装的整个底面上而不仅仅在它的四周,如图 2.15-3 所示。PGA 封装可以有非常多的引线数目(可以超过 400 条引线)。

穿孔安装方法可以提供机械上非常可靠与坚固的连接。但这是以封装密度为代价的。出于机械上的考虑,要求在穿孔之间的最小节距为 2.54 mm。即便在这样的情况下,具有很多引线的

PGA 也常常使印刷电路板的强度大大降低。此外穿孔封装也限制了印刷电路板的封装密度,因为它阻挡了本来可以在它底下布线的连线,从而使互连线加长。因此具有很多引线的 PGA 需要有额外的布线层来连到这些众多的引线上。最后,虽然 PGA 的寄生电容和电感比 DIP 的稍小些,但它们的值仍然很大。

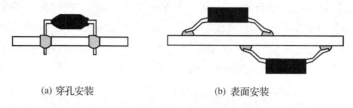

(a) 穿孔安装　　　　　　　(b) 表面安装

图 2.14　印刷电路板安装方法

1 裸芯片
2 双列直插(DIP)
3 针栅阵列(PGA)
4 小外廓 IC(SOIC)
5 方形扁平封装(QFP)
6 引线塑封芯片载体(PLCC)
7 无引线载体(LCC)

图 2.15　常用的封装类型

穿孔安装方法的许多缺点可以用表面安装技术来解决。即一个芯片通过焊接连至印刷电路板的表面但不需要任何穿孔,如图 2.14(b)所示。封装密度因以下三个原因而提高:(1)去掉了穿孔,因而提供了更多的布线空间;(2)引线的节距减小了;(3)在印刷电路板的两面都可以安装芯片。此外由于去掉了穿孔,使印刷电路板的机械强度得到了改善。就负面而言,在表面上连接使芯片与板之间的连接变弱。不单是把一个元件安装在板上非常麻烦,而且还需要比较昂贵的设备,因为一个简单的焊烙铁将不能满足要求。最后,印刷电路板的测试也比较复杂。因为封装引线不再可以在板的背面接触到,因此信号的探测变得十分困难或几乎不可能。

当前采用的各种表面封装具有不同的节距和引线数目。图 2.15 显示了其中的三种封装类型:带翼的小外廓封装(SOIC)、J 形引线塑封芯片载体(PLCC)以及无引线塑封芯片载体(LCC)。表 2.3 概括了一些封装中的最重要的参数。

表 2.3　各种芯片载体类型的参数

封装类型	引线间距(典型值)	引线数目(最大值)
双列直插	2.54 mm	64
针栅阵列	2.54 mm	>300
小外廓 IC	1.27 mm	28
引线塑封芯片载体(PLCC)	1.27 mm	124
无引线芯片载体	0.75 mm	124

即便表面安装也不能满足引线数目越来越多的要求。对电源连线的要求使这一情况更糟：当今高性能的芯片由于工作在很低的电源电压下，因此要求有与信号 I/O 同样多的电源引线和地引线！当需要超过 300 个 I/O 连线时，焊球将取代引线作为在封装和印刷电路板之间优先选用的互连方式。这种封装方法的一个例子称为陶瓷网格焊球阵列（BGA），显示在图 2.16 中。焊球用来连接芯片与封装衬底以及封装与印刷电路板。BGA 的表面阵列互连提供了固定的输入/输出密度而不管总的封装 I/O 引线有多少。在焊球之间的最小节距可以小至 0.8 mm，因此可以实现有几千个 I/O 信号的封装。

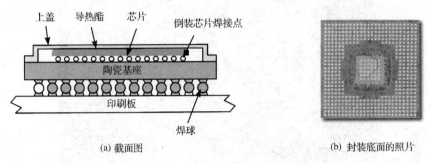

(a) 截面图　　　　　　　　　　　　　　　(b) 封装底面的照片

图 2.16　网格焊球阵列封装

多芯片模块——芯片至印刷电路板

在现今复杂的设计中由于具有更高的集成度、极多数目的信号以及越来越高的性能要求，已使封装无法有更多的互连层次，因此趋势是朝着减少互连层次的数目发展。我们暂且把注意力集中在去除封装互连层次中的第一个层次上。通过把芯片直接安装在导线背板（印刷电路板或衬底）上可以取消封装层次中的一层，这在性能或密度是主要考虑因素时可以带来明显的好处。这种封装方法称为多芯片模块技术（MCM），它可以大大提高封装密度并全面改善性能。

许多前面已介绍过的芯片安装技术都可以用来把芯片直接安装在衬底上，其中包括压焊、TAB 以及倒装焊，但后两种技术是优先考虑选用的。根据对机械、电气、热力学以及经济方面的要求，衬底本身所选用的材料可以在一个很大的范围内变化。可供选择的材料有环氧衬底（类似于印刷电路板）、金属、陶瓷以及硅。硅的优点是它在机械和热特性上与芯片材料完全匹配。

MCM 方法的主要优点是提高了封装密度和性能。采用硅衬底（通常称为硅上硅）实现的一个 MCM 模块的例子示于图 2.17 中。这个模块是一个航空用的处理器模块，由 Rockwell International 公司制造，它在一块 2.2″×2.2″的带铝聚酰亚胺互连线的衬底上包含了 53 个集成电路和 40 个分立器件。互连线只是与芯片上导线的典型宽度差不多，这是因为它们采用了类似的图形形成方法。模块本身有 180 个 I/O 引线。性能的改善是由于去掉了芯片载体层和它的各种寄生参数，以及由于封装密度的提高而减少了芯片上全局连线的长度。例如，一个焊点所具有的各种电容和电感分别只有 0.1 pF 和 0.01 nH。MCM 技术也能明显降低功耗，这是由于输出压焊负载电容的减小可以省去大的输出驱动器（以及与之相关的功耗），而且与大负载电容的开关相关的动态功耗也同时减少。

虽然 MCM 技术有着某些明显的优点，但它的主要缺点是经济方面的。这种技术需要一些先进的制造工序，从而使 MCM 的制造非常昂贵。这一方法一直被认为只有在密集的封装或极高的性能是主要考虑因素时才是合理的。但近年来经济观点一直在改变，因此先进的多芯片封装方法也已"闯入"几个原来低成本高密度的应用中。这一趋势称为封装内系统（system in a package，SIP）方法。

图 2.17　航空用处理器模块(经 Rockwell Collins 公司同意翻印)

2.4.3　封装中的热学问题

随着集成电路功耗的增加,使芯片产生的热能有效地散去已变得日益重要。集成电路失效的大部分因素会由于温度的升高而加重。例如在反向偏置二极管中的漏电流、电迁移以及热电子的俘获等。为了防止失效,芯片的温度必须保持在一定的范围内。民用器件工作时保证的温度范围为 0～70℃。军用部件的要求较高,要求的温度范围为 -55～125℃。

封装的冷却效率取决于包括封装衬底和主体在内的封装材料的热导(热阻)、封装的结构以及在封装和冷却介质之间热传导的效率。标准的封装方法采用静态或循环空气作为冷却介质。在封装上增加金属散热翼片可以提高传热效率。比较昂贵的封装方式(例如在大型计算机或超级计算机中采用的封装方式)迫使空气、液体或惰性气体通过封装中的细导管以达到更高的冷却效率。

对于给定的封装热阻 θ,当用℃/W 表示时,我们可以利用热流量方程推导出芯片的温度:

$$\Delta T = T_{chip} - T_{env} = \theta Q \tag{2.2}$$

式中,T_{chip} 和 T_{env} 分别是芯片和环境温度。Q 代表热流量(单位为 W)。可以看到热流量方程非常类似于欧姆定律。热流量和温度差分别相当于电流和电压差。对一个芯片、它的封装以及它周围的环境进行热模拟是一件非常复杂的事情。对于这一内容比较详细的讨论请读者参阅[Lau98-Chapter3]。

例 2.2　封装的热导

作为一个例子,一个 40 条引线的 DIP 在自然通风和强迫通风时热阻分别为 38℃/W 和 25℃/W。这意味着 DIP 在自然(强迫)通风时可以消耗 2 W(3 W)的功率而仍然保持芯片和环境之间的温差小于 75℃。作为比较,一个陶瓷 PGA 的热阻为 15～30℃/W。

由于使热阻降低的封装方法成本太高,因此为经济起见必须使一个集成电路的功耗保持在一定的范围内。但日益提高的集成度和电路性能使之不易达到。就这一方面来说,Nagata 推导了一个有趣的关系式$^{[\text{Nagata92}]}$，它提供了集成复杂度和性能的最大限度与热参数之间的关系：

$$\frac{N_G}{t_p} \leq \frac{\Delta T}{\theta E} \tag{2.3}$$

式中，N_G是芯片上门的数目，t_p是传播延时，ΔT是芯片和环境之间最大的温度差，θ是它们之间的热阻，而E是每个门的开关能量。

例2.3 热对集成度的限制

对于$\Delta T = 100\,^\circ\text{C}$，$\theta = 2.5\,^\circ\text{C/W}$及$E = 0.1\,\text{pJ}$，可以得到$N_G/t_p \leq 4 \times 10^5$（门/ns）。换言之，如果一个芯片上所有的门都同时工作，并且每个门的开关速度为1 ns，那么这个芯片上门的最大数目必须小于40万。这相当于功耗为40 W。

幸好在现实系统中并不是所有的门都同时工作。按照电路的活动性，门的数目可以相当大。例如，已由实验得出，在小型和大型计算机中，平均开关时间与传播延时之间的比值范围可以为$20 \sim 200^{[\text{Masaki92}]}$。

式(2.3)表明，散热和许多热学问题是对电路集成的重要限制。因此减少E或活动因子的低功耗设计方法正在迅速变得重要起来。

2.5 综述：工艺技术的发展趋势

现代CMOS工艺几乎都是按照前几节所描述的流程，虽然许多工序也许会颠倒，也许可以按照单阱工艺，也许可以采用生长场氧而不是沟槽方法，或者也可以引入额外的工序如LDD（轻掺杂漏区）。同时也常常用硅化物（如TiSi_2）覆盖在多晶互连线以及漏区和源区以改善导电性能（见图2.2）。在前面介绍的工艺中，这一额外的过程插在第i步和第j步之间。对工艺的一些重要修正和改进目前正在进行或已经出现，值得引起注意。除了这些以外，在下一个十年中我们预计上面描述的CMOS工艺不会有太大的变化。

2.5.1 近期进展

铜和低 k 介质

本书中经常要提到的主题是互连线对于整个设计性能的影响正在日益增加。工艺工程师们继续在评估过去几十年来一直作为规范的传统铝导体与SiO_2绝缘体的组合。1998年，IBM的工程师们开发了一种方法，最终使以铜作为CMOS工艺的互连材料成为可行和比较经济的方案$^{[\text{Geppert98}]}$。铜的电阻率比铝要低得多，但它的缺点是易于扩散到硅中，这会使器件的特性降低。在铜上涂一层缓冲材料（如氮化钛）可以防止铜扩散，从而解决了这个问题，但这需要一次专门的淀积过程。由IBM开发的双大马士革镶嵌工艺（见图2.18）使用了一种金属化方法：先在刻入绝缘体的沟槽中填充铜，然后采用化学机械抛光工序。这与传统方法不同，传统方法首先完整地淀积上一层金属，然后利用刻蚀移去多余的材料。

除了具有较低电阻率的互连以外，从0.18 μm这一代CMOS工艺开始，介电常数比SiO_2更低（因而电容更低）的绝缘体材料已用在了生产过程中。

绝缘体上硅

尽管绝缘体上硅（SOI）CMOS已经出现了很长一段时间，但看来它有一个很好的机会可以取代前面几节中介绍的传统CMOS工艺（也称为体硅CMOS工艺）。它们之间的主要差别在于起始材料：SOI晶体管是在一层非常薄的硅层上形成的，而这一硅层淀积在一层厚的SiO_2绝缘层上(见图 2.19)。SOI 工艺的主要优点是减少了寄生效应以及具有较好的晶体管导通-截止特性。例如,IBM 的研究人员已经表明,把一个设计从体硅 CMOS 移植到 SOI 工艺——保持所有其他设计和工艺参数(如沟道长度和氧化层厚度)完全一样——将使性能改善 22%[Allen99]。不能以经济的成本制备高质量的 SOI 衬底曾是长期来无法大规模采用这一工艺的主要障碍。这一情形到了 20 世纪 90 年代末已有改变,SOI 已稳步进入了主流工艺。

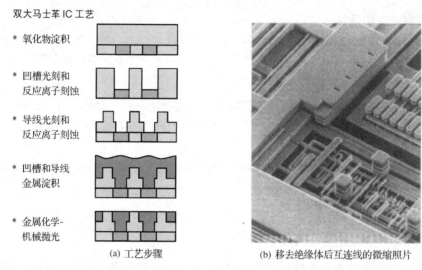

(a) 工艺步骤   (b) 移去绝缘体后互连线的微缩照片

图 2.18 大马士革镶嵌工艺[Geppert98]

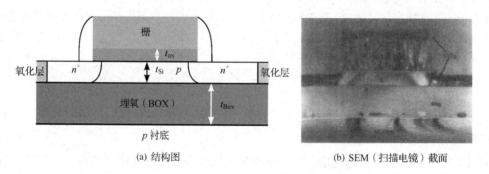

(a) 结构图   (b) SEM(扫描电镜)截面

图 2.19 绝缘体上硅工艺[Eaglesham99]

2.5.2 远期展望

为了使 CMOS 工艺的寿命延长到下一个十年之后,并且为了使沟道长度能比 100 nm 更短,将需要重新开发工艺技术以及器件结构。我们已经看到了各种各样新器件的出现(如有机物晶体管、分子开关以及量子器件)。虽然不能预测哪种方法将在下一时代占支配地位,但有一个十分吸引人的新技术值得一提。

真三维集成电路

及时地使信号进出计算单元是日益增长的集成密度所提出的主要挑战之一。解决这一问题的一种方法是增加额外的工作层,并把它们嵌在金属互连层之间,如图 2.20 所示。这使我们可以把高密度存储器置于在体硅 CMOS 上实现的逻辑处理器之上,从而缩短了在计算和存储之间的距离,因而也缩短了延时[Souri00]。此外具有不同电压、性能或衬底材料要求的器件可以放在不同的层次。例如,顶部工作层可以保留用来实现光发送接收器,它对满足输入/输出要求十分有利;也可以用于实现 MEMS(微电子机械系统)器件,它能提供传感功能或射频接口。

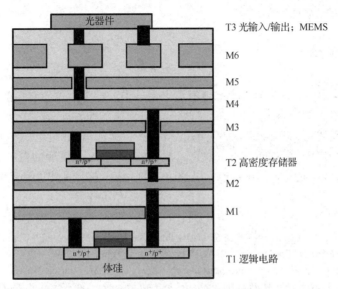

T3 光输入/输出;MEMS
M6
M5
M4
M3
T2 高密度存储器
M2
M1
T1 逻辑电路

图 2.20 真三维集成的例子。实现高密度存储器和 I/O 的
附加工作层(T^*)夹在金属互连层(M^*)之间

虽然这种方法也许看来很有前途,但必须解决许多挑战和障碍才能使它确实可行。如何散热是更为紧迫的问题之一,确保成品率则是另一个问题。研究人员在这些问题上一直在取得重要进展,因此三维集成有可能取得成功。在真正的解决方法实现之前,我们也许需要依靠某些中间的步骤。其中一种称为 2.5 维集成,它把两个已经全部完成的圆片键合在一起,在这两个圆片的表面上已制造好电路使圆片上的芯片能完全重合。然后刻蚀通孔以便在金属化之后完成这两组芯片的电气连接。这一技术的优点是所有工作层上的器件都具有同样的电气特性,并且与工艺温度无关,因为所有的芯片都可以分别制造而后再键合在一起。这一技术的主要局限是它的精度很差(最好情形的对准精度为 ±2 μm),这使芯片间的通信只能局限在全局金属线上。

从这些未来器件中明显反映出的一个情形是在芯片、衬底、封装和底板之间的界线正在变得模糊起来。这些芯片上系统(systems on a die)或封装内系统(systems in a package)的设计者们将必须同时考虑所有这些情况。

2.6 小结

本章概览了 CMOS 集成电路的制造和封装过程:

- 集成电路的制造过程需要许多工序,每一道工序都由一系列基本的操作构成。许多这些工序或操作(如光刻的曝光和显影、材料的淀积以及刻蚀)在制造过程中都会多次重复地进行。
- 光掩模在制造过程本身以及用户希望看到的转换到硅材料上的设计之间建立了很重要的界面。

- 一组设计规则以最小宽度和间距规定了 IC 设计所必须遵守的限制，从而使制造出的电路能完全工作。这些设计规则的作用如同在电路设计者和工艺工程师之间的协议。
- 封装是硅芯片上实现的电路与外界之间的接口，因此它对集成电路的性能、可靠性、寿命以及成本具有重要的影响。

2.7　进一步探讨

在过去几十年间出版了许多有关半导体制造方面的书。一本出色的对当前最先进 CMOS 制造工艺进行综述的书是 J. Plummer、M. Deal 及 P. Griffin 合著的 *Silicon VLSI Technology*。对制造过程不同阶段的形象化概述可以在［Fullman99］的网站找到。其他信息可以来自 *IEEE Transactions on Electron Devices* 以及 IEDM 会议的 Technical Digest。许多有关电子封装的概要中提供了该领域最新和详细的信息。［Doane93］、［Harper00］以及［Lau98］是这方面的典型例子。

参考文献

[Allen99] D. Allen, et al., "A 0.2 μm 1.8 V SOI 550 MHz PowerPC Microprocessor with Copper Interconnects," *Proceedings IEEE ISSCC Conference*, vol. XLII, pp. 438–439, February 1999.

[Bakoglu90] H. Bakoglu, *Circuits, Interconnections and Packaging for VLSI*, Addison-Wesley, 1990.

[Doane93] D. Doane, ed., *Multichip Module Technologies and Alternatives*, Van Nostrand-Reinhold, 1993.

[Eaglesham 99] D. Englesham, "0.18 μm CMOS and Beyond," *Proceedings 1999 Design Automation Conference*, pp. 703–708, June 1999.

[Franzon93] P. Franzon, "Electrical Design of Digital Multichip Modules," in [Doane93], pp 525–568, 1993.

[Fullman99] Fullman Kinetics, "The Semiconductor Manufacturing Process," *http://www.fullman-kinetics.com/semi-conductors/semiconductors.html*, 1999.

[Geppert98] L. Geppert, "Technology—1998 Analysis and Forecast," *IEEE Spectrum,* vol. 35, no. 1, p. 23, January 1998.

[Harper00] C. Harper, Ed., *Electronic Packaging and Interconnection Handbook*, McGraw-Hill, 2000.

[Landman71] B. Landman and R. Russo, "On a Pin versus Block Relationship for Partitions of Logic Graphs," *IEEE Trans. on Computers*, vol. C-20, pp. 1469–1479, December 1971.

[Lau98] J. Lau et al., *Electronic Packaging—Design, Materials, Process, and Reliability*, McGraw-Hill, 1998.

[Masaki92] A. Masaki, "Deep-Submicron CMOS Warms Up to High-Speed Logic," *Circuits and Devices Magazine*, November 1992.

[Mead80] C. Mead and L. Conway, *Introduction to VLSI Systems*, Addison-Wesley, 1980.

[Nagata92] M. Nagata, "Limitations, Innovations, and Challenges of Circuits and Devices into a Half Micrometer and Beyond," *IEEE Journal of Solid State Circuits*, vol. 27, no. 4, pp. 465–472, April 1992.

[Plummer00] J. Plummer, M. Deal, and P. Griffin, *Silicon VLSI Technology*, Prentice Hall, 2000.

[Steidel83] C. Steidel, *Assembly Techniques and Packaging*, in [Sze83], pp. 551–598, 1983.

[Souri00] S. J. Souri, K. Banerjee, A. Mehrotra and K. C. Saraswat, "*Multiple Si Layer ICs: Motivation, Performance Analysis, and Design Implications,*" Proceedings 37th Design Automation Conference, pp. 213–220, June 2000.

设计方法插入说明 A——IC 版图

- 设计一个符合制造要求的版图
- 验证版图

集成电路复杂性的不断增加已使设计自动化工具的作用必不可少，它把设计者工作的抽象层次提升到了从未有过的高度。然而，当性能或集成密度是最重要的设计考虑时，设计者就别无选择而只能像原来那样手工进行电路和物理设计。这种称为定制设计的费工费时的方法意味着产品成本很高并且需要很长的时间才能投放到市场中。因此定制设计只有在下述情况下才认为在经济上是合理的：

- 定制设计的功能块可以重复使用许多次，例如，作为一个库单元。
- 成本可以分摊到很大的生产量上，微处理器和半导体存储器即为这类应用的例子。
- 成本不是主要的设计准则[1]，如空间技术应用和科学仪器。

随着设计自动化领域的不断进步，定制设计所占的比例逐年下降。即使在高性能的微处理器中，大部分电路也是运用半定制设计方法自动设计的。只有性能最为关键的模块——如整数和浮点执行单元——才是手工设计的。

尽管在定制设计过程中自动化设计的数量很少，但某些设计工具已证明是必不可少的。这些工具与电路模拟器一起形成了每个设计自动化环境的核心，它们是雄心勃勃的电路设计者将遇到的首批工具。

版图编辑器

版图编辑器是设计者的主要工具，主要用于生成一个电路结构的物理设计。事实上，每一个自动化设计工具的厂商都提供这类工具。最著名的是美国加州大学伯克利分校开发的 MAGIC 工具[Ousterhout84]，这一工具已被广泛使用。尽管 MAGIC 工具本身在软件技术和用户界面方面不尽完善，但它的一些后续版本做到了这一点。在本书中，我们将全部采用一种称为 **max** 的版图工具，它是由 Micro Magic 公司根据 MAGIC 开发的一种设计工具。图 A.1 是一个典型的 **max** 显示窗口，它说明了版图编辑器的基本功能——把多边形放在不同的掩模层上以得到一个能工作的物理设计，严格地说应当称为排布多边形(polygon pushing)。

符号版图

由于一个新的单元或部件的物理设计占据了设计时间的很大部分，因此人们一直希望能加快这一过程。符号版图(symbolic-layout)方法这些年来已得到了普及。在这一设计方法中，设计者只需画出版图结构的简略符号，这些符号只表明各种设计部件(晶体管、接触孔、导线)的相对位置。这些元件的绝对坐标是由编辑器通过 compactor(版图压缩器)[Hsueh79, Weste93]工具自动确定的。版图压缩工具把设计规则转变为一组对部件位置的约束条件，并求解满足约束条件的优化问题，以使版图面积或其他代价函数的值最小。

---

① 这种情况越来越少。

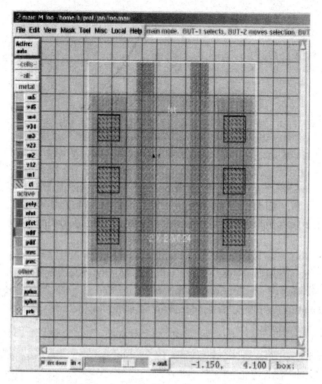

图 A.1　max 版图工具的显示窗口。窗口中画出了两个堆叠 NMOS 晶体管的版图。窗口左
边的菜单可用来选择一个工艺层,使一个具体的多边形可以放在这个工艺层上

　　图 A.2 是用象征性符号来表示电路拓扑结构的棍棒图(sticks diagram)的一个例子。在这种图中各种版图实体都不标尺寸,因为重要的只是位置。这一方法的优点是设计者不必去关心设计规则,因为有版图压缩工具来保证最后形成的版图在物理上的正确性。因此,它可以避免麻烦的多边形操作。符号方法的另一个优点是单元可以进行自身的自动调节以适应周围环境。例如,单元节距的自动匹配是模块生成器中一个非常吸引人的特点。考虑图 A.3 中的情形(摘自[Croes88]),其中匹配前的原始单元具有不同的高度,而且终端的位置并不匹配。因此连接单元需要额外的导线。符号方法允许单元自身调节和连接而避免任何额外的开销。

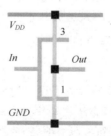

图 A.2　CMOS 反相器的棍棒图。数字代表晶体管的宽长比

　　符号方法的缺点是版图压缩过程得到的结果常常是不可预测的。所生成的版图可能不如手工步骤那样密集。这一点使它无法成为一个主流的版图工具。然而在过去几年中,符号版图技术已经有了显著的改进,它们在新单元初步的草图设计中已成为非常有用的工具。更为重要的是,它们为单元自动生成技术打下了坚实的基础,这方面的内容将在第8章中讨论。

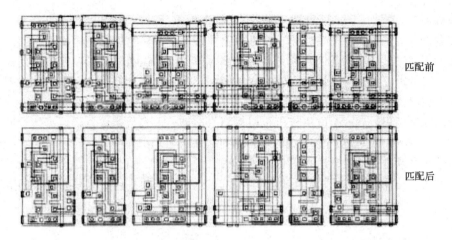

匹配前

匹配后

图 A.3   数据通路单元的符号版图中节距的自动匹配

设计规则检查

如在第 2 章中所介绍的, 设计规则是一组对版图的约束条件, 它们保证了制造出来的设计将如所希望的那样工作而不会有短路和断路。对一个物理版图设计的基本要求是它必须符合这些规则。这可以借助于一个设计规则检查工具(design-rule checker, DRC)来验证, 它的输入是所设计的物理版图和以工艺文件(technology file)形式描述的设计规则。由于一个复杂的电路可以包含几百万个多边形, 它们必须进行相互间的检查, 因此效率高是一个好的 DRC 工具的最重要特性。验证一个大的芯片可能需要几小时或几天的计算时间。加速这一过程的一种方法是在物理层中保留设计的层次关系。例如, 如果一个单元在一个设计中运用多次, 那么它只应当被检查一次。采用层次化方法不仅可以加速检查过程, 而且由于它保留了电路结构的信息, 因而能提供更多有关出错的信息。

DRC 工具有两种形式: (1)在线(on-line)DRC 与版图编辑器一起工作, 并且在单元版图设计期间就能报告设计是否违规。例如, **max** 具有一个内建的设计规则检查工具。图 A.4 显示的是一个在线 DRC 的例子。(2)批处理 DRC 用做设计后的验证器, 它在把掩模描述送给制造商之前对整个芯片进行验证。

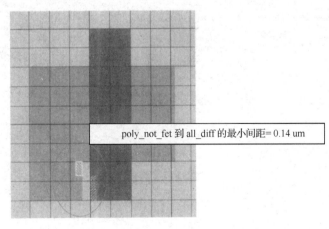

poly_not_fet 到 all_diff 的最小间距= 0.14 um

图 A.4   在线设计规则检查。白点表示违反了设计规则。
只要点击一下鼠标就可以显示出违反的那条规则

电路提取

在定制设计方法中另一个重要的工具是电路提取器,它从物理版图中提取电路图。提取器通过扫描不同的工艺层和它们的相互关系重建晶体管网络,包括晶体管和互连线的尺寸。然后可以用所生成的电路图来验证设计是否实现了所期望的功能。而且,所生成的电路图含有有关寄生参数的精确信息,如扩散和布线电容和电阻,这样就可以用来进行更为精确的模拟和分析。提取工作的复杂性很大程度上取决于所希望得到的信息。大多数提取器提取晶体管网络以及互连线相对于地(GND)或其他网络节点的电容。提取布线电阻成本很高,但事实上它已成为所有高性能电路所必须进行的步骤。采用巧妙的算法已帮助降低了所生成电路图的复杂性。对于非常高速的电路,提取电感也是所希望的。可惜这要求三维分析并且目前只在较小的电路中是可行的。

A.1　进一步探讨

有关 MAGIC 和 **max** 版图编辑器更详细的信息可以访问本书配套网站。深入讨论版图生成和验证的教材已经出版,它们对初学的设计者会有很大的帮助。其中[Clein00]、[Uyemura95]和[Wolf94]都对这一问题有全面的讨论和很好的图解说明。

参考文献

[Clein00] D. Clein, *CMOS IC Layout—Concepts, Methodologies, and Tools*, Newnes, 2000.

[Croes88] K. Croes, H. De Man, and P. Six, "CAMELEON: A Process-Tolerant Symbolic Layout System," *Journal of Solid State Circuits*, vol. 23 no. 3, pp. 705–713, June 1988.

[Hsueh79] M. Hsueh and D. Pederson, "Computer-Aided Layout of LSI Building Blocks," *Proceedings ISCAS Conf.*, pp. 474–477, Tokyo, 1979.

[mmi00] MicroMagic, Inc, *http://www.micromagic.com*.

[Ousterhout84] J. Ousterhout, G. Hamachi, R. Mayo, W. Scott, and G. Taylor, "Magic: A VLSI Layout System," *Proc. 21st Design Automation Conference*, pp. 152–159, 1984.

[Uyemura95] J. Uyemura, *Physical Design of CMOS Integrated Circuits Using L-EDIT*, PWS Publishing Company, 1995.

[Weste93] N. Weste and K. Eshraghian, *Principles of CMOS VLSI Design—A Systems Perspective*, Addison-Wesley, 1993.

[Wolf94] W. Wolf, *Modern VLSI Design—A Systems Approach*, Prentice Hall, 1994.

第 3 章　器　　件

- 定性了解 MOS 器件
- 用于手工分析的简单器件模型
- 用于 SPICE 模拟的细节器件模型
- 工艺偏差的影响

3.1　引言

在工程中一个众所周知的前提是：不预先了解作为基础的建筑块而去构想复杂的建筑必然导致失败。这对于数字电路设计来说也一样。在今天的数字电路中这些基本的建筑块就是半导体硅器件，更具体地说就是 MOS 晶体管，此外还有寄生二极管和互连线。在数字集成电路领域很早就已意识到了半导体器件的作用。相反，互连线只是在最近由于半导体工艺尺寸的不断缩小才开始起到举足轻重的作用。

给读者必要的有关这些器件的知识和理解是下两章的主要目的。我们并不打算向读者介绍深入的半导体器件和互连线物理学知识。关于这方面有许多十分优秀的半导体器件方面的教材可供读者参考，其中有些已列在本章后面。我们的目的是解释这些器件的功能和操作，突出它们在数字逻辑门设计中特别重要的特性和参数，并介绍惯用的符号。

本章的另一个重要作用是介绍模型。在设计复杂的数字电路时如果考虑每个器件所有的物理特点会导致不必要的复杂性，从而很快变得不知所措。这样的做法就好比在建造一座桥梁时去考虑混凝土的分子结构。为了解决这个问题，一般都采用器件特性的一个抽象或模型。对每个器件都可以构想出一系列的模型，它们表现了在精确性和复杂性之间的折中。一个简单的一阶模型对于手工分析是很有用的，虽然它具有有限的精度，但却能帮助我们理解电路的工作和主要的参数。当需要比较精确的结果时，则采用复杂的二阶或更高级的模型并结合计算机辅助模拟。在这一章中我们就所感兴趣的每种元件介绍适于人工分析的一阶模型和用于模拟的高阶模型。

设计者往往会把在模型中提供的元件参数认为是当然的。然而他们应当知道，这些只是典型值，实际的参数值不仅会随工作温度和生产批次改变，甚至在同一圆片上都会有所不同。为了进一步说明这一点，本章包括了对于工艺偏差及其影响的简短讨论。

3.2　二极管

虽然二极管很少直接出现在当今数字门的电路图中，但它们仍然是无所不在的。每个 MOS 管都内含有一定数量的反向偏置二极管，它们直接影响着器件的行为。特别是由这些寄生元件形成的与电压有关的电容在 MOS 数字逻辑门的开关特性中起着重要的作用。二极管也用来保护 IC 的输入器件以抗静电荷。基于上述原因，简单回顾一下它的基本特性和器件方程是恰当的。我们不求全面，只集中于那些证明对数字 MOS 电路设计有影响的方面，更确切地说，就是集中于二极管在反向偏置模式下的工作[①]。

[①]　有兴趣的读者可以访问本书配套网站以了解对二极管工作情况的全面描述。

3.2.1　二极管简介——耗尽区

pn 结二极管是最简单的半导体器件。图 3.1(a)是一个典型 pn 结的截面图。它由两个同质的 p 型和 n 型材料区域构成，这两种材料被一层很薄的从一种类型掺杂过渡到另一种类型掺杂的区域隔开。这样的一种器件称为阶跃结或突变结。p 型材料掺有受主杂质(如硼)，它使空穴作为主要载流子或多数载流子(多子)而存在。同样，用施主杂质(如磷或砷)掺杂的硅形成 n 型材料，这里电子成为多数载流子。铝接触提供了这个器件 p 端和 n 端的入口。在电路图中使用的二极管电路符号如图 3.1(c)所示。

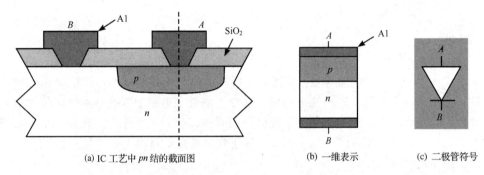

(a) IC 工艺中 pn 结的截面图　　　　(b) 一维表示　　　(c) 二极管符号

图 3.1　突变 pn 结二极管及其电路符号

为了理解 pn 结二极管的特性，我们常常对这一器件进行一维简化，如图 3.1(b)所示。当把 p 型和 n 型材料接在一起时会在界面处造成很大的浓度梯度。电子密度从在 n 型材料中的高值变化到在 p 型材料中很小的值，空穴密度的情况则正好相反。这种梯度造成电子从 n 向 p 扩散和空穴从 p 向 n 扩散。当空穴离开 p 型材料时，它们留下了不能移动的带负电荷的受主离子，结果 p 型材料在靠近 pn 界面处带负电。同样，由于扩散电子留下了带正电荷的施主离子，因而在界面的 n 型一边积累了正电荷。在 pn 结区由于多数载流子已经离去，只剩下不能移动的受主和施主离子，因此称为耗尽区或空间电荷区。这些电荷在边界上形成了一个电场，其方向从 n 区指向 p 区。这一电场阻止空穴和电子的扩散，因为它使电子从 p 向 n 而空穴从 n 向 p 漂移。在平衡情况下，耗尽电荷建立起一个电场，使漂移电流与扩散电流相等且方向相反，结果净电流为零。

上述分析被概括于图 3.2 中，图中画出了零偏置状态下突变 pn 结的电流方向、电荷密度、电场和静电势的曲线。在所显示的器件中，p 型材料比 n 型掺杂浓度大，或者说 $N_A > N_D$，其中 N_A 和 N_D 分别为受主和施主的浓度。因此在耗尽区 pn 结 p 一边的电荷密度要高些。图 3.2 还显示，在零偏置状态下 pn 结两边还存在一个电压 ϕ_0，它称为内建电势。这一电势的值为

$$\phi_0 = \phi_T \ln\left[\frac{N_A N_D}{n_i^2}\right] \tag{3.1}$$

式中，ϕ_T 为热电势：

$$\phi_T = \frac{kT}{q} = 26 \text{ mV} \quad (300 \text{ K 时}) \tag{3.2}$$

n_i 为半导体纯样品固有的载流子浓度，在 300 K 时硅的 n_i 值约为 1.5×10^{10} cm^{-3}。

例 3.1　pn 结的内建电势

一个突变结的掺杂浓度为 $N_A = 10^{15}$ 原子/cm^3，$N_D = 10^{16}$ 原子/cm^3。计算 300 K 时的内建电势。

由式(3.1)可得

$$\phi_0 = 26\ln\left[\frac{10^{15} \times 10^{16}}{2.25 \times 10^{20}}\right] \text{ mV} = 638 \text{ mV}$$

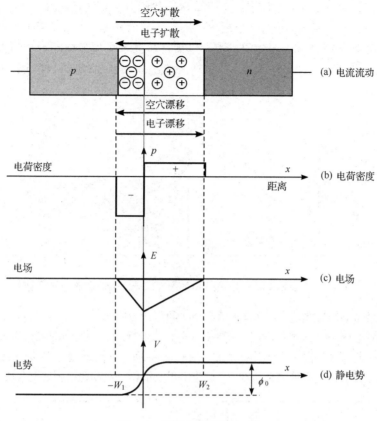

图 3.2　零偏置的突变 pn 结

3.2.2　静态特性

理想二极管方程

现在假设在结上加一个正向电压 V_D——将 p 区的电势相对于 n 区升高。外加电势降低了势垒，结果由于扩散电流超过了漂移电流使流过 pn 结的可动载流子电流增加。这些载流子穿过耗尽区注入中性的 n 区和 p 区，在那里它们变成了少数载流子(少子)，如图 3.3 所示。在中性区不存在电位梯度的假设条件下(这也是大多数现代器件的近似情况)，由于存在浓度梯度这些少子将向这些区域中扩散直到与多子重新复合。其表现出来的结果是电流从 p 区向 n 区流过二极管，此时该二极管称为处于正偏置状态。

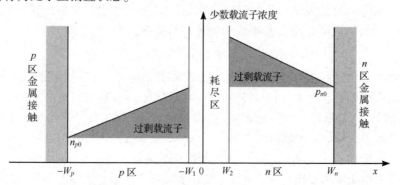

图 3.3　正偏置情况下靠近突变 pn 结的中性区域中少数载流子的浓度

　　反之，当在结上加一个反向电压 V_D——将 p 区电势相对于 n 区降低时，势垒上升。其结果是使扩散电流减小，漂移电流成为主导，于是电流从 n 区流向 p 区。由于在中性区的少子(对 p 区为电子，对 n 区为空穴)数量非常少，这一漂移电流部分几乎可以忽略不计(见图3.4)。所以可以合理地说在反偏置状态时，二极管的工作就像一个不导通或阻断的器件。于是这一器件的作用是一个单向导体。

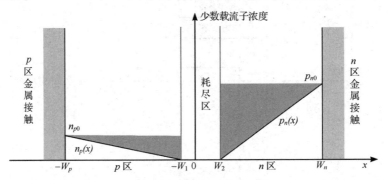

图3.4　反偏置情况下靠近 pn 结的中性区域中少数载流子的浓度

　　二极管电流最重要的特性是它与所加偏置电压之间存在指数关系。这一点可以从图3.5所画的二极管电流 I_D 与偏置电压 V_D 的关系中看出。在图3.5(b)中这种对于正偏电压的指数关系甚至更为明显，图中电流是用对数坐标画出的。正偏压每增加60 mV($=2.3\phi_T$)电流就增加10倍。在低电压时($V_D <$ 0.15 V)，可以观察到有偏离指数关系的现象，这是由于电子和空穴在耗尽区的复合造成的。

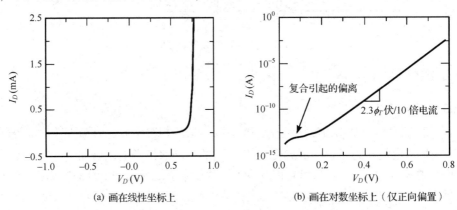

(a) 画在线性坐标上　　　　　　(b) 画在对数坐标上（仅正向偏置）

图3.5　二极管电流与偏置电压 V_D 的关系

　　二极管在正偏置和反偏置情形下的特性可以通过熟知的理想二极管公式得到最好的描述，它说明了通过二极管的电流 I_D 与二极管偏置电压 V_D 的关系：

$$I_D = I_S(e^{V_D/\phi_T} - 1) \tag{3.3}$$

　　图3.5说明了二极管的指数特性，ϕ_T 是式(3.2)中的热电势，在室温下等于26 mV。I_S 是一个常数值，称为二极管的饱和电流。它与二极管的面积成正比，并且与掺杂水平和中性区的宽度有关。在大多数情况下，I_S 是根据经验确定的。值得一提的是，在实际器件中反向电流大大超过饱和电流 I_S，这是由于在耗尽区因热而产生空穴和电子对造成的。所存在的电场将这些载流子扫出该区域，使电流又增加了一个成分。对于一个典型的硅 pn 结，饱和电流通常在 10^{-17} A/μm^2 的范围，而实际的反向电流大约要比它大3个数量级。所以有必要通过实际的器件测量来确定反向二极管漏电电流的实际值。

人工分析模型

器件的电流-电压公式可以用一组简单的模型来概括，这在手工分析二极管电路时是非常有用的。图 3.6(a)是基于理想二极管公式(3.3)的一个模型。虽然这种模型能产生精确的结果，但其缺点在于它是高度非线性的，这就阻碍了对一个电路的 dc(直流)工作状态进行快速的一阶分析。一个经常使用的简化模型可以通过对图 3.5 中二极管电流曲线的观察推导出来。对于一个"充分导通"的二极管，其电压降 V_D 的范围很窄，大约在 0.6~0.8 V 之间。在进行一阶分析时可以合理地假设导通的二极管具有一个固定的电压降 V_{Don}。V_{Don} 的值虽然取决于 I_S，但一般假设为 0.7 V，于是得到了图 3.6(b)的模型，模型中用一个固定电压源来替代导通的二极管，而不导通的二极管则用开路来表示。

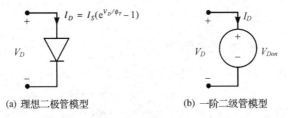

$$I_D = I_S(e^{V_D/\phi_T} - 1)$$

(a) 理想二极管模型　　　　(b) 一阶二级管模型

图 3.6　二极管模型

例 3.2　二极管电路分析

考虑图 3.7 的简单电路并假设 $V_S = 3$ V，$R_S = 10$ kΩ，$I_S = 0.5 \times 10^{-16}$ A。该二极管的电流和电压间的关系由以下电路公式确定：

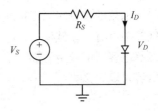

$$V_S - R_S I_D = V_D$$

代入理想二极管公式并用数值法或迭代法求解该非线性方程(非常麻烦)得到下列解：$I_D = 0.224$ mA，$V_D = 0.757$ V。采用 $V_{Don} = 0.7$ V 的简化模型可以得到相近的结果($V_D = 0.7$ V，$I_D = 0.23$ mA)，但却极为省事。由此可见在确定一个二极管电路的一阶解时使用该模型是非常有意义的。

图 3.7　一个简单的二极管电路

3.2.3　动态或瞬态特性

至此我们主要涉及的是二极管的静态即稳定状态下的特性。在数字电路设计中同样重要的是器件对于其偏置状况改变的响应。瞬态或称动态响应决定了器件可以工作的最大速度。由于二极管的工作模式与在中性区和空间电荷区存在的电荷数量有关，因此它的动态特性在很大程度上取决于这些电荷能够移动得有多快。

这一点会诱使我们去详细分析正向偏置情况下二极管的开关特性，但这会没有必要地使讨论复杂化。事实上，在一个正确工作的 MOS 数字集成电路中所有的二极管都是反向偏置的，并且它们应当在所有情况下都保持在这一状态。只有在例外的情况下才可能发生正向偏置。一个信号上过冲超过电源电压(或下过冲低于地线电压)时就是这样的例子。由于它会对整个电路的工作产生不利的影响，因此在所有情况下都应避免发生。所以我们将把注意力仅集中在二极管反向偏置情况下影响二极管动态响应的因素——耗尽区电荷。

耗尽区电容

在理想的模型中，耗尽区中没有可动载流子，它的电荷取决于不能移动的施主和受主离子。

图 3.2 画出了在零偏置条件下相应的电荷分布情况。把这一情况延伸可以很容易地包括有偏置效应时的情形。从直观的角度,以下观察结果可以很容易得到验证:在正偏置条件下,势垒降低,这意味着需要较少的空间电荷来产生电位差。这相当于耗尽区的宽度变窄。反之,在反偏置条件下,势垒增加相当于空间电荷和耗尽区宽度的增加。这些观察结果与下列熟知的耗尽区表达式是一致的[①]。有一点非常关键——由于二极管的总电荷应当是中性的,因此施主和受主电荷的总数应当相等。

1. 耗尽区电荷(V_D 在正偏置时为正):

$$Q_j = A_D \sqrt{\left(2\varepsilon_{si} q \frac{N_A N_D}{N_A + N_D}\right)(\phi_0 - V_D)} \tag{3.4}$$

2. 耗尽区宽度:

$$W_j = W_2 + W_1 = \sqrt{\left(\frac{2\varepsilon_{si}}{q} \frac{N_A + N_D}{N_A N_D}\right)(\phi_0 - V_D)} \tag{3.5}$$

3. 最大电场:

$$E_j = \sqrt{\left(\frac{2q}{\varepsilon_{si}} \frac{N_A N_D}{N_A + N_D}\right)(\phi_0 - V_D)} \tag{3.6}$$

在上面的公式中,ε_{si} 为硅的介电常数并等于真空介电常数的 11.7 倍,即 1.053×10^{-10} F/m。耗尽区在 n 区和 p 区的宽度比取决于它们掺杂浓度的比:$W_2 / W_1 = N_A / N_D$。

从抽象的观点看可以把耗尽区看成一个电容,尽管它是一个非常特别的电容。由于空间电荷区几乎没有可动载流子,它的作用就像一个具有半导体材料介电常数 ε_{si} 的绝缘体。n 区和 p 区就像是电容器的极板。加在结上的电压的微小变化 $\mathrm{d}V_D$ 引起空间电荷的变化 $\mathrm{d}Q_j$。因此一个耗尽层电容可以定义为

$$C_j = \frac{\mathrm{d}Q_j}{\mathrm{d}V_D} = A_D \sqrt{\left(\frac{\varepsilon_{si} q}{2} \frac{N_A N_D}{N_A + N_D}\right)(\phi_0 - V_D)^{-1}}$$
$$= \frac{C_{j0}}{\sqrt{1 - V_D/\phi_0}} \tag{3.7}$$

式中,C_{j0} 是在零偏置条件下的电容,并且只与器件的物理参数有关。它给了我们下列关系:

$$C_{j0} = A_D \sqrt{\left(\frac{\varepsilon_{si} q}{2} \frac{N_A N_D}{N_A + N_D}\right)\phi_0^{-1}} \tag{3.8}$$

注意,当采用标准平行板电容公式 $C_j = \varepsilon_{si} A_D / W_j$ [W_j 由式(3.5)给出] 时可得到同样的电容值。一般忽略因子 A_D,C_j 和 C_{j0} 则用单位面积的电容表示。

从 MOS 电路一个典型的硅二极管中所得到的结电容与偏置电压的关系见图 3.8,可以看到它们具有高度的非线性关系。同时注意电容随反向偏置的增加而减小:一个 5 V 的反向偏置使电容减小到 $\frac{1}{2}$ 以下。

例 3.3 结电容

考虑以下硅结二极管:$C_{j0} = 2 \times 10^{-3}$ F/m^2,$A_D = 0.5$ μm^2,$\phi_0 = 0.64$ V。一个 -2.5 V 的反向偏置使结电容为 0.9×10^{-3} F/m^2(0.9 fF/μm^2),即整个二极管的电容为 0.45 fF。

---

① 这些对突变结成立的表达式的推导或者很简单或者可以在任何一本有关器件方面的教材中找到,如[Howe97]。

式(3.7)只有在 pn 结是突变结时才成立，也就是从 n 型到 p 型材料的过渡是突变的。但实际集成电路的 pn 结却常常不是这种情形，从 n 型到 p 型材料的过渡可以是缓变的。此时横越结的杂质分布更接近于线性分布，而不是突变结的阶跃分布。对线性梯度结的分析表明，结电容公式(3.7)依然成立，但分母的次数要有些改动。结电容的一个通用表达式为

$$C_j = \frac{C_{j0}}{(1 - V_D/\phi_0)^m} \tag{3.9}$$

式中，m 称为梯度系数，对于突变结它等于 1/2，对线性或梯度结，它等于 1/3。这两种情形可参见图 3.8。

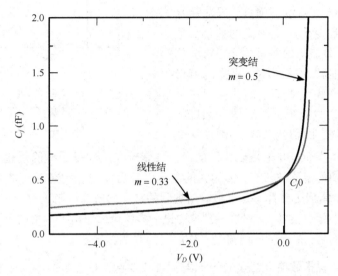

图 3.8 结电容(单位为 $fF/\mu m^2$)与外加偏置电压的关系

大信号耗尽区电容

从图 3.8 可知结电容是一个取决于电压的参数，它的值在不同的偏置点之间变化很大。在数字电路中，工作电压往往在很大的范围内快速变化。在这样的情况下，更希望用一个等效的线性电容 C_{eq} 来代替与电压有关的非线性电容 C_j。C_{eq} 定义为：对于一个给定的从 V_{high} 至 V_{low} 的电压摆幅，电荷的改变量与非线性模型所预期的相等：

$$C_{eq} = \frac{\Delta Q_j}{\Delta V_D} = \frac{Q_j(V_{high}) - Q_j(V_{low})}{V_{high} - V_{low}} = K_{eq}C_{j0} \tag{3.10}$$

联合式(3.4)(扩展成包括梯度系数 m)和式(3.10)得到 K_{eq} 值：

$$K_{eq} = \frac{-\phi_0^m}{(V_{high} - V_{low})(1 - m)}[(\phi_0 - V_{high})^{1-m} - (\phi_0 - V_{low})^{1-m}] \tag{3.11}$$

例 3.4 平均结电容

例 3.3 中的二极管在 $0 \sim -2.5$ V 间切换。计算它的平均结电容($m = 0.5$)。

对于所定义的电压范围和 $\phi_0 = 0.64$ V，解得 K_{eq} 为 0.622。所以平均电容等于 $1.24 fF/\mu m^2$。

3.2.4 实际的二极管——二次效应

在实际中二极管的电流比由理想二极管公式预期的电流要小。并不是全部外加偏置电压都直接出现在结的两端——在中性区上总会产生一些电压降。好在中性区的电阻率一般都很小(在

1 ~ 100 Ω 之间,取决于掺杂水平),因此中性区上的电压降只在大电流(> 1 mA)时才比较显著。这一影响可以通过在 n 区和 p 区二极管的接触点上串联一个电阻来模拟。

在前面的讨论中,我们曾进一步假设在反向偏置足够大时,反向电流达到一个常数值,这个值基本上为零。当反向偏置超过某一特定值(称为击穿电压)时,反向电流将显著增加,如图 3.9 所示。在一个典型 CMOS 工艺的二极管中电流的这一增加是由雪崩击穿引起的。反向偏置的增加提高了结上的电场强度,因而使穿越耗尽区的载流子加速到一个很高的速度。达到临界场强 E_{crit} 时,载流子的能量达到足够高的水平,因此当与不能移动的硅原子碰撞时就形成了电子空穴对。这些载流子在离开耗尽区之前又接着形成更多的载流子。对于掺杂浓度在 10^{16} cm^{-3} 数量级时 E_{crit} 的值约为 2×10^5 V/cm。

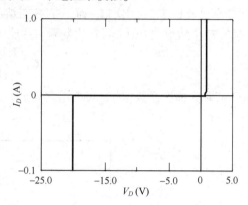

图 3.9　结型二极管的 $I - V$ 特性,图中显示了在反向偏置情况下的击穿(击穿电压 = 20 V)

虽然雪崩击穿就其本身而言并不是破坏性的而且其影响在反向偏置撤除后也会消失,但建议不要使一个二极管长期处于这种状态,因为大的电流以及由此产生的热耗可能会造成器件结构永久性的破坏。注意,雪崩击穿并不是二极管所遇到的唯一的击穿机制。对于高掺杂的二极管,另一种击穿机制齐纳击穿也会发生(对这一现象的进一步讨论已超出了本书的范围)。

最后值得一提的是,二极管的电流受工作温度的双重影响:

1. 出现在电流方程指数项上的热电势 ϕ_T 与温度成线性关系。ϕ_T 的增加使电流下降。
2. 饱和电流 I_S 也与温度有关,因为热平衡时的载流子浓度随温度的升高而增加。理论上,温度上升 5℃ 饱和电流约增加一倍。实验测得的反向电流每 8℃ 增加一倍。

这一双重关系对数字电路的工作有很大影响。首先,电流(从而功耗)会显著加大。例如,对于一个在 300 K 时 0.7 V 的正偏置,温度每上升 1℃ 电流约增加 6%,每上升 12℃ 电流会翻一倍。当电流值固定时,温度每上升 1℃ 二极管的电压 V_D 下降 2 mV。第二,集成电路高度依赖于把反向偏置的二极管作为绝缘体来用。温度的升高会引起漏电流的增加,从而降低绝缘的质量。

3.2.5　二极管 SPICE 模型

上一节已经介绍了用于手工分析二极管电路的一个模型。对于比较复杂的电路,或者需要一个能考虑二次效应的更为精确的二极管模型时,手工计算变得难以应付,而必须采用计算机辅助模拟。虽然在过去几十年中已开发了各种各样的电路模拟器,但美国加州大学伯克利分校研究的 SPICE 程序肯定是最成功的[Nagel75]。模拟一个包含有源器件的集成电路需要有这些器件的数学模型。在本书的其余部分称它为 SPICE 模型。模拟的精确性直接取决于这一模型的质量。例如,我们不可能期望在模拟中看到不包括在器件模型中的一个二次效应的模拟结果。建立精确和计算效率高的 SPICE 模型一直是一个冗长的过程,而且永无止境。经过一段时间,每一个大的半导体公司都会开发出各自专有的模型,并声称它们更精确或者具有更高的计算效率或稳定性。可喜的是近来我们看到在建模方面已有了一些联手的行动。

一个二极管的标准 SPICE 模型是很简单的,如图 3.10 所示。二极管的稳态特性用一个非线性的电流源 I_D 来模拟,它对理想的二极管公式做了一些修改:

$$I_D = I_S(e^{V_D/n\phi_T} - 1) \tag{3.12}$$

公式中新增加的参数 n 称为发射系数, 对最普通的二极管它等于1, 但对另一些它可以比1大些。电阻 R_s 用来模拟结两边中性区的串联电阻。在电流较大时, 该电阻使二极管的内部电压 V_D 不同于外加电压, 因此所产生的电流比从一个理想二极管公式中预期的电流要低。

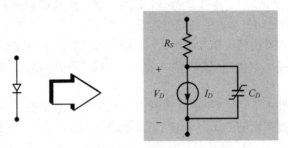

图 3.10   二极管的 SPICE 模型

二极管的动态特性由非线性电容 C_D 来模拟, 它同时考虑了二极管中两个不同的电荷存储效应: 空间(或耗尽区)电荷和过剩的少子电荷。本章中只讨论前者, 因为后者只在正向偏置条件下才有意义。非线性电容模型定义如下:

$$C_D = \frac{C_{j0}}{(1 - V_D/\phi_0)^m} + \frac{\tau_T I_S}{\phi_T} e^{V_D/n\phi_T} \tag{3.13}$$

表 3.1 列出了在二极管模型中所使用的参数。除了这些参数的名称、符号和 SPICE 名称外, 表中还列出了在参数值未明确说明时 SPICE 程序所使用的默认值。这一表格并不全, 还有其他一些考虑二次效应的参数, 如击穿、高浓度注入和噪声。为了简短起见, 我们只列出了与本书直接有关的参数。关于器件模型的全面描述和 SPICE 的使用, 读者可以参阅许多有关这方面的教材(如[Banhzaf92], [Thorpe92] 和 [Vladimirescu93])。

表 3.1   二极管的一阶 SPICE 参数

参数名	符号	SPICE 名称	单位	默认值
饱和电流	I_S	IS	A	1.0E-14
发射系数	n	N	–	1
串联电阻	R_S	RS	Ω	0
渡越时间	τ_T	TT	s	0
零偏置结电容	C_{j0}	CJ0	F	0
梯度系数	m	M	–	0.5
结电势	ϕ_0	VJ	V	1

3.3   MOS(FET)晶体管

金属氧化物半导体场效应管(MOSFET 或简称 MOS)无疑是现代数字电路设计的"驮马"。从数字设计角度来看, 它的主要优点是作为一个开关它有良好的性能以及引起的寄生效应很小。其他重要的优点是它的高集成密度以及相对"简单"的制造工艺, 这使我们有可能用很经济的方式来生产大而复杂的电路。

按照在二极管中所采用的步骤, 本节局限于对晶体管及其参数进行综述。在对这一器件做了一般的概述之后, 我们将从静态(稳态)和动态(瞬态)的观点对晶体管进行解析描述。我们在讨论的最后列出了某些二次效应并介绍 MOS 晶体管的 SPICE 模型。

3.3.1　MOS 晶体管简介

MOSFET 是一个四端器件。加在栅端的电压决定了源端与漏端之间有多少电流流过。体(即衬底)是晶体管的第四个端口。它的作用是第二位的,因为它只是起调节器件特性和参数的作用。

从最浅显的角度讲,可以把晶体管看成一个开关。当电压施加到栅上且大于一个给定值(阈值电压 V_T)时,在漏和源之间就形成了一导电沟道。当漏和源之间存在电压差时电流就会在它们之间流动。沟道的导电性是由栅电压来调制的:在栅和源之间的电压差越大,则导电沟道的电阻越小且电流越大。当栅电压低于阈值时,就不存在任何这样的沟道,于是这一开关被认为是切断的。

MOSFET 可以分为两种类型。NMOS 晶体管由埋在 p 型衬底中的 n^+ 漏区和源区构成。电流是由通过源和漏之间 n 型沟道的电子形成的。这不同于 pn 结二极管,在那里电流是同时由空穴和电子形成的。MOS 器件也可以由 n 型衬底及 p^+ 漏区和源区来构成。在这样一个晶体管中,电流是由通过 p 型沟道的空穴形成的。这样一个器件称为 p 沟 MOS,或 PMOS 管。在互补 MOS 工艺(CMOS)中这两种器件都存在。在第 2 章中曾给出了现代双阱 CMOS 工艺的截面图,为方便起见再现于此(见图 3.11)。

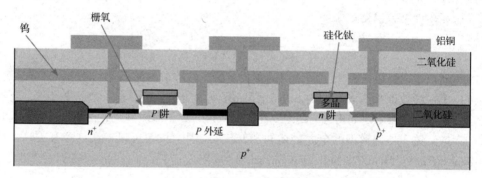

图 3.11　现代双阱 CMOS 工艺截面图

各种 MOS 管的电路符号示于图 3.12 中。正如前面提到的,晶体管是一个有栅、源、漏和体四个端口的器件,如图 3.12(a)和图 3.12(c)所示。由于体端口一般都连到一个直流电源端,而这一电源端对于同一类型的 MOS 管是相同的(对 NMOS 为接地端 GND,而对 PMOS 为 V_{dd}),所以常常在电路图中不去显示它,如图 3.12(b)和图 3.12(d)所示。因此,**如果第 4 个端口(体端口)未显示,则假设它连到了一个合适的电源端上。**

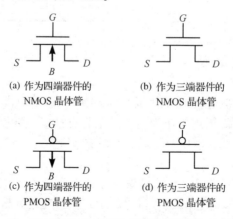

(a) 作为四端器件的
NMOS 晶体管

(b) 作为三端器件的
NMOS 晶体管

(c) 作为四端器件的
PMOS 晶体管

(d) 作为三端器件的
PMOS 晶体管

图 3.12　MOS 晶体管的电路符号

3.3.2 静态情况下的 MOS 晶体管

在推导 MOS 管的静态模型时,我们集中讨论 NMOS 器件,但所有这些理论对于 PMOS 器件也是成立的,并也将在本节末讨论。

阈值电压

首先考虑 $V_{GS} = 0$ 的情形,且漏、源和体均接地。此时漏和源由背靠背的 pn 结(衬底-源及衬底-漏)所连。在上述情况下,两个结均具有 0 V 的偏置,因此可以被考虑为断开,这导致了漏和源之间极高的电阻。

现在假设一个正电压加到栅上(相对于源),如图 3.13 所示。此时栅和衬底形成了一个电容的两个极板,而栅氧则为其电介质。正的栅压使正负电荷分别聚集在栅电极上和衬底一边,后者最初是通过排斥可动的空穴而形成的。于是在栅下面形成了一个耗尽区,它与 pn 结二极管中发生的耗尽区非常类似。因此,对于耗尽区的宽度及每单位面积的空间电荷,它们有类似的表达式。将下列表达式与式(3.4)和式(3.5)比较:

$$W_d = \sqrt{\frac{2\varepsilon_{si}\phi}{qN_A}} \tag{3.14}$$

及

$$Q_d = -\sqrt{2qN_A\varepsilon_{si}\phi} \tag{3.15}$$

在这些公式中,N_A 为衬底掺杂,而 ϕ 为耗尽层上的电压(也就是栅氧与硅边界上的电势)。

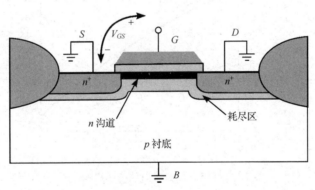

图 3.13 V_{GS} 为正值时的 NMOS 晶体管,图中显示了耗尽区和感应的沟道

随着栅电压的提高,硅表面上某点的电势将达到一个临界值,于是半导体表面被反型成 n 型材料,这一点标志着一种称为强反型现象的开始,它发生在电压等于两倍费米势时。p 型硅衬底的费米势如下式所示,它的典型值为 $\phi_F \approx -0.3$ V:

$$\phi_F = -\phi_T \ln\left(\frac{N_A}{n_i}\right) \tag{3.16}$$

栅电压的进一步提高不会使耗尽层的宽度有进一步的变化,但却在栅氧层下面的薄反型层中产生了更多的电子。这些电子是从重掺杂的 n^+ 源区被拉到反型层中的。因此在源区和漏区之间形成了一个连续的 n 型沟道,它的导电性是由栅-源电压来调制的。

当存在反型层时,保存在耗尽区的电荷是固定的并等于:

$$Q_{B0} = -\sqrt{2qN_A\varepsilon_{si}|2\phi_F|} \tag{3.17}$$

当在源与体之间加上一个衬底偏置电压 V_{SB} 时(对于 n 沟道器件 V_{SB} 通常是正的),情况会发生一

些变化。它使强反型所要求的表面电势增加并且变为 $|-2\phi_F+V_{SB}|$。此时存放在耗尽区的电荷可以表示为

$$Q_B = -\sqrt{2qN_A\varepsilon_{si}(|(-2)\phi_F+V_{SB}|)} \tag{3.18}$$

强反型发生时，V_{GS} 的值称为阈值电压 V_T。V_T 与几个因素有关，其中大部分是材料常数，例如栅和衬底材料之间功函数的差、氧化层厚度、费米势、沟道与栅氧层间表面上被俘获的杂质电荷，以及为调节阈值所注入的离子剂量。从前面的讨论中可以清楚地看到，源-体电压 V_{SB} 对阈值也有影响。与其依赖于一个复杂的(并且多半也是不精确的)阈值解析表达式，还不如依靠一个经验参数 V_{T0}，它是 $V_{SB}=0$ 时的阈值电压，并且主要与制造工艺有关。于是在不同体偏置条件下的阈值电压可由下式确定：

$$V_T = V_{T0} + \gamma(\sqrt{|(-2)\phi_F+V_{SB}|} - \sqrt{2\phi_F}) \tag{3.19}$$

参数 γ(gamma)称为体效应(衬偏效应)系数。它表明 V_{SB} 改变所产生的影响。注意，阈值电压对于通常的 **NMOS** 器件是一个正值，而对于通常的 **PMOS** 器件它为**负**值。

在图 3.14 中，画出了在 $|-2\phi_F| = 0.6\text{ V}$ 和 $\gamma = 0.4\text{ V}^{0.5}$ 的典型值时阱偏置对 NMOS 晶体管阈值电压的影响。阱或衬底的负偏置使阈值从 0.45 V 增加到 0.85 V。同时我们注意到，在 NMOS 中 V_{SB} 必须总是保持大于 -0.6 V。如果不是这样，则源-体二极管就会变为正向偏置，这会使晶体管的工作情况变差。

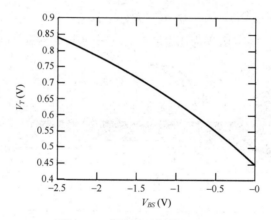

图 3.14　体偏置对阈值的影响

例 3.5　PMOS 晶体管的阈值电压

一个 PMOS 晶体管的阈值电压为 -0.4 V，而体效应系数等于 -0.4。计算 $V_{SB} = -2.5\text{ V}$，$2\phi_F = 0.6\text{ V}$ 时的阈值电压。

由式(3.19)可以得到 $V_T(-2.5\text{ V}) = -0.4 - 0.4 \times ((2.5+0.6)^{0.5} - 0.6^{0.5})\text{ V} = -0.79\text{ V}$，它是零偏置条件下阈值的两倍！

电阻工作区

现在假设 $V_{GS} > V_T$，并在漏区和源区之间加上一个小电压 V_{DS}。该电压差使电流从漏流向源(见图 3.15)。通过简单分析可以得到电流作为 V_{GS} 和 V_{DS} 函数的一阶表达式。

在沿沟道的 x 处，电压为 $V(x)$，因此在那一点栅至沟道的电压等于 $V_{GS} - V(x)$。假设这一电压沿整个沟道都超过了阈值电压，那么在点 x 处所感应出的每单位面积的沟道电荷可以用下式计算：

$$Q_i(x) = -C_{ox}[V_{GS}-V(x)-V_T] \tag{3.20}$$

这里，C_{ox} 为栅氧的单位面积电容，

$$C_{ox} = \frac{\varepsilon_{ox}}{t_{ox}} \tag{3.21}$$

式中，$\varepsilon_{ox} = 3.97 \times \varepsilon_o = 3.5 \times 10^{-11}$ F/m 为氧化层的介电常数，t_{ox} 为氧化层厚度。后者在现代工艺中为 10 nm($= 100$ Å) 或更小。对于一个 5 nm 厚的氧化层，这相当于一个 7 fF/μm^2 的栅氧电容。

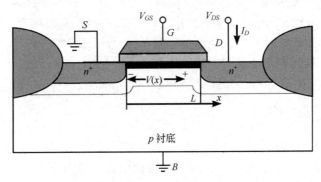

图 3.15　加上偏置电压的 NMOS 晶体管

电流是载流子的漂移速度 v_n 和所存在电荷的积。由于电荷守恒，所以它在沟道的全长上是一个常数。W 是垂直于电流方向上的沟道宽度。于是有

$$I_D = -v_n(x)Q_i(x)W \tag{3.22}$$

电子的速度通过一个称为迁移率的参数 μ_n (表示为 $m^2/V \cdot s$) 与电场相关。迁移率是晶体结构和局域电场的复杂函数。一般来说，采用一个经验值：

$$v_n = -\mu_n \xi(x) = \mu_n \frac{dV}{dx} \tag{3.23}$$

把方程 (3.20) 至方程 (3.23) 联合起来得到：

$$I_D dx = \mu_n C_{ox} W(V_{GS} - V - V_T) dV \tag{3.24}$$

在沟道的全长 L 上积分得到晶体管的电压-电流关系：

$$I_D = k'_n \frac{W}{L} \left[(V_{GS} - V_T)V_{DS} - \frac{V_{DS}^2}{2} \right] = k_n \left[(V_{GS} - V_T)V_{DS} - \frac{V_{DS}^2}{2} \right] \tag{3.25}$$

这里，k'_n 称为工艺跨导参数，

$$k'_n = \mu_n C_{ox} = \frac{\mu_n \varepsilon_{ox}}{t_{ox}} \tag{3.26}$$

工艺跨导 k'_n 和 NMOS 管 (W/L) 比的乘积称为这一器件的增益因子 k_n。当 V_{DS} 的值较小时，式 (3.25) 中的平方项可以忽略，于是我们看到了 V_{DS} 和 I_D 之间的线性关系。因此式 (3.25) 成立时的工作区域称为电阻区或线性区。它的一个主要特点是它在源区和漏区之间表现为一条连续的导电沟道。

注释： 式 (3.25) 中的参数 W 和 L 代表晶体管的有效沟宽和沟长。这些值与版图上所画的尺寸不同，这是由于源区与漏区的横向扩散作用 (对 L) 和隔离场氧被侵蚀的影响 (对 W) 等造成的。在本书的其余部分，W 和 L 将总是代表有效尺寸，而下标 d 则用来说明是所画的尺寸。下面的表达式表明了这两种参数的关系，其中 ΔW 和 ΔL 为制造工艺的参数：

$$W = W_d - \Delta W$$
$$L = L_d - \Delta L \tag{3.27}$$

饱和区

当漏源电压值进一步提高时，沿全长沟道电压都大于阈值的假设就不再成立，这通常发生在当 $V_{GS} - V(x) < V_T$ 时。在这一点上，被感应的电荷为零，而导电沟道消失或者说它已被夹断(pinch off)。这显示在图 3.16 中，图中(以夸张的方式)显示了沟道的厚度如何从源区到漏区逐渐缩小直到夹断发生。在漏区附近不存在任何沟道。显然为使这一现象发生，主要是在漏区要满足夹断条件，也就是：

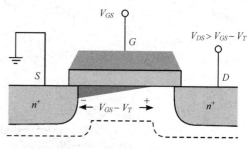

图 3.16　夹断状态下的 NMOS 晶体管

$$V_{GS} - V_{DS} \leq V_T \tag{3.28}$$

在这些条件下，晶体管处于饱和区，式(3.25)不再成立。由于在感应形成的沟道上的电压差(从夹断点到源)保持固定在 $V_{GS} - V_T$ 上，结果使电流保持为常数(或饱和)。用 $V_{GS} - V_T$ 代替式(3.25)中的 V_{DS}，得到了饱和模式时的漏极电流。值得注意的是，就一阶近似而言，漏电流不再是 V_{DS} 的函数。还要注意的是，漏电流与控制电压 V_{GS} 之间存在平方关系：

$$I_D = \frac{k_n'}{2} \frac{W}{L} (V_{GS} - V_T)^2 \tag{3.29}$$

沟道长度调制

式(3.29)表明，饱和模式下晶体管的作用像一个理想的电流源——在漏端与源端间的电流是恒定的，并且独立于在这两个端口上外加的电压。但这并不完全正确。导电沟道的有效长度实际上由所加的 V_{DS} 调制：增加 V_{DS} 将使漏结的耗尽区加大，从而缩短了有效沟道的长度。正如从式(3.29)中可以看到的，当长度 L 减小时电流会增加。因此关于 MOS 管电流的一个更精确的描述为

$$I_D = I_D'(1 + \lambda V_{DS}) \tag{3.30}$$

式中，I_D' 是前面推导出的电流表达式，即式(3.29)，λ 是一个经验参数，称为沟长调制系数。λ 的解析表达式已被证明是复杂的和不精确的。一般来说 λ 与沟长成反比。在沟长较短的晶体管中，漏结耗尽区占了沟道的较大部分，沟道的调制效应也更加显著。因此在需要高阻抗的电流源时建议采用长沟道晶体管。

速度饱和

沟道非常短的晶体管(称为短沟器件)的特性与上面介绍的电阻工作区和饱和区的模型有很大的不同。这一差别的主要原因就是速度饱和效应。式(3.23)表明，载流子的速度正比于电场，且这一关系与电场强度值的大小无关。换言之，载流子的迁移率是一个常数。然而在(水平方向)电场强度很高的情况下，载流子不再符合这一线性模型。事实上当沿沟道的电场达到某一临界值 ξ_c 时，载流子的速度将由于散射效应(即载流子间的碰撞)而趋于饱和。这一情形显示在图 3.17 中。

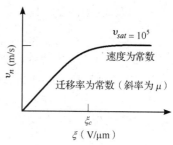

图 3.17　速度饱和效应

电子和空穴的饱和速度大致相同，即 10^5 m/s。速度饱和发生时的临界电场强度取决于掺杂浓度和外加的垂直电场强度。对于电子，临界电场在 $1 \sim 5$ V/μm 之间。这意味着在沟道长度

为 0.25 μm 的 NMOS 器件中大约只需要 2 V 左右的漏源电压就可以达到饱和点, 这一条件在当前的短沟器件中很容易满足。在 n 型硅中的空穴需要稍高一些的电场才能达到饱和, 因此在 PMOS 晶体管中速度饱和效应不太显著。

速度饱和效应对晶体管的工作有很大的影响。我们用在速度饱和情况下推导的器件特性的一阶近似来说明这一点[Ko89]。图 3.17 所画出的速度与电场的关系可以用带有条件的下式来大致近似:

$$v = \begin{cases} \dfrac{\mu_n \xi}{1 + \xi/\xi_c}, & \xi \le \xi_c \\ v_{sat}, & \xi \ge \xi_c \end{cases} \tag{3.31}$$

为了使这两个区域间连续, 要求 $\xi_c = 2v_{sat}/\mu_n$。如果用修正后的速度公式重新对式(3.20)和式(3.22)求值, 就得到了在电阻工作区漏极电流的修正式:

$$\begin{aligned} I_D &= \frac{\mu_n C_{ox}}{1 + (V_{DS}/\xi_c L)} \left(\frac{W}{L}\right) \left[(V_{GS} - V_T)V_{DS} - \frac{V_{DS}^2}{2} \right] \\ &= \mu_n C_{ox}\left(\frac{W}{L}\right) \left[(V_{GS} - V_T)V_{DS} - \frac{V_{DS}^2}{2} \right] \kappa(V_{DS}) \end{aligned} \tag{3.32}$$

式中, $\kappa(V)$ 因子考虑了速度饱和的程度, 它的定义如下:

$$\kappa(V) = \frac{1}{1 + (V/\xi_c L)} \tag{3.33}$$

V_{DS}/L 可以被解释为在沟道中的平均电场。在长沟器件(L 值较大)或 V_{DS} 值较小的情况下, κ 接近 1, 于是式(3.32)就简化为通常情况下电阻工作模式的电流公式。对于短沟器件, κ 小于 1, 这意味着所产生的电流将小于通常所预期的值。

当增加漏源电压时, 沟道中的电场最终达到了临界值, 于是在漏端的载流子出现速度饱和。通过使饱和情况下的漏端电流等于 $V_{DS} = V_{DSAT}$ 时式(3.32)给出的电流, 可以计算饱和时的漏电压 V_{DSAT}[Toh88]。前者可以在假设漂移速度饱和且等于 v_{sat} 时式(3.22)中得出。于是得到:

$$\begin{aligned} I_{DSAT} &= v_{sat} C_{ox} W (V_{GT} - V_{DSAT}) \\ &= \kappa(V_{DSAT}) \mu_n C_{ox} \frac{W}{L} \left[V_{GT} V_{DSAT} - \frac{V_{DSAT}^2}{2} \right] \end{aligned} \tag{3.34}$$

式中, V_{GT} 为 $V_{GS} - V_T$ 的简短表示。在合并有关项并简化之后得到:

$$V_{DSAT} = \kappa(V_{GT}) V_{GT} \tag{3.35}$$

进一步增加漏源电压并不能产生更多的电流(就一阶近似而言), 即晶体管的电流饱和在 I_{DSAT} 上。由此可以看到以下两点:

- 对于短沟器件及足够大的 V_{GT} 值, $\kappa(V_{GT})$ 明显小于 1, 由此 $V_{DSAT} < V_{GT}$。器件在 V_{DS} 达到 $V_{GS} - V_T$ 之前就已经进入饱和状态。因此短沟器件经历的饱和区范围更大, 比起相应的长沟器件来, 它们往往更经常地工作在饱和情况下(见图 3.18)。
- 饱和电流 I_{DSAT} 显示了与栅源电压 V_{GS} 间的线性关系, 这不同于在长沟器件中的平方关系。因此在一定的控制电压下它减少了晶体管能够提供的电流值。反之, 在亚微米器件中降低工作电压却不会像在长沟晶体管中那样有显著的影响。

以上这些公式都忽略了一个事实, 即进一步增加 V_{DS} 会使更大部分的沟道变成速度饱和。从建立模型的角度来看, 它仿佛就像是有效沟道随 V_{DS} 的增加而缩短, 其效果非常类似于沟长调制效应。所引起的电流增加可以很容易地通过引入另一乘数项$(1 + \lambda \times V_{DS})$来加以考虑。对更深入探讨 MOS 管短沟效应感兴趣的读者,可参阅[Ko89][①]。

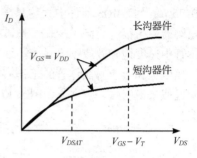

图 3.18   短沟器件由于速度饱和而显示出范围更大的饱和区

再谈速度饱和

可惜的是漏极电流式(3.32)和式(3.34)是 V_{GS} 和 V_{DS} 的复杂表达式,这使它们很难用来进行一阶的手工分析。但是若有以下两个假设就可以得到一个明显较为简单的模型:

1. 速度饱和即刻发生在 ξ_c,即它可以近似为以下的表达式:

$$v = \begin{cases} \mu_n\xi, & \xi \leq \xi_c \\ v_{sat} = \mu_n\xi_c, & \xi \geq \xi_c \end{cases} \tag{3.36}$$

2. 达到临界电场且出现饱和速度时的漏源电压 V_{DSAT} 是一个常数,并可以近似为

$$V_{DSAT} \approx L\xi_c = \frac{Lv_{sat}}{\mu_n} \tag{3.37}$$

由式(3.35)可以得出这一假设对于较大的 V_{GT} 值是合理的。

在这些条件下,电阻工作区的电流式与长沟模型相比将保持不变。一旦达到 V_{DSAT},电流就即刻饱和。此时的 I_{DSAT} 值可以通过把饱和电压代入电阻区的电流式(3.25)得到:

$$\begin{aligned} I_{DSAT} &= I_D(V_{DS} = V_{DSAT}) \\ &= \mu_n C_{ox}\frac{W}{L}\left((V_{GS} - V_T)V_{DSAT} - \frac{V_{DSAT}^2}{2}\right) \\ &= v_{sat}C_{ox}W\left(V_{GS} - V_T - \frac{V_{DSAT}}{2}\right) \end{aligned} \tag{3.38}$$

这一模型完全是一阶近似并且是经验模型。这种简化的速度模型在线性区和速度饱和区之间的过渡区上会引起明显的偏差。然而通过仔细地选择模型参数,可以实现与另一工作区经验数据的良好匹配,这在本书以后将要介绍。最重要的是,这些公式与我们熟知的长沟道公式非常一致,它们为数字电路设计者提供了非常需要的直观理解和分析解释的工具。

漏极电流与电压的关系图

MOS 管在不同工作区的特性可以通过分析它的 I_D-V_{DS} 曲线得到最好的理解,这条曲线以 V_{GS} 为参数画出了 I_D 与 V_{DS} 之间的关系。图 3.19 为两个用相同工艺实现且具有相同(W/L)比的 NMOS 管的电流电压关系图。因此我们可以预期这两个器件会表现出完全相同的 I-V 特性。然而它们之间的主要差别是第一个器件具有长沟道($L_d = 10 \ \mu m$),而第二个晶体管为短沟器件($L_d = 0.25 \ \mu m$),因而会出现速度饱和。

首先考虑长沟道器件。在电阻区,晶体管的特性像一个电压控制的电阻,而在饱和区,它的作用像是一个电压控制的电流源(当忽略沟长调制效应时)。这两个区域之间的过渡由曲线 $V_{DS} = V_{GS}$-V_T 勾画出来。在饱和区 I_D 与 V_{GS} 之间的平方关系(对于长沟器件是非常典型的)可以从不同曲

---

① 为简单起见,书中有意选择不讨论其他一些效应(如垂直方向电场会降低迁移率)的影响。我们认为这样做不会有什么问题,因为它不会对后面的模拟造成不好的影响。

线之间的间距清楚地看出。饱和电流与V_{GS}间的线性关系在图3.19(b)的短沟器件中是非常明显的。同时注意到对于非常小的V_{DS}值,速度饱和是如何使器件达到饱和的。虚线表示由式(3.35)预计的发生速度饱和的地方,而细纹线表明何时会发生通常的饱和($V_{DS}=V_{GT}$)。这使高电压时的电流驱动能力有明显的下降。例如在$V_{GS}=2.5$ V,$V_{DS}=2.5$ V时,短沟晶体管的漏极电流只是长沟晶体管相应值的40%(分别为220 μA 和540 μA)。

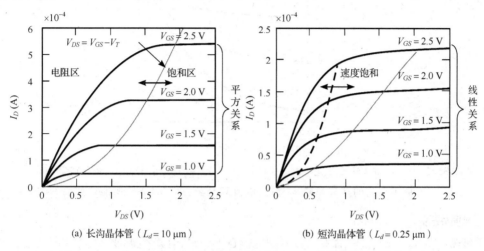

(a) 长沟晶体管($L_d=10$ μm)   (b) 短沟晶体管($L_d=0.25$ μm)

图 3.19 0.25 μm CMOS工艺的长沟和短沟NMOS晶体管的I-V特性。两
个晶体管的(W/L)比相同且等于1.5。注意在y轴坐标上的差别

长沟和短沟器件之间电流与V_{GS}关系上的差别在另一组模拟得到的曲线中甚至更为明显,这组曲线画出了当V_{DS}为一个大于V_{GS}的固定值时(以确保处在饱和区)I_D与V_{GS}间的关系(见图3.20)。对于较大的V_{GS}值,平方关系与线性关系的比照是很明显的。

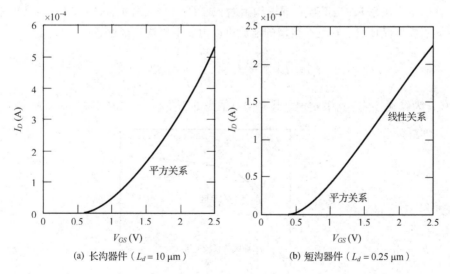

(a) 长沟器件($L_d=10$ μm)   (b) 短沟器件($L_d=0.25$ μm)

图 3.20 长沟和短沟器件(0.25 μm CMOS工艺)NMOS晶体管的
I_D-V_{GS}特性。两个晶体管的W/L均为1.5且$V_{DS}=2.5$ V

以上推导的所有公式也适用于PMOS晶体管。唯一的差别是**对于PMOS器件,所有的电压和电流的极性都反过来了**。这显示在图3.21中,图中画出了通用的0.25 μm CMOS工艺中最小尺寸PMOS管的I_D-V_{DS}特性。这些曲线都画在第三象限,因为I_D、V_{DS}和V_{GS}都为负值。注意速度

饱和的影响不如 NMOS 器件显著。这可以归因于 PMOS 的临界电场强度值较大,因为空穴的迁移率比电子要小。

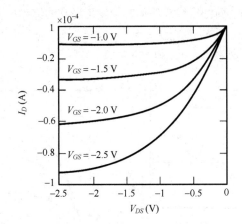

图 3.21　0.25 μm CMOS 工艺 PMOS 晶体管的 *I-V* 特性($W_d = 0.375$ μm, $L_d = 0.25$ μm)。由于空穴的迁移率较小,最大电流只是类似的NMOS管所能达到值的42%

亚阈值情形

仔细观察图 3.20 的 I_D-V_{GS} 曲线可以发现电流在 $V_{GS} = V_T$ 时并不立即降为零。很明显,当电压低于阈值电压时,MOS 晶体管已部分导通。这一现象称为亚阈值或弱反型导通。出现强反型意味着有足够的载流子参与导电,但这并不表示栅源电压低于 V_T 时没有任何电流流动,虽然在这些情形下电流非常小。总之,从"导通"到"截止"情形的过渡并不是突变的,而是缓变的。

为了更仔细地分析这一现象,我们以对数坐标重新画出了图 3.20(b)的曲线,如图 3.22 所示。该图也证实了对于 $V_{GS} < V_T$ 电流也不立即降为零,实际上是按指数方式下降,非常类似于双极型晶体管的工作情形[①]。当不存在导电沟道时,n^+(源) – p(体) – n^+(漏)三端实际上形成了一个寄生的双极型晶体管。在这一区域的电流可以由以下表达式来近似:

$$I_D = I_S e^{\frac{V_{GS}}{nkT/q}} \left(1 - e^{-\frac{V_{DS}}{kT/q}} \right)(1 + \lambda V_{DS}) \tag{3.39}$$

式中,I_S 和 n 为经验参数,其中 $n \geqslant 1$,其典型范围为 1.5 左右。

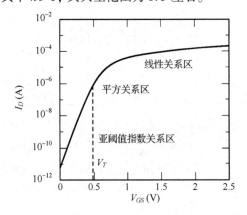

图 3.22　电流 I_D 与 V_{GS} 的关系(I_D 为对数坐标),表现了亚阈值区的指数特性

---

① 需要了解双极型晶体管进一步信息的读者可以访问本书配套网站。

在大多数数字应用中不希望存在亚阈值电流，因为它偏离了我们希望假设的 MOS 晶体管类似于开关的理想特性。我们希望栅源电压一旦下降至 V_T 以下时电流应当下降得尽可能快。因此 V_{GS} 低于 V_T 时电流相对于 V_{GS} 的下降率可以作为一个器件质量的衡量指标。它常常用斜率系数 S 来定量，表明为使漏极电流下降至十分之一，V_{GS} 应当减少多少。由式（3.39）得到：

$$S = n\left(\frac{kT}{q}\right)\ln(10) \tag{3.40}$$

式中，S 用 mV/十倍电流降表示。对于具有尽可能陡的滚降的理想晶体管 $n = 1$，因此 $(kT/q)\ln(10)$ 在室温下的值为 60 mV/十倍电流降，即 V_{GS} 每减少 60 mV 亚阈值电流将下降至十分之一。可惜的是对于实际的器件 n 大于 1，因此电流以较低的斜率下降（$n = 1.5$ 时为 90 mV/十倍电流降）。工作温度上升时电流的滚降将进一步减少，而大多数的集成电路都工作在比室温高许多的情况下。n 的值取决于器件本身的拓扑与结构，因此使它的值减小需要采用不同的工艺技术，如绝缘体上硅（SOI）。

亚阈值电流具有某些重要的影响。一般地我们希望在 $V_{GS} = 0$ 时通过晶体管的电流尽可能地接近零。这在动态电路中尤为重要，因为动态电路依靠电荷在电容上的存储，因此它的工作可以因亚阈值漏电而受到严重的影响。存在亚阈值电流时为能正确工作，需要对器件阈值电压的最低值有一个严格的限制。

例 3.6 亚阈值斜率

在图 3.22 的例子中可以看到这一斜率为 89.5 mV/十倍电流降（在 0.2 V 与 0.4 V 之间）。这相当于 n 因子为 1.49。

小结——手工分析模型

由上面的讨论可以清楚地看到深亚微米晶体管是一个复杂的器件。它的特性高度非线性并且受许多二次效应的影响。所幸的是，正如在本章后面将要讨论的，已经开发出了精确的电路模拟模型，从而使我们有可能在器件尺寸、形状和工作模式的一个很大范围内以惊人的精度预测一个器件的特性。虽然这些模型在精度方面非常出色，但它们却不能为设计者提供对电路特性的直观理解，以及主要的电路设计参数。这种理解在设计分析和优化过程中是非常必要的。因为一个设计者如果对是什么驱动和支配电路的工作没有清醒的认识，那么他必然会依赖冗长的反复探试的优化过程，而这经常会得到很差的结果。

至此，一个明显的问题是如何把 MOS 晶体管抽象成一个简单和实际的解析模型，既不会导致毫无希望的复杂公式，又仍能抓住器件的实质。其实本章前面推导的许多一阶近似表达式可以合成一个能满足这些要求的式子。这一模型把晶体管表示成一个电流源（见图 3.23）。它的值由该图给出。读者可以验证，根据工作条件，这一模型可以简化成式（3.25）、式（3.29）或式（3.38）（已对沟长调制进行了修正）[①]。于是有：

$$I_D = 0 \qquad\qquad\qquad 若\ V_{GT} \leq 0$$

$$I_D = k'\frac{W}{L}\left(V_{GT}V_{min} - \frac{V_{min}^2}{2}\right)(1 + \lambda V_{DS}) \qquad 若\ V_{GT} \geq 0$$

其中，

$$V_{min} = \min(V_{GT}, V_{DS}, V_{DSAT})$$

$$V_{GT} = V_{GS} - V_T$$

---

① 这一通用的模型也已对饱和区的沟长调制效应做了修正。这一修正因子很小，它的目的只是用于建立模型而不是基于物理意义上的考虑。还需要知道的是，对于 PMOS 晶体管，"min"（取最小值）要改成"max"（取最大值）。

$$V_T = V_{T0} + \gamma \left(\sqrt{|-2\phi_F + V_{SB}|} - \sqrt{|-2\phi_F|} \right)$$

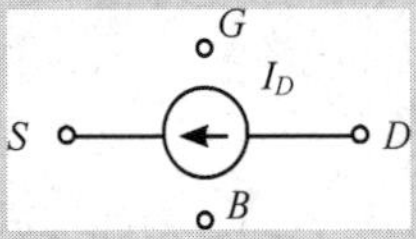

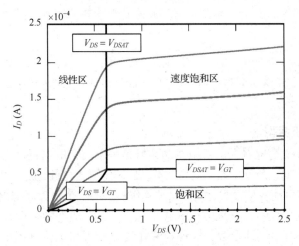

$$
\begin{aligned}
I_D &= 0 & \text{若 } V_{GT} \leqslant 0 \\
I_D &= k' \frac{W}{L} \left(V_{GT} V_{min} - \frac{V_{min}^2}{2} \right)(1 + \lambda V_{DS}) & \text{若 } V_{GT} \geqslant 0
\end{aligned}
$$

其中,

$$V_{min} = \min(V_{GT}, V_{DS}, V_{DSAT})$$

$$V_{GT} = V_{GS} - V_T$$

$$V_T = V_{T0} + \gamma \left(\sqrt{|-2\phi_F + V_{SB}|} - \sqrt{|-2\phi_F|} \right)$$

图 3.23　用于手工分析的通用 MOS 模型

图 3.24 表示了这个通用模型如何把晶体管的整个工作空间划分成三个区域:线性区、速度饱和区及饱和区,并且标明了在这些区域之间的边界。

图 3.24　用于手工分析的通用模型所定义的各工作区的边界

这一模型除了作为晶体管四个端口上电压的函数以外,还利用了一组共五个参数:V_{T0},γ,V_{DSAT},k' 及 λ。在原理上有可能通过工艺技术和器件物理公式确定这些参数,但器件的复杂性使这样做很不可靠。一个比较有效的方法是选择合适的值以便与实际的器件特性有良好的匹配。比较重要的是,模型应当在最有关的区域内匹配最好。这在数字电路中就是 V_{GS} 和 V_{DS} 较高的区域。一个 MOS 数字电路的性能主要是由可提供的最大电流决定的(即 $V_{GS} = V_{DS} = $ 电源电压时的电流)。因此在这一区域有良好的匹配是非常重要的。最后我们注意到,对于一个典型的 NMOS 器件,所有五个参数都是正值,而对于一个典型的 PMOS 器件它们都是负值。

例 3.7　0.25 μm CMOS 工艺的手工分析模型[1]

根据通用 0.25 μm CMOS 工艺实现的一个晶体管($W = 0.375$ μm,$L = 0.25$ μm)得到的模拟 I_D-V_{DS} 和 I_D-V_{GS} 图(见图 3.19 和图 3.20),我们推导出一组器件参数,能够在($V_{DS} = 2.5$ V,$V_{GS} = 2.5$ V)区域内很好地匹配——2.5 V 是这一工艺典型的电源电压。对于 NMOS 晶体管,所得到的特性画在图 3.25 中,并与模拟值进行了比较。总体来说,除了在电阻区和速度饱和区之间的过

---

[1]　本书配套网站上有用 MATLAB 实现的这一模型。

渡区以外,其他地方都对应得很好。之所以存在差别是由于采用了式(3.36)的简单速度模型,但它仍然是可接受的,因为它只发生在 V_{DS} 值较低的范围内。这表明我们的模型虽然简单,但仍然可以相当好地反映器件的整体特性。

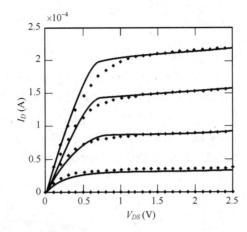

图 3.25　最小尺寸的 NMOS 晶体管($W = 0.375$ μm,$L = 0.25$ μm)的简化模型(实线)与 SPICE
　　　　模拟结果(点线)之间的比较。注意在电阻区和速度饱和区之间的过渡区上存在差别

设计数据——手工分析的晶体管模型

表 3.2 列出了对于通用 0.25 μm CMOS 工艺最小尺寸的 NMOS 和同样尺寸的 PMOS 器件所得到的参数值。这些值将用在以后的章节中作为通用的模型参数。

表 3.2　通用 0.25 μm CMOS 工艺的手工分析模型参数(最小长度器件)

	$V_{T0}(V)$	$\gamma(V^{0.5})$	$V_{DSAT}(V)$	$k'(A/V^2)$	$\lambda(V^{-1})$
NMOS	0.43	0.4	0.63	115×10^{-6}	0.06
PMOS	-0.4	-0.4	-1	-30×10^{-6}	-0.1

注意:这里介绍的模型是从具有最小沟道长度和宽度的单个器件的特性中推导出来的。试图把这一特性延伸到 W 和 L 值有很大差别的器件有可能导致相当大的误差。好在数字电路一般只用最小沟长的器件,因为它们的实现面积最小。因此对于这些晶体管的匹配通常都是可以接受的。然而对于宽度有很大差别的器件,建议采用不同组的模型参数。　■

上面介绍的电流源模型在分析一个简单数字门的基本性质时将是非常有用的,但是它的非线性使它难以对付任何更为复杂的情形。因此这里介绍一个更为简单的模型,它不仅具有线性,而且非常直接明了。它以在大多数数字设计中的基本假设作为基础,即晶体管只不过是一个开关,它有无穷大的"断开"电阻和有限的"导通"电阻 R_{on}(见图 3.26)。

这一模型的主要问题是 R_{on} 是时变的、非线性的并取决于晶体管的工作点。当研究在瞬态模式(即在不同的逻辑状态间切换)的数字电路时,很希望假设 R_{on} 是一个常数的线性电阻 R_{eq},它的选择应当使最终的结果类似于采用原先的晶体管时所得到的结果。对此一个合理的方法是采用在所关心的工作区域上电阻的平均值,或甚至更为简单地,采用在瞬态过程的起点和终点处两个电阻的平均值。后一个假设能很好地成立,只要电阻在进行平均的

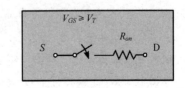

图 3.26　NMOS 晶体管的开关模型

间隔范围内并不出现任何高度的非线性。与此相应，有：

$$R_{eq} = \text{average}_{t = t_1 \cdots t_2}(R_{on}(t)) = \frac{1}{t_2 - t_1}\int_{t_1}^{t_2} R_{on}(t)\mathrm{d}t = \frac{1}{t_2 - t_1}\int_{t_1}^{t_2}\frac{V_{DS}(t)}{I_D(t)}\mathrm{d}t$$

$$\approx \frac{1}{2}(R_{on}(t_1) + R_{on}(t_2))$$

(3.41)

例3.8　充(放)电一个电容时的等效电阻

在现代数字电路中最普遍的情形之一是一个电容通过一个栅电压为 V_{DD} 的 NMOS 晶体管从 V_{DD} 放电至 GND，或反过来——使这个电容通过一个栅接地的 PMOS 管充电至 V_{DD}。特别需要关注的是，电容上的电压达到中点($V_{DD}/2$)时的那一点，这实际上就是第 2 章已介绍过的传播延时的定义。假设电源电压比晶体管的速度饱和电压 V_{DSAT} 大得多，那么可以合理地说，晶体管在整个过渡期间都处于速度饱和。图 3.27 画出了通过一个 NMOS 管使一个电容从 V_{DD} 放电至 $V_{DD}/2$ 时的这一情形。

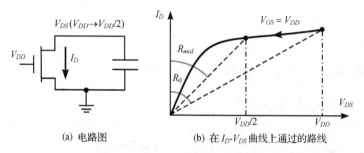

(a) 电路图　　　　　(b) 在 I_D-V_{DS} 曲线上通过的路线

图 3.27　通过一个 NMOS 晶体管使一个电容放电：电路图(a)和 I-V 曲线(b)。
晶体管的瞬态电阻等于(V_{DS}/I_D)，它可以从与 y 轴的夹角看出

借助式(3.41)可以推导出等效电阻值，它是在过渡期间器件电阻的平均值：

$$R_{eq} = \frac{1}{-V_{DD}/2}\int_{V_{DD}}^{V_{DD}/2}\frac{V}{I_{DSAT}(1 + \lambda V)}\mathrm{d}V \approx \frac{3}{4}\frac{V_{DD}}{I_{DSAT}}\left(1 - \frac{7}{9}\lambda V_{DD}\right)$$

(3.42)

其中，

$$I_{DSAT} = k'\frac{W}{L}\left((V_{DD} - V_T)V_{DSAT} - \frac{V_{DSAT}^2}{2}\right)$$

只是把过渡区两个端点处的电阻值进行平均(并利用泰勒展开式简化结果)也可以得到类似的结果：

$$R_{eq} = \frac{1}{2}\left(\frac{V_{DD}}{I_{DSAT}(1 + \lambda V_{DD})} + \frac{V_{DD}/2}{I_{DSAT}(1 + \lambda V_{DD}/2)}\right) \approx \frac{3}{4}\frac{V_{DD}}{I_{DSAT}}\left(1 - \frac{5}{6}\lambda V_{DD}\right)$$

(3.43)

由这些表达式我们可以得出三个有意义的结论：

- 电阻反比于器件的(W/L)比。晶体管的宽度加倍时将使电阻减半。
- 当 $V_{DD} \gg V_T + V_{DSAT}/2$ 时，电阻实际上将与电源电压无关。这可以从图 3.28 中得到证实，图中画出了(模拟得到的)等效电阻与电源电压 V_{DD} 之间的关系。可以看到当提高电源电压时，由于沟长调制效应使电阻的改善很小。
- 一旦电源电压接近 V_T，电阻会急剧增加。

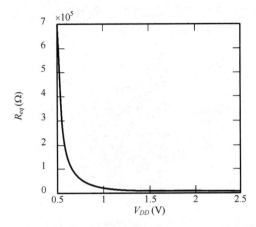

图 3.28 一个由最小尺寸 0.25 μm CMOS 工艺 NMOS 晶体管模拟得到的
等效电阻与电源电压 V_{DD} 的关系($V_{GS} = V_{DD}$，$V_{DS} = V_{DD} \to V_{DD}/2$)

设计数据——等效电阻模型

表 3.3 列出了由通用 0.25 μm CMOS 工艺模拟得到的等效电阻值。这些值对在后面章节中分析 CMOS 门的性能非常方便。

表 3.3　0.25 μm CMOS 工艺(设计沟长 $L = L_{min}$)的 NMOS 和 PMOS 晶体管($W/L = 1$)的等效电阻 R_{eq}。对于较大的器件,将 R_{eq} 除以 W/L

V_{DD}(V)	1	1.5	2	2.5
NMOS(kΩ)	35	19	15	13
PMOS(kΩ)	115	55	38	31

动态特性

一个 MOSFET 管的动态响应只取决于它充(放)电这个器件的本征寄生电容和由互连线及负载(见第 4 章)引起的额外电容所需要的时间。对于一个高性能数字集成电路的设计者来说,深刻理解这些本征电容的本质和特性是很重要的。它们有三个来源:基本的 MOS 结构、沟道电荷以及漏和源反向偏置 pn 结的耗尽区。除了 MOS 结构电容以外,其他两个电容都是非线性的并且随所加电压而变化,这使分析它们比较困难。我们将在下面各段中分别讨论这些电容。

MOS 结构电容

MOS 晶体管的栅是通过栅氧与导电沟道相隔离的,栅氧每单位面积的电容为 $C_{ox} = \varepsilon_{ox}/t_{ox}$。我们前面已从 I-V 关系的角度知道,使 C_{ox} 尽可能地大或保持氧化层厚度非常薄是很有用的。这个电容的总值称为栅电容 C_g,它可以分为两部分,各自具有不同的特性。显然 C_g 的一部分会影响沟道电荷,而另一部分完全来自晶体管的拓扑结构,后者将在下面讨论。

考虑图 3.29 的晶体管结构。理想情况下,源和漏扩散应当恰好终止在栅氧的边上。但在现实中,无论是源还是漏都往往会在氧化层下延展一个数量 x_d,这称为横向扩散。因此晶体管的有效沟长 L 比画出的沟长 L_d(即该管最初设计的长度)短一个量 $\Delta L = 2x_d$。这也引起了在栅和源(漏)之间的寄生电容,称为覆盖电容。这个电容是线性的并具有固定的值:

$$C_{GSO} = C_{GDO} = C_{ox}x_d W = C_o W \tag{3.44}$$

由于 x_d 是由工艺决定的，习惯上把它与每单位面积的栅氧电容 C_{ox} 相乘得到每单位晶体管宽度的覆盖电容 C_o（更具体地说为 C_{gso} 和 C_{gdo}）。

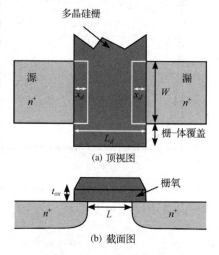

(a) 顶视图

(b) 截面图

图 3.29   MOSFET 的覆盖电容

沟道电容

栅至沟道的电容 C_{GC} 也许是最重要的 MOS 寄生电路部分，它的大小以及它在 C_{GCS}、C_{GCD} 和 C_{GCB}（分别为栅至源、栅至漏和栅至体的电容）这三部分之间的划分取决于工作区域和端口电压。这种会产生不同分布的情况可以用图 3.30 的简图来解释。当晶体管处于截止区域时（a），没有任何沟道存在，所以总电容 C_{GC} 出现在栅和体之间。在电阻区（b），形成了一个反型层，它的作用像源与漏之间的一个导体。结果 $C_{GCB} = 0$，因为体电极与栅之间被沟道所屏蔽。对称性使这一电容在源与漏之间平均分布。最后，在饱和模式（c），沟道被夹断。栅与漏之间的电容近似为 0，而且栅至体电容也为 0。因此所有的电容是在栅与源之间的。

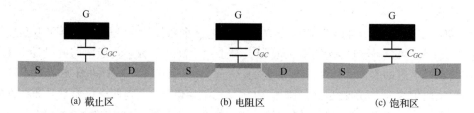

(a) 截止区   (b) 电阻区   (c) 饱和区

图 3.30   栅至沟道的电容，以及工作区域对它在器件其他三个端口分布的影响

栅至沟道总电容的实际值以及它在三部分之间的分配情况可以借助几个曲线图来得到最好的理解。图 3.31（a）是 $V_{DS} = 0$ 时电容随 V_{GS} 变化的曲线。当 $V_{GS} = 0$ 时，晶体管截止，没有沟道存在，因此总电容等于 WLC_{ox}，并出现在栅和体之间。增加 V_{GS} 时，在栅下形成了一个耗尽区。这就像是使栅的绝缘层加厚，结果使电容减小。一旦晶体管导通（$V_{GS} = V_T$），沟道形成，于是 C_{GCB} 下降至 0。当 $V_{DS} = 0$ 时器件在电阻模式下工作，电容在源区与漏区之间平分（$C_{GCS} = C_{GCD} = WLC_{ox}/2$）。应当记住沟道电容在 $V_{GS} = V_T$ 附近会有较大的波动。希望线性电容具有较好特性的设计者应当避免使电路工作在这一区域。

晶体管一旦导通，它的栅电容的分布情况取决于其饱和程度，后者用 $V_{DS}/(V_{GS} - V_T)$ 的值来衡量。如图 3.31（b）所示，随着饱和程度的增加，C_{GCD} 逐渐下降至 0，而 C_{GCS} 则增加到 $(2/3)C_{ox}WL$。这也意味着随着饱和程度的增加总的栅电容逐渐变小。

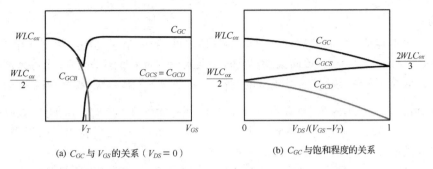

(a) C_{GC} 与 V_{GS} 的关系（$V_{DS}=0$）

(b) C_{GC} 与饱和程度的关系

图 3.31 栅至沟道电容的分布情况与 V_{GS} 和 V_{DS} 的关系[Dally98]

上面的讨论表明栅电容的这三部分是非线性的并随工作电压而改变。为了能够进行一阶分析，我们采用一个逐段线性的简化模型，模型中在每个工作区上的电容为一个常数值。这些值总结在表 3.4 中。

表 3.4 不同工作区域 MOS 管沟道电容的平均分布情况

工作区域	C_{GCB}	C_{GCS}	C_{GCD}	C_{GC}	C_G
截止区	$C_{ox}WL$	0	0	$C_{ox}WL$	$C_{ox}WL + 2C_oW$
电阻区	0	$C_{ox}WL/2$	$C_{ox}WL/2$	$C_{ox}WL$	$C_{ox}WL + 2C_oW$
饱和区	0	$(2/3)C_{ox}WL$	0	$(2/3)C_{ox}WL$	$(2/3)C_{ox}WL + 2C_oW$

例 3.9 用电路模拟器提取电容

在一个给定的工作模式下确定 MOS 管的寄生电容值是一个非常费时的工作，它要求知道许多常常不能直接得到的工艺参数。幸运的是，一旦得到了晶体管的 SPICE 模型，一个简单的模拟就可以提供所需要的数据。假设我们希望知道一个给定工艺的晶体管总的栅电容值与 V_{GS} 的关系（$V_{DS}=0$），那么图 3.32(a) 中电路的模拟完全可以给我们提供这一信息。事实上，以下的关系成立：

$$I = C_G(V_{GS})\frac{\mathrm{d}V_{GS}}{\mathrm{d}t}$$

并可重新写为

$$C_G(V_{GS}) = I \Big/ \left(\frac{\mathrm{d}V_{GS}}{\mathrm{d}t}\right)$$

一个瞬态模拟给出了 V_{GS} 随时间变化的关系，通过一些简单的数学运算就可以把它转换为电容。图 3.32(b) 画出了模拟得到的一个最小尺寸 0.25 μm NMOS 管的栅电容与 V_{GS} 的关系。图中清楚地显示了当 V_{GS} 接近 V_T 时栅电容下降并在 V_T 处中断，这已在图 3.31 中预见到。

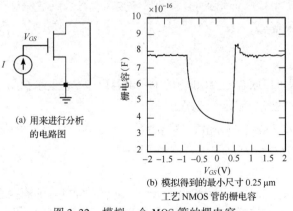

(a) 用来进行分析
的电路图

(b) 模拟得到的最小尺寸 0.25 μm
工艺 NMOS 管的栅电容

图 3.32 模拟一个 MOS 管的栅电容

结电容

最后一部分电容是由反向偏置的源–体和漏–体之间的 pn 结引起的。耗尽区电容是非线性的,并且正如前面讨论过的,当反向偏置提高时它会减小。为了理解结电容(常称为扩散电容)的构成,我们必须看一下源(漏)区及其周围的情形。图 3.33 显示源区 pn 结是由两部分组成的:

- **底板 pn 结**。它是由源区(掺杂为 N_D)和衬底(掺杂为 N_A)形成的。这部分总的耗尽区电容为 $C_{bottom} = C_j W L_S$,这里 C_j 是每单位面积的结电容,如式(3.9)所给出。由于底板结一般都为突变类型,所以它的缓变系数 m 接近 0.5。

- **侧壁 pn 结**。它是由掺杂浓度为 N_D 的源区及掺杂浓度为 N_A^+ 的 p^+ 沟道阻挡层(stopper)注入形成的。阻挡层的掺杂浓度通常大于衬底的掺杂,于是形成了每单位面积较大的电容。侧壁结一般都是缓变的,梯度系数从 0.33 至 0.5 不等。它的电容值为 $C_{sw} = C'_{sw} x_j (W + 2 \times L_s)$。注意对源区的第四条边不考虑任何侧壁电容,因为它代表的是导通的沟道①。由于结深 x_j 是一个工艺参数,所以通常把它与 C'_{jsw} 合在一起作为每单位周长的电容 $C_{jsw} = C'_{jsw} x_j$。于是可以推导出总的结电容的表达式:

$$C_{diff} = C_{bottom} + C_{sw} = C_j \times 面积 + C_{jsw} \times 周长$$
$$= C_j L_S W + C_{jsw}(2L_S + W) \tag{3.45}$$

因为这些都是小信号电容,所以我们通常把它们线性化并采用类似式(3.10)中那样的平均电容。

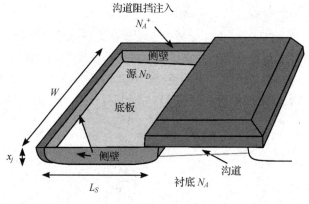

图 3.33　源区 pn 结详图

思考题 3.1　用电路模拟器确定漏极电容

利用电路模拟(见图 3.32 的形式)设计出一个简单电路,能帮助你确定一个 NMOS 管在不同工作模式下的漏极电容。

器件电容模型

所有以上这些结果可以联合成 MOS 管的单一电容模型,它显示在图 3.34 中。基于前面的讨论可以很容易识别出它的各个部分。该式为

$$C_{GS} = C_{GCS} + C_{GSO}; \qquad C_{GD} = C_{GCD} + C_{GDO}; \qquad C_{GB} = C_{GCB}$$
$$C_{SB} = C_{Sdiff}; \qquad C_{DB} = C_{Ddiff} \tag{3.46}$$

---

① 如果要完全正确,我们应当把源(漏)至沟道的结电容也考虑在内。由于掺杂情况和面积很小的原因,在一阶分析中这部分电容几乎总是可以忽略不计的。比较详细的 SPICE 模型包含一个 C_{JSWG} 因子来考虑这个结电容。

对于高性能、低能耗电路的设计者来说，很好地熟悉这一模型并对它各部分的相对大小具有直觉是很重要的。

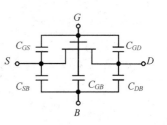

图 3.34　MOSFET 电容模型

例 3.10　MOS 管电容

考虑一个具有以下参数的 NMOS 管：$t_{ox} = 6$ nm，$L = 0.24$ μm，$W = 0.36$ μm，$L_D = L_S = 0.625$ μm，$C_O = 3 \times 10^{-10}$ F/m，$C_{j0} = 2 \times 10^{-3}$ F/m²，$C_{jsw0} = 2.75 \times 10^{-10}$ F/m。确定零偏置时所有相关电容的值。

每单位面积的栅电容很容易推导为 $(\varepsilon_{ox}/t_{ox})$ 并等于 5.7 fF/μm²。于是栅至沟道的电容 C_{GC} 为 $WLC_{ox} = 0.49$ fF。为了求总的栅电容，我们必须再加上源和漏的覆盖电容，它们均为 $WC_O = 0.105$ fF。这使总的栅电容为 0.7 fF。

扩散电容包括底板和侧壁电容。前者为 $C_{j0}L_DW = 0.45$ fF，而在零偏置条件下的侧壁电容估计为 $C_{jsw0}(2L_D + W) = 0.44$ fF。这样漏（源）至体的总电容为 0.89 fF。

扩散电容看来在栅电容中占主导地位。然而这是最坏的状况。当在结上加大反向偏置的值时——就像在 MOS 电路中通常的工作模式一样，扩散电容将大大减小。同样，聪明的设计也可以帮助减小 $L_D(L_S)$ 的值。一般来说，扩散电容的影响至多与栅电容相等，并常常要更小些。

设计数据——MOS 管电容

表 3.5 概括了在估计通用 0.25 μm CMOS 工艺 MOS 晶体管寄生电容时所需要的参数。

表 3.5　0.25 μm CMOS 工艺 NMOS 和 PMOS 管的电容参数

	C_{OX} (fF/μm²)	C_O (fF/μm)	C_j (fF/μm²)	m_j	ϕ_b (V)	C_{jsw} (fF/μm)	m_{jsw}	ϕ_{bsw} (V)
NMOS	6	0.31	2	0.5	0.9	0.28	0.44	0.9
PMOS	6	0.27	1.9	0.48	0.9	0.22	0.32	0.9

源-漏电阻

一个 CMOS 电路的性能可能进一步受另一组寄生元件的影响，这就是与漏区和源区相串联的电阻，如图 3.35(a) 所示。当晶体管的尺寸缩小时这一影响变得更为显著，因为尺寸缩小使结变浅，接触孔变小。漏（源）区的电阻可以表示为

$$R_{S,D} = \frac{L_{S,D}}{W} R_{\square} + R_C \tag{3.47}$$

这里，R_C 是接触电阻，W 是晶体管的宽度，而 $L_{S,D}$ 是源或漏区的长度，见图 3.35(b)。$R_{\square}$ 是漏-源扩散区每方块的薄层电阻，它的范围为 20～100 Ω/□。注意，材料的方块电阻是一个常数，它与方块的尺寸无关。

串联电阻会使器件的性能变差，因为对于一个给定的控制电压它减少了漏极电流。因此保持它的值尽可能地小无论对器件还是电路工程师都是一个很重要的设计目标。一种可选用的在现代工艺中非常普遍的方法是用低电阻材料（如钛或钨）覆盖在漏区和源区。这一工艺称为硅化物工艺，它能有效地使薄层电阻减少到 1～4 Ω/□的范围[1]。另一种可能性是使晶体管比所要求的再宽些，这从式(3.47)中应当很明显地看出。采用包含有硅化物过程的工艺并适当注意版图，寄生电阻就不会成为一个重要问题。然而读者应当认识到，漫不经心的版图设计可能会引起严重降低器件性能的电阻。

---

[1]　硅化物工艺也用来降低多晶栅的电阻。这将在第 4 章中进一步讨论。

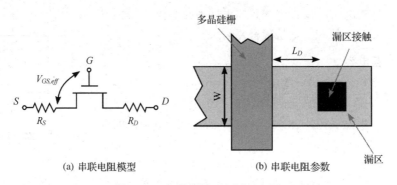

(a) 串联电阻模型　　　　　　　　　　(b) 串联电阻参数

图 3.35　串联的漏区和源区电阻

3.3.3　实际的 MOS 晶体管——一些二阶效应

现代晶体管的工作情况可能会与我们前面所介绍的模型有某些重要的偏离。在晶体管尺寸一旦达到深亚微米领域时这些偏离会变得尤其明显。在这一点上，我们原来的假设，即一个晶体管的工作情况可以用一个一维的模型很恰当地描述(在这个模型中假设所有的电流都在硅的表面流动并且电场沿着该表面的方向)已不再成立。二维甚至三维的模型将更加合适。我们在3.2.2 节讨论迁移率降低的时候已接触过这样一个例子。

在今天数字电路的设计中理解某些二阶效应以及它们对器件特性的影响是很重要的，因此值得进行一些讨论。首先要提醒读者：如果想把所有这些效应都在手工的一阶分析中加以考虑则会产生难以处理的和含糊不清的电路模型。为此建议首先使用理想的模型来分析和设计 MOS 电路。非线性的影响可以在第二轮中采用计算机辅助模拟工具和更为精确的晶体管模型来进行研究。

阈值变化

式(3.19)表明阈值电压只与制造工艺和所加体偏电压 V_{SB} 有关，所以在设计中可以把阈值看成对所有的 NMOS(PMOS)管都是一个常数。随着器件尺寸的缩小，这一模型不再精确，阈值电压变成与 L、W 和 V_{DS} 有关。在长沟道器件中被忽略的二维二阶效应瞬间变得重要起来。

例如在通常推导 V_{TO} 时，假定了沟道耗尽区仅仅是由于所加的栅电压引起的，并且在栅下所有的耗尽电荷都来自于 MOS 场效应。这忽略了源端和反向偏置的漏端结的耗尽区，而它们却随着沟长的缩小变得更为重要。由于在栅下的一部分区域已被耗尽(由于源端和漏端电场)，所以一个较小的阈值电压就足以引起强反型。换言之，对于短沟道器件 V_{TO} 随 L 而减小，如图 3.36(a)所示。通过提高漏-源(体)电压可以得到类似的效应，因为这增加了漏结耗尽区的宽度。结果随着 V_{DS} 的增加阈值降低。这一效应称为漏端感应源端势垒降低(drain-induced barrier lowering, DIBL)，它使阈值电压与工作电压有关，如图 3.36(b)所示。当漏电压足够高时，源区和漏区甚至可以短路在一起，于是正常的晶体管工作就不再存在。这称为源漏穿通(punch-through)，它可以对器件造成永久性的破坏，因此应当避免。穿通确定了可以加在晶体管上的漏-源电压的上限。

由于在数字电路中大多数晶体管都设计成具有最小尺寸的沟道长度，因此在整个设计中阈值电压随沟长的变化几乎是一致的，所以除了亚阈值漏电流增加外不会有什么问题。比较麻烦的是 DIBL，因为这一效应随工作电压而变化。例如，这在动态存储器中就是一个问题。一个存储单元的漏电流，即门管(信息出入的控制管)中的亚阈值电流将与位线(bit line)上的电压有关，因而取决于所存取的具体数据。从存储单元的角度来看，DIBL 本身表现为一个与数据有关的噪声源。

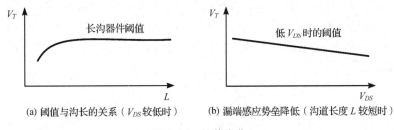

(a) 阈值与沟长的关系（V_{DS} 较低时）　　(b) 漏端感应势垒降低（沟道长度 L 较短时）

图 3.36　阈值变化

我们应当提及的是 MOS 管的阈值还受窄沟道效应的影响。沟道的耗尽区并不立即在晶体管的边沿处终止，而是会向绝缘的场氧下面再延伸一些。栅电压必须维持这一额外的耗尽电荷才能建立起一条导电沟道。这一效应可以在较宽的晶体管中忽略，但在 W 值较小时却变得至关重要，因为此时它会引起阈值电压升高。对于一个 L 和 W 值都较小的小尺寸的晶体管，这一短沟道和窄沟道效应常常会互相抵消。

热载流子效应

短沟道器件的阈值电压除了与设计间会有偏差之外，它也往往会随时间漂移。这是由于热载流子效应的结果[Hu92]。在过去几十年中，器件的尺寸已不断缩小，但电源和工作电压并没有相应地降低。其结果是电场强度提高，使电子速度增加，一旦它们达到了足够高的能量就会离开硅而隧穿到栅氧中。在栅氧中被俘获的电子将改变阈值电压，一般都增加 NMOS 器件的阈值而减少 PMOS 管的阈值。为使电子变成热电子，至少需要 10^4 V/cm 的电场。这一条件在沟长为 1 μm 或以下的器件中很容易达到。热电子现象会引起长期的可靠性问题，即电路在使用一段时间后会变差或失效。这显示在图 3.37 中，图中显示了一个 NMOS 管在经过超强度工作后它的 I-V 特性变差。所以当代最先进的 MOSFET 工艺采用了一种特别设计的漏区和源区，以保证电场的峰值受到限制，从而避免达到载流子变成热电子所需要的临界值。在深亚微米工艺中一般都降低电源电压，其部分原因就是由于控制热载流子效应的需要。

CMOS 闩锁效应

MOS 工艺会包含许多内在的双极型管。它们在 CMOS 工艺中特别会引起麻烦，因为同时存在的阱和衬底会形成寄生的 n-p-n-p 结构。这些类似于闸流管的器件一旦激发即会导致 V_{DD} 和 V_{SS} 线短路，这通常会破坏芯片，或至少会使系统无法工作而只能断电后重新启动。

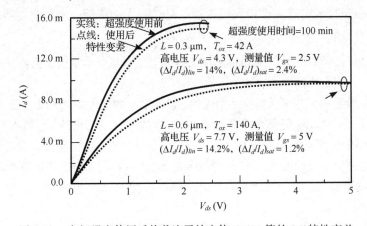

图 3.37　在超强度使用后热载流子效应使 NMOS 管的 I-V 特性变差

考虑图 3.38(a)的 n 阱结构①。n-p-n-p 结构是由 NMOS 的源、p 衬底、n 阱和由 PMOS 的源所形成。它的等效电路显示在图 3.38(b)中。当两个双极型管中的一个变为正向偏置时(例如由流过阱或衬底的电流所引起),它提供了另一个双极型管的基极电流。这一正反馈使电流增加直至该电路失效或烧坏。

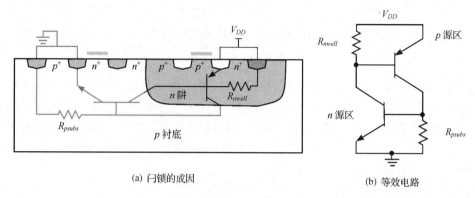

(a) 闩锁的成因   (b) 等效电路

图 3.38   CMOS 闩锁效应

上面的分析提供给设计者的信息是很清楚的:为了避免闩锁效应,应当使电阻 R_{nwell} 和 R_{psubs} 最小。这可以通过提供很多阱和衬底的接触并把它们放在 NMOS/PMOS 器件的源端接线附近来实现。传送大电流的器件(如在 I/O 驱动器中的晶体管)应当在周围有保护环(guard ring)。这些放置在晶体管周围的环形阱/衬底接触可以进一步减小电阻,从而减小寄生双极型管的增益。闩锁效应在早期的 CMOS 工艺中特别严重。近年来工艺上的创新和设计技术的改进已经几乎消除了闩锁的危险。

3.3.4   MOS 管的 SPICE 模型

短沟 MOS 晶体管特性的复杂性以及它的许多寄生效应已促使开发了许多模型,它们针对不同的精度和计算效率。一般来说,比较精确也意味着比较复杂,并因此增加了运行时间。在本节中简短地讨论比较常用的 MOSFET 模型的特点并介绍如何在电路说明中例举一个 MOS 晶体管。

SPICE 模型

SPICE 有三个内置的 MOSFET 模型,它们通过模型卡上的 LEVEL 参数来选择。可惜的是,所有这些模型都由于技术的进步已步入短沟器件时代而变得陈旧。它们只应当用于一阶分析,所以下文仅限于对它们的主要特点进行一个简短的讨论:

- LEVEL1 SPICE 模型采用了 Shichman-Hodges 模型,它基于本章前面已推导过的长沟平方定律表达式。它不适用于短沟效应。
- LEVEL2 模型是一个基于几何尺寸的模型,根据细节的器件物理参数来定义它的方程。它能适用于像速度饱和、迁移率降低及 DIBL 这样的效应。可惜的是,要在一个以纯物理为基础的模型中包括一个先进亚微米工艺所有的三维效应,这会变得非常复杂和不精确。
- LEVEL3 是一个半经验模型。它基于解析和经验表达式的混合,并利用测得的器件数据来确定它的主要参数。对于沟长小到 1 μm 的器件它仍能工作得非常好。

---

① 有必要在较高层次上讨论引起闩锁的机理。有兴趣的读者可以在有关器件的教材中找到比较深入的讨论,如[Streetman95]。

为了弥补内置模型的不足，SPICE 厂商和半导体制造商已引入了很多精确但是有专利权的模型。要完全描述它们将超出本书所能允许的篇幅，所以有兴趣的读者可以参考这一方面的许多文献［如 Vladimirescu93］。

BSIM3v3 SPICE 模型

非常幸运的是，由于采用了 BSIM3v3 模型作为模拟深亚微米 MOSFET 晶体管的工业界的标准，每一个制造商原本必须采用不同器件模型的混乱局面已部分得到解决。Berkeley 短沟绝缘栅场效应管模型（Berkeley Short-Channel IGFET Model，BSIM）提供了一个简单的解析模型，它只基于"少量"的参数，这些参数通常是从实验数据中提取出来的。它的普及性和精确性使本书介绍的所有模拟都很自然地选择了它。

一个完整的 BSIM3v3 模型（即 LEVEL 49）包含 200 个以上的参数，这些参数中的大多数与二次效应的模型有关。幸运的是，并不要求数字电路设计者去理解所有这些错综复杂的参数。这里只概述这些参数的分类（见表 3.6）。表中模型适用范围这一栏值得特别关注。想仅用一组参数去适合所有可能的器件尺寸几乎是不可能的。因此制造商提供了一套模型，每个模型只适用于一个有限的区域，这个区域由 LMIN、LMAX、WMIN 和 WMAX 来定义。一般均由用户自己针对一个特定的晶体管选择一个正确的适用范围。

表 3.6　BSIM3v3 模型参数分类及一些重要参数

参数类型	说　明
控制参数	选择模型等级及迁移率、电容和噪声模型
直流参数	计算阈值和电流的参数
交流参数及电容	计算电容的参数
沟宽与沟长偏差	有效沟道长度和宽度的偏差
工艺	工艺参数，如氧化层厚度和掺杂浓度
温度	额定温度及各种器件参数的温度系数
模型适用范围	模型有效的器件尺寸范围
闪烁噪声	噪声模型参数

建议有兴趣的读者参考本书配套网站（http://icbook. eecs. berkeley. edu/）提供的 BSIM3v3 文档以了解模型参数和公式的完整描述。读者也可以在那里找到我们通用的 0.25 μm CMOS 工艺的 LEVEL-49 模型。

晶体管的示例

可以用来说明一个特定晶体管的参数列在表 3.7 中。对每个晶体管并不需要定义所有这些参数。SPICE 对于没有说明的参数值将采用默认值（它们常常是零）。

表 3.7　晶体管 SPICE 参数

参数名	符号	SPICE 名	单位	默认值
设计（所画）长度	L	L	m	–
有效宽度	W	W	m	–
源区面积	AREA	AS	m^2	0
漏区面积	AREA	AD	m^2	0
源区周长	PERIM	PS	m	0
漏区周长	PERIM	PD	m	0
源扩散区等效方块数		NRS	–	1
漏扩散区等效方块数		NRD	–	1

警告： 若设计者提供的电路描述没有包含必要的细节，那么就几乎不可能从模拟器中得到所希望的精确性。例如，当进行性能分析时，必须精确说明器件源区和漏区的面积和周长。缺少这一用来计算寄生电容所必须的信息，你的瞬态模拟将不会很有用。同样，常常必须"煞费苦心"地定义漏和源的电阻值。将 NRS 和 NRD 值乘以在晶体管模型中说明的薄层电阻就可以精确地代表每个晶体管源端和漏端的寄生串联电阻。

例 3.11　CMOS 反相器的 SPICE 描述

本例给出了由一个 NMOS 和一个 PMOS 晶体管构成的 CMOS 反相器的 SPICE 描述。晶体管 M1 是一个模型(及适用范围)为 nmos.1 的 NMOS 器件，它的漏、栅、源和体端分别连至节点 nvout、nvin、0 和 0。它的栅宽是本工艺所允许的最小值($0.25\ \mu m$)。第 2 行开始处的"+"符号表示这一行是上一行的继续。

PMOS 器件的模型为 pmos.1，它连至节点 nvout、nvin、nvdd 及 nvdd(分别为 D、G、S 和 B)，它的宽度是 NMOS 的三倍，这使串联电阻减少，但却加大了寄生扩散电容，因为漏区和源区的面积及周长都加大了。

最后 .lib 行表示含有晶体管模型的文件：

M1 nvout nvin 0 0 nmos.1　W = 0.375U　L = 0.25U
+ AD = 0.24P　PD = 1.625U　AS = 0.24P　PS = 1.625U　NRS = 1　NRD = 1
M2 nvout nvin nvdd nvdd pmos.1　W = 1.125U　L = 0.25U
+ AD = 0.7P　PD = 2.375U　AS = 0.7P　PS = 2.375U　NRS = 0.33　NRD = 0.33
.lib 'c:\Design\Models\cmos025.1'

3.4　关于工艺偏差

前面的讨论假设一个器件可以由单独的一组参数来合适地模拟。在现实中，一个晶体管的参数对于不同的圆片会有所不同，甚至在同一个芯片上的晶体管之间也会由于位置的不同而有差别。在本应相同的器件间出现这一随机的分布主要是由以下两个原因造成的：

1. 由于淀积或杂质扩散期间的不均匀情况引起工艺参数(如杂质浓度密度、氧化层厚度以及扩散深度)不同。这些导致了薄层电阻以及像阈值电压这样的晶体管参数值的差异。
2. 器件尺寸上的变化，主要来自光刻过程有限的分辨率。这造成了 MOS 管(W/L)比和互连线宽度的偏差。

注意，在这些偏差中有许多是完全不相关的。例如一个 MOS 管的长度偏差与阈值电压的偏差无关，因为它们是在不同的工艺步骤中确定的。

- 这些工艺的变化影响到决定电路性能的参数。例如考虑一下晶体管电流和它的参数。
- 阈值电压 V_T 可以因几种原因发生变化：氧化层厚度、衬底、多晶和注入杂质的浓度以及表面电荷的变化。有许多理由使精确控制阈值电压成为一个重要目标。在过去阈值电压最多可以相差 50%，现代最先进的数字工艺已能做到把阈值电压的变化控制在 25~50 mV 以内。
- 工艺跨导 k'_n 变化的主要原因是氧化层厚度的变化，也可以是由于迁移率的变化，但后者程度较轻。
- W 和 L 的变化。这些主要是由光刻工艺引起的。注意 W 和 L 的变化完全不相关，因为前者是在场氧阶段决定的，而后者则是在定义多晶以及源漏扩散过程中确定的。

工艺偏差的显著影响可以使电路响应明显偏离额定或预期的特性，这一偏离的方向可正可负，这样就使设计者在设计的经济性方面处于进退两难的境地。例如，假设要设计一个时钟频率为 3 GHz 的微处理器。从经济学的角度出发应当使制造出来的芯片大多数都符合这一性能要求。达到这一目标的一种方法是假设所有可能的器件参数都处于最坏情况来设计电路。这种方法虽然保险但却过于保守，过度的设计考虑使得到的电路极不经济。

为了帮助设计者决定其设计应当有多大的余量，器件制造商通常除了提供典型的器件模型之外还提供速度快的和速度慢的器件模型。这些模型相应的电流要比预期的大（或小），它们偏离的方差为 3σ。

例 3.12 MOS 晶体管工艺偏差

为了显示工艺偏差对一个 MOS 器件的性能可能产生的影响，考虑一个我们通用 0.25 μm CMOS 工艺最小尺寸的 NMOS 器件（在第 5 章中将说明器件的速度正比于它能提供的漏极电流）。

最初假设 $V_{GS} = V_{DS} = 2.5$ V。从前面的模拟中我们知道这将产生 220 μA 的漏极电流。现在用快速和慢速模型来代替典型模型，器件的参数改变为：长宽（±10%），阈值（±60 mV），氧化层厚度（±5%）。模拟产生如下的数据：

快速模型： $I_d = 265$ μA： +20%

慢速模型： $I_d = 182$ μA： −17%

让我们再进一步。假设给电路供电的电源电压也不是一个常数。例如，由一个电池供应的电压在电池快用完时会大大下降。在实际中，电源电压有 10% 的偏差是在预期范围内的：

快速模型 + $V_{dd} = 2.75$ V： $I_d = 302$ μA： +37%

慢速模型 + $V_{dd} = 2.25$ V： $I_d = 155$ μA： −30%

因此，在极端情形之间电流的大小及与之相关的电路性能可以相差近 100%。为了保证在所有情况下制造的电路都能满足性能要求，我们必须使晶体管比典型情况下所要求的宽 42%（= 220 μA / 155 μA）。这相当于在面积上的严重损失。

幸运的是，在现实中这些最坏（或最好）的情况极少发生。所有参数同时取它们最坏情形的值的概率是非常低的，而且大多数设计将显示出它们的性能集中在典型设计附近。能满足制造要求的设计艺术是使典型设计处于中心点，所以制造出的绝大多数电路（如 98%）将满足设计的性能要求并保持面积的开销最小。

已经有专门的设计工具来帮助达到这一目的。例如蒙特卡罗分析方法[Jensen91] 在一个很宽的随机选择的器件参数范围内模拟电路，其结果是一个设计参数（如速度或对噪声的灵敏度）的分布图，它能帮助决定典型设计是否经济可行。图 3.39 是这种分布图的例子，它用图形显示了晶体管有效沟长和 PMOS 管阈值的变化对于一个加法器单元速度的影响。正如在图中看到的，工艺变化对于一个设计的性能参数可以有显著的影响。

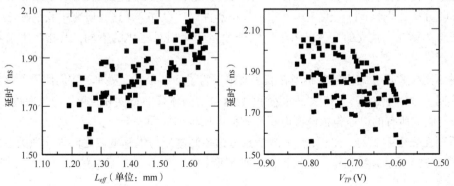

图 3.39 用蒙特卡罗分析得到的加法器电路速度与器件参数变化间关系的分布图。该电路用 2 μm（标称值）CMOS 工艺实现（经 Eric Boskin、UCB 和 ATMEL 公司许可刊登）

以上讨论的一个重要结论是应当仔细对待 SPICE 模拟。在一个模型中列出的器件参数代表在一批制造的圆片上测量后的平均值。实际的实现会与模拟结果有所不同，其原因并不是由于模拟方法的不完善所造成的。还应当知道，芯片上温度的变化也可以成为参数偏差的另一个原因。因此用 SPICE 来优化一个 MOS 电路至 ps(皮秒)或 μV(微伏)分辨精度将是一种得不偿失的浪费。

3.5　综述：工艺尺寸缩小

在过去数十年间，我们已经看到数字集成电路的集成密度和计算复杂性有了惊人的增长。正如前面讨论过的，在昨天还被认为是难以置信的应用今天就已被人遗忘。支撑这一变革的基础是器件制造工艺的进步，它使最小特征尺寸，如在一个芯片上可实现的晶体管最小沟长能够稳步地缩小。为了说明这一点，图 3.40 画出了自 20 世纪 60 年代并预测至 21 世纪的(平均)最小器件尺寸的发展情况。我们可以看到每年大约缩小 13%，每 5 年就缩小一半。更重要的是，目前还看不到这一趋势有任何要减慢的迹象，并且在可预见的将来这一惊人的步伐还会继续下去。

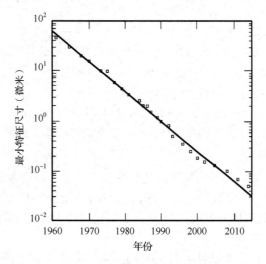

图 3.40　MOS 晶体管(平均)最小沟道长度随年代缩小的情况。图中点代表观察到的或预测(2000 年以后)的值。连续线表示最小特征尺寸每 5 年缩小一半的情形

与此有关的一个问题是这种特征尺寸的不断缩小对 MOS 管的工作特点和性质以及间接地对数字电路设计的指标(如开关频率和功耗)等会有什么影响。对这些影响的一阶预测称为尺寸缩小(scaling)分析，是本节讨论的主题。除了最小器件尺寸以外，在这一研究中我们还必须考虑把电源电压作为第二个独立的变量。由于这两个独立变量相对变化的不同，因此产生了不同的尺寸缩小情形[Dennard74, Baccarani84]。

三种不同模式尺寸缩小的分析列在表 3.8 中。为了使结果易于处理，我们假设所有的器件尺寸都缩小同一个因子 S($S>1$ 代表尺寸缩小)。这包括晶体管的宽度和长度、栅氧厚度以及结深。同样，我们假设所有的电压包括电源电压和阈值电压也缩放同一个比例 U。决定独立变量缩放特性的关系列在表中第 2 列。注意，这一分析只考虑控制电压与饱和电流之间为线性关系的短沟器件，如式(3.38)所示。我们将依次讨论每一种情形。

全比例缩小(恒电场缩小)

这一理想模型中，电压和尺寸被缩小同一个因子 S。其目的是保持在缩小的器件中电场形态

与在原先的器件中一样。保持电场不变可以确保器件在物理关系上的完整性并避免击穿或其他二次效应。这一尺寸缩小可以提高器件密度(减小面积),提高性能(减小本征延时)和降低功耗。全比例缩小(full scaling)对于器件和电路参数的影响总结在表 3.8 的第三列中。我们用本征时间常数(即栅电容和导通电阻的乘积)来衡量器件的性能。分析表明由于电压摆幅和电流同时缩小,因此导通电阻保持不变。性能的改善仅仅是由于电容的缩小。这一结果清楚地表明尺寸缩小带来的有利影响——电路的速度将以线性关系增加,而门的功率则以二次关系减小[①]!

表 3.8 短沟器件尺寸缩小的各种情形

参数	关系	全比例缩小	一般化缩小	恒压缩小
W, L, t_{ox}		$1/S$	$1/S$	$1/S$
V_{DD}, V_T		$1/S$	$1/U$	1
N_{SUB}	V/W_{depl}^2	S	S^2/U	S^2
每器件面积	WL	$1/S^2$	$1/S^2$	$1/S^2$
C_{ox}	$1/t_{ox}$	S	S	S
C_{gate}	$C_{ox}WL$	$1/S$	$1/S$	$1/S$
k_n, k_p	$C_{ox}W/L$	S	S	S
I_{sat}	$C_{ox}WV$	$1/S$	$1/U$	1
电流密度	I_{sat}/单位面积	S	S^2/U	S^2
R_{on}	V/I_{sat}	1	1	1
本征延时	$R_{on}C_{gate}$	$1/S$	$1/S$	$1/S$
P	$I_{sat}V$	$1/S^2$	$1/U^2$	1
功率密度	P/单位面积	1	S^2/U^2	S^2

恒压缩小

在现实中,全比例缩小并不是一种现实可行的选择。为了保证新的器件与现有器件兼容,电压并不能随意地缩放——提供多个电源电压会大大增加系统的成本。因此电源电压没有按比例随特征尺寸一起降低,并且设计者需要遵守已明确定义的电源电压及信号电平的标准。如图 3.41 所示,事实上直到 20 世纪 90 年代初期 5 V 还一直是所有数字元件的电压标准,因而出现了固定电压缩小模式(fixed-voltage scaling model)。

新的标准如 3.3 V 和 2.5 V 只是在 0.5 μm CMOS 工艺出现后才开始确定它们的地位的。今天我们可以看到电压和器件尺寸减小的趋势更加接近。工艺进化模式发生这一变化的原因部分地可以用固定电压缩小模式的情形来加以解释,它概括在表 3.8 的第 5 列中。在一个速度饱和的器件中保持电压不变而缩小器件尺寸并不能在性能上优于全比例缩小模式,相反却会引起较大的功耗损失。因为电流增大的得益完全为较高的电压所抵消,而后者只会对功耗产生不良的影响。这一情形非常不同于过去存在的情形,那时的晶体管工作在长沟道模式,而电流是电压的二次函数[回顾式(3.29)]。在这些情况下保持电压不变能给性能带来明显的优势,因为它实实在在地降低了"导通"电阻。随工艺尺寸缩小必须同时降低电源电压的其他原因包括像热载流子效应和栅氧击穿这样一些物理现象,这些效应是使固定电压缩小模式不能再继续下去的重要原因。

---

① 在推导表 3.8 时,做了如下一些假设:

1. 假定载流子迁移率并不受尺寸缩小的影响。

2. 衬底的掺杂 N_{sub} 被加大,所以耗尽层的最大宽度缩小为原来的 $1/S$。

3. 假设器件延时主要由本征电容(栅电容)决定,同时其他器件电容(如扩散电容)也要适度缩小。这一假设对于全比例缩小情况近似正确,但它对于恒压缩小则不成立,因为这里 C_{diff} 按 $1/\sqrt{S}$ 缩小。

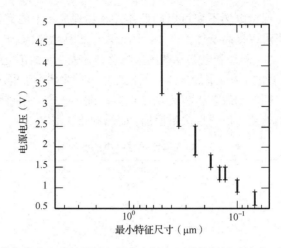

图 3.41　数字集成电路的最低和最高电源电压随特征尺寸缩小而降低的情况

思考题 3.2　长沟器件的尺寸缩小

证明对于长沟道晶体管,恒压缩小使本征延时减小的比例为 S^2,而每个器件功耗增加的比例为 S。假设电流是电压的二次函数[见式(3.29)],重新建立表 3.8。

警告: 前一节描述的情况代表一阶模型。但提高电源电压仍然会为短沟晶体管带来某些性能上的好处。这从图 3.28 和表 3.3 中可以明显看出,这两个图表表明等效的"导通"电阻随电源电压的提高而降低——即便对于较高的电压范围也是如此。然而这一效应主要是由于沟长调制引起的,它是一个二次效应,并且远比在长沟器件中得到的效应要小。

读者应当在学习尺寸缩小的全过程中记住这一警告。我们的目的是为了揭示一阶模型的规律,这意味着忽略了像迁移率降低、(源漏)串联电阻等这样的二次效应。

一般化缩小

在图 3.41 中可以看到,电源电压虽然一直在下降,但它们并不像工艺尺寸的缩小那样快。例如,当工艺尺寸从 0.5 μm 缩小至 0.1 μm 时,最大的电源电压只从 5 V 降低至 1.5 V。因此一个明显的问题是,当保持电压较高并不能得到任何令人信服的好处时为什么不坚持全比例缩小模式? 不这样做是出于以下几点考虑:

- 一些本征的器件电压(如硅的带隙电压和内建结电势)是材料参数,因此不能缩小。
- 晶体管阈值电压的缩小潜力是有限的。阈值太低将使完全关断器件非常困难。这在阈值有较大工艺偏差时尤为严重,甚至在同一圆片上也是如此。

由于这些和其他原因,所以需要一个比较一般化的缩小模式,即工艺尺寸和电压各自独立缩小。这种一般化缩小模式显示在表 3.8 的第 4 列中,这里器件尺寸的缩小比例为 S,而电压降低的倍数为 U。当电压保持固定不变时,$U=1$,这一缩小模式就简化为固定电压缩小模式。注意,一般化缩小模式对性能的影响与全比例及固定电压缩小模式完全一样,但它的功耗处在后两个模式之间(对于 $S>U>1$)。

模型验证

作为总结,在表 3.9 中同时列出了一些最新 CMOS 工艺及对未来预测工艺的特点。注意,工作电压是如何继续在随器件尺寸的减小而降低的。正如这一缩小模式所预见的,每单位宽度的最大驱动电流保持近似不变。在降低电源电压的情况下保持这一大小的驱动电流要求大大降低阈值电压，这意味着亚阈值漏电流将迅速增加。

表 3.9　高性能逻辑电路的 MOSFET 工艺预测[SIA01]

年份	2001	2003	2005	2007	2010	2013	2016
设计(所画)沟道长度(nm)	90	65	45	35	25	18	13
实际沟道长度(nm)	65	45	32	25	18	13	9
栅氧(nm)	2.3	2.0	1.9	1.4	1.2	1.0	0.9
V_{DD}(V)	1.2	1.0	0.9	0.7	0.6	0.5	0.4
NMOS I_{Dsat}($\mu A/\mu m$)	900	900	900	900	1200	1500	1500
NMOS I_{leak}($\mu A/\mu m$)	0.01	0.07	0.3	1	3	7	10

基于表中列出的数据，我们有理由得出结论：无论是集成密度还是性能都将继续提高。它们将继续提高到什么时候至今还不清楚，而这也就是引起大家推测的原因。试验的亚 20 nm CMOS 器件已在实验室里证明是可以工作的，并且它显示的电流特性令人惊奇地接近当前的晶体管。虽然这些试验晶体管的工作原理非常类似于当前的 MOS 器件，但它们看上去与我们熟悉的结构有很大的不同，因而需要进行重要的器件工程工作。例如图 3.42 显示了一种可能的晶体管结构，即 Berkeley FinFET 双栅晶体管，它已证明对于非常短的沟道长度都能工作。

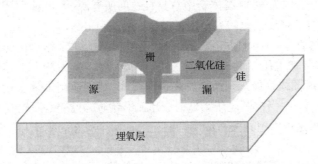

图 3.42　沟长为 25 nm 的 FinFET 双栅晶体管

另一种选择是垂直晶体管。尽管增加了许多金属层已使集成电路变成了一个完全三维的产品，但晶体管本身仍然大部分布置在水平面上。这使器件设计者不得不同时优化集成密度和性能参数。如果把器件转一个方向使漏在上而源在下，那么这两方面就可以分开考虑：集成密度仍然由水平尺寸决定，而性能问题则主要由垂直距离决定(见图 3.43)。已经制造出了可以工作的这类器件，它的沟道长度比 0.1 μm 小得多[Eaglesham00]。

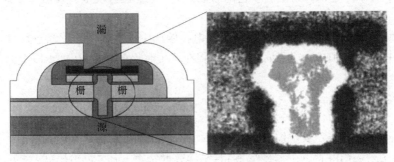

图 3.43　垂直双栅晶体管。右边的照片显示了沟道区放大后的情形

含 10 亿晶体管且时钟速率为几十吉赫的集成电路的研制看来正在顺利进行。但这一趋势是否会继续下去仍然是一个有待研究的问题。即便在工艺上也许是可行的，但在这一进程中还有其他因

素需要考虑。当前半导体工厂的成本超过了 50 亿美元,但可以预见这一成本会随特征尺寸的进一步缩小而大大增加。设计方面的考虑也是一个因素。这样一个器件的功耗也许是无法接受的,而互连寄生参数日益重要的影响也会限制最高性能。最后,系统考虑也许决定了什么样的集成度是真正所希望的。总之,很显然半导体电路设计领域在未来将继续面临激动人心的挑战。

3.6 小结

在本章中综述了 MOSFET 晶体管这一实际上处于所有现代数字集成电路中心的半导体器件的工作情况。除了试图提供对其特性的一个直观的理解以外,我们还介绍了各种模拟的方法,其范围从简单的模型(它对电路工作的一阶手工分析很有用)到复杂的 SPICE 模型。这些模型将在后面各章中广泛应用,在那里我们将考察构成数字电路的基本单元。本章从简短讨论半导体二极管开始,因为它是 CMOS 设计中最主要的寄生电路元件之一。

- 结二极管的静态特性用理想二极管的方程进行了很好的描述,该方程表明电流是所加电压偏置的指数函数。

- 在反向偏置模式,二极管的耗尽区空间电荷可以模拟为一个非线性的取决于电压的电容。这一点特别重要,因为 MOS 晶体管中总是存在的所有源-体和漏-体结都工作在这一模式。介绍了耗尽电容一种线性化的大范围模型,可用于手工分析。

- MOS(FET)晶体管是一个电压控制的器件,这里控制栅终端由一个 SiO_2 电容与导电的沟道相隔离。根据栅-源电压相对于阈值电压 V_T 的值,可以分为三个工作区:截止区、线性区和饱和区。MOS 晶体管最迷人的性质之一(这使它特别适用于数字设计)是它可近似为一个电压控制开关——当控制电压为低时,开关不导通(开路);而控制电压为高时则形成一个导电沟道,于是可以把开关看成闭合的。这种两个状态的工作与二进制数字逻辑的概念相匹配。

- 器件尺寸继续缩小到亚微米范围时已引起了与传统长沟 MOS 管模型的某些显著偏离。最重要的一个就是速度饱和效应,它使晶体管电流与控制电压的关系不再是平方关系而是线性关系。本章介绍了考虑这个效应及其他二次寄生参数的模型。其中特别重要的一个效应是亚阈值导电,它使器件甚至在控制电压下降至阈值以下时仍然导电。

- MOS 晶体管的动态工作情况是由器件电容决定的,它主要来源于栅电容以及由源和漏结的耗尽区形成的电容。使这些电容最小是高性能 MOS 设计最基本的要求。

- 介绍了所有器件的 SPICE 模型和它们的参数。注意,这些模型代表了一个平均特性,它可能在单个圆片上或芯片上都会有变化。

- 预计短期内 MOS 晶体管仍将是数字集成电路领域中的主宰。继续缩小尺寸可使器件的尺寸在 2010 年接近 0.03 μm,而逻辑电路将在一个芯片上集成 10 亿个以上的晶体管。

3.7 进一步探讨

半导体器件已经在许多参考书、再版合订本、指导教材和期刊文章中讨论过。*IEEE Transaction on Electron Devices*(IEEE 电子器件学报)是最主要的杂志,大多数当代最先进的器件和它们的模型都在这里讨论。国际电子器件会议(IEDM)的论文集则是另一个很有价值的资源。下面列出的书(如[Streetman95]和[Pierret96])及期刊文章包含了对重要半导体器件的精彩论述或有关本章中所涉及的一些特殊论题。

参考文献

[Baccarani84] G. Baccarani, M. Wordeman, and R. Dennard, "Generalized Scaling Theory and Its Application to 1/4 Micrometer MOSFET Design," *IEEE Trans. Electron Devices*, ED-31(4): p. 452, 1984.

[Banzhaf92] W. Bhanzhaf, *Computer Aided Analysis Using PSPICE*, 2nd ed., Prentice Hall, 1992.

[Dennard74] R. Dennard et al., "Design of Ion-Implanted MOSFETS with Very Small Physical Dimensions," *IEEE Journal of Solid-State Circuits*, SC-9, pp. 256–258, 1974.

[Eaglesham99] D. Eaglesham, "*0.18 μm CMOS and Beyond*," Proceedings 1999 Design Automation Conference, pp. 703–708, June 1999.

[Howe97] R. Howe and S. Sodini, *Microelectronics: An Integrated Approach*, Prentice Hall, 1997.

[Hu92] C. Hu, "IC Reliability Simulation," *IEEE Journal of Solid State Circuits*, vol. 27, no. 3, pp. 241–246, March 1992.

[Huang99] X. Huang, W. C. Lee, C. Kuo, D. Hisamoto, L. Chang, J. Kedzierski, E. Anderson, H. Takeuchi, Y. K. Choi, K. Asano, V. Subramanian, T. J. King, J. Bokor, and C. Hu, "Sub 50-nm FinFET: PMOS," *International Electron Devices Meeting*, pp. 67–70, 1999.

[Jensen91] G. Jensen et al., "Monte Carlo Simulation of Semiconductor Devices," *Computer Physics Communications*, 67, pp. 1–61, August 1991.

[Ko89] P. Ko, "Approaches to Scaling," in *VLSI Electronics: Microstructure Science*, vol. 18, chapter 1, pp. 1–37, Academic Press, 1989.

[McGaughy98] J. F. Chen, B.W. McGaughy, and C. Hu, "Statistical Variation of NMOSFET Hot-carrier Lifetime and Its Impact on Digital Circuit Reliability," *International Electron Device Meeting Technical Digest (IEDM)*, pp. 29–32, 1995.

[Nagel75] L. Nagel, "SPICE2: a Computer Program to Simulate Semiconductor Circuits," Memo ERL-M520, Dept. Elect. and Computer Science, University of California at Berkeley, 1975.

[Pierret96] R. Pierret, *Semiconductor Device Fundamentals*, Addison-Wesley, 1996.

[SIA01] *International Technology Roadmap for Semiconductors*, http://www.sematech.org, 2001.

[Streetman95] B. Streetman, *Solid State Electronic Devices*, Prentice Hall, 1995.

[Thorpe92] T. Thorpe, *Computerized Circuit Analysis with SPICE*, John Wiley and Sons, 1992.

[Toh88] K. Toh, P. Ko, and R. Meyer, "An Engineering Model for Short-Channel MOS Devices," *IEEE Journal of Solid State Circuits*, vol. 23, no. 4, pp. 950–958, August 1988.

[Vladimirescu93] A. Vladimirescu, *The SPICE Book*, John Wiley and Sons, 1993.

习题

http://icbook.eecs.berkeley.edu/处提供了关于二极管和 MOS 器件方面最新和具挑战性的一组思考题和习题。

设计方法插入说明 B——电路模拟

- 电路模拟的特点
- 电路模拟模型

设计者对于设计自动化最主要的希望是有精确、快速的分析工具。第一个得到广泛接受的计算机辅助设计(CAD)工具是 SPICE 电路模拟器,它无疑是(数字)电路设计中使用最为广泛的计算机辅助工具。SPICE 最初由美国加州大学伯克利分校开发[Nagel75],这些年来已公布了 3 个主要版本(SPICE-1, SPICE-2 和 SPICE-3)。接着又出现了许多由 SPICE 派生出的工具(如 PSPICE 和 HSPICE),它们对大学构想的工具提供了实现产品化的技术支撑。近年来,我们已经看到出现了许多具有竞争力的电路模拟器(如 SPECTRE[Spectre] 和 ELDO[Eldo]),它们借助新的算法和现代的编程技术具有了更好的性能和精度。

在本书中大量使用电路模拟来说明数字电路的基本概念和验证我们的手工模型。与本书相关的练习也很大程度地依赖电路模拟。因此,读者应当对这一抽象层次上的模拟分析能力及其特点非常熟悉。

电路模拟的特点

首先让我们来总结一下电路模拟的一些重要特点:

- 当用电路模拟器来分析一个数字电路时,用连续的波形表示所生成的电压和电流信号。
- 在瞬态分析中,时间似乎是一个连续变量,而且对于所有的实用目的都可以这样认为。而在实际中,在一台数字计算机上运行的模拟器只在有限数量的时间点上求值并通过插值法得到中间的数据点。

模拟一个瞬态过程意味着对每一个时间点求解一组微分方程。更为困难的是精确模拟半导体器件需要运用非线性方程,如 MOS 器件或二极管电容模型的电流公式。举例来说,图 B.1 是进行 CMOS 反相器瞬态分析时必须求解的一个网络。在这一模型中所有的电容和电流源都表现出很强的非线性特性。描述这样一个网络的一组非线性微分方程一般都要通过计算量很大的迭代过程来求解。在每一个时间步,首先要根据在前一时间步的值估计一个节点的初始值。然后反复调整这个估计值,直到达到某一预先确定的误差标准为止。误差标准越严,精度越高,但需要迭代的次数也越多。

模拟模式

SPICE 提供一系列分析模式,每一个都针对设计的某一具体方面。其中有两个模拟模式对数字设计者特别有意义,值得在此做一些解释。

DC 扫描　电路模拟器的 DC 分析用于计算电路的 DC(或称静态)偏置。在计算一个门的电压传输特性时,我们感兴趣的是在输入值范围内的一组偏置点。DC 扫描功能提供了一种非常方便的方法产生这一曲线。当"扫描"一个电压源时模拟器针对它的一个值开始计算 DC 偏置点,然后增加这个值进行下一个偏置点的计算。如此进行直到达到最后一个值。总的效果是单个命令与进行许多单独的偏置操作产生同样的结果。下面是一个典型的 DC 扫描命令行:

. DC VIN 0 0.5 2.5

意即以每次 0.5 V 的增量从 0 到 2.5 V 扫描电压源 VIN。

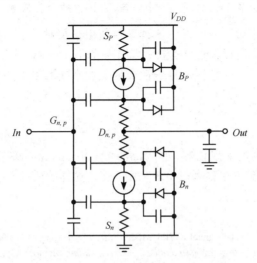

图 B.1 CMOS 反相器的电路模拟模型

瞬态分析 这是数字电路模拟中最常用的分析模式。瞬态分析用来模拟电路随时间的工作进程。它是确定如传播延时、上升和下降时间以及功耗等瞬态参数的理想工具。该分析由以下命令行来控制：

. TRAN 1ps 250 ps

它规定了模拟的时间区间(250 ps)以及记录数据的时间(每 ps)。后者与模拟器实际计算的确切时间点没有直接关系(由模拟器自己根据电路的活动性来决定)。

SPICE(或等同的模拟器)提供一整套附加的工具来帮助设计者有效地得到有价值的结果。本书配套网站也为有兴趣的读者提供各种有用的提示和信息。

器件模型

虽然大多数电路模拟器都采用类似的求解技术，但它们各自的附加价值却表现在器件模型的稳定性、效率和精确性上。例如一个非常精细和准确的模型，如果它的收敛性很差也可能会变得毫无用处。短沟道 MOS 晶体管以及它的许多寄生效应特性的复杂性促使设计人员开发出有各种精度和计算效率的模型，其中有些已经在前面一章中介绍过。

这一现实促使半导体制造公司也为他们自己的晶体管开发出专用的模型。这样就造成了一个模型的"大杂烩"，它们的质量很难判断——因为每一个公司都自然会宣称自己的模型是最好的。这一情形也使用户很难在不同工艺和制造商之间转换。可喜的是 20 世纪 90 年代由美国加州大学伯克利分校研发的 Berkeley 短沟道 IGFET 模型(Berkeley Short-Channel IGFET Model, BSIM)大大改变了这一情况。BSIM3v3 已被采用作为工业界的标准，现在它被所有的半导体制造商广泛使用。2000 年又公布了一个更完整的模型 BSIM4。针对如 SOI 等其他工艺的 BSIM 模型(BSIMSOI)也已研发出来。在 Berkeley 的网站上[Bsim34]可以找到更多有关 BSIM 的信息。

注意：设计新手常常会迷信模拟的结果。因此设计者把 CMOS 电路的传播延时优化到亚皮秒(subpicosecond)的范围并不少见。但是应当知道由于存在许多误差来源，如器件模型的不精确性、器件参数的漂移以及寄生电阻和电容的影响，模拟结果可能会偏离实际情况。实际和预测的电路特性也会由于芯片间工艺的偏差或温度的变化而更加不一致。因此设计者应当在设计约束和模拟结果之间留有一定的余量。余量的大小显然取决于在器件模型方面的努力，即器件模型的精度和深度如何以及所提取参数的精度如何。多至10%的余量实属正常。

虽然电路模拟作为数字设计者的得力工具已经使用很长时间了，但由于它的计算比较复杂因而不适用于较大的电路。所以，电路模拟大多用来分析一个设计的关键部分，而采用较高层次的模拟来进行总体分析。这些模拟器用精确性或抽象性来换取模拟的性能。这将在后面的设计方法插入说明中讨论。

进一步探讨

SPICE已成为许多教材的专题内容(如[Thorpe92，Vladimirescu93])。此外在本书配套网站上(如[Rabaey96])可以得到许多如用户手册和用户指南这样的信息。

参考文献

[BSIM34] "BSIM, The Berkeley Short-Channel IGFET Model," *http://www-device.eecs.berkeley.edu/~bsim3*.

[Eldo] "Eldo AMS Simulation," *http://www.mentor.com/eldo/overview.html,* Mentor Graphics.

[Huang99] X. Huang, W. C. Lee, C. Kuo, D. Hisamoto, L. Chang, J. Kedzierski, E. Anderson, H. Takeuchi, Y. K. Choi, K. Asano, V. Subramanian, T.J. King, J bokor, and C. Hu, "Sub 50-nm FinFET: PMOS," International Electron Devices Meeting, pp. 67–70, 1999.

[Nagel75] L. Nagel, "SPICE2: a Computer Program to Simulate Semiconductor Circuits," Memo ERL-M520, Dept. Elect. and Computer Science, University of California at Berkeley, 1975.

[Rabaey96] J. Rabaey (et al), "The Spice Page," *http://bwrc.eecs.berkeley.edu/ICbook/spice*, 1996.

[Spectre] "Spectre Circuit Simulator," *http://www.cadence.com/datasheets/spectre_cir_sim.html,* Cadence.

[Thorpe92] T. Thorpe, *Computerized Circuit Analysis with SPICE*, John Wiley and Sons, 1992.

[Vladimirescu93] A. Vladimirescu, *The SPICE Book*, John Wiley and Sons, 1993.

第4章 导 线

- 确定并定量化互连参数
- 介绍互连线的电路模型
- 导线的 SPICE 细节模型
- 工艺尺寸缩小及它对互连的影响

4.1 引言

在集成电路发展的极大部分时间里，芯片上的互连线几乎总是"二等公民"，只在特殊的情形下或当进行高精度分析时才予以考虑。随着深亚微米半导体工艺的出现，这一情形已发生了迅速的变化。由导线引起的寄生效应所显示的尺寸缩小特性并不与如晶体管等有源器件相同，随着器件尺寸的缩小和电路速度的提高，它们常常变得非常重要。事实上它们已开始支配数字集成电路一些相关的特性指标，如速度、能耗和可靠性。这一情形会由于工艺的进步而更加严重，因为后者可以经济可行地生产出更大尺寸的芯片，从而加大互连线的平均长度及相应的寄生效应。因此仔细深入地分析半导体工艺中互连线的作用和特性不仅是人们所希望的，也是极为重要的。

4.2 简介

一个电子电路的设计者可以有许多选择来实现构成电路的各种器件之间的互连线。当代最先进的工艺可以提供许多铝或铜金属层以及至少一层多晶。甚至通常用来实现源区和漏区的重掺杂 n^+ 和 p^+ 扩散层也可以用来作为导线。但这些导线出现在电子电路的线路图中时是作为简单的连线，对电路的性能没有任何明显的影响。从我们对集成电路制造过程的讨论中可以清楚地看到，这样的设想是过分简单化了。今天，集成电路的导线已形成了一个复杂的几何形体，它引发了电容、电阻和电感等寄生参数效应。所有这三个寄生参数对电路的特性都会有多方面的影响：

1. 它们都会使传播延时增加，或者说相应于性能的下降。
2. 它们都会影响能耗和功率的分布。
3. 它们都会引起额外的噪声来源，从而影响电路的可靠性。

一个设计者可以决定为从安全可靠性出发，在他的分析和设计优化过程中包括所有这些寄生效应。然而这一保守的步骤并不非常有建设性，甚至常常是不现实的。首先，一个"完全"的模型将十分复杂，并且只能应用于非常小的拓扑结构。因此，它对于今天具有千百万个电路节点的集成电路完全无用。而且从某种意义上说这一方法有"只见树木不见森林"的缺点。在一个给定电路节点上的电路特性只取决于几个主要参数。把所有可能的影响都加以考虑反而会使情况不清，从而把优化和设计过程变成了"反复猜试"的工作而不是一个目标明确和有针对性的研究。

因此，设计者对于导线的寄生效应、它们的相对重要性以及它们的模型有一个清晰的理解是非常重要的。这可以用一个简单的例子做最好的说明，如图 4.1 所示。一个总线网络中的每条导线把一个(或多个)发送器连至一组接收器。每条导线是由一系列具有不同长度和几何尺寸的导线段构成的。假设所有的导线段都在同一互连层上实现,并且通过一层绝缘材料与硅衬底隔离及相互间隔离(注意现实情况比这更复杂)。

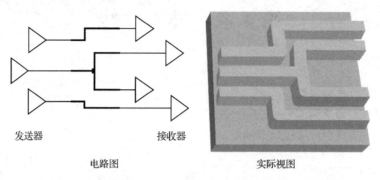

发送器　　　　　　　　接收器

电路图　　　　　　　　　　　实际视图

图4.1　总线网络中导线的电路表示及实际视图。右图只表
示局部区域(即电路图中用粗黑线表示的部分)

一个考虑互连线寄生电容、电阻和电感的完整的电路模型显示在图4.2(a)中。注意这些附加的电路元件并不处在实际的单个点上,而是分布在导线的整个长度上。在导线长度比它的宽度明显大时必然如此。此外还存在导线相互间的寄生参数,它们在不同的总线信号间引起耦合效应,而这些效应在原先的线路图中是假定不存在的。

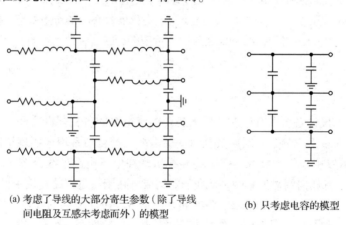

(a) 考虑了导线的大部分寄生参数(除了导线
间电阻及互感未考虑而外)的模型

(b) 只考虑电容的模型

图4.2　图4.1电路的导线模型

分析这个只代表一小部分电路的线路图也会很慢和很麻烦。好在常常可以进行相当多的简化,包括以下几点:

- 如果导线的电阻很大——例如截面很小的长铝导线的情形,或者外加信号的上升和下降时间很慢,那么电感的影响可以忽略。
- 当导线很短,导线的截面很大,或者所采用的互连材料电阻率很低时,就可以采用只含电容的模型,如图4.2(b)所示。
- 最后,当相邻导线间的间距很大,或者当导线只在一段很短的距离上靠近在一起的时候,导线相互间的电容可以被忽略,并且所有的寄生电容都可以模拟成接地电容。

显然,后面两种情形最容易模拟、分析和优化。有经验的设计者知道如何去区分主要的和次要的效应。本章的目的是介绍估计各种互连参数值的基本方法和评估其影响的简单模型,并给出一组经验准则用来决定应当在何时何地考虑一个特定的模型或效应。

4.3　互连参数——电容、电阻和电感

4.3.1　电容

精确模拟当代最先进集成电路中的导线电容并不是一件轻而易举的事情，并且甚至在今天仍然是高水平的研究课题。这一任务因现代集成电路的互连结构是三维结构而进一步复杂化，这在图 2.8 的集成电路断面图中已清楚显示。这样一条导线的电容与它的形状、它周围的情况、它与衬底的距离以及它与周围导线的距离都有关系。为了不在复杂的公式和模型中失去方向，设计者通常将利用先进的参数提取工具来获取一个完整版图中互连线电容的精确值。大多数半导体制造商也提供各部分电容的经验数据，它们都是从许多测试芯片中测量出来的。然而利用一些简单的一阶模型，可以很方便地对互连电容的本质及其参数以及导线电容如何随未来工艺而改进有一个基本的理解。

首先考虑一条简单的矩形导线放在半导体衬底之上，如图 4.3 所示。如果这条导线的宽度明显大于绝缘材料的厚度，那么就可以假设电场线垂直于电容极板，并且它的电容可以用平行板电容模型（也称为平面电容）来模拟。在这些情况下该导线的总电容可以近似为[①]

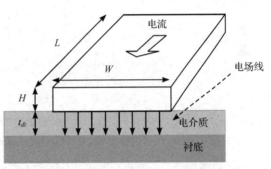

图 4.3　互连线的平行板电容模型

$$C_{int} = \frac{\varepsilon_{di}}{t_{di}} WL \qquad (4.1)$$

式中，W 和 L 分别为导线的宽度和长度，t_{di} 和 ε_{di} 代表绝缘层的厚度和它的介电常数。SiO_2 是

集成电路所选用的绝缘层材料，同时某些具有较低介电常数因而具有较低电容的材料也在开始应用。后者的例子是有机聚合物（polyimide）和气凝胶（aerogel）。ε 一般都表示成两项的积，即 $\varepsilon = \varepsilon_r \varepsilon_0$。$\varepsilon_0 = 8.854 \times 10^{-12}$ F/m 是真空的介电常数，而 ε_r 是绝缘材料的相对介电常数。表 4.1 列出了几种用在集成电路中的绝缘层的相对介电常数。总之，由式（4.1）得到的重要信息是电容正比于两个导体之间相互重叠的面积而反比于它们之间的间距。

表 4.1　一些典型绝缘材料的相对介电常数

材料	ε_r
真空	1
气凝胶	~1.5
聚酰亚胺（有机物）	3~4
二氧化硅	3.9
玻璃环氧树脂（印刷电路板）	5
氮化硅	7.5
氧化铝	9.5
硅	11.7

与前面的例子一样，这个模型在实际中是太过于简单了。为了在减小工艺尺寸的同时使导线的电阻最小，希望能保持导线的截面（$W \times H$）尽可能地大（这在后面一节中将看得很清楚）。反之，较小的 W 值可得到较密集的布线，因而具有较少的面积开销。因此多年来我们已经看到了

---

① 为了区分分布（即每单位长度）的导线参数和总的集总参数值，我们将用小写字母表示前者而用大写字母表示后者。

W/H 的比例在稳步下降甚至在先进的工艺中已降到了 1 以下。这在图 2.8 的工艺截面上可以清楚地看出。在这些情形下前面所假设的平板电容模型变得很不精确。此时在导线侧面与衬底之间的电容(称为边缘电容)不再能被忽略,而成为总电容的一部分。这一效应显示在图 4.4(a)中。要对这一几何形态建立确切的模型是很困难的。因此作为工程实践的要求,我们采用一个简化的模型把这个电容近似为两部分的和,如图 4.4(b)所示:一个平板电容由宽度为 w 的一条导线与接地平面之间的垂直电场决定,以及一个边缘电容用一条直径等于互连线宽度 H 的圆柱形导线来模拟。于是得到了如下的近似公式,它不仅简单而且在实际中近似得相当好:

$$c_{wire} = c_{pp} + c_{fringe} = \frac{w\varepsilon_{di}}{t_{di}} + \frac{2\pi\varepsilon_{di}}{\log(2t_{di}/H+1)} \tag{4.2}$$

式中, $w = W - H/2$ 是对平板电容宽度很好的近似。多年来已经开发出了许多更为精确的模型(例如[Vdmeijs84]),但这些模型往往明显复杂得多,因而将不在这里讨论。

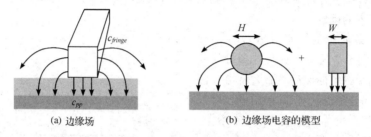

(a) 边缘场　　　　　　　　　　　(b) 边缘场电容的模型

图 4.4　边缘场电容。这一模型把导线电容分为两部分:一个平板电容以及一
个边缘电容,后者模拟成一条圆柱形导线,其直径等于该导线的厚度

　　为了说明边缘场电容部分的重要性,图 4.5 画出了导线电容值与 W/t_{di}(即间接与 W/H)之间的关系。对于较大的 W/H 值,总电容接近平板电容模型。当 W/H 小于 1.5 时,边缘电容部分实际上变成了主要部分。对于较小的线宽,边缘电容可以使总电容增加 10 倍以上。有趣的是可以看到当线宽小于绝缘层的厚度时,总电容会趋于大约为 1 pF/cm 的常数值。换言之,电容不再与线宽有关。

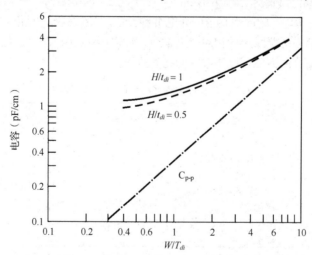

图 4.5　包括边缘场效应时互连线电容与 W/t_{di} 的关系[Schaper83]。图
中考虑了两个 H/t_{di} 值。电介质为 $\varepsilon_r = 3.9$ 的二氧化硅

　　至今我们一直把分析局限于单个矩形导体放在接地平面之上的情形。这一结构称为微带线(microstripline),当互连层的数目限制在 1 或 2 层时,它通常是半导体互连的良好模型。今天的

工艺已提供了更多的互连层，并且它们也布置得相当密集。在这种情况下，认为一条导线完全与它周围的结构隔离，因而只与地之间存在电容耦合的假设已不再成立。这显示在图 4.6 中，图中显示了处于多层互连结构中的一条导线的各部分电容。每条导线并不只是与接地的衬底耦合，而且也与处在同一层及处在相邻层上的邻近导线耦合。就一阶近似而言，这不会使连至一个给定导线的总电容发生变化。但主要的差别是它的各部分电容并不都终止在接地衬底上——它们中的大多数连到电平在动态变化的其他导线上。以后我们将会看到这些浮空电容不仅形成噪声源(串扰)，而且对电路性能也有负面的影响。

　　总之，在多层互连结构中导线间的电容已成为主要因素。这一效应对于在较高互连层中的导线尤为显著，因为这些导线离衬底更远。随特征尺寸的缩小，导线间电容在总电容中所占比例增加，这一情形可以从图 4.7 中得到最好的说明。该图画出了在接地平面之上布线的一组平行导线电容的各个组成部分，图中假设绝缘层和导线的厚度保持不变而使所有其他尺寸按比例改变。当 W 变成小于 1.75 H 时，导线间电容开始占主导地位。

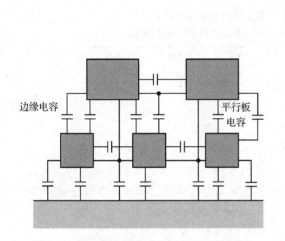

图 4.6　　多层互连结构中导线间的电容耦合

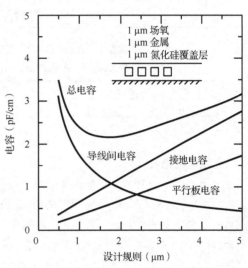

图 4.7　　互连电容与设计规则间的关系。它由一个接地电容及一个导线间电容构成[Schaper83]

互连电容设计数据

　　表 4.2 中列出了一个标准 0.25 μm CMOS 工艺的一组典型互连电容。这一工艺支持一层多晶和五层铝。前四层金属具有相同的厚度并采用同样的绝缘层，而第五层金属的厚度接近前者的两倍并布置在具有较高介电常数的绝缘层上。当导线布置在用来隔离不同晶体管的厚场氧上时，就用表中"场氧"一列的数据。导线布置在有源区上时具有较高的电容，这可以从"有源区"一列中看出。注意，这里列出的值只是平均值。为了对实际的结构得到更精确的结果，应当采用复杂的考虑导线周围情况的三维模型。

　　表 4.3 列出了布置在同一层上彼此间有最小间距(由设计规则决定)的平行导线间电容的典型值。我们注意到这些数字同时包括平行板和边缘电容部分。同样，这些电容与工艺密切相关。例如，在相邻一层放置的接地平面将终止大部分的边缘电场并有效地减少导线间电容(尽管由这条导线看到的总电容也许会稍有增加)。多晶导线由于厚度较小而使线间电容减少。反之，较厚的 Al5(第 5 层铝)导线显示出最大的线间电容。因此建议使这一层上的导线间隔比最小允许值更大，或者把它用于对干扰不敏感的全局信号，如电源线。

表 4.2　典型 0.25 μm CMOS 工艺的导线的平面电容和边缘电容值。表中各行代表电容的上极板而各列代表它的下极板。平面电容用aF/μm² 表示,而边缘电容(列在带阴影的行中)用aF/μm表示

	场氧	有源区	多晶	Al1	Al2	Al3	Al4
多晶	88						
	54						
Al1	30	41	57				
(第1层铝)	40	47	54				
Al2	13	15	17	36			
(第2层铝)	25	27	29	45			
Al3	8.9	9.4	10	15	41		
(第3层铝)	18	19	20	27	49		
Al4	6.5	6.8	7	8.9	15	35	
(第4层铝)	14	15	15	18	27	45	
Al5	5.2	5.4	5.4	6.6	9.1	14	38
(第5层铝)	12	12	12	14	19	27	52

表 4.3　典型 0.25 μm CMOS 工艺不同互连层上每单位导线长度的线间电容。电容用aF/μm表示,并且是针对最小间距的导线

工艺层	多晶	Al1	Al2	Al3	Al4	Al5
电容	40	95	85	85	85	115

例 4.1　金属导线电容

一些全局信号(如时钟)分布在整个芯片上。这些导线可以相当长。当芯片(边长)尺寸在 1 ~ 2 cm 之间时,这些导线的长度可以达到 10 cm,并且相应的导线电容值也相当大。考虑一条布置在第一层铝上的长 10 cm、宽 1 μm 的铝线。可以利用表 4.2 列出的数据来计算总的电容值:

平面(平行板)电容:　　　　$(0.1 \times 10^6 \ \mu m^2) \times 30 \ aF/\mu m^2 = 3 \ pF$

边缘电容:　　　　　　　　$2 \times (0.1 \times 10^6 \ \mu m) \times 40 \ aF/\mu m = 8 \ pF$

总电容:　　　　　　　　　11 pF

注意,在计算边缘电容时的因子 2,它考虑了导线有两个侧面。

现在假设第二条导线布置在第一条旁边,它们之间只相隔最小允许的距离。由表 4.3 可以确定这条导线将与第一条导线耦合,其耦合电容为

$$C_{inter} = (0.1 \times 10^6 \ \mu m) \times 95 \ aF/\mu m = 9.5 \ pF$$

这几乎与总的对地电容一样大!

类似的计算表明,若把这条导线放在 Al4 层上将使对地电容减小至 3.45 pF(0.65 pF 的平面电容和 2.8 pF 的边缘电容),而线间电容将保持近似不变,为 8.5 pF。

4.3.2　电阻

一条导线的电阻正比于它的长度 L 而反比于它的截面积 A。如图 4.3 形状的矩形导体的电阻可以表示成

$$R = \frac{\rho L}{A} = \frac{\rho L}{HW} \qquad (4.3)$$

式中,常数 ρ 为材料的电阻率(单位为 $\Omega \cdot m$)。表 4.4

表 4.4　常用导体的电阻率(20℃时)

材　料	$\rho(\Omega \cdot m)$
银(Ag)	1.6×10^{-8}
铜(Cu)	1.7×10^{-8}
金(Au)	2.2×10^{-8}
铝(Al)	2.7×10^{-8}
钨(W)	5.5×10^{-8}

列出了一些常用导电材料的电阻率。集成电路中最常用的互连材料是铝，因为它的成本较低并且与标准的集成电路制造工艺相兼容。可惜的是与如铜这样的材料相比，铝的电阻率较大。随着对性能的要求越来越高，最先进的工艺正在越来越多地选择铜作为导体。

由于对给定的工艺 H 是一个常数，所以式(4.3)可以重新写成

$$R = R_\square \frac{L}{W} \tag{4.4}$$

式中，

$$R_\square = \frac{\rho}{H} \tag{4.5}$$

为材料的薄层电阻，其单位为 $\Omega/\square$(读为"每方欧姆")。这表明，一个方块导体的电阻与它的绝对尺寸无关，这从式(4.4)中可以清楚地看出。为了得到一条导线的电阻，只需将薄层电阻乘以该导线的 L/W 比。

互连电阻设计数据

各种互连材料薄层电阻的典型值列在表 4.5 中。

表 4.5　典型 0.25 μm CMOS 工艺的薄层电阻值

材　　　料	薄层电阻($\Omega/\square$)
n 或 p 阱扩散区	1000 ~ 1500
n^+、p^+ 扩散区	50 ~ 150
n^+、p^+ 硅化物扩散区	3 ~ 5
n^+、p^+ 多晶硅	150 ~ 200
n^+、p^+ 硅化物多晶硅	4 ~ 5
铝	0.05 ~ 0.1

从表中可以得出结论，对于长互连线，铝是优先考虑的材料。多晶应当只用于局部互连。尽管扩散层(n^+, p^+)的薄层电阻与多晶的相当，但由于它具有较大的电容及相应较大的 RC 延时，因此应当避免采用扩散导线。■

先进的工艺也提供硅化的多晶和扩散层。硅化物是用硅和一种难熔金属形成的合成材料。这是一种高导电性的材料并能耐受高温工艺步骤而不会熔化。硅化物的例子包括 WSi_2、$TiSi_2$、$PtSi_2$ 及 $TaSi$。例如 WSi_2 的电阻率 ρ 为 130 $\mu\Omega \cdot cm$，约为多晶的 1/8。硅化物最常用的形态是多晶硅化物(polycide)，它只是多晶硅和硅化物这两层的组合。典型的多晶硅化物由底层的多晶硅和上面覆盖的硅化物组成，它结合了这两种材料最佳的性质——良好的附着力和覆盖性(来自多晶)以及高导电性(来自硅化物)。图 4.8 为一个采用多晶硅化物栅制造的 MOSFET。硅化的栅具有栅电阻较小的优点。同样，硅化的源和漏区将降低器件的源漏电阻。

布线层之间的转接将给导线带来额外的电阻，称为接触电阻(contact resistance)。因此优先考虑的布线策略是尽可能地使信号线保持在同一层上，并避免过多的接触或通孔。使接触孔较大可以降低接触电阻，但遗憾的是，电流往往集中在一个较大接触孔的周边。这一效应称为电流集聚(current crowding)，它在实际中将限制接触孔的最大尺寸。以下为 0.25 μm 工艺典型的接触电阻(最小尺寸接触)：金属或多晶至 n^+、p^+ 以及金属至多晶为 5 ~ 20 Ω；通孔(金属至金属接触)为 1 ~ 5 Ω。

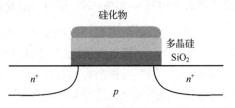

图 4.8　硅化物多晶栅的 MOSFET

例4.2　金属线的电阻

再次考虑例4.1中的铝线,它长10 cm,宽1 μm,并且在第一层铝上布线。假设铝层的薄层电阻为0.075 Ω/□,可以计算导线的总电阻如下:

$$R_{wire} = 0.075\ \Omega/\square \times (0.1 \times 10^6\ \mu m)/(1\ \mu m) = 7.5\ \text{k}\Omega$$

如果用薄层电阻为175 Ω/□的多晶来实现这条导线,将使总电阻增加到17.5 MΩ,显然这是不可接受的。采用薄层电阻为4 Ω/□的硅化物多晶是一种较好的选择,但导线的电阻仍然较大,为400 kΩ。

至今我们一直把半导体导线的电阻看成线性的和不变化的。对于大多数半导体电路确实如此。然而,在非常高的频率下会出现一种额外的现象,称为趋肤效应,它使导线电阻变得与频率有关。高频电流倾向于主要在导体的表面流动,其电流密度随进入导体的深度而呈指数下降。趋肤深度δ定义为电流下降至它的额定值的e^{-1}时所处的深度,并由下式给出:

$$\delta = \sqrt{\frac{\rho}{\pi f \mu}} \tag{4.6}$$

式中,f为信号的频率,μ为周围电介质的磁导率(一般情况下等于真空的磁导率,即$\mu = 4\pi \times 10^{-7}$ H/m)。对于铝,在1 GHz时的趋肤深度等于2.6 μm。于是很明显的问题就是,当设计当代最先进水平的数字电路时,这是否是我们应当考虑的一件事。

这一效应可以近似假设为电流均匀流过这个导体的厚度为δ的外壳,如图4.9的矩形导线所示。假设导线的总截面现在局限在约为$2(W + H)\delta$,就能得到在高频$(f > f_s)$时(每单位长度)电阻的表达式如下:

$$r(f) = \frac{\sqrt{\pi f \mu \rho}}{2(H + W)} \tag{4.7}$$

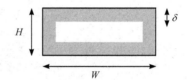

图4.9　趋肤效应使电流的流动压缩到导线表面

高频时电阻的增加可以引起在导线上传送的信号有额外的衰减,并因此产生失真。为了确定趋肤效应的发生,可以求出趋肤深度等于导体最大尺寸(W或H)一半时的频率f_s。频率低于f_s时,整个导线(截面)都导通电流,导线电阻等于低频时的电阻(为常数)。由式(4.6)可求得f_s的值:

$$f_s = \frac{4\rho}{\pi \mu (\max(W, H))^2} \tag{4.8}$$

例4.3　趋肤效应和铝导线

我们通过分析一条布置在磁导率为$4\pi \times 10^{-7}$ H/m的SiO_2绝缘层上的铝线来确定趋肤效应对现代集成电路的影响,其电阻率为2.7×10^{-8} Ω·m。由式(4.8)可知,在1 GHz时导线的最大尺寸至少为5.2 μm才会使这一效应比较明显。这一点为图4.10的比较精确的模拟结果所证实,该图画出了对于各种宽度的铝导体趋肤效应引起的电阻增加。可以看到1 GHz时一条20 μm宽的导线的电阻增加30%,而一条1 μm宽的导线的电阻只增加2%。

总之,趋肤效应是对较宽导线才有的问题。由于时钟线往往传送一个芯片上最高频率的信号,并且它也相当宽以限制电阻,因此趋肤效应多半首先影响这些线。这是吉赫范围设计确实要考虑的问题,因为时钟决定了芯片的整体性能(周期时间、每秒指令数等)。另一个设计中要考虑的问题是,采用像铜这样的良导体会使较低频率时就发生趋肤效应。

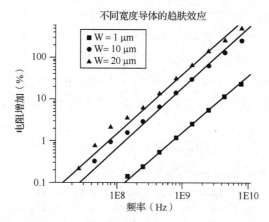

图 4.10　趋肤效应引起的电阻增加与频率及导线宽度的关系。
所有的模拟都是在导线厚度为 0.7 μm 时进行的[Sylvester97]

4.3.3　电感

集成电路设计者往往把电感看成只在物理课中听到过但对现在的工作领域没有任何影响的元件而不予考虑。在集成电路设计的最初几十年间曾确实如此。然而当前由于采用低电阻的互连材料并且开关频率已提高到了超过吉赫的范围，所以电感甚至在芯片上也开始显示出它重要的作用。片上电感的影响包括振荡和过冲效应、由于阻抗失配引起的信号反射、在导线间的电感耦合以及 $(L\,\mathrm{d}i/\mathrm{d}t)$ 电压降引起的开关噪声。

电路某一部分的电感总是可以用它的定义来计算，即通过一个电感的电流变化产生电压降：

$$\Delta V = L\,\frac{\mathrm{d}i}{\mathrm{d}t} \tag{4.9}$$

有可能直接从一根导线的几何尺寸及它周围的介质来计算它的电感。一个较为简单的方法基于如下事实：一条导线（每单位长度）的电容 c 和电感 l 间存在如下的关系式：

$$cl = \varepsilon\mu \tag{4.10}$$

式中，ε 和 μ 分别为周围电介质的介电常数和磁导率。要提醒的是为使这一表达式成立，该导体必须完全为均匀的绝缘介质所包围。但情况常常不是这样。然而即使导线处在不同的介质材料中，也有可能采用"平均"的介电常数，所以式(4.10)仍可用来得到电感的近似值。

还可以指出其他一些从麦克斯韦定律得来的有意义的关系。介电常数和磁导率的乘积是一个常数，它定义了一个电磁波能传播通过该介质的速度 υ：

$$\upsilon = \frac{1}{\sqrt{lc}} = \frac{1}{\sqrt{\varepsilon\mu}} = \frac{c_0}{\sqrt{\varepsilon_r\mu_r}} \tag{4.11}$$

式中，c_0 等于真空中的光速(30 cm/ns)。表 4.6 列出了一些制造电子电路所用材料中光的传播速度。在 $\mathrm{SiO_2}$ 中光的传播速度比在真空中慢了一半。

表 4.6　电子电路中所用各种材料的介电常数和电磁波传播
速度。大多数介质的相对磁导率 μ_r 都近似等于1

电介质	ε_r	传播速度（cm/ns）
真空	1	30
二氧化硅（$\mathrm{SiO_2}$）	3.9	15
印刷电路板（环氧树脂玻璃）	5.0	13
氧化铝（陶瓷封装）	9.5	10

例 4.4 半导体导线的电感

考虑将一条 0.25 μm CMOS 工艺实现的 Al1(第 1 层铝)导线布置在场氧上。由表 4.2 可以计算出该导线每单位长度的电容:

$$c = (W \times 30 + 2 \times 40) \text{ aF/μm}$$

假设均匀的介质由 SiO_2 组成,由式(4.10)可以计算出该导线每单位长度的电感(注意用正确的单位):

$$l = (3.9 \times 8.854 \times 10^{-12}) \times (4\pi\, 10^{-7})/c$$

当导线宽度为 0.4 μm、1 μm 和 10 μm 时,分别得到以下值:

$$W = 0.4 \text{ μm}: \quad c = 92 \text{ aF/μm}; \quad l = 0.47 \text{ pH/μm}$$
$$W = 1 \text{ μm}: \quad c = 110 \text{ aF/μm}; \quad l = 0.39 \text{ pH/μm}$$
$$W = 10 \text{ μm}: \quad c = 380 \text{ aF/μm}; \quad l = 0.11 \text{ pH/μm}$$

假设薄层电阻为 0.075 Ω/q,也可以确定导线的电阻:

$$r = 0.075/W \ \Omega/\text{μm}$$

十分有趣的是可以看到当频率为 30.6 GHz 时(对于 1 μm 宽的导线),导线阻抗中的电感部分值将等于电阻部分值,这可以通过以下表达式求得:

$$\omega l = 2\pi f l = r$$

对于特别宽的导线,这一频率下降至约为 11 GHz。对于具有较小电容和电阻的导线(如位于上层互连层的较厚的导线),这一频率可以变为低至 500 MHz,特别是当采用像铜这样较好的互连材料时尤为如此。然而这些数字表明,在集成电路中电感只是在性能曲线的高端才成为一个问题。

4.4 导线模型

在前面几节中已经介绍了互连线的电气特性——电容、电阻和电感,并介绍了一些简单的关系和技术用以从互连的几何尺寸和拓扑结构求出它们的值。这些寄生元件会影响电路的电气特性并影响它的延时、功耗和可靠性。为了研究这些效应需要建立可以用来估计和近似导线的实际特性与其参数间关系的电气模型。根据要研究的效应以及所要求的精度,这些模型可以从非常简单到非常复杂。在本节中首先推导出用于手工分析的模型。下一个紧接着的主题则是如何用 SPICE 电路模拟器研究互连线。

4.4.1 理想导线

在电路图上导线是没有任何附加参数或寄生元件的简单连线。这些导线对电路的电气特性没有任何影响。在导线一端发生的电压变化会立即传送到它的另一端,即使这两端相隔一段距离时也是如此。因此,可以假设任何时刻在导线的每一段上都具有相同的电压,因而整个导线是一个等势区。虽然这一理想导线模型过于简单,但它却有它的价值,特别是在设计过程的早期阶段设计者希望集中研究被连接的晶体管的性质和特点时更是如此。同时当研究较小的电路元件(如门)时,导线往往非常短,因而它们的寄生参数可以忽略不计。因为若把它们都考虑在内就可能使分析毫无必要地复杂化。然而导线的寄生参数将常常起到很重要的作用,因而应当考虑采用比较复杂的模型。

4.4.2 集总模型(Lumped Model)

一条导线的电路寄生参数是沿它的长度分布的,因此不能把它集总在一点上。然而当只有一个寄生元件占支配地位时，当在这些寄生元件之间的相互作用很小时或者当只考虑电路特性的一个方面时，把各个不同的(寄生元件)部分集总成单个的电路元件常常是很有用的。这一步骤的优点是寄生效应因此可以用常微分方程来描述。正如我们在后面将要看到的，描述一个分布元件需要偏微分方程。

只要导线的电阻部分很小并且开关频率在低至中间的范围内，那么就可以很合理地只考虑该导线的电容部分，并把分布的电容集总为单个电容，如图 4.11 所示。注意在这一模型中导线仍表现为一个等势区，因而导线本身并不引入任何延时。对于性能的唯一影响是由电容对于驱动门的负载效应引起的。这一电容集总的模型很简单但很有效，因此常常选用该模型来分析数字集成电路中的大多数互连线。

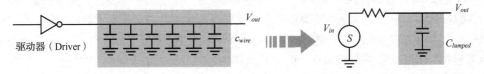

图 4.11　导线的分布与集总电容模型。$C_{lumped} = L \times c_{wire}$，其中 L 是导线的长度而 c_{wire} 是
每单位长度的电容。驱动器模拟成一个电压源以及一个电源内阻 R_{driver}

例 4.5　导线的集总电容模型

在图 4.11 的电路中，假设电源内阻为 10 kΩ 的一个驱动器，用来驱动一条 10 cm 长、1 μm 宽的 Al1 导线。在例 4.1 中，我们已经求出这条导线总的集总电容等于 11 pF。

这个简单 RC 电路的工作可以用以下常微分方程来描述(类似于例 4.1 中推导的表达式)：

$$C_{lumped} \frac{\mathrm{d}V_{out}}{\mathrm{d}t} + \frac{V_{out} - V_{in}}{R_{driver}} = 0$$

当外加一个阶跃输入(V_{in} 从 0 至 V)时，这一电路的过渡响应已知为一个指数函数并可用下式表示：

$$V_{out}(t) = (1 - \mathrm{e}^{-t/\tau})\, V$$

式中，$\tau = R_{driver} \times C_{lumped}$ 是该电路的时间常数。

到达 50% 点的时间很容易计算出，为 $t = \ln(2)\,\tau = 0.69\,\tau$。同样可以算出需要 $t = \ln(9)\,\tau = 2.2\,\tau$ 的时间从 10% 点过渡到 90% 点。代入这一具体例子的数值得到：

$$t_{50\%} = 0.69 \times 10~\text{k}\Omega \times 11~\text{pF} = 76~\text{ns}$$

$$t_{90\%} = 2.2 \times 10~\text{k}\Omega \times 11~\text{pF} = 242~\text{ns}$$

这些数字甚至连最低性能的数字电路也不能接受。解决这一瓶颈的技术(如降低驱动器的电源内阻)将在第 5 章和第 9 章中介绍。

虽然集总电容模型最为普遍，但相对于电阻或者电感来建立一条导线的集总模型往往非常有用。在研究电源分布网络时常常如此。电源线的电阻和电感都可以看成寄生噪声源，它们会引起电源线上的压降或振荡。

4.4.3　集总 RC 模型

长度超过几毫米的片上金属线具有较明显的电阻。在集总电容模型中介绍过的等势假设不再适合，因而必须采用电阻-电容模型。

第一步是把每段导线的总导线电阻集总成一个电阻 R，并且同样把总的电容合成一个电容 C。这个简单的模型称为集总 RC 模型，它对于长互连线是一个保守和不精确的模型，比较合适的是

用分布 rc 模型来代替它。然而在分析分布模型之前，基于以下理由值得先花费一些时间来分析和模拟集总的 RC 网络：

- 分布 rc 模型比较复杂，并且不存在收敛解。分布 rc 线的特性可以用简单的 RC 网络来合适地模拟。
- 在研究复杂的晶体管-导线电路的瞬态特性时一个通常的做法是把该电路简化成一个 RC 网络。具有有效分析这样一个网络并预见它的一阶响应的手段将会给设计者的工具箱增添极可贵的财富。

在例 4.5 中分析了单电阻单电容的电路。这样一个电路的特性完全可以用一个微分方程来描述，它的瞬态波形可以用具有单个时间常数(即电路极点)的指数函数来模拟。遗憾的是，推导一个具有较多数目电容和电阻的电路的正确波形很快就变得非常复杂以至没有求解的可能：描述它的特性要求一组常微分方程，因而这一电路将包含有许多时间常数(即极点和零点)。如果不能进行全面的 SPICE 模拟，则可以采用像 Elmore 延时公式这样的延时计算方法来解决[Elmore48]。

考虑图 4.12 的电阻-电容网络。这一电路称为 RC 树，它有如下一些性质：

- 该电路仅有一个输入节点(图 4.12 中标注为 s)。
- 所有的电容都在某个节点和地之间。
- 该电路并不包含任何电阻回路(这使它成为树结构)。

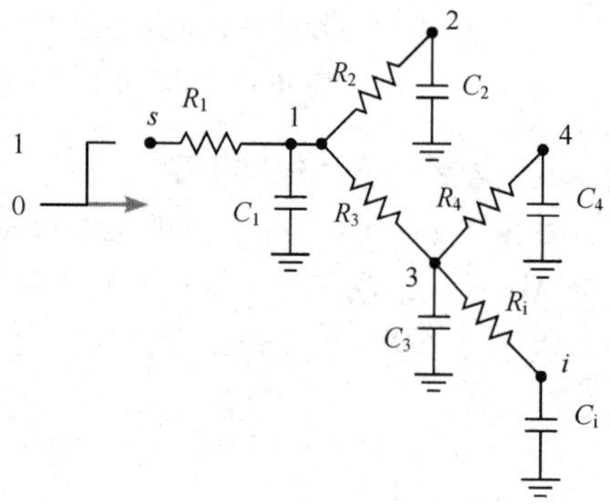

图 4.12　树结构的 RC 网络

这一特殊电路拓扑的一个有意义的结果是在源节点 s 和该电路的任何节点 i 之间存在一条唯一的电阻路径。沿这条路径的总电阻称为路径电阻 R_{ii}。例如，图 4.12 的例子中在源节点 s 和节点 4 之间的路径电阻为

$$R_{44} = R_1 + R_3 + R_4$$

可以延伸路径电阻的定义来说明共享路径电阻 R_{ik}，它代表了从根节点 s 至节点 k 和节点 i 这两条路径共享的电阻：

$$R_{ik} = \sum R_j \Rightarrow (R_j \in [path(s \rightarrow i) \cap path(s \rightarrow k)]) \tag{4.12}$$

对于图 4.12 的电路，$R_{i4} = R_1 + R_3$，而 $R_{i2} = R_1$。

现在假设这一网络 N 个节点中的每一个最初都被放电至 GND(地)，并且在时间 $t = 0$ 时在节点 s 上加一个阶跃输入。于是在节点 i 处的 Elmore 延时由下式给出：

$$\tau_{Di} = \sum_{k=1}^{N} C_k R_{ik} \tag{4.13}$$

Elmore 延时相当于这个网络的一阶时间常数(即脉冲响应的一次矩)。设计者应当注意，这一时间常数代表了在源节点和节点 i 之间实际延时的简单近似。但在大多数情形中，这一近似已证明是非常合理和可接受的。它为设计者提供了能对一个复杂网络的延时进行快速估算的有力工具。

例 4.6　树结构网络的 RC 延时

利用式(4.13)，可以计算出图 4.12 网络中节点 i 的 Elmore 延时：

$$\tau_{Di} = R_1 C_1 + R_1 C_2 + (R_1 + R_3) C_3 + (R_1 + R_3) C_4 + (R_1 + R_3 + R_i) C_i$$

作为 RC 树网络的特殊情形，让我们考虑图 4.13 所示无分支的 RC 链(即梯形链)。这一网络

很值得分析,因为它是数字电路中经常遇到的一种结构,并且也因为它代表了一条电阻-电容导线的近似模型。这一链形网络的 Elmore 延时可以利用式(4.13)推导:

$$\tau_{DN} = \sum_{i=1}^{N} C_i \sum_{j=1}^{i} R_j = \sum_{i=1}^{N} C_i R_{ii} \tag{4.14}$$

换言之,此时共享路径的电阻即被路径电阻代替。作为一个例子,考虑图 4.13 RC 链中的节点 2。它的时间常数由两部分组成,分别来自节点 1 和节点 2。节点 1 的部分由 $C_1 R_1$ 构成,这里 R_1 是该节点与源节点之间的总电阻,而来自节点 2 的部分等于 $C_2(R_1 + R_2)$。在节点 2 处的等效时间常数等于 $C_1 R_1 + C_2(R_1 + R_2)$。节点 i 的 τ_i 可以用同样的方法推导 [①]:

$$\tau_i = C_1 R_1 + C_2(R_1 + R_2) + \cdots + C_i(R_1 + R_2 + \cdots + R_i)$$

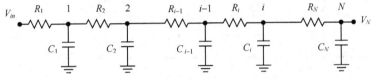

图 4.13　RC 链

例 4.7　电阻-电容导线的时间常数

图 4.13 所示的模型可以用来近似一条电阻-电容线。这条总长为 L 的导线被分隔成完全相同的 N 段,每段的长度为 L/N。因此每段的电阻和电容分别为 rL/N 和 cL/N。利用 Elmore 公式,可以计算出这条导线的主要时间常数为

$$\tau_{DN} = \left(\frac{L}{N}\right)^2 (rc + 2rc + \cdots + Nrc) = (rcL^2)\frac{N(N+1)}{2N^2} = RC\frac{N+1}{2N} \tag{4.15}$$

式中,$R(=rL)$ 及 $C(=cL)$ 是这条导线总的集总电阻和电容。当 N 值很大时,这一模型渐近地趋于分布式 rc 线。于是式(4.15)简化成如下的表达式:

$$\tau_{DN} = \frac{RC}{2} = \frac{rcL^2}{2} \tag{4.16}$$

由式(4.16)可以得到两个重要的结论:

- 一条导线的延时是它的**长度的二次函数**! 这意味着导线长度加倍将使延时加大到 4 倍。
- 分布 rc 线的延时是按集总 RC 模型预测的**延时的一半**。后者把总的电阻和电容合成了两个单个元件,因而具有时间常数 RC[在式(4.15)中使 $N=1$ 也可以得到此结果]。这证实了前面的观察,即集总模型代表了电阻导线延时的保守估计。

警告:注意 RC 链是用许多时间常数来表征的。Elmore 表达式确定的只是主要时间常数的值,因而是一阶近似。

Elmore 延时公式已证明是极为有用的。除了可以用它来分析导线以外,这一公式还可以用来近似复杂晶体管电路的传播延时。采用开关模型时,晶体管可以用等效的线性化导通(on)电阻来代替。于是传播延时的估算就可以简化成分析所生成的 RC 网络。已进一步建立了在一个

[①]　原著下式的等号左侧为 τ_{Di},即 i 处的 Elmore 延时,它应当包括 C_N 对延时的影响。由式(4.13)可知,$\tau_{Di} = C_1 R_1 + C_2(R_1 + R_2) + \cdots + C_i(R_1 + R_2 + \cdots + R_i) + C_N(R_1 + R_2 + \cdots + R_i) = C_1 R_1 + C_2(R_1 + R_2) + \cdots + (C_i + C_N)(R_1 + R_2 + \cdots + R_i)$。由于该处要推导的是 τ_i,因此对公式做了调整,未涉及 C_N。——译者注

RC 树中电压波形的比较精确的下界和上界[Rubinstein83]。这些上下界形成了大多数开关级和功能级计算机辅助时序分析工具的基础[Horowitz83]。一个有趣的结果[Lin84]是以 Elmore 延时作为时间常数的指数电压波形总是处在这些下界和上界之间,这说明了 Elmore 近似的合理性。

4.4.4　分布 rc 线

在前面的讨论中已证明了集总 RC 模型是一条电阻-电容导线的保守模型,而图 4.14(a)所示的分布 rc 模型是比较合适的。如前所示, L 代表导线的总长, 而 r 和 c 代表每单位长度的电阻和电容。图 4.14(b)为分布 rc 线的电路图表示。

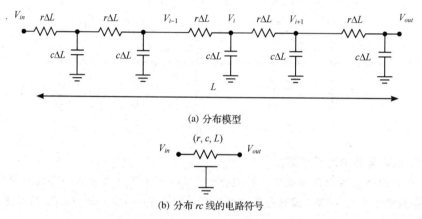

(a) 分布模型

(b) 分布 rc 线的电路符号

图 4.14　分布 rc 线的导线模型及它的电路符号

这个电路中节点 i 处的电压可以通过求解以下一组偏微分方程来确定:

$$c\Delta L \frac{\partial V_i}{\partial t} = \frac{(V_{i+1} - V_i) + (V_{i-1} - V_i)}{r\Delta L} \tag{4.17}$$

于是分布 rc 线的确切特性可以通过减小 ΔL 使它渐近至零来得到, 对于 $\Delta L \to 0$, 方程(4.17)就变成了熟知的扩散方程:

$$rc\frac{\partial V}{\partial t} = \frac{\partial^2 V}{\partial x^2} \tag{4.18}$$

在这一方程中, V 是导线上一个特定点的电压, x 是该点和信号源之间的距离。这个方程不存在收敛解, 但可以推导出像式(4.19)这样的近似表达式[Bakoglu90]:

$$V_{out}(t) = \begin{cases} 2\mathrm{erfc}\left(\sqrt{\dfrac{RC}{4t}}\right) & t \ll RC \\[2mm] 1.0 - 1.366\mathrm{e}^{-2.535\,9\frac{t}{RC}} + 0.366\mathrm{e}^{-9.464\,1\frac{t}{RC}} & t \gg RC \end{cases} \tag{4.19}$$

这些公式很难用来进行通常的电路分析。然而我们已知分布式 rc 线可以用集总的 RC 梯形网络来近似, 后者可以很容易地用在计算机辅助分析中。

图 4.15 显示了一条导线对阶跃输入的响应, 它画出了导线上不同点处随时间的波形。注意观察阶跃波形是如何从导线的始端"扩散"到终端的, 以及波形如何迅速变差, 这在长导线中会引起相当长的延时。驱动这些 rc 线并使延时和信号波形变差减至最小程度是现代数字集成电路设计中最错综复杂的问题之一。因而在本书中这个内容受到相当的关注。

表 4.7 列出了导线集总和分布 RC 模型阶跃响应中一些重要的参考点。例如集总电路的传播

延时(定义为终值的 50%)等于 $0.69RC$。反之,分布网络的延时只有 $0.38RC$,其中 R 和 C 是导线的总电阻和电容。这个从模拟得出的结果与公式(4.16)是一致的。

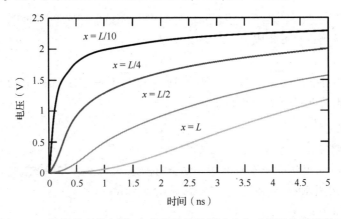

图 4.15　模拟得到的电阻-电容导线的阶跃响应与时间及位置的关系

表 4.7　集总与分布 RC 网络的阶跃响应——一些有意义的参考点

电压范围	集总 RC 网络	分布 RC 网络
$0 \rightarrow 50\%$ (t_p)	$0.69RC$	$0.38RC$
$0 \rightarrow 63\%$ (τ)	RC	$0.5RC$
$10\% \rightarrow 90\%$ (t_r)	$2.2RC$	$0.9RC$
$0\% \rightarrow 90\%$	$2.3RC$	$1.0RC$

例 4.8　铝线的 RC 延时

再次考虑例 4.1 中长 10 cm 宽、1 μm 的 Al1(第 1 层金属)导线。在例 4.4 中,已推导出以下 r 和 c 的值:

$$c = 110 \text{ aF/μm}; \quad r = 0.075 \text{ Ω/μm}$$

利用表 4.7 中的各项,可以推导出这条导线的传播延时:

$$t_p = 0.38 \, RC = 0.38 \times (0.075 \text{ Ω/μm}) \times (110 \text{ aF/μm}) \times (10^5 \text{ μm})^2 = 31.4 \text{ ns}$$

我们也可以推导出同一导线用多晶和 Al5(第 5 层金属)实现时的传播延时。从表 4.2 中可以得到各电容值,而对于多晶和 Al5 电阻则分别取为 150 Ω/μm 及 0.0375 Ω/μm:

多晶:　　　　$t_p = 0.38 \times (150 \text{ Ω/μm}) \times (88 + 2 \times 54 \text{ aF/μm}) \times (10^5 \text{ μm})^2 = 112 \text{ μs}$

Al5:　　　　$t_p = 0.38 \times (0.0375 \text{ Ω/μm}) \times (5.2 + 2 \times 12 \text{ aF/μm}) \times (10^5 \text{ μm})^2 = 4.2 \text{ ns}$

显然,互连材料和层次的选择对导线的延时有极大的影响。

分析一个互连网络时,设计者需要回答的一个重要问题为是否应当考虑 RC 延时的影响,或者说是否能用简单的集总电容模型就能解决问题。下面这个简单的经验规则被证明非常有用。

经验规则

- rc 延时只在 t_{pRC} 近似或超过驱动门的 t_{pgate} 时才予以考虑。

上述规则定义了一个临界长度:

$$L_{crit} = \sqrt{\frac{t_{pgate}}{0.38rc}} \tag{4.20}$$

当互连线超过这个临界长度 L_{crit} 时 RC 延时才占主要地位。L_{crit} 的确切值取决于驱动门的尺寸及所选用的互连材料。

- rc 延时只是在导线输入信号的上升(下降)时间小于导线的上升(下降)时间 RC 时才予以考虑。换言之,它们应当只在下式成立时才予以考虑:

$$t_{rise} < RC \tag{4.21}$$

式中,R 和 C 分别为导线的总电阻和总电容。当这一条件不满足时,信号的变化将比导线的传播延时慢,因此采用集总电容模型就已足够了。 ∎

例 4.9   *RC* 与集总 *C*

上面介绍的规则可以通过图 4.16 所示的简单电路来说明。这里假设驱动门被模拟成一个电压源,它具有一定大小的电源内阻 R_s。应用 Elmore 公式[①],这一网络的总传播延时可以用下式来近似:

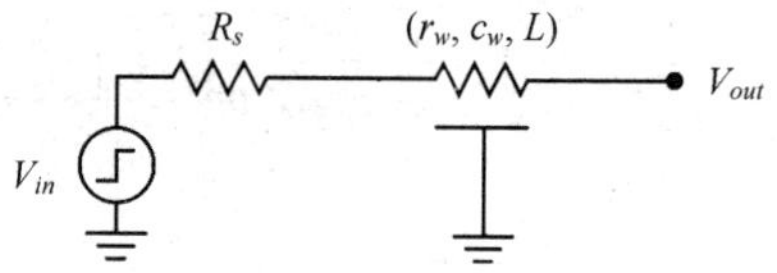

图 4.16   内阻等于 R_s 的电源驱动长度为 L 的 rc 线

$$\tau_D = R_s C_w + \frac{R_w C_w}{2} = R_s C_w + 0.5 r_w c_w L^2$$

及

$$t_p = 0.69 R_s C_w + 0.38 R_w C_w$$

式中,$R_w = rL$ 及 $C_w = cL$。当 $(R_w C_w)/2 \geq R_s C_w$ 时,或者当 $L \geq 2R_s/r$ 时,由导线电阻引起的延时将变成主要的延时。现在假设一个电源内阻为 1 kΩ 的驱动器驱动一条 1 μm 宽的 Al1 导线($r = 0.075 \ \Omega/\mu m$),此时临界长度为 2.67 cm。

4.4.5   传输线

当电路的开关速度变得足够快,并且互连材料的质量变得足够好而使导线的电阻保持在一定的范围内时,导线的电感将开始支配延时特性,因而必须考虑传输线效应。比较精确地说,这是当信号的上升和下降时间变得可与信号波形"飞跃"导线的时间(由光速决定)相比拟时的情形。由于铜互连的出现及深亚微米工艺使高开关速度成为可能,传输线效应在最快的 CMOS 设计中必须予以考虑。

在本节中,我们首先分析传输线模型。接着将这一模型应用到当前的半导体工艺中,并决定何时应当在设计过程中认真地考虑这些效应。

传输线模型

与互连线的电阻和电容一样,电感也是分布在整个导线上的。一条导线的分布 rlc 模型称为传输线模型,它已成为导线确切特性的最精确近似。传输线的基本性质是信号以波的形式传播通过互连介质。这不同于分布 rc 模型,在分布 rc 模型中信号是按扩散方程(4.18)的规律从源端"扩散"至目的地。在波动模式中,信号的传播是通过交替地使能量从电场传送到磁场,或者等效地说,从电容模式转变成电感模式。

考虑时间 t 时,图 4.17 中传输线上的一点 x。以下一组方程成立:

$$\begin{aligned} \frac{\partial v}{\partial x} &= -ri - l\frac{\partial i}{\partial t} \\ \frac{\partial i}{\partial x} &= -gv - c\frac{\partial v}{\partial t} \end{aligned} \tag{4.22}$$

[①] 提示:用图 4.13 的集总 RC 网络来代替导线,并对所生成的网络应用 Elmore 公式。

当假定漏导 $g=0$（这对于大多数绝缘材料是正确的）并忽略电流 i 时，将得到如下波的传播方程：

$$\frac{\partial^2 v}{\partial x^2} = rc\frac{\partial v}{\partial t} + lc\frac{\partial^2 v}{\partial t^2} \tag{4.23}$$

式中，r、c 和 l 分别为导线单位长度的电阻、电容和电感。

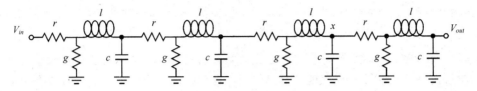

图 4.17　有损传输线

为了更好地理解传输线的特性，我们首先假设这条线的电阻很小。在这种情形下一个简化的电容/电感模型（称为无损传输线）是比较合适的。这一模型可应用于印刷电路板一级的导线，由于在那里使用的铜互连材料有很高的导电率，所以传输线的电阻可以忽略不计。但在集成电路中电阻起了一个很重要的作用，因此应当考虑一个较为复杂的模型，称为有损传输线（有损模型只在本章末进行简短的讨论）。

无损传输线

对于无损线，式（4.23）可以简化为理想波动方程：

$$\frac{\partial^2 v}{\partial x^2} = lc\frac{\partial^2 v}{\partial t^2} = \frac{1}{v^2}\frac{\partial^2 v}{\partial t^2} \tag{4.24}$$

加在一条无损传输线上的一个阶跃输入将按方程（4.11）以速度 v 沿这条线传播，方程（4.11）重新给出如下：

$$v = \frac{1}{\sqrt{lc}} = \frac{1}{\sqrt{\varepsilon\mu}} = \frac{c_0}{\sqrt{\varepsilon_r\mu_r}} \tag{4.25}$$

尽管 l 和 c 的值都取决于导线的几何形状，但它们的积是一个常数并且仅仅与周围介质有关。一条传输线每单位导线长度的传播延时（t_p）是传播速度的倒数：

$$t_p = \sqrt{lc} \tag{4.26}$$

现在分析波是如何沿无损传输线传播的。假设一个电压阶跃 V 加在一条线的输入端并传播到这条线的 x 点处，如图 4.18 所示。在 x 的右边所有的电流都等于 0，而在它的左边线上的电压都等于 V。为使波传播通过一个额外的距离 $\mathrm{d}x$，一个额外的电容 $c\mathrm{d}x$ 必须被充电。这就要求电流为

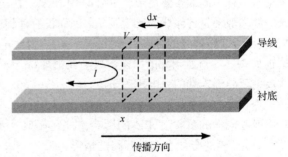

$$i = \frac{\mathrm{d}q}{\mathrm{d}t} = c\frac{\mathrm{d}x}{\mathrm{d}t}v = cvv = \sqrt{\frac{c}{l}}v \tag{4.27}$$

图 4.18　阶跃电压沿无损传输线的传播

因为信号传播的速度 $\mathrm{d}x/\mathrm{d}t$ 等于 v。这意味着信号将这条线的其余部分看成一个实数阻抗 Z_0：

$$Z_0 = \frac{V}{I} = \sqrt{\frac{l}{c}} = \frac{\sqrt{\varepsilon\mu}}{c} = \frac{1}{cv} \tag{4.28}$$

这一阻抗称为传输线的特征阻抗，它与绝缘介质以及导线和绝缘体的几何形状有关［见式（4.28）］，而与导线的长度及频率无关。一条任意长度的线具有恒定的实数阻抗是一个绝妙

的优点,因为它可以简化驱动电路的设计。在半导体电路中导线特征阻抗的典型值在 $10 \sim 200\ \Omega$ 之间。

例4.10　信号波形的传播速度

表4.6的信息表明,在一条淀积在环氧材料印刷电路板上的20 cm长的导线上,一个信号波从源端传播到目的地需要的时间为1.5 ns。如果在硅集成电路上传输线效应是一个问题,那么需要0.67 ns的时间信号才能到达一条10 cm长导线的末端。

警告: 一条导线的特征阻抗与整个互连线的拓扑结构有关。在复杂互连结构中的电磁场往往是不规则的,并且它们受如电流返回路径等一些具体情况的影响很大。对后一个问题提供一个一般的解答至今已证明是一种幻想,并且也不能得到任何收敛的解析解。因此提取精确的电感和特征阻抗仍然是一个活跃的研究课题。对某些简化的结构已推导出了近似的结果。例如三合带线(即一条导线夹在两个接地平面之间)以及半导体微带线(在半导体衬底上的导线)的特征阻抗可以用以下两式来近似:

$$Z_0\ (三合带) \approx 94\ \Omega\ \sqrt{\frac{\mu_r}{\varepsilon_r}}\ln\left(\frac{2t+W}{H+W}\right) \tag{4.29}$$

及

$$Z_0\ (微带) \approx 60\ \Omega\ \sqrt{\frac{\mu_r}{0.475\varepsilon_r + 0.67}}\ln\left(\frac{4t}{0.536W + 0.67H}\right) \tag{4.30}$$

终端情形

传输线的特性很大程度上受导线终端的影响。终端决定了当波到达导线末端时有多少部分被反射。这可以用反射系数 ρ 来表示,它决定了入射和反射波形的电压与电流之间的关系。我们有:

$$\rho = \frac{V_{refl}}{V_{inc}} = \frac{I_{refl}}{I_{inc}} = \frac{R-Z_0}{R+Z_o} \tag{4.31}$$

式中,R 是终端电阻值。在终端处的总电压和电流是入射和反射波形的和:

$$\begin{aligned} V &= V_{inc}(1+\rho) \\ I &= I_{inc}(1-\rho) \end{aligned} \tag{4.32}$$

有三种不同的重要情形,如图4.19所示。在情形(a)中,终端电阻等于传输线的特征阻抗。这一终端似乎是传输线的无限延长,因而没有任何波形被反射。这也用 ρ 的值等于0来表示。在情形(b)中,传输线的终端为开路($R = \infty$),因此 $\rho = 1$。在反射后总的电压波形是入射波的两倍,这正如式(4.32)所预见的那样。最后在情形(c)中,传输线的终端为短路,$R = 0$ 而 $\rho = -1$。因此反射后导线末端的总电压等于零。

现在可以来考察一条完整传输线的瞬态特性。它受传输线特征阻抗 Z_0、信号源的串联阻抗 Z_S 以及在末端的负载阻抗 Z_L 的影响,如图4.20所示。

首先,考虑导线在末端开路的情形,即 $Z_L = \infty$,$\rho_L = 1$。一个入射波没有反相位而被完全反射。在假设信号源阻抗为电阻时,三种可能的情况画于图4.21: $R_S = 5Z_0$,$R_S = Z_0$ 及 $R_S = 1/5Z_0$。

1. 信号源内阻很大——$R_S = 5Z_0$ [见图4.21(a)]

5 V 的输入信号 V_{in} 中只有一小部分被注入传输线中。注入的数量取决于由信号源内阻和特征阻抗 Z_0 所形成的电阻分压器。

$$V_{source} = (Z_0 / (Z_0 + R_S))\ V_{in} = 1/6 \times 5\ \text{V} = 0.83\ \text{V} \tag{4.33}$$

这一信号在 L/v 秒之后到达传输线的末端,这里 L 代表导线的长度。此时为全反射,它实际上使波的幅值加倍($V_{dest} = 1.67$ V)。波从导线的一端传播到另一端所需要的时间称为"飞行时间"，$t_{flight} = L/v$。当波再次回到源节点时几乎发生同样的情形。入射波形被反射，其幅值取决于源端的反射系数，在这一特定情形下等于 2/3：

$$\rho_S = \frac{5Z_0 - Z_0}{5Z_0 + Z_0} = \frac{2}{3} \tag{4.34}$$

在源节点和终端节点的电压幅值逐渐接近它的终值 V_{in}，然而总的上升时间比 L/v 要大许多倍。

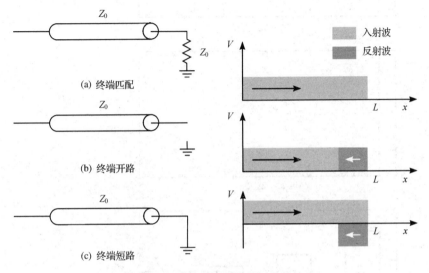

图 4.19　传输线不同终端时的特性

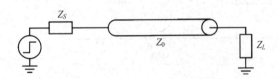

图 4.20　带终端阻抗的传输线

当存在多个反射时(如同在这里的情形)，要保持跟踪线上的波形以及总的电平很快就会变得非常麻烦。一个称为斜格图(lattice diagram)的图示结构常常用来保持对数据的跟踪(见图 4.22)。图中包括在源端和终端的电压值以及入射和反射波形的值。在终端处线上的电压等于原先的电压、入射波和反射波的和。

2. 信号源内阻较小——$R_S = Z_0/5$[见图 4.21(c)]

输入的大部分被注入传输线。它的值在终端加倍，引起了严重过冲。在源端，信号的相位反相($\rho_S = -2/3$)。信号来回跳跃，因而显示了严重的振荡，需要有好几倍于 L/v 的时间才能稳定下来。

3. 信号源内阻匹配——$R_S = Z_0$[见图 4.21(b)]

输入信号的一半在源端被注入。在终端的反射使信号加倍，并且立即就达到最终值。显然这是效率最高的情形。

注意以上分析是理想的情况，因为我们假设了输入信号的上升时间为零。在现实情形中，信号相当平缓，如图 4.23 中的模拟响应所示(其中 $R_S = Z_0/5$ 及 $t_r = t_{flight}$)。

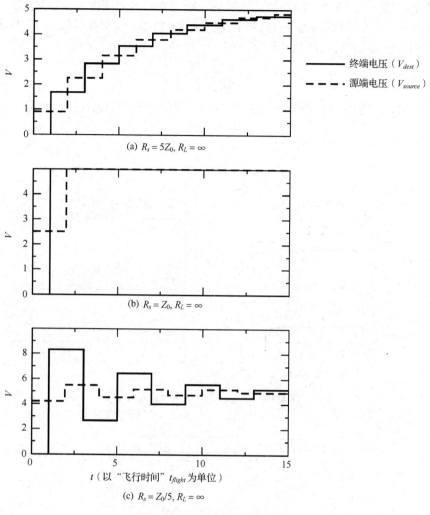

(a) $R_s = 5Z_0$, $R_L = \infty$

(b) $R_s = Z_0$, $R_L = \infty$

(c) $R_s = Z_0/5$, $R_L = \infty$

图 4.21　传输线的瞬态响应

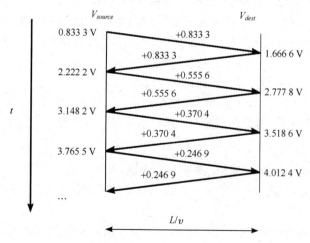

图 4.22　$R_s = 5Z_0$ 及 $R_L = \infty$ 时的斜格图。$V_{step} = 5$ V[与图 4.21(a)同]

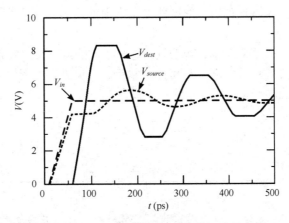

图 4.23　输入上升时间不为零时得到的无损传输线的模拟瞬态响应($R_S = Z_0/5$, $t_r = t_{flight}$)

思考题 4.1　传输线响应

　　画出前面一条传输线在 $R_S = Z_0/5$、$R_L = \infty$ 及 $V_{step} = 5$ V 时的斜格图。同时考虑反过来的情形，即假设信号源的串联电阻等于零，并且考虑不同的负载阻抗。

例 4.11　电容终端

　　MOS 数字电路中的负载常常具有电容性质。我们也许想知道它如何影响传输线的特性以及何时应当考虑负载电容。

　　传输线的特征阻抗决定了能用来充电电容负载 C_L 的电流。从负载的角度看，传输线的特性就像是一个具有 Z_0 值的电阻。因此在电容节点上的瞬态响应显示了一个时间常数 $Z_0 C_L$。这显示在图 4.24 中，图中显示了一条特征阻抗为 50 Ω、终端串联一个 2 pF 电容负载的传输线的模拟瞬态响应。这一响应表明在延时等于传输线的飞行时间后，输出是如何以时间常数 100 ps（$= 50$ Ω $\times 2$ pF）上升到它的最终值的。

　　这一渐进的响应引起一些有趣的结果。经 $2t_{flight}$ 后，在源节点处似乎出现了意想不到的电压降，这可以做如下的解释。入射波在到达终

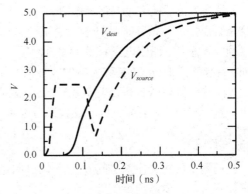

图 4.24　终端为电容的传输线：$R_S = 50$ Ω，$R_L = \infty$，$C_L = 2$ pF，$Z_0 = 50$ Ω，$t_{flight} = 50$ ps

端节点时被反射，这一反射波也会渐进达到它的最终值。由于 V_{dest} 最初等于 0（而不是跃至 5 V），所以反射等于 −2.5 V 而不是期望的 2.5 V。这迫使传输线暂时变为 0 V，如模拟所示。随着输出节点收敛至它的最终值，这一效应也逐渐消失。

　　传输线的传播延时等于线的飞行时间（50 ps）与它充电电容所需时间（$0.69 Z_0 C_L = 69$ ps）之和。这与模拟结果完全一致。一般来说，我们可以说只有当电容负载的值接近或大于传输线的总电容时才应当在分析中予以考虑[Bakoglu90]。

有损传输线

　　虽然印刷电路板和模块的导线足够厚和足够宽，可以看成无损的传输线，但对于芯片上的互连线却并不完全如此，因为芯片上导线的电阻是一个重要的因素。所以应当应用有损传输线模

型。非常详细地去分析一条有损传输线的特性不是本书的目标，所以我们只是定性地讨论电阻损耗对传输线特性的影响。

一条有损 *RLC* 线对一个单位阶跃的响应同时包括了波的传播及扩散部分。图 4.25 显示了这一点，它画出了这一 *RLC* 传输线的响应与离开源端距离的关系。阶跃输入仍然以波的形式传播通过这条线。然而这一行波的幅值沿传输线在衰减：

$$\frac{V_{step}(x)}{V_{step}(0)} = e^{-\frac{r}{2Z_0}x} \tag{4.35}$$

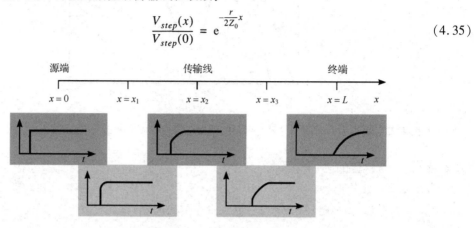

图 4.25　有损传输线的阶跃响应

在点 *x* 处当波到达之后就逐渐缓慢地过渡到它的稳态值。离开源端越远，则该处的响应就越像是分布 *RC* 线的特性。事实上，当 $R(= rL$，即线的总电阻$) \gg 2Z_0$ 时，电阻的效应就将成为主导，于是线的特性就像是一条分布 *RC* 线。当 $R = 5Z_0$ 时，只有起始阶跃的 8% 到达线的末端。此时这条线模拟成一条分布 *rc* 线较为合适。

须知在芯片、印刷电路板或衬底上实际导线的特性较这一简单分析预见的特性更为复杂。例如，在导线上的分支(常称为传输线抽头)会引起额外的反射，从而同时影响信号的形状和延时。由于这些效应的分析是非常复杂的，因此唯一有意义的步骤是运用计算机分析和模拟技术。对于这些影响更为广泛的讨论，建议读者参考[Bakoglu90]及[Dally98]。

经验设计规则

我们需要再次关注这个问题，即什么时候考虑传输线效应是合适的？从前面的讨论中可以得出如下两个重要的约束条件。

- 当输入信号的上升或下降时间(t_r, t_f)小于传输线的飞行时间(t_{flight})时应考虑传输线效应。由此可以得到以下的经验设计规则，它确定了何时应当考虑传输线效应：

$$t_r(t_f) < 2.5 t_{flight} = 2.5\frac{L}{\upsilon} \tag{4.36}$$

对于最长为 1 cm 的芯片上导线，只需在 $t_r < 150$ ps 时关注传输线效应。在印刷电路板一级，由于导线长度可能达到 50 cm，所以当 $t_r < 8$ ns 时应当考虑传输线的延时。对于当代最先进的工艺和封装技术，这一条件很容易达到。忽略传播延时的电感部分很容易会对延时做出过于乐观的预测。

- 传输线效应只有当导线的总电阻比较小时才应当考虑，即

$$R < 5Z_0 \tag{4.37}$$

如果不是这种情形，采用分布 *RC* 模型就已足够。

以上这两个约束条件可以合成以下一组对导线长度的界定：

$$\frac{t_r}{2.5}\frac{1}{\sqrt{lc}} < L < \frac{5}{r}\sqrt{\frac{l}{c}} \tag{4.38}$$

当总电阻比特征阻抗小得多时，传输线可以考虑为无损的条件，即

$$R < \frac{Z_0}{2} \tag{4.39}$$

■

例 4.12　何时考虑传输线效应

再次考虑 Al1 导线。利用例 4.4 和式(4.28)的数据，我们可以针对不同的导线宽度得到 Z_0 的近似值：

$$W = 0.1\,\mu m: \qquad c = 92\,aF/\mu m; \qquad Z_0 = 74\,\Omega$$
$$W = 1.0\,\mu m: \qquad c = 110\,aF/\mu m; \qquad Z_0 = 60\,\Omega$$
$$W = 10\,\mu m: \qquad c = 380\,aF/\mu m; \qquad Z_0 = 17\,\Omega$$

对于 1 μm 宽的导线，可以利用式(4.37)求出应当考虑传输线效应的最大导线长度：

$$L_{max} = \frac{5Z_0}{r} = \frac{5 \times 60\,\Omega}{0.075\,\Omega/\mu m} = 4000\,\mu m$$

由式(4.36)，可以求得输入信号相应的最大上升(或下降)时间为

$$t_{rmax} = 2.5 \times (4000\,\mu m)/(15\,cm/ns) = 67\,ps$$

这几乎不能用当前的工艺来实现。对于这些导线，采用一个集总的电容模型是比较合适的。传输线效应在较宽的导线中比较容易发生。对于一条 10 μm 宽的导线，我们发现其最大长度为 11.3 mm，这相应于最大的上升时间为 188 ps。

现在假设在第 5 层上实现铜导线，其特征阻抗为 200 Ω，电阻为 0.025 Ω/μm。由此得到的最大导线长度等于 40 mm。如果上升时间小于 670 ps，那么就会发生传输线效应。

然而注意在本例中推导出的 Z_0 值只是近似值。在实际设计中，应当采用比较复杂的表达式或经验数据。

4.5　导线的 SPICE 模型

在前面几节中，我们已经讨论了各种互连寄生参数，并介绍了它们的简单模型。然而只有通过细节的模拟设计者才能理解这些效应全面和精确的影响。在本节中我们介绍 SPICE 提供的电容、电阻和电感寄生参数的模型。

4.5.1　分布 rc 线的 SPICE 模型

由于分布 rc 线在设计中的重要性，大多数电路模拟器都内置有高精度的分布 rc 模型。例如 Berkeley SPICE3 模拟器支持均匀分布的 rc 线模型(URC)。该模型把 rc 分布线近似为具有内部生成节点的集总 RC 导线段的网络。模型说明参数包括导线长度 L 以及在该模型中导线段的数目(可选)。

例 4.13　SPICE3 URC 模型

SPICE3 实例的一条分布 rc 线的典型例子如下：

```
U1 N1 = 1 N2 = 2 N3 = 0 URCMOD L = 50m N = 6
.MODEL URCMOD URC(RPERL = 75K CPERL = 100pF)
```

N1 和 N2 代表该线两端的节点，而 N3 是连接电容的节点。RPERL 和 CPERL 代表每米的电阻和电容。

如果你的模拟器不支持分布 rc 模型，或者如果这些模型的计算复杂性使模拟速度太慢，那么你可以自己建立一个简单而精确的模型，即用一个具有有限数目元件的集总 RC 网络来近似分布 rc 线。图 4.26 为这些近似模型中的一些，它们按精度和复杂度的增序排列。模型的精度取决于级数。例如 π3 模型的误差小于 3%，通常对于大多数的应用而言它已足够。

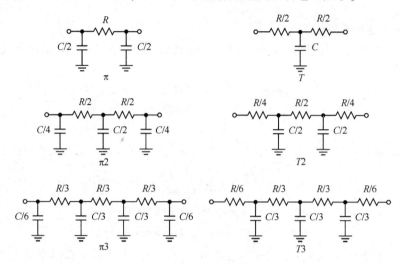

图 4.26　分布 rc 线的模拟模型

4.5.2　传输线的 SPICE 模型

SPICE 支持无损传输线模型。该线的特性是由特征阻抗 Z_0 来定义的，而线的长度可以用两种形式中的任何一种来定义。第一种方法是直接定义传输延时 TD，它相当于飞行时间。另一种方法是同时给出频率 F 和传输线的无量纲归一化电气长度 NL，后者是在频率 F 时相对于传输线中的波长来度量的。以下关系成立：

$$NL = F \cdot TD \tag{4.40}$$

当前没有提供任何有损传输线模型。如果需要可以加入损耗，这是通过把一条长的传输线划分成若干较短的部分，并在每一部分加入一个小的串联电阻来模拟传输线的损耗。在采用这一近似时应当小心。首先该精度仍然是有限的，其次模拟速度可能受到严重影响，因为 SPICE 选择的时间步长小于或等于 TD 值的一半。对于小的传输线，这一时间步长可能比分析晶体管所要求的时间步长要小得多。

4.5.3　综述：展望未来

与分析对 MOS 晶体管采用的步骤类似，这里值得探索导线参数将如何随工艺尺寸的进一步缩小而进化。随着晶体管尺寸的缩小，互连尺寸必须也缩小，以充分发挥按比例缩小工艺的优点。

一个直接的方法是把导线的所有尺寸按与晶体管相同的比例因子 S 一起缩小（理想缩小）。这对导线来说至少有一个方向的尺寸或许是不可能的，即它的长度。可以猜测局部互连（即连接紧密组合在一起的晶体管的导线）将以与这些晶体管相同的方式缩小。反之，全局互连由于连接在大的模块以及输入/输出电路之间，所以表现出不同的缩小特性。这些连线的例子有时钟信号及数据与指令总线。图 4.27 的分布图显示了在一个含有大约 90 000 个门的实际微处理器设计中导线长度的分布情况[Davis98]。虽然大多数导线多半只有几个门的节距那么长, 但其中有相当数量的导线要长得多, 其长度可达到 500 个门节距。

这些长导线的平均长度正比于电路芯片的大小(或复杂度)。一个有趣的趋势是虽然晶体管的尺寸在过去几十年间持续缩小, 而芯片的尺寸实际上在同一时期却在逐渐加大。事实上典型芯片的尺寸(它是芯片面积的平方根)每年增加 6%, 即大约每十年翻一倍。芯片已从 20 世纪 60 年代早期的 2 mm × 2 mm 加大到 2000 年的约 2 cm × 2 cm。虽然芯片尺寸这一增大的势头必定会逐渐减小, 但在未来的许多年里仍然可以预见到会有一定程度的增长。

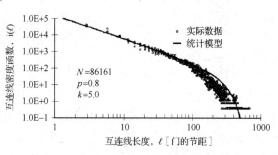

图 4.27　一个先进的微处理器中以门节距度量的导线长度的分布情况

因此当研究导线长度按比例变化的特性时, 我们必须区分是局部还是全局导线。在以下的分析中将考虑三种模型: 局部导线($S_L = S > 1$)、恒定长度导线($S_L = 1$)及全局导线($S_L = S_c < 1$)。

现在假设互连结构导线的所有其他尺寸(W、H、t)都按工艺缩小因子 S 缩小, 由此可得表 4.8 所示的导线按比例变化的特性。注意, 这只是一阶分析, 其目的是考察总体趋势。因此像边缘电容这样的效应都忽略不计, 同时像新的互连和介质材料这样的半导体工艺上的最新成就也未考虑在内。

表 4.8　导线按比例理想缩放的特性

参数	关系	局部导线	长度不变	全局导线
W, H, t		$1/S$	$1/S$	$1/S$
L		$1/S$	1	$1/S_C$
C	LW/t	$1/S$	1	$1/S_C$
R	L/WH	S	S^2	S^2/S_C
CR	L^2/Ht	1	S^2	S^2/S_C^2

从这一研究过程中得出的令人惊奇的结论是, 工艺尺寸的缩小并不减小导线的延时(如从 RC 时间常数中反映出的那样)。对局部导线预见到的是延时不变, 而全局导线的延时则每年增加 50% (当 $S = 1.15$ 及 $S_c = 0.94$ 时)。这与逐年减小的门延时形成了明显的差别。这也解释了为什么导线延时在今天的数字集成电路设计中正在开始起一个主导的作用。

然而理想的缩小方法显然有问题, 因为它使导线电阻迅速增加。这就解释了为什么其他按比例缩小互连线的技术具有吸引力的原因。一种选择是以不同的比例缩小导线的厚度。表 4.9 的"恒电阻"模型显示了完全不缩小导线厚度时的影响。虽然这一方法似乎对性能有正面影响, 但它却使边缘和线间电容部分特别突出。因此我们引入了一个额外的电容缩小因子 ε_c (>1), 它反映了当导线宽度和节距缩小而高度保持不变时会使水平方向电容增加的事实。

表 4.9　导线"恒电阻"缩小的特性

参数	关系	局部导线	长度不变	全局导线
W, t		$1/S$	$1/S$	$1/S$
H		1	1	1
L		$1/S$	1	$1/S_C$
C	$\varepsilon_c LW/t$	ε_c/S	ε_c	ε_c/S_C
R	L/WH	1	S	S/S_C
CR	L^2/Ht	ε_c/S	$\varepsilon_c S$	$\varepsilon_c S/S_C^2$

只要假设 $\varepsilon_c < S$，这一缩小过程就能提供稍为乐观的前景。然而，对于中等长度和较长的导线，延时还是有显著的增加，而与这一缩小过程无关。为了使这些延时不会变得太长，必须大大改进互连工艺。一种选择是采用较好的互连(铜)和绝缘材料(聚合物和空气)。另一种选择是区分开局部和全局导线。对于前者，集成密度和低电容是关键的；而对于后者，保持电阻(大小)能被控制是主要的。为了解决这些相互矛盾的要求，现代互连线的拓扑结构把密集和较薄导线布置在较低的金属层上，而把宽厚和间距较大的导线放在较高的金属层上(见图 4.28)。即便采用了这些先进技术，在未来高性能与低能量的电路中互连线显然仍将起主导作用。数字半导体领域的继续发展将可能主要依靠引入其他创新方法，如第 2 章介绍的三维集成。

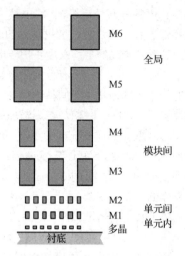

图 4.28　0.25 μm CMOS 工艺的互连层结构(按比例画出)

4.6　小结

本章深入分析了在现代半导体工艺中互连线的作用和特性。主要目的是指出决定导线寄生参数(电容、电阻和电感)值的主要参数，并介绍合适的导线模型以帮助我们进一步分析和优化复杂的数字电路。

4.7　进一步探讨

互连及其模型是一个热门的论题，它受到许多期刊和会议的高度关注。大量有关的教材和再版的合订本都已出版。[Bakoglu90]、[Tewksbury94]及[Dally98]深入阐述了互连问题，它们对进一步学习是非常有价值的资源。

参考文献

[Bakoglu90] H. Bakoglu, *Circuits, Interconnections and Packaging for VLSI*, Addison-Wesley, 1990.

[Dally98] B. Dally, *Digital Systems Engineering,* Cambridge University Press, 1998.

[Davis98] J. Davis and J. Meindl, "Is Interconnect the Weak Link?" *IEEE Circuits and Systems Magazine*, pp. 30–36, March 1998.

[Elmore48] E. Elmore, "The Transient Response of Damped Linear Networks with Particular Regard to Wideband Amplifiers," *Journal of Applied Physics*, pp. 55–63, January 1948.

[Horowitz83] M. Horowitz, "Timing Models for MOS Circuits," Ph.D. diss., Stanford University, 1983.

[Lin84] T. Lin and C. Mead, "Signal delay in general RC networks," *IEEE Transactions on Computer-Aided Design*, vol. 3, no. 4, pp. 321–349, 1984.

[Rubinstein83] J. Rubinstein, P. Penfield, and M. Horowitz, "Signal Delay in *RC* Networks," *IEEE Transactions on Computer-Aided Design*, vol. CAD-2, pp. 202–211, July 1983.

[Schaper83] L. Schaper and D. Amey, "Improved Electrical Performance Required for Future MOS Packaging," *IEEE Trans. on Components, Hybrids and Manufacturing Technology*, vol. CHMT-6, pp. 282–289, September 1983.

[Sylvester97] D. Sylvester, "High-Frequency VLSI Interconnect Modeling," *Project Report EE241*, UCB, May 1997.

[Tewksbury94] S. Tewksbury, ed., *Microelectronics System Interconnections—Performance and Modeling*, IEEE Press, 1994.

[Vdmeijs84] N. Van De Meijs and J. Fokkema, "VLSI Circuit Reconstruction from Mask Topology," *Integration*, vol. 2, no. 2, pp. 85–119, 1984.

第二部分　电 路 设 计

"一个优秀的科学家是一个富有原创思想的人，一个优秀的工程师是使他的设计需要尽可能少的原创思想就能实现的人。"

Freeman Dyson

选自"Disturbing the Universe"（1979）

"设计是设计者呕心沥血耗尽时间和金钱得到的产品。"

Jame Poole

选自"The Fifth 637 Best Things Anybody Ever Said"（1993）

第 5 章　CMOS 反相器

■ 反相器完整性、性能和能量指标的定量分析
■ 反相器设计的优化

5.1　引言

　　反相器确实是所有数字设计的核心。一旦清楚理解了它的工作和性质，设计诸如逻辑门、加法器、乘法器和微处理器等比较复杂的结构就大大地简化了。这些复杂电路的电气特性几乎完全可以由反相器中得到的结果推断出来。反相器的分析可以延伸来解释比较复杂的门（如 NAND、NOR 或 XOR）的特性，它们又可以形成建筑块来构成如乘法器和处理器这样的模块。

　　本章将集中讨论一种具体的反相器门——静态 CMOS 反相器。这当然是目前最普遍的反相器，因此值得给予特别关注。我们对门的分析着眼于几个不同的设计指标，这些指标在第 1 章中已经予以概括：

- 成本：用复杂性和面积来表示
- 完整性和稳定性：用静态（即稳态）特性来表示
- 性能：由动态（即瞬态）响应决定
- 能量效率：由能耗和功耗决定

　　利用这一分析，我们建立了这个门的模型并确定了它的设计参数。我们还建立了选择这些参数值的方法，以使最终的设计能满足所希望的技术要求。虽然这些参数中的每一个对一种给定的工艺都能很容易地定量化，但我们还要讨论它们将如何受到工艺缩小的影响。

　　尽管本章仅集中在 CMOS 反相器，但在下一章中我们将看到同样的方法也适用于其他门的拓扑结构。

5.2　静态 CMOS 反相器——直观综述

　　图 5.1 显示了一个静态 CMOS 反相器的电路图。借助我们在第 3 章介绍的 MOS 晶体管的简单开关模型（见图 3.26）可以很容易理解它的工作原理。晶体管只不过是一个具有无限关断电阻（当 $|V_{GS}| < |V_T|$ 时）和有限导通电阻（当 $|V_{GS}| > |V_T|$ 时）的开关。这产生了如下对反相器的解释。当 V_{in} 为高并等于 V_{DD} 时，NMOS 管导通而 PMOS 管截止。由此得到了图 5.2（a）的等效电路。此时在 V_{out} 和接地节点之间存在一个直接通路，形成一个稳态值 0 V。相反，当输入电压为低（0 V）时，NMOS 和 PMOS 管分别关断和导通。由图 5.2（b）的等效电路可知在 V_{DD} 和 V_{out} 之间存在一条通路，产生了一个高电平输出电压。显然这个门具有反相器的功能。

　　从这个开关级的角度可以推导出静态 CMOS 的许多其他重要特性：

- 输出高电平和低电平分别为 V_{DD} 和 GND。换言之，电压摆幅等于电源电压。因此噪声容限很大。
- 逻辑电平与器件的相对尺寸无关，所以晶体管可以采用最小尺寸。具有这一特点的门称为

无比逻辑。它不同于有比逻辑, 在有比逻辑中逻辑电平是由组成逻辑的晶体管的相对尺寸来决定的。

● 稳态时在输出和 V_{DD} 或 GND 之间总存在一条具有有限电阻的通路。因此一个设计良好的 CMOS 反相器具有低输出阻抗, 这使它对噪声和干扰不敏感。输出电阻的典型值在 $k\Omega$ 的范围内。

● CMOS 反相器的输入电阻极高, 因为一个 MOS 管的栅实际上是一个完全的绝缘体, 因此不取任何 dc(直流) 输入电流。由于反相器的输入节点只连到晶体管的栅上, 所以稳态输入电流几乎为零。理论上, 单个反相器可以驱动无穷多个门(或者说具有无穷大的扇出)而仍能正确工作, 但我们很快会看到增加扇出也会增加传播延时。尽管扇出不会对稳态特性有任何影响, 但它使瞬态响应变差。

● 在稳态工作情况下电源线和地线之间没有直接的通路(即此时输入和输出保持不变)。没有电流存在(忽略漏电流) 意味着该门并不消耗任何静态功率。

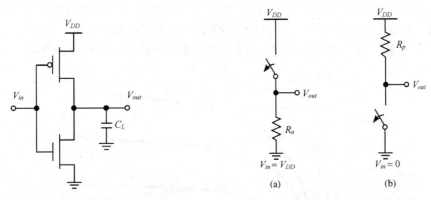

图 5.1　静态 CMOS 反相器。V_{DD} 代表电源电压　　　　图 5.2　CMOS 反相器的开关模型

注: 上面的观察虽然看起来很明显, 但却是非常重要的, 它是目前数字技术选择 CMOS 的主要原因之一。但在 20 世纪 70 年代以及 20 世纪 80 年代早期的情况则大不相同。所有早期的微处理器(如 Intel 4004) 都是只用 NMOS 工艺实现的。在这一工艺中由于缺少互补器件(如 NMOS 和 PMOS 管), 所以很不容易使反相器具有零静态功耗。所产生的静态功耗严格限制了单片上能集成的逻辑门的最多数目, 因此到 20 世纪 80 年代, 当工艺技术缩小到允许更高集成密度时不得不转向 CMOS。

电压传输特性(VTC) 的性质和形状可以通过图解法迭加 NMOS 和 PMOS 器件的电流特性来得到。这样的一个图形结构通常称为负载曲线图。它要求把 NMOS 和 PMOS 器件的 I-V 曲线转换到一组公共坐标上。我们以输入电压 V_{in}、输出电压 V_{out} 和 NMOS 漏电流 I_{DN} 作为选择的变量, 于是 PMOS 的 I-V 关系就可以通过以下关系转换到这一变量空间中(下标 n 和 p 分别表示 NMOS 和 PMOS 器件):

$$I_{DSp} = -I_{DSn}$$
$$V_{GSn} = V_{in}; \ V_{GSp} = V_{in} - V_{DD} \tag{5.1}$$
$$V_{DSn} = V_{out}; \ V_{DSp} = V_{out} - V_{DD}$$

PMOS 器件的负载曲线可以通过对 x 轴求镜像并向右平移 V_{DD} 来得到。这一过程概括在图 5.3 中, 它显示了将原先的 PMOS I-V 曲线调整至公共坐标系 V_{in}、V_{out} 和 I_{Dn} 的一系列步骤。

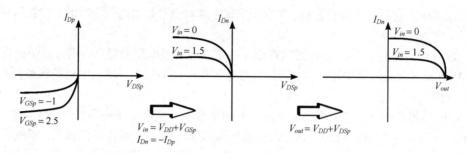

图 5.3   将 PMOS I-V 特性转换至公共坐标系(假设 $V_{DD} = 2.5$ V)

所得到的负载线画在图 5.4 中。为使一个 dc 工作点成立,通过 NMOS 和 PMOS 器件的电流必须相等。用图解法时这意味着 dc 工作点必须处在两条相应负载线的交点上。图上标记了许多这样的点(对 $V_{in} = 0$、0.5、1、1.5、2 和 2.5)。可以看到,所有的工作点不是在高输出电平就是在低输出电平上。因此反相器的 VTC 显示出具有非常窄的过渡区。这是由于在开关过渡期间的高增益造成的,此时 NMOS 和 PMOS 同时导通且处于饱和状态。在这一工作区,输入电压的一个很小变化就会引起输出的很大改变。所有这些观察结果都可以用 VTC 形式显示在图 5.5 中。

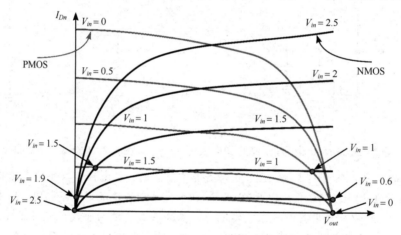

图 5.4   静态 CMOS 反相器中 NMOS 和 PMOS 管的负载曲线
($V_{DD} = 2.5$ V)。圆点代表各种输入电压下的直流工作点

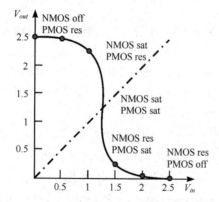

图 5.5   由图 5.4($V_{DD} = 2.5$ V)推导出的 CMOS 反相器的 VTC。对于每一个工作区
都标注了晶体管的工作模式——off(截止)、res(电阻模式)或 sat(饱和)

在对 CMOS 反相器的工作进行细节分析之前，最好先对这个门的瞬态特性进行定性分析。这一响应主要由门的输出电容 C_L 决定，它包括 NMOS 和 PMOS 晶体管的漏扩散电容、连线电容以及扇出门的输入电容。暂且假设晶体管的切换是瞬时发生的，我们可以再次利用简化的开关模型来得到一个近似的瞬态响应的概念。首先考虑由低至高的过渡，如图 5.6(a) 所示。门的响应时间是由通过电阻 R_p 充电电容 C_L 所需要的时间决定的。在例 4.5 中，我们了解到这样一个电路的传播延时正比于时间常数 $R_p C_L$。**因此，一个快速门的设计是通过减小输出电容或者减小晶体管的导通电阻实现的。** 后者

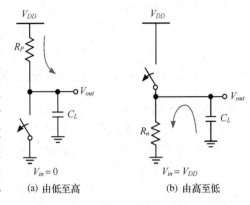

(a) 由低至高　　　　　　(b) 由高至低

图 5.6　静态 CMOS 反相器动态特性的开关模型

可以通过加大器件的 (W/L) 比来到。同样的考虑对于高至低的过渡也成立，如图 5.6(b) 所示，这一过渡取决于时间常数 $R_n C_L$。读者应当注意，NMOS 和 PMOS 晶体管的导通电阻并不是常数，而是晶体管两端电压的非线性函数。这使确切决定传播延时变得比较复杂。在 5.4 节中我们将对如何分析和优化静态 CMOS 反相器的性能进行深入的分析。

5.3　CMOS 反相器稳定性的评估——静态特性

在以上的定性讨论中我们简述了静态 CMOS 反相器电压传输特性的概貌，并推导了 V_{OH} 和 V_{OL} 的值——它们分别估计为 V_{DD} 和 GND。接下来要确定 V_M、V_{IH} 和 V_{IL} 以及噪声容限的精确值。

5.3.1　开关阈值

开关阈值 V_M 定义为 $V_{in} = V_{out}$ 的点，其值可以用图解法由 VTC 与直线 $V_{in} = V_{out}$ 的交点求得（见图 5.5）。在这一区域由于 $V_{DS} = V_{GS}$，PMOS 和 NMOS 总是饱和的。使通过两个晶体管的电流相等就可以得到 V_M 的解析表达式。我们求解的情形是电源电压足够高，所以这两个器件可以被假设为都处于速度饱和（即 $V_{DSAT} < V_M - V_T$）。同时，忽略沟长调制效应，于是有

$$k_n V_{DSATn}\left(V_M - V_{Tn} - \frac{V_{DSATn}}{2}\right) + k_p V_{DSATp}\left(V_M - V_{DD} - V_{Tp} - \frac{V_{DSATp}}{2}\right) = 0 \tag{5.2}$$

求解 V_M 得到：

$$V_M = \frac{\left(V_{Tn} + \dfrac{V_{DSATn}}{2}\right) + r\left(V_{DD} + V_{Tp} + \dfrac{V_{DSATp}}{2}\right)}{1 + r}, \quad 其中\ r = \frac{k_p V_{DSATp}}{k_n V_{DSATn}} = \frac{v_{satp} W_p}{v_{satn} W_n} \tag{5.3}$$

这里，假设 PMOS 和 NMOS 管的栅氧厚度相同。当 V_{DD} 值较大时（与晶体管阈值电压及饱和电压相比），式(5.3)可以简化为

$$V_M \approx \frac{r V_{DD}}{1 + r} \tag{5.4}$$

式(5.4)表明开关阈值取决于比值 r，它是 PMOS 和 NMOS 管相对驱动强度的比。一般希望 V_M 处在电压摆幅的中点（即 $V_{DD}/2$ 处）附近，因为这可以使低电平噪声容限和高电平噪声容限具有相近的值。为此要求 r 接近 1，这相当于使 PMOS 器件的尺寸为 $(W/L)_p = (W/L)_n \times (V_{DSATn} k'_n)/(V_{DSATp} k'_p)$。为使 V_M 上移，要求 r 的值较大。反之提高 NMOS 的强度将使开关阈值趋近 GND。

由式(5.2)可以推导出使开关阈值等于所希望的值 V_M 时所要求的 PMOS 和 NMOS 管的尺寸：

$$\frac{(W/L)_p}{(W/L)_n} = \frac{k'_n V_{DSATn}(V_M - V_{Tn} - V_{DSATn}/2)}{k'_p V_{DSATp}(V_{DD} - V_M + V_{Tp} + V_{DSATp}/2)} \qquad (5.5)$$

使用这一表达式时要确认，对于所选择的工作点，这两个器件都处于速度饱和的假设仍然成立。

思考题5.1　针对长沟道器件或低电源电压的反相器开关阈值

上面的表达式是在假设晶体管达到速度饱和的前提下推导的。当 PMOS 和 NMOS 为长沟道器件或电源电压较低时不发生速度饱和(即 $V_M - V_T < V_{DSAT}$)。此时 V_M 的计算式如下：

$$V_M = \frac{V_{Tn} + r(V_{DD} + V_{Tp})}{1 + r}, \qquad 其中 \ r = \sqrt{\frac{-k_p}{k_n}} \qquad (5.6)$$

试推导该式。

设计技术——使噪声容限最大

在设计静态 CMOS 电路时，若希望使噪声容限最大并得到对称的特性，建议使 PMOS 部分比 NMOS 部分宽以均衡晶体管的驱动强度。所要求的宽度比见式(5.5)。■

例5.1　CMOS 反相器的开关阈值

现在推导出 PMOS 和 NMOS 晶体管的尺寸，使以通用 0.25 μm CMOS 工艺实现的一个 CMOS 反相器的开关阈值处在电源电压的中点处。我们所用的工艺参数在例 3.7 中提供，并假设电源电压为 2.5 V。最小尺寸器件的宽长比为 1.5。利用式(5.5)，可以得到：

$$\frac{(W/L)_p}{(W/L)_n} = \frac{115 \times 10^{-6}}{30 \times 10^{-6}} \times \frac{0.63}{1.0} \times \frac{(1.25 - 0.43 - 0.63/2)}{(1.25 - 0.4 - 1.0/2)} = 3.5$$

图 5.7 画出了通过电路模拟得到的开关阈值与 PMOS 对 NMOS 比的关系。PMOS 对 NMOS 比为 3.4 时，由模拟得到开关阈值为 1.25 V，这与从式(5.5)中预见的值一致。

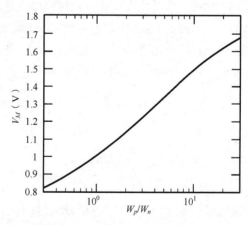

图 5.7　模拟得到的反相器开关阈值与 PMOS、NMOS 之间尺寸比的关系(0.25 μm CMOS, $V_{DD} = 2.5$ V)

通过对图 5.7 曲线的分析可以得到如下一些有意义的结果。

1. V_M 对于器件比值的变化相对来说是不敏感的。这意味着比值的较小变化(如使它为 3 或 2.5)并不会对传输特性产生多大的影响，因此在工业设计中使 PMOS 管的宽度小于完全对称时所要求的值是可接受的。在前面的例子中，将比值设为 3, 2.5 和 2, 产生的开关阈值分别为 1.22 V, 1.18 V 和 1.13 V。

2. 改变 W_p 对 W_n 比值的影响是使 VTC 的过渡区平移。增加 PMOS 或 NMOS 宽度使 V_M 分别移向 V_{DD} 或 GND。这一特性非常有用，因为不对称的传输特性实际上在某些设计中是所希望的。图 5.8 的例子即显示了这一点。输入信号 V_{in} 的零值受噪声严重干扰。若使这一信号通过一个对称的反相器，则会产生错误的输出值，如图 5.8(a) 所示。这可以通过提高反相器的阈值来解决，结果得到一个正确的响应，如图 5.8(b) 所示。在本书的后面我们还会看到其他一些电路例子需要反相器具有不对称的开关阈值。然而，要较大程度地改变开关阈值并不容易，特别是在电源电压与晶体管阈值的比相对较小时尤为如此(在我们特定的例子中为 2.5/0.4 = 6)。要使阈值变为 1.5 V 需要管子宽长比为 11，而且要进一步加大阈值则代价很高，因而难以实现。注意，图 5.7 是以半对数坐标形式画出的。

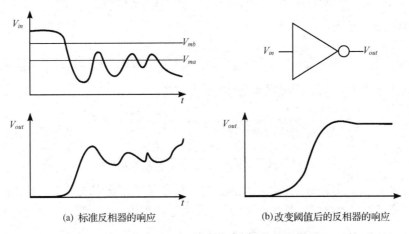

(a) 标准反相器的响应   (b) 改变阈值后的反相器的响应

图 5.8　改变反相器的阈值可以提高电路的可靠性

5.3.2　噪声容限

根据定义，V_{IH} 和 V_{IL} 是 $\dfrac{\mathrm{d}V_{out}}{\mathrm{d}V_{in}} = -1$ 时反相器的工作点。用模拟电路设计者的术语来说，它们是由反相器构成的放大器的增益 g 等于 -1 时的点。虽然确实可以推导出 V_{IH} 和 V_{IL} 的解析表达式，但它们往往使用不便并且对深刻理解什么参数对确定噪声容限有用几乎没什么帮助。

比较简单的方法是对 VTC 采用逐段线性近似，如图 5.9 所示。过渡区可以近似为一段直线，其增益等于在开关阈值 V_M 处的增益 g。它与 V_{OH} 及 V_{OL} 线的交点用来定义 V_{IH} 和 V_{IL} 点。由此引起的误差很小并完全处在初步设计所要求的范围内。由这一方法可以得到过渡区的宽度 $V_{IH} - V_{IL}$，V_{IH}，V_{IL} 以及噪声容限 NM_H 和 NM_L 的表达式如下：

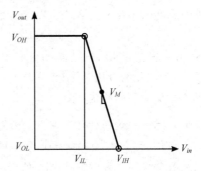

图 5.9　对 VTC 进行逐段线性近似简化了 V_{IL} 和 V_{IH} 的推导

$$V_{IH} - V_{IL} = -\frac{(V_{OH} - V_{OL})}{g} = \frac{-V_{DD}}{g}$$

$$V_{IH} = V_M - \frac{V_M}{g}, \qquad V_{IL} = V_M + \frac{V_{DD} - V_M}{g}$$

$$NM_H = V_{DD} - V_{IH}, \qquad NM_L = V_{IL}$$

$$(5.7)$$

这些表达式更清楚地表明在过渡区有较高的增益是我们所希望的。在增益为无穷大的极端情形下，噪声容限 NM_H 和 NM_L 分别简化为 $V_{OH} - V_M$ 和 $V_M - V_{OL}$，它们跨越了整个电压摆幅。

接下来要决定的是静态 CMOS 反相器的中点增益。我们再次假设 PMOS 和 NMOS 都处在速度饱和。由图 5.4 可以清楚地看到，在饱和区增益与电流的斜率关系很大。因此在这一分析中不能忽略沟长调制系数，否则会导致增益无穷大。现在可以通过在电流式(5.8)中对 V_{in} 求导数来推导出增益，该式在开关阈值附近成立：

$$k_n V_{DSATn}\left(V_{in} - V_{Tn} - \frac{V_{DSATn}}{2}\right)(1 + \lambda_n V_{out}) +$$

$$k_p V_{DSATp}\left(V_{in} - V_{DD} - V_{Tp} - \frac{V_{DSATp}}{2}\right)(1 + \lambda_p V_{out} - \lambda_p V_{DD}) = 0 \qquad (5.8)$$

求导并求解 dV_{out}/dV_{in} 得到：

$$\frac{dV_{out}}{dV_{in}} = -\frac{k_n V_{DSATn}(1 + \lambda_n V_{out}) + k_p V_{DSATp}(1 + \lambda_p V_{out} - \lambda_p V_{DD})}{\lambda_n k_n V_{DSATn}(V_{in} - V_{Tn} - V_{DSATn}/2) + \lambda_p k_p V_{DSATp}(V_{in} - V_{DD} - V_{Tp} - V_{DSATp}/2)} \qquad (5.9)$$

忽略某些二次项并令 $V_{in} = V_M$，将得到如下的增益表达式：

$$g = -\frac{1}{I_D(V_M)} \frac{k_n V_{DSATn} + k_p V_{DSATp}}{\lambda_n - \lambda_p}$$

$$\approx \frac{1 + r}{(V_M - V_{Tn} - V_{DSATn}/2)(\lambda_n - \lambda_p)} \qquad (5.10)$$

其中，$I_D(V_M)$ 是 $V_{in} = V_M$ 时流过反相器的电流。这一增益几乎完全取决于工艺参数，特别是沟长调制。设计者通过选择电源电压及晶体管尺寸只能对它产生很小的影响。

例 5.2　CMOS 反相器的电压传输特性和噪声容限

假设设计一个通用 0.25 μm CMOS 工艺的反相器，PMOS 对 NMOS 的比为 3.4，其中 NMOS 晶体管的最小尺寸为($W = 0.375$ μm，$L = 0.25$ μm，即 $W/L = 1.5$)。我们首先计算在 V_M($= 1.25$ V)处的增益：

$$I_D(V_M) = 1.5 \times 115 \times 10^{-6} \times 0.63 \times (1.25 - 0.43 - 0.63/2) \times (1 + 0.06 \times 1.25) = 59 \times 10^{-6} \text{ A}$$

$$g = -\frac{1}{59 \times 10^{-6}} \frac{1.5 \times 115 \times 10^{-6} \times 0.63 + 1.5 \times 3.4 \times 30 \times 10^{-6} \times 1.0}{0.06 + 0.1} = -27.5$$

$$(5.10a)$$

由此得到如下 V_{IL}，V_{IH}，NM_L，NM_H 的值：

$$V_{IL} = 1.2 \text{ V}, \quad V_{IH} = 1.3 \text{ V}, \quad NM_L = NM_H = 1.2$$

图 5.10 画出了模拟得到的反相器的 VTC 以及它的导数(即增益)。可见其非常接近理想特性。V_{IL} 和 V_{IH} 的确切值分别为 1.03 V 和 1.45 V，使噪声容限为 1.03 V 和 1.05 V。由于以下两个原因这两个值低于预测的值：

- 式(5.10)过高估计了增益。由图 5.10(b)可知最大增益(在 V_M 处)仅等于 17。这一减少的增益使 V_{IL} 和 V_{IH} 的值分别为 1.17 V 和 1.33 V[①]。
- 最大的偏离是由于对 VTC 的逐段线性近似造成的。这对于实际的噪声容限而言是过于乐观的。然而这里得到的式子对于一阶估计以及作为识别相关参数及其影响的工具来说是绝对有用的。

---

① 此处注意式(5.10)对于这一具体例子并不完全成立。细心的读者将发现对于现有的工作情况 PMOS 工作在饱和模式而不是速度饱和。然而这对于结果的影响很小。

最后,在这个例子中我们也可以通过模拟提取反相器在低电平和高电平状态时的输出电阻。可以看到它的最小值分别为 2.4 kΩ 和 3.3 kΩ。输出电阻很好地衡量了该门对于在输出端引起的噪声的敏感程度,我们希望它尽可能地小。

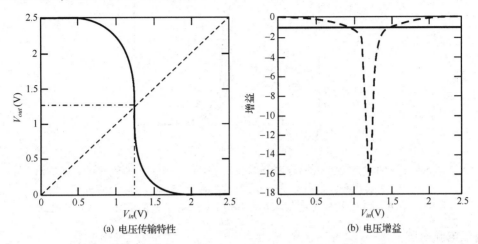

(a) 电压传输特性　　　　　　　　　　　(b) 电压增益

图 5.10　模拟得到的 CMOS 反相器($0.25\ \mu m$, $V_{DD} = 2.5\ V$)的电压传输特性和电压增益

注:出人意料的是,静态 CMOS 反相器也可以作为一个模拟放大器,因为它在过渡区具有相当高的增益。然而这一区域非常窄,正如图 5.10(b)清楚显示的那样。而且它作为放大器所具有的其他一些性质也很差,如电源噪声抑制等。这一观察还可以用来说明模拟和数字设计之间的一个主要差别。模拟设计者会把这一放大器偏置在过渡区的中点以得到最大的线性度,而数字设计者将使该器件工作在极端的非线性区域,从而得到定义明确和分离得很好的高、低电平信号。

思考题 5.2　长沟道器件反相器的噪声容限

　　假设 PMOS 和 NMOS 是长沟道器件(或电源电压为低电压),因而不发生速度饱和,推导出增益和噪声容限的表达式。

5.3.3　再谈稳定性

器件参数变化

虽然我们设计一个门时都是针对通常的工作情况和典型的器件参数,但我们总是应当记住实际的工作温度会在一个很大的范围内变化,而且制造后的器件参数将偏离在设计优化过程中所采用的典型值。所幸的是,静态 CMOS 反相器的直流特性对这些变化相当不敏感,因此该门能在一个很宽范围的工作条件下正确工作。这在图 5.7 中已很清楚,图中显示出器件尺寸的变化对反相器的开关阈值只产生很小的影响。为了对该门所具有的稳定性进一步确认,我们将典型器件替换为最坏或最好情形下的器件来重新模拟电压传输特性。图 5.11 画出了这两种极端的情形:一个比预想要好的 NMOS 与一个很差的 PMOS 组合的情形以及相反的情形。比较所得到的曲线与典型的响应表明,该门的工作没有受任何影响,这些变化主要引起开关阈值的平移。这一特性确保了该门能在一个很宽范围的条件下工作,这也是静态 CMOS 门得以普遍使用的主要原因。

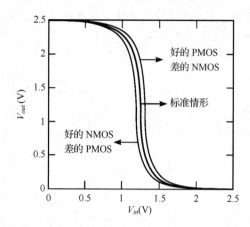

图 5.11   器件参数变化对静态 CMOS 反相器 VTC 的影响。好的器件具有较小的栅
          氧厚度(减小 3 nm)、较小的长度(减小 25 nm)、较大的宽度(加大
          30 nm)以及较小的阈值(减小 60 mV)。对于差的晶体管情形则相反

降低电源电压

在第 3 章中我们看到工艺尺寸的连续缩小已迫使电源电压与器件尺寸按类似的比例降低。与此同时器件阈值电压实际上却保持不变。我们也许想知道这一趋势对 CMOS 反相器工作的稳定性会有什么影响。当电压降低时反相器是否仍然工作? 对电源电压的降低是否存在一个可能的限制?

式(5.10)提供了第一条线索,它告诉我们可能会发生什么,指出了反相器在过渡区的增益实际上随电源电压的降低而加大! 注意,对于固定的晶体管尺寸比 r,V_M 近似地正比于 V_{DD}。画出不同电源电压时的(归一化)VTC 不仅证实了这一猜想,而且说明反相器在电源电压接近构成它的晶体管的阈值电压时仍能很好地工作,如图 5.12(a)所示。当电源电压为 0.5 V 时——只比晶体管的阈值高 100 mV,过渡区的宽度只是电源电压的 10%(最大增益为 35),而电源电压为 2.5 V 时,它加大到 17%。那么既然这可以改善直流特性,为什么我们不使所有的数字电路都选择在这样低的电源电压下工作呢? 可以想到有三个重要的理由:

- 不加区分地降低电源电压虽然对减少能耗有正面影响,但它绝对会使门的延时加大。这将在下一节讨论。

- 一旦电源电压和本征电压(阈值电压)变得可比拟,dc 特性对器件参数(如晶体管阈值)的变化就变得越来越敏感。

- 降低电源电压意味着减小信号摆幅。虽然这通常可以帮助减少系统的内部噪声(如由串扰引起的噪声),但它也使设计对并不减小的外部噪声源更加敏感。

为了深入了解对电压降低可能存在的限制,我们在图 5.12(b)中画出了同一个反相器甚至在更低的电源电压 200 mV、100 mV 和 50 mV 时的电压传输特性。晶体管的阈值仍保持在同一值。令人奇怪的是尽管电源电压不足以大到使晶体管导通,但我们仍然得到了一个反相器的特性! 这从晶体管的亚阈值工作中可以得到解释。亚阈值电流足以使该门在低电平和高电平之间切换,并提供足够的增益从而得到可接受的 VTC! 开关电流值很低决定了反相器工作得非常慢,但这也许在某些应用(例如手表)中可以接受。

当接近 100 mV 时,我们开始看到门的特性变得很差。V_{OL} 和 V_{OH} 不再等于电源的两个电平,并且过渡区的增益接近 1。为了能达到足够的增益以用于数字电路,必须使电源至少等于第 3 章所说的热电势，即 $\phi_T = kT/q$（室温时为 25 mV）的两倍[Swanson72]。因此当低于这一电压时，热噪声也会成为一个问题而可能引起不可靠的工作。我们把这一关系表示为

$$V_{DDmin} > 2\cdots 4\frac{kT}{q} \tag{5.11}$$

式(5.11)代表了电源电压降低的实际限制。这意味着使 CMOS 反相器工作在 100 mV 以下的唯一方法是降低环境温度，或者换言之，冷却该电路。

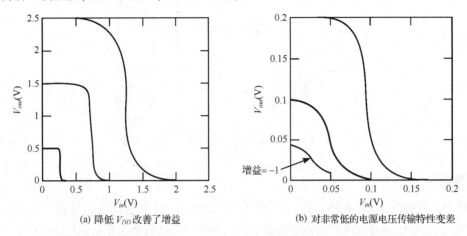

(a) 降低 V_{DD} 改善了增益　　　　　　　　(b) 对非常低的电源电压传输特性变差

图 5.12　CMOS 反相器的 VTC 与电源电压的关系(0.25 μm CMOS 工艺)

思考题 5.3　CMOS 反相器的最小电源电压

　　一旦电源电压低于阈值电压，晶体管就工作在亚阈值区域，并显示出指数的电流-电压关系，如式(3.39)所示。推导出在这些条件下反相器增益的表达式(假设对称的 NMOS 和 PMOS 管，并且 $V_M = V_{DD}/2$ 时增益最大)。所得到的表达式表明最小的电压与晶体管的斜率系数 n 有关：

$$g = -\left(\frac{1}{n}\right)(e^{V_{DD}/2\phi_T} - 1) \tag{5.12}$$

根据这个表达式，增益在 $V_{DD} = 48$ mV 时降至 -1(当 $n = 1.5$ 及 $\phi_T = 25$ mV 时)。

5.4　CMOS 反相器的性能：动态特性

　　前面的定性分析表明 CMOS 反相器的传播延时取决于它分别通过 PMOS 和 NMOS 管充电和放电负载电容 C_L 所需的时间。这一结果说明使 C_L 尽可能小是实现高性能 CMOS 电路的关键，因此在着手深入分析该门的传播延时之前有必要先研究一下负载电容的主要组成部分。除这一细节分析之外，本节还总结了设计者可以用来优化反相器性能的技术。

5.4.1　计算电容值

　　如果对一个 MOS 电路中的每一个电容分别进行考虑，那么对这个电路进行手工分析事实上是不可能的。这一情况因在 MOS 晶体管模型中存在许多非线性电容而更加严重。为了使分析容易进行，我们假设所有的电容一起集总成一个单个的电容 C_L，它处于 V_{out} 和 GND 之间。注意，这是实际情形相当程度的简化，甚至在简单反相器的情形中也是如此。

　　图 5.13 为一对串联反相器的电路图。它包括了影响节点 V_{out} 瞬态响应的所有电容。先假设

输入 V_{in} 由一个上升和下降时间均为零的理想电压源所驱动。只考虑连至输出节点上的电容时，C_L 可以分解为以下几部分。

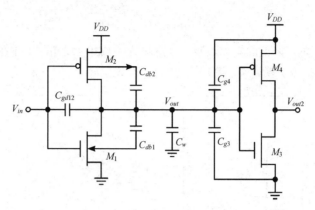

图 5.13　影响一对串联反相器动态特性的寄生电容

栅漏电容 C_{gd12}

在输出过渡的前半部(至 50% 的点)，M_1 和 M_2 不是断开就是处在饱和模式。在这些情况下 C_{gd12} 只包括 M_1 和 M_2 的覆盖电容。MOS 晶体管的沟道电容在这里不起作用，因为它完全处在栅和体(断开时)或栅和源(饱和时)之间(见第 3 章)。

集总电容模型要求用接地电容来代替浮空的栅漏电容，这是通过考虑所谓的密勒效应来实现的。在由低至高或由高至低的过渡中，栅漏电容两端的电压向相反的方向变化(见图 5.14)。因此在这一浮空电容上的电压变化是实际输出电压摆幅的两倍。为了在输出节点上出现同样的负载，接地电容的值必须是浮空电容的两倍。

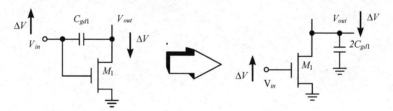

图 5.14　密勒效应——一个在其两端经历大小相同但相位相反的电压
摆幅的电容可以用一个两倍于该电容值的接地电容来代替

我们用下式来计算栅漏电容：

$$C_{gd} = 2C_{GDO}W$$

其中，C_{GDO} 是在 SPICE 模型中采用的每单位宽度的覆盖电容。关于密勒效应的深入讨论请参见其他教材，如[Sedra87，p.57][1]。

扩散电容 C_{db1} 和 C_{db2}

在漏和体之间的电容来自反向偏置的 pn 结。可惜的是，这样的一个电容是高度非线性的并且在很大程度上取决于所加的电压。在第 3 章论证了进行简化分析的最好办法是用一个线性电

---

[1]　这里讨论的密勒效应是一般模拟情况的简化形式。在一个数字反相器中，在输入和输出间的大信号增益总是等于 -1。

容来代替非线性电容，使这个线性电容在所关注电压范围内的电荷变化与非线性电容的情况相同。可引入一个乘数因子 K_{eq} 来联系线性化的电容和零偏置条件下的结电容的值：

$$C_{eq} = K_{eq}C_{j0} \tag{5.13}$$

这里，C_{j0} 是在零偏置条件下单位面积的结电容。为了方便起见，我们在此重新列出式(3.11)：

$$K_{eq} = \frac{-\phi_0^m}{(V_{high} - V_{low})(1 - m)}[(\phi_0 - V_{high})^{1-m} - (\phi_0 - V_{low})^{1-m}] \tag{5.14}$$

式中，ϕ_0 是内建结电势，m 是结的梯度系数。注意，反向偏置结的结电压定义为负值。

例 5.3　2.5 V CMOS 反相器的 K_{eq}

考虑图 5.13 中用通用 0.25 μm CMOS 工艺设计的反相器。与这一工艺相关的电容参数总结于表 3.5 中。

让我们先来分析 NMOS 管(见图 5.13 中的 C_{db1})。传播延时定义为在输入和输出翻转的 50% 之间的时间。对于 CMOS 反相器，达到翻转的 50% 的时刻是指 V_{out} 达到 1.25 V 的时刻，因为输出电压在电源的两条轨线电压之间摆动或者说等于 2.5 V。因此对由高至低的翻转，我们在 |2.5 V，1.25 V| 的区间上线性化结电容，而对由低至高的翻转在 |0，1.25 V| 的区间上线性化结电容。

在输出由高至低的翻转期间，V_{out} 最初等于 2.5 V。由于 NMOS 器件的体连至 GND，这相当于在漏结上有 2.5 V 的反向电压，即 $V_{high} = -2.5$ V。在输出达到幅值的 50% 点处，$V_{out} = 1.25$ V 或者说 $V_{low} = -1.25$ V。由式(5.14)求底板和侧壁部分的扩散电容得到下列数据：

底板：K_{eq}　$(m = 0.5, \phi_0 = 0.9) = 0.57$

侧壁：K_{eqsw}　$(m = 0.44, \phi_0 = 0.9) = 0.61$

在由低至高的翻转期间，V_{low} 和 V_{high} 分别等于 0 V 和 -1.25 V，这使 K_{eq} 值更高：

底板：K_{eq}　$(m = 0.5, \phi_0 = 0.9) = 0.79$

侧壁：K_{eqsw}　$(m = 0.44, \phi_0 = 0.9) = 0.81$

PMOS 管表现出相反的特性，因为它的衬底连至 2.5 V 电压。所以，对于由高至低的翻转($V_{low} = 0$，$V_{high} = -1.25$ V)，则有：

底板：K_{eq}　$(m = 0.48, \phi_0 = 0.9) = 0.79$

侧壁：K_{eqsw}　$(m = 0.32, \phi_0 = 0.9) = 0.86$

最后，对于由低至高的翻转($V_{low} = -1.25$ V，$V_{high} = -2.5$ V)，则有：

底板：K_{eq}　$(m = 0.48, \phi_0 = 0.9) = 0.59$

侧壁：K_{eqsw}　$(m = 0.32, \phi_0 = 0.9) = 0.7$

采用这一方法，结电容可以用一个线性电容来代替，因而可以当做和任何其他器件电容一样来处理。线性化的结果会使电压和电流波形有微小误差。但这一简化对逻辑延时没有明显的影响。

连线电容 C_w

由连线引起的电容取决于连线的长度和宽度，并且与扇出离开驱动门的距离以及扇出门的数目有关。正如第 4 章中所论述的，这一部分电容的重要性随着工艺尺寸的缩小日益增加。

扇出的栅电容 C_{g3} 和 C_{g4}

我们假设扇出电容等于负载门 M_3 和 M_4 总的栅电容，因此，

$$
\begin{aligned}
C_{fan\text{-}out} &= C_{gate}(\text{NMOS}) + C_{gate}(\text{PMOS}) \\
&= (C_{GSOn} + C_{GDOn} + W_n L_n C_{ox}) + (C_{GSOp} + C_{GDOp} + W_p L_p C_{ox})
\end{aligned} \tag{5.15}
$$

这一表达式在两方面简化了实际情形:

- 它假设栅电容的所有部分都连在 V_{out} 和 GND(或 V_{DD})之间,并且忽略了栅漏电容上的密勒效应。这对精度的影响比较小,因为我们可以很有把握地假设所连接的门在达到 50% 点之前是不会翻转的,因而 V_{out2} 在我们所关注的时间内保持不变。
- 第二方面的近似是,认为所连接的门的沟道电容在我们所关注的时间内保持不变。这与我们在第 3 章中所发现的情况不完全一样。器件的总沟道电容与器件的工作模式有关,并且在约 $(2/3)WLC_{ox}$(饱和状态)至整个 WLC_{ox}(线性及截止状态)之间变化。总栅电容的下降也恰好发生在晶体管导通之前,如图 3.31 所示。在过渡过程的前半段,可以假设其中一个负载器件一直处于线性模式,而另一个则从截止模式进入饱和状态。忽略电容的这一变化会使估计值偏保守并有大约 10% 的误差,但这对于一阶分析是可以接受的。

例 5.4 一个 0.25 μm CMOS 反相器的电容

用 0.25 μm CMOS 工艺设计一个最小尺寸的对称 CMOS 反相器。图 5.15 是它的版图。电源电压 V_{DD} 设为 2.5 V。从版图中可以算出晶体管的尺寸、扩散区的面积和周长。这些数据总结在表 5.1 中。作为一个例子,我们将推导 NMOS 管的漏区面积和周长。漏区是由金属-扩散层接触孔(其面积为 $4×4\lambda^2$)及在接触孔与栅之间的矩形区域(其面积为 $3×1\lambda^2$)构成的,其总面积为 $19\lambda^2$,即 30 μm²(当 $\lambda=0.125$ μm 时)。漏区的周长比较复杂,包括以下部分(逆时针方向):$5+4+4+1+1=15\lambda$,即 $PD=15×0.125=1.875$ μm。注意,漏区周长没有包括在栅一侧的部分,因为它没有被看成侧壁的一部分。PMOS 管的漏区面积和周长可以类似地推导(矩形形状使这一计算过程变得非常简单):$AD=5×9\lambda^2=45\lambda^2$,即 0.7 μm²;$PD=5+9+5=19\lambda$,即 2.375 μm。

表 5.1 反相器的晶体管数据

	W/L	AD(μm²)	PD(μm)	AS(μm²)	PS(μm)
NMOS	0.375/0.25	0.3($19\lambda^2$)	1.875(15λ)	0.3($19\lambda^2$)	1.875(15λ)
PMOS	1.125/0.25	0.7($45\lambda^2$)	2.375(19λ)	0.7($45\lambda^2$)	2.375(19λ)

这一实际的信息可以与前面推导的近似式联合起来,得到 C_L 的估计值。我们的通用工艺的电容参数总结在表 3.5 中,为方便起见在此重新列出:

覆盖电容:	CGDO(NMOS) = 0.31 fF/μm;	CGDO(PMOS) = 0.27 fF/μm
底板结电容:	CJ(NMOS) = 2 fF/μm²;	CJ(PMOS) = 1.9 fF/μm²
侧壁结电容:	CJSW(NMOS) = 0.28 fF/μm;	CJSW(PMOS) = 0.22 fF/μm
栅电容:	C_{ox}(NMOS) = C_{ox}(PMOS) = 6 fF/μm²	

最后,我们还应当考虑用金属层 1(Metal1)和多晶实现的连接门的导线所引起的电容。一个版图提取程序一般可以给出这一寄生电容的精确值。仔细阅读版图可以帮助我们进行一阶估计。由此可以得到不在有源扩散区上的 Metal1 和多晶导线的面积分别等于 $42\lambda^2$ 和 $72\lambda^2$。借助表 4.2 互连参数的帮助,我们可以求出线电容(注意在这一简单计算中忽略了边缘电容;由于导线很短,它的作用与其他因素相比可以忽略):

$$C_{wire} = 42/8^2 \text{ μm}^2 × 30 \text{ aF/μm}^2 + 72/8^2 \text{ μm}^2 × 88 \text{ aF/μm}^2 = 0.12 \text{ fF}$$

把所有各部分合在一起的结果总结在表 5.2 中。我们用例 5.3 推导的 K_{eq} 值来计算扩散电容。注意,负载电容几乎平均地分配在它的两个主要部分:即本征电容(由扩散电容和覆盖电容组成)和外部负载电容(由导线和所连接的门引起)。

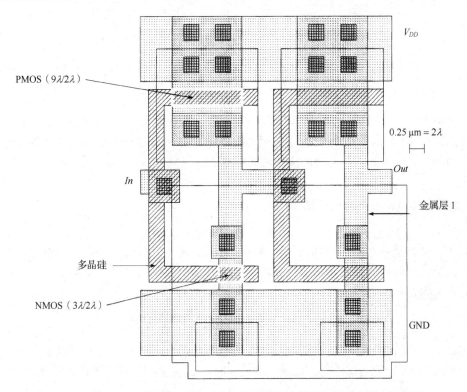

图 5.15　采用 CMOS 设计规则的两个串联的最小尺寸反相器的版图(见彩图 6)

表 5.2　C_L 的组成(由高至低和由低至高的过渡情况)

电容	表达式	值(fF)(H→L)	值(fF)(L→H)
C_{gd1}	$2\,CGDO_n W_n$	0.23	0.23
C_{gd2}	$2\,CGDO_p W_p$	0.61	0.61
C_{db1}	$K_{eqn} AD_n CJ + K_{eqswn} PD_n CJSW$	0.66	0.90
C_{db2}	$K_{eqp} AD_p CJ + K_{eqswp} PD_p CJSW$	1.5	1.15
C_{g3}	$(CGDO_n + CGSO_n)W_n + C_{ox} W_n L_n$	0.76	0.76
C_{g4}	$(CGDO_p + CGSO_p)W_p + C_{ox} W_p L_p$	2.28	2.28
C_w	提取参数	0.12	0.12
C_L	Σ	6.1	6.0

5.4.2　传播延时:一阶分析

计算反相器传播延时的一种方法是对电容的充(放)电电流积分。由此得到表达式:

$$t_p = \int_{v_1}^{v_2} \frac{C_L(v)}{i(v)} \mathrm{d}v \tag{5.16}$$

其中,i 是充(放)电电流,v 是电容上的电压,而 v_1 和 v_2 分别是初始和最终电压。确切求解这一方程是很困难的,因为 $C_L(v)$ 和 $i(v)$ 都是 v 的非线性函数。因此,再回到图 5.6 所示的简化的反相器开关模型,以推导适合于手工分析传播延时的合理近似公式。对导通电阻取决于电压的关系及负载电容的考虑是通过分别用一个常数线性元件代替它们来处理的,常数线性元件的值取它在所关注时间间隔内的平均值。前一节已精确推导了负载电容的这个值。MOS 晶体管的平均导通电阻的表达式已在例 3.8 中推导过,这里为方便起见再次列出:

$$R_{eq} = \frac{1}{V_{DD}/2} \int_{V_{DD}/2}^{V_{DD}} \frac{V}{I_{DSAT}(1 + \lambda V)} dV \approx \frac{3}{4} \frac{V_{DD}}{I_{DSAT}} \left(1 - \frac{7}{9} \lambda V_{DD}\right) \tag{5.17}$$

其中

$$I_{DSAT} = k' \frac{W}{L} \left((V_{DD} - V_T) V_{DSAT} - \frac{V_{DSAT}^2}{2}\right)$$

现在推导所得电路的传播延时就很容易了，它只不过是分析一阶线性 RC 电路，完全与例4.5的过程相同。从例4.5中可知，由一个电压阶跃激励时，这样一个电路的传播延时正比于由这个电路的下拉电阻和负载电容形成的时间常数。因此，

$$t_{pHL} = \ln(2) R_{eqn} C_L = 0.69 R_{eqn} C_L \tag{5.18}$$

同样，可以得到由低至高翻转的传播延时。可以写出：

$$t_{pLH} = 0.69 R_{eqp} C_L \tag{5.19}$$

式中，R_{eqp} 是 PMOS 管在所关注时间内的等效导通电阻。这一分析假设等效的负载电容对于由高至低及由低至高的翻转是完全相同的。在前一节的例子中已说明这是近似情形。反相器的总传播延时定义为这两个值的平均：

$$t_p = \frac{t_{pHL} + t_{pLH}}{2} = 0.69 C_L \left(\frac{R_{eqn} + R_{eqp}}{2}\right) \tag{5.20}$$

人们常常希望一个门对于上升和下降输入具有相同的传播延时。这一状况可以通过使 NMOS 和 PMOS 晶体管的导通电阻近似相等来实现。记住，这一条件与对称 VTC 所要求的条件是一样的。

例 5.5　一个 0.25 μm CMOS 反相器的传播延时

我们用式(5.18)和式(5.19)来推导图 5.15 中 CMOS 反相器的传播延时。在例 5.4 中已计算了负载电容 C_L，而通用 0.25 μm CMOS 工艺的晶体管的等效导通电阻可由表 3.3 得到。对于 2.5 V 的电源电压，典型的 NMOS 和 PMOS 晶体管的导通电阻分别等于 13 kΩ 和 31 kΩ。由版图我们确定 NMOS 晶体管的 W 与 L 之比为 1.5，而 PMOS 为 4.5。假设版图所画尺寸与实际有效尺寸的差别很小可以忽略，这就得到了以下的延时值：

$$t_{pHL} = 0.69 \times \left(\frac{13\ k\Omega}{1.5}\right) \times 6.1\ fF = 36\ ps$$

$$t_{pLH} = 0.69 \times \left(\frac{31\ k\Omega}{4.5}\right) \times 6.0\ fF = 29\ ps$$

及

$$t_p = \left(\frac{36 + 29}{2}\right) = 32.5\ ps$$

这一分析的精确性可以通过对由图 5.15 的版图提取的电路图进行 SPICE 瞬态模拟来检验。计算得到的瞬态响应画在图 5.16 中，它确定了传播延时对 HL(由高至低)翻转和 LH(由低至高)翻转分别为 39.9 ps 和 31.7 ps。如果考虑到手工分析推导过程中有许多简化，那么它的分析结果还是很好的。特别要注意在模拟输出信号中的过冲。这些是由反相器晶体管的栅漏电容造成的，它们在晶体管对输入变化开始响应之前就直接把输入节点上变化陡峭的阶跃电压耦合到输出上。这些过冲显然对门的性能有负面的影响，同时也解释了为什么模拟的延时要比估计的大。

警告：这一例子也许给出这样的结论：手工分析总是能很接近实际的响应。但并不一定是这样的。在一阶和较高阶的模型之间常常可以看到存在很大的偏差。手工分析的目的是要得到对电路特性的基本了解并确定主要的参数。在需要定量数据的时候，一个细节的模拟是不可缺少的。只能把上面的例子当做是碰巧而已。

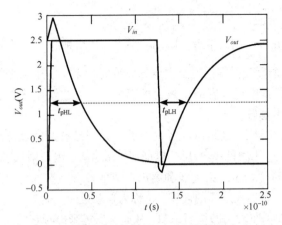

图 5.16　模拟得到的图 5.15 反相器的瞬态响应

至此,一个设计者明显要问的问题是如何处理或优化门的延时。为了回答这个问题,有必要展开延时公式中的 R_{eq} 以显示出决定延时的参数。将式(5.18)和式(5.17)联合起来,并暂且假设忽略沟长调制系数 λ,于是就得到了以下 t_{pHL} 的表达式(同样的分析适合于 t_{pLH}):

$$t_{pHL} = 0.69 \frac{3}{4} \frac{C_L V_{DD}}{I_{DSATn}} = 0.52 \frac{C_L V_{DD}}{(W/L)_n k'_n V_{DSATn}(V_{DD} - V_{Tn} - V_{DSATn}/2)} \tag{5.21}$$

在大多数设计中,电源电压都选择得足够高,所以 $V_{DD} \gg V_{Tn} + V_{DSATn}/2$。在这些条件下,延时实际上与电源电压无关:

$$t_{pHL} \approx 0.52 \frac{C_L}{(W/L)_n k'_n V_{DSATn}} \tag{5.22}$$

注意,这只是一阶近似,由于沟长调制系数非零,提高电源电压将使性能得到尽管很小但可以观察到的改善。这一分析在图 5.17 中得到了证实,图中画出了反相器的传播延时与电源电压的关系。这一结果并不奇怪,因为这条曲线事实上与图 3.28 曲线的形状完全一样,后者画出了MOS 晶体管的等效导通电阻与 V_{DD} 的关系。虽然对于较高的 V_{DD} 值,延时对于电源电压的变化较不敏感,但当 V_{DD} 接近 $2V_T$ 时将看到延时开始迅速增加。因此如果达到高性能是主要的设计目标,那么显然应当避免在这个工作区工作。

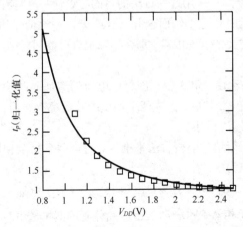

图 5.17　CMOS 反相器传播延时与电源电压的关系(归一至 2.5 V 时的延时)。小方块表示由
式(5.21)预见的延时值。注意该式只在器件速度饱和时成立。因此在低电源电压时会有偏差

设计技术

由以上讨论我们得知可以用以下方式减小一个门的传播延时。

- 减小 C_L。注意这个负载电容由三个主要部分组成：门本身的内部扩散电容、互连线电容和扇出电容。细致的版图设计有助于减少扩散电容和互连线电容。**优秀的设计实践要求漏扩散区的面积越小越好。**

- 增加晶体管的 (W/L) 比。这是设计者手中最有力和最有效的性能优化工具。但是在采用这一方法时要当心。增加晶体管尺寸也增加扩散电容，因而增加了 C_L。事实上，一旦本征电容(即扩散电容)开始超过由连线和扇出形成的外部负载，增加门的尺寸就不再对减少延时有帮助。它只是加大了门的面积，这称为自载效应。此外，较宽的晶体管具有较大的栅电容，这就增加了驱动门的扇出系数，从而又反过来影响它的速度。

- 提高 V_{DD}。如图 5.17 所示，一个门的延时可以通过改变电源电压来调整。这一灵活性使设计者可以用能量损耗来换取性能，正如我们在后面一节中将要看到的那样。然而，增加电源电压超过一定程度后改善就会非常有限，因而应当避免。同时对可靠性方面的考虑(氧化层的击穿，热电子效应)也迫使在深亚微米工艺中对电源电压要规定严格的上限。■

思考题5.4　传播延时与充(放)电电流的关系

至此，我们已把传播延时表示成晶体管等效电阻的函数。另一种方法是用一个与在所关注的时间间隔内平均充(放)电电流值相等的电流源来代替该晶体管。试运用这一不同的方法来推导传播延时的表达式。

5.4.3　从设计角度考虑传播延时

从前面推导出的延时表达式中可以得出一些有意义的设计综合考虑原则。最重要的是，它们可以形成确定晶体管尺寸的一般方法，而这一方法将证明是极为有用的。

NMOS 与 PMOS 的比

至今我们一直使 PMOS 管较宽，以使它的电阻与下拉的 NMOS 管匹配。这通常要求 PMOS 和 NMOS 的宽度比在 3 ~ 3.5 之间。采用这一方法的目的是设计一个具有对称 VTC 的反相器并使高至低与由低至高的传播延时相等。然而这并不意味着这一比值也得到最小的总传播延时。如果对称性和噪声容限不是主要的考虑因素，那么实际上有可能通过减小 PMOS 器件的宽度来加快反相器的速度！

以上说法的理由是，虽然使 PMOS 较宽因充电电流的增加而改善了反相器的 t_{pLH}，但它也由于产生较大的寄生电容而使 t_{pHL} 变差。当这两个相反的效应都存在时，必定存在一个晶体管的宽度比使反相器的传播延时最优(最小)。

这一优化的比值可以用简单的解析方法来推导。考虑两个完全相同的 CMOS 反相器相串联。第一个门的负载电容可近似为

$$C_L = (C_{dp1} + C_{dn1}) + (C_{gp2} + C_{gn2}) + C_W \tag{5.23}$$

式中，C_{dp1} 和 C_{dn1} 是第一个反相器 PMOS 和 NMOS 晶体管的漏扩散电容，而 C_{gp2} 和 C_{gn2} 为第二个反相器的栅电容，C_W 代表连线电容。

当 PMOS 器件为 NMOS 器件的 β 倍时 $[\beta = (W/L)_p / (W/L)_n]$，所有的晶体管电容也以近似相同的比例加大，即 $C_{dp1} \approx \beta C_{dn1}$，及 $C_{gp2} \approx \beta C_{gn2}$。于是式(5.23)可以重写成

$$C_L = (1 + \beta)(C_{dn1} + C_{gn2}) + C_W \qquad (5.24)$$

基于式(5.20)可以推导出以下传播延时的表达式：

$$t_p = \frac{0.69}{2}((1 + \beta)(C_{dn1} + C_{gn2}) + C_W)\left(R_{eqn} + \frac{R_{eqp}}{\beta}\right)$$

$$= 0.345((1 + \beta)(C_{dn1} + C_{gn2}) + C_W)R_{eqn}\left(1 + \frac{r}{\beta}\right) \qquad (5.25)$$

这里，$r(= R_{eqp}/R_{eqn})$ 代表尺寸完全相同的 PMOS 和 NMOS 晶体管的电阻比。令 $\frac{\partial t_p}{\partial \beta}$ 等于零可以求出 β 的最大值，即

$$\beta_{opt} = \sqrt{r\left(1 + \frac{C_w}{C_{dn1} + C_{gn2}}\right)} \qquad (5.26)$$

这意味着当导线电容可以忽略时（即 $C_{dn1} + C_{gn2} \gg C_W$），$\beta_{opt}$ 等于 $\sqrt{r}$，这不同于在非串联情形时通常采用的比值 r。如果导线电容占主导地位，那么应当采用较大的 β 值。这一分析令人奇怪的结果是当以对称性及噪声容限为代价时，较小的器件尺寸（因而较小的设计面积）得到了较快的设计。

例5.6 确定以相同门为负载的 CMOS 反相器的尺寸

再次考虑我们标准的设计例子。由等效电阻值（见表3.3）发现比值 β 为 2.4（= 31 kΩ/13 kΩ）时将得到对称的瞬态响应。而现在由式(5.26)可预见到最优性能的器件比值应当等于 1.6。这些结果可从图 5.18 得到验证，它画出了模拟得到的传播延时与晶体管比值 β 的关系。该图清楚地显示了改变 β 将如何改变 t_{pLH} 和 t_{pHL} 值的相对大小。最优点发生在 $\beta = 1.9$ 附近，这比预见的要高些。同时可以预见到在 $\beta = 2.4$ 处上升和下降延时相同。当最坏情形下的延时是主要考虑因素时，这是一个所希望的工作点[①]。

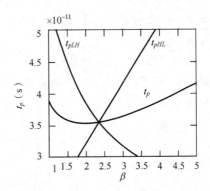

图 5.18 CMOS 反相器的传播延时与PMOS对NMOS管比值 β 的关系

考虑性能时反相器尺寸的确定

在这个分析中，我们假设一个对称反相器，即它的 PMOS 和 NMOS 尺寸使上升和下降延时相同。这一反相器的负载电容可以分为本征和外部两个部分，即 $C_L = C_{int} + C_{ext}$。C_{int} 代表反相器的自载即本征输出电容，它与 NMOS 和 PMOS 管的扩散电容以及栅漏覆盖（密勒）电容有关。C_{ext} 是外部负载电容，它来自扇出和导线电容。假设 R_{eq} 代表门的等效电阻，可以把传播延时表示为

$$t_p = 0.69R_{eq}(C_{int} + C_{ext})$$

$$= 0.69R_{eq}C_{int}(1 + C_{ext}/C_{int}) = t_{p0}(1 + C_{ext}/C_{int}) \qquad (5.27)$$

式中，$t_{p0} = 0.69R_{eq}C_{int}$ 代表反相器的负载只是其本征电容（$C_{ext} = 0$）时的延时，称为本征延时或无负载延时。

下一个问题是晶体管的尺寸是如何影响门的性能的。为了回答这个问题，我们必须建立起

---

① 你也许会奇怪为什么我们一直不把上升和下降延时中最差的一个作为衡量一个门的主要性能指标。当把反相门串联起来构成一个较为复杂的逻辑电路时，很快就会发现，把这两个延时平均起来是一个较为有意义的衡量标准。因为一个门的上升过渡之后紧接着便是下一个门的下降过渡。

式(5.27)中的各种参数和尺寸系数S之间的关系。尺寸系数S把反相器的晶体管尺寸与一个参考门(通常是一个最小尺寸的反相器)的晶体管尺寸联系起来。本征电容C_{int}包括扩散电容及密勒电容,它们都正比于晶体管的宽度。因此,$C_{int} = SC_{iref}$。门的电阻与参考门的关系为$R_{eq} = R_{ref}/S$。我们现在可以把式(5.27)重写成:

$$t_p = 0.69(R_{ref}/S)(SC_{iref})(1 + C_{ext}/(SC_{iref}))$$

$$= 0.69R_{ref}C_{iref}\left(1 + \frac{C_{ext}}{SC_{iref}}\right) = t_{p0}\left(1 + \frac{C_{ext}}{SC_{iref}}\right) \tag{5.28}$$

由这一分析可以得出两个重要的结论:

- 反相器的本征延时t_{p0}与门的尺寸无关,而只取决于工艺及反相器的版图。当不存在任何(外部)负载时,门的驱动强度的提高完全为随之而增加的电容所抵消。
- 使S无穷大将达到最大可能的性能改善,因为这消除了任何外部负载的影响,使延时减小到只有本征延时值。然而任何比(C_{ext}/C_{int})足够大的尺寸系数S都会显著增加硅面积,从而得到类似的结果。

例5.7　考虑性能时的器件尺寸确定

让我们考察一下例5.5中确定的器件尺寸所能达到的性能改善。由表5.2得到$C_{ext}/C_{int} \approx$ 1.05($C_{int} = 3.0$ fF,$C_{ext} = 3.15$ fF)。由此可以预见,最大的性能改善为2.05。尺寸放大系数为10时得到的性能与这一最优性能的差距在10%以内,再加大器件尺寸只能得到可以忽略不计的性能改善。

这一点已经为模拟结果所证实,它预见到可能达到的最大性能改善为1.9($t_{p0} = 19.3$ ps)。从图5.19中可以看到,$S = 5$时已得到了大部分的改善,而尺寸系数大于10时几乎得不到任何额外的收益。

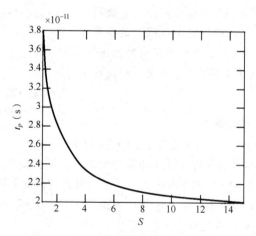

图5.19　对固定的扇出,以相同的系数S放大 NMOS 和 PMOS 管的尺寸来提高反相器的性能(见图5.15的反相器)

确定反相器链的尺寸

虽然加大反相器的尺寸可以减小它的延时,但这也加大了它的输入电容。如孤立地确定门的尺寸而不考虑它对前级门延时的影响,则纯粹是一种脱离实际的研究。由此一个比较相关的问题是当一个门**处在实际环境中**时如何确定它的最优尺寸。一个简单的反相器链则是最好的研究起点。为了决定输入的负载效应,必须建立起反相器的输入栅电容C_g与本征输出电容之间的关系。这两个电容均正比于门的尺寸。因此,下列关系成立而与门的尺寸无关:

$$C_{int} = \gamma C_g \tag{5.29}$$

在式(5.29)中, γ 是比例系数, 它只与工艺有关, 并且对于大多数的亚微米工艺 γ 接近于1, 这正如前面的例子所示。重新写出式(5.28), 可得:

$$t_p = t_{p0}\left(1 + \frac{C_{ext}}{\gamma C_g}\right) = t_{p0}(1 + f/\gamma) \tag{5.30}$$

上式表明, 反相器的延时**只取决于它的外部负载电容与输入电容间的比值**。这一比值称为等效扇出 f。

考虑图 5.20 的电路。我们的目的是要使通过反相器链的延时最小, 其中第一个反相器(通常为最小尺寸的门)的输入电容为 C_{g1}, 而反相器链末端为一个固定的负载电容 C_L。

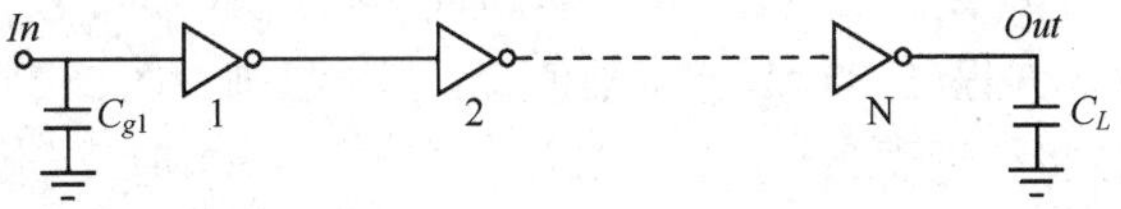

图 5.20 由 N 个反相器组成的具有固定输入和输出电容的反相器链

由第 j 级反相器的延时表达式[①]:

$$t_{p,j} = t_{p0}\left(1 + \frac{C_{g,j+1}}{\gamma C_{g,j}}\right) = t_{p0}(1 + f_j/\gamma) \tag{5.31}$$

可以推导出反相器链的总延时:

$$t_p = \sum_{j=1}^{N} t_{p,j} = t_{p0}\sum_{j=1}^{N}\left(1 + \frac{C_{g,j+1}}{\gamma C_{g,j}}\right), \ \text{其中} \ C_{g,N+1} = C_L \tag{5.32}$$

这个方程含有 $N-1$ 个未知数, 即 $C_{g,2}, C_{g,3}, \cdots, C_{g,N}$。通过求 $N-1$ 次偏微分并令它们都等于0, 即 $\partial t_p / \partial C_{g,j} = 0$, 可以求得最小延时。由此得到了一组约束条件:

$$C_{g,j+1}/C_{g,j} = C_{g,j}/C_{g,j-1} \quad \text{其中} \ j = 2, \cdots, N \tag{5.33}$$

换言之, 每一个反相器的最优尺寸是与它相邻的前后两个反相器尺寸的几何平均数:

$$C_{g,j} = \sqrt{C_{g,j-1}C_{g,j+1}} \tag{5.34}$$

这意味着每个反相器的尺寸都相对于它前面反相器的尺寸放大相同的倍数 f, 即每个反相器都具有相同的等效扇出($f_j = f$), 因而也就具有相同的延时。当 $C_{g,1}$ 和 C_L 给定时, 可以推导出尺寸系数为

$$f = \sqrt[N]{C_L/C_{g,1}} = \sqrt[N]{F} \tag{5.35}$$

以及通过该反相器链的最小延时:

$$t_p = Nt_{p0}(1 + \sqrt[N]{F}/\gamma) \tag{5.36}$$

式中, F 代表该电路的总等效扇出, 它等于 $C_L/C_{g,1}$。注意 t_p 和 F 之间的关系是如何与反相器链的级数密切相关的。正如可以预见到的, 当只存在一级时, 这是一个线性关系。加入第二级将使它变为平方根关系, 依次类推。现在的明显问题是, 对于给定的 F 值如何选定级数, 使延时最短。

选择一个反相器链的正确级数

从对式(5.36)求值可以看出, 对于给定的 $F(=f^N)$ 在选择级数时需要综合考虑。当级数太

① 这一表达式忽略了导线电容, 这暂时是一个合理的假设。

多时,该式的第一部分(它代表了反相器级的本征延时)将占主导地位。而如果级数太少,则每一级的等效扇出变大,使该式的第二部分占主导地位。通过求最小延时表达式对级数的导数并令它为0,可以求得最优值。我们得到:

$$\gamma + \sqrt[N]{F} - \frac{\sqrt[N]{F}\ln F}{N} = 0$$

这相当于

$$f = e^{(1+\gamma/f)} \tag{5.37}$$

方程(5.35)只有一个收敛解,即$\gamma = 0$时的解——此时忽略自载,因此负载电容只由扇出构成。在这些简化条件下可以得到最优的级数为$N = \ln(F)$,且每一级的等效扇出为$f = e = 2.718\,28$。这一优化的缓冲器设计以一种指数形式逐级放大各级尺寸,并且因此称为指数锥形[Mead80]。当包括自载时,方程(5.37)只能求数值解,其结果画在图5.21(a)中。对于$\gamma \approx 1$的典型情形,最优的锥形系数将接近于3.6。图5.21(b)画出了$\gamma = 1$时反相器链(归一化)的传播延时与等效扇出的关系。选择扇出值大于最优值并不会过多地影响延时,但能减少所要求的缓冲器级数和实现面积。一个通常的做法是**选择最优的扇出为4**。反之,采用过多的级数(即$f < f_{opt}$)对延时会有明显的负面影响,因而应当避免。

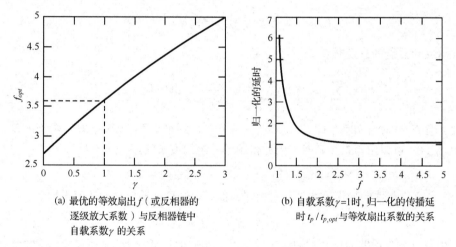

(a) 最优的等效扇出f(或反相器的逐级放大系数)与反相器链中自载系数γ的关系

(b) 自载系数$\gamma = 1$时,归一化的传播延时$t_p / t_{p,opt}$与等效扇出系数的关系

图5.21   优化反相器链中的级数

例5.8   引入缓冲器级的影响

表5.3列出了无缓冲器的设计、两级反相器以及优化的反相器链对于不同的F值所对应的$t_{p,opt}/t_{p0}$值($\gamma = 1$)。我们注意到,在驱动非常大的电容负载时,采用串联的反相器可以达到非常明显的加速。

表5.3   不同驱动器结构的$t_{p,opt}/t_{p0}$与F的关系

F	无缓冲器	两级反相器	反相器链
10	11	8.3	8.3
100	101	22	16.5
1000	1001	65	24.8
10 000	10 001	202	33.1

以上分析可以延伸为不仅包括反相器链,而且也包括含实际扇出的反相器网络,一个这样的例子显示在图5.22中。我们只需要调整C_{ext}的表达式以考虑附加的扇出系数。

思考题5.5 确定反相器网络的尺寸

确定图 5.22 电路中反相器的尺寸，使在节点 *Out* 和 *In* 之间的延时最小。可以假设 $C_L = 64C_{g,1}$。

提示：首先决定使延时最小的各个器件之间的比。应当发现以下的关系必定成立：

$$\frac{4C_{g,2}}{C_{g,1}} = \frac{4C_{g,3}}{C_{g,2}} = \frac{C_L}{C_{g,3}}$$

求门的确切尺寸（$C_{g,3} = 2.52C_{g,2} = 6.35C_{g,1}$）是比较容易的（注意 $2.52 = 16^{1/3}$）。如果直接确定反相器链的尺寸而不考虑额外的扇出，将得到尺寸系数为4而不是2.52。

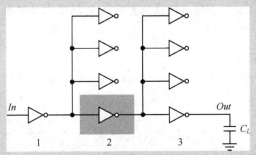

图 5.22 反相器网络。其中每个门的扇出都为 4 个门，把
一个输入以树结构的形式分配给16个输出信号

输入信号的上升-下降时间

以上所有表达式的推导都假设了反相器的输入信号是突然从 0 变到 V_{DD} 或相反，并且假定两个晶体管中只有一个在充（放）电过程中是导通的。实际上，输入信号是逐渐变化的，而且 PMOS 和 NMOS 管会暂时同时导通一段时间。这会影响所得到的充（放）电总电流，从而影响传播延时。图 5.23 是通过 SPICE 模拟得到的一个最小尺寸反相器的传播延时与输入信号斜率的关系。可以看到，一旦 $t_s > t_p$，t_p 随输入斜率[①]的增加而（近似地）线性增加。

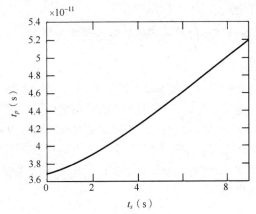

图 5.23 对于扇出为单个门的最小尺寸反相器，t_p 与输入信号斜率(10% ~90% 上升或下降时间)的关系

虽然可以推导出一个解析表达式来描述输入信号斜率与传播延时之间的关系，但结果会比

---

① 这里的输入斜率是指 t_s，即输入的上升/下降时间。——译者注

较复杂。从设计角度出发,把较慢的斜率对性能的影响直接与造成它的原因(即前面一级门的有限驱动能力)联系起来更有意义。如果后者无限大,则它输出的上升/下降时间就会是零,因此所考察的门的性能不受影响。这一步骤的优势在于它明白一个门永远不会是孤立设计的,它的性能要受扇出以及驱动其输入端的门的驱动强度的影响。这样就得到了在一个反相器链中反相器 i 传播延时的修正表达式[Hedenstierna87]:

$$t_p^i = t_{step}^i + \eta t_{step}^{i-1} \tag{5.38}$$

式(5.38)表明,反相器 i 的传播延时等于同样的门在阶跃输入时(即输入斜率为无穷大)的延时(t_{step}^i)加上它前面一级门($i-1$)的阶跃输入延时的一部分。式中比例因子 η 是一个经验常数,它的典型值约为 0.25。这个表达式的优点是它非常简单而又展示了计算复杂电路延时所需要的全部关系。

例 5.9　网络内部反相器的延时

例如,考虑图 5.22 的电路。借助于式(5.31)和式(5.38)可以推导出第 2 级反相器(用灰色方块标记)的延时:

$$t_{p,2} = t_{p0}\left(1 + \frac{4C_{g,3}}{\gamma C_{g,2}}\right) + \eta t_{p0}\left(1 + \frac{4C_{g,2}}{\gamma C_{g,1}}\right)$$

采用思考题 5.5 的方式对整个传播延时进行分析,得到以下最小延时所要求的尺寸的修正值:

$$\frac{4(1+\eta)C_{g,2}}{C_{g,1}} = \frac{4(1+\eta)C_{g,3}}{C_{g,2}} = \frac{C_L}{C_{g,3}}$$

如果假设 $\eta = 0.25$,则 f_2 和 f_1 估计为 2.47。

设计挑战

保持门的输入信号的上升时间小于或等于门的传播延时是很有利的。正如在后面将要讨论的,这不仅有利于提高性能也有利于降低功耗。使信号的上升和下降时间较小并且具有接近相等的值是高性能设计面临的主要挑战之一,这通常称为斜率工程设计。■

思考题 5.6　输入斜率的影响

确定降低电源电压使输入信号斜率对传播延时的影响是增加还是减少。为什么?

存在(长)互连线时的延时

至此,互连线在我们的分析中一直起着微不足道的作用。当门之间的距离进一步加大时,导线的电容和电阻就不能再被忽略,它们甚至可能主导瞬态响应。可以利用前面一章所介绍的导线模拟方法来修正前面的延时表达式以包括这些额外的影响。例 4.9 中的详细分析可以直接用来解决手头的问题。考虑图 5.24 的电路,图中一个反相器通过一条长度为 L 的导线驱动单个扇出。这一驱动器用单个电阻 R_{dr} 来代表,其大小等于 R_{eqn} 和 R_{eqp} 的平均值。C_{int} 和 C_{fan} 分别为驱动器的本征电容和扇出门的输入电容。

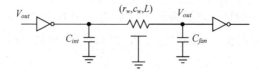

图 5.24　通过长度为 L 的导线驱动单个门的反相器

运用 Elmore 延时表达式可以得到电路的传播延时为

$$t_p = 0.69R_{dr}C_{int} + (0.69R_{dr} + 0.38R_w)C_w + 0.69(R_{dr} + R_w)C_{fan}$$
$$= 0.69R_{dr}(C_{int} + C_{fan}) + 0.69(R_{dr}c_w + r_wC_{fan})L + 0.38r_wc_wL^2 \tag{5.39}$$

因子 0.38 说明导线事实上表现为分布延时。C_w 和 R_w 分别代表导线的总电容和总电阻。这一延时表达式含有一个与导线长度成线性关系的部分及一个成平方关系的部分。正是后一部分使导线延时在较长导线的总延时中迅速占据支配地位。

例 5.10　考虑存在互连线时的反相器延时

考虑图 5.24 的电路,并假设具有例 5.5 的器件参数:$C_{int} = 3$ fF,$C_{fan} = 3$ fF,$R_{dr} = 0.5(13/1.5 + 31/4.5) = 7.8$ kΩ。导线由 Metal1 实现,宽度为 0.4 μm,即所允许的最小尺寸。这得到了以下参数:$c_w = 92$ aF/μm 和 $r_w = 0.19$ Ω/μm(见例 4.4)。利用式(5.39)可以计算导线长度为何值时互连延时等于单纯由器件寄生参数引起的本征延时。解下列二次方程会得到一个(有意义的)解:

$$6.6 \times 10^{-18}L^2 + 0.5 \times 10^{-12}L = 32.29 \times 10^{-12}$$
$$即 \ L = 65 \ μm$$

注意,增加的延时仅来自方程的线性部分,更具体地说,是由于导线引起的额外电容。二次部分(导线分布延时)只是在导线长得多(> 7 cm)时才起主导作用。这是由于(最小尺寸)驱动晶体管的高电阻所致。如果使用较宽的管子,这两部分的对比情况就会不同。例如分析一下同一个问题,但驱动管要宽 100 倍。

5.5　功耗、能量和能量延时

到目前为止,我们已看到具有理想 VTC(即对称形状、全幅逻辑摆幅及高噪声容限)的静态 CMOS 反相器表现出极佳的稳定性,这大大简化了设计过程并打开了通往设计自动化的大门。静态 CMOS 的另一个诱人之处是它在稳态工作状态时几乎完全没有功耗。正是由于同时具有稳定性和低静态功耗使静态 CMOS 技术已成为大多数现代数字设计的选择。对 CMOS 电路功耗起支配作用的是由充电和放电电容引起的动态功耗。

5.5.1　动态功耗

由充放电电容引起的动态功耗

每当电容 C_L 通过 PMOS 管充电时,它的电压从 0 升至 V_{DD},此时从电源吸取了一定数量的能量。该能量的一部分消耗在 PMOS 器件中,而其余则存放在负载电容上。在由高至低的翻转期间,这一电容被放电,于是存放的能量被消耗在 NMOS 管中[①]。

可以推导出这一能耗的精确结果。让我们首先考虑由低至高的翻转。先假设输入波形具有为零的上升和下降时间,或者说 NMOS 和 PMOS 器件决不会同时导通。因此可以用图 5.25 的等效电路来表示。在这一翻转期间从电源中取得的能量值 E_{VDD} 以及在翻转结束时在电容上存储的能量 E_C 可以通过在相应周期上对瞬时功耗积分而求得:

---

① 注意,这一模型是实际电路的简化。事实上,负载电容包含有多个部分,其中一些位于输出节点和 GND 之间,另一些则在输出节点与 V_{DD} 之间。后者经历的充电-放电周期与连接 GND 的电容反相位(即它们在 V_{out} 下降时充电而在 V_{out} 上升时放电)。虽然电源提供的能量分配在这两部分之间,但这并不影响总的能耗,所以本节所提供的结果仍然成立。

$$E_{VDD} = \int_0^\infty i_{VDD}(t)V_{DD}dt = V_{DD}\int_0^\infty C_L\frac{dv_{out}}{dt}dt = C_L V_{DD}\int_0^{V_{DD}} dv_{out} = C_L V_{DD}^2 \qquad (5.40)$$

和

$$E_C = \int_0^\infty i_{VDD}(t)v_{out}dt = \int_0^\infty C_L\frac{dv_{out}}{dt}v_{out}dt = C_L\int_0^{V_{DD}} v_{out}dv_{out} = \frac{C_L V_{DD}^2}{2} \qquad (5.41)$$

图 5.26 画出了 $v_{out}(t)$ 和 $i_{VDD}(t)$ 的相应波形。

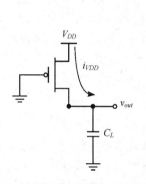

图 5.25　由低至高翻转期间的等效电路 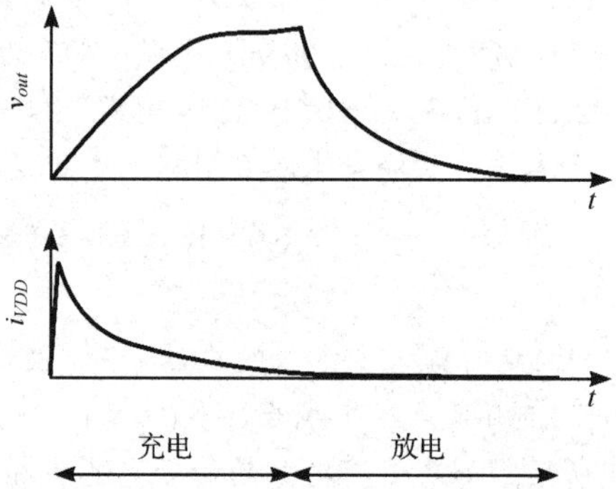　　　图 5.26　在 C_L 充(放)电期间的输出电压和电源电流

这些结果也可以通过观察得出：在由低至高翻转期间 C_L 被充以电荷 $C_L V_{DD}$。提供这些电荷需要从电源得到等于 $C_L V_{DD}^2(\ = Q \times V_{DD})$ 的能量。存放在电容中的能量等于 $C_L V_{DD}^2/2$。这意味着由电源提供的能量只有一半是存放在 C_L 上的，另一半则由 PMOS 管消耗了。注意，这一能耗与 PMOS 器件的尺寸(因而也与电阻)无关！在放电阶段，电荷从电容上移去，因此它的能量消耗在 NMOS 器件中。同样，这一能耗与 NMOS 器件的尺寸无关。总之，每一个开关周期(由 L→H 和 H→L 翻转组成)都需要一个固定数量的能量，即 $C_L V_{DD}^2$。为了计算功耗，我们必须考虑器件的开关频率。如果这个门每秒**通断** $f_{0\to1}$ 次，则功耗为

$$P_{dyn} = C_L V_{DD}^2 f_{0\to1} \qquad (5.42)$$

式中，$f_{0\to1}$ 代表消耗能量的翻转的频率(对于静态 CMOS 为 0→1 翻转)。

工艺的进步使 $f_{0\to1}$ 不断提高(随着 t_p 的缩小)。与此同时，随着越来越多的门放在单片上，芯片上的总电容(C_L)也在增加。例如，考虑一个 $0.25~\mu m$ 的 CMOS 芯片，时钟频率为 500 MHz，平均负载电容 15 fF/门，假设扇出数为 4。于是对于一个 2.5 V 的电源，每个门的功耗约等于 $50~\mu W$。对于一个 100 万门的设计，假设在每个时钟边沿处发生一次翻转，这将导致 50 W 的功耗！幸运的是，这一估计是一个悲观的估计。实际上在整片 IC 中并不是所有的门都是以 500 MHz 的全速率来开关的。在电路中实际的活动性要小得多。

例 5.11　反相器的电容功耗

现在可以很容易地计算例 5.4 中 CMOS 反相器的电容功耗。在表 5.2 中负载电容值已确定为等于 6 fF。对于 2.5 V 的电源电压，该电容充电和放电所需要的能量等于：

$$E_{dyn} = C_L V_{DD}^2 = 37.5~fJ$$

假定该反相器以(假设的)最大可能的速率开关($T = 1/f = t_{pLH} + t_{pHL} = 2t_p$)。当 t_p 为 32.5 ps(见例 5.5)时求得该电路的动态功耗为

$$P_{dyn} = E_{dyn}/(2t_p) = 580 \ \mu W$$

当然,在实际电路中一个反相器很少会以这一最高速率来开关,即便是,它的输出也不是在两条电源轨线电压之间摆动。因此其功耗也很低。当速率为 4 GHz($T = 250$ ps)时,功耗降为 150 μW。这已为模拟所证实,模拟得到的功耗为 155 μW。

用 $f_{0\to1}$ 因子(也称为开关活动性,switching activity)来计算一个复杂电路的功耗是很麻烦的。虽然一个反相器的开关活动性很容易计算,但在比较复杂的门或电路中这就变得复杂多了。一方面一个电路的开关活动性与输入信号的本质及统计特性有关:如果输入信号保持不变,则不会发生任何开关,于是动态功耗为零! 反之迅速变化的信号会引起许多次开关及功耗。其他影响开关活动性的因素有整个电路的拓扑结构以及要实现的功能。下式考虑了这些因素:

$$P_{dyn} = C_L V_{DD}^2 f_{0\to1} = C_L V_{DD}^2 P_{0\to1} f = C_{EFF} V_{DD}^2 f \tag{5.43}$$

式中,f 代表输入发生变化事件的最大可能的速率(它常常就是时钟速率),而 $P_{0\to1}$ 是时钟变化事件在该门的输出端引起 $0\to1$(即消耗功率)变化事件的概率。$C_{EFF} = P_{0\to1} C_L$ 称为等效电容,它代表了每时钟周期发生开关的平均电容。在我们的例子中,开关因子为 10%(即 $P_{0\to1} = 0.1$)时使平均功耗降低至 5 W。

例 5.12　开关活动性

考虑图 5.27 的波形。图中上面一个波形代表理想的时钟信号,而下面一个为该门输出端的信号。消耗功率的翻转每 8 个时钟发生两次,这相当于翻转概率为 0.25(即 25%)。

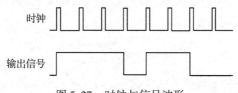

图 5.27　时钟与信号波形

低能量-功耗设计技术

随着数字集成电路日益复杂,可以预料功耗问题在未来的工艺中将会更严重。这是较低的电源电压正在变得越来越吸引人的原因之一。**降低 V_{DD} 对 P_{dyn} 的影响呈二次方关系**。例如在我们的例子中,使 V_{DD} 从 2.5 V 降至 1.25 V 将使功耗从 5 W 降至 1.25 W。这里假设可以维持相同的时钟速率。图 5.17 表明只要电源电压比阈值电压高许多,这一假设并不是不现实的。但一旦 V_{DD} 接近 $2V_T$ 时就会严重降低性能。

当电源电压的下限取决于外部限制(如经常在实际设计中发生的那样)或者当减小电源电压引起的性能降低不能被接受时,减少功耗的唯一方法就是减少等效电容。这可以通过减少它的两个方面来实现:实际电容及翻转活动性。

减少翻转活动性只能在逻辑和结构的抽象层次上实现,它将在第 11 章中比较详细地讨论。减少实际电容总体来说很值得,因为它同时也帮助改善电路的性能。由于在一个组合逻辑电路中大部分的电容是晶体管电容(栅电容和扩散电容),因此在进行低功耗设计时保持这部分电容最小是有意义的。这意味着应当保持晶体管有尽可能或合理的最小尺寸。这无疑会影响电路性能,但这一影响可以通过逻辑或结构上的加速技术来弥补。晶体管尺寸应当放大的唯一情形是当负载电容由外部电容(如扇出或导线电容)占主导地位的时候。这不同于通常单元库采用的设计方法,在单元库设计中一般都使晶体管较大以满足一定范围的负载和性能要求。

这些考虑引起了非常有意义的设计挑战。假定我们必须使一个电路的能耗最少而又同时满足所规定的对性能的最低要求。一个吸引人的方法是尽可能地降低电源电压,而用加大晶体管的尺寸来补偿性能上的损失。然而后者会使电容增加。可以预见到当电源电压足够低时,随着电源电压的进一步降低,后一个因素将开始占据主导地位并使能耗增加。■

例 5.13　确定晶体管尺寸使能耗最小

为了分析使能耗最小时确定晶体管尺寸的问题,我们考察一个静态 CMOS 反相器驱动一个外部负载电容 C_{ext} 时的简单情形,如图 5.28 所示。为了考虑输入负载效应,假设反相器本身由一个最小尺寸器件驱动。我们的目的是使整个电路的能耗最小而又保持最低的性能要求。设计的自由度是该电路反相器的尺寸系数 f 和电源电压 V_{dd}。优化后电路的传输延时应当不大于参数为 $f = 1$ 及 $V_{dd} = V_{ref}$ 的参考电路的传播延时。

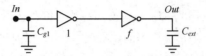

图 5.28　CMOS 反相器驱动一个外部负载电容 C_{ext},而它本身又由一个最小尺寸的门驱动

利用 5.4.3 节介绍的方法(确定反相器链的尺寸),我们可以推导出该电路传播延时的表达式如下:

$$t_p = t_{p0}\left(\left(1 + \frac{f}{\gamma}\right) + \left(1 + \frac{F}{f\gamma}\right)\right) \tag{5.44}$$

式中, $F = C_{ext}/C_{g1}$ 是该电路总的等效扇出,而 t_{p0} 是反相器的本征延时。它与 V_{DD} 的关系可以用由式(5.21)推导出的下列表达式来近似:

$$t_{p0} \sim \frac{V_{DD}}{V_{DD} - V_{TE}} \tag{5.45}$$

其中, $V_{TE} = V_T + V_{DSAT}/2$。一旦电路的总电容已知,则在输入端单个翻转的能耗很容易计算出:

$$E = V_{dd}^2 C_{g1}((1 + \gamma)(1 + f) + F) \tag{5.46}$$

现在,性能约束就是指尺寸放大电路的传播延时应当等于(或小于)参考电路($f = 1$, $V_{dd} = V_{ref}$)的延时。为了简化以下的分析,我们假设该门的本征输出电容等于它的栅电容,即 $\gamma = 1$。因此,

$$\frac{t_p}{t_{pref}} = \frac{t_{p0}\left(2 + f + \frac{F}{f}\right)}{t_{p0ref}(3 + F)} = \left(\frac{V_{DD}}{V_{ref}}\right)\left(\frac{V_{ref} - V_{TE}}{V_{DD} - V_{TE}}\right)\left(\frac{2 + f + \frac{F}{f}}{3 + F}\right) = 1 \tag{5.47}$$

式(5.47)建立了尺寸系数 f 和电源电压之间的关系,图 5.29(a)画出了对于不同 F 值时的这一关系。这些曲线都有一个明显的最小值。由最小尺寸起增加反相器的尺寸最初会使性能提高,因此允许降低电源电压。这在达到最优尺寸系数 $f = \sqrt{F}$ 之前一直都是有效的,对于仔细阅读过前面几节的读者而言应当不会对此感到任何意外。进一步加大器件尺寸只会增加自载系数而降低性能,因此需要提高电源电压。同时注意到对于 $F = 1$,参考电路的情形是最好的结果,尺寸的任何增加只会加大自载影响。

有了 $V_{DD}(f)$ 的关系,就可以推导尺寸放大电路的能量(归一至参考电路)与尺寸系数 f 之间的关系:

$$\frac{E}{E_{ref}} = \left(\frac{V_{DD}}{V_{ref}}\right)^2\left(\frac{2 + 2f + F}{4 + F}\right) \tag{5.48}$$

推导出最优尺寸系数的解析表达式是可能的,但这会得到非常复杂和凌乱的公式。而图解法就

很有效。所得到的图画在图 5.29(b)中，由此可以得出以下几个结论[①]。

- **改变器件尺寸并降低电源电压是减小一个逻辑电路能耗的非常有效的方法**。对于具有较大等效扇出的电路尤为如此，因为在这些电路中可以达到几乎十倍的能量减少。这一收益对于较小的 F 值也是相当大的。唯一的例外是 $F=1$ 的情形，此时最小尺寸的器件也是最有效的器件。

- 在最优值之外过多地加大晶体管的尺寸会付出较大的能量代价。但遗憾的是，这在今天的许多设计中是普遍采用的一种方法。

- 考虑能量时的最优尺寸系数小于考虑性能时的最优尺寸系数，在 F 值较大时尤其如此。例如当扇出为 20 时，f_{opt}(能量)$=3.53$，而 f_{opt}(性能)$=4.47$。一旦 V_{DD} 开始接近 V_{TE}，加大器件尺寸只能很少地降低电源电压，因此能耗的降低也非常少。

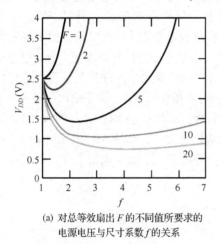

(a) 对总等效扇出 F 的不同值所要求的
电源电压与尺寸系数 f 的关系

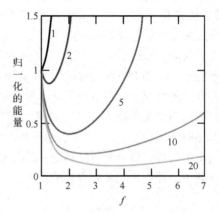

(b) 放大了尺寸后电路的能量（归一至参考值的
情形）与 f 的关系。$V_{ref}=2.5\ \text{V}$，$V_{TE}=0.5\ \text{V}$

图 5.29　最小化能耗时反相器尺寸的确定

直接通路电流引起的功耗

在实际设计中，假设输入波形的上升和下降时间为零是不正确的。输入信号不为无穷大的斜率造成了开关过程中 V_{DD} 和 GND 之间在短期内出现一条直流通路，此时 NMOS 和 PMOS 管同时导通。这一情形显示在图 5.30 中。在(合理)假设所形成的电流脉冲可近似成三角形及反相器的上升和下降响应是对称的条件下，可以计算出每个开关周期消耗的能量如下：

$$E_{dp} = V_{DD}\frac{I_{peak}t_{sc}}{2} + V_{DD}\frac{I_{peak}t_{sc}}{2} = t_{sc}V_{DD}I_{peak} \tag{5.49}$$

计算平均功耗为

$$P_{dp} = t_{sc}V_{DD}I_{peak}f = C_{sc}V_{DD}^2 f \tag{5.50}$$

直接通路引起的功耗与开关活动性(switching activity)成正比，这类似于电容功耗。t_{sc} 代表两个器件同时导通的时间。对于一个直线输入斜率，可以用下式求得它的近似值：

$$t_{sc} = \frac{V_{DD} - 2V_T}{V_{DD}}t_s \approx \frac{V_{DD} - 2V_T}{V_{DD}} \times \frac{t_{r(f)}}{0.8} \tag{5.51}$$

式中 t_s 代表 0% ~ 100% 的翻转时间。

[①]　在第 11 章中将从更广的意义上再次谈及其中的一些结论。

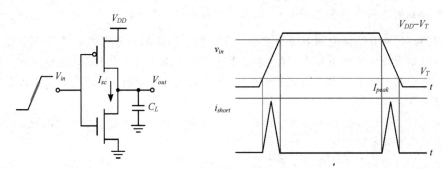

图 5.30　过渡期间的短路电流

I_{peak}由器件的饱和电流决定，因此直接正比于晶体管的尺寸。**峰值电流也与输入和输出的上升/下降时间之比密切相关**。这一关系可用以下简单的分析得到最好的说明：考虑一个静态 CMOS 反相器在输入端发生由 0→1 的翻转。首先假设负载电容很大，所以输出的下降时间明显大于输入的上升时间，如图 5.31(a)所示。在这些情况下输入在输出开始改变之前就已经通过了过渡区。由于在这一时期 PMOS 器件的源-漏电压近似为 0，因此该器件甚至还没有传导任何电流就断开了。在这种情况下短路电流接近于零。现在考虑相反的情况，就是输出电容非常小，因此输出的下降时间明显小于输入的上升时间，如图 5.31(b)所示。PMOS 器件的源-漏电压在翻转期间的大部分时间内等于 V_{DD}，从而引起了最大的短路电流(等于 PMOS 的饱和电流)。这显然代表了最坏情况的条件。以上分析的结论在图 5.32 中得到证实，图中画出了在由低至高翻转期间通过 NMOS 管的短路电流与负载电容的关系。

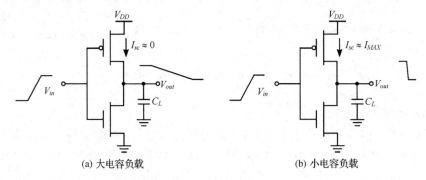

(a) 大电容负载　　　　　　　　　　　　　(b) 小电容负载

图 5.31　负载电容对短路电流的影响

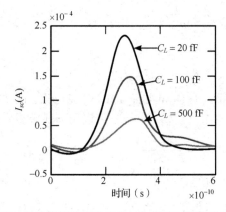

图 5.32　CMOS 反相器通过 NMOS 晶体管的短路电流与负载电容的关系(输入上升时间固定为 500 ps)

这一分析的结论是：使输出的上升/下降时间大于输入的上升/下降时间可以使短路功耗减到最小。但输出的上升/下降时间太大会降低电路的速度并在扇出门中引起短路电流。这个例子很好地说明了只顾局部优化而不管全局是如何会引起不良后果的。

设计技术

一个更为实用的从全局角度优化功耗的规则可以正式说明如下[Veendrick84]。

短路电流功耗可以通过使输入和输出信号的上升/下降时间匹配来达到最小。在整个电路层次上，这意味着所有信号的上升/下降时间应当保持在一定范围内不变。

使一个门的输入和输出上升时间相等就这个具体的门本身而言并不是一个最优的结果，但却能保持整个短路电流在界定的范围内。这显示在图5.33中，图中画出了一个反相器的短路能耗(归一于零输入上升时间的能耗)与输入和输出上升/下降时间之比 r 之间的关系。对于一个给定的反相器尺寸，当负载电容太小时(对 $V_{DD} = 5$ V，$r > 2 \sim 3$)，功耗主要来自短路电流。对于非常大的负载电容值，所有的功耗都用来充电和放电负载电容。如果使输入和输出的上升/下降时间相等，则大部分功耗与动态功耗有关，而只有很小一部分(<10%)出自短路电流。

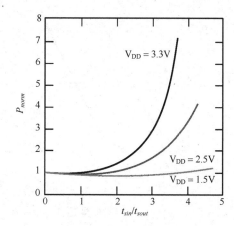

图 5.33　一个静态 CMOS 反相器的功耗与输入和输出上升/下降时间之比的关系。功耗归一至零输入上升时间时的功耗。当输入和输出的上升/下降时间之比较小时，输入和输出间的耦合将引起某些额外的功耗

我们还注意到，**当降低电源电压时短路电流的影响减小**，这从式(5.51)中可以清楚地看到。在极端情形下当 $V_{DD} < V_{Tn} + |V_{Tp}|$ 时，短路功耗完全消除，因为两个器件决不会同时导通。当阈值电压以比电源电压低的速率下降时，短路功耗在深亚微米工艺中将变得较不重要。当电源电压为2.5 V及阈值为0.5 V左右时，要求输入和输出的上升/下降时间比为2才会引起功耗增加10%。　■

最后，值得注意的是，短路功耗可以通过增加一个负载电容 $C_{sc} = t_{sc}I_{peak}/V_{DD}$ 与 C_L 并联来模拟，这在式(5.50)中看得很清楚。这一短路电容值与 V_{DD}、晶体管的尺寸以及输入/输出斜率比有关。

5.5.2　静态功耗

一个电路的静态(或称稳态)功耗可用下列关系来表示：

$$P_{stat} = I_{stat}V_{DD} \tag{5.52}$$

式中，I_{stat} 是在没有开关活动存在时在电源两条轨线之间流动的电流。

理想情况是 CMOS 反相器的静态电流为零，因为 PMOS 和 NMOS 器件在稳态工作状况下决不

会同时导通。可惜的是,总会有泄漏电流流过位于晶体管源(或漏)与衬底之间的反相偏置的二极管结,如图 5.34 所示。这一电流一般来说是非常小的,因此可以被忽略。对于所考虑的器件尺寸,在室温下每单位漏极面积的泄漏电流在 10 ~ 100 pA/μm² 之间。对于一个含 100 万门的芯片来说,若每个门的漏极面积为 0.5 μm² 并在 2.5 V 的电源电压下工作,则在最坏情况下因二极管漏电引起的功耗等于 0.125 mW,显然,这不是什么严重问题。

然而,应当知道结的泄漏电流是由热产生的载流子引起的。它们的数值随结温而增加,并且呈指数关系。在 85℃(民用硬件通常规定的结温上限)时,泄漏电流为室温时的 60 倍。因此保持一个电路总的工作温度较低是所期望的目标。由于温度与消耗的热及散热机理有很大的关系,因此要达到这一目的只能通过限制电路的功耗或使用能支持有效散热的封装。

泄漏电流的一个越来越突出的来源是晶体管的亚阈值电流。正如在第 3 章中讨论过的,一个 MOS 管甚至在 V_{GS} 小于阈值电压时也可以有一个漏-源电流(见图 5.35)。阈值电压越是接近 0 V,则在 V_{GS} = 0 V 时的泄漏电流越大,因而静态功耗也就越大。为了抵消这一效应,器件的阈值电压一般应当保持足够高。标准工艺的特征值 V_T 从未小于 0.5 ~ 0.6 V,有时甚至还相当大(~ 0.75 V)。

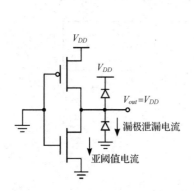

图 5.34   CMOS 反相器中泄漏电流的来源(V_{in} = 0 V)

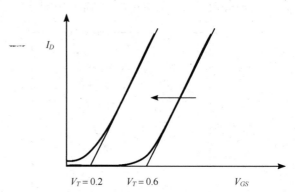

图 5.35 V_{GS} = 0 时降低阈值会使亚阈值电流增加

随亚微米工艺尺寸的缩小,同时出现了电源电压降低,因而这一方法受到挑战(这在图 3.41 中已非常明显)。我们在前面已经总结过(见图 5.17),降低电源电压同时保持阈值电压不变会造成性能的严重损失,特别是当 V_{DD} 接近 $2V_T$ 时。解决这一性能问题的一个方法是同时降低这一器件的阈值电压。这使图 5.17 中的曲线左移,它意味着由降低电源电压造成的性能损失减小。可惜的是,阈值电压的最低值是由所允许的亚阈值漏电流的数量所决定的,如图 5.35 所示。因此阈值电压的选择代表了在性能和静态功耗之间的权衡取舍。电源电压的继续降低预示着新一代 CMOS 工艺的出现,但它也迫使阈值电压更为降低,从而使亚阈值导电成为功耗的主要来源。因此能生产具有迅速彻底关断特性的器件的工艺技术将变得更加引人注目。后者的一个例子是绝缘体上硅(Silicon-on-Insulator, SOI)技术,它的 MOS 管具有一个接近理想 60 mV/十倍电流降的斜率系数。

例 5.14   阈值降低对器件性能和静态功耗的影响

考虑 0.25 μm CMOS 工艺的一个最小尺寸 NMOS 晶体管。在第 3 章中我们已推导出该器件的斜率系数 S 等于 90 mV/十倍电流降。当 V_T 约为 0.5 V 时晶体管的关断状态电流(在 V_{GS} = 0 时)等于 10^{-11} A(见图 3.22)。使阈值降低 200 mV 达到 0.3 V 时,晶体管的关断状态电流加大 170 倍!假设一个 100 万门设计的电源电压为 1.5 V,这意味着静态功耗为 $10^6 \times 170 \times 10^{-11} \times 1.5 = 2.6$ mW。进一步降低阈值至 100 mV 时所产生的功耗几乎接近 0.5 W,这是无法接受的!但在这一电源电压下阈值的降低相当于性能分别提高了 25% 和 40%。

　　阈值的下限在某种意义上是人为决定的。一个静态 CMOS 电路的泄漏电流必须为零的概念是不正确的。无疑，漏电流的存在会减小噪声容限，因为逻辑电平不再等于全部电源电压，但只要噪声容限在一定范围之内，这不算什么严重问题。自然，泄漏电流使静态功耗增加。但它可以用降低电源电压来补偿，这又可以不降低电路的性能而通过降低阈值电压来达到，结果使动态功耗以平方关系下降。对于 0.25 μm CMOS 工艺，以下两组电路配置可得到相同的性能：电源 3 V $-V_T$ 0.7 V；电源 0.45 V $-V_T$ 0.1 V。但是后者的动态功耗可降至前者的 1/45[Liu93]！因此选择正确的电源值和阈值电压值需要再次权衡利弊。最佳工作点取决于电路的活动性。当存在相当大的静态功耗时，非常重要的是使不工作(nonactive)的模块暂时断电(powered down)以免静态功耗成为支配因素。暂时断电(亦称待机状态)可以通过切断该工作单元与电源线的连接或降低电源电压来实现。

5.5.3　综合考虑

　　CMOS 反相器的总功耗现在可以表示成三部分的和：

$$P_{tot} = P_{dyn} + P_{dp} + P_{stat} = (C_L V_{DD}^2 + V_{DD} I_{peak} t_s) f_{0 \to 1} + V_{DD} I_{leak} \tag{5.53}$$

在典型的 CMOS 电路中电容功耗是占主导地位的因素。直接通路功耗可以通过细心的设计控制在限定范围之内，因此不应当成为问题。漏电目前可以忽略，但在不久的将来这种情形会有所改变。

功耗–延时积或每操作的能量损耗

　　在第 1 章已经介绍了可将功耗–延时积(PDP)作为一个逻辑门的质量评定指标：

$$PDP = P_{av} t_p \tag{5.54}$$

PDP 是能量的衡量，这从它的单位(W × s = 焦耳)就可以清楚地看出。假设这个门以其最大可能的速率 $f_{max} = 1/(2t_p)$ 切换，并忽略静态和直接通路电流引起的功耗，我们得到：

$$PDP = C_L V_{DD}^2 f_{max} t_p = \frac{C_L V_{DD}^2}{2} \tag{5.55}$$

这里，PDP 代表每次翻转(即 0→1 或 1→0 的翻转)消耗的能量。我们通常感兴趣的是每个翻转周期所消耗的能量 E_{av}。由于每个反相器周期包括一个 0→1 和一个 1→0 的翻转，因此 E_{av} 是 PDP 的两倍。

能量–延时积

　　用 PDP 作为衡量工艺技术或逻辑门拓扑结构的质量指标是有问题的。它衡量了开关这个门所需的能量，这是一个重要的特性。但是对于一个给定的结构这个数字可以通过降低电源电压而任意缩小。从这一角度来看，使这个电路工作的最优电压应当是仍能保证功能的最低可能的电压值。但正如前面已讨论过的，这要以牺牲性能为代价。一个更合适的指标应当把性能和能量的度量放在一起考虑。能量–延时积(或称 EDP)就是这样一个指标：

$$EDP = PDP \times t_p = P_{av} t_p^2 = \frac{C_L V_{DD}^2}{2} t_p \tag{5.56}$$

　　值得分析一下 EDP 与电压的关系。较高的电源电压能够减少延时，但会增加能耗，电压低时则正好相反。因此应当存在一个最优工作点。假设 NMOS 和 PMOS 管具有可比拟的阈值电压和饱和电压，我们可以把传播延时公式(5.21)简化为

$$t_p \approx \frac{\alpha C_L V_{DD}}{V_{DD} - V_{TE}} \tag{5.57}$$

式中，$V_{TE} = V_T + V_{DSAT}/2$，$\alpha$ 为工艺参数。联立式(5.56)和式(5.57)[①]得到：

$$EDP = \frac{\alpha C_L^2 V_{DD}^3}{2(V_{DD} - V_{TE})} \qquad (5.58)$$

在式(5.58)中对 V_{DD} 求导并令结果为零，即得到最优电源电压，结果为

$$V_{DDopt} = \frac{3}{2} V_{TE} \qquad (5.59)$$

由这一分析得到了一个能同时优化性能和能耗的较低的电源电压值。对于阈值在 0.5 V 范围的亚微米工艺最优电源电压为 1 V 左右。

例5.15　0.25 µm CMOS 反相器的最优电源电压

从第 3 章列出的通用 CMOS 工艺的工艺参数中可以推导出 V_{TE} 值如下：

$$V_{Tn} = 0.43\ \text{V}, \quad V_{Dsatn} = 0.63\ \text{V}, \quad V_{TEn} = 0.74\ \text{V}$$
$$V_{Tp} = -0.4\ \text{V}, \quad V_{Dsatp} = -1\ \text{V}, \quad V_{TEp} = -0.9\ \text{V}$$
$$V_{TE} \approx (V_{TEn} + |V_{TEp}|)/2 = 0.8\ \text{V}$$

因此，$V_{DDopt} = (3/2) \times 0.8\ \text{V} = 1.2\ \text{V}$。图 5.36 的模拟结果画出了归一化的延时、能量以及能量-延时积，它证实了这一结果。所预测的最优电源电压为 1.1 V。该图清楚地显示了在延时与能量之间的互换关系。

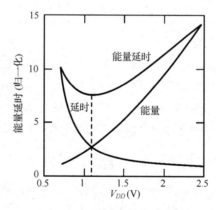

图 5.36　0.25 µm CMOS 反相器归一化的延时、能量及能量-延时积的曲线图

警告：上面的例子虽然显示了存在一个使门的能量-延时积最小的电源电压，但这一电压对于一个给定的设计并不一定就代表最优电压。例如某些设计要求延时最小的性能，这需要以能量为代价的较高电压。同样，一个低能量设计可以通过工作在低电压下并采用像流水线或并行性这样的结构技术获取总的系统性能来实现。

5.5.4　利用 SPICE 分析功耗

在第 1 章已经定义了一个电路的平均功耗，为方便起见在此重复一下：

$$P_{av} = \frac{1}{T}\int_0^T p(t)\mathrm{d}t = \frac{V_{DD}}{T}\int_0^T i_{DD}(t)\mathrm{d}t \qquad (5.60)$$

式中，T 是相关的周期，V_{DD} 和 i_{DD} 分别为电源电压和电流。某些 SPICE 实现的版本含有一些功能

[①]　该式仅在器件保持速度饱和时是精确的，这一点在电源电压较低时可能达不到。这会给分析带来一些不精确性，但不会影响整体结果。

可以计算一个电路信号的平均值。例如 HSPICE. MEASURE TRAN I(VDD) AVG 命令可以计算在已算出的瞬态响应曲线(I(VDD))下的面积并把它除以相关的周期。这一结果与式(5.60)给出的定义完全一样。可惜的是，SPICE 的其他实现版本功能并没有这么强。但只要我们认识到 SPICE 实际上就是一个微分方程的求解工具，那么这一点并不像看上去那么差。我们可以很容易地想象出一个简单的电路作为一个积分器，它的输出信号就是平均功率。

例如，考虑图 5.37 的电路。电源送出的电流由一个电流控制的电流源来度量，并且在电容 C 上进行积分。电阻 R 只是为了直流收敛，因此应当选择得尽可能地大以使漏电流最小。明智地选择元件的参数可以保证输出电压 P_{av} 等于平均功耗。该电路的工作可以用式(5.61)来概括，这里假设电容 C 上的初始电压为零：

$$C\frac{\mathrm{d}P_{av}}{\mathrm{d}t} = ki_{DD} \tag{5.61}$$

或

$$P_{av} = \frac{k}{C}\int_0^T i_{DD}\mathrm{d}t$$

由式(5.60)及式(5.61)可得到等效电路参数必须满足的条件：$k/C = V_{DD}/T$。在这些条件下，所示的等效电路就是一个可用来跟踪数字电路平均功耗的方便工具。

图 5.37　用 SPICE 度量平均功耗的等效电路

例 5.16　反相器的平均功耗

例 5.4 的反相器在 250 ps 翻转周期中的平均功耗可以用以上的方法来分析($T = 250$ ps, $k = 1$, $V_{DD} = 2.5$ V, 因此 $C = 100$ pF)。所得到的功耗画在图 5.38 中，该图显示了平均功耗约为 157.3 μW。而由 .MEAS AVG 命令得到的值为 160.3 μW，这表明这两种方法近似等效。这些数字相当于能量为 39 fJ(它接近于例 5.11 中推导出的 37.5 fJ)。我们注意到在由高至低翻转期间功耗稍微有点负方向的跌落。这是由于当在输入和输出间的电路耦合使输出短暂地超过 V_{DD} 时电流注入电源的缘故(如图 5.16 中的瞬态响应所示)。

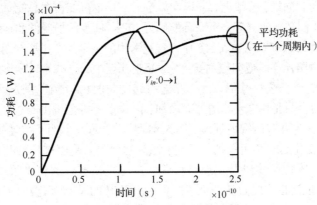

图 5.38　利用 SPICE 计算功耗

5.6　综述：工艺尺寸缩小及其对反相器衡量指标的影响

在 3.5 节中已展示了工艺尺寸缩小对一些重要设计参数的影响，如面积、延时和功耗。为了清楚起见，在这里重复列出工艺尺寸缩小表(见表 3.8)中一些比较重要的条目。

这些理论预见的合理性可以通过回顾和观察过去几十年间的趋势而得到证实。由图 5.39 可以看到门延时确实以每年 13% 的速率呈指数下降，或者说每五年减半。这一下降速率与表 5.4 的预见一致，因为 S 的平均值如在图 3.40 中看到的那样大约为 1.15。一个两输入 NAND 门扇出为 4 时的延时已从 20 世纪 60 年代的几十纳秒下降到 2000 年的十分之一纳秒，并且到 2010 年时为几十皮秒(1 皮秒为 10^{-12} 秒)。

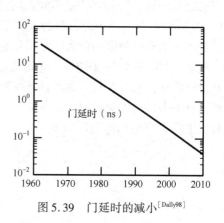

图 5.39　门延时的减小[Dally98]

表 5.4　短沟器件的尺寸缩小情形(S 和 U 分别代表工艺和电压的缩小参数)

参数	关系式	全比例缩小	一般化缩小	恒压缩小
面积/器件	WL	$1/S^2$	$1/S^2$	$1/S^2$
本征延时	$R_{on}C_{gate}$	$1/S$	$1/S$	$1/S$
本征能量	$C_{gate}V^2$	$1/S^3$	$1/SU^2$	$1/S$
本征功率	能量/单位延时	$1/S^2$	$1/U^2$	1
功率密度	功率/单位面积	1	S^2/U^2	S^2

直到最近，降低功耗还只是第二位考虑的问题。因此对于每个门或设计的功耗只有一些统计数据。图 5.40 是一个有趣的图，它画出了对 1980 年至 1995 年期间完成的大量设计所统计的功率密度。尽管差别很大(甚至对固定的一种工艺也是如此)，但它表明功率密度近似地随 S^2 增加。这相应于表 5.4 所显示的固定电压缩小的情形。在最近几年，我们可以期望功率密度下降的情形与全缩小模型更为一致——这一模型预见到的是不变的功率密度——这是由于电源电压在加速降低以及对低功耗设计技术日益关注的缘故。即使在这些情形下，每个芯片的功耗也将由于越来越大的芯片尺寸而继续增长。

然而以上所介绍的缩小模型有一个主要的缺陷。性能和功耗的预测只得到仅考虑器件参数的"本征"数值。在第 4 章中我们已得出结论，即互连线表现出不同的尺寸缩小特性，而且连线的寄生参数可能支配整个性能。同样，连线电容充电和放电的能量也可能占据总能量的主要部分。为了得到比较清晰的观点，我们必须建立起一个联合的模型，它同时考虑了器件和连线的缩小模型。连线电容及其尺寸缩小特性的影响总结在表 5.5 中。这里采用的是第 4 章中所介绍的固定电阻模型。我们进一步假定驱动器电阻比连线电阻更主要，对于短连线至中长连线来说情形确实如此。

这一模型预见到随着工艺尺寸的缩小，互连引起的延时(及能耗)将越来越重要。它的影响对于短连线($S = S_L$)而言只是由于 ε_c 的增加而增加，但对于中等范围的长连线($S_L < S$)而言将变得日益显著。这些结论已为许多研究所证实，图 5.41 为其中的一个例子。连线影响与本征部分的比今后实际上将如何变化是一个可争议的问题，因为它取决于范围很广的独立参数，如系统总体结构、设计方法学、晶体管尺寸以及互连材料等。互连线在不久的将来很快就会使 CMOS 性能"饱和"而走向末日的说法也许是过于夸大了。但十分清楚的是对互连线的日益关注是绝对必要的，并且这也许会改变下一代电路设计和优化的方式(例如[Sylvester98])。

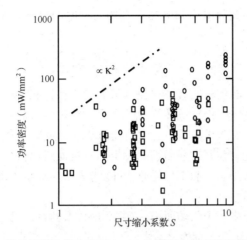

图 5.40　微处理器和数字信号(DSP)处理器中功率密度的增加与尺寸缩小系数 S 的关系[Kuroda95]。S 对于 4 μm 工艺归一至 1

表 5.5　导线电容的缩小情形。S 和 U 分别代表工艺和电压的缩小参数,而 S_L 代表导线长度变化的比例系数。ε_c 代表边缘电容和线间电容的影响

参数	关系	一般化缩小
导线电容	WL/t	ε_c/S_L
导线延时	$R_{on}C_{int}$	ε_c/S_L
导线能量	$C_{int}V^2$	ε_c/S_LU^2
导线延时/本征延时		ε_cS/S_L
导线能量/本征能量		ε_cS/S_L

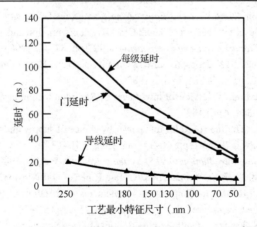

图 5.41　导线延时与门延时的比随工艺进步而变化[Fisher98]

5.7　小结

本章对静态 CMOS 反相器进行了严格和深入的分析。该门的主要特点总结如下。

- 静态 CMOS 反相器把一个上拉的 PMOS 器件和一个下拉的 NMOS 器件组合在一起。因为 PMOS 具有较低的电流驱动能力,通常应使它比 NMOS 宽。
- 该门具有几乎理想的电压传输特性。逻辑摆幅等于电源电压并且与晶体管的尺寸无关。一个对称反相器(它的 PMOS 和 NMOS 管具有相同的电流驱动强度)的噪声容限接近 $V_{DD}/2$。稳态响应不受扇出的影响。

- 它的传播延时主要由充放电负载电容 C_L 所需要的时间决定。作为一阶近似,它可以近似为下式:

$$t_p = 0.69 C_L \left(\frac{R_{eqn} + R_{eqp}}{2} \right)$$

　　使负载电容保持较小是实现高性能电路的最有效手段。只要延时主要受扇出和导线等外部(或负载)电容的影响,改变晶体管的尺寸就可能有助于提高性能。

- 功耗主要是由在充电和放电负载电容时消耗的动态功耗决定的。它为 $P_{0 \to 1} C_L V_{DD}^2 f$。功耗与电路的活动性成正比。在开关通断期间发生的直接通路电流所引起的功耗可以通过对信号斜率的仔细修正来限制。静态功耗通常可以忽略,但在将来由于亚阈值电流的原因它可能成为一个主要因素。

- 使工艺尺寸变小是减少一个门的面积、传播延时以及功耗的有效手段。如果电源电压也同时降低,则其影响甚至更为惊人。

- 互连线的影响将在总延时和总性能中逐渐占有更大的比例。

5.8　进一步探讨

　　CMOS 反相器的工作已是许多出版物和教材的内容。实际上每一本关于数字设计的书都使用了大量的篇幅来分析基本反相器门。在第 1 章中已经列出了广泛的参考资料。以下是本章中曾引用过的一些特别有意义的参考资料。

参考文献

[Dally98] W. Dally and J. Poulton, *Digital Systems Engineering*, Cambridge University Press, 1998.

[Fisher98] P. D. Fisher and R. Nesbitt, "The Test of Time: Clock-Cycle Estimation and Test Challenges for Future Microprocessors," *IEEE Circuits and Devices Magazine,* 14(2), pp. 37–44, 1998.

[Hedenstierna87] N. Hedenstierna and K. Jeppson, "CMOS Circuit Speed and Buffer Optimization," *IEEE Transactions on CAD*, vol. CAD-6, no. 2, pp. 270–281, March 1987.

[Kuroda95] T. Kuroda and T. Sakurai, "Overview of low-power ULSI circuit techniques," *IEICE Trans. on Electronics*, vol. E78-C, no. 4, pp. 334-344, April 1995.

[Liu93] D. Liu and C. Svensson, "Trading speed for low power by choice of supply and threshold voltages," *IEEE Journal of Solid-State Circuits*, vol. 28, no.1, pp. 10–17, Jan. 1993, p.10–17.

[Mead80] C. Mead and L. Conway, *Introduction to VLSI Systems*, Addison-Wesley, 1980.

[Sedra87] A. Sedra and K. Smith, *MicroElectronic Circuits*, Holt, Rinehart and Winston, 1987.

[Swanson72] R. Swanson and J. Meindl, "Ion-Implanted Complementary CMOS transistors in Low-Voltage Circuits," *IEEE Journal of Solid-State Circuits*, vol. SC-7, no. 2, pp.146–152, April 1972.

[Sylvester98] D. Sylvester and K. Keutzer, "Getting to the Bottom of Deep Submicron," *Proceedings ICCAD Conference*, pp. 203, San Jose, November 1998.

[Veendrick84] H. Veendrick, "Short-Circuit Dissipation of Static CMOS Circuitry and its Impact on the Design of Buffer Circuits," *IEEE Journal of Solid-State Circuits*, vol. SC-19, no. 4, pp. 468–473, 1984.

习题

　　提示:登录 http://icbook. eecs. berkeley. edu/可得到最新的思考题、设计题和习题集。通过以电子版而不是纸质版的形式提供这些练习,可以提供一个动态的环境以跟踪当今数字集成电路设计技术的快速发展。

第6章　CMOS组合逻辑门的设计

- 深入讨论 CMOS 逻辑系列——静态和动态、传输晶体管、无比和有比逻辑
- 优化逻辑门的面积、速度、能量或稳定性
- 低功耗高性能的电路设计技术

6.1　引言

前一章已讨论了简单反相器的设计。现在将这一讨论延伸到综合任意的数字门，如 NOR 门、NAND 门和 XOR 门。我们将集中讨论组合逻辑或所谓的非再生电路，这些电路具有的特点是在任何时刻电路输出与其当前输入信号间的关系服从某个布尔表达式(假设通过逻辑门的瞬态响应已经稳定)，而不存在任何从输出返回至输入的连接。

它与另一类称为时序或再生的电路不同，后者的输出不仅与当前的输入数据有关，而且也与输入信号以前的值有关(见图 6.1)。这可以通过把一个或多个输出连回到某些输入来实现。于是，该电路能够"记忆"过去的事件而成为有历史的电路。一个时序电路包含一个组合逻辑部分和一个能保持状态的模块。这些电路的例子有寄存器、计数器、振荡器和存储器。时序电路将在下一章讨论。

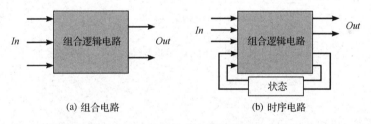

(a) 组合电路　　　　　(b) 时序电路

图 6.1　逻辑电路的高层次分类

一个给定的逻辑功能可以用许多电路形式来实现。与评价一个反相器一样，评价一个逻辑门通常的设计指标是面积、速度、能量和功率。不同的应用会有不同的重点指标。例如对于一个高性能处理器，数字电路的开关速度是最基本的指标，而对于一个电池操作的电路，能量消耗就是最主要的。最近，功耗也已受到相当的关注，并且特别强调要了解功耗的来源及解决功耗的方法。除了这些指标外，对噪声的稳定性以及可靠性也是非常重要的考虑因素。我们将会看到某些逻辑类型可以明显提高性能，但它们通常对噪声也比较敏感。

6.2　静态 CMOS 设计

静态互补 CMOS 是使用最广泛的逻辑类型。静态互补 CMOS 实际上就是静态 CMOS 反相器扩展为具有多个输入。回想一下，CMOS 结构的基本优点是其具有良好的稳定性(即对噪声的灵敏度低)、良好的性能以及低功耗(没有静态功耗)。这些特性中的大多数也适用于采用类似的电路拓扑结构来实现的大扇入逻辑门。

互补 CMOS 电路属于很广的一类逻辑电路，即所谓的静态电路，在静态电路中，每一时刻每

个门的输出通过一个低阻路径连到 V_{DD} 或 V_{SS} 上。同时在任何时候该门的输出即为该电路实现的布尔函数值(忽略在切换期间的瞬态效应)。这一点不同于动态电路,后者依赖于把信号值暂时存放在高阻抗电路节点的电容上。动态电路的优点是所形成的门比较简单且比较快,但它的设计和工作比较复杂,并且由于对噪声敏感程度的增加而容易失败。

　　在本节中将依次讨论各种静态电路类型的设计,包括互补 CMOS、有比逻辑(伪 NMOS 和 DCVSL)以及传输管逻辑。我们也将讨论降低电源电压和阈值电压的问题。

6.2.1　互补 CMOS

概念

　　静态 CMOS 门是上拉网络(PUN)和下拉网络(PDN)的组合,如图6.2所示。图中显示了一个通用的 N 个输入的逻辑门,它的所有输入都同时分配到上拉和下拉网络。PUN 的作用是每当逻辑门的输出意味着逻辑1时(取决于输入)它将提供一条在输出和 V_{DD} 之间的通路。同样,PDN 的作用是当逻辑门的输出意味着逻辑0时把输出连至 V_{SS}。PUN 和 PDN 网络是以相互排斥的方式构成的,即在稳定状态时两个网络中有且只有一个导通。这样,一旦瞬态过程完成,总有一条路径存在于 V_{DD} 和输出端 F 之间(即高电平输出"1")或存在于 V_{SS} 和输出端 F 之间(即低电平输出"0")。这就是说,在稳定状态时输出节点总是一个低阻节点。

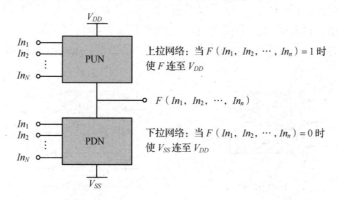

图 6.2　PUN(上拉网络)和 PDN(下拉网络)组成的互补逻辑门

设计者在构成 PUN 和 PDN 网络时应当记住以下几点。

● 一个晶体管可以看成一个由其栅信号控制的开关。当控制信号为高时 NMOS 开关闭合,当控制信号为低时则断开。而一个 PMOS 管则像一个反开关,当控制信号为低时闭合,当控制信号为高时断开。

● PDN 由 NMOS 器件构成,而 PUN 由 PMOS 管构成。这一选择的主要理由是 NMOS 管产生"强零"而 PMOS 器件产生"强1"。要说明这一点,考虑图6.3中的例子。在图6.3(a)中,输出电容最初被充电至 V_{DD},图上画出了两种可能的放电情况。一个 NMOS 器件将输出一直下拉至 GND,而一个 PMOS 只能把输出拉低到 $|V_{T_p}|$ 为止,此时 PMOS 关断并停止提供放电电流。因此 NMOS 管适于用在 PDN 中。同样,图6.3(b)显示了两种给电容充电的不同方法,输出最初为 GND。PMOS 开关成功地使输出一直充电至 V_{DD},而 NMOS 器件则无法使输出上升到 $V_{DD} - V_{T_n}$ 以上。这就解释了为什么在 PUN 中更愿意使用 PMOS。

● 可以推导出一组规则来实现逻辑功能(见图6.4)。NMOS 器件串联相当于"与"(AND)功能。当所有的输入为高时,串联组合导通,因此在串联链一端的值被传送到另一端。同样,NMOS 管的并联代表了一个"或"(OR)操作。如果至少有一个输入为高,则在输出与输入端之间就会存在一条通路。采用类似的理由可以推导出构成 PMOS 网络的规则。如果两个输入都低，串联的两个 PMOS 都导通，这代表一个 NOR 操作$(\overline{A} \cdot \overline{B} = \overline{A + B})$，而 PMOS 管并联实现 NAND 操作$(\overline{A} + \overline{B} = \overline{A \cdot B})$。

- 根据 De Morgan 定律$(\overline{A + B} = \overline{A} \cdot \overline{B}$ 和 $\overline{A \cdot B} = \overline{A} + \overline{B})$，可以看出一个互补 CMOS 结构的上拉和下拉网络互为对偶网络。这意味着在上拉网络中并联的晶体管相应于在下拉网络中对应器件的串联，反之亦然。因此为了构成一个 CMOS 门，可以用串、并联器件的组合来实现其中一个网络(如 PDN)。而另一个网络(如 PUN)可以通过对偶原理来实现，即浏览各层结构，用并联的子电路代替串联的子电路和用串联的子电路代替并联的子电路。把 PDN 与 PUN 组合起来就构成了完整的 CMOS 门。

- 这一互补门在本质上是反相的，只能实现如 NAND、NOR 及 XNOR 这样的功能。用单独一级来实现非反相的布尔函数(如 AND、OR 或 XOR)是不可能的，因此要求增加额外一级反相器。

- 实现一个具有 N 个输入的逻辑门所需要的晶体管数目为 $2N$。

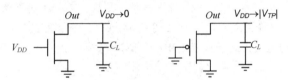

(a) 利用 NMOS 和 PMOS 开关下拉一个节点

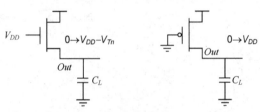

(b) 利用 NMOS 和 PMOS 开关上拉一个节点

图 6.3　说明为什么用 NMOS 作为下拉器件而用 PMOS 作为上拉器件的简单例子

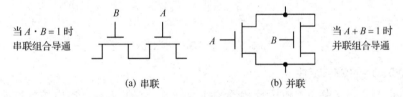

(a) 串联　　　　　　　　(b) 并联

图 6.4　NMOS 逻辑规则——串联器件实现 AND 操作，并联器件实现 OR 操作

例 6.1　两输入 NAND 门

图 6.5 为一个两输入 NAND 门$(F = \overline{A \cdot B})$。PDN 网络由两个串联的 NMOS 器件构成，在 A 和 B 均为高时导通。PUN 是它的对偶网络，由两个并联的 PMOS 管组成。这意味着，如果 $A = 0$ 或 $B = 0$ 则 F 为 1，这相当于 $F = \overline{A \cdot B}$。表 6.1 是这一简单的两输入 NAND 门的真值表。可以证明输出 F 总是连到 V_{DD} 或者 GND，但决不会同时连到二者。

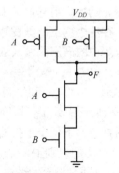

图 6.5　互补静态 CMOS 类型的两输入 NAND 门

表 6.1　两输入 NAND 门的真值表

A	B	F
0	0	1
0	1	1
1	0	1
1	1	0

例 6.2　CMOS 复合门的综合

考虑利用互补 CMOS 逻辑合成一个 CMOS 复合门,其功能为 $F = \overline{D + A \cdot (B + C)}$。合成该逻辑门的第一步是利用串联 NMOS 器件实现 AND 功能而并联 NMOS 器件实现 OR 功能的事实推导出它的下拉网络,如图 6.6(a) 所示。接着利用对偶性逐层推导出 PUN。将 PDN 网络拆解成称为子电路的较小的网络(即 PDN 的子集)来简化 PUN 的推导。在图 6.6(b) 中标明了下拉网络的各个子电路(SN)。在最高层上,SN1 和 SN2 并联,所以在其对偶网络中它们应当串联。由于 SN1 只含有一个晶体管,所以它直接映射到上拉网络。但我们需要对 SN2 连续应用对偶规则。在 SN2 内部,SN3 和 SN4 串联,所以在 PUN 中它们将并联。最后,在 SN3 内部两个器件并联,所以它们在 PUN 中表现为串联。最终完成的门显示在图 6.6(c) 中。读者可以验证一下,对于每一种输入组合,总存在一条或者连至 V_{DD} 或者连至 GND 的通路。

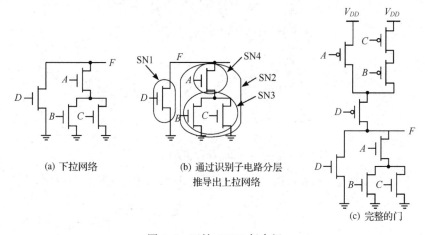

| (a) 下拉网络 | (b) 通过识别子电路分层
推导出上拉网络 | (c) 完整的门 |

图 6.6　互补 CMOS 复合门

互补 CMOS 门的静态特性

互补 CMOS 门继承了基本 CMOS 反相器的所有优点。它们表现出在电源的两条轨线之间电压的摆幅,即 $V_{OH} = V_{DD}$ 和 $V_{OL} = GND$。由于这些电路设计成使下拉和上拉网络相互排斥,所以这些电路没有静态功耗。但它们的 DC 电压传输特性和噪声容限的分析比反相器要复杂,因为这些参数**取决于加在这个门上的数据输入模式**。

考虑图 6.7 中的静态两输入 NAND 门。有三种可能的输入组合可以使该门的输出从高切换至低:(a)$A = B = 0 \rightarrow 1$,(b)$A = 1$,$B = 0 \rightarrow 1$ 和 (c)$B = 1$,$A = 0 \rightarrow 1$。它们形成的电压传输曲线表现出很大的差别。情形(a)和另两种情形(b)和(c)之间存在较大的差别,这可以用以下事实来解释:在第一种情形中处于上拉网络的两个晶体管由于 $A = B = 0$ 而同时导通,这代表很强的上拉。而在后两种情形下两个上拉器件中只有一个导通。因此 PUN 较弱的结果使 VTC 左移。

(b)和(c)之间的差别主要来自于两个 NMOS 器件间的内部节点 int 的状态。为了使这两个 NMOS 器件导通,两个栅至源的电压必须都大于 V_{Tn},这里 $V_{GS2} = V_A - V_{DS1}$,$V_{GS1} = V_B$。由于体效应的缘故晶体管 M_2 的阈值电压将高于晶体管 M_1。这两个器件的阈值电压可由以下两式得到:

$$V_{Tn2} = V_{Tn0} + \gamma((\sqrt{|2\phi_f| + V_{int}}) - \sqrt{|2\phi_f|}) \qquad (6.1)$$

$$V_{Tn1} = V_{Tn0} \qquad\qquad\qquad\qquad\qquad\qquad\qquad (6.2)$$

对于情形(b)，M_3断开，M_2的栅电压设定在 V_{DD}。在一阶分析中可以把 M_2 看成与 M_1 串联的一个电阻。由于对 M_2 的驱动较大，所以它的电阻较小，因而对电压传输特性的影响也较小。在情形(c)中，晶体管 M_1 的作用像一个电阻，由于体效应的影响使 M_2 的 V_T 升高。正如从图中可以看到总的影响非常小。

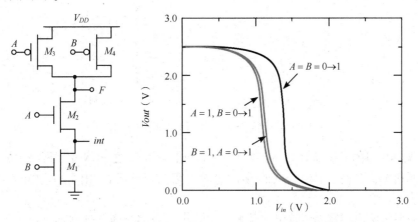

图 6.7　一个两输入 NAND 门的 VTC 与数据有关。NMOS 器件的尺寸
为 0.5 μm/0.25 μm，而 PMOS 器件的尺寸为 0.75 μm/0.25 μm

设计考虑

以上没有讨论到的重要一点是**噪声容限与输入模式有关**。在图 6.7 的情形中，虚假尖峰信号(毛刺)发生在一个输入上时要比同时发生在两个输入上时有更多的机会引起输出的错误翻转。因此，前一种情况具有较小的低电平噪声容限。在表征如 NAND 和 NOR 这样的门时，一个通常的做法是把它所有的输入都连在一起。遗憾的是，这并不代表最坏情形时的静态特性，因此应当仔细模拟与数据的相关性。■

互补 CMOS 门的传播延时

传播延时的计算方式与静态反相器类似。为了分析延时，每个晶体管都模拟成将一个电阻与一个理想开关相串联。电阻的数值取决于电源电压，同时必须采用按器件宽长比确定的等效大信号电阻。逻辑门被变换成一个包括内部节点电容在内的等效 RC 电路。图 6.8 显示了一个两输入 NAND 门和等效的 RC 开关级模型。注意，这里已包括了内部节点电容 C_{int}——它来自源/漏区及 M_2 和 M_1 的栅覆盖电容。虽然会使分析复杂化，但这一内部节点电容可能在某些电路(如大扇入门)中产生非常大的影响。在初次讨论时我们忽略内部电容的影响。

对这一模型的简单分析表明，与噪声容限相类似，传播延时也取决于输入模式。例如考虑由低至高的翻转。可以看到有三种可能的输入情形可以使输出充电至 V_{DD}。如果两个输入都被驱动至低电平，那么两个 PMOS 器件都导通。这时的延时为 $0.69 \times (R_p/2) \times C_L$，因为这两个电阻并联。但这并不是最坏情形时由低至高的翻转，最坏情形发生在只有一个器件导通的时候，此时的延时为 $0.69 \times R_p \times C_L$，对于下拉路径，输出只有在 A 和 B 同时切换至高电平时才放电，因此就一阶近似而言延时为 $0.69 \times (2R_N) \times C_L$。换言之，增加串联的器件会使电路变慢，因而器件必须设计得较宽以避免性能下降。当确定一个多输入门的晶体管尺寸时，我们应当考虑能引起最坏情形的输入组合。

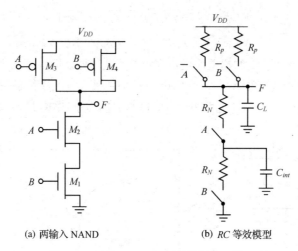

(a) 两输入 NAND　　　　　　(b) *RC* 等效模型

图 6.8　两输入 NAND 门的等效 *RC* 模型

为了使 NAND 门的下拉延时 t_{phl} 与最小尺寸的反相器相同, 在 PDN 串联网络中的 NMOS 器件必须设计成两倍宽, 以使 NAND 下拉网络的等效电阻与反相器的相同。而 PMOS 器件可以维持不变[①]。

一阶分析假定了由加宽晶体管引起的额外电容可以忽略。通常这并不是一个好的假设, 但它可以相当好地初步确定器件的尺寸。

例 6.3　延时取决于输入模式

考虑图 6.8(a) 的 NAND 门。假设 NMOS 和 PMOS 器件分别为 0.5 μm/0.25 μm 及 0.75 μm/0.25 μm。这一尺寸应当使最坏情形的上升和下降时间接近相等(因为下拉的等效电阻设计成等于上拉的电阻)。

图 6.9 显示了对于不同的输入模式由低至高延时的模拟结果。正如所预见的, 两个输入都变为低电平($A=B=1{\rightarrow}0$)的情形与只有一个输入被驱动至低电平的情形相比具有较小的延时。注意, 最坏情形的由低至高延时取决于哪一个输入(A 或 B)变为低电平。其原因涉及串联的下拉网络中内部节点(即 M_2 源端处)的电容。对于 $B=1$ 而 A 从 $1{\rightarrow}0$ 翻转的情形, 上拉 PMOS 器件只需对输出节点电容充电(因为此时 M_2 关断)。反之, 对于 $A=1$ 而 B 从 $1{\rightarrow}0$ 翻转的情形, 上拉 PMOS 器件必须对输出和内部节点电容之和充电, 因此使翻转变慢。

图 6.9 的表格汇总了这一电路在各种输入情况下的延时。一阶近似确定的晶体管尺寸确实提供了近似相等的上升和下降延时。要注意的重要一点是由高至低的传播延时取决于内部节点的初始状态。例如, 当分析两个输入都从 $0{\rightarrow}1$ 翻转时, 关键是确定这个内部节点的状态。最坏情形发生在这个内部节点最初被充电至 $V_{DD}-V_{Tn}$ 的时候, 这一状态可以通过使输入 A 产生 $1{\rightarrow}0$ ${\rightarrow}1$ 的脉冲变化而输入 B 只产生 $0{\rightarrow}1$ 的翻转来保证。采用这一方式时内部节点就被初始化到了合适的状态。

本例中没有说明的重要一点是估计延时可以是相当复杂的, 它需要仔细考虑内部节点的电容以及数据模式。在模拟中必须小心模拟最坏情形。枚举所有可能的输入方法并不总能达到目的, 因为还必须考虑内部节点的状态。

---

①　在深亚微米工艺中, 由于堆叠起来的晶体管速度饱和程度较低, 所以其尺寸不必很宽。对于一个两输入的 NAND, NMOS 管应当设计成只要 1.5 倍宽就可以了。

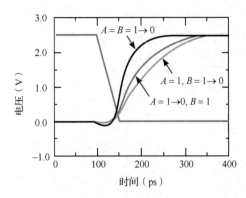

输入数据模式	延时（ps）
$A = B = 0 \rightarrow 1$	69
$A = 1, B = 0 \rightarrow 1$	62
$A = 0 \rightarrow 1, B = 1$	50
$A = B = 1 \rightarrow 0$	35
$A = 1, B = 1 \rightarrow 0$	76
$A = 1 \rightarrow 0, B = 1$	57

图 6.9　显示延时与输入有关的例子

图 6.10 为 CMOS 实现的 NOR 门（$F = \overline{A + B}$）。当且只当两个输入 $A = B$ 同时为低时这个电路的输出才为高。最坏情形的下拉翻转发生在只有一个 NMOS 器件导通时（也就是 A 或 B 中只有一个为高）。假设我们的目的是确定 NOR 门的尺寸使它的延时近似等于具有以下器件尺寸的反相器：NMOS 为 0.5 μm/0.25 μm 及 PMOS 为 1.5 μm/0.25 μm。由于在最坏情形下的下拉路径只有一个器件，所以 NMOS 器件（M_1 和 M_2）可以具有与反相器中 NMOS 器件相同的器件宽度。为使输出拉高，两个 PMOS 器件必须同时导通。由于这两个器件的电阻是相加的，

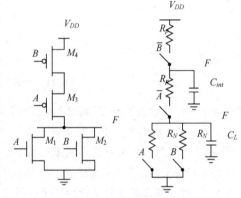

图 6.10　确定 NOR 门的尺寸

所以它们必须设计成反相器中 PMOS 的两倍大（即 M_3 和 M_4 的尺寸必须为 3 μm/0.25 μm）。因为 PMOS 器件的迁移率比 NMOS 器件低，所以应当尽可能避免串联堆叠 PMOS 器件。显然，实现一般逻辑时，利用 NAND 实现比用 NOR 实现更好。

思考题 6.1　确定互补 CMOS 门中晶体管的尺寸

确定图 6.6（c）电路中晶体管的尺寸，使它的 t_{plh} 和 t_{phl} 与具有以下尺寸的反相器近似相等：NMOS 为 0.5 μm/0.25 μm 及 PMOS 为 1.5 μm/0.25 μm。

迄今为止，在分析传播延时的时候，我们一直忽略内部节点电容，这对于一阶分析来说常常是一种合理的假设。然而在具有大扇入的比较复杂的逻辑门中，内部节点电容可以变得十分显著。考虑图 6.11 所画的一个四输入 NAND 门，该图显示了这个门的等效 RC 模型，它包括了内部节点电容。内部电容由晶体管的结电容以及栅至源和栅至漏的电容组成。后者利用密勒等效电路可以转变成对地电容。对这一电路的延时分析涉及求解分布 RC 网络，这一问题在分析互连网络的延时时已经遇到过。考虑该电路的下拉延时。当所有的输入都被驱动至高时输出端放电。内部节点在输入被驱动至高之前必须设置合适的初始条件（即内部节点必须充电至 $V_{DD} - V_{TN}$）。

利用 Elmore 延时模型可以计算出传播延时：

$$t_{pHL} = 0.69(R_1 \cdot C_1 + (R_1 + R_2) \cdot C_2 + (R_1 + R_2 + R_3) \cdot C_3 + (R_1 + R_2 + R_3 + R_4) \cdot C_L) \qquad (6.3)$$

注意，M_1 的电阻出现在所有项中，这使该器件在试图最小化延时的时候显得尤为重要。假设所有的 NMOS 器件都具有相同的尺寸，式（6.3）可简化为

$$t_{pHL} = 0.69R_N(C_1 + 2 \cdot C_2 + 3 \cdot C_3 + 4 \cdot C_L) \qquad (6.4)$$

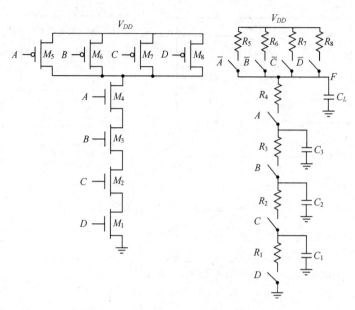

图 6.11　四输入 NAND 门和它的 RC 模型

例 6.4　一个四输入互补 CMOS NAND 门

在本例中，我们用手工分析和模拟来估计一个四输入 NMOS 门(没有任何负载)的本征(或无负载)传播延时。该门的版图显示在图 6.12 中。假设所有 NMOS 器件的 W/L 均为 0.5 μm/0.25 μm，而所有的 PMOS 器件具有 0.375 μm/0.25 μm 的尺寸。确定器件的尺寸使其在一阶分析(忽略内部节点电容)时最坏情况下的上升和下降时间近似相等。

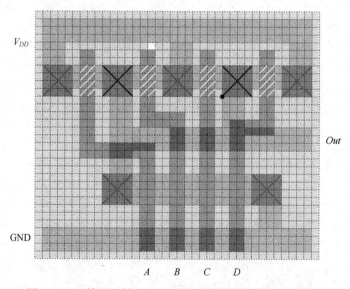

图 6.12　四输入互补 CMOS NAND 门的版图，同时见彩图 7

采用类似于第 5 章中对 CMOS 反相器所采用的技术，可以从版图中计算出电容值。注意，在上拉路径中，为了减少总的寄生参数，所有的 PMOS 器件共享同一个漏端。采用标准的设计规则，可以很容易地计算出各个器件的面积和周长，如表 6.2 所示。

表6.2　四输入 NAND 门中晶体管的面积和周长

晶体管	W(μm)	AS(μm²)	AD(μm²)	PS(μm)	PD(μm)
1	0.5	0.312 5	0.062 5	1.75	0.25
2	0.5	0.062 5	0.062 5	0.25	0.25
3	0.5	0.062 5	0.062 5	0.25	0.25
4	0.5	0.062 5	0.312 5	0.25	1.75
5	0.375	0.297	0.172	1.875	0.875
6	0.375	0.172	0.172	0.875	0.875
7	0.375	0.172	0.172	0.875	0.875
8	0.375	0.297	0.172	1.875	0.875

在本例中，我们将集中讨论下拉延时，并计算出在输出端由高至低翻转时的电容。虽然输出从 V_{DD} 翻转到 0，但内部节点只从 $V_{DD} - V_{Tn}$ 翻转至 GND。为了考虑这一电压翻转，需要将内部结电容线性化，但为了简化分析我们对内部节点也采用与外部节点一样的 K_{eff} 值。

假设输出端连到了一个最小尺寸的反相器。单元间布线的影响很小，可以忽略。各部分电容值总结于表 6.3 中。对于 NMOS 和 PMOS 结，分别采用 $K_{eq} = 0.57$，$K_{eqsw} = 0.61$，及 $K_{eq} = 0.79$，$K_{eqsw} = 0.86$。注意，对于所有内部节点和外部节点，栅至漏的电容都乘以一个因子 2 以考虑密勒效应（这里忽略了由于阈值损失内部节点将有一个稍小的摆幅这样一个事实）。

表 6.3　输出端由高至低翻转时电容的计算。表中列出了无额外
负载时门的本征延时。任何扇出电容直接加到 C_L 项上

电容	组成部分(高→低)	电容值(fF)(高→低)
$C1$	$C_{d1} + C_{s2} + 2*C_{gd1} + 2*C_{gs2}$	$(0.57*0.0625*2+0.61*0.25*0.28)+$ $(0.57*0.0625*2+0.61*0.25*0.28)+$ $2*(0.31*0.5)+2*(0.31*0.5)=0.85$
$C2$	$C_{d2} + C_{s3} + 2*C_{gd2} + 2*C_{gs3}$	$(0.57*0.0625*2+0.61*0.25*0.28)+$ $(0.57*0.0625*2+0.61*0.25*0.28)+$ $2*(0.31*0.5)+2*(0.31*0.5)=0.85$
$C3$	$C_{d3} + C_{s4} + 2*C_{gd3} + 2*C_{gs4}$	$(0.57*0.0625*2+0.61*0.25*0.28)+$ $(0.57*0.0625*2+0.61*0.25*0.28)+$ $2*(0.31*0.5)+2*(0.31*0.5)=0.85$
CL	$C_{d4} + 2*C_{gd4} + C_{d5} + C_{d6} + C_{d7} + C_{d8}$ $+ 2*C_{gd5} + 2*C_{gd6} + 2*C_{gd7} + 2*C_{gd8}$ $= C_{d4} + 4*C_{d5} + 4*2*C_{gd6}$	$(0.57*0.3125*2+0.61*1.75*0.28)+$ $2*(0.31*0.5)+4*(0.79*0.171875*1.9+0.86$ $*0.875*0.22)+4*2*(0.27*0.375)=3.47$

利用式(6.4)，计算传播延时如下：

$$t_{pHL} = 0.69 \left(\frac{13\ \text{k}\Omega}{2} \right) (0.85\,\text{fF} + 2 \cdot 0.85\,\text{fF} + 3 \cdot 0.85\,\text{fF} + 4 \cdot 3.47\,\text{fF}) = 85\,\text{ps}$$

对这一具体翻转模拟的延时结果为 86 ps。对于所做的所有假设和线性化，这一手工分析给出了相当精确的估计。例如我们假设了栅-源（或栅-漏）电容只包括覆盖电容。但情况不完全是这样，因为在翻转过程中，根据工作区的不同还会出现一些其他的因素。我们再次说明，手工分析的目的不是要提供传播延时完全精确的预测，而是要给出一个什么因素会影响延时的直观认识并帮助初步确定晶体管的尺寸。精确的时序分析和晶体管尺寸的优化通常利用 SPICE 来完成。模拟得到的该门在最坏情形下由低至高的延迟时间是 106 ps。

虽然互补 CMOS 是一种实现逻辑门的非常有效和简单的方法，但随着门复杂性（即扇入）的

增加,采用这一逻辑类型时会出现两个主要问题。首先,实现一个有 N 个输入(扇入)的门需要晶体管的数目为 $2N$,这会明显加大它的实现面积。第二,互补 CMOS 门的传播延时随扇入数迅速增加。事实上,一个门的无负载本征延时在最坏情况下是扇入数的二次函数。

- 晶体管数目很多($2N$)增加了该门的总电容。对于一个 N 输入的门,本征电容随扇入线性增加。例如考虑图 6.11 中的 NAND 门。使连至输出节点的 PMOS 器件数呈线性增加,我们可以预见门的由低至高的延时将随扇入数线性增加——因为虽然电容线性增加,但上拉电阻保持不变。
- 在门的 PUN 或 PDN 中晶体管的串联会使门进一步减慢。我们知道,在图 6.11 的 PDN 中分布 RC 网络所带来的延时与串联链中元件的数目成平方关系。因此,门的由高至低延时应当是扇入的二次函数。

图 6.13 画出了一个 NAND 门的(本征)传播延时与扇入的关系曲线,这里假设一个反相器(NMOS:0.5 μm 和 PMOS:1.5 μm)的扇出固定。正如所预见的,t_{pLH} 是扇入的线性函数,而下拉电阻和负载电容(随输入数)同时增加,从而使 t_{pHL} 近似呈平方关系地增加。扇入大于或等于 4 时,门将变得太慢,因此必须避免。

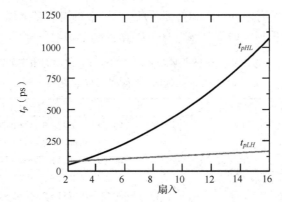

图 6.13　CMOS NAND 门的传播延时与扇入的关系。假设反相
器的扇出固定,并且所有的下拉晶体管均为最小尺寸

大扇入时的设计技术

设计者在进行设计时可以采取如下多种技术来降低大扇入电路的延时。

- **调整晶体管尺寸**。最显而易见的解决办法是加大晶体管的尺寸。这能降低串联器件的电阻和减小时间常数。但是晶体管尺寸的增加会产生较大的寄生电容,这不仅会增加该门的传播延时,还会对前一级的门产生一个较大的负载。因此在采用这一技术时应当小心。如果负载电容主要是门自身的本征电容,则加宽器件只会增加"自载"效应,对传播延时将不产生影响。只有当负载以扇出为主时放大尺寸才起作用。在复杂 CMOS 组合网络中一个更普遍的确定晶体管尺寸的方法将在下一节讨论。
- **逐级加大晶体管尺寸**。与统一加大尺寸的方法(在这一方法中每一个晶体管都以同一比例加大尺寸)不同的另一种方法是逐级加大晶体管的尺寸(见图 6.14)。回想一下式(6.3),我们看到,M_1 的电阻(R_1)在延时公式中出现了 N 次,而 M_2 的电阻(R_2)出现 $N-1$ 次,等等。由该公式可以清楚地看到,应当使 R_1 最小,R_2 次之,依次类推。因此使晶体管尺寸逐级递增是有好处的,即 $M_1 > M_2 > M_3 > M_N$。这一方法降低了起主要作用的电阻,同时使电容的增加保持在一定的范围内。有兴趣的读者可以参阅[Shoji88, pp. 131~143]以了解在一个复杂网络中

优化晶体管尺寸的出色处理方法。然而还应当了解,
这一方法有一个重要的缺点。虽然晶体管尺寸逐级加
大在画电路图时比较容易,但在实际的版图中却不那
么简单。常常由于设计规则方面的考虑迫使设计者不
得不将晶体管距离拉开,从而使内部电容增加。这有
可能抵消掉调整尺寸所得到的所有收益!

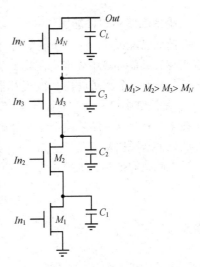

- **重新安排输入**。在复杂组合逻辑块中有一些信号可能
  要比其他一些信号更重要。一个门的所有输入并不都
  在同一时间到达(例如,由于前级门的传播延时不同)。
  如果门的一个输入信号在所有输入中最后达到稳定值,
  那么这个输入信号就称为这个门的关键信号。决定一
  个结构最终速度的逻辑路径称为关键路径。

图 6.14 在长的晶体管链中逐级加
大晶体管的尺寸可以减
少内部电容的额外负载

把关键路径上的晶体管靠近门的输出端可以提高速度,
如图 6.15 所示。假设信号 In_1 为关键信号。进一步假设 In_2
和 In_3 处在高电平,而 In_1 经历 0→1 的翻转,并且 C_L 最初被
充电至高电平。在情形(a)中,直到 M_1 导通前不存在任何到
GND 的路径,遗憾的是,M_1 的导通要到最后才发生。因此在 In_1 的到达和输出之间的延时取决于
C_L、C_1 和 C_2 放电所需要的时间。在第二种情形中,C_1 和 C_2 在 In_1 改变时已被放电。只有 C_L 还必须
被放电,因此延时较小。

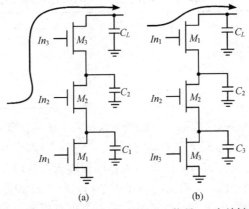

图 6.15 晶体管顺序对延时的影响。信号 In_1 为关键信号

- **重组逻辑结构** 变换逻辑方程的形式有可能降低对扇入的要求,从而减少门的延时,如
  图 6.16 所示。门的延时与扇入间的平方关系使一个六输入的 NOR 门极慢。把这个 NOR
  门分解成两个三输入的门显著地提高了速度,它绰绰有余地补偿了由于把反相器变为一个
  两输入 NAND 门所引起的额外延时。

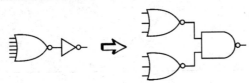

图 6.16 重组逻辑结构可以减少门的扇入

组合电路中的性能优化

前面已经说明,使一个孤立的门的传播延时最小是一个纯粹脱离实际的努力。器件的尺寸应当在其具体环境中确定。在第 5 章中已经建立了一种针对反相器这样做的方法。我们也已经知道,对于一个驱动负载 C_L 的反相器链它的最优扇出为 $(C_L/C_{in})^{1/N}$,其中 N 是反相器链的级数而 C_{in} 是该链中第一个门的输入电容。如果有机会选择级数,我们已发现希望使每一级的扇出保持在 4 左右。这一结果能否延伸到确定任何组合路径的尺寸以达到最小的延时? 通过把前面的方法延伸来解决复杂逻辑电路,我们发现这确实是可能的[Sutherland99]①。

为此我们把第 5 章中介绍过的反相器基本延时公式

$$t_p = t_{p0}\left(1 + \frac{C_{ext}}{\gamma C_g}\right) = t_{p0}(1 + f/\gamma) \tag{6.5}$$

修改为

$$t_p = t_{p0}(p + gf/\gamma) \tag{6.6}$$

式中,t_{p0} 仍代表反相器的本征延时,f 为等效扇出,它定义为该门的外部负载和输入电容之间的比。在这里 f 又称为电气努力(electrical effort),而 p 代表该复合门和简单反相器的本征(即无负载)延时的比,它与门的拓扑结构以及版图样式有关。多输入门比较复杂的结构会使它的本征延时比反相器的大。表 6.4 列出了一些标准门的 p 值,这里假设具有简单的版图样式并忽略如内部节点电容等二次效应。

表6.4　不同逻辑类型本征延时的估计,假设具有
简单的版图样式及固定的PMOS-NMOS比

门的类型	P
反相器	1
n 输入的 NAND	n
n 输入的 NOR	n
n 路多路开关	$2n$
XOR, NXOR	$n2^{n-1}$

系数 g 称为逻辑努力(logical effort),它代表了这样一个事实,即对于一给定负载,复合门必须比反相器更"努力"工作才能得到类似的响应。换言之,一个逻辑门的逻辑努力告诉我们,当假定这个逻辑门的每一个输入只代表与一个反相器相同的输入电容时,在产生输出电流方面它比这个反相器差多少。或相当于说,逻辑努力表示一个门与一个反相器提供相同的输出电流时它所表现出的输入电容比反相器大多少。逻辑努力是一个很有用的参数,因为它只与电路的拓扑结构有关。表 6.5 列出了一些常用逻辑门的逻辑努力。

表6.5　常用逻辑门的逻辑努力,假设 PMOS-NMOS 的尺寸比为 2

门的类型	输入的数目			
	1	2	3	n
反相器	1			
NAND		4/3	5/3	$(n+2)/3$
NOR		5/3	7/3	$(2n+1)/3$
多路开关		2	2	2
XOR		4	12	

---

① 本节介绍的方法通常称为逻辑努力(logical effort),在[Sutherland99]一书中正式提出,该书全面介绍了这一内容。这里说明的方法只是对整个方法的简述。

例 6.5　复合门的逻辑努力

考虑图 6.17 中的门。假设 PMOS-NMOS 的尺寸比为 2，最小尺寸的对称反相器的输入电容等于最小尺寸 NMOS 管栅电容(称为 C_{unit})的 3 倍。确定两输入 NAND 和 NOR 门的尺寸，使它们的等效电阻等于该反相器的电阻(利用前面介绍的技术)。这将使两输入 NAND 的输入电容增加为 $4C_{unit}$，即反相器电容的 4/3。两输入 NOR 的输入电容为反相器的 5/3。这相当于说，对于同样的输入电容，NAND 和 NOR 门的驱动强度分别比反相器弱 4/3 和 5/3。这影响了相应于负载的延时部分，使它增大了相同的倍数，这个倍数称为逻辑努力。因此 $g_{NAND} = 4/3$，$g_{NOR} = 5/3$。

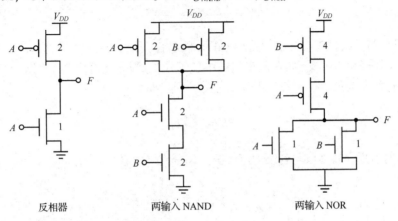

图 6.17　两输入 NAND 和 NOR 门的逻辑努力

式(6.6)中表示的一个逻辑门的延时模型是一个简单的线性关系。图 6.18 为这一关系的图示：图中画出了一个反相器及一个两输入 NAND 门的延时与扇出的关系。直线的斜率就是该门的逻辑努力，它与纵轴的交点就是本征延时。该图表明我们可以通过调整等效扇出(通过调整晶体管的尺寸)或通过选择具有不同逻辑努力的逻辑门来调整延时。同时注意到扇出和逻辑努力是以类似的方式来影响延时的。这两者的积 $h = fg$ 称为门努力(gate effort)。

现在一条通过组合逻辑块的路径的总延时可以表示成

$$t_p = \sum_{j=1}^{N} t_{p,j} = t_{p0} \sum_{j=1}^{N} \left(p_j + \frac{f_j g_j}{\gamma} \right) \qquad (6.7)$$

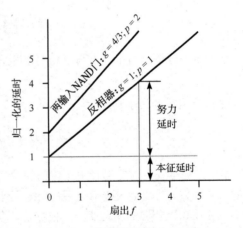

图 6.18　反相器及两输入 NAND 门的延时与扇出的关系

我们用第 5 章中对反相器采用的类似步骤来决定这条路径的最小延时。求 $N-1$ 个偏导数并令它们为零，可以发现**每一级应当具有相同的门努力**：

$$f_1 g_1 = f_2 g_2 = \cdots = f_N g_N \qquad (6.8)$$

沿电路中一条路径的总逻辑努力可以通过把这条路径上所有门的逻辑努力相乘求得，由此得到了路径逻辑努力(path logical effort) G：

$$G = \prod_{1}^{N} g_i \qquad (6.9)$$

　　我们也可以定义路径的有效扇出(或电气努力)F,它建立了路径中最后一级负载电容与第一级输入电容之间的关系:

$$F = \frac{C_L}{C_{g1}} \tag{6.10}$$

为了把 F 和各个门的等效扇出联系起来,必须引入另一个系数来考虑电路内部的逻辑扇出。当一个节点的输出上有扇出时,总驱动电流中的一部分沿我们正在分析的路径流动,而有些则离开这条路径。我们把给定路径上一个逻辑门的分支努力(branching effort)b 定义为

$$b = \frac{C_{\text{on-path}} + C_{\text{off-path}}}{C_{\text{on-path}}} \tag{6.11}$$

式中,$C_{\text{on-path}}$ 是该门沿我们正在分析的路径上的负载电容,而 $C_{\text{off-path}}$ 是离开这条路径的连线上的电容。注意,如果路径没有分支(如在逻辑门链中的情形),则分支努力为 1。路径分支努力(path branching effort)定义为该路径上每一级分支努力的积,即

$$B = \prod_1^N b_i \tag{6.12}$$

于是路径电气努力现在就可以与各级的电气努力和分支努力联系起来:

$$F = \prod_1^N \frac{f_i}{b_i} = \frac{\prod f_i}{B} \tag{6.13}$$

最后,可以确定总路径努力 H。由式(6.13)可以写出

$$H = \prod_1^N h_i = \prod_1^N g_i f_i = GFB \tag{6.14}$$

由此时起,分析过程可以沿与反相器链相同的路线进行。使路径延时最小的门努力为

$$h = \sqrt[N]{H} \tag{6.15}$$

而通过该路径的最小延时为

$$D = t_{p0} \left(\sum_{j=1}^N p_j + \frac{N(\sqrt[N]{H})}{\gamma} \right) \tag{6.16}$$

注意,路径本征延时与路径中逻辑门的类型有关,而与它们的尺寸无关。于是在逻辑链中各个门的尺寸系数 s_i 可以通过由前至后(或由后至前)计算求得。假定一个单位尺寸的门具有与一个最小尺寸反相器相同的驱动能力。根据逻辑努力的定义,这意味着它的输入电容为参照反相器输入电容 C_{ref} 的 g 倍。若逻辑链中第一个门的尺寸系数为 s_1,则该链的输入电容 C_{g1} 等于 $g_1 s_1 C_{ref}$。如果包括分支努力,则可知第二个门的输入电容是这个值的 (f_1/b_1) 倍,即

$$g_2 s_2 C_{ref} = \left(\frac{f_1}{b_1} \right) g_1 s_1 C_{ref} \tag{6.17}$$

对于该链中的第 i 个门,可以得到

$$s_i = \left(\frac{g_1 s_1}{g_i} \right) \prod_{j=1}^{i-1} \left(\frac{f_j}{b_j} \right) \tag{6.18}$$

例6.6　确定组合逻辑延时最小时的尺寸

　　考虑图 6.19 的逻辑电路,它可以代表一个较复杂逻辑块中的关键路径。这个电路输出端的负载是一个电容,它为第一级(最小尺寸反相器)输入电容的 5 倍。因此该路径的等效扇出为 $F =$

$C_L/C_{g1} = 5$。参照表 6.5 中的有关项，得到路径逻辑努力如下：

$$G = 1 \times \frac{5}{3} \times \frac{5}{3} \times 1 = \frac{25}{9}$$

由于这里没有分支，所以 $B = 1$。因此，$H = GFB = 125/9$，于是最优的每个门的努力 h 为 $\sqrt[4]{H} = 1.93$。根据门的类型，得到如下的扇出系数：$f_1 = 1.93$；$f_2 = 1.93 \times (3/5) = 1.16$；$f_3 = 1.16$；$f_4 = 1.93$。注意两个反相器比更复杂的其余两个门分配了较大的值，这是为了使它们能更好地驱动负载。

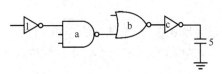

图 6.19　组合电路中的关键路径

最后，我们利用式(6.18)计算出门的尺寸(相对于同一类型中最小尺寸的门)。于是得到如下值：$a = f_1 g_1/g_2 = 1.16$；$b = f_1 f_2 g_1/g_3 = 1.34$；$c = f_1 f_2 f_3 g_1/g_4 = 2.60$。

这些计算不必非常精确。正如在第 5 章中讨论过的，使这个门的尺寸再放大或缩小 1.5 倍得到的电路延时仍然在最小延时的 5% 以内。因此利用这一技术进行手工"草算"是很有效的。

思考题 6.2　确定反相器电路的尺寸

重新考虑思考题 5.5，但这次用分支努力的方法来解题。

CMOS 逻辑门中的功耗

在第 5 章中曾详细讨论了互补 CMOS 反相器中功耗的来源。其中许多结果可直接应用于复合 CMOS 逻辑门。功耗与器件尺寸(它影响实际电容)、输入和输出上升下降时间(它们决定了短路功率)、器件阈值和温度(它们影响漏电功率)以及开关活动性密切相关。动态功耗可表示为 $\alpha_{0 \to 1} C_L V_{DD}^2 f$。当一个门比较复杂时，受影响最大的是开关活动性 $\alpha_{0 \to 1}$。这个影响包括两部分，即只与逻辑电路拓扑结构有关的静态部分和由于电路时序特性引起的动态部分。后一个因素也称为虚假尖峰信号或毛刺(glitch)。

逻辑功能　翻转活动性与所实现的逻辑功能密切相关。对于输入在统计学上相互独立的静态 CMOS 门，静态翻转概率是输出在一个周期中为 0 状态的概率 p_0 乘以它在下一个周期中为 1 状态的概率 p_1：

$$\alpha_{0 \to 1} = p_0 \cdot p_1 = p_0 \cdot (1 - p_0) \tag{6.19}$$

假设输入是独立的并均匀分布，则任何 N 个输入的静态门的翻转概率为

$$\alpha_{0 \to 1} = \frac{N_0}{2^N} \cdot \frac{N_1}{2^N} = \frac{N_0 \cdot (2^N - N_0)}{2^{2N}} \tag{6.20}$$

这里，N_0 是布尔函数真值表输出列中"0"项的数目，而 N_1 是"1"项的数目。为了便于说明，考虑一个静态两输入 NOR 门，其真值表见表 6.6。假设在一个时钟周期内只可能有一个输入翻转，并且该 NOR 门的输入具有均匀的输入分布，即输入 A 和 B 的四种可能状态(00, 01, 10, 11)发生的机会均等。

表 6.6　两输入 NOR 门的真值表

A	B	输　出
0	0	1
0	1	0
1	0	0
1	1	0

由表6.6和式(6.20)可以推导出两输入静态 CMOS NOR 门的输出翻转概率:

$$\alpha_{0 \to 1} = \frac{N_0 \cdot (2^N - N)}{2^{2N}} = \frac{3 \cdot (2^2 - 3)}{2^{2 \cdot 2}} = \frac{3}{16} \tag{6.21}$$

> **思考题6.3　N个输入的 XOR 门**
>
> 假设 N 个输入的 XOR 门的输入互不相关且均匀分布,推导出开关活动性因子的表达式。

信号统计特性　一个逻辑门的开关活动性与输入信号统计特性密切相关。用均匀的输入分布来计算活动性并不是一个好办法,因为信号传输通过逻辑门时可以明显改变它的统计特性。例如,再次考虑一个两输入静态 NOR 门,令 p_a 和 p_b 为输入 A 和 B 分别等于1的概率。进一步假设输入互不相关。输出节点为1的概率为

$$p_1 = (1 - p_a)(1 - p_b) \tag{6.22}$$

因此,由0至1翻转的概率为

$$\alpha_{0 \to 1} = p_0 p_1 = (1 - (1 - p_a)(1 - p_b))(1 - p_a)(1 - p_b) \tag{6.23}$$

图6.20显示了翻转概率与 p_a 和 p_b 的关系。注意,当其中一个输入的概率为0时,该图如何简化成简单反相器的情形。这个图清楚地表明,对信号统计特性及其对开关事件影响的理解可以用来对功耗产生积极的影响。

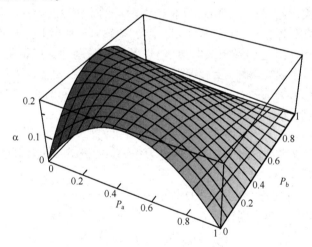

图6.20　两输入 NOR 门的翻转概率与输入概率(p_a, p_b)的关系

> **思考题6.4　基本逻辑门的功耗**
>
> 对于基本逻辑门(AND, OR, XOR)推导出 0→1 的输出翻转概率。表6.7给出了所得到的结果。

表6.7　静态逻辑门的输出翻转概率

	$\alpha_{0 \to 1}$
AND	$(1 - p_a p_b) p_a p_b$
OR	$(1 - p_a)(1 - p_b)[1 - (1 - p_a)(1 - p_b)]$
XOR	$[1 - (p_a + p_b - 2 p_a p_b)](p_a + p_b - 2 p_a p_b)$

信号间的相关性　由于信号在空间和时间上都存在相关性,这一事实使开关活动性的估计更为复杂。即便一个逻辑电路的原始输入互不相关,但当它们传播通过该逻辑电路时也会变得相关或被"着色"。这可以用一个简单的例子来解释。首先考虑图6.21(a)中的电路,假设原始输

入 A 和 B 互不相关且均匀分布。节点 C 为 **1(0)** 的概率为 $1/2$，而 $0\to1$ 的翻转概率为 $1/4$。于是节点 Z 发生消耗功率的翻转的概率可以用表 6.7 中 AND 门的表达式来确定：

$$p_{0\to1} = (1 - p_a p_b) p_a p_b = (1 - 1/2 \cdot 1/2) \, 1/2 \cdot 1/2 = 3/16 \tag{6.24}$$

　　这些概率的计算是很容易的：信号和翻转概率依次求值，从输入节点逐渐进行到输出节点。但这一方法具有两个主要的局限性：(1) 它不适用于如在时序电路中出现的具有反馈的电路；(2) 它假设了在每个门输入端的信号概率是不相关的。这在实际电路中非常少见，在实际电路中重新会聚的扇出常常引起信号间的相关性。例如，在图 6.21(b) 中 AND 门的输入(C 和 B) 由于都与 A 有关而相互关联。在这样的条件下无法用我们前面介绍的方法来计算概率。从输入传播到输出时在节点 Z 得到的翻转概率为 $3/16$，这与前面的分析类似。但这个值显然是错误的，因为逻辑变换表明，这个电路可以简化为 $Z = C \cdot B = A \cdot \bar{A} = 0$，所以不会发生任何翻转。

　　为了在逐级分析方法中得到精确的结果，必须考虑信号间的相关性。这可以借助条件概率来进行。对于一个 AND 门，Z 等于 1 的条件是 B 和 C 都等于 1，即

$$p_Z = p(Z = 1) = p(B = 1, C = 1) \tag{6.25}$$

这里，$p(B=1, C=1)$ 表示 B 和 C 同时等于 1 的概率。如果 B 和 C 相互独立，那么 $p(B=1, C=1)$ 可以分解成 $p(B=1) \cdot p(C=1)$，这就得到了前面推导的 AND 门的表达式：$p_Z = p(B=1) \cdot p(C=1) = p_B p_C$。如果两者间存在相关性，如图 6.21(b) 的情形所示，则必须运用如下的条件概率：

$$p_Z = p(C=1 | B=1) \cdot p(B=1) \tag{6.26}$$

　　式 (6.26) 中的第一个因子为 $B=1$ 时 $C=1$ 的概率。这一附加条件是必要的，因为 C 与 B 相关。对这一电路的考察表明这一概率等于 0，因为 C 和 B 在逻辑上相反，这使 Z 的信号概率为 $p_Z = 0$。

　　对于一个扇出重新会聚的较大电路采用结构化的方法推导这些表达式是很复杂的，特别是当该电路含有反馈回路的时候。因此计算机的支持是很重要的。为了有意义，这一分析程序必须运行一个典型的输入信号序列，因为功耗与这些信号的统计特性密切相关。

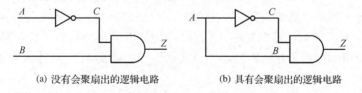

(a) 没有会聚扇出的逻辑电路　　　　　　　(b) 具有会聚扇出的逻辑电路

图 6.21　说明信号相关性影响的例子

　　动态或虚假翻转　在前一节分析复杂的多级逻辑电路的翻转概率时，我们忽略了这些门具有非零传播延时的事实。实际上从一个逻辑块到下一个逻辑块的非零传播延时可以引起称为毛刺或动态故障 (dynamic hazard) 的虚假翻转，即在一个时钟周期内一个节点在稳定到正确的逻辑电平之前可以出现多次翻转。

　　图 6.22 为毛刺影响的一个典型例子，图中画出了模拟得到的一个 NAND 门链在所有输入同时从 0 变为 1 时的响应。开始时所有的输出均为 1，因为有一个输入为 0。对于这一特定的翻转，所有的奇数位必定翻转到 0，而偶数位仍保持为 1。然而由于存在非零的传播延时，处在较高位位置的偶数输出位开始放电，使电压下降。当正确的输入依次通过该电路时，输出变为高电平。在偶数位上的毛刺造成了超出严格实现逻辑功能所需功耗之外的额外功耗。虽然在这一例子中，毛刺只是电源电压的一部分 (即不是电源两条轨线之间的电压)，但它们却构成了功耗的很大一部分。一些重要的结构 (如加法器和乘法器) 经常会出现长逻辑门链，因此毛刺引起的功耗部分很容易成为总功耗的主要部分。

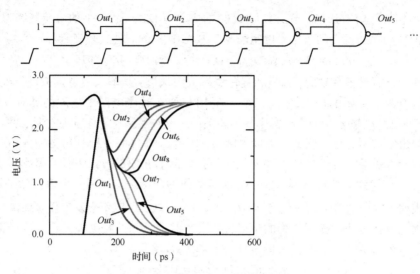

图 6.22　NAND 门逻辑链中的毛刺

降低开关活动性的设计技术

逻辑门的动态功耗可以通过减小它的实际电容和开关活动性来降低。有许多方法可以使实际电容最小，包括电路类型的选择、晶体管尺寸的调整、布局和布线以及总体结构的优化。而开关活动性可以在设计抽象的所有层次上降低，这也是本节的重点。可以优化逻辑结构，使实现一个给定功能所需的基本翻转及虚假翻转均为最少。

1. **逻辑重组**。改变逻辑电路的拓扑结构可降低其功耗。例如，考虑两种实现 $F = A \cdot B \cdot C \cdot D$ 的不同方法，如图 6.23 所示。忽略毛刺并假设所有的原始输入 (A, B, C, D) 互不相关且均匀分布(即 $p_{1(a,b,c,d)} = 0.5$)。利用表 6.7 中的表达式可以计算这两个拓扑结构的开关活动性，如表 6.8 所示。结果表明，对于随机输入，链形实现比树形实现总体上具有较低的开关活动性。然而正如前面提到的，考虑时序特性以准确地综合考虑功率问题也是很重要的。在本例中，树形拓扑结构(实际上)没有任何毛刺活动性，因为信号路径对于所有的门都是均衡的。

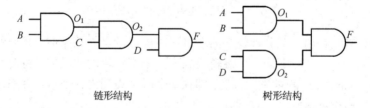

链形结构　　　　　　　　　　　树形结构

图 6.23　说明电路拓扑结构对开关活动性影响的简单例子

表 6.8　树形和链形拓扑结构的概率

	O_1	O_2	F
p_1(链)	1/4	1/8	1/16
$p_0 = 1 - p_1$(链)	3/4	7/8	15/16
$p_{0 \rightarrow 1}$(链)	3/16	7/64	15/256
p_1(树)	1/4	1/4	1/16
$p_0 = 1 - p_1$(树)	3/4	3/4	15/16
$p_{0 \rightarrow 1}$(树)	3/16	3/16	15/256

2. **输入排序**。考虑图 6.24 的两个静态逻辑电路。图中列出了 A, B 和 C 等于 1 的概率。由于两个电路实现同一个逻辑功能，显然这两种情形下输出节点的活动性相等。差别在于中间节点上的活动性。在第一个电路中，这一活动性等于 $(1-0.5\times0.2)(0.5\times0.2)=0.09$。在第二个电路中，发生 $0{\to}1$ 翻转的概率等于 $(1-0.2\times0.1)(0.2\times0.1)=0.0196$，明显低于前者。由此可知，推迟输入具有较高翻转率的信号（即信号概率接近 0.5 的信号）是有利的。简单地把输入信号重新排序常常可以达到这个目的。

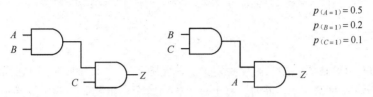

$$p_{(A=1)}=0.5$$
$$p_{(B=1)}=0.2$$
$$p_{(C=1)}=0.1$$

图 6.24　输入重排序会影响电路的活动性

3. **分时复用资源**。分时复用单个硬件资源（如一个逻辑单元或一条总线）来完成多个功能是一种常用来实现面积最小的技术。可惜的是，达到最小面积时并不总能使开关活动性最低。例如，考虑采用各自的资源或分时复用的方法来传递两个输入位（A 和 B），如图 6.25 所示。对于一阶分析，忽略多路开关的开销时，似乎分时复用的程度不会影响开关电容，因为分时复用的方法是以两倍的频率翻转一半的实际电容（对于固定的信息通过量）。

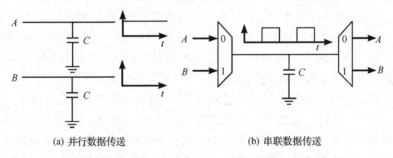

(a) 并行数据传送　　　　　　　　　　　(b) 串联数据传送

图 6.25　并行传送及分时复用的数据总线

如果被传递的数据是随机的，那么采用何种结构没有任何差别。然而如果数据信号有某些独特的性质（例如在时间上相关），则分时复用方法的功耗可能会明显偏高。例如，假设 A 总是（或大部分时间）为 1，而 B（大部分时间）为 0。在并行传递的方法中，发生切换的电容非常小，因为在数据位上只有非常少的翻转。然而在分时复用的方法中，总线在 0 和 1 之间翻转。因此在数字系统中必须避免对具有独特数据特性的数据流采用分时复用。

4. **通过均衡信号路径来减少毛刺**。电路中产生毛刺主要是由于在电路中路径长度失配引起的。如果一个门的所有输入信号同时改变，那么就不会发生毛刺。反之，如果各输入信号在不同的时刻变化，那么就有可能形成动态故障。信号时序上的这一失配一般都是由于相对于电路的原始输入信号路径的长度不同而引起的。这可以用图 6.26 来说明。假设 XOR 门具有单位延时。在第一个电路 (a) 中，由于输入信号到达一个门的时间有很大的差别而出现毛刺。例如对于门 F_3，一个输入在时间 0 时稳定，而第二个输入在时间 2 时才到达。重新设计这一电路使所有的到达时间都相同可以大大减少冗余翻转的数目，如电路 (b) 所示。

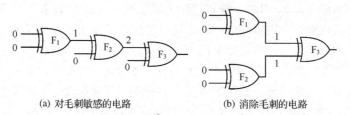

(a) 对毛刺敏感的电路   (b) 消除毛刺的电路

图 6.26   使信号路径长度匹配可以减少毛刺。所标注的数字表示信号到达的时间

小结

上节介绍的 CMOS 逻辑类型是高度稳定的, 并能随工艺进步而缩小, 但它需要 $2N$ 个晶体管来实现一个 N 个输入的逻辑门。同时, 由于每个门对每个扇出要驱动两个器件(一个 PMOS 和一个 NMOS), 所以它的负载电容很大。这为开发其他更简单或更快的逻辑系列打开了大门。

6.2.2 有比逻辑

概念

有比逻辑试图减少实现一个给定逻辑功能所需要的晶体管数目, 但它经常以降低稳定性和付出额外功耗为代价。在互补 CMOS 中, PUN 的目的是当 PDN 关断时在 V_{DD} 和输出之间提供一条有条件的通路。在有比逻辑中, 整个 PUN 被一个无条件的负载器件所替代, 它上拉输出以得到一个高电平输出, 如图 6.27(a)所示。这样的门不是采用有源的下拉和上拉网络的组合, 而是由一个实现逻辑功能的 NMOS 下拉网络和一个简单的负载器件组成。图 6.27(b)是有比逻辑的一个例子, 它采用一个栅极接地的 PMOS 负载, 这样的门称为伪 NMOS 门。

伪 NMOS 门的显著优点是减少了晶体管的数目(由互补 CMOS 中的 $2N$ 减少为 $N + 1$)。该门额定输出高电压(V_{OH})为 V_{DD}, 因为当输出拉高时(假设 V_{OL} 低于 V_{Tn})下拉器件关断。另一方面, **额定输出低电压不是 0 V**, 因为在 PDN 器件和栅极接地的 PMOS 负载器件之间存在通路。这降低了噪声容限, 但更重要的是引起了静态功耗。负载器件相对于下拉器件的尺寸可以用来调整诸如噪声容限、传播延时和功耗等参数。由于输出端的电压摆幅及门的总体功能取决于 NMOS 和 PMOS 的尺寸比, 所以该电路称为有比电路。这不同于像互补 CMOS 这样的无比逻辑类型, 后者的高低电平与晶体管的尺寸无关。

计算伪 NMOS 直流传输特性的方法类似于计算相应互补 CMOS 的方法。为了求得 V_{OL} 的值, 可使在 $V_{in} = V_{DD}$ 时通过驱动器和负载器件的电流相等。此时可以合理地假设 NMOS 器件处于线性工作模式(因为理想上, 输出应当接近 0 V), 而 PMOS 负载处于饱和状态:

$$k_n\Big((V_{DD} - V_{Tn})V_{OL} - \frac{V_{OL}^2}{2}\Big) + k_p\Big((-V_{DD} - V_{Tp}) \cdot V_{DSATp} - \frac{V_{DSATp}^2}{2}\Big) = 0 \qquad (6.27)$$

假设 V_{OL} 相对于栅驱动电压($V_{DD} - V_T$)很小, 而 V_{Tn} 与 V_{Tp} 在数值上相等, 因此 V_{OL} 可近似为

$$V_{OL} \approx \frac{k_p(V_{DD} + V_{Tp}) \cdot V_{DSATp}}{k_n(V_{DD} - V_{Tn})} \approx \frac{\mu_p \cdot W_p}{\mu_n \cdot W_n} \cdot V_{DSATp} \qquad (6.28)$$

为了使 V_{OL} 尽可能地小, PMOS 器件的尺寸应当明显小于 NMOS 下拉器件的尺寸。遗憾的是, 这会对充电输出节点的传播延时产生负面影响, 因为它限制了 PMOS 器件能够提供的电流。

伪 NMOS 门的一个主要缺点是当输出为低时, 通过存在于 V_{DD} 和 GND 之间的直接电流通路

会引起静态功耗。低电平输出模式时的静态功耗很容易推导:

$$P_{low} = V_{DD}I_{low} \approx V_{DD} \cdot \left| k_p \left((-V_{DD} - V_{Tp}) \cdot V_{DSATp} - \frac{V_{DSATp}^2}{2} \right) \right| \tag{6.29}$$

例 6.7　伪 NMOS 反相器

　　考虑一个简单的伪 NMOS 反相器(此时图 6.27 中的 PDN 网络简化为单个晶体管),NMOS 的尺寸为 0.5 μm/0.25 μm。在本例中我们研究缩小 PMOS 器件尺寸的效果以说明其对各种参数的影响。接地 PMOS 的(W/L)比从 4、2、1、0.5 变化到 0.25。(W/L)比小于 1 的器件通过使其长度大于宽度来实现。不同尺寸的电压传输曲线见图 6.28。

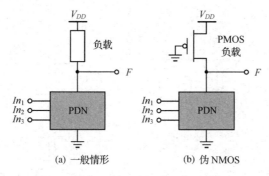

(a) 一般情形　　　　　(b) 伪 NMOS

图 6.27　有比逻辑门

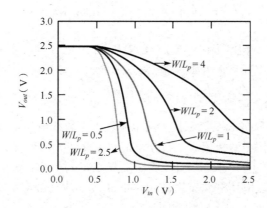

图 6.28　伪 NMOS 反相器的电压传输曲线与 PMOS 尺寸的关系

　　表 6.9 概括了它们的额定输出电压(V_{OL})、静态功耗以及由低至高的传播延时。根据定义,由低至高的延时为输出从 V_{OL}(对于该反相器 V_{OL} 不是 0 V)到达 1.25 V 时所需要的时间。静态和动态性能之间的相互制约是很明显的。一个较大的上拉器件不仅提高了性能,同时也由于增加了 V_{OL} 而使静态功耗增加和噪声容限减小。

表 6.9　伪 NMOS 反相器的性能

尺　寸	V_{OL}(V)	静态功耗(μm)	t_{plh}(ps)
4	0.693	564	14
2	0.273	298	56
1	0.133	160	123
0.5	0.064	80	268
0.25	0.031	41	569

　　我们注意到用来预测 V_{OL} 的简单一阶模型是非常有效的。对于一个 (W/L) 比为 4 的 PMOS 而言，V_{OL} 为 $(30/115)(4)(0.63 \text{ V}) = 0.66 \text{ V}$。

　　伪 NMOS 的静态功耗限制了它的应用。然而当面积是最重要的因素时，与互补 CMOS 相比它能减少晶体管的数目，这一点还是非常吸引人的。因此仍然可以看到伪 NMOS 有时应用在大扇入电路中。图 6.29 是伪 NMOS 中 NOR 和 NAND 门的电路图。

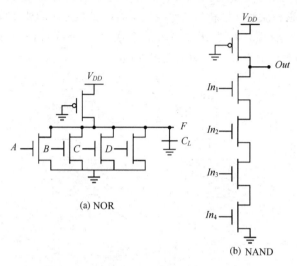

(a) NOR

(b) NAND

图 6.29　四输入的伪 NMOS NOR 和 NAND 门

思考题 6.5　伪 NMOS 中 NOR 门和 NAND 门的对比

　　若在 NOR 或 NAND 逻辑之间做出选择，在伪 NMOS 中你倾向于用哪一种来实现？

如何建立一个更好的负载器件

　　建立一个能够完全消除静态电流和提供从电源轨线至轨线电压摆幅的有比逻辑方式是可能的。这样的一个门同时利用了两个概念：差分逻辑和正反馈。一个差分门要求每一个输入都具有互补的形式，同时它也产生互补的输出。反馈机制保证了在不需要负载器件时将其关断。这样的逻辑系列称为差分串联电压开关逻辑(Differential Cascode Voltage Switch Logic，DCVSL)，这样一个例子的概念如图 6.30(a) 所示[Heller84]。

　　下拉网络 PDN1 和 PDN2 采用 NMOS 器件，并且两者是互相排斥的，也就是当 PDN1 导通时 PDN2 关断，当 PDN1 关断时 PDN2 导通，这样同时实现了所需要的功能和与它相反的功能。现在假设对于给定的一组输入，使 PDN1 导通而 PDN2 不导通，而 Out 和 $\overline{Out}$ 最初分别为高电平和低电平。使 PDN1 导通，则引起 Out 下拉，虽然在 M_1 和 PDN1 之间仍存在竞争。由于 M_2 和 PDN2 都关断，$\overline{Out}$ 处于高阻抗状态。PDN1 必须足够强，使 Out 低于 $V_{DD} - |V_{Tp}|$，此时 M_2 导通并开始对 $\overline{Out}$ 充电至 V_{DD}，最终将 M_1 关断。这又使 Out 放电至 GND。图 6.30(b) 是一个 XOR-XNOR 门的例子。注意在两个下拉网络之间有可能共用晶体管，从而降低了实现的面积开销。

　　所得到的电路具有从电源轨线至轨线电压的摆幅并消除了静态功耗：在稳定状态，任何一边由 NMOS 管堆叠的下拉网络和相应的 PMOS 负载器件不会同时导通。然而这一电路仍然是有比的，因为 PMOS 器件相对于下拉器件的尺寸不仅对电路的性能很重要，而且对于它的功能也是非常关键的。除了会增加设计的复杂性，这一电路类型还有因渡越电流所引起的功耗问题。在翻转期间 PMOS 和 PDN 会同时导通一段时间，从而产生一条短路路径。

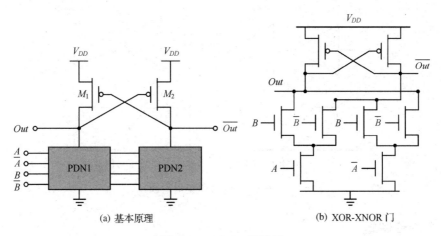

(a) 基本原理　　　　　　　　(b) XOR-XNOR 门

图 6.30　DCVSL 逻辑门

例 6.8　DCVSL 瞬态响应

图 6.31 是 DCVSL 的一个 AND/NAND 门瞬态响应的例子。注意当 Out 被下拉至 $V_{DD} - |V_{T_p}|$ 时，$\overline{Out}$ 开始迅速充电至 V_{DD}。从输入到 Out 和 $\overline{Out}$ 的延时分别为 197 ps 和 321 ps。一个静态 CMOS AND 门（即 NAND 门后面跟一个反相器）的延时为 200 ps。

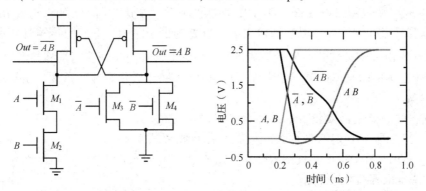

图 6.31　一个简单 AND/NAND DCVSL 门的瞬态响应。M_1 和 M_2 为 1 μm/0.25 μm，M_3 和 M_4 为 0.5 μm/0.25 μm，交叉耦合的 PMOS 器件为 1.5 μm/0.25 μm

---

设计考虑——单端门与差分门

DCVSL 门提供差分（或互补）输出。输出信号（V_{out}）和它的反信号（$\overline{V}_{out}$）同时可用。这是一个非常独特的优点，因为节省了一个额外的反相器来产生互补信号。我们已经观察到，用差分电路实现一个复杂功能可以使所需要的门的数目减少一半！在关键时序路径上门的数目也常常可以减少。最后，这一方法避免了由于增加反相器引起的时差问题。例如，在逻辑设计中经常出现同时需要一个信号和它的互补信号的情况。当用反相器产生该互补信号时，这一反信号常常迟于原来的信号，如图 6.32(a)所示，这就引起了时序问题，特别是在高速设计中这一问题更加明显。具有差分输出能力的逻辑系列在很大程度上避免了这一问题，如图 6.32(b)所示。

既然有了所有这些优点，为什么不总是使用差分逻辑呢？原因是差分的特点实际上使需要布置的导线数量加倍，因而除了在实现每个门时需要额外的开销以外，还常常使所设计的电路十分复杂。同时，它的动态功耗也较高。　■

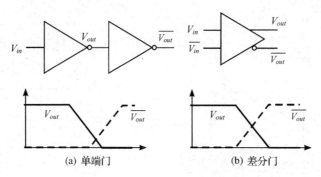

(a) 单端门   (b) 差分门

图 6.32　差分门(b)优于单端门(a)之处

6.2.3　传输管逻辑

传输管基本概念

另一种不同于互补 CMOS 的普遍使用的电路是传输管逻辑,它通过允许原始输入驱动栅端和源-漏端来减少实现逻辑所需要的晶体管数目[Radhakrishnan85]。这与我们至今已学习过的逻辑系列不同,那些系列只允许原始输入驱动 MOSFET 的栅端。

图 6.33 是一个只用 NMOS 管实现 AND 功能的电路。在这个门中,如果输入 B 为高电平,上面的晶体管导通并把输入 A 复制到输出 F。当 B 为低电平时,下面的传输管导通并传送一个 0。初看起来由 $\bar{B}$ 驱动的开关似乎是多余的。但它的存在对保证该门是静态门很重要,即在所有情况下(在本例的具体情况下是当 B 为低电平的时候)必须存在一条通向电源线的低阻抗路径。

这一方法的好处是需要较少的晶体管来实现给定的功能。例如图 6.33 实现的 AND 门需要 4 个晶体管(包括反相 B 所需要的反相器),而用互补 CMOS 实现则需要 6 个晶体管。减少器件的数目也有降低电容的额外优点。

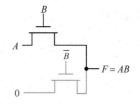

图 6.33　传输管实现的 AND 门

遗憾的是,正如前面讨论的,一个 NMOS 器件在传输 0 时很有效,但在上拉一个节点至 V_{DD} 时性能却很差。当传输管上拉一个节点至高电平时,输出只充电至 $V_{DD} - V_{Tn}$。事实上,由于器件受体效应的影响情况还要更糟,因为在上拉至高电平时存在着一个很大的源至体的电压。考虑传输管在充电一个节点时栅和漏端都设定在 V_{DD} 的情况。设 NMOS 传输管的源端标记为 x。节点 x 将被充电至 $V_{DD} - V_{Tn}(V_x)$。我们得到:

$$V_x = V_{DD} - (V_{Tn0} + \gamma((\sqrt{|2\phi_f| + V_x}) - \sqrt{|2\phi_f|})) \tag{6.30}$$

例 6.9　传输管电路的电压摆幅

图 6.34 的瞬态响应表示一个 NMOS 正在充电一个电容。NMOS 的漏电压为 V_{DD},它的栅电压正在从 0 V 直线提升到 V_{DD}。假设节点 x 开始为 0 V。我们观察到输出开始时充电很快,但在瞬态过程快结束时却很慢。当输出接近 $V_{DD} - V_{Tn}$ 时晶体管的电流驱动(栅至源电压)大大降低,因而能够充电节点 x 的电流也显著减少。利用式(6.30)进行手工计算得到的输出电压为 1.8 V,与模拟值很接近。

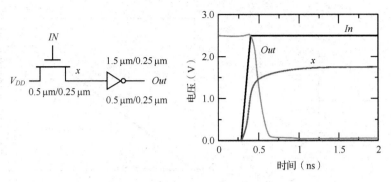

图 6.34　用 N 型器件充电一个节点的瞬态响应。注意在开始的快速响应之后它变得非常缓慢。$V_{DD} = 2.5$ V

警告：上面的例子表明不能将一个传输管的输出连接到另一个传输管的输入来实现传输管门的串联。这表现在图 6.35(a) 中，图中 M_1 的输出(节点 x)驱动另一个 MOS 器件的栅极。节点 x 只能充电至 $V_{DD} - V_{Tn1}$。如果节点 C 具有从电源轨线至轨线电压的摆幅，那么节点 Y 也只能充电到节点 x 的电压减去 V_{Tn2} 的差值，即 $V_{DD} - V_{Tn1} - V_{Tn2}$。而在图 6.35(b) 中，$M_1(x)$ 的输出驱动 M_2 的漏结，这时只有一个阈值压降。这是串联传输门的正确方法。

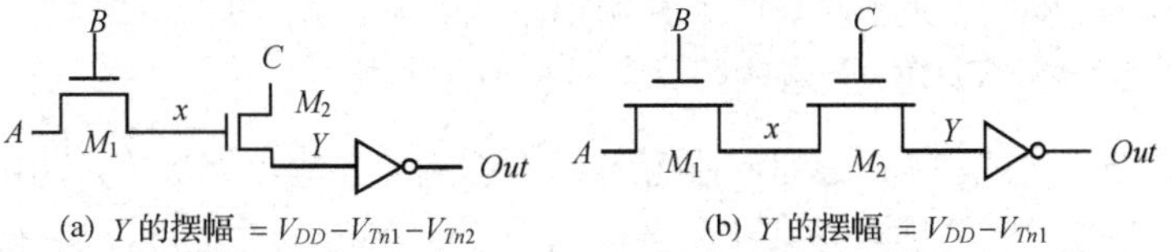

(a) Y 的摆幅 $= V_{DD} - V_{Tn1} - V_{Tn2}$　　　　(b) Y 的摆幅 $= V_{DD} - V_{Tn1}$

图 6.35　传输管的输出(漏-源)端不应当驱动另一个门的栅端口，以避免多次阈值损失

例 6.10　传输管 AND 门的 VTC

传输管门的电压传输曲线与互补 CMOS 的曲线不太相似。考虑图 6.36 中的 AND 门。与互补 CMOS 类似，传输管逻辑的 VTC 也与数据相关。当 $B = V_{DD}$ 时，上面的传输管导通而下面的关断。在这种情形下，输出完全跟随输入 A，直到输入足够高而将上面的传输管关断为止(即达到 $V_{DD} - V_{Tn}$)。再来考虑 $A = V_{DD}$ 而 B 为 $0 \to 1$ 翻转的情况。由于反相器的阈值为 $V_{DD}/2$，下面的传输管导通直至截止，因此在这段时间输出保持接近于零。一旦下面的传输管关断，输出将跟随输入 B 减去一个阈值压降。当输入 A 和 B 同时发生 $0 \to 1$ 的翻转时，可以观察到类似的情况。

可以看到一个纯传输管门是不能使信号再生的。在经过许多连续的级后可以看到信号逐渐减弱。这可以通过间或插入一个 CMOS 反相器来弥补。在信号路径中包括一个反相器可以使传输管门的 VTC 与 CMOS 门类似。

由于减小了电压摆幅，传输管需要较少的开关能量来充电一个节点。对于图 6.34 中的传输管电路，假设漏电压位于 V_{DD} 而栅电压翻转到 V_{DD}。输出节点从 0 V 充电至 $V_{DD} - V_{Tn}$(假设节点 x 开始为 0 V)，于是充电一个传输管的输出从电源获取的能量为

$$E_{0 \to 1} = \int_0^T P(t)\mathrm{d}t = V_{DD}\int_0^T i_{supply}(t)\mathrm{d}t$$

$$= V_{DD} \int_0^{(V_{DD} - V_{Tn})} C_L \mathrm{d}V_{out} = C_L \cdot V_{DD} \cdot (V_{DD} - V_{Tn})$$

$$(6.31)$$

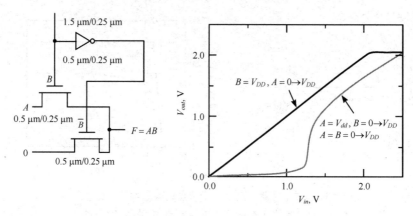

图 6.36   图 6.33 中传输管 AND 门的电压传输特性

虽然电路表现出较低的开关功率,但当输出为高电平时它也会消耗静态功率,这是因为减小的电平可能不足以关断后续 CMOS 反相器的 PMOS 管。

差分传输管逻辑

在高性能设计中常常使用称为 CPL 或 DPL 的差分传输管逻辑系列。其基本思想(类似于 DCVSL)是接受真输入及其互补输入并产生真输出及其互补输出。图 6.37 是几个 CPL 门(AND/NAND, OR/NOR 及 XOR/NXOR)。这些门具有一些有趣的特点:

- 由于电路是差分方式,所以总是存在互补的数据输入和输出。尽管产生差分信号要求额外的电路,但差分方式的优点是某些复杂的门(如 XOR 和加法器)可以有效地用少量的晶体管来实现。而且由于每个信号的两种极性都存在,所以不像在静态 CMOS 或伪 NMOS 中的情形那样经常需要额外的反相器。

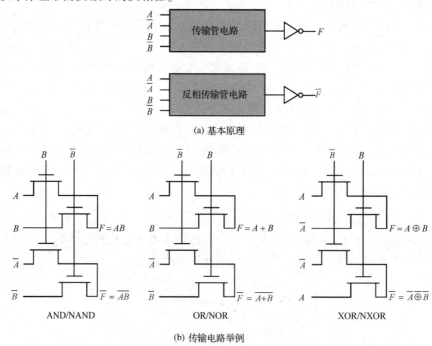

图 6.37   互补传输管逻辑(CPL)

- CPL 属于静态门类型，因为定义为输出的节点总是通过一个低阻路径连到 V_{DD} 或 GND。这有利于避免噪声干扰。
- CPL 的设计具有模块化的特点。事实上，它所有的门都采用完全相同的拓扑结构。只是输入的排列不同而已。这使得这类门单元库的设计非常简单。较复杂的门可以通过串联标准的传输管模块来构成。

例 6.11　CPL 中的四输入 NAND

考虑采用 CPL 实现四输入 AND/NAND 门。基于布尔 AND 操作的结合律 $[A \cdot B \cdot C \cdot D = (A \cdot B) \cdot (C \cdot D)]$，采用两级来实现这个门（见图 6.38）。此门晶体管的总数（包括最后的缓冲器）是 14 个。这明显高于前面讨论过的门①。这一事实加上复杂的布线要求，使这类电路在实现这个门时不是特别有效。然而，我们应当认识这一事实：这一结构同时实现 AND 和 NAND 功能，这可能会减少整个电路的晶体管数目。

总之，CPL 是概念简单和易于模块化的逻辑类型。它的可应用性主要取决于要实现的逻辑功能。由于 CPL 可以构成一个简单的 XOR 以及它能很容易地实现多路开关，因此它对于实现如加法器和乘法器这样的结构很有吸引力。在这样一些应用领域，已有极快和有效的应用实现见于报道[Yano90]。在考虑 CPL 时，设计者应当注意不要忽略互补信号所需的隐含的布线开销，这在图 6.38 的版图中是显而易见的。

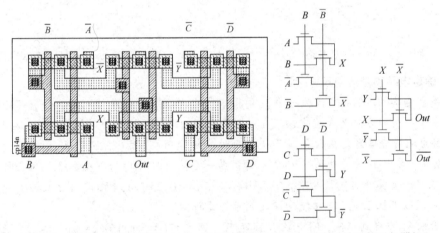

图 6.38　采用 CPL 的四输入 NAND 门的版图和电路图。省略了最后的反相器级

稳定有效的传输管设计

遗憾的是，与单端传输管逻辑一样，差分传输管逻辑也存在静态功耗和噪声容限降低的问题，因为进入信号恢复反相器的高电平输入只充电到 $V_{DD} - V_{Tn}$。目前已有几种解决这个问题的方法，总结如下：

方法 1：电平恢复　解决电压降问题的一般方法是使用电平恢复器，这是把一个 PMOS 连在一个反馈回路中（见图 6.39）。PMOS 器件的栅极连到反相器的输出端，它的漏极连到反相器的输入，而源连至 V_{DD}。假设节点 X 为 0 V（out 为 V_{DD}，所以 M_r 关断），$B = V_{DD}$，$A = 0$。如果输入 A 从 0 翻转到 V_{DD}，M_n 只将节点 X 充电到 $V_{DD} - V_{Tn}$。然而这足以把反相器的输出切换至低电平，使反馈器件 M_r 导通而上拉节点 X 至 V_{DD}。这就消除了反相器中的任何静态功耗。此外，在电平恢复

---

① 这一具体的电路结构只在采用零阈值传输管时才成立。如果不是这样它就直接违反了图 6.35 中说明的原理。

器和传输管中没有静态电流路径存在,因为恢复器只有在 A 为高电平时才有效。总之,这个电路的优点是所有电平不是处在 GND 就是处在 V_{DD} 上,因此没有任何静态功耗。

虽然这种方法在消除静态功耗方面具有吸引力,但它增加了复杂性,因为它是有比电路。这一问题发生在节点 X 由高至低的翻转期间(见图 6.40)。传输管电路试图下拉节点 X,而电平恢复器却要把 X 上拉到 V_{DD}。因此,由 M_n 代表的下拉电路必须强于上拉器件 M_r 以切换节点 X(以及输出)。为使这个电路正确工作,必须仔细确定晶体管的尺寸。假设分别用 R_1,R_2,R_r 表示晶体管 M_1,M_2,M_r 的等效导通电阻。当 R_r 太小时就不能使节点 X 的电压低于反相器的开关阈值。因此反相器的输出永远不会切换到 V_{DD},该门就锁定在了一个状态。这一问题可以通过调整 M_n 和 M_r 管的尺寸来解决,使节点 X 的电压降到低于反相器的阈值 V_M,这里 V_M 与 R_1 和 R_2 有关。这一条件足以保证输出电压 V_{out} 切换到 V_{DD},从而关断电平恢复晶体管。

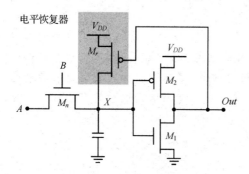

图 6.39　电平恢复电路

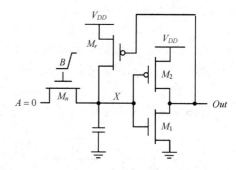

图 6.40　电平恢复电路中的晶体管尺寸问题

例 6.12　确定电平恢复器的尺寸

分析整个电路并不容易,因为电平恢复晶体管的作用是一个反馈器件。一种可以简化电路以便进行手工分析的方法是在确定切换点时断开反馈回路并把恢复管的栅极接地(这是一个合理的假设,因为反馈回路只是在反相器开始切换时才起作用)。因此,M_r 和 M_n 形成了一个类似伪 NMOS 的结构,其中 M_r 为负载管,而 M_n 的作用是一个接地(GND)的下拉网络。假设反相器 M_1 和 M_2 的尺寸确定为使其开关阈值为 $V_{DD}/2$(NMOS:0.5 μm/0.25 μm,PMOS:1.5 μm/0.25 μm)。因此节点 X 必须被下拉至 $V_{DD}/2$ 才能切换反相器并关断 M_r。

这在图 6.41 中得到证实,图中显示了 M_n 尺寸固定时(0.5 μm/0.25 μm)瞬态响应随电平恢复器尺寸变化的情况。正如模拟结果表明,当电平恢复器尺寸超过 1.5 μm/0.25 μm 时,节点 X 不能降低到反相器的开关阈值以下,因而不能使输出切换。

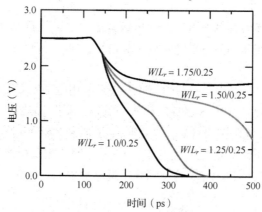

图 6.41　图 6.40 电路的瞬态响应。电平恢复器太大造成不正确的求值

　　另一个问题是电平恢复器对器件切换速度的影响。增加恢复器器件就增加了内部节点 X 上的电容，从而减慢了这个门的速度。此外门的上升时间也受到负面影响。电平恢复晶体管 M_r 在被关断之前要阻止节点 X 处的电压下降。反之，电平恢复器将减少下降时间，因为 PMOS 管一旦导通，就会加速上拉作用。

思考题6.6　确定传输管器件的尺寸

　　对于图6.40中的电路，假设下拉器件由6个传输管串联组成，每一个器件的尺寸均为 $0.5~\mu m/0.25~\mu m$（代替晶体管 M_n）。确定能正确工作的电平恢复管的最大 $W\text{-}L$ 尺寸。

　　图6.42是电平恢复器概念的一种改进。它可以用在差分电路中并称为摆幅恢复传输管逻辑（swing-restored pass transistor logic）。它在传输管电路的输出处用两个背靠背的反相器交叉耦合来代替原来的一个简单反相器，以恢复电平和改善性能。和通常的传输管电路一样，输入被送至栅端和源-漏端。图6.42为3个变量（即 A，B 和 C）的一个简单 XOR/XNOR 门。互补网络可以通过共用真输出及其互补输出之间的晶体管来优化。使用这一逻辑系列时有一点必须注意：在串联这类门时在门之间可能需要插入一些缓冲器。否则，串联门的电平恢复器件之间的竞争会对电路的性能有负面影响。

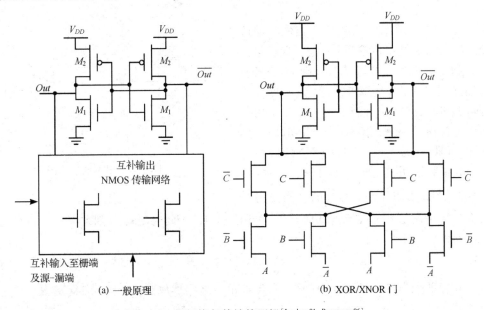

图6.42　摆幅恢复传输管逻辑[Landman91, Parameswar96]

　　方法2：多种阈值晶体管　在工艺上解决传输管逻辑电压损失问题的一种方法是采用具有多种阈值的器件。使用零阈值器件的 NMOS 传输管可以消除大部分阈值损失，因而传送的信号接近 V_{DD}。所有非传输管的器件（即反相器）都用标准的高阈值器件实现。采用多种阈值的晶体管已经越来越普遍，只需对现有的工艺流程进行简单的改造。但要注意，即便非常小心地调整器件的注入以产生准确的零阈值，器件的体效应仍然会阻止全摆幅达到 V_{DD}。

　　采用零阈值晶体管对功耗有负面影响，这是由于即使 V_{GS} 低于 V_T，也仍然会有亚阈值电流流过传输管。这显示在图6.43中，图中指出了一条可能的寄生 dc 电流路径。虽然这些漏电路径在器件经常开关的情况下并不重要，但在电路处于不活动状态时它们会引起相当大的能量消耗。

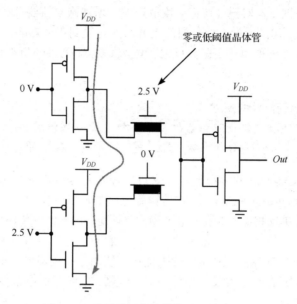

图 6.43   采用零阈值传输管时的静态功耗

方法 3：传输门逻辑 解决电压损失问题最广泛使用的方法是使用传输门①。这一方法建立在 NMOS 和 PMOS 管互补特性的基础上：NMOS 器件传递强逻辑 0 和弱逻辑 1，而 PMOS 器件传递强逻辑 1 和弱逻辑 0。理想的解决方法是用一个 NMOS 下拉而用一个 PMOS 上拉。传输门正是结合了这两种器件的优点，它将一个 NMOS 器件与一个 PMOS 器件并联，如图 6.44(a)所示。传输门的控制信号(C 和 $\overline{C}$)是互补的。传输门的

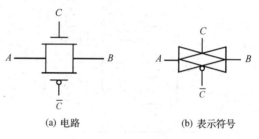

(a) 电路   (b) 表示符号

图 6.44   CMOS 传输门

作用就像一个由栅信号 C 控制的双向开关。当 $C = 1$ 时，两个 MOSFET 都导通，允许信号通过此门。简而言之：

$$若 \ C = 1, \ 则 \ A = B \tag{6.32}$$

反之，$C = 0$ 使两个晶体管都关断，从而在节点 A 和 B 之间形成开路。图 6.44(b)是一个常用的传输门符号。

考虑图 6.45(a)通过传输门将节点 B 充电至 V_{DD} 的情形。节点 A 设定在 V_{DD} 并且传输门导通($C = 1$，$\overline{C} = 0$)。如果只有 NMOS 传输器件存在，那么节点 B 只能充电到 $V_{DD} - V_{Tn}$，此后 NMOS 器件关断。然而，由于有 PMOS 器件存在并且导通($V_{GSp} = -V_{DD}$)，输出可以一直充电至 V_{DD}。图 6.45(b)表示的是相反的情况，即放电节点 B 至 0。B 开始时处于 V_{DD}，而节点 A 被驱至低电平。PMOS 管本身只能下拉节点 B 至 V_{Tp}，达到这一点时它关断。不过，由于并联的 NMOS 器件仍然导通(因为它的 $V_{GSn} = V_{DD}$)，所以一直把节点 B 下拉至 GND。虽然传输门需要两个晶体管和较多的控制信号，但它能得到从电源轨线至轨线电压的摆幅。

---

① 传输门只是可能的解决方法之一，目前已提议了其他类型的组合 NMOS 和 PMOS 管的传输管电路。双传输管逻辑 (DPL)就是一例[Bernstein98, pp. 84]。

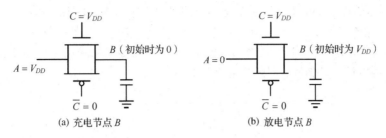

图 6.45　传输门可以实现从电源轨线电压的切换

传输门可以用来非常有效地构成某些复杂的门。图 6.46 是一个简单的反相两输入多路开关。这个门根据控制信号 S 的值选择输入 A 或 B，这相当于实现以下布尔函数：

$$\overline{F} = (A \cdot S + B \cdot \overline{S}) \tag{6.33}$$

它只需要 6 个晶体管，而采用互补 CMOS 实现时则需要 8 个管。

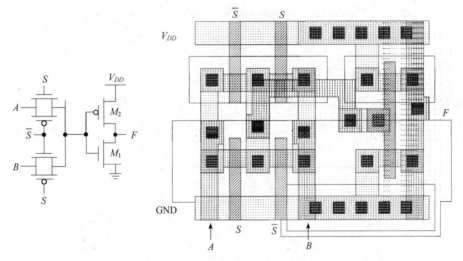

图 6.46　传输门多路开关及其版图

有效运用传输门的另一个例子是图 6.47 所示的常见的 XOR 电路。这个门的全部实现只需要 6 个晶体管（包括用来产生 $\overline{B}$ 的反相器），而用互补 CMOS 实现时需要 12 个晶体管。为了理解这个电路的工作情况，我们只需分别分析 $B = 0$ 和 $B = 1$ 的情形。对于 $B = 1$，晶体管 M_1 和 M_2 的作用如同一个反相器，而传输门 M_3/M_4 则关断，因此 $F = \overline{A}B$。反之，M_1 和 M_2 不起作用，而传输门工作，于是 $F = A\overline{B}$。这两者的组合就形成了 XOR 功能。注意，无论 A 和 B 是什么值，节点 F 不是连接到 V_{DD} 就是连接到

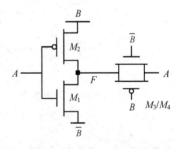

图 6.47　传输门 XOR

GND，因此它是一个低阻抗节点。在设计静态传输管电路时，最重要的是，要在所有情况下都遵守低阻抗规则。有效应用传输门逻辑的其他例子包括快速加法器电路和寄存器。

传输管和传输门逻辑的性能

传输管和传输门都不是理想开关，它们本身都有一个串联电阻。为了定量计算这一电阻，考虑图 6.48 的电路，它把一个节点从 0 V 充电至 V_{DD}。在本讨论中，我们应用电阻的大信号定义，

将开关两边的电压除以漏极电流。开关的等效电阻可以模拟为 NMOS 和 PMOS 器件电阻 R_n 和 R_p 的并联，它们分别定义为 $(V_{DD} - V_{out})/I_{Dn}$ 和 $(V_{DD} - V_{out})/(-I_{Dp})$。显然，通过两个器件的电流取决于 V_{out} 的值以及管子的工作模式。在由低至高翻转期间，传输管经历了许多工作模式。当 V_{out} 为低电平值时，NMOS 器件饱和，因此其电阻近似为

$$R_n = \frac{V_{DD} - V_{out}}{I_{Dn}} = \frac{V_{DD} - V_{out}}{K_n'\left(\dfrac{W}{L}\right)_n \left((V_{DD} - V_{out} - V_{Tn})V_{DSATn} - \dfrac{V_{DSATn}^2}{2}\right)}$$

$$\approx \frac{V_{DD} - V_{out}}{K_n(V_{DD} - V_{out} - V_{Tn})V_{DSATn}} \tag{6.34}$$

随着 V_{out} 值的增加，这一电阻上升并在 V_{out} 达到 $V_{DD} - V_{Tn}$ 时趋于无穷，此时器件关断。同样，我们可以分析 PMOS 管的情形。当 V_{out} 较小时，PMOS 饱和，但它在 V_{out} 接近 V_{DD} 时进入线性工作模式。这就得到了下列近似电阻：

$$R_p = \frac{V_{out} - V_{DD}}{I_{Dp}} = \frac{V_{out} - V_{DD}}{k_p \cdot \left((-V_{DD} - V_{Tp})(V_{out} - V_{DD}) - \dfrac{(V_{out} - V_{DD})^2}{2}\right)}$$

$$\approx \frac{1}{k_p(-V_{DD} - V_{Tp})} \tag{6.35}$$

图 6.48 画出了模拟得到的 $R_{eq} = R_p \parallel R_n$ 值与 V_{out} 的关系。可以看到，R_{eq} 差不多是一个常数(在本例中约等于 8 kΩ)。在其他设计实例中(例如当放电 C_L 时)这一关系同样成立。因此在分析传输门电路时，为了简化假设其开关具有常数电阻值是可以接受的。

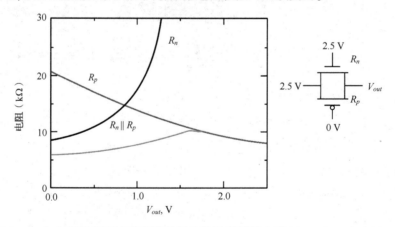

图 6.48 在由低至高翻转时模拟得到的传输门等效电阻($(W/L)_n = (W/L)_p = $ 0.5 μm/0.25 μm)。对于由高至低翻转可以得到总电阻类似的变化情形

思考题 6.7 放电期间的等效电阻

模拟一个传输门在由高至低翻转时的等效电阻(即产生一个类似于图 6.48 的曲线)。

与传输门链相关的延时是需要特别关注的问题。图 6.49(a)是一个由 n 个传输门构成的链。这种结构经常出现在如加法器或多层多路开关这样的电路中。假设所有的传输门都导通并在输入端输入一个阶跃信号。为了分析该电路的传播延时，传输门用它们的等效电阻 R_{eq} 来代替。于是就得到了图 6.49(b)所示的网络。

(a) 传输门链

(b) 等效的 RC 网络

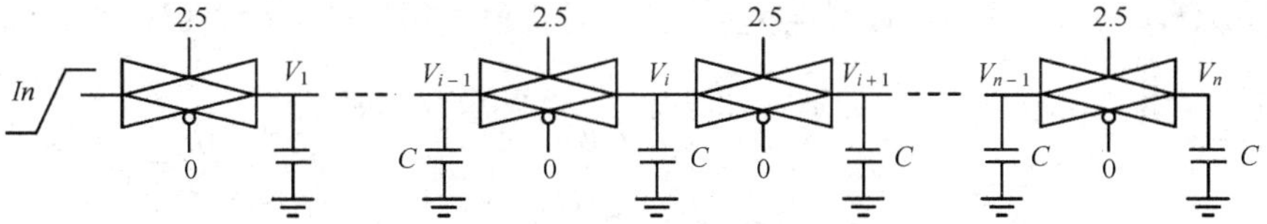

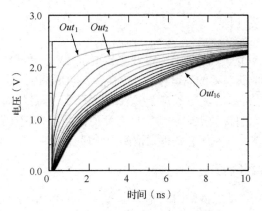

图 6.49　传输门网络中的速度优化

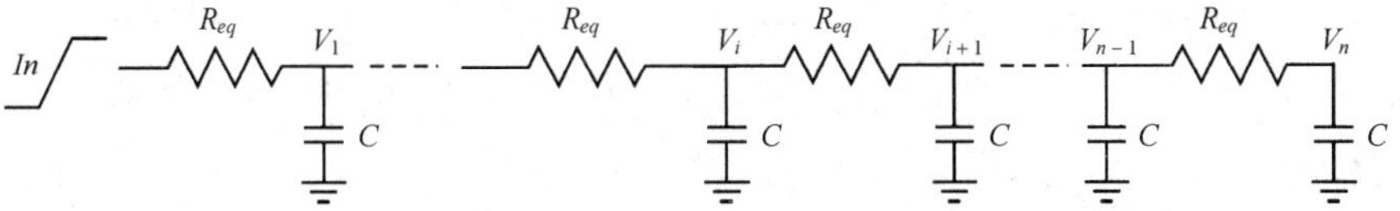

n 个传输门串联网络的延时可以用 Elmore 近似公式计算(见第 4 章)：

$$t_p(V_n) = 0.69\sum_{k=0}^{n} CR_{eq}k = 0.69CR_{eq}\frac{n(n+1)}{2} \tag{6.36}$$

这意味着传播延时正比于 n^2，因此随着链中开关数目的增加而迅速增加。

例 6.13　传输门链的延时

考虑 16 个最小尺寸的传输门串联在一起的情形，每一个门的平均电阻为 8 kΩ。节点电容由两个 NMOS 和 PMOS 器件(漏结和栅)的电容构成。由于假设门的输入固定，所以不存在密勒放大效应。对于由低至高的翻转，可以近似计算出电容为 3.6 fF。因此延时为

$$t_p = 0.69 \cdot CR_{eq}\frac{n(n+1)}{2} = 0.69 \cdot (3.6\ \text{fF})(8\ \text{k}\Omega)\left(\frac{16(16+1)}{2}\right) \approx 2.7\ \text{ns} \tag{6.37}$$

图 6.50 为这一具体例子的瞬态响应。模拟得到的延时为 2.7 ns。一个简单的 RC 模型能得出如此精确的预测的确令人叹服。此外，很明显使用长传输管链会使延时大大增加。

图 6.50　传输门网络中的速度优化

解决长延时问题最常用的办法是，每隔 m 个传输门开关切断串联链，并插入一个缓冲器(见图 6.51)。假设每个缓冲器的延时为 t_{buf}，则这一传输门-缓冲器网络的总传播延时可以计算如下：

$$\begin{aligned} t_p &= 0.69\left[\frac{n}{m}CR_{eq}\frac{m(m+1)}{2}\right] + \left(\frac{n}{m}-1\right)t_{buf} \\ &= 0.69\left[CR_{eq}\frac{n(m+1)}{2}\right] + \left(\frac{n}{m}-1\right)t_{buf} \end{aligned} \tag{6.38}$$

所得到的延时与开关数目 n 成线性关系,而不是像没有缓冲器的电路那样与 n 成平方关系。缓冲器之间开关的最优数目 m_{opt} 可以通过使导数 $\dfrac{\partial t_p}{\partial m}$ 为零求得,即

$$m_{opt} = 1.7\sqrt{\frac{t_{buf}}{CR_{eq}}} \tag{6.39}$$

显然,每段开关的数目随 t_{buf} 值的增加而增加。在当前的工艺情况下典型的 m_{opt} 值等于 3 或 4。这一分析忽略了 t_{buf} 本身与负载 m 有关。考虑这一因素的更为精确的分析见第 9 章。

例6.14 传输门链

考虑同样的 16 个传输门的链。图 6.51 所显示的缓冲器可以用一个反相器实现(而不是两个串联的反相器)。在某些情况下也可能有必要增加一个额外的反相器以产生正确极性的信号。假设每个反相器的尺寸确定为 NMOS 为 0.5 μm/0.25 μm 和 PMOS 为 0.5 μm/0.25 μm,由式(6.39)可预见到每三个传输门必须插入一个反相器。每两个传输门插入一个反相器时模拟得到的延时为 154 ps;每三个传输门插入一个反相器时延时为 154 ps;而每四个传输门时为 164 ps。插入缓冲反相器使延时缩短至将近 1/2。

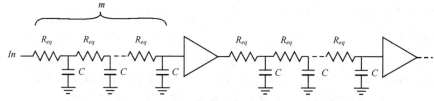

图 6.51   插入缓冲器切断传输门长链

注意:虽然前面几节讨论的许多电路类型看似很有意思,并且也许在许多方面优于静态 CMOS,但是它们都不像互补 CMOS 那样稳定和易于设计。因此应当谨慎使用而不要滥用。对于那些没有极严格的面积、复杂性或速度限制的设计还是建议使用互补 CMOS 类型。

6.3   动态 CMOS 设计

前面已注意到,具有 N 个扇入的静态 CMOS 逻辑要求 $2N$ 个器件,而且还介绍了各种方法来减少实现一个指定逻辑功能所需的晶体管数,包括伪 NMOS、传输管逻辑等。伪 NMOS 逻辑类型只需要 $N+1$ 个晶体管就可以实现一个 N 个输入的逻辑门,但可惜的是它具有静态功耗。在本节中将介绍另一种称为动态逻辑的逻辑类型,它有类似的效果却避免了静态功耗。通过增加一个时钟输入,它可以相继完成预充电和条件求值两个阶段。

6.3.1   动态逻辑:基本原理

图 6.52(a)是一个 (n 型)动态逻辑门的基本结构。它的 PDN(下拉网络)的构成完全与互补 CMOS 一样。这一电路的工作可以分为两个主要阶段:预充电和求值,处于何种工作模式由时钟信号 CLK 决定。

预充电

当 $CLK = 0$ 时输出节点 Out 被 PMOS 管 M_p 预充电至 V_{DD}。在此期间,NMOS 求值管 M_e 关断,所以下拉路径不工作。求值 FET 消除了在预充电期间可能发生的任何静态功耗(即如果没有求值 FET,那么当下拉器件和预充电器件同时导通时,电源线间将有静态电流流过)。

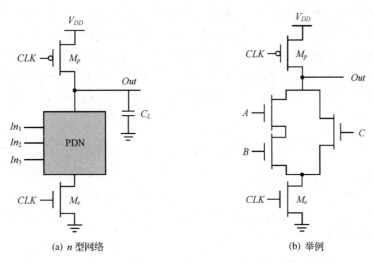

(a) n 型网络　　　　　　　　　　　(b) 举例

图 6.52　动态门的基本原理

求值

当 $CLK=1$ 时预充电管 M_p 关断，求值管 M_e 导通。输出根据输入值和下拉拓扑结构的情况有条件地放电。如果输入使 PDN 导通，则在 Out 和 GND 之间存在低阻通路，因此输出放电至 GND。如果 PDN 关断，预充电值维持存放在输出电容 C_L 上，C_L 是结电容、布线电容以及扇出门输入电容的组合。在求值阶段，输出节点和电源线之间唯一可能的路径是连接到 GND。因此，一旦 Out 放电就不可能再充电，直到进行下一次预充电。因此门的输入在求值期间最多只能有一次变化。注意，在求值期间如果下拉网络关断，则输出有可能处于高阻抗状态。这一特点与相应的静态门的情况截然不同，静态门在输出和其中一条电源线之间总会存在一条低阻抗通路。

作为一个例子，考虑图 6.52(b) 的电路，在预充电阶段($CLK=0$)，由于求值器件关断，所以无论输入为何值输出都预充电至 V_{DD}。在求值期间($CLK=1$)，如果(仅仅是如果) $A \cdot B+C$ 为真，则在 Out 和 GND 之间建立起一条导电通路。否则，输出维持在等于 V_{DD} 的预充电状态。因此可实现以下功能：

$$Out = \overline{CLK} + \overline{(A \cdot B + C) \cdot CLK} \tag{6.40}$$

对于动态逻辑门可以推导出许多重要特性：

- 逻辑功能由 NMOS 下拉网络实现。构成 PDN 的过程与静态 CMOS 完全一样。
- 晶体管的数目(对于复杂门)明显少于静态情况：为 $N+2$ 而不是 $2N$。
- 是无比的逻辑门。PMOS 预充电器件的尺寸对于实现门的正确功能并不重要。预充电器件的尺寸可以较大，以改善低至高的翻转时间(当然，这是以由高至低的翻转时间为代价的)。然而这里还有一个权衡功耗的问题，因为较大的预充电器件会直接增加时钟的功耗。
- 动态逻辑门只有动态功耗。理想情况下，在 V_{DD} 和 GND 之间从不存在任何静态电流路径。但是，它的总功耗仍可以明显高于静态逻辑门。
- 动态逻辑门具有较快的开关速度，主要有两个原因。第一个(明显的)原因是由于减少了每个门晶体管的数目，并且每个扇入对前级只表现为一个负载晶体管，因而降低了负载电容，这相当于降低了逻辑努力。例如，一个两输入动态 NOR 门的逻辑努力是 2/3，大大小于相应静态 CMOS 门的 5/3。第二个原因是动态门没有短路电流，并且由下拉器件提供的所有电流都用来对负载电容放电。

低和高输出电平 V_{OL} 和 V_{OH} 很容易被确定为 GND 和 V_{DD}，并且它们与晶体管的尺寸无关。其他 VTC 参数与静态门差别很大。静态门的噪声容限和开关阈值曾被定义为静态量，与时间无关。而为了使一个动态门正确工作，要求有一系列周期性的预充电和求值。因此纯粹的静态分析不再适用。在求值周期，一个动态反相器的下拉网络在输入信号超过 NMOS 下拉管的阈值电压（V_{Tn}）时就开始导通。因此把这个门的开关阈值（V_M）以及 V_{IH} 和 V_{IL} 都设为等于 V_{Tn} 是合理的。这相当于 NM_L 的值较小。

设计考虑

用对偶的方法来实现另一形态的动态逻辑也是可能的，这时输出节点通过一个预充电 NMOS 管与 GND 连接，而求值 PUN 网络用 PMOS 实现。工作情况与上面介绍的很类似：在预充电阶段，输出节点放电至 GND；在求值阶段，输出有条件地被充电至 V_{DD}。p 型动态门的缺点是比 n 型动态门慢，因为 PMOS 管的驱动电流较小。 ■

6.3.2 动态逻辑的速度和功耗

动态逻辑的主要优点是提高了速度和减少了实现面积。用较少的器件来实现一个指定的逻辑功能意味着总的负载电容小得多。对这个门开关特性进行分析，发现它有一些有趣的特点。在预充电阶段之后，输出为高电平。对于低电平输入信号，没有任何另外的切换发生。结果 $t_{pLH} = 0$！反之，由高至低的翻转要求通过下拉网络放电输出电容。因此，t_{pHL} 与 C_L 以及下拉网络的吸电流能力成正比。求值管的存在多少会减慢门的速度，因为它相当于一个额外的串联电阻。去掉这个晶体管虽然对功能无妨碍，但可能会造成静态功耗及潜在的性能损失。

上面的分析多少有点不公正，因为它忽略了预充电时间对门的开关速度的影响。预充电时间是由通过 PMOS 预充电管充电 C_L 所需的时间决定的。在此期间，不能使用门中的逻辑。然而，常常可以在设计整个数字系统时把预充电时间与其他系统功能统一起来。例如，一个微处理器中运算单元的预充电可以与指令译码同时进行。设计者必须清楚在动态逻辑中的这一"死区"，因此应当仔细考虑使用它的优点和缺点，全盘考虑整个系统的要求。

例 6.15   一个四输入的动态 NAND 门

图 6.53 是用动态电路形式设计的一个四输入 NAND 门的例子。由于该门的动态本质，推导电压传输特性时与传统的方法不同。正如前面讨论过的，我们假设这个门的开关阈值等于 NMOS 下拉管的阈值。这导致了不对称的噪声容限，如表 6.10 所示。

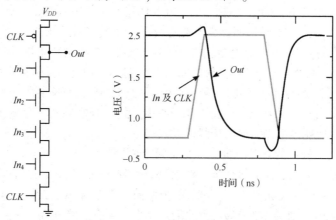

图 6.53   四输入动态 NAND 门的电路图和瞬态响应

表 6.10　四输入动态 NAND 的直流和交流参数

晶体管数	V_{OH}	V_{OL}	V_M	NM_H	NM_L	t_{pHL}	t_{pLH}	t_{pre}
6	2.5 V	0 V	V_{TN}	$2.5 - V_{TN}$	V_{TN}	110 ps	0 ps	83 ps

这个门的动态特性是用 SPICE 来模拟的。假设时钟变为高电平时所有的输入都置于高电平。在时钟的上升沿，输出节点放电。所形成的瞬态响应画在图 6.53 中，而它的传播延时总结在表 6.10 中。预充电周期的时间可以通过改变 PMOS 预充电管的尺寸来调整。然而应当避免 PMOS 太大，因为它会降低门的速度并增加时钟线上的电容负载。对于较大的设计，后一个因素可能会成为一个主要的设计考虑，因为时钟负载可能会变得太大而难以驱动。

正如前面提到的，这些静态门的参数与时间有关。为了说明这一点，考虑一个四输入 NAND 门，把所有输入都连在一起，并完成一个由低至高的翻转。图 6.54 是对三个不同输入翻转(由 0 分别至 0.45 V、0.5 V 和 0.55 V)的输出电压的瞬态模拟结果。在前面的讨论中我们已经定义了动态门的开关阈值即为器件的阈值。然而应注意，输出电压下降的数量与输入电压以及允许的求值时间密切相关。如果求值时间很短，那么噪声电压必须很大才会破坏信号，换言之，开关阈值确实与时间相关。

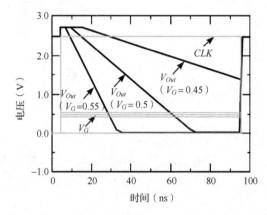

图 6.54　输入毛刺对输出的影响。开关阈值取决于求值时间。如果求值阶段很短则可以允许有较大的毛刺

看来动态逻辑在功耗方面有明显的优势。这主要有三个原因。第一，它的实际电容较小，因为动态逻辑使用较少的晶体管来实现指定的功能。同时从每个扇出看到的负载是一个而不是两个晶体管。第二，由于动态门的结构使得每个时钟周期最多只能翻转一次。毛刺(或动态故障)在动态逻辑中并不发生。最后，动态门不存在短路功耗，因为它在求值时上拉路径不导通。

虽然这些论点一般都正确，但它们也为其他一些考虑所抵消：(1)动态逻辑的时钟功耗可以很大，特别是因为时钟节点在每一个时钟周期都肯定有一个翻转；(2)晶体管的数目大于实现该逻辑所要求的最小一组晶体管；(3)当增加抗漏电器件时(如将要进一步讨论的)可能会有短路功耗存在；(4)最重要的是，由于周期性的预充电和放电操作，动态逻辑通常表现出较高的开关活动性。前面谈到，静态门的翻转概率为 $p_0 p_1 = p_0(1 - p_0)$。对于动态逻辑，它的输出翻转概率不取决于输入的状态(历史情况)，而是取决于信号概率。对于一个 n 型树动态门，只有当输出在上一个求值阶段中被放电时，它才会在预充电阶段发生 0→1 的翻转。因此，n 型动态门进行 0→1 翻转的概率为

$$a_{0 \to 1} = p_0 \tag{6.41}$$

式中，p_0 是输出为零的概率。这一数字总是大于或等于 $p_0 p_1$。对于均匀分布的输入，N 个输入门

的翻转概率为

$$a_{0 \to 1} = \frac{N_0}{2^N} \tag{6.42}$$

式中，N_0 是逻辑功能真值表中输出为零的项数。

例 6.16   动态逻辑的活动性估计

为了说明动态门会增加活动性，再次考虑两输入的 NOR 门。图 6.55 显示了它的 n 型树动态实现以及对应的静态电路。对于概率相同的输入，动态门输出节点在预充电之后立刻放电的概率为 75%，这意味着这样一个门的活动性等于 0.75(即 $P_{NOR} = 0.75 C_L V_{dd}{}^2 f_{clk}$)。而对于静态电路，其对应的活动性要低得多，为 3/16。对于一个动态 NAND 门，翻转概率为 1/4(因为输出将被放电的概率为 25%)，而静态 NAND 的概率为 3/16。虽然这些例子说明动态逻辑的开关活动性一般较高，但也应注意动态逻辑的实际电容较小。在分析动态功耗时这两个因素都必须考虑。

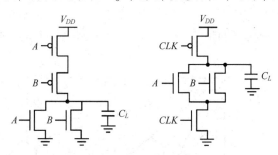

图 6.55   静态 NOR 和 n 型动态 NOR 门的对比

思考题 6.8   活动性计算

计算四输入动态 NAND 门的活动性因子，假设各输入是独立的并且 $p_{A=1} = 0.2$，$p_{B=1} = 0.3$，$p_{C=1} = 0.5$ 和 $p_{D=1} = 0.4$。

6.3.3   动态设计中的信号完整性问题

显然，动态逻辑比静态电路能获得更高的性能。然而如果要使动态电路能够正确工作，还有几个重要问题必须考虑。这些问题包括电荷泄漏、电荷分享、电容耦合以及时钟馈通。本节将较为详细地讨论这些问题。

电荷泄漏

一个动态门的工作取决于输出值在电容上的动态存储。如果下拉网络关断，那么理想情况下，输出在求值阶段应当维持在预充电状态的 V_{DD}。然而由于存在漏电电流，这一电荷将逐渐泄漏掉，最终会使这个门的工作出错。图 6.56(a) 显示了基本动态反相器电路的漏电来源。

来源 1 和来源 2 分别为 NMOS 下拉器件 M_1 的反偏二极管和亚阈值漏电。存储在 C_L 上的电荷将通过这些漏电渠道慢慢泄漏掉，使高电平变差，如图 6.56(b) 所示。因此动态电路要求一个最低的时钟频率，一般在几千赫左右。这使得动态技术的使用对于诸如手表等低性能产品或使用有条件时钟(它不能保证最小的时钟频率)的处理器缺乏吸引力。注意，由于它的反偏二极管(漏电来源 3)和亚阈值导电(漏电来源 4)，PMOS 预充电器件也引起一些漏电流。在某种程度上，PMOS 的漏电电流抵消了下拉路径的漏电。因此，输出电压将由下拉和上拉路径构成的电阻分压器来确定。

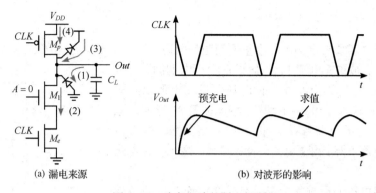

(a) 漏电来源　　　　　　　　　　(b) 对波形的影响

图 6.56　动态电路的漏电问题

例 6.17　动态电路中的漏电

考虑所有器件都为 $0.5~\mu\mathrm{m}/0.25~\mu\mathrm{m}$ 的简单反相器。假设输入在求值期间处于低电平。理想情况下输出应当维持在预充电状态的 V_{DD}。然而可以从图 6.57 中看到，输出电压下降了。一旦输出降至低于扇出逻辑门的开关阈值，这个输出就被认为是一个低电压。注意，由于 PMOS 上拉提供的漏电流，输出稳定在一个中间电压上。

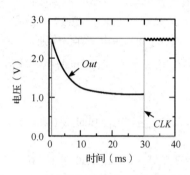

在求值期间，当下拉路径关断时由于输出节点处于高阻状态，因此引起了漏电。漏电问题可以通过降低求值期间输出节点上的输出阻抗来解决。通常是增加一个泄漏晶体管，如图 6.58(a) 所示。该泄漏器为一个伪 NMOS 型的上拉器件，用来补偿由于下拉漏电路径造成的电荷损失。为了避免出现与这类电路相关的尺寸比问题及相关的静态功耗，可以使泄漏器的

图 6.57　电荷泄漏的影响。输出稳定在由下拉和上拉器件组成的电阻分压器决定的一个中间电压上

电阻较高(换种说法，就是使器件较小)。这就使(强)下拉器件能够下拉节点 Out 的电压，使它充分低于下一级门的开关阈值。通常泄漏器以反馈形式实现，以同时消除静态功耗，如图 6.58(b) 所示。

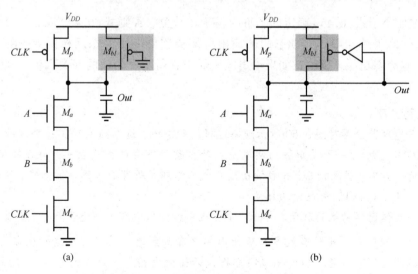

(a)　　　　　　　　　　　　　(b)

图 6.58　静态泄漏器补偿电荷泄漏

电荷分享

在动态逻辑中需要考虑的另一个重要问题是电荷分享的影响。考虑图6.59的电路。在预充电阶段,输出节点被预充电至 V_{DD}。假设在预充电期间,所有的输入被置为0,并且 C_a 已放电。同时还假设在求值期间输入 B 维持在0,而输入 A 由 0→1 翻转,使晶体管 M_a 导通。原本存储在电容 C_L 上的电荷就在 C_L 和 C_a 间重新分配。这就造成了输出电压有所下降,由于电路的动态本质,这一下降不能恢复。

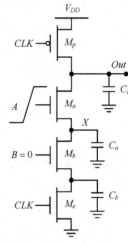

图6.59 动态电路中的电荷分享

这种对输出电压的影响很容易计算。在前面假设的条件下,以下起始条件成立:$V_{out}(t=0) = V_{DD}$ 和 $V_X(t=0) = 0$。因此有两种可能的情形必须考虑:

1. $|\Delta V_{out}| < V_{Tn}$。在这一情形中,$V_X$ 的终值等于 $V_{DD} - V_{Tn}(V_X)$。于是,由电荷守恒得到

$$C_L V_{DD} = C_L V_{out}(\text{final}) + C_a[V_{DD} - V_{Tn}(V_X)] \qquad (6.43)$$

或

$$\Delta V_{out} = V_{out}(\text{final}) + (-V_{DD}) = -\frac{C_a}{C_L}[V_{DD} - V_{Tn}(V_X)]$$

2. $|\Delta V_{out}| > V_{Tn}$。此时 V_{out} 和 V_X 达到同一值:

$$\Delta V_{out} = -V_{DD}\left(\frac{C_a}{C_a + C_L}\right) \qquad (6.44)$$

由电容比可以确定上面哪一种情形成立。两种情形的边界条件可以通过使式(6.44)中的 ΔV_{out} 等于 V_{Tn} 来确定,从而得到

$$\frac{C_a}{C_L} = \frac{V_{Tn}}{V_{DD} - V_{Tn}} \qquad (6.45)$$

当 (C_a/C_L) 之比小于式(6.45)确定的条件时情形1成立,否则式(6.44)成立。总的来说,希望保持 ΔV_{out} 的值在 $|V_{Tp}|$ 以下。动态门的输出可能会连到一个静态反相器上,在这种情况下 V_{out} 过低会引起静态功耗。要注意如果输出电压低于它所驱动的门的开关阈值,电路工作就会出错。

例6.18 电荷分享

让我们考虑电荷分享对图6.60所示动态逻辑门的影响,这个门实现了一个三输入 EXOR 门的功能 $y = A \oplus B \oplus C$。第一个要解决的问题是在什么条件下会造成节点 y 上电压降的最坏情况。为了简化分析,忽略负载反相器,并假设在预充电工作期间所有输入位于低电平,所有被隔离的内部节点(V_a、V_b、V_c 和 V_d)开始时为 0 V。

检查这一具体逻辑功能的真值表显示:输出在8种情形中有4种处于高电平。最坏情形的输出变化发生在求值阶段,此时有最多数目的内部电容加到输出节点上。这发生在 $\overline{A}\overline{B}C$ 或 $A\overline{B}\overline{C}$ 时。于是电压的变化可以通过如式(6.44)那样使开始的电荷等于最终的电荷而得到,由此求得最坏情况的电压变化为 $30/(30+50) * 2.5$ V $= 0.94$ V。为了保证电路正确工作,连接反相器的开关阈值应当在 $2.5 - 0.94 = 1.56$ V 以下。

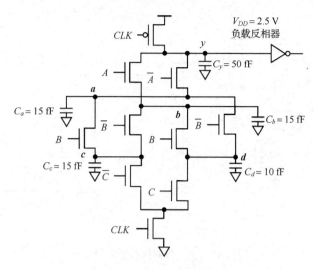

图 6.60　说明动态逻辑中电荷分享影响的例子

解决电荷再分布最常用也是最有效的办法是对关键的内部节点预充电,如图 6.61 所示。由于在预充电期间内部节点被充电至 V_{DD},电荷分享不再发生。这一方法显然是以增加面积和电容为代价的。

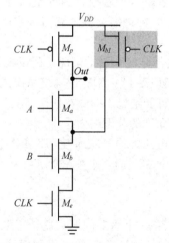

图 6.61　预充电内部节点来解决电荷分享问题。也可以用
一个 NMOS 预充电管,但这需要一个反相时钟

电容耦合

输出节点相对较高的阻抗使得电路对串扰的影响非常敏感。一条导线布在一个动态节点上或邻近时,它可能会产生电容耦合而破坏这个浮空节点的状态。另一个同样重要的电容耦合形式是背栅(backgate),即输出至输入耦合。考虑图 6.62(a)中的电路,一个动态的两输入 NAND 门驱动一个静态 NAND 门。静态门输入 In 的翻转可能会造成该门的输出(Out_2)变为低电平。这一输出变化又会通过晶体管 M_4 的栅-源和栅-漏电容耦合到这个门的另一个输入(动态节点 Out_1)。图 6.62(b)是这一影响的模拟结果。它显示了耦合如何引起动态门的输出 Out_1 显著降低。这进一步使静态 NAND 门的输出不能全程下降至 0 V,而有少量的静态功耗损失。如果这一电压降低得足够大,电路就可能会产生求值错误,即 NAND 不能降到低电平。在设计和布置动态电路的版图时需要特别注意,应尽可能减少电容的耦合。

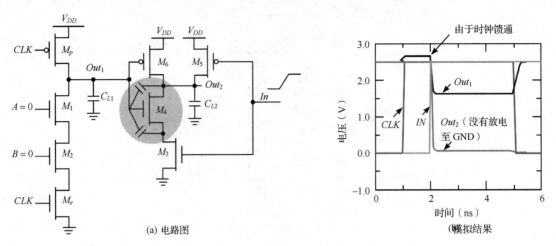

(a) 电路图   (模拟结果)

图 6.62   说明背栅耦合影响的例子

时钟馈通

电容耦合的一种特殊情况是时钟馈通，它是由在预充电器件的时钟输入和动态输出节点之间的电容耦合引起的效应。耦合电容由预充电器件的栅-漏电容组成，包括了覆盖电容和沟道电容。当下拉网络不导通时，这一电容耦合会在时钟由低至高翻转时引起动态节点的输出上升到 V_{DD} 以上。其次，快速上升和下降的时钟边沿会耦合到信号节点上，这在图 6.62(b) 的模拟结果中非常明显。

时钟馈通的危险在于它可能使预充电管正常情况下的反偏结二极管变为正向偏置。这会使电子注入衬底中，它们可能为附近处于"1"（高电平）状态的高阻抗节点所收集，最终导致出错。CMOS 闩锁则是这一注入的另一种可能结果。因此在任何情况下，高速动态电路都应当仔细进行模拟，以确保时钟馈通的影响处在允许的范围之内。

以上所有这些考虑表明，动态电路的设计很有技巧性并且需要非常仔细。因此只有当要求很高的性能或具备高水平的自动设计工具时，才考虑使用它。

6.3.4　串联动态门

除了信号完整性问题之外，还有一个重要问题会使动态电路的设计复杂化：直接串联动态门形成多级逻辑结构的方法并不可行。这一问题可以用两个串联的 n 型动态反相器来说明，如图 6.63(a) 所示。在预充电阶段（即 CLK = 0），两个反相器的输出都被预充电至 V_{DD}。假设原始输入 In 为 0→1 的翻转，如图 6.63(b) 所示。在时钟的上升沿，输出 Out_1 开始放电。第二个输出应当维持在预充电状态的 V_{DD}，因为它的值预计是 1（在求值期间 Out_1 翻转到 0）。然而，输入使 Out_1 放电至 GND 需要有一定的传播延时，因此第二个输出也开始放电。只要 Out_1 仍然比第二个门的开关阈值（约等于 V_{Tn}）高，在 Out_2 和 GND 之间就存在一条导电路径，"宝贵"的电荷就会在 Out_2 上流失。这一导电路径只有在 Out_1 降至 V_{Tn} 并关断 NMOS 下拉管时才被切断。这会使 Out_2 处于一个中间电平上。正确的电平将不会再恢复，因为动态门依靠电容存储，而不像静态门那样具有直流恢复功能。电荷损失导致噪声容限降低并可能引起功能出错。

串级问题的出现是由于每一个门的输出（并且也是下一个门的输入）被预充电至 1。这在求值周期开始时可能造成无意的放电。在预充电期间置所有的输入为 0 可以解决这个问题。这样，在预充电之后下拉网络中所有的晶体管都被关断，因此在求值期间不会发生存储电容的错误放电。换言之，只要在求值期间输入只能进行单个的 $0 \rightarrow 1$ 翻转就能保证正确工作[1]。晶体管只有在需要的时候才导通，并且每周期最多一次。人们已经设想出许多符合这一规则的设计类型，但下面的讨论只是其中最重要的两个。

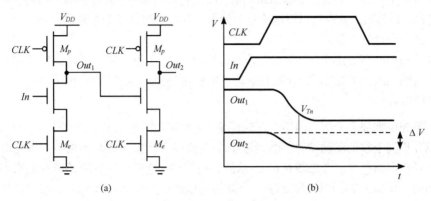

(a)　　　　　　　　　　(b)

图 6.63　动态 n 型模块的串联

多米诺逻辑

基本概念　一个多米诺逻辑模块[Krambeck82]是由一个 n 型动态逻辑块后面接一个静态反相器构成的（见图 6.64）。在预充电期间，n 型动态门的输出被充电至 V_{DD}，而反相器的输出则置为 0。在求值期间动态门有条件地放电，而反相器则有条件地完成 $0 \rightarrow 1$ 的翻转。如果假设一个多米诺门的所有输入是其他多米诺门的输出[2]，那么就能保证在预充电阶段结束时所有的输入都置 0，因而在求值期间的唯一翻转就是 $0 \rightarrow 1$ 的翻转。因此它符合前面所述的规则。引入静态反相器还有另一个优点，即多米诺门的扇出由一个具有低阻抗输出的静态反相器驱动，因此提高了抗噪声能力。同时由于缓冲器隔离了内部和负载电容，因而减少了动态输出节点的电容。最后，反相器还可以用来驱动一个泄漏器件以抵抗漏电和电荷的重新分布，如图 6.64 的第二级所示[3]。

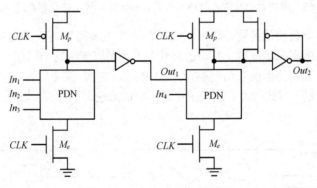

图 6.64　多米诺 CMOS 逻辑

现在考虑多米诺门串联链的工作情况。在预充电期间，所有的输入都置为 0。在求值期间，第一个多米诺块的输出或者停留在 0 或者从 $0 \rightarrow 1$ 翻转，从而影响第二个门。这一影响可以在整

---

① 这里忽略了前面讨论过的电荷分布和泄漏效应的影响。

② 要求不属于这一类的所有其他输入在求值期间保持不变。

③ 原书的图 6.64 中的第二级多米诺门少了一个泄漏晶体管，译文做了修改。——译者注

个多米诺链上传播,一个接着一个,有如一条崩塌的多米诺骨牌线,多米诺逻辑由此而得名。多米诺CMOS具有下列特点:

- 由于每一个动态门都有一个静态反相器,因此它只能实现非反相逻辑。虽然正如下一节要讨论的,虽然有一些办法可以解决这一问题,但这仍然是一个主要的限制因素,所以单纯的多米诺设计很少见。

- 可以达到非常高的速度,只存在上升沿的延时,而 t_{pHL} 等于零。可以调整反相器的尺寸使之与扇出匹配,这里扇出已比互补静态 CMOS 情形中小得多,因为每个扇出门只需要考虑一个栅电容。

由于在预充电期间多米诺门的输入在低电平,因此可以考虑取消求值晶体管,因为这可以减少时钟负载并提高下拉的驱动能力。然而取消求值器件会延长预充电周期——预充电现在也必须通过这一逻辑网络传播。考虑图 6.65 所示的逻辑网络,这里已经取消了所有的求值器件。如果在求值期间原始输入 In_1 为 1,那么每一个动态门的输出求值为 0,而每一个静态反相器的输出为 1。在时钟下降沿预充电操作开始,进一步假设 In_1 为高至低的翻转。第二个门的输入最初为高电平,In_2 需要两个门的延时才能被驱动至低电平。而在这之前第二个门不能预充电它的输出,因为它的下拉网络会与预充电器件竞争。同样,第三个门必须等到第二个门预充电之后才能开始预充电。因此,预充电这个逻辑电路所需要的时间等于它的关键路径。另一个重要的负面影响是当上拉和下拉器件同时导通时的额外功耗。因此一个较好的做法是总是采用求值器件。

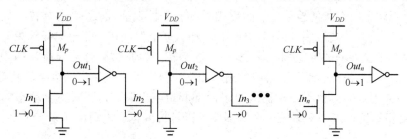

图 6.65　取消求值晶体管时预充电的传播效应。该电路也存在静态功耗

解决多米诺逻辑非反相的问题　多米诺逻辑的一个主要局限是只能实现非反相逻辑。这一要求限制了广泛采用纯多米诺逻辑。然而已有几种方法可以解决这个问题。图 6.66 为解决这个问题的一种方法——利用简单的布尔变换(如 De Morgan 定律)来重新组织该逻辑。可惜的是这类优化并不总是可行的,因此也许必须采用更为一般的方法。

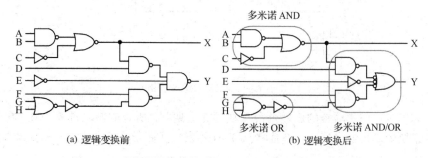

(a) 逻辑变换前　　　　　　　　　(b) 逻辑变换后

图 6.66　重构逻辑使之能采用非反相的多米诺逻辑来实现

解决这个问题的一般方法(但代价较高)是采用差分逻辑。双轨多米诺(Dual-rail domino)在原理上类似于前面讨论的 DCVSL 结构,但它采用一个预充电负载而不是一个静态交叉耦合的

PMOS 负载。图 6.67 为一个 AND/NAND 差分逻辑门的电路图。注意,所有输入来自其他的差分多米诺门。它们在预充电阶段为低电平,而在求值期间完成有条件的 0→1 翻转。采用差分逻辑有可能实现任何随意的功能。但这是以增加功耗为代价的,因为不论输入为何值每个时钟周期必定有一次翻转,这是因为 O 或者 $\overline{O}$ 必定有一个要发生 0→1 的翻转。晶体管 M_{f1} 和 M_{f2} 的作用是在时钟较长时间处于高电平时仍保持该电路为静态(泄漏器)。注意这一电路不是有比电路,尽管存在 PMOS 上拉器件! 由于它的高性能,所以这一差分方法非常流行,它已用在几个微处理器产品中。

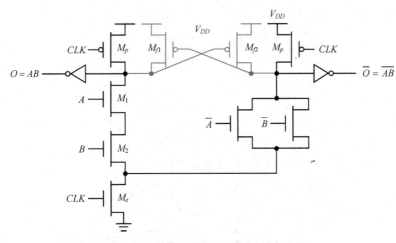

图 6.67　简单的双轨(差分)多米诺逻辑门

　　多米诺逻辑门的优化　有几种优化多米诺逻辑的方法。最明显的性能优化就是调整静态反相器中晶体管的尺寸。当多米诺电路中包含有求值器件时,所有的门都同时预充电,因此预充电只需两个门的延时——使动态门的输出充电至 V_{DD} 及驱动反相器的输出至低电平。求值期间的关键路径则是通过动态门的下拉路径及通过静态反相器的 PMOS 上拉晶体管。因此为了在求值期间加速电路,静态反相器的 β 比值应当较大,使它的开关阈值接近 V_{DD}。这可以通过采用一个较小(最小尺寸)的 NMOS 器件和一个较大的 PMOS 器件来实现。最小尺寸的 NMOS 只影响预充电时间,这一时间一般很有限,因为所有的门同时预充电。采用大的 β 比值的唯一缺点是降低了噪声容限。因此设计者在确定器件尺寸的时候应当同时考虑降低噪声容限及性能的影响。

　　目前许多不同的多米诺逻辑已被提议[Bernstein98]。一种减少面积的优化方法是多输出多米诺逻辑(multiple-output domino logic)。它的基本原理显示在图 6.68 中。它说明了这样一个事实:某些输出是其他输出的子集,因此在一个门中可以产生许多逻辑功能。在本例中,由于 $O_3 = C + D$ 出现在所有三个输出中,所以它在下拉网络的底部实现。由于 O_2 等于 $B \cdot O_3$,所以它可以再次利用 O_3。注意,内部节点必须预充电至 V_{DD} 以产生正确的结果。如果内部节点都要预充电到 V_{DD},那么驱动预充电器件的器件数目并没有减少。然而求值晶体管的数目大大减少了,因为它们为多个输出所共享。此外,这一方法也减少了扇出数,这也是由于多个功能重复利用晶体管的缘故。

　　图 6.69 的组合多米诺(compound domino)则代表对通用多米诺门的另一种优化,它也是使晶体管的数目尽可能减少。它不是每个动态门都驱动一个静态反相器,而是可以借助一个复合静态 CMOS 门把多个动态门的输出组合起来,如图 6.69 所示。三个动态结构(即实现 $O_1 = \overline{ABC}$,$O_2 = \overline{DEF}$ 和 $O_3 = \overline{GH}$)的输出用一个实现 $O = \overline{(O_1 + O_2)O_3}$ 的复合 CMOS 静态门组合起来。以这一方式实现的总逻辑功能为 $O = ABCDEF + GH$。

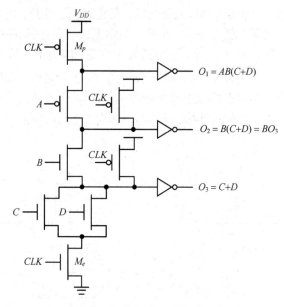

图 6.68   多输出多米诺逻辑

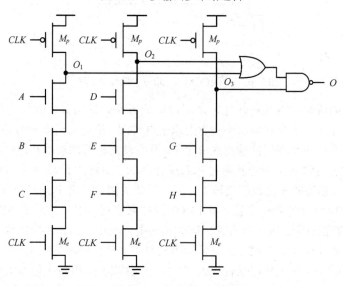

图 6.69   在动态门输出端使用复合静态门的组合多米诺逻辑

组合多米诺是构成复杂动态逻辑门非常有用的工具。较大的(上下)堆叠的动态结构由扇出较小的并行结构及复合 CMOS 门所代替。例如，一个扇入很大的多米诺 AND 门可以实现为一组并行的扇入较小的动态 NAND 结构，以及一个静态的 NOR 门。在组合多米诺中，一个重要的考虑是与背栅耦合相关的问题。必须仔细确保动态节点不受静态门输出与动态节点输出之间耦合的影响。

np-CMOS

串联动态逻辑的另一种方法是 np-CMOS，它使用两种类型(n 型树和 p 型树)的动态逻辑，因而避免了在关键路径中由多米诺逻辑引入的额外静态反相器。在 p 型树逻辑门中，用 PMOS 器件构成一个上拉逻辑网络，包括一个 PMOS 求值管([Gonçalvez83, Friedman84, Lee86])，如图 6.70 所示。NMOS 预充电管在预充电期间驱动输出至低电平。在求值期间取决于它的输入，输出将有条件地进行 0→1 的翻转。

　　np-CMOS 逻辑利用了 n 型树和 p 型树逻辑门之间的对偶性来消除串级问题。如果 n 型树逻辑门由 CLK 控制，p 型树门用 $\overline{CLK}$ 控制，则 n 型树门可以直接驱动 p 型树门，反之亦然。与多米诺一样，n 型树门的输出在连至另一个 n 型树门时必须通过一个反相器。在预充电阶段（$CLK = 0$），n 型树门的输出 Out_1 被充电至 V_{DD}，而 p 型树门的输出 Out_2 被预放电至 0 V。由于 n 型树门与 PMOS 上拉器件相连，p 型树的 PUN 此时关断。在求值期间，n 型树门的输出只能进行 1→0 的翻转，有条件地导通在 p 型树中的一些晶体管。这就保证了不会发生 Out_2 的错误放电。同样，n 型

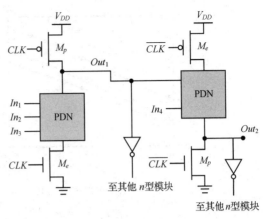

图 6.70　np-CMOS 逻辑电路

树结构块连在 p 型树门后面不会有任何问题，因为 n 型门的输入被预充电至 0 V。np-CMOS 逻辑的缺点是由于在逻辑网络中 PMOS 管的电流驱动较弱，所以 p 型树模块比 n 型树模块更慢。要使它们的传播延时相等需要额外的面积。同样，由于缺少缓冲器，在门之间也存在与动态节点的连线。

6.4　设计综述

6.4.1　如何选择逻辑类型

　　在前几节中，我们讨论了采用 CMOS 工艺的几种门的实现方法。每一种电路类型都有它的优点和缺点。选择哪一种取决于基本要求是什么：是否易于设计，稳定性，面积，速度或功耗。没有单独一种类型能同时优化所有这些指标。甚至选择的方法也因不同的逻辑功能而异。

　　静态门的优点是对噪声具有稳定性。这使得设计过程非常容易并且适合于设计的高度自动化。显然，它是最适合于一般要求的逻辑设计类型。但这一易于设计的代价是：对于具有大扇入的复合门，互补 CMOS 就其面积和性能而言代价太大。因此设计了另外一些静态逻辑类型。伪NMOS 结构简单，速度很快，但以减少噪声容限和增加静态功耗为代价。传输管逻辑十分适合于实现许多特殊的电路，如多路开关和加法器这样的以 XOR 为主的逻辑。

　　另一方面，动态逻辑可以实现较快和面积较小的复杂逻辑门。但这也是有代价的，像电荷分享这样一些寄生效应使设计过程很难把握。电荷的泄漏又迫使进行周期性的刷新，于是限制了电路的最低工作频率。

　　当前的趋势是互补静态 CMOS 的运用增多。这一倾向是由于在逻辑设计层次上越来越多地运用了设计自动化工具。这些工具的重点是放在逻辑层次而不是电路层次的优化上，并且非常重视提高稳定性。另一个原因是静态 CMOS 比本章讨论过的其他一些方法更适合于按比例降低电压。

6.4.2　低电源电压的逻辑设计

　　在第 3 章中我们曾预见 CMOS 工艺的电源电压在未来十年中将继续下降并可能在 2010 年降低到 0.6 V[①]。为了在这些情况下仍能保证其性能，相应地降低器件的阈值是非常重要的。图 6.71(a)是为保持一给定性能水平所要求的（V_T, V_{DD}）比率的曲线（假设器件的其他特性保持相同）。

---

　　① 由于英文原著已出版十多年，此类预见已成为历史，此处保留了原文。——编者注

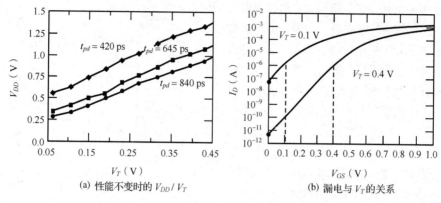

图 6.71　电压降低(V_{DD}/V_T对延时和漏电的影响)

这一综合考虑并不是没有代价的。正如式(3.39)所推导的,降低阈值电压会使亚阈值漏电电流呈指数增长:

$$I_{leakage} = I_S 10^{\frac{V_{GS}-V_{th}}{S}}\left(1 - 10^{-\frac{nV_{DS}}{S}}\right) \tag{6.46}$$

在式(6.46)中,S 是器件的斜率系数。一个反相器的亚阈值漏电是 NMOS 在 $V_{in} = 0$ V 和 $V_{out} = V_{DD}$ 时的电流(或 PMOS 在 $V_{in} = V_{DD}$ 和 $V_{out} = 0$ V 时的电流)。阈值降低时反相器漏电电流呈指数增加的情况如图 6.71(b)所示。

这些漏电电流对于具有间断计算并且计算之间相隔很长一段时间不工作这种特点的设计来说特别需要加以关注。例如,一部手机中的处理器就在大部分时间内处于闲置方式。理想情况下在处理器处于闲置方式时系统应当不消耗或消耗接近于零的功耗。这只有在泄漏非常低的情况下才有可能,也就是器件具有很高的阈值电压。这不同于我们刚刚讨论的降低电压的情形,即在低电源电压下保持高性能意味着降低阈值。为了满足在工作期间高性能和待机期间低漏电这两个相互矛盾的要求,已在 CMOS 工艺中开发了几种改进的工艺或控制漏电的技术。特征尺寸小于等于 0.18 μm 的大多数 CMOS 工艺都支持具有不同阈值的器件——通常具有低阈值的器件用于高性能电路而具有高阈值的器件用来限制漏电。另一种日益普遍的方法是利用晶体管的体效应动态控制一个器件的阈值电压。采用这一方法控制每一个器件需要双阱工艺(见图 2.2)。

巧妙的电路设计也能帮助减少漏电电流,因为漏电电流与电路拓扑结构及加在门上的输入值有关。由于 V_T 取决于体(衬底)偏置(V_{BS}),所以一个 MOS 晶体管的亚阈值漏电电流不仅取决于栅驱动(V_{GS}),而且也取决于体偏置。在一个反相器中,当 $In = 0$ 时,它的亚阈值漏电电流是由 NMOS 晶体管在它的 $V_{GS} = V_{BS} = 0$ V 时决定的。在较复杂的 CMOS 门中,如图 6.72 中的两输入 NAND 门,它的漏电电流取决于输入向量。这个门的亚阈值漏电电流在 $A = B = 0$ 时最小。在这些条件下,中间节点 X 稳定在

$$V_X \approx V_{th}\ln(1 + n) \tag{6.47}$$

因此这个门的漏电电流由最上面的 NMOS 晶体管在 $V_{GS} = V_{BS} = -V_X$ 时决定。显然在这一情况下的亚阈值漏电电流比反相器的小。漏电电流由于晶体管堆叠而减小的效应称为堆叠效应(stack effect)。图 6.72 中的表格分析了在不同输入情况下两输入 NAND 门的漏电电流部分。

但现实情况甚至更好。在短沟 MOS 管中,亚阈值漏电电流不仅取决于栅驱动(V_{GS})和体偏置(V_{BS}),而且也取决于漏端电压(V_{DS})。由于漏极感应势垒降低(即 DIBL)的原因,一个短沟 MOS 晶体管的阈值电压将随 V_{DS} 的增加而降低。DIBL 典型值的范围可以使对于 V_{DS} 的每单位电压

变化 V_T 变化 $20 \sim 150$ mV。由于这一点,堆叠效应的影响对于短沟晶体管甚至更为明显。由于中间节点的电压降低了最上面器件的漏-源电压,提高了它的阈值,因而降低了它的漏电电流。

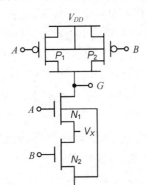

(a) 两输入 NAND 门

A	B	V_X	I_{SUB}
0	0	$V_{th}\ln(1+n)$	$I^N_{SUB}(V_{GS}=V_{BS}=-V_X)$
0	1	0	$I^N_{SUB}(V_{GS}=V_{BS}=0)$
1	0	$V_{dd}-V_T$	$I^N_{SUB}(V_{GS}=V_{BS}=0)$
1	1	0	$2I^P_{SUB}(V_{SG}=V_{SB}=0)$

(b) 各种输入情况下的堆叠效应

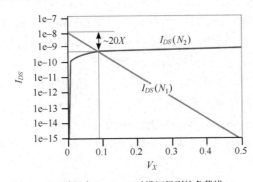

(c) 该门在 $A=B=0$ 时模拟得到的负载线

图 6.72　在两输入 NAND 门中,亚阈值漏电由于各种输入情况的堆叠效应而减少

例 6.19　两输入 NAND 门中的堆叠效应

再次考虑图 6.72(a) 中的两输入 NAND 门,这时 N_1 和 N_2 都关断 $(A=B=0)$。从图 6.72(c) 所显示的负载线可以看到,稳态 V_X 大约稳定在 100 mV 左右。因此该门的稳态亚阈值漏电由 $V_{GS} = V_{BS} = -100$ mV 及 $V_{DS} = V_{DD} - 100$ mV 决定,它是单个 NMOS 管在 $V_{GS} = V_{BS} = 0$ mV 及 $V_{DS} = V_{DD}$ 时漏电的 $1/20$[Ye98]。

总之,在复杂的堆叠电路中的亚阈值漏电可以比在单个器件中明显降低。注意,当堆叠在一起的所有晶体管都截止并且中间节点电压达到它的稳态值时,漏电电流减少得最多。利用这一效应时,要求仔细选择每个门在待机或休眠模式时的输入信号。

> **思考题 6.9　计算 V_X**
> 当计算一个两输入 NAND 门在 $A=B=0$ 时的中间节点电压时,式(6.47)的误差小于 10%。假设 N_1 和 N_2 的 V_T 及 I_S 近似相等,NMOS 晶体管的尺寸相同并且 $n<1.5$,推导式(6.47)。

6.5　小结

本章广泛分析了组合 CMOS 数字电路的特点和性能,包括它们的面积、速度和功耗。现将要点总结如下。

- 静态互补 CMOS 把对偶的上拉和下拉网络组合在一起,在任何时候只有其中之一是导通的。

- CMOS 门的性能与扇入密切相关。解决扇入问题的技术包括决定晶体管的尺寸、输入的重新排序以及划分。速度也与扇出存在线性关系。对于大的扇出需要使用额外的缓冲器。

- 有比逻辑由一个有源下拉(上拉)网络连到一个负载器件上构成。这大大减少了门的复杂性,其代价是静态功耗和不对称的响应。仔细地确定晶体管的尺寸对于保证足够的噪声容限是必要的。在这类电路中最常用的方法是采用伪 NMOS 技术和差分 DCVSL,后者要求互补信号。

- 传输管逻辑把一个逻辑门实现为一个简单的开关网络,这使某些逻辑功能的实现非常简单。应当避免开关的长串联,因为延时与链中元件的数目成平方关系增长。仅含 NMOS 的传输管逻辑虽然结构更为简单,但也许会引起静态功耗并减少噪声容限。这一问题可以通过增加电平恢复晶体管的办法来解决。

- 动态逻辑的工作原理是基于电荷存储在电容节点上以及该节点根据输入进行有条件的放电。这要求分两个阶段工作,即一个预充电阶段之后是一个求值阶段。动态逻辑用噪声容限来换取性能。它对于像漏电、电荷重分配以及时钟馈通等寄生效应的影响很敏感。使动态门串级可能会引起问题,因此应当小心处置。

- 一个逻辑网络的功耗很大程度与这个网络的开关活动性有关。这一活动性与输入的统计特性、网络的拓扑结构以及逻辑类型有关。像虚假尖峰信号(毛刺)和短路电流等造成的功耗可以通过仔细的电路设计及晶体管尺寸的选择来最小化。

- 低电压操作要求按比例降低阈值电压。漏电控制是低电压操作的关键。

6.6　进一步探讨

(C)MOS 逻辑类型的内容为许多文献所涉及。已有大量的教材致力于这一方面的讨论。在[Weste93]和[Chandrakasan01]中可以找到其中一些最全面的综合论述。关于复杂的高性能设计,[Shoji96]和[Bernstein98]对 MOS 数字电路的优化和分析进行了最深入的讨论。使功耗最小是比较新的内容,但在[Chandrakasan95]、[Rabaey95]和[Pedram02]中都有比较全面的著述。

MOS 逻辑领域的创新进展一般都发表在 ISSCC 会议和 VLSI 电路的论文集中,以及 *IEEE Journal of Solid State Circuits* 中(特别是 11 月份的期刊)。

参考文献

[Bernstein98] K. Bernstein et al., *High-Speed CMOS Design Styles*, Kluwer Academic Publishers, 1998.

[Chandrakasan95] A. Chandrakasan and R. Brodersen, *Low Power Digital CMOS Design*, Kluwer Academic Publishers, 1995.

[Chandrakasan01] A. Chandrakasan, W. Bowhill, and F. Fox, ed., *Design of High-Performance Microprocessor Circuits*, IEEE Press, 2001.

[Gonçalvez83] N. Gonçalvez and H. De Man, "NORA: A Racefree Dynamic CMOS Technique for Pipelined Logic Structures," *IEEE Journal of Solid State Circuits*, vol. SC-18, no. 3, pp. 261–266, June 1983.

[Heller84] L. Heller et al., "Cascade Voltage Switch Logic: A Differential CMOS Logic Family," *Proc. IEEE ISSCC Conference*, pp. 16–17, February 1984.

[Krambeck82] R. Krambeck et al., "High-Speed Compact Circuits with CMOS," *IEEE Journal of Solid State Circuits*, vol. SC-17, no. 3, pp. 614–619, June 1982.

[Landman91] P. Landman and J. Rabaey, "Design for Low Power with Applications to Speech Coding," *Proc. International Micro-Electronics Conference*, Cairo, December 1991.

[Parameswar96] A. Parameswar, H. Hara, and T. Sakurai, "A Swing Restored Pass-Transistor Logic-Based Multiply and Accumulate Circuit for Multimedia Applications," *IEEE Journal of Solid State Circuits*, vol. SC-31, no. 6, pp. 805 –809, June 1996.

[Pedram02] M. Pedram and J. Rabaey, ed., *Power-Aware Design Methodologies*, Kluwer, 2002.

[Rabaey95] J. Rabaey and M. Pedram, ed., *Low Power Design Methodologies,* Kluwer, 1995.

[Radhakrishnan85] D. Radhakrishnan, S. Whittaker, and G. Maki, "Formal Design Procedures for Pass-Transistor Switching Circuits," *IEEE Journal of Solid State Circuits*, vol. SC-20, no. 2, pp. 531–536, April 1985.

[Shoji88] M. Shoji, *CMOS Digital Circuit Technology*, Prentice Hall, 1988.

[Shoji96] M. Shoji, *High-Speed Digital Circuits*, Addison-Wesley, 1996.

[Sutherland99] I. Sutherland, B. Sproull, and D. Harris, *Logical Effort*, Morgan Kaufmann, 1999.

[Weste93] N. Weste and K. Eshragian, *Principles of CMOS VLSI Design: A Systems Perspective*, Addison-Wesley, 1993.

[Yano90] K. Yano et al., "A 3.8 ns CMOS 16×16 b Multiplier Using Complimentary Pass-Transistor Logic," *IEEE Journal of Solid State Circuits,* vol. SC-25, no. 2, pp. 388–395, April 1990.

[Ye98] Y. Ye, S. Borkar, and V. De, "A New Technique for Standby Leakage Reduction in High-Performance Circuits," *Symposium on VLSI Circuits*, pp. 40–41, 1998.

习题

若需要最新 CMOS 数字逻辑的习题集和设计题，可登录网站 http://icbook.eecs.berkeley.edu/。

设计方法插入说明 C——如何模拟复杂的逻辑电路

- 时序和开关级模拟
- 逻辑和功能模拟
- 行为模拟
- 寄存器传输语言

虽然 SPICE 电路模拟确实是电路设计者工具箱中极有价值的工具,但它有一个重要的缺点。如果要考虑半导体器件的所有特性和二次效应,它常常要花费很多时间。这在设计复杂电路时很快就变得极不方便,除非有人愿意花上几天的计算机时间。尽管计算机总在越变越快,模拟器也是越变越好,但电路复杂度的提高甚至比它们更快。设计者可以通过放弃模型的精度而借助于较高层次的模型来解决这个复杂性的问题。本插入说明的主题就是讨论设计者可以采用的各种不同的抽象层次以及它们对模拟精度的影响。

区分许许多多模拟方法和抽象层次的最好方法就是了解它们是如何表示数据和时间变量的:是作为模拟变量、连续变量、离散信号,还是抽象的数据模型。

C.1 把数字数据表示成连续量

电路模拟及其派生物

在设计方法插入说明 B 中,我们认为一个电路模拟器本质上是一个模拟量的模拟器。它把电压、电流和时间都看做是模拟变量。这一精确的模拟加之大多数器件的非线性特点使它成为一个需要花费大量模拟时间的方法。

人们一直在付出巨大的努力,试图以牺牲通用性来减少计算时间。考虑一个 MOS 数字电路。由于 MOS 栅具有良好的绝缘特性,常常有可能把电路分隔成相互间作用有限的几个部分。于是一个可行的方法就是假设来自其他部分的输入是已知的或是常数,并在一个给定的时间间隔内分别求解每一个这样的分隔部分。然后可以把所得的波形通过迭代进行优化。这一以逐次渐进为基础(relaxation-based)的方法的优点是由于避免了耗时的矩阵求逆,所以比传统的技术计算效率高,但它仅限于 MOS 电路[White87]。当电路含有反馈路径时,分隔可能变得很多,从而使模拟性能下降。

另一种方法是降低所用晶体管模型的复杂程度。例如,使模型线性化可以大大降低计算的复杂度。还有一种方法是采用一种简化的表格式的模型。虽然这种方法必然会降低波形的精度,但它仍然能很好地估计诸如传播延时和上升、下降时间这样的时序参数。这就是为什么这些工具常被称为时序模拟器的缘故。它们最大的优点是运行速度快,可以比 SPICE 类工具的速度快一到两个数量级。另一个优点是,不同于下面要讨论的工具,时序模拟器仍然可以包括像漏电、阈值下降和虚假尖峰信号这样的二次效应。这一类工具的例子有 Synopsys 公司的 NanoSim(原名为 TimeMill /PowerMill)模拟工具[TimeMill]。作为参考,这类模拟器时序参数的精度一般比全面展开的电路模拟器低 5% ~ 10%。

C.2 把数据表示成离散量

在数字电路中,我们通常并不对电压变量的确切值感兴趣,而只是关注它所代表的数字值。因此可以设想一种模拟器,它的数据信号非 0 即 1。不符合这两种情况的信号则用符号 X 表示,或称为不定态。

这个三元值 $\{0, 1, X\}$ 的表示方法广泛应用于器件和门级的模拟器中。如果把这组所允许的数据值进一步扩大,我们可以得到更详细的信息而仍保持原来处理复杂设计的能力。一种可能的扩展是增加三态节点处于高阻抗状态时的 Z 值,以及相应于上升和下降翻转的 R 和 F 值。有些商用模拟器可提供多至 12 个可能的信号状态。

虽然使数据表达范围离散化可以大大改善模拟性能,但如果使时间成为离散变量也可以得到同样的好处。考虑图 C.1 中的电压波形,它代表了开关阈值为 V_M 的一个反相器输入端的信号。可以合理地假设在该反相器的输入越过 V_M 一个传播延时之后它的输出值改变。如果并不严格地注重信号波的确切形状,那么只要在所关注点 t_1 和 t_2 对电路求值就足够了。

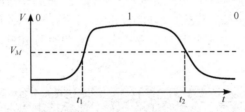

图 C.1 时间变量的离散化

同样,输出波形的关注点可确定在 $t_1 + t_{pHL}$ 和 $t_2 + t_{pLH}$。如果一个模拟器只在它的任何一个输入发生事件时才对一个门求值,那么这个模拟器就称为事件驱动(event-driven)模拟器。求值的顺序是通过把预定的事件按时间排队然后按时间排序的方式处理它们来确定。假设图 C.1 中的波形是一个门的输入波形。一个事件被安排在时间 t_1 时发生。在处理这一事件时,一个新的事件被安排在时间 $t_1 + t_{pHL}$ 时在扇出节点上发生,并把它放在时间排序中。这一事件驱动的方法显然比电路模拟器的时间步驱动方法更有效。为了考虑扇出的影响,可以把一个电路的传播延时用一个本征延时(t_{in})和一个取决于负载的因子(t_l)来表示,在不同的边沿翻转处这一传播延时可以不同:

$$t_{pLH} = t_{inLH} + t_{lLH} \times C_L \qquad (C.1)$$

负载 C_L 可以用绝对数值(单位为 pF)代入,也可以作为扇出门数目的函数。注意,该式与前一章介绍的逻辑努力模型非常相似。

上述方法虽然能明显改善模拟性能,但仍有缺点,即事件可能在任何时刻发生。另一种简化方法则是把时间更进一步离散化并只允许事件发生在一个单位时间变量的整数倍上。单位延时模型即是这种方法的一个例子。在这一模型中每个电路(门)都有一个单位的延时。最后,最简单的模型是零延时模型,即假设所有的门没有任何延时。在这个模型中,时间从一个时钟事件推进到下一个时钟事件,并且假设在一个时钟事件到来时所有的事件都同时发生。以上这些概念可以应用到许多抽象层次上,由此产生下面将要讨论的各种模拟方法。

开关级模型

半导体器件的非线性本质是影响较高模拟速度的主要障碍之一。开关级模型[Bryant81]克服了这一障碍,它用一个阻值取决于晶体管工作情况的线性电阻来近似这个晶体管的行为。在晶体管关断状态,电阻被设定为无穷大,而在晶体管导通时则被设为该器件的平均"导通"电阻(见图 C.2)。由此所得到的网络是一个电阻和电容的时变线性网络,因而便于更有效地进行分析。对电阻网络的求值决定了信号的稳态值,这一般采用{0,1,X}模型。例如,如果在一个节点和地之间的总电阻明显小于它至 V_{DD} 的电阻,那么这个节点就设为 0 状态。通过分析 RC 网络就可以求解出事件的时序。这里同样也采用了较简单的时序模型,如单位延时模型。

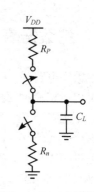

图 C.2　CMOS 反相器
的开关级模型

例 C.1　开关级模拟与电路级模拟的比较

用开关级模拟器 IRSIM 来模拟一个 4 位的加法器[Salz89]。模拟结果画在图 C.3 上。最初所有的输入(IN1 和 IN2)以及进位输入 CIN 都设为 0。在 10 ns 以后,所有的输入 IN2 和 CIN 被置为 1。显示窗口画出了输入信号、输出向量 OUT[0~3]以及最高有效输出位 OUT[2]和 OUT[3]。输出在一个翻转周期后收敛至正确值0000。注意,数据只取0和1电平。输出信号中虚假尖峰信号(毛刺)的幅度从电源轨线到地轨线,但在实际中它们可能只有部分的摆动。在翻转期间,信号标以 X,意即"不确定"。为了进一步理解这一结果,图 C.3 画出了 SPICE 对同一输入向量的模拟结果。注意,这里存在着部分的虚假尖峰信号。由该图还可以看到基于 RC 模型的 IRSIM 时序比较精确,因此足以得到一阶近似结果。

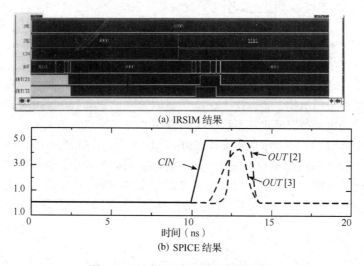

(a) IRSIM 结果

(b) SPICE 结果

图 C.3　电路级和开关级模拟的比较

门级(或逻辑)模拟

门级模拟器运用与开关级工具相同的信号值,但它模拟的基本电路单元是门而不是晶体管。这一方法能模拟比较复杂的电路,但以牺牲细节和通用性为代价。例如,一些常用的 VLSI 结构(如三态总线和传输管)就很难进行门级模拟。由于门级是许多设计者首选的设计实体,这一模拟方法一直用得非常普遍,直至逻辑综合工具的出现,这时设计者才把注意力转向功能级或行为级的抽象层次。由于对逻辑模拟极感兴趣,所以曾开发出专门和昂贵的硬件加速器来加速模拟过程(如[Agrawal90])。

功能模拟

功能模拟可以看成逻辑模拟的简单延伸。其输入描述的基本单元可以随意复杂。例如,一个模拟单元可以是一个 NAND 门、一个乘法器或一个 SRAM 存储器。这些复杂单元中的任何功能都可以用一种现代的编程语言或一种专门的硬件描述语言来描述。例如，THOR 模拟器运用 C 编程语言来确定一个模块与其输入值相关的输出值[Thor88]。SystemC 语言[SystemC]保留了 C 语言的大部分句法和语义，但同时增加了许多针对硬件设计特点（如存在并行性）的结构和数据类型。另一方面，VHDL（VHSIC 硬件描述语言）[VHDL88]则是一种专门为描述硬件设计而开发的语言。

在结构模式（structural mode）中，VHDL 把一个设计描述成功能模块之间的连接。这样一种描述常称为网表（netlist）。例如图 C.4 是一个由寄存器和加法器构成的 16 位累加器的描述。

```
entity accumulator is
    port ( -- definition of input and output terminals
        DI: in bit_vector(15 downto 0) -- a vector of 16 bit wide
        DO: inout bit_vector(15 downto 0);
        CLK: in bit
    );
end accumulator;

architecture structure of accumulator is
    component reg -- definition of register ports
        port (
            DI : in bit_vector(15 downto 0);
            DO : out bit_vector(15 downto 0);
            CLK : in bit
        );
    end component;
    component add -- definition of adder ports
        port (
            IN0 : in bit_vector(15 downto 0);
            IN1 : in bit_vector(15 downto 0);
            OUT0 : out bit_vector(15 downto 0)
        );
    end component;
-- definition of accumulator structure
signal X : bit_vector(15 downto 0);
begin
    add1 : add
        port map (DI, DO, X); -- defines port connectivity
    reg1 : reg
        port map (X, DO, CLK);
end structure;
```

图 C.4   一个累加器的 VHDL 功能描述

加法器和寄存器又可以描述成许多部件（如全加器或寄存器单元）的组合。另一种方法是运用这一语言的行为模式（behavioral mode），它把模块的功能描述成一组输入/输出的关系，而不管其选用何种实现方法。作为一个例子，图 C.5 描述了一个加法器的输出是其输入的二进制补码的和。

功能模拟器的信号范围层次与开关级和逻辑级类似。可以采用各种时序模型，例如，设计者可以把输入和输出信号之间的延时描述成一个模块行为描述的一部分。最常采用的是零延时模型，因为它具有最快的模拟速度。

```
entity add is
    port (
        IN0 : in bit_vector(15 downto 0);
        IN1 : in bit_vector(15 downto 0);
        OUT0 : out bit_vector(15 downto 0)
    );
end add;

architecture behavior of add is
begin
    process(IN0, IN1)
        variable C : bit_vector(16 downto 0);
        variable S : bit_vector(15 downto 0);
    begin
        loop1:
        for i in 0 to 15 loop
            S(i) := IN0(i) xor IN1(i) xor C(i);
            C(i+1):= IN0(i) and IN1(i) or C(i) and (IN0(i) or IN1(i));
        end loop loop1;
        OUT0 <= S;
    end process;
end behavior;
```

图 C.5   16 位加法器的行为描述

C.3   运用较高层次的数据形式

当构想一个数字系统时, 如一个 CD 播放机或一个嵌入式微控制器, 设计者很少用二进制"位"来考虑问题。相反, 他把数据看成整数字或浮点字在总线上移动, 并且把在指令总线上传送的信号看成所列出的指令集(如{ACC, RD, WR 或 CLR})中的一个指令字。在这一抽象层次上模拟单个设计的突出优点是容易理解, 而且在模拟速度方面也有明显改善。由于一条 64 位总线现在可以看成一单个的实体, 所以分析它的值只需要一个操作, 而不是像原来那样要进行 64 次求值才能决定这一总线当前的逻辑状态。这一方法的缺点是仍然要牺牲时序的精度。因为一条总线现在被考虑成单个的实体, 所以对它只可以注释一个整体的延时, 而在逻辑级总线上各单元的延时在位与位之间可以是不同的。

同样也常常需要区分功能(或结构)描述和行为描述。在功能级描述中, 描述是反映所希望的硬件结构。而行为级的描述只是表现一个设计的输入/输出功能。硬件延时在这里失去了它的意义, 模拟通常在每个时钟周期(或更高)的基础上进行。例如, 一个用于验证指令集完整性和正确性的微处理器的行为模型是以每条指令为基础进行模拟的。

这一抽象层次使用最普遍的语言是 VHDL 和 Verilog 硬件描述语言。VHDL 允许用户引入自定义的数据类型, 如 16 位、二进制补码字或所列举的指令集。许多设计者喜欢运用诸如 C 或 C++这样的传统编程方法作为他们的一阶行为模型。这一方法的优点是可提供较多的灵活性, 但要求用户定义所有的数据类型并基本上要写出全部模拟过程。

例 C.2   行为级 VHDL 描述

为了对比功能描述和行为描述模型并运用较高层次的数据形式, 再次考虑累加器的例子(见图 C.6)。这次我们运用完全的行为描述, 它采用整数数据类型来描述该模块的工作。

图 C.7 显示的是在这一抽象层次上执行的模拟结果。即使对于这个小例子, 当用 CPU 时间来衡量时, 它的模拟性能也比 C.4 中的结构描述的模拟性能要好三倍。

```
entity accumulator is
    port (
        DI : in integer;
        DO : inout integer := 0;
        CLK : in bit
    );
end accumulator;

architecture behavior of accumulator is
begin
    process(CLK)
    variable X : integer := 0; -- intermediate variable
    begin
        if CLK = '1' then
            X <= DO + D1;
            DO <= X;
        end if;
    end process;
end behavior;
```

图 C.6   例 C.2 中的累加器

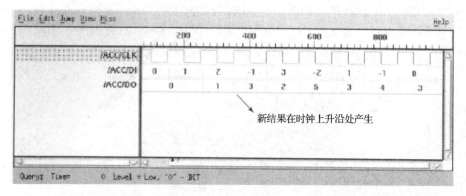

图 C.7   由累加器的行为级模拟得到的模拟结果。WAVES 显示工具(以及 VHDL
模拟器)是 Synopsis 整套 VHDL 工具的一部分(经 Synopsys 允许刊登)

参考文献

[Agrawal90] P. Agrawal and W. Dally, "A Hardware Logic Simulation System," *IEEE Trans. Computer-Aided Design*, CAD-9, no. 9, pp. 19–29, January 1990.

[Bryant81] R. Bryant, *A Switch-Level Simulation Model for Integrated Logic Circuits*, Ph. D. diss., MIT Laboratory for Computer Science, report MIT/LCS/TR-259, March 1981.

[Salz89] A. Salz and M. Horowitz, "IRSIM: An Incremental MOS Switch-Level Simulator," *Proceedings of the 26th Design Automation Conference*, pp. 173–178, 1989.

[SystemC] *Everything You Wanted to Know about SystemC*, http://www.systemc.org/

[Thor88] R. Alverson et al., "THOR User's Manual," Technical Report CSL-TR-88-348 and 349, Stanford University, January 1988.

[TimeMill] *http://www.synopsys.com/products/mixedsignal/mixedsignal.html*

[VHDL88] VHDL Standards Committee, IEEE Standard VHDL Language Reference Manual, IEEE standard 1076–1077, 1978.

[White87] J. White and A. Sangiovanni-Vincentelli, *Relaxation Techniques for the Simulation of VLSI Circuits*, Kluwer Academic, 1987.

设计方法插入说明 D——复合门的版图技术

■ Weinberger 版图技术和标准单元版图技术
■ 欧拉图方法

在第 6 章中，我们详细讨论了如何构成一个复合门的电路图和如何确定它的晶体管尺寸。设计过程的最后一步是画出逻辑门或单元的版图；换句话说，我们必须确定组成逻辑门版图的各种多边形的确切形状。一个版图的组成在很大程度上受互连方法的影响。如何把一个单元合适地放在整个芯片的版图中？它又如何与相邻的单元联系？从一开始就记住这些问题有助于得到有较少寄生电容的密集的版图设计。

Weinberger 版图技术和标准单元版图技术

我们现在来考察两种重要的版图设计方法，虽然还可以设想出其他许多方法。在 Weinberger 方法[Weinberger67]中，数据线（输入和输出）的布置（用金属线）与电源轨线平行而与扩散区垂直，如图 D.1 所示。在多晶信号线（连接到水平金属线）与扩散区的交叉点上形成晶体管。这一"越过单元"的布线方法使 Weinberger 技术特别适用于位片式（bit-sliced）数据通路。但由于近年来标准单元技术的流行，Weinberger 技术已失去了它的吸引力，尽管偶尔还会用到。

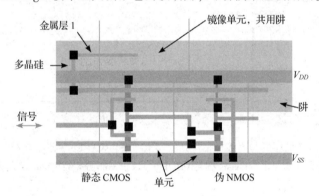

图 D.1　采用 Weinberger 方法设计复合门版图（采用单层金属层）

在标准单元技术中，信号用与电源布线垂直的多晶硅布线（见图 D.2）。对于静态 CMOS 门来说采用这一方法往往能得到高密度的版图，因为垂直的多晶硅线可以同时作为 NMOS 和 PMOS 晶体管的输入。图 6.12 是运用标准单元方法实现一个单元的例子。如图 D.2 所示，单元之间的互连通常在所谓的布线通道中进行。由于标准单元方法的高度自动化，目前用得非常普遍（关于支持标准单元方法的设计自动化工具的详细描述见第 8 章）。

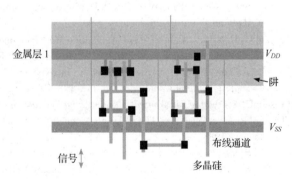

图 D.2　标准单元法设计的复合门版图

运用欧拉(Euler)路径法进行版图布局

这一版图策略的普遍使用使我们有必要分析一下一个复杂的布尔函数如何能有效地映射到这一结构上。为了提高版图密度,我们希望 NMOS 和 PMOS 晶体管实现为不间断的一排器件,使相邻的源-漏搭接并使相应的 NMOS 和 PMOS 晶体管的栅连线对准。这一方法要求在两个阱中只有一条扩散区。为了做到这一点,需要仔细地排列输入端的顺序。图 D.3 说明了这一点,这是一个实现逻辑功能 $\bar{x} = (a+b) \cdot c$ 的例子。如图 D.3(a)所示,在第一种方式中采用了 $\{a\,c\,b\}$ 的排序。很容易就可以看到无法只用一条扩散区来实现。重新排序输入端(如采用 $\{a\,b\,c\}$)就能得到一个可行的解,如图 D.3(b)所示。注意图 D.3 中的"版图"并不表示实际掩模的几何图形,而只是门拓扑结构的符号图。图中导线和晶体管都表示成没有尺寸的实体,并且它们的位置也是相对的而不是绝对的。这样一种概念性的表示称为棍棒图(stick diagram),常用于确定门的实际尺寸之前的概念性设计阶段。当需要讨论门的拓扑结构或版图策略时我们就采用棍棒图。

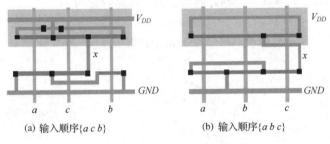

(a) 输入顺序 $\{a\,c\,b\}$　　　　　(b) 输入顺序 $\{a\,b\,c\}$

图 D.3　$x = (a+b) \cdot c$ 的棍棒图

幸运的是,已经开发出了一种系统方法来得到输入端的排列顺序,使复杂的功能可以用连续的扩散区来实现,而使占用的面积最小[Uehara81]。这一技术系统化的特点也使它具有易于实现自动化的优点。它由下面两个步骤组成。

1. **构成逻辑图**。一个晶体管网络的逻辑图(即开关功能)是一张用顶点代表网络节点(即信号)、用边代表晶体管的图。它的每一条边用控制相应晶体管的信号来命名。由于静态 CMOS 门的 PUN 和 PDN 网络是对偶的,所以它们相应的图也是对偶的,即用串联替换并联,反之亦然。这显示在图 D.4 中,图中布尔函数 $\bar{x} = (a+b) \cdot c$ 的 PDN 和 PUN 网络的逻辑图重叠在一起(注意这一方法可以用来推导对偶网络)。

2. **识别欧拉路径**。一条欧拉路径定义为通过图中所有节点并且只经过每条边一次的一条路径。识别出这样一条路径是非常重要的,因为只有当 PDN(PUN)网络的逻辑图中存在一条欧拉路径时,才有可能对输入端排序使多个 NMOS(PMOS)晶体管共用一条连续的扩散区。有关这一点可以进一步说明如下。

为了形成一条连续的扩散区,必须能顺序访问每一个晶体管,也就是一个器件的漏区也是下一个器件的源区。这就相当于沿欧拉路径可经过整个逻辑图。注意,欧拉路径并不是唯一的,可以有许多不同的解。

在欧拉路径中,边的顺序等于在门版图中输入端的顺序。为了在 PUN 和 PDN 网络中得到相同的排序(当我们希望每个输入信号只用一条多晶线时这就是必需的),它们的欧拉路径必须一致,即它们的顺序必须一样。

例如,图 D.4(c)是图 D.4(a)所示电路的两条相一致的欧拉路径。与这一解答相应的版图显示在图 D.3(b)中。但检查一下该逻辑功能的逻辑图可以看出,$\{a\,c\,b\}$ 排序只是 PUN 而不是 PDN 的一条欧拉路径,因此这一排序不可能用单条扩散区来实现。

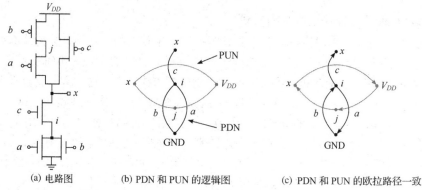

(a) 电路图　　　　(b) PDN 和 PUN 的逻辑图　　　　(c) PDN 和 PUN 的欧拉路径一致

图 D.4　$x = (a + b) \cdot c$ 的电路图、逻辑图和欧拉路径

例 D.1　推导复合逻辑门的版图拓扑结构

作为一个例子,让我们来推导下列逻辑功能的版图拓扑结构:

$$x = \overline{ab + cd}$$

这一逻辑功能和一条一致的欧拉路径分别显示在图 D.5(a)和图 D.5(b)中,图 D.5(c)是相应的版图。

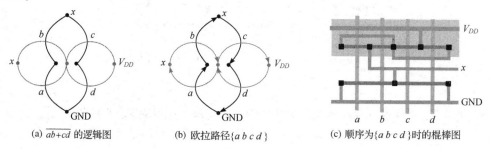

(a) $\overline{ab+cd}$ 的逻辑图　　　(b) 欧拉路径{a b c d}　　　(c) 顺序为{a b c d}时的棍棒图

图 D.5　推导 $x = \overline{(ab + cd)}$ 的版图拓扑结构

应当认识到,是否存在一致的欧拉路径取决于布尔表达式(及相应的逻辑图)的构成方式。例如,无法找到 $\bar{x} = a + b \cdot c + d \cdot e$ 的一条一致的欧拉路径,但对于功能 $\bar{x} = b \cdot c + a + d \cdot e$ 却有一个非常简单的解(请保持这一功能顺序构成逻辑图来验证这一点)。在可以找到一组一致的欧拉路径之前常常需要重新调整这一逻辑功能的结构,但这可能会导致无休止地搜寻所有可能的路径组合。幸运的是,已经提出了一种简单的算法来摆脱这一困境[Uehara81]。对此内容进行讨论已超出了本书的范围,但有兴趣的读者可以参考相关教材。

最后,值得提及的是,这里介绍的版图策略并不是唯一可能的办法。例如,有时采用多条扩散区在垂直方向上叠放可能更为有效。在这种情形下,一条多晶硅输入线可以用做多个晶体管的输入。这可能会给某些门结构(如 NXOR 门)带来好处,因此建议要对具体情况进行具体分析。

进一步探讨

[Rubin87, pp. 116~128]对单元生成技术做了非常好的综述。下面列出了这一领域中一些具有标志性成果的论文。

[Clein00] D. Clein, *CMOS IC Layout*, Newnes, 2000.

[Rubin87] S. Rubin, *Computer Aids for VLSI Design*, Addison-Wesley, 1987.

[Uehara81] T. Uehara and W. Van Cleemput, "Optimal Layout of CMOS Functional Arrays," *IEEE Trans. on Computers*, vol. C-30, no. 5, pp. 305–311, May 1981.

[Weinberger67] A. Weinberger, "Large Scale Integration of MOS Complex Logic: A Layout Method," *IEEE Journal of Solid State Circuits*, vol. 2, no. 4, pp. 182–190, 1967.

第7章 时序逻辑电路设计

- 寄存器、锁存器、触发器、振荡器、脉冲发生器和施密特触发器的实现技术
- 静态与动态实现的比较
- 时钟策略的选择

7.1 引言

正如前面曾描述过的,组合逻辑电路的特点是,假设有足够的时间使逻辑门稳定下来,那么逻辑功能块的输出就只与当前输入值有关。然而事实上所有真正有用的系统都需要能保存状态信息,这就产生了另一类电路,称为时序逻辑电路。在这些电路中,输出不仅取决于当前的输入值,也取决于原先的输入值。换言之,一个时序电路能记住该系统过去的一些历史,即它具有记忆功能。

图7.1是一个通用有限状态机(FSM)的方框图,它由组合逻辑和寄存器组成,由寄存器保持系统的状态。这里所描述的系统属于同步时序系统,在这一系统中所有的寄存器均在一个全局时钟的控制之下。FSM 的输出取决于当前输入和当前状态。它的下一状态由当前状态和当前输入决定并送到寄存器的输入。在时钟的上升沿,下一状态位被复制到寄存器的输出(在一段传播延时之后),然后又开始新一轮的循环。寄存器随后将不理会输入信号的变化,直到下一个时钟上升沿。一般来说,寄存器可以被正沿触发(输入数据在时钟的上升沿被复制)或负沿触发(输入数据在时钟的下降沿被复制,这通过在时钟输入上加一个小圈表示)。

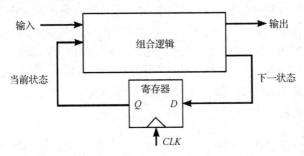

图 7.1 利用正沿触发寄存器的有限状态机的方框图

本章讨论最重要时序模块的 CMOS 实现方法。在基本时序电路和时钟方法方面可以有各种不同的选择。做出正确的选择在现代数字电路中已变得越来越重要,因为它们对电路的性能、功耗和设计的复杂性都会有很大影响。在开始详细讨论各种不同的设计选择之前,有必要回顾一下相关的设计指标和时序单元的分类。

7.1.1 时序电路的时间参数

有三个重要的时序参数与寄存器有关,它们都表示在图7.2 中。建立时间(t_{su})是在时钟翻转(对于正沿触发寄存器为 $0 \rightarrow 1$ 的翻转)之前数据输入(D)必须有效的时间。维持时间(t_{hold})是在时钟边沿之后数据输入必须仍然有效的时间。假设建立和维持时间都满足要求,那么输入端 D 处的数据则在最坏情况下的传播延时 t_{c-q}(相对于时钟边沿)之后被复制到输出端 Q。

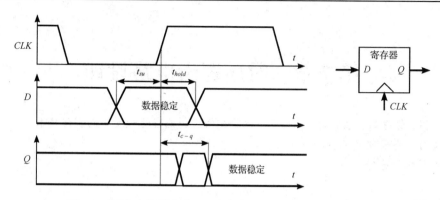

图7.2　同步寄存器的建立时间、维持时间和传播延时的定义

一旦了解了寄存器和组合逻辑块的时序信息,即可推导出系统级的时序约束条件(一个简单系统的概念见图7.1)。在同步时序电路中,对时钟激励做出响应的开关事件是同时发生的。运行的结果必须等到下一个时钟翻转时才能进入下一级。换言之,只有在当前所有的计算都已经完成并且系统开始闲置时下一轮的操作才能开始。因此时序电路工作的时钟周期 T 必须能容纳电路中任何一级的最长延时。假设一个逻辑最坏情形的延时等于 t_{plogic},而它的最小延时——也称污染延时(contamination delay)——为 t_{cd}。时序电路正确工作所要求的最小时钟周期 T 为

$$T \geq t_{c-q} + t_{plogic} + t_{su} \tag{7.1}$$

时序电路正确工作的另一个约束是对寄存器维持时间的要求,即

$$t_{cdregister} + t_{cdlogic} \geq t_{hold} \tag{7.2}$$

其中, $t_{cdregister}$ 是寄存器的最小传播延时(或称污染延时)。这一约束保证了时序元件的输入数据在时钟边沿之后能够维持足够长的时间,而不会因新进入的数据流而过早改变。

正如从式(7.1)可以看到的,使与寄存器有关的时序参数值最小非常重要,因为它们直接影响时序电路能被时钟控制的速度。事实上,现代高性能系统的特点是逻辑深度很低,因此寄存器的传播延时和建立时间在时钟周期中占很大一部分。例如, DEC Alpha EV6 微处理器[Gieseke 97]的最大逻辑深度是 12 个门,它的寄存器时间开销大约占据了时钟周期的 15%。一般来说,式(7.2)的要求不难满足,虽然当寄存器之间存在很少或没有逻辑电路①时这会成为一个问题。

7.1.2　存储单元的分类

前台存储器与后台存储器

存储器在高层次上可以分为前台存储器和后台存储器。嵌入在逻辑中的存储器称为前台存储器,经常组织成单个的寄存器或寄存器组(register bank)。大量的集中存储内核称为后台存储器。后台存储器将在第 12 章中讨论,它通过有效使用阵列结构和用性能及稳定性换取尺寸以达到较高的面积密度。在本章将集中介绍前台存储器。

静态存储器和动态存储器

存储器可以是静态或动态的。只要接通电源,静态存储器就会一直保存存储的状态。它是用正反馈或再生原理构成的,其电路拓扑结构有意识地把一个组合电路的输出和输入连在一起。当寄存器在较长时间内不被更新时,静态存储器最为有用。上电时装入的(系统)设置数据(静态数据)就是一个很好的例子。大多数采用有条件时钟控制(即门控时钟)的处理器也是这种情形,

---

① 或者由于时钟偏移使在不同寄存器上的时钟有相位差的时候。我们将在第 10 章中讨论这个问题。

在这些处理器中,不运行模块的时钟被关闭。在这一情形中不能肯定时钟对寄存器的控制将有多频繁,因而需要静态存储器来保持静态信息。基于正反馈的存储器属于多谐振荡器电路类型,双稳态单元则是多谐振荡器电路中最普遍的代表。其他单元如单稳态和不稳态电路也常常使用。

动态存储器的数据只存储很短的一段时间,也许只有几毫秒。它们的工作原理是在与 MOS 器件相关的寄生电容上暂时存储电荷。与在前面讨论过的动态逻辑一样,这些电容必须周期性地刷新以弥补泄漏的电荷。动态存储器往往比较简单,因而具有明显较高的性能和较低的功耗。它们最常用在要求较高性能水平和采用周期时钟控制的数据通路电路中。甚至当电路有条件时钟控制时,只要一个模块在进入闲置模式时它的状态可以不保留,就仍可以采用动态电路。

锁存器与寄存器

锁存器是构成边沿触发寄存器的主要部件。它是一个电平敏感电路,即在时钟信号为高电平时把输入 D 传送到输出 Q。此时锁存器处于透明(transparent)模式。当时钟为低电平时,在时钟下降沿处被采样的输入数据在输出端处整个阶段都保持稳定,此时锁存器处于维持(hold)模式。输入必须在时钟下降沿附近的一段较短时间内稳定以满足建立时间和维持时间的要求。工作在这些情形下的锁存器即为正锁存器。同样,一个负锁存器在时钟信号为低电平时把输入 D 传送到输出 Q。正锁存器和负锁存器也分别称为高电平透明(transparent high)和低电平透明(transparent low)锁存器。图 7.3 为正锁存器和负锁存器的信号波形。已有许多不同的静态和动态方法可以实现锁存器。

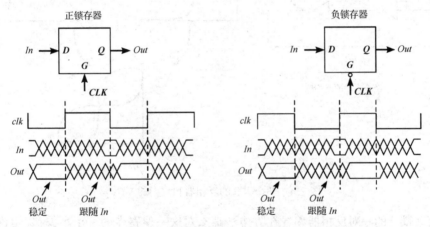

图 7.3 正锁存器与负锁存器的时序

不同于电平敏感锁存器,边沿触发的寄存器只在时钟翻转时才采样输入:0→1 翻转时采样称为正沿触发寄存器,而 1→0 翻转时采样称为负沿触发寄存器。它们通常是用图 7.3 的锁存器基本单元构成的。一个经常出现的寄存器形式是主-从(master-slave)结构,它把一个正锁存器和一个负锁存器串联起来。寄存器也可以用单脉冲(one-shot)时钟信号发生器构成"毛刺"寄存器(glitch register),或用其他特殊结构构成。这些例子将在本章后面说明。

有关时序电路的文献一直为不同类型存储元件(即寄存器、触发器和锁存器)的模糊定义所困扰。为了避免混淆,在本书中严格遵守以下一组定义:

- 一个边沿触发的存储元件称为寄存器;
- 锁存器是一个电平敏感的器件;
- 由交叉耦合的门构成的任何双稳态元件称为触发器(flip-flop)[①]。

---

① 一个边沿触发的寄存器也常称为触发器(flip-flop),但本书中触发器只用来表示双稳态元件。

7.2 静态锁存器和寄存器

7.2.1 双稳态原理

静态存储器用正反馈来建立双稳电路,这一电路具有两个稳定状态,分别代表 0 和 1。这一基本思想表示在图 7.4(a)中,图中显示了两个反相器相串联的电路以及这样一种电路典型的电压传输特性。图中还画出了第一个反相器的 VTC(即 V_{o1} 对于 V_{i1} 的关系)以及第二个反相器的 $VTC(V_{o2}$ 对于 V_{o1} 的关系)。后一曲线被翻转以强调 $V_{i2} = V_{o1}$。现假设第二个反相器的输出 V_{o2} 连到第一个反相器的输入 V_{i1},如图 7.4(a)中的虚线所示。由此得到的电路只有三个可能的工作点(A,B 和 C),如合在一起的 VTC 所示。很容易验证以下重要的推测:

当翻转区中反相器的增益大于 1 时,只有 A 和 B 是稳定的工作点,而 C 是一个亚稳态工作点。

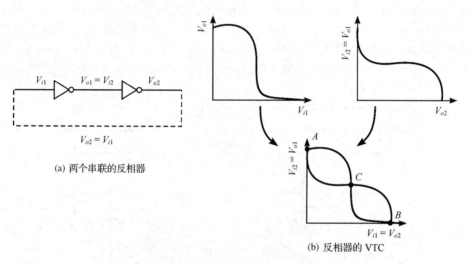

(a) 两个串联的反相器

(b) 反相器的 VTC

图 7.4 两个串联的反相器和它们的 VTC

假设交叉耦合的一对反相器偏置在 C 点。那么对这一偏置点的一个小偏移(也许由噪声引起)会沿这一电路环路被放大和再生。这是由于沿此环路的增益大于 1 造成的。这一影响显示在图 7.5(a)中。假设一个小偏移 δ 加在 V_{i1} 上(偏置在 C 点)。这一偏移被反相器的增益所放大。放大的偏差又加到第二个反相器并再次被放大。于是偏置点从 C 点移开,直到达到 A 或 B 中的一个工作点为止。因此 C 是一个不稳定的工作点。每一个偏移(甚至是最小的偏移)都会使工作点远离它原来的偏置。交叉耦合的一对反相器偏置在 C 点并保持在那里的机率是很小的。具有这一特性的工作点称为亚稳态(metastable)。

反之,A 和 B 是稳定的工作点,如图 7.5(b)所示。在这些点上,**环路增益比 1 小得多**。即使从这两个工作点有相当大的偏移也会被减小直至消失。

因此交叉耦合的两个反相器形成了双稳电路——也就是一个电路具有两个稳定状态,每一个对应一个逻辑状态。这一电路可用来作为存储器,存放 1 或 0(相应于位置 A 和 B)。

为了改变存放的值,我们必须能把电路从状态 A 变为 B,反之亦然。由于稳定性的先决条件是环路增益 G 小于 1,所以可以通过使 G 增加到一个大于 1 的值而使 A(或 B)暂时不稳定来达到改变状态的目的。一般的做法是在 V_{i1} 或 V_{i2} 处加一个触发脉冲。例如,假设该系统处在位

置 $A(V_{i1}=0, V_{i2}=1)$。迫使 V_{i1} 变为 1 会引起两个反相器同时导通一小段时间，并使环路增益大于 1。正反馈再生了触发脉冲的效应，于是电路移向另一状态（在这里为状态 B）。触发脉冲的宽度只需稍大于沿该电路环路的传播延时，也就是反相器平均传播延时的 2 倍。

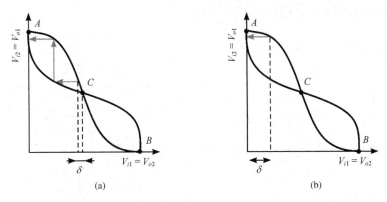

图 7.5 亚稳态与稳态工作点

总之，双稳电路具有两个稳态。在不存在任何触发的情形下，电路保持在单个状态（假设电源一直加在该电路上），因而记忆了一个值。双稳电路的另一个常用名是触发器(flip-flop)。触发器只有在使电路从一种状态变为另一种状态时才有用。这一般可以采用如下两种方法来实现：

- **切断反馈环路**。一旦反馈环路打开，一个新的值就能很容易地写入 Out（即 Q）。这样的锁存器称为多路开关型锁存器，因为一个同步锁存器的逻辑表达式与多路开关的公式相同：

$$Q = \overline{Clk} \cdot Q + Clk \cdot In \tag{7.3}$$

这一方法在当前的锁存器中非常普遍，因此成为这一节的主题。

- **触发强度超过反馈环**。在触发器的输入端加上一个触发信号，因其强度超过存储值而迫使一个新的值进入该单元。要做到这一点需要仔细地确定反馈环和输入电路中晶体管的尺寸。一个弱的触发电路可能无法胜过一个强的反馈环路。这一方法在早期的数字设计中通常比较流行，但现在已逐渐失去了人们的青睐。然而它是实现静态后台存储器（将在第 12 章详细讨论）的主要方法。本章后面将对此进行简略的介绍。

7.2.2 多路开关型锁存器

建立一个锁存器最稳妥和最常用的技术是采用传输门多路开关。图 7.6 是一个以多路开关为基础的正、负静态锁存器的实现。对于一个负锁存器，当时钟为低电平时选择多路开关的输入端 0，并将输入 D 传送到输出。当时钟信号为高电平时，选择与锁存器输出相连的多路开关的输入端 1，只要时钟维持在高位，反馈就能保证有一个稳定的输出。同样，在正锁存器中，当时钟信号为高电平时，选择 D 输入，而在时钟信号为低电平时，输出保持原状（通过反馈）。

图 7.7 是基于多路开关的正锁存器晶体管级的实现。当 CLK 为高时下面的传输门导通，因而锁存器是透明的，即输入 D 被复制到输出 Q 上。在这一阶段，反馈环断开，因为上面的传输门是断开的。因此晶体管的尺寸对于实现正确功能并不重要。但从功率角度看，时钟驱动的晶体管数目是一个重要的衡量指标，因为时钟的活动性系数为 1。从这一角度来看，本例的锁存器效率不高：它对于 CLK 信号有 4 个晶体管的负载。

如果仅用 NMOS 传输管实现多路开关，则可以将锁存器的时钟负载晶体管减至两个，如图 7.8 所示。当 CLK 为高电平时，锁存器采样输入 D，而低电平的时钟信号则使反馈环导通，从而使锁存器处于维持状态。这一方法虽然简单,但仅用 NMOS 传输管会使传送到第一个反相器输入的高电平下降为 $V_{DD} - V_{Tn}$。这对噪声容限和开关性能都会有影响,特别是在 V_{DD} 值较低而 V_{Tn} 值较高时更为如此。它也造成在第一个反相器中的静态功耗,因为该反相器的最大输入电压为 $V_{DD} - V_{Tn}$,所以反相器的 PMOS 器件永远不能完全关断。

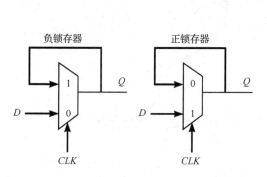

图 7.6　多路开关型正锁存器和负锁存器

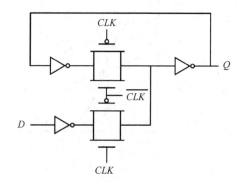

图 7.7　用传输门构成正锁存器的晶体管级实现

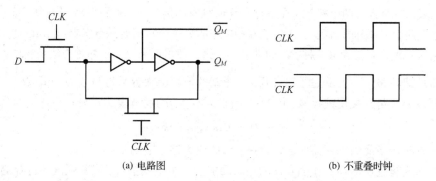

(a) 电路图　　　　　　　　　　(b) 不重叠时钟

图 7.8　仅用 NMOS 传输管构成多路开关的多路开关型 NMOS 锁存器

7.2.3　主从边沿触发寄存器

构成一个边沿触发寄存器的最普通方法是采用主从结构,如图 7.9 所示。寄存器由一个负锁存器(主级)串联一个正锁存器(从级)构成。本例采用的是多路开关型锁存器,但实际上可以采用任何类型的锁存器。在时钟的低电平阶段,主级是透明的,输入 D 被传送到主级的输出端 Q_M。在此期间,从级处于维持状态,通过反馈保持它原来的值。在时钟的上升沿期间,主级停止对输入采样,而从级开始采样。在时钟的高电平阶段,从级对主级的输出端(Q_M)采样,而主级处于维持状态。由于 Q_M 在时钟的高电平阶段不变,因此输出 Q 每周期只翻转一次。由于 Q 的值就是时钟上升沿之前的 D 值,因此具有正沿触发效应。负沿触发寄存器可以用同样的原理构成,只需简单地改变一下正负锁存器的位置就可以了(即把正锁存器放在前面)。

图 7.10 是一个完整的主从正沿触发寄存器的晶体管级实现。多路开关采用上一节讨论过的传输门来实现。当时钟处于低电平时($\overline{CLK} = 1$),T_1 导通 T_2 关断,输入 D 被采样到节点 Q_M 上。在此期间,T_3 和 T_4 分别关断和导通。交叉耦合的反相器(I_5, I_6)保持从锁存器的状态。当时钟上升到高电平时,主级停止采样输入并进入维持状态。T_1 关断 T_2 导通,交叉耦合的反相器 I_2 和 I_3 保持 Q_M 状态。同时,T_3 导通 T_4 关断,Q_M 被复制到输出 Q 上。

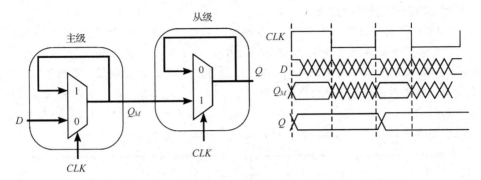

图 7.9　基于主从结构的正沿触发寄存器

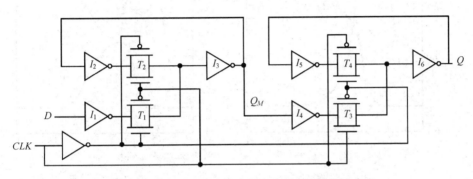

图 7.10　利用多路开关构成的主从型正沿触发寄存器

思考题 7.1　主从寄存器的优化

　　在图 7.10 中可以去掉反相器 I_1 和 I_4 而不影响功能。在图 7.10 的实现中包括了这些反相器有什么好处吗?

多路开关型主从寄存器的时序特性

　　寄存器有三个重要的特征时序参数: 建立时间、维持时间和传播延时。了解影响这些时序参数的因素并建立手工估计它们的直观方法是很重要的。假设每一个反相器的传播延时为 t_{pd_inv}, 传输门的传播延时为 t_{pd_tx}。同时假设污染延时(contamination delay)为 0, 而且由 CLK 产生 $\overline{CLK}$ 的反相器的延时也为 0。

　　建立时间是输入数据 D 在时钟上升沿之前必须有效的时间。这就相当于问: 在时钟上升沿之前输入 D 必须稳定多长时间才能使 Q_M 采样的值是可靠的? 对于传输门多路开关型寄存器, 输入 D 在时钟上升沿之前必须传播通过 I_1, T_1, I_3 和 I_2。这就保证了在传输门 T_2 两端的节点电压值相等。否则, 交叉耦合的一对反相器 I_2 和 I_3 就可能会停留在一个不正确的值上。因此建立时间等于 $3 \times t_{pd\_inv} + t_{pd\_tx}$。

　　传播延时是 Q_M 值传播到输出 Q 所需的时间。注意, 由于在建立时间中已包括了 I_2 的延时, I_4 的输出在时钟上升沿之前已有效。因此延时 t_{c-q} 就只是通过 T_3 和 I_6 的延时($t_{c-q} = t_{pd\_tx} + t_{pd\_inv}$)。

　　维持时间表示在时钟上升沿之后输入必须保持稳定的时间。在这里的情形下, 当时钟为高电平时, 传输门 T_1 关断。由于 D 输入和 CLK 在到达 T_1 之前都要通过反相器, 所以在时钟变为高电平之后输入上的任何变化都不会影响输出。因此维持时间为 0。

例7.1 利用 SPICE 进行时序分析

为了用 SPICE 得到寄存器的建立时间,我们将输入(从左边)逐渐靠近时钟边沿直到电路失效。图7.11显示了假设输入与时钟边沿偏差210 ps 和 200 ps 时建立时间的模拟结果。对于210 ps 的情况,输入 D 的采样值是正确的(在这一情况下,输出 Q 维持在 V_{DD} 的值)。对于偏差200 ps 的情况,传送到输出的值是错误的,因为输出 Q 变化到 0。节点 Q_M 开始上升,而 I_2 的输出(传输门 T_2 的输入)开始下降。然而时钟在传输门 T_2 两端的节点稳定到同一个值之前就已有效,因此造成不正确的值写入主锁存器。所以这一寄存器的建立时间是210 ps。

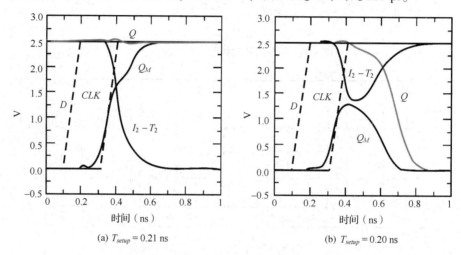

(a) $T_{setup} = 0.21$ ns 　　　　　　　　(b) $T_{setup} = 0.20$ ns

图 7.11　建立时间模拟

维持时间也可以用类似的方法来模拟。D 的输入边沿再次(从右边)靠近时钟信号直至电路停止工作。对于这一设计维持时间为0(即输入可以在时钟边沿处改变)。最后,对于传播延时,输入变化要在时钟上升沿的至少一个建立时间之前完成,而延时是从 CLK 边沿的 50% 点处计算到 Q 输出的 50% 点处。从这一模拟中(见图7.12)得到,$t_{c-q(lh)}$ 为 160 ps,而 $t_{c-q(hl)}$ 为 180 ps。

传输门寄存器的缺点是时钟信号的电容负载很大。每个寄存器的时钟负载很重要,因为它直接影响时钟网络的功耗。如果忽略使时钟信号反相所需要的开销(因为反相器的开销可以分摊在多个寄存器上),那么每个寄存器具有 8 个晶体管的时钟负载。以稳定性为代价降低时钟负载的一个方法是使电路成为有比电路。图 7.13 显示可以直接用交叉耦合反相器来省去反馈传输门。

减少时钟负载的代价是增加了设计过程的复杂性。传输门(T_1)以及它的源驱动器必须比反馈环路反相器(I_2)更强才能切换交叉耦合反相器的状态。

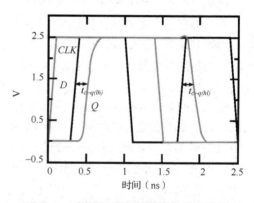

图 7.12　传输门寄存器的传播延时模拟

传输门所要求的尺寸可以用类似于第 6 章中分析电平恢复器件尺寸的方法来推导。反相器 I_1 的输入必须超过它的开关阈值以便能够产生翻转。如果在传输门中要使用最小尺寸的器件,一定要注意把反相器 I_2 的晶体管设计得更弱。这一点可以通过使它们的沟长大于最小尺寸来实现。在传输门中希望使用最小尺寸或近于最小尺寸的器件,以降低锁存器和时钟分配网络的功耗。

这种方法存在的另一个问题是反向传导——第二级可能影响第一级锁存器的状态。当主从寄存器中的从级导通时(见图 7.14)，T_2 和 I_4 有可能共同影响存储在 I_1 – I_2 锁存器中的数据。好在只要 I_4 是一个弱器件，这不会成为什么大问题。

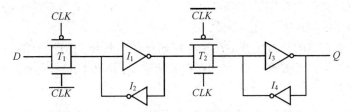

图 7.13 减少了时钟负载的静态主从寄存器

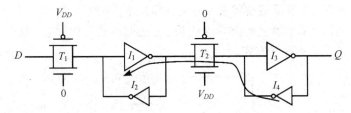

图 7.14 传输门中可能发生的反向传导

非理想时钟信号

至此我们一直假设 $\overline{CLK}$ 与 CLK 完全相反，或换言之，产生反相时钟信号的反相器的延时为 0。即便这有可能实现，但仍不是一个很好的假设。因为布置两个时钟信号的导线会有差别，或者负载电容因存储在所连接的锁存器中的数据不同而变化。这一影响称为时钟偏差(clock skew)。这是一个很重要的问题，它会造成两个时钟信号的重叠，如图 7.15(b)所示。时钟重叠可以引起两种类型的错误，我们用图 7.15(a)中仅用 NMOS 管的负主从寄存器的情况来说明这一点。

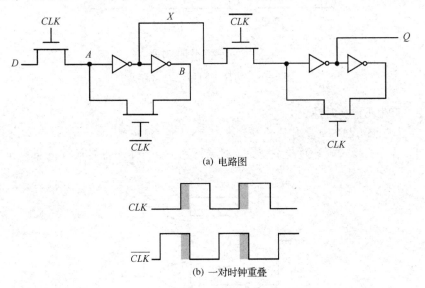

(a) 电路图

(b) 一对时钟重叠

图 7.15 仅用 NMOS 传输管的主从寄存器

1. 当时钟变为高电平时，从级应当停止对主级输出的采样并进入维持状态。然而由于 CLK 和 $\overline{CLK}$ 在一个很短的时间(重叠期)内都为高电平，两个采样传输管都导通，因此在输入 D

和输出 Q 之间有直接通路。结果造成输出端的数据可以在时钟的上升沿改变,这是一个负沿触发寄存器所不希望的。这被称为竞争(race)情况,此时,输出 Q 的值取决于输入 D 是在 $\overline{CLK}$ 的下降沿之前还是之后到达节点 X。如果节点 X 在亚稳态时被采样,那么输出将会切换到由系统噪声决定的一个值。

2. 多路开关型寄存器的基本优点是在采样期间反馈环断开,因此器件的尺寸对功能的影响不大。然而如果在 CLK 和 $\overline{CLK}$ 之间存在时钟重叠,那么节点 A 同时被 D 和 B 驱动,造成不确定的状态。

为了避免这些问题,可以采用两相不重叠时钟 PHI_1 和 PHI_2(见图 7.16),并保持两相时钟之间的不重叠时间 $t_{non\_overlap}$ 足够长,因而甚至在存在时钟布线延时的情况下也不会有任何重叠发生。在不重叠时间内,触发器处在高阻抗状态——反馈环开路,环路增益为零,并且输入被断开。如果这一情况保持的时间太长,漏电将破坏这一状态,因此称其为伪静态:根据时钟的不同状态,寄存器采取了静态或动态的存储方式。

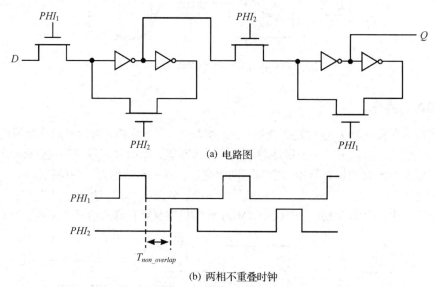

(a) 电路图

(b) 两相不重叠时钟

图 7.16　伪静态两相位 D 寄存器

思考题 7.2　产生不重叠时钟

图 7.17 是产生两相不重叠时钟的时钟产生电路的一种实现方法。假设每个门具有一个单位的门延时,推导出输入时钟与两个输出时钟的时序关系。不重叠时间有多长?如果需要,如何增加这一时间?

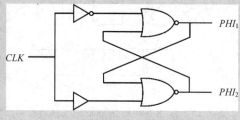

图 7.17　产生两相不重叠时钟的电路

7.2.4　低电压静态锁存器

降低电源电压是低功耗工作的关键。遗憾的是，有些锁存器结构在低电源电压下不能工作。例如，如果不降低器件的阈值，仅由 NMOS 构成的传输管(见图 7.16)由于其本身阈值压降不变的缘故而不能随电源电压的降低实现理想的按比例缩小。当电源电压很低时，反相器的输入不能被提升到开关阈值以上，造成求值错误。即使使用的是传输门，在低电源电压下其性能也会大大降低。

因此降低到低电源电压时要求使用阈值减小的器件，然而这会产生显著增加亚阈值漏电功耗的负面影响(如在第 6 章中讨论的那样)。当寄存器被经常读写时，漏电能量与开关功耗相比并不显著。然而，当采用条件时钟时，寄存器可能有很长一段时间闲置，寄存器的漏电能量就非常显著了。

为了克服在寄存器闲置期间高漏电的问题，现在正在开发许多解决方法。有一种方法是使用多阈值器件，如图 7.18 所示[Mutoh95]。图中只显示出负锁存器。其中带阴影的反相器和传输门用低阈值器件实现。用高阈值器件来选通低阈值器件的电源以消除漏电。

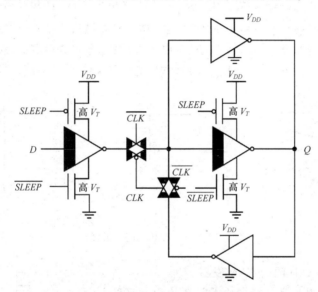

图 7.18　采用多阈值 CMOS 解决漏电问题

在正常工作情况下，$SLEEP$(休眠)控制器件导通。当时钟处于低电平时，输入 D 被采样并传送至输出。当时钟处于高电平时，锁存器处于维持状态，反馈传输门导通，所以交叉耦合反馈被启用。增加了一个额外的反相器与低阈值反相器并联，以便在锁存器处于闲置(或休眠)模式时可以保存状态。此时，与低阈值反相器串联的高阈值器件关断(休眠信号 $SLEEP$ 为高电平)，从而消除了漏电。这里假设在锁存器处于休眠状态时时钟维持在高电平。低阈值的反馈传输门导通，于是上下两个交叉耦合的高阈值器件保持了锁存器的状态。

思考题 7.3　MT(多阈值)CMOS 寄存器中晶体管数目能否减少的问题

与组合逻辑不同，在低阈值锁存器中同时需要 NMOS 和 PMOS 高阈值器件来消除漏电。解释为什么。

提示：去掉图 7.18 中右边低阈值反相器的高 V_T NMOS 或高 V_T PMOS，并检查可能存在的漏电路径。

7.2.5　静态 SR 触发器——用强信号直接写数据

使双稳元件改变状态的传统方法是使其强于反馈环路。最简单的具体实现方法是人们熟知的 SR(set-reset)触发器,如图 7.19(a)所示。这个电路与交叉耦合的反相器对类似,只是用 NOR 门代替了反相器。NOR 门的第二个输入连到了触发器输入(S 和 R),从而有可能强迫 Q 和 $\bar{Q}$ 输出进入一个指定的状态。这两个输出是互补的(除了 $SR=11$ 的情况之外)。当 S 和 R 均为零时,触发器处于静止状态,两个输出都维持它们的值(两个输入中有一个为零的 NOR 门看上去就像一个反相器,因此整个结构看上去就像一个交叉耦合反相器)。如果把正的(即 1)脉冲加到 S 输入上,则 Q 输出被迫进入 1 状态($\bar{Q}$ 变为 0),反之亦然:一个 1 脉冲处于 R 上会使触发器复位,从而 Q 输出变为 0。

这些结果总结在触发器特征表中,如图 7.19(c)所示。这一特征表就是该门的真值表,它列出了输出状态与所有可能的输入状态的关系。当 S 和 R 均为高时,Q 和 $\bar{Q}$ 都将强制为零。由于这不符合我们的规定,即 Q 和 $\bar{Q}$ 必须互补,所以这一输入模式被认为是不允许的。与这一情况有关的另一个问题是当输入触发器返回到它们的 0 电平时,无法预见锁存器的最终状态,因为它取决于是哪一个输入最后变为低电平。最后,图 7.19(b)是 SR 触发器的电路符号。

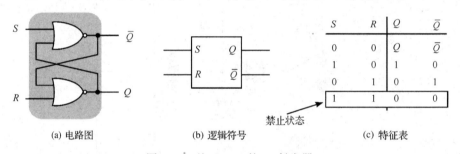

S	R	Q	$\bar{Q}$
0	0	Q	$\bar{Q}$
1	0	1	0
0	1	0	1
1	1	0	0

禁止状态

(a) 电路图　　　　　(b) 逻辑符号　　　　　(c) 特征表

图 7.19　基于 NOR 的 SR 触发器

思考题 7.4　采用 NAND 门的 SR 触发器

SR 触发器也可以用交叉耦合的 NAND 结构来实现,如图 7.20 所示。推导这一实现的真值表。

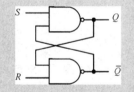

图 7.20　基于 NAND 的 SR 触发器

目前我们看到的 SR 触发器完全是非同步的,它与当前 99% 以上集成电路所偏爱的同步设计方法不太匹配。图 7.21 是一个钟控锁存器的形式。它包括一对交叉耦合的反相器,加上 4 个额外的晶体管来驱动触发器从一种状态转变到另一种状态,并实现同步。在稳定状态,一个反相器处于高电平状态,而另一个则在低电平。V_{DD} 和 GND 之间不存在静态路径,然而晶体管的尺寸对保证触发器在需要时能从一种状态转变到另一种状态至关重要。

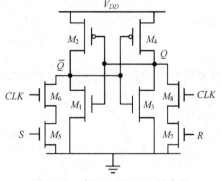

图 7.21　有比 CMOS SR 锁存器

例 7.2　时钟控制 SR 锁存器的晶体管尺寸

考虑 Q 位于高电平并加入一个脉冲 R 的情况。为了使锁存器切换，必须能成功地使 Q 降到低于反相器 $M_1 - M_2$ 的开关阈值。一旦做到这一点，正反馈会使触发器变为相反状态。这一要求迫使我们增加晶体管 M_5，M_6，M_7 和 M_8 的尺寸。晶体管 M_4，M_7 和 M_8 的组合形成了一个有比反相器。假设把这对交叉耦合的反相器设计成反相器的阈值 V_M 处在 $V_{DD}/2$。对于 0.25 μm CMOS 工艺选择如下管尺寸：$(W/L)_{M1} = (W/L)_{M3} = (0.5\ \mu m/0.25\ \mu m)$ 和 $(W/L)_{M2} = (W/L)_{M4} = (1.5\ \mu m\ /0.25\ \mu m)$。现假设 $Q = 0$，决定保证该器件能切换的 M_5，M_6，M_7 和 M_8 的最小尺寸。

为了使锁存器能从 $Q = 0$ 切换到 $Q = 1$ 状态，这一有比的伪 NMOS 反相器 $(M_5 - M_6) - M_2$ 的低电平应当低于反相器 $M_3 - M_4$ 的开关阈值$(= V_{DD}/2)$。可以假设只要 $V_{\bar Q} > V_M$，V_Q 就等于 0，于是晶体管 M_2 的栅接地。晶体管尺寸的边界条件可以通过使 $V_{\bar Q} = V_{DD}/2$ 时反相器中的电流相等来推导，如方程(7.4)所示(这里忽略了沟道长度调制效应)。电流取决于饱和电流，因为 $V_S = V_{DD} = 2.5$ V，而 $V_M = 1.25$ V。假设 M_5 和 M_6 的尺寸相同，$(W/L)_{M5-6}$ 是串联器件的等效比。在这一条件下，下拉网络可以用一个晶体管 M_{5-6} 来模拟，其长度是单个器件长度的两倍：

$$k'_n\left(\frac{W}{L}\right)_{5-6}\left((V_{DD} - V_{Tn})V_{DSATn} - \frac{V_{DSATn}^2}{2}\right) = -k'_p\left(\frac{W}{L}\right)_2\left((-V_{DD} - V_{Tp})V_{DSATp} - \frac{V_{DSATp}^2}{2}\right) \quad (7.4)$$

使用 0.25 μm 工艺的参数，由方程(7.4)得到等效比的限制条件为 $(W/L)_{M5-6} \geq 2.26$。这意味着 M_5 或 M_6 的单个器件尺寸比必须大于 4.5。图 7.22(a)显示 $V_{\bar Q}$ 与 M_5 和 M_6 单个器件尺寸关系的 DC 曲线。我们注意到，当单个器件的尺寸比大于 3 时就足以使 $\bar Q$ 的电压达到反相器的开关阈值。手工分析和模拟之间的差别来自二阶效应，如沟长调制效应和 DIBL。图 7.22(b)画出了不同器件尺寸的瞬态响应，并证实了单个器件(W/L)比大于 3 是克服反馈回路并使锁存器状态切换的必要条件。

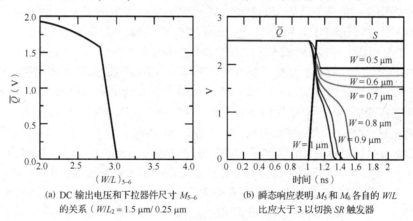

(a) DC 输出电压和下拉器件尺寸 M_{5-6}　　　　　(b) 瞬态响应表明 M_5 和 M_6 各自的 W/L
　　的关系 $(W/L_2 = 1.5\ \mu m/0.25\ \mu m$　　　　　　　比应大于 3 以切换 SR 触发器

图 7.22　SR 触发器的尺寸问题

7.3　动态锁存器和寄存器

静态时序电路的存储依赖于如下概念：一对交叉耦合的反相器形成了一个双稳元件并且因此可以用来记忆二进制值。这个方法有一个很有用的特性，即只要电源电压加在该电路上，它所保存的值就一直有效，因此称为静态电路。然而，静态门的主要缺点是它比较复杂。当寄存器在频率较高的时钟控制的计算结构(如流水线数据通路)中使用时，可以显著降低这一存储元件应当能在相当长一段时间内维持状态的要求。

由此产生了一类将电荷暂时储存在寄生电容上的电路。其原理与动态逻辑完全一样——存储在电容上的电荷可以用来代表一个逻辑信号。没有电荷表示 0,而存在电荷则代表存储了 1。可惜的是,任何电容都不是理想的,总会有一些电荷泄漏。因此一个存储的值只能保存有限的一段时间,一般在毫秒的范围内。如果要保持信号的完整性,需要周期性地刷新该值,因此称为动态存储。如果从一个电容中读出被存放信号的值而又不破坏电荷,则要求有高输入阻抗的器件。

7.3.1 动态传输门边沿触发寄存器

图 7.23 是一个基于主从概念的完全动态的正沿触发寄存器。当 $CLK = 0$ 时输入数据在存储节点 A 被采样,该节点具有一个等效电容 C_1,它由 I_1 的栅电容、T_1 的结电容和 T_1 的栅重叠电容组成。在此期间,从级处于维持模式,其节点 B 处于高阻抗(浮空)状态。在时钟上升沿时,传输门 T_2 导通,于是恰在上升沿之前在节点 A 上所采样的值就传送到输出 Q(注意,在时钟高电平阶段,由于第一个传输门关断,节点 A 是稳定的。现在节点 B 存储了节点 A 的相反状态。这一边沿触发器的实现是非常高效的,因为它只需要 8 个晶体管。采样开关可以用纯 NMOS 传输管来实现,这样就更加简单,只需要 6 个晶体管。晶体管数目的减少对于高性能低功耗系统极具吸引力。

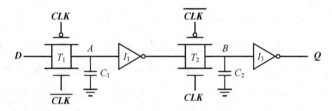

图 7.23 动态边沿触发寄存器

这一电路的建立时间就是传输门的延时,它相应于节点 A 采样 D 输入所需要的时间。维持时间近似为 0,因为传输门在时钟边沿处关断,因此不受输入进一步变化的影响。传播延时(t_{c-q})等于两个反相器的延时加上传输门 T_2 的延时。

对于这样一个动态寄存器,需要好好考虑的是存储节点(即状态)必须周期性地刷新,以防止因电荷泄漏、二极管泄漏或亚阈值电流引起的电荷丢失。在数据通路电路中刷新的频率不是一个问题,因为寄存器受到时钟周期性的控制,所以存储节点在不断更新。

时钟重叠是这个寄存器的重要问题。考虑图 7.24 的时钟波形。在(0-0)重叠期间,T_1 的 PMOS 和 T_2 的 PMOS 同时导通,形成数据从寄存器的 D 输入流到 Q 输出的直接通路。换言之,此时出现了竞争情况。如果重叠期间很长,输出 Q 可能在下降沿时就改变,显然,对于正沿触发寄存器这是一个不希望有的效应。对于(1-1)重叠区也是一样,这时存在一条通过 T_1 的 NMOS 和 T_2 的 NMOS 的输入至输出路径。后一种情况可以通过强加一个维持时间约束来解决。即数据必须在高电平重叠期间稳定。而前一种情况,即(0-0)重叠,可以这样来解决,即保证在 D 输入和节点 B 之间有足够的延时,以使主级采样的新数据不会传送到从级。一般来说,内置单个反相器的延时就足够了。对重叠期间的限制条件为

$$t_{overlap0-0} < t_{T1} + t_{I1} + t_{T2} \qquad (7.5)$$

同样,对(1-1)重叠的限制条件为

$$t_{hold} > t_{overlap1-1} \qquad (7.6)$$

警告:本节所介绍的动态电路在复杂性、性能和功耗方面都是非常有吸引力的。遗憾的是,在稳定性方面的考虑限制了它们的应用。在如图 7.23 这样的一个完全动态的电路中,一个被电容耦合到内部存储节点上的信号节点会注入相当大的噪声而破坏状态。这一点在 ASIC 设计流程中特别重要,因为它对信号节点与内部动态节点之间的耦合缺乏控制。漏电电流引起的另一个

问题是：大多数现代处理器要求时钟能够减慢或者完全停止，以便在低活动性期间节省功率。最后，内部动态节点并不跟踪电源电压的变化。例如，在图 7.23 的电路中，当 CLK 为高电平时节点 A 维持它的状态，但它不会跟踪由 I_1 所看到的电源电压的变化。其结果是降低了噪声容限。

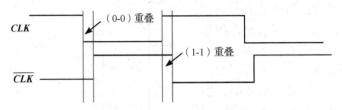

图 7.24　重叠时钟的影响

大多数这些问题都可以通过增加一个弱的反馈反相器使电路成为伪静态来解决（见图 7.25）。虽然这要增加少量的延时，但却明显改善了抗噪声的能力。除非寄存器是用在高度控制的环境中（例如定制设计的高性能数据通路），它们都应当设计成伪静态的或静态的。这对本节讨论的所有锁存器和寄存器都适用。

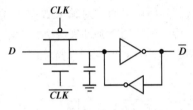

图 7.25　使动态锁存器成为伪静态

7.3.2　C²MOS——一种对时钟偏差不敏感的方法

C²MOS 寄存器

图 7.26 是一个非常巧妙的基于主从概念并对时钟重叠不敏感的正沿触发寄存器。这一电路称为 C²MOS（时钟控制 CMOS）寄存器[Suzuki73]，其工作分为如下两个阶段。

1. $CLK = 0$($\overline{CLK} = 1$)。第一个三态驱动器导通，此时主级像一个反相器在内部节点 X 上采样 D 的反相数据，因此主级处于求值模式。同时从级处于高阻抗模式，即维持模式。晶体管 M_7 和 M_8 均关断，切断了输出与输入的联系。输出 Q 维持其原来存储在输出电容 C_{L2} 上的值。

2. $CLK = 1$ 时恰好相反。主级部分处在维持模式（M_3-M_4 关断），而第二部分求值（M_7-M_8 导通）。存放在 C_{L1} 上的值经过从级传送到输出节点，此时从级的作用像一个反相器。

整个电路作为一个正沿触发的主从寄存器，非常类似于前面介绍过的传输门型寄存器。然而，它们有一个重要的差别：

只要时钟边沿的上升和下降时间足够小，具有 CLK 和 $\overline{CLK}$ 时钟控制的这一 C²MOS 寄存器对时钟的重叠是不敏感的。

为了证明这一结论，同时考察(0-0)和(1-1)重叠的情况（见图 7.24）。在(0-0)重叠情况下，电路简化成图 7.27(a)所示的电路，在这段时间，电路中的两个 PMOS 器件都导通。为了能正确工作，不应当有任何在重叠窗口期间采样的新数据传送到输出 Q，因为数据在正沿触发寄存器的负边沿上不应当有变化。确实，在重叠期间新数据通过串联的 PMOS 器件 $M_2 \sim M_4$ 采样到节点 X 上，因此节点 X 可以从 0 翻转到 1。但这一数据不能传送到输出，因为 NMOS 器件 M_7 是关断的。在这一重叠期结束时 $\overline{CLK} = 1$，于是 M_7 和 M_8 均关断，使从级处于维持状态。因此在从级输出端 Q 看不到任何在时钟下降边沿采样的新数据，因为从级状态直到时钟下一个上升沿之前一直是关断的。由于电路由两个串联的反相器构成，信号的传播需要在一个上拉之后跟着一个下拉，或反过来亦可。而这在图中所示的情形下显然是不可能的。

两个 NMOS 器件 M_3 和 M_7 同时导通的 (1-1)重叠情况更值得讨论,如图 7.27(b) 所示。问题仍然是在重叠期间采样(在时钟刚开始上升之后)的新数据是否会传送到输出 Q。一个正沿触发的寄存器只允许传送在上升沿之前存在于输入端的数据。如果 D 输入在重叠期间改变,节点 X 可能发生由 1 至 0 的翻转,但不能进一步传播。然而只要重叠期一结束,PMOS M_8 就导通,于是 0 传送到输出,而这并不是所希望的。这一问题可以通过对输入数据 D 规定一个维持时间的约束条件来解决,换言之,即数据 D 应当在重叠期间保持稳定。

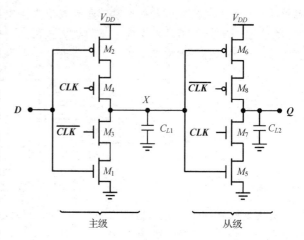

图 7.26　C^2MOS 主从正沿触发寄存器

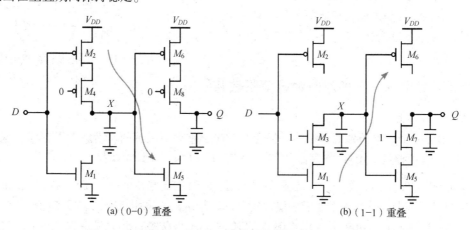

(a)(0-0)重叠　　　　　(b)(1-1)重叠

图 7.27　重叠期间的 C^2MOS D 型触发器(D FF)。如图中箭头所示,在 In 和 D 之间不可能有信号通道存在

总之,可以说 C^2MOS 锁存器对于时钟重叠是不敏感的,因为虽然这些重叠会使锁存器的上拉网络或下拉网络导通,但从不会同时使它们有效。然而,如果时钟的上升和下降时间足够慢,那么就会存在一个 NMOS 和 PMOS 管同时导通的时间间隙。它在输入和输出之间形成了一条通路,可以破坏电路的状态。模拟显示只要时钟上升时间(或下降时间)约小于寄存器传播延时的 5 倍,该电路就能正确工作。这一条件并不十分严格,它在实际的设计中很容易达到。上升和下降时间的影响显示在图 7.28 中,图中画出了当时钟斜率分别为 0.1 ns 和 3 ns 时一个 C^2MOS D 型触发器瞬态响应的模拟结果。时钟较慢时,存在发生竞争状况的可能性。

双边沿寄存器

至此,我们主要集中于仅在时钟的一个边沿(上升或下降)上采样输入数据的边沿触发寄存器。也可以设计在两个边沿上都采样输入的时序电路。这一电路的优点是需要较低的时钟频率(原来频率的 1/2)来完成同样功能的数据处理量,因此节省了时钟分布网络中的功率。图 7.29 是一个改进后的能够在两个边沿都采样的 C^2MOS 寄存器。它由两个并行的主从边沿触发寄存器组成,寄存器的输出用三态驱动器实现二选一。

当时钟在高电平时,由晶体管 $M_1 \sim M_4$ 组成的正锁存器在节点 X 上采样被反相的 D 输入。节点

Y 维持在稳定状态, 因为器件 M_9 和 M_{10} 关断。在时钟的下降沿, 上面的从锁存器 $M_5 \sim M_8$ 导通并驱动被反相的 X 值到输出 Q。在时钟为低电平阶段, 下面的主锁存器 (M_1, M_4, M_9, M_{10}) 导通, 在节点 Y 上采样被反相的 D 输入。注意, 由于器件 M_1 和 M_4 被重复使用, 所以减少了 D 输入的负载。在上升沿, 下面的从锁存器导通并驱动被反相的 Y 值到节点 Q。数据因此在两个边沿上都发生改变。注意, 上下两个从锁存器以互补的形式工作, 即在每一个时钟阶段, 它们之中只有一个是导通的。

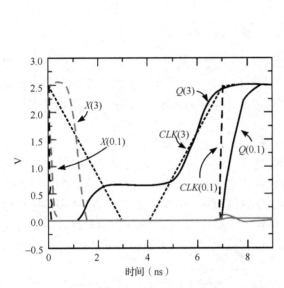

图 7.28　时钟上升/下降时间为 0.1 ns 和 3 ns 时 C^2MOS 触发器的瞬态响应, 假设 $In = 1$

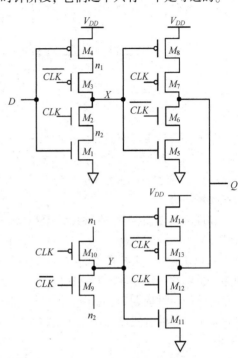

图 7.29　基于 C^2MOS 的双边沿触发寄存器

思考题 7.5　双边沿寄存器

　　指出采用双边沿寄存器对时钟分布网络的功耗有何影响。

7.3.3　真单相钟控寄存器(TSPCR)

　　在前面介绍的两相时钟技术中, 必须十分小心地对两个时钟信号布线以保证它们的重叠最小。虽然 C^2MOS 提供了一种允许时钟偏差的解决办法, 但还可以设计出只用单相位时钟的寄存器。由 Yuan 和 Svensson 提出的真单相钟控寄存器(True Single-Phase Clocked Register, TSPCR)使用单个时钟[Yuan89]。图 7.30 是基本的单相正锁存器和负锁存器。对于正锁存器, 当 CLK 为高时, 锁存器处于透明模式, 相当于两个串联的反相器;因此锁存器是非反相的, 并把输入传送到输出。反之, 当 $CLK = 0$ 时, 两个反相器都不起作用, 锁存器处于维持状态。只有上拉网络仍起作用, 而下拉网络则不工作。由于采用了两级串联的方法, 在这一模式下不会有任何信号可以从锁存器的输入传送到输出端。一个寄存器可以通过串联正、负锁存器来构成。其时钟负载与通常的传输门寄存器或 C^2MOS 寄存器类似。它的主要优点是只用单相位时钟。缺点是稍微增加了晶体管的数目——现在需要 12 个晶体管。

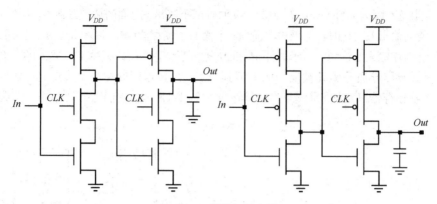

图 7.30　真单相锁存器

需要提醒读者注意的是,在使用图 7.30 类型的动态电路时必须十分小心。时钟处于低电平(对于正锁存器)时,输出节点有可能浮空并受到其他信号耦合的影响。同时如果输出节点驱动传输门,也可能发生电荷分享。动态节点应当借助静态反相器隔离起来,或者设计成伪静态以提高抗噪声能力。

和许多其他锁存器系列相比,TSPC 还有一个至今还未说明的额外优点:可以将逻辑功能嵌入锁存器中。这就减少了与锁存器相关的延时。图 7.31(a)概括了嵌入逻辑的基本方法,而图 7.31(b)是一个正锁存器的例子,它除了完成锁存功能之外又实现了两个输入 In_1 和 In_2 的 AND 功能。虽然这一锁存器的建立时间比图 7.30 的实现有所增加,但这一数字电路的整体性能(即时序电路的时钟周期)得到了提高:建立时间的增加一般要小于一个 AND 门的延时。这种将逻辑嵌入锁存器的方法已广泛用于 EV4 DEC Alpha 微处理器[Dobberpuhl92]及其他许多高性能处理器中。

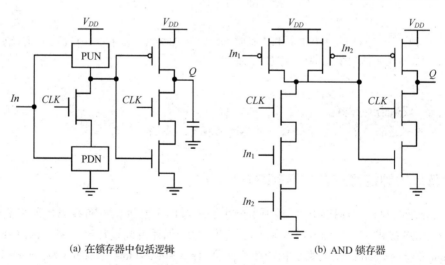

(a) 在锁存器中包括逻辑　　　　　　　　(b) AND 锁存器

图 7.31　在 TSPC 方法中增加逻辑

例 7.3　锁存器嵌入逻辑对电路性能的影响

考虑把一个 AND 门嵌入 TSPC 锁存器中的情形,如图 7.31(b)所示。在 0.25 μm 工艺中,对于这样一个使用最小尺寸器件的电路,建立时间为 140 ps。传统的方法是在 AND 门后面接一个正锁存器,其有效建立时间为 600 ps(我们把 AND 门加上锁存器看做是一个执行这两个功能的黑盒子)。可见嵌入逻辑的方法能够显著地提高性能。

可以进一步降低 TSPC 锁存器电路的复杂性, 如图7.32 所示, 这里只有第一个反相器由时钟控制。除了可以减少晶体管数目外, 这些电路的优点是使时钟的负载也减半。但在锁存器中并不是所有的节点电压都经历全逻辑摆幅。例如, 在正锁存器中节点 A 处的电压(在 $V_{in} = 0$ V 时)最大等于 $V_{DD} - V_{Tn}$, 这降低了对输出 NMOS 管的驱动能力, 从而使性能变差。同样, 负锁存器在节点 A 处的电压(在 $V_{in} = V_{DD}$时)最低只能被驱动至$|V_{TP}|$。这也限制了锁存器的 V_{DD} 可能按比例缩小的程度。

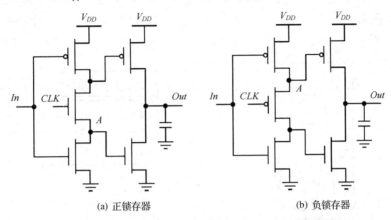

(a) 正锁存器　　　　　　　　　　　　　(b) 负锁存器

图 7.32　简化的 TSPC 锁存器(也称为分叉输出锁存器)

图 7.33 是一个具体的单相边沿触发寄存器的设计。当 $CLK = 0$ 时, 输入反相器在节点 X 上采样反相的 D 输入。第二个(动态)反相器处于预充电状态, 由 M_6 将节点 Y 充电至 V_{DD}。第三个反相器处于维持状态, 因为 M_8 和 M_9 均关断。因此在时钟的低电平阶段, 最后一个(静态)反相器的输入保持着它原来的值, 因而输出 Q 处于稳定状态。在时钟的上升沿, 动态反相器 $M_4 \sim M_6$ 求值。如果 X 在上升沿处是高电平, 那么节点 Y 放电。在时钟的高电平阶段第三个反相器 $M_7 \sim M_9$ 导通, 在 Y 节点上的值传送到输出 Q。注意, 在时钟的正电平阶段, 如果 D 输入翻转到高电平, 则节点 X 翻转到低电平。因此输入必须保持稳定, 直到节点 X 在时钟上升沿之前的值传送到 Y。这即是寄存器的维持时间(注意, 维持时间小于一个反相器延时, 因为使输入影响节点 X 需要一个反相器的延时时间)。寄存器的传播延时实际上就是三个反相器的延时, 因为节点 X 上的值必须传送到输出 Q。最后, 建立时间是使节点 X 有效的时间, 所以这是一个反相器的延时。

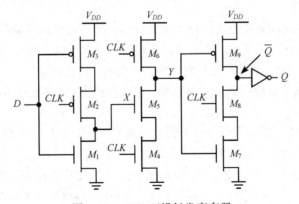

图 7.33　TSPC 正沿触发寄存器

警告: 与 C^2MOS 锁存器一样, TSPC 锁存器在时钟斜率不够陡直时不能正确工作。变化慢的时钟使 NMOS 和 PMOS 钟控管同时导通, 造成状态值不确定和竞争情况。因此应当仔细控制时钟斜率。如果需要, 必须引入本地缓冲器以保证时钟信号的质量。

例 7.4　TSPC 边沿触发寄存器

在 TSPC 寄存器中晶体管的尺寸是实现正确功能的关键,当尺寸不合适时,由于时钟从低向高翻转时会发生竞争情况,使输出端上可能发生毛刺。考虑 D 处于低电平且 $\overline{Q} = 1(Q = 0)$ 的情况。当 CLK 为低电平时,Y 被预充电至高电平,并使 M_7 导通。当 CLK 从低电平翻转到高电平时,节点 Y 和 $\overline{Q}$ 开始同时放电(分别通过 M_4-M_5 和 M_7-M_8)。一旦 Y 降到足够低,在 $\overline{Q}$ 上的下降趋势被逆转,于是该节点再次通过 M_9 被上拉。在某种意义上这一系列事件与我们链接许多动态逻辑门时的情况类似。图 7.34 显示的是图 7.33 的电路在最后两级器件尺寸不同时的瞬态响应。

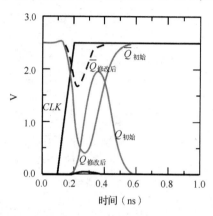

	M_4, M_5	M_7, M_8
初始宽度	0.5 μm	2 μm
修改后的宽度	1 μm	1 μm

图 7.34　确定 TSPC(对于图 7.33 中的寄存器)中晶体管尺寸的问题

这一毛刺可以造成致命的错误,因为它可能会引起不希望的事件发生(例如当把锁存器的输出作为时钟信号输入另一个寄存器时)。它还减少了寄存器的污染延时。这些问题可以通过重新设计经过 M_4-M_5 和 M_7-M_8 下拉路径的相对强度,使 Y 的放电速度比 $\overline{Q}$ 快来纠正。这是通过降低 M_7-M_8 下拉路径的强度和加快 M_4-M_5 下拉路径来实现的。

7.4　其他寄存器类型*

7.4.1　脉冲寄存器

至此我们采用主从结构来构成边沿触发的寄存器。另一种原理不同的构成寄存器的方法是采用脉冲信号。其设想在时钟上升(下降)沿附近生成一个短脉冲。这一脉冲的作用类似于锁存器的时钟输入,如图 7.35(a)所示,它只在一个很短的窗口内采样输入。于是通过使锁存器的开放时间(即透明时间)非常短而避免了竞争情况。将毛刺产生电路和锁存器组合就构成了一个边沿触发寄存器。

图 7.35(b)是一个在时钟的每一个上升沿处有意生成一个毛刺的电路[Kozu96]。当 $CLK = 0$ 时,节点 X 被充电至 V_{DD}(由于 $CLKG$ 为低电平,所以 M_N 关断)。在时钟上升沿处,AND 门的两个输入有一段很短的时间都处于高电平,使 $CLKG$ 上升。这反过来又使 M_N 导通,下拉 X 并最终使 $CLKG$ 为低电平,如图 7.35(c)所示。毛刺的宽度由 AND 门和两个反相器的延时控制。注意在输入时钟(CLK)和毛刺时钟($CLKG$)上升沿之间也存在延时,它也等于 AND 门和两个反相器的延时。如果芯片上的每一个寄存器采用同样的时钟产生机制,那么这一采样延时不会有什么问题。然而,工艺的偏差和负载的改变可能会造成通过毛刺时钟电路的延时有所不同。在进行时序验证和时钟偏差分析时一定要考虑到这一点(见第 10 章)。

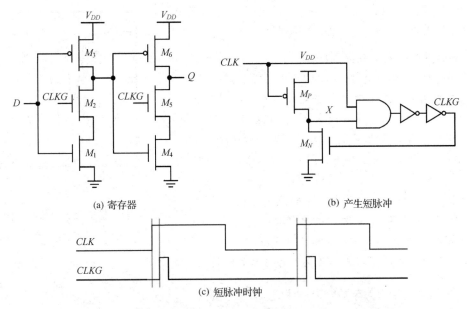

(a) 寄存器　　　　　　　　　　　　　　　　(b) 产生短脉冲

(c) 短脉冲时钟

图 7.35　基于 TSPC 的短脉冲锁存器的时序发生电路和寄存器

　　如果建立时间和维持时间是以短脉冲时钟的上升沿为参照来衡量的，那么建立时间基本上是零，维持时间基本上等于脉冲的宽度，而传播延时(t_{c-q})等于两个门的延时。这种方法的优点是**降低了时钟负载并减少了需要的晶体管数**。短脉冲发生电路可以在多个寄存器之间共享。缺点是显著增加了验证的复杂性。为使这一电路工作正确，模拟必须全方位进行，以保证时钟脉冲始终存在(即短脉冲发生电路可靠地工作)。尽管增加了复杂性，但这一寄存器确实提供了不同于传统技术的另一种方法，并且已在许多高性能处理器中被采用(如[Kozu96])。

　　图 7.36 是脉冲寄存器的另一种形式(用于 AMD-K6 处理器[Partovi96])。时钟在低电平时，M_3 和 M_6 关断，器件 P_1 导通。节点 X 预充电至 V_{DD}，输出节点(Q)不再与 X 有联系，而维持在它原有的状态。$\overline{CLKD}$ 是 CLK 经延时并反相的信号。在时钟上升沿，M_3 和 M_6 导通而器件 M_1 和 M_4 导通一小段时间，即等于三个反相器延时。在此期间，电路是透明的，输入数据 D 被锁存器采样。一旦 $\overline{CLKD}$ 下降，节点 X 不再与输入 D 有联系，它或者维持在 V_{DD}，或者通过 PMOS 器件 P_3 开始预充电至 V_{DD}。在时钟下降沿，节点 X 维持在 V_{DD}，而输出由交叉耦合的反相器保持在稳定状态。

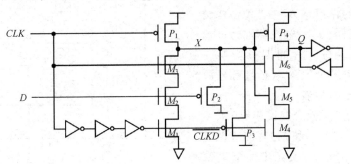

图 7.36　数据流过正沿触发寄存器

　　注意，这一电路也采用一个脉冲发生器，但它是与寄存器合在一起的。同样，透明期间决定了寄存器的维持时间。窗口必须足够宽，以使输入数据能传送到输出 Q。在这一具体电路中，建立时间可以是负的。这种情况发生在透明窗口比输入到输出的延时更长时。这是非常有吸引力的,因为数据甚至可以在时钟变为高电平之后再到达寄存器,这意味着可以从前一个周期借用时间。

例7.5　短脉冲寄存器的建立时间

图7.36中的短脉冲寄存器在 CLK 和 $\overline{CLKD}$ 的(1-1)重叠期间是透明的,因此输入数据实际上可以在时钟上升沿之后改变,使建立时间可以为负数(见图7.37)。D 输入在时钟上升沿之后翻转到低电平,并在 $\overline{CLKD}$ 下降沿之前翻转到高电平(即在透明期间)。注意输出如何跟随输入。只要输入 D 在 $\overline{CLKD}$ 下降沿之前的某一时间正确建立起来,输出 Q 就能上升到正确的值 V_{DD}。在利用负的建立时间时,并不能保证输出的单调特性。即在上升边沿附近输出可以有多次翻转,因此,不应使用这一寄存器的输出来驱动动态逻辑或作为其他寄存器的时钟。

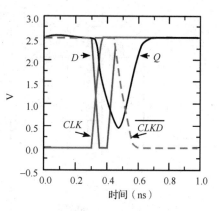

图7.37　模拟表明短脉冲寄存器可以有负的建立时间

思考题7.6　将短脉冲寄存器变为条件短脉冲寄存器

修改图7.36中的电路使它增加一个使能输入。其目的是将该寄存器变成一个条件寄存器,它只在使能信号有效时才锁存。

7.4.2　灵敏放大器型寄存器

除了用主从和短脉冲方法来实现边沿触发寄存器外,还可以采用以灵敏放大器为基础的第三种技术,如图7.38所示[Montanaro96]①。灵敏放大器电路接受小的输入信号并将其放大以产生电源轨线至轨线间电压的摆幅。它们广泛用于存储器内核和低摆幅总线驱动器中,以提高性能或降低功耗。有许多技术可以构成这些放大器。通常的方法是采用反馈,例如,通过一组交叉耦合的反相器。图7.38的电路采用了一个预充电前端放大器,它在时钟信号的上升沿处采样差分输入信号。前端的输出送入一个 NAND 交叉耦合的 SR 触发器,这一触发器保持该数据并保证差分输出每时钟周期只切换一次。在这一实现中差分输入不必具有电源轨线至轨线间电压的摆幅。

前端的核心由交叉耦合的反相器($M_5 \sim M_8$)构成,它们的输出(L_1 和 L_2)在时钟低电平阶段由器件 M_9 和 M_{10} 预充电。结果使 PMOS 管 M_7 和 M_8 关断而 NAND 触发器维持其原有的状态。晶体管 M_1 类似于动态电路

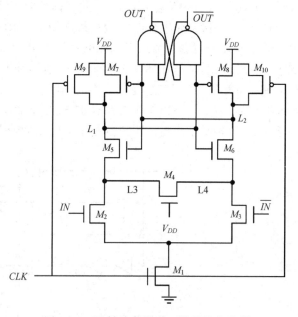

图7.38　灵敏放大器型正沿触发寄存器

---

① 在某种意义上,这些灵敏放大器型寄存器在操作上类似于短脉冲寄存器,即第一级产生脉冲,第二级将其锁存。

中的一个求值开关，它在时钟的低电平阶段关断以保证差分输入不会影响输出。在时钟的上升沿，求值管导通，差分输入对(M_2和M_3)有效，输入信号之间的差在输出节点L_1和L_2上被放大。交叉耦合的一对反相器根据输入值翻转到它的一个稳定状态。例如，如果 IN 是1，则L_1被拉至0而L_2保持在V_{DD}。由于输入级的放大特性，输入不需要全程摆动至V_{DD}，这就使我们可以在输入线上使用低摆幅的信号。

短路管M_4用来提供从节点L_3或L_4至地的直流漏电路径。这是为了考虑到输入在 CLK 正边沿发生之后改变的情况，因为这时L_3或L_4会处于高阻抗状态并在节点上存放一个低电平逻辑电压。没有漏电路径，节点就很容易被漏电电流充电。于是锁存器有可能在下一个 CLK 的上升沿到来之前就已改变状态！图 7.39 清楚地说明了这一点。

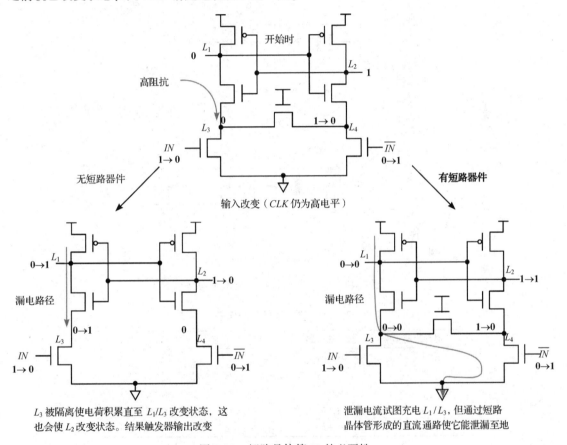

图 7.39 短路晶体管 M_4 的必要性

7.5 流水线：优化时序电路的一种方法

流水线是一种非常普遍的设计技术，经常用来加速数字处理器的数据通路。这个概念可以用图 7.40(a)的例子来解释。所介绍电路的功能是计算 $\log(|a+b|)$，其中 a 和 b 都代表数字流（即计算必须针对很大的一组输入值来进行）。为保证正确求值，所需的最小时钟周期 T_{min} 为

$$T_{min} = t_{c-q} + t_{pd,logic} + t_{su} \qquad (7.7)$$

其中，t_{c-q}和t_{su}分别为寄存器的传播延时和建立时间。假设寄存器为边沿触发的 D 寄存器。$t_{pd,logic}$代表通过组合电路最坏情形下的延时路径，它由加法器、求绝对值和求对数的电路组成。在通常

的系统中(即并不追求最新技术),后一个延时一般大大超过与寄存器相关的延时,因此是决定电路性能的主要因素。假设每一个逻辑模块的传播延时相等,这意味着此时每个逻辑模块起作用的时间只是时钟周期的1/3(如果忽略寄存器的延时)。例如,加法器单元只在第一个1/3周期期间起作用而在其余的2/3周期期间一直闲置(没有进行有用的计算)。流水线是一项提高资源利用率的技术,它增加了电路的数据处理量。假设我们在逻辑块之间插入寄存器,如图7.40(b)所示。这使得一组输入数据的计算分布在几个时钟周期中,如表7.1所示。数据组(a_1, b_1)的计算结果只是在三个时钟周期之后才出现在输出端。此时,电路已在执行下一数据组(a_2, b_2)和(a_3, b_3)的部分计算。这一计算过程以一种装配线的形式进行,因此得名流水线。

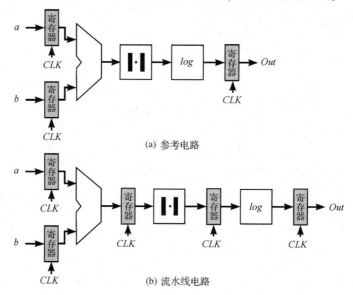

(a) 参考电路

(b) 流水线电路

图7.40　计算$\log(|a+b|)$的数据通路

表7.1　流水线计算的例子

时钟周期	加　法　器	绝　对　值	对　　数
1	$a_1 + b_1$		
2	$a_2 + b_2$	$|a_1 + b_1|$	
3	$a_3 + b_3$	$|a_2 + b_2|$	$\log|a_1 + b_1|$
4	$a_4 + b_4$	$|a_3 + b_3|$	$\log|a_2 + b_2|$
5	$a_5 + b_5$	$|a_4 + b_4|$	$\log|a_3 + b_3|$

流水线工作的优点可以从考察这一改进电路的最小时钟周期中看得非常清楚。组合电路块分成三个部分,每一部分比原来的总功能具有较小的传播延时,这就有效地减少了最小允许的时钟周期值:

$$T_{min,pipe} = t_{c-q} + \max(t_{pd,add}, t_{pd,abs}, t_{pd,log}) + t_{su} \tag{7.8}$$

假设所有的逻辑块具有近似相等的传播延时,并且寄存器的延时相对于逻辑延时来说很小。在这些假设条件下,流水线电路的性能超过原来电路的三倍(即$T_{min,pipe} = T_{min}/3$)。这一性能提高的代价相对较小,只是增加两个寄存器和一个等待时间(latency)[①]。这就解释了流水线为什么在实现高性能的数据通路时应用十分普遍。

① 在这里等待时间定义为数据从输入传送至输出所需的时钟周期数。在本例中,流水线使等待时间从1增加到3。等待时间的增加一般是可接受的,但如不仔细处理也会引起全局性能的下降。

7.5.1 锁存型流水线与寄存型流水线

可以用电平敏感的锁存器代替边沿触发的寄存器来构成流水线电路。考虑图 7.41 所示的流水线电路。流水线系统是采用传输管型的正、负电平锁存器代替边沿触发寄存器来实现的。即在主从系统的主锁存器和从锁存器之间插入逻辑。在下面的讨论中,用符号 CLK – $\overline{CLK}$ 代表两相位时钟系统。锁存型系统在实现流水线系统时明显具有更大的灵活性,并且它们常常提供更好的性能。当 CLK 和 $\overline{CLK}$ 时钟不重叠时,流水线能正确工作。输入数据在 CLK 的负边沿处的 C_1 点被采样,并且逻辑块 F 开始计算;逻辑块 F 的计算结果在 $\overline{CLK}$ 下降沿时存放在 C_2 上,同时逻辑块 G 开始计算。时钟的不重叠保证了能够正确工作。在 CLK 低电平阶段结束时存放在 C_2 上的值是前一个输入(在 CLK 下降沿时存放在 C_1 上的值)通过逻辑功能块 F 计算的结果。当 CLK 和 $\overline{CLK}$ 之间存在重叠时,下一个输入已经被加到 F 上,它的影响有可能在 $\overline{CLK}$ 变低之前就传送到 C_2(假设 F 的污染延时很小)。换言之,在前一个输入和当前输入之间出现了竞争。哪一个值取胜取决于逻辑并且经常与输入的值有关。后一个因素使得竞争情况的检测和消除在本质上并不那么容易。

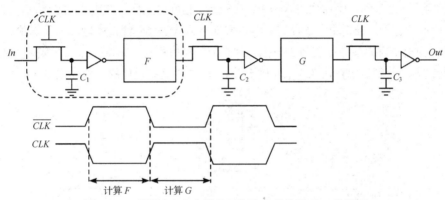

图 7.41 采用动态寄存器的两相流水线电路的工作情况

7.5.2 NORA-CMOS——流水线结构的一种逻辑形式

锁存型的流水线电路也可以采用 C^2MOS 锁存器来实现,如图 7.42 所示。其工作情况与 7.5.1 节中讨论过的类似。它的电路拓扑结构还具有一个额外的重要特性,即

只要锁存器之间的所有逻辑功能块 F(用静态逻辑实现)不是反相的,C^2MOS 的流水线电路即是无竞争的。

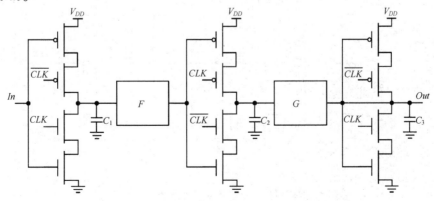

图 7.42 采用 C^2MOS 锁存器的流水线数据通路

以上结论成立的理由与构成 C^2MOS 寄存器时的理由类似。在 *CLK* 和 $\overline{CLK}$ 之间出现(0-0)重叠期间,所有 C^2MOS 锁存器简化为只有下拉网络(见图7.27)。在这种情况下,一个信号可以出现竞争一级级传下去的唯一途径是当逻辑功能 *F* 是反相位的时候,如图7.43所示,图中 *F* 用单个的静态 CMOS 反相器来代替。对于(1-1)的重叠情况也可以进行类似的分析。

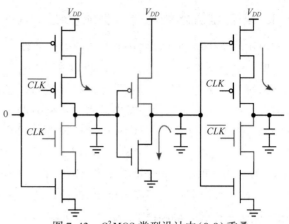

图7.43 C^2MOS 类型设计中(0-0)重叠期间可能出现的竞争情况

基于这一概念,人们设想了一个称为 NORA-CMOS 的逻辑电路[Goncalves83]。它把 C^2MOS 流水线寄存器和 NORA 动态逻辑功能块组合在一起。每一个模块包含一个组合逻辑,它可以是静态逻辑和动态逻辑的混合,后面跟一个 C^2MOS 锁存器。逻辑块和锁存器的时钟按如下方式控制:使二者同时处于求值模式或者同时处于维持(预充电)模式。一个在 *CLK* =1 期间求值的模块称为 *CLK* 模块,反之则称为 $\overline{CLK}$ 模块。这两类模块的例子分别显示在图7.44(a)和图7.44(b)中。这些模块的工作模式总结在表7.2中。

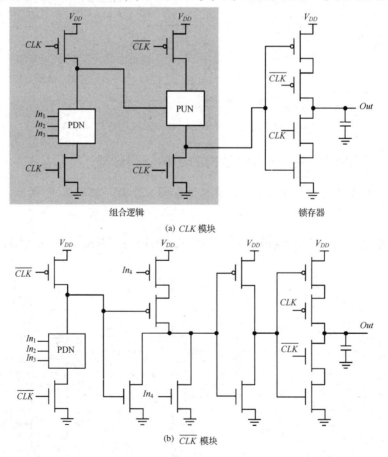

图7.44 NORA-CMOS 模块的例子

表 7.2　NORA 逻辑模块的工作模式

	CLK 模块		$\overline{CLK}$ 模块	
	锁存器	逻辑	锁存器	逻辑
CLK = 0	预充电	维持	求值	求值
CLK = 1	求值	求值	预充电	维持

一个 NORA 数据通路是由交替的 *CLK* 和 $\overline{CLK}$ 模块链构成的。当一类模块在预充电,其输出锁存器处于维持状态而保持其原来的输出值,另一类模块则正在求值。数据以流水线的形式从一个模块传送到另一个模块。NORA 为设计者提供了范围很广的设计选择。动态和静态逻辑可以自由混合,并且 CLK_p 和 CLK_n 动态模块都可以采用串级形式或流水线形式。虽然这一逻辑形式避免了在多米诺 CMOS 中所要求的额外反相器,但仍然必须遵守许多规则以实现可靠和无竞争的工作。由于这增加了复杂性,所以 NORA 的使用仅限于高性能应用中。

7.6　非双稳时序电路

前几节重点关注了单个类型的时序元件:锁存器(及其同类:寄存器)。这个电路最重要的特性是有两个稳定状态,因此称为双稳。双稳元件并不是我们唯一感兴趣的时序电路,其他再生电路可以分为不稳和单稳两种类型。前者作为振荡器并可用于(例如)片上时钟的产生。后者可作为脉冲发生器,也称为单脉冲(one-shot)电路。另一类感兴趣的再生电路是施密特触发器(Schmitt trigger)。这一元件在其直流特性上表现出有用的滞环特性——它的开关阈值是可变的且取决于翻转的方向(从低至高或从高至低)。这一特点在有噪声的环境中是很有用的。

7.6.1　施密特触发器

定义

施密特触发器[Schmitt38]有两个重要特性:

1. 对于一个变化很慢的输入波形,**在输出端有一个快速翻转的响应**。
2. 该器件的电压传输特性表明对正向和负向变化的输入信号有不同的开关阈值。这表现在图 7.45 中,图中显示了施密特触发器典型的电压传输特性(和它的电路符号)。由低至高和由高至低翻转时的开关阈值分别称为 V_{M+} 和 V_{M-}。滞环电压定义为这二者之差。

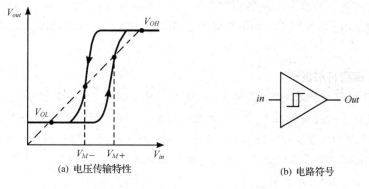

(a) 电压传输特性　　　(b) 电路符号

图 7.45　非反相施密特触发器

施密特触发器的一个主要用途是把一个含噪声或缓慢变化的输入信号转变成一个"干净"的数字输出信号,如图 7.46 所示。注意滞环如何抑制了信号上的振荡。同时,应当能看到输出信号快速地由低至高(和由高至低)翻转。陡峭的信号斜率一般很有好处,例如它通过抑制直流通路电流来减少功耗。施密特触发器这一概念的"秘密"就在于它运用了正反馈。

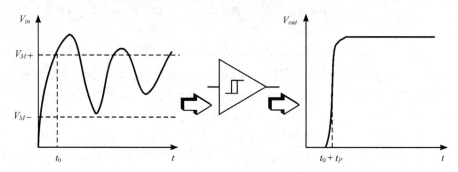

图 7.46   用施密特触发器抑制噪声

CMOS 实现

图 7.47 为施密特触发器一种可能的 CMOS 电路实现。这一电路的基本设想是 CMOS 反相器的开关阈值是由 PMOS 管和 NMOS 管之间的(导电因子)比率(k_p/k_n)决定的。增加这一比率可使阈值 V_M 升高,减小这一比率则使 V_M 降低。如果翻转方向不同会使这一比率不同,则可以引起不同的开关阈值以及滞环效应。这可以借助反馈来实现。

假设 V_{in} 最初等于 0,所以 V_{out} 也为 0。反馈环使 PMOS 管 M_4 偏置在导通模式,而 M_3 则关断。输入信号等效地连到一个反相器上,该反相器包括两个并联的 PMOS 管(M_2 和 M_4)作为上拉网络,以及一个 NMOS 管(M_1)作为下拉网络。因此这一反相器的等效晶体管比率为 $k_{M1}/(k_{M2}+k_{M4})$,提高了开关阈值。

反相器一旦切换,反馈环就关断 M_4 并使 NMOS 器件 M_3 导通。这一附加的下拉器件加速了翻转并产生一个斜率很陡的"干净"的输出信号。

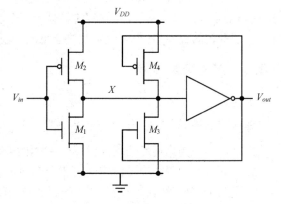

图 7.47   CMOS 施密特触发器

在由高至低的翻转中也可以观察到类似的情形。在这一情形中,下拉网络最初由并联的 M_1 和 M_3 构成,而上拉网络由 M_2 构成。此时开关阈值降低到 V_{M-}。

例7.6   CMOS 施密特触发器

考虑图 7.47 的施密特触发器,其中 M_1 和 M_2 的尺寸分别为 1 μm/0.25 μm 和 3 μm/0.25 μm。反相器设计为使它的开关阈值在 $V_{DD}/2$(=1.25 V)附近。图 7.48(a)是施密特触发器假设器件 M_3 和 M_4 的尺寸分别为 0.5 μm/0.25 μm 和 1.5 μm/0.25 μm 时的模拟结果。如从图中可以清楚看到的那样,该电路显示出滞环效应。由高至低的切换点(V_{M-} =0.9 V)低于 $V_{DD}/2$,而从低至高的开关阈值(V_{M+} =1.6 V)大于 $V_{DD}/2$。

通过改变 M_3 和 M_4 的尺寸可以改变切换点。例如,为了改变由低至高的翻转,需要改变 PMOS 器件。保持 M_3 的器件宽度为 0.5 μm 以保持由高至低的阈值不变。M_4 的器件宽度变为 $k\times$ 0.5 μm。图 7.48(b)表示开关阈值如何随 k 值的上升而增加。

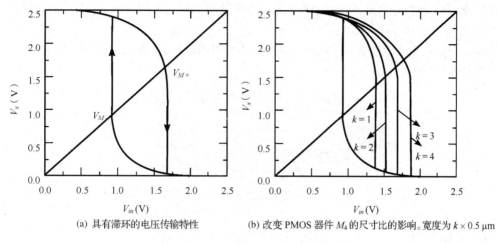

(a) 具有滞环的电压传输特性　　　　(b) 改变 PMOS 器件 M_4 的尺寸比的影响。宽度为 $k \times 0.5\ \mu m$

图 7.48　施密特触发器的模拟结果

思考题 7.7　另一种 CMOS 施密特触发器

图 7.49 是另一种 CMOS 施密特触发器。讨论该门的工作状况并推导 V_{M-} 和 V_{M+} 的表达式。

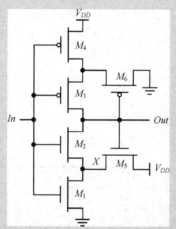

图 7.49　另一种 CMOS 施密特触发器

7.6.2　单稳时序电路

单稳元件是每当其静止状态受到一个脉冲或一个翻转事件触发时就产生一个宽度确定的脉冲的电路。之所以称之为单稳，是因为它只有一个稳定状态（即它的静态）。一个触发事件是一个信号翻转或者是一个脉冲，它使电路暂时进入另一个准稳定状态。这意味着在经过一段由电路参数决定的时间之后它最终又回到原来的状态。这一电路也称为单脉冲（one-shot）电路，它在产生一个已知宽度的脉冲时非常有用。许多应用都需要有这一功能。我们已经看到在构造脉冲寄存器时使用了单脉冲电路。另一个熟知的例子是地址变化探测（address transition detection，ATD）电路，用于在静态存储器中产生时序。这个电路探测一个信号或一组信号（如地址或数据总线）的变化，并产生一个脉冲来初始化后续的电路。

实现单脉冲电路最常用的方法是采用一个简单的延时单元来控制脉冲的宽度。这一概念显示在图 7.50 中。在静止状态, XOR 的两个输入相同, 因而输出为低电平。在输入上的翻转引起 XOR 的两个输入暂时不同, 因而使输出变为高电平。在一个延时 t_d 之后, 这一扰动被移去, 输出 再次变低。于是产生了宽度为 t_d 的脉冲。延时电路可以用许多不同的方法来实现, 如一个 RC 网 络或一个基本门的链。

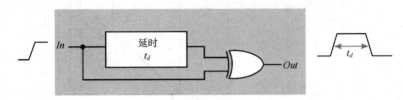

图 7.50　输入翻转触发一个单脉冲

7.6.3　不稳电路

一个不稳电路不具有稳定状态。其输出在两个准稳态之间来回振荡, 其周期由电路的拓扑 结构和参数(延时、电源电压等)决定。振荡器的一个主要应用是片上时钟信号发生器(这一应用 将在后面有关时序一章中详细讨论)。

环振是不稳电路的一个简单例子。它由奇数个反相器连成一个环形链构成。由于反相器的 数目为奇数, 故电路不存在任何稳定的工作点, 而是以等于 $2 \times t_p \times N$ 的周期振荡, 其中 N 是环形 链中反相器的数目, 而 t_p 是每一个反相器的传播延时。

例 7.7　环形振荡器

具有 5 级反相器的环形振荡器的模拟响应示于图 7.51 中(所有的门都采用最小尺寸的器件)。 我们注意到振荡周期近似等于 0.5 ns, 这相当于一个门的延时为 50 ps。通过从该反相器链的不 同点处抽头可以得到不同相位的振荡波形(图中显示了相位 1, 3 和 5)。采用简单的逻辑运算就 可以从这些基本的信号中推导出范围很广的具有不同占空比和相位的时钟信号。

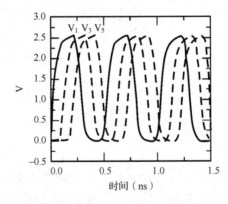

图 7.51　5 级环形振荡器的模拟波形。图中显示的是 1, 3 和 5 级的输出

由串级反相器构成的环形振荡器产生具有固定振荡频率的波形, 该频率由一个 CMOS 工艺 反相器的延时决定。但在许多应用中需要控制振荡器的频率。压控振荡器(voltage-controlled oscillator, VCO)就是这样一种电路的例子, 其振荡频率与控制电压有关(一般为非线性关系)。 通过用一个如图 7.52 所示的电流可控反相器(current-starved inverter)来代替标准环形振荡器中 的标准反相器, 就可以将其修改成一个 VCO[Jeong87]。控制每个反相器延时的机理是限制各反相器 负载电容的放电电流。

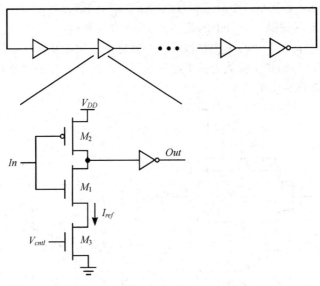

图 7.52　电流可控反相器型电压控制振荡器

在这一修改后的反相器电路中,反相器的最大放电电流由附加的额外串联器件来限制。注意,反相器由低至高的翻转也可以通过加入一个与 M_2 串联的 PMOS 器件来控制。增加的 NMOS 管 M_3 由一个模拟控制电压 V_{cntl} 控制,这一电压决定了能提供的放电电流。降低 V_{cntl} 将减少放电电流,因而增加了 t_{pHL}。这种能够改变每一级传播延时的能力使我们得以控制环形结构的频率。控制电压一般采用反馈技术来设定。在低工作电流下,电流可控反相器的输出将有一个很慢的下降时间。这可能导致明显的短路电流。这个问题可以通过把它的输出送入一个 CMOS 反相器来解决,还有一种更好的办法是将其输出送入一个施密特触发器。在末端还需要一个额外的反相器以保证该结构能够振荡。

例 7.8　电流可控反相器的模拟

图 7.53 是一个受控制电压 V_{cntl} 影响的电流可控反相器延时的模拟结果。反相器的延时可以在一个很大范围内变化。当控制电压小于阈值时,器件进入亚阈值区。这会引起传播延时有较大的变化,因为器件电流与器件电压之间呈指数关系。在这一区域工作时,延时对控制电压的变化并且进而对噪声都非常敏感。

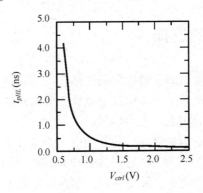

图 7.53　受控制电压影响的电流可控反相器的 t_{pHL}

实现延时单元的另一种方法是采用差分元件,如图 7.54(a)所示。由于延时单元同时提供反相和非反相输出,因此可以实现一个具有偶数级的振荡器。图7.54(b)是一个两级差分VCO,它的反馈环通过两个门延时提供一个180°的相移,一个是非反相的,另一个是反相的,从而形成了振荡。图7.54(c)是这个两级VCO的模拟波形。同时提供了同相及正交相的输出。差分型VCO对共模噪声(如电源噪声)的抗干扰能力优于通常的环形振荡器。但是由于它比较复杂以及具有静态电流,因此需要消耗更多的功率。

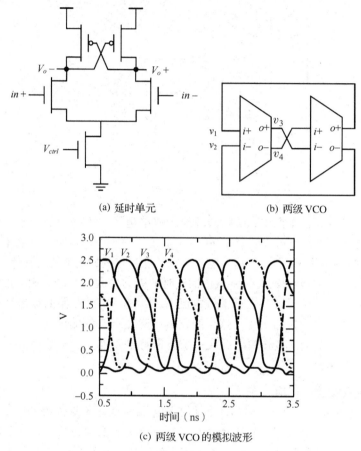

(a) 延时单元　　　　　　　　(b) 两级VCO

(c) 两级VCO的模拟波形

图7.54　差分延时元件和VCO拓扑结构

7.7　综述:时钟策略的选择

在芯片设计早期阶段必须做出的关键决定是选择合适的时钟技术。保证在一个复杂电路中各种操作能够可靠地同步发生是未来十年中数字设计者所面临的最令人感兴趣的挑战。选择正确的时钟技术影响到一个电路的功能、速度和功耗。

本章介绍了许多广泛应用的时钟技术。最稳定并且概念上最简单的技术是两相主从设计。最主要的方法是采用多路开关型寄存器,并通过简单地使时钟反相在本地产生两个时钟相位。比较特殊的技术如短脉冲寄存器也在实际中应用。然而这些技术需要非常精细的调整,所以应当只用在特殊的情形中。例如,需要利用负的建立时间来对付时钟偏差的时候。

因此在高性能CMOS VLSI设计中的一般趋势是采用简单的时钟技术,即便以牺牲性能为代价也是如此。大多数的自动设计方法(如标准单元)都采用基于静态触发器的单相位边沿触发方法。在如微处理器等高性能设计中也明显地倾向于采用比较简单的时钟技术。在逻辑之间采用锁存器来改善电路的性能也非常普遍。

7.8 小结

本章介绍了时序数字电路方面的内容,对下列问题进行了讨论。

- 两个反相器的交叉耦合形成一个双稳电路,也称为触发器。第三个可能的工作点实际上是亚稳态点,也就是从这一偏置点的任何偏离都会使触发器收敛至两个稳态中的一个。
- 锁存器是一个电平敏感的存储元件,它在一个相位采样数据,在另一个相位保持数据。而寄存器则在上升沿或下降沿时采样数据。一个寄存器有三个重要参数:建立时间、维持时间和传播延时。必须仔细优化这些参数,因为其可能成为时钟周期的一个重要部分。
- 寄存器可以是静态的也可以是动态的。静态寄存器只要电源开通就一直保持它的状态。它对不频繁读写的存储器(如重新设置寄存器或控制信息)比较理想。静态寄存器采用多路开关或通过强信号来写入数据。
- 动态存储器基于在电容上暂时存储电荷。其最基本的优点是降低了复杂性以及具有较高的性能和较低的功耗。然而,在动态节点上的电荷总会随时间而泄漏掉,因而动态电路具有一个最小的时钟频率。单纯的动态存储器已经很少使用。寄存器电路设计成伪静态以提供抵抗电容耦合和其他由电路引起的噪声源的抗干扰能力。
- 寄存器也可以采用脉冲或短脉冲概念来构成。一个有意形成的脉冲(采用单脉冲电路)用来采样边沿附近的输入。以灵敏放大器为基础的技术也可以用来构成寄存器,它们也应当在需要高性能或传送低摆幅信号的时候使用。
- 选择钟控类型是一个重要的考虑。两相设计会引起竞争问题。可以采用如 C^2MOS 这样的电路技术来消除两相时钟控制中的竞争情形。另一种选择是采用真单相时钟控制方法。然而时钟的上升时间必须仔细优化以消除竞争。
- 把动态逻辑与动态锁存器组合起来可以形成非常快的计算结构。NORA 逻辑类型就是这一方法的一个例子,它在流水线数据通路中非常有效。
- 单稳结构只有一个稳定状态,因此它们作为脉冲发生器时非常有用。
- 不稳定多谐振荡器或振荡器不具有任何稳定状态。环形振荡器是这类电路中最为熟知的例子。
- 施密特触发器在其直流特性中显示出滞环特性,并在它们的瞬态响应中显示了快速的翻转。它们主要用来抑止噪声。

7.9 进一步探讨

时序门的基本概念可以在许多逻辑设计的教材(如[Mano82]和[Hill74])中找到。有关时序电路的设计在大多数普通的数字电路手册中都有丰富的资料。[Partovi01]和[Bernstein98]对高性能时序元件的设计问题和解决方法进行了深入的综述。

参考文献

[Bernstein98] K. Bernstein et al., *High-Speed CMOS Design Styles*, Kluwer Academic Publishers, 1998.

[Dopperpuhl92] D. Dopperpuhl et al., "A 200 MHz 64-b Dual Issue CMOS Microprocessor," *IEEE Journal of Solid-State Circuits*, vol. 27, no. 11, Nov. 1992, pp. 1555–1567.

[Gieseke97] B. Gieseke et al., "A 600 MHz Superscalar RISC Microprocessor with Out-of-Order Execution," *IEEE International Solid-State Circuits Conference*, pp. 176–177, Feb. 1997.

[Gonçalves83] N. Gonçalves and H. De Man, "NORA: a racefree dynamic CMOS technique for pipelined logic structures," *IEEE Journal of Solid-State Circuits*, vol. SC-18, no. 3, June 1983, pp. 261–266.

[Hill74] F. Hill and G. Peterson, *Introduction to Switching Theory and Logical Design*, Wiley, 1974.

[Jeong87] D. Jeong et al., "Design of PLL-based clock generation circuits," *IEEE Journal of Solid-State Circuits*, vol. SC-22, no. 2, April 1987, pp. 255–261.

[Kozu96] S. Kozu et al., "A 100 MHz 0.4 W RISC Processor with 200 MHz Multiply-Adder, using Pulse-Register Technique," *IEEE ISSCC*, pp. 140–141, February 1996.

[Mano82] M. Mano, *Computer System Architecture*, Prentice-Hall, 1982.

[Montanaro96] J. Montanaro et al., "A 160-MHz, 32-b, 0.5-W CMOS RISC Microprocessor," *IEEE Journal of Solid-State Circuits*, pp. 1703–1714, November 1996.

[Mutoh95] S. Mutoh et al., "1-V Power Supply High-Speed Digital Circuit Technology with Multithreshold-Voltage CMOS," *IEEE Journal of Solid State Circuits*, pp. 847–854, August 1995.

[Partovi96] H. Partovi, "Flow-Through Latch and *Edge-Triggered* Flip-Flop Hybrid Elements," *IEEE ISSCC*, pp. 138–139, February 1996.

[Partovi01] H. Partovi, "Clocked Storage Elements," in *Design of High-Performance Microprocessor Circuits*, Chandakasan et al., ed., Chapter 11, pp. 207–233, 2001.

[Schmitt38] O. H. Schmitt, "A Thermionic Trigger," *Journal of Scientific Instruments*, vol. 15, January 1938, pp. 24–26.

[Suzuki73] Y. Suzuki, K. Odagawa, and T. Abe, "Clocked CMOS calculator circuitry," *IEEE Journal of Solid State Circuits*, vol. SC-8, December 1973, pp. 462–469.

[Yuan89] J. Yuan and Svensson C., "High-Speed CMOS Circuit Technique," *IEEE JSSC*, vol. 24, no. 1, February 1989, pp. 62–70.

第三部分 系统设计

"就我看来，艺术应当是简单的。这几乎便是高级艺术创作的全部——发现哪些传统形式和哪些细节琐事可以摒弃却仍然保留整体的灵魂。"

WillaSibert Cather
关于虚构的艺术（1920）

"简单与恬静是衡量任何艺术作品真正价值的品质。

Frank Lloyd Wright

第8章 数字集成电路的实现策略

- 半定制和结构化的设计方法
- ASIC 和片上系统设计流程
- 可配置硬件

8.1 引言

现代集成电路急剧增加的复杂性使设计面临着巨大的挑战。设计一个包含几百万个晶体管的电路并保证第一个制造出的硅片就能正确工作是一件令人生畏的事情,实际上,如果没有计算机的辅助和建立了很好的设计方法是不可能完成这一工作的。事实上,常常可以看到技术进步的步伐已超出了设计界所能吸纳的水平。这在图8.1中表示得非常清楚,图中显示了集成电路复杂性(用逻辑电路的晶体管数量表示)的增加如何快于设计工程师设计能力的提高,由此形成了一个"设计鸿沟"。填补这一鸿沟的一个办法是不断地扩大完成单个项目的设计队伍。在高性能处理器领域就可以看到这一趋势,一个超过500人的设计队伍不再是一件新鲜事。

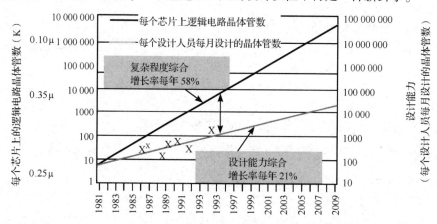

图8.1 设计与制造能力之间的差距。工艺(用每个芯片上逻辑电路的晶体管数来表示)超出了设计能力(用一个工程师每月能够设计的晶体管数来表示)。资料来源:SIA[SIA97]

显然,这一办法不能维持长久——因为不可能使这一领域的所有设计工程师只从事一个项目的设计。所幸的是,我们看到大约每十年就会出现一种新的设计方法,使设计能力上升一大步,并帮助暂时填补了这一鸿沟。回顾一下过去的几十年,我们就能看到这些生产能力出现过多次飞跃。纯粹的定制设计在20世纪70年代早期的集成电路设计中是很常见的。在此之后,可编程逻辑阵列(PLA)、标准单元、宏单元、模块编译器、门阵列以及可重构硬件不断减少了把一个功能映射到一个芯片上所需要花费的时间和成本。本章将介绍一些通常使用的设计实现方法。由于该领域的广泛性,我们不可能进行全面介绍——这方面的内容本身就足以集结成书。在这里展示的是从用户的角度来感受和深刻理解不同的设计方法能够为我们提供什么以及我们又能希望从中得到什么。

用什么方法把一个功能映射到芯片上在很大程度上取决于功能本身。例如,考虑图8.2的简单数字处理器。这样的一个处理器也许是个人计算机(PC)的"大脑",或者是一个 CD 播放机或手机的"心脏"。它由许多模块构成,这些模块以各种形式出现在几乎每一种数字处理器中。

- **数据通路**是处理器的核心,它是完成所有计算的场所。处理器中的其他模块是支持单元,它们或者存储数据通路产生的结果,或者帮助确定下一周期将发生什么。一个典型的数据通路由如逻辑(AND, OR, EXOR)或算术运算(加法、乘法、比较、移位)等基本的组合功能互连而成。中间结果存放在寄存器中。实现数据通路可以有不同的策略,如结构化的定制单元或自动设计的标准单元,固定的硬布线结构或灵活的现场可编程结构。实现平台的选择主要受不同设计指标(如面积、速度、能量、设计时间和可复用性等)之间综合平衡的影响。
- **控制模块**决定了任何指定时间在处理器中所发生的操作。一个控制器可以看成一个有限状态机(FSM)。它由寄存器和逻辑组成,因此是一个时序电路。逻辑可以用不同的方式来实现——或者是基本逻辑门(标准单元)的互连,或者采用可编程逻辑阵列(PLA)和指令存储器这样比较结构化的方式。
- **存储模块**的作用是一个集中的数据存储区域。存储器可以分为许多不同的种类。这些类型间的主要差别在于数据存取的方式,如"只读"与"读写"、顺序和随机访问或单口和多口存取。区分存储器的另一种方式是把它们与数据保留能力联系起来。动态存储器结构必须周期性地刷新以保持其中的数据,而静态存储器则只要电源开通就能保持其中的数据。最后,非易失性存储器(如闪存)甚至在取消电源电压之后仍能保持数据。一个处理器可以同时采用几种不同类型的存储器。例如,可以用随机存取存储器来存储数据,用只读存储器来存储指令。
- **互连网络**将不同的处理器模块互相连接起来,而输入/输出电路则与外界相连。长期以来互连一直是设计过程后期才考虑的问题。遗憾的是,构成互连网络的导线并不那么理想,而是形成对驱动电路的电容、电阻和电感负载。随着芯片尺寸的加大,互连线的长度往往增加,从而使这些寄生参数值也随之增加。现在正在开发自动化和结构化的设计方法来减轻这些互连结构的布置过程。例如片上总线、网格互连结构甚至整个片上网络。如图 8.2 所示,互连网络的某些部分一般都不出现在抽象的线路方块图中,但它们对于良好的设计仍具有十分关键的作用。这些部分包括功率和时钟分布网络。这些"服务"网络非常有助于保证集成电路的正确工作。

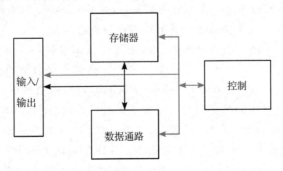

图 8.2　一般数字处理器的组成。箭头代表可能的互连

图 8.2 的结构可以在一个单片上重复许多次。图 8.3 是一个片上系统的例子,它组合了实现一个完整的高清晰度数字电视机所需的全部功能,包括两个处理器、存储单元、用于 MPEG 编(译)码和数据滤波等功能的专门加速器,以及一系列外围单元。其他应用(如无线收发机或硬盘读/写单元)甚至还可能包括一些相当大的模拟电路模块。

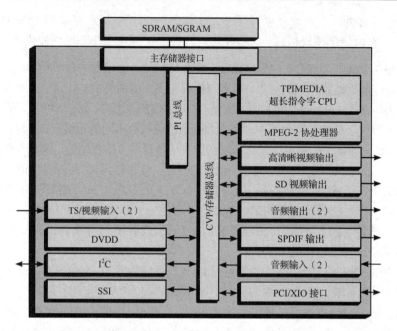

图 8.3　"Nexperia"片上系统[Philips99]。这一单个芯片包含了一个通用微处理
器内核、一个VLIW(超长指令字)信号处理器、一个存储器系统、一个
MPEG协处理器、多个加速器单元、输入/输出外围电路及两条系统总线

　　如何选择有效的实现方法很大程度上取决于所考虑模块的功能。例如,存储器单元往往是
非常规则和结构化的,因此可以优先选用能把单元以阵列形式组织起来的模块编译器实现方法。
相反,控制器往往结构性不强,因此希望采用其他方法实现。实现策略的选择可能对最终产品的
质量有极大的影响。设计者所面临的挑战是要选择能够满足产品技术要求和约束的正确策略。
对一个设计很有效的策略有可能对另一个设计是极具灾难性的。

例8.1　能量效率和灵活性之间的综合考虑

　　从应用的角度来看,一个具有灵活性(或可编程能力)的设计是非常吸引人的。它允许"推迟
绑定"(late binding)硬件,即在芯片已经制造之后仍然可以改变其应用。灵活性使一个设计可以
重复用于多个应用,或者可现场使一个部件的固件(firmware)升级,从而降低了生产风险。反之,
一个硬布线的部件在制造时是完全固定的并且以后也不能再改变。

　　既然如此,为什么不在每一个设计中都使用灵活或可编程的部件呢? 正如天下总是没有免
费的午餐一样,灵活性需要以性能和能量效率为代价。提供可编程能力意味着将增加实现的开
销。例如,一个可编程处理器采用存储指令和一个指令译码器来使一个数据通路完成多种功能。
大多数设计者并不了解灵活性的巨大代价。图 8.4 说明了它的影响,图中比较了能量效率(即不
同实现方式下一定的能量所能完成的操作量)及其灵活性(即各个实现方式可以有多大的应用范
围)。可以看到变化的幅度在三个数量级附近摆动。这清楚地说明当能量效率是一个必须考虑的
因素时,最好采用硬布线或灵活性有限的实现方法(如可配置或可参数化的模块)。

　　在本章及后面三章中将分别讨论随机逻辑和控制器的实现技术(本章讨论)、互连技术(见
第9章)、数据通路(见第11章)和存储器(见第12章)。注意,实现方法的选择可以对最终产品
的质量产生巨大影响。在设计含有多种模块的复杂系统时,比较重要的问题是同步和时序(见
第10章)以及电源分布网络(见第9章)。时钟信号和电源电流的分配是设计当代最先进的处理
器时的主要问题之一。穿插于本书各章之间的许多设计方法的插入说明讨论了由这些复杂部件

提出的设计挑战，并介绍了设计者可以使用的高级设计自动化工具。插入说明 F，G 和 H 分别讨论了设计综合、验证和测试。

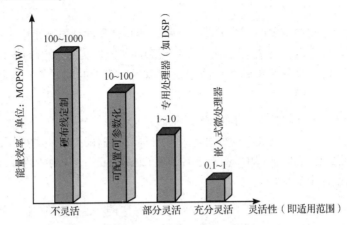

图 8.4　不同实现方式下灵活性与能量效率(用 MOPS/mW 即每毫焦耳能量可完成多少个百万次操作来表示)之间的互换关系。图中的数字是针对0.25 μm CMOS工艺的[Rabaey00]

8.2　从定制到半定制以及结构化阵列的设计方法

微电子设计的活力取决于许多相互矛盾的因素，如以速度或功耗表示的性能、成本和生产量。例如，为了具有市场竞争力，对顾客来说一个微处理器应当具有高性能和低价格。只有通过大量的销售才有可能同时实现这两个目标。只有这样，与高性能设计相联系的高开发费用才能分摊在许多部件中。但像超级计算和某些国防应用则是另一种情形。由于最终的性能是主要的设计目标，因此常常希望采用高性能的定制设计技术。虽然产量较少，但这些电子部件的成本只是整个系统成本的一小部分，因此不会成为大问题。最后，大多数消费品应用的主要目标是通过集成来缩小系统的尺寸。在这些情况下，可以采用先进的设计自动化技术来大大降低设计成本，这虽然会使性能有所损失，但却缩短了设计时间。正如在第 1 章中提及的，一个半导体器件的成本是两部分之和。

- 非重复发生的成本(NRE)。对一个设计只发生一次，并且包括了设计这一部件的费用。
- 每一部件的生产成本。它与工艺复杂性、设计面积以及工艺成品率有关。

这些经济方面的考虑已刺激人们开发出了许多优秀的实现方法，其范围从高性能的手工设计到全部可编程的中至低性能的设计。图 8.5 概括了这些不同的方法。下一节首先讨论定制设计方法，接着讨论半定制和基于阵列的方法。

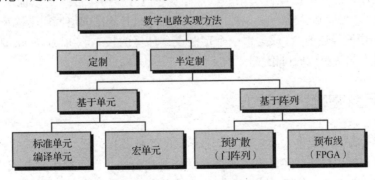

图 8.5　数字集成电路实现方法概况[DeMicheli94]

8.3 定制电路设计

当性能或设计的密度最重要时,手工进行电路结构和物理设计看来是唯一的选择。确实,在早期的数字微电子设计中这一方法就是唯一的选择,Intel 4004 微处理器的设计就是一个很好的例子。定制设计费工的本质意味着成本较高和投放市场所需的时间较长,因此它仅在以下情况下被认为在经济上是合理的:

- 定制模块可以多次重复利用(例如,作为库单元)。
- 成本可以分摊到大生产量上。微处理器和半导体存储器即为这一类应用的实例。
- 成本不是主要的设计准则,例如在超级计算机(supercomputer)和超超级计算机(hypersupercomputer)的设计中就是如此。

随着设计自动化领域的不断进步,定制设计所占的比例在逐年下降。甚至在最先进的高性能微处理器中,如 Intel Pentium 4(见图 8.6),实际上所有部分都是用半定制设计方法自动设计的。只有性能最为关键的模块(如锁相环和时钟缓冲器)是手工设计的。事实上,现在只有库单元的设计是定制设计应用最广的领域。

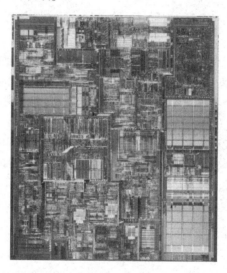

图 8.6 Intel Pentium 4 处理器芯片的显微照片。它含有 4200 万个晶体管,以 0.18 μm CMOS 工艺技术设计。其第一代产品的工作时钟速率为 1.5 GHz(经 Intel 公司许可刊登)

尽管在定制设计过程中设计自动化的数量很少,但有一些设计工具已证明是不可缺少的。与各种验证、模拟、提取和建模工具一样,版图编辑器、设计规则和电气规则检查(如在前面设计方法插入说明 A 中所描述的)已成为每一个定制设计环境的核心。在[Grundman97]中对定制设计的机遇和挑战有非常出色的讨论。

8.4 以单元为基础的设计方法

由于定制设计方法的成本太高,近年来已开发了各种各样的设计方法来缩短设计过程并使设计自动化。这一自动化是以降低集成密度和性能为代价的。以下规则常常成立:**设计时间越短,需要付出的代价越大**。本节中讨论的许多设计方法对于每一个新的设计仍然要求一个完整的制造过程。在下一节讨论的以阵列为基础的设计方法则只要求有限的一组额外的工艺步骤或完全取消工艺过程来进一步缩短设计时间和降低成本。

以单元为基础进行设计是指通过重复利用有限的单元库来减少实现所需要进行的工作。这一方法的优点是对于一个给定的工艺，单元只需要设计和验证一次，而后就可以重复利用许多次，因此分摊了设计成本。但它的缺点是由于库本身受约束，因而减少了仔细调整设计的可能性。以单元为基础的方法可以根据库单元的细节结构(granularity)划分成许多类。

8.4.1　标准单元

标准单元方法使得在逻辑门一级的设计实体标准化。这一方法提供了一个扇入和扇出数目在一定范围内的选择广泛的逻辑门库。除了基本逻辑功能，如反相器、AND/NAND、OR/NOR、XOR/XNOR 以及触发器外，一个典型的库还包括比较复杂的功能单元，如 AND-OR-INVERT、MUX、全加器、比较器、计数器、译码器和编码器。设计就像是画一张只包括库中所含单元的线路图，或者由较高层次的描述语言自动生成。然后自动生成版图。这一高度自动化的设计之所以可能实现，是由于对版图选项设置了严格的限制。在标准单元方法中，单元放在行中，这些行被布线通道隔开，如图 8.7 所示。为了提高效率，要求库中所有的单元都具有相同的高度。单元的宽度可以改变以适应各单元之间不同的复杂程度。如图中所示，标准单元技术可以与其他版图设计方法混用，以便允许引入一些像存储器和乘法器这样的模块，因为这些模块并不能很容易或高效率地适合于采用逻辑单元实现。

图 8.8(a)是一个采用早期标准单元方式实现设计的一个例子。相当大一部分面积用于信号布线。因此使互连线的面积最小是标准单元布局和布线工具最重要的目标。使布线长度最短的一个方法是引入穿通单元(见图 8.7)，它可以实现在不同行的单元间连接而不必绕过整个一行。减少布线面积的一个更为重要的方法是增加更多的互连层。在现代 CMOS 工艺中可以有 7 层或更多的金属层，从而几乎可以完全不需要布线通道。实际上所有信号的布线都可以在单元之上，形成一个真正的三维设计。图 8.8(b)是一个标准单元设计的一部分，采用了 7 层金属层来实现。该设计达到了 90% 的集成密度，这意味着实际上所有的芯片

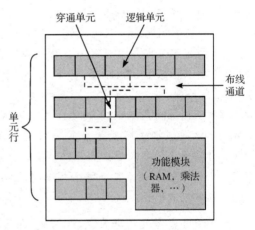

图 8.7　标准单元的版图方法

面积都为逻辑单元所覆盖，只有很小一部分面积浪费在互连上。

标准单元库的设计十分费时，好在这个时间成本可以分摊在大量的设计中。决定一个库的组成并不容易。一个贴切的问题是采用大多数单元都具有有限扇入的小库好呢，还是采用每个门具有很多版本(如含有 2～4 个输入的 NAND 门，并且这些门的每一个又有不同的尺寸)的大库更为有利？由于预先并不知道扇出和布线造成的负载电容，因此通常的做法是保证每个门具有较大的电流驱动能力(即采用较大的输出晶体管)。虽然这简化了设计过程，但它对于面积和功耗有不利的影响。现在的库对于每一个单元都有许多版本，并且根据不同的驱动强度以及性能和功耗水平有不同的尺寸。当给定速度和面积要求时就可以使用综合工具来选择正确的单元。

为了使以库为基础的方法可行，还必须要有一个关于单元库的细节文件。这一文件的信息不仅应当包括版图、对功能和终端位置的描述，它还必须精确地把单元的延时和功耗特性描述为

负载电容及输入的上升和下降时间的函数。建库的很大一部分努力就是用来产生这些信息。如何描述逻辑及时序单元的特性是"设计方法插入说明 E"的内容。

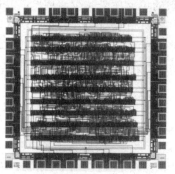

(a) 3 层金属层工艺设计。布线通道占据了很大部分的芯片面积

(b) 7 层金属层工艺设计。布线通道事实上已消失,所有的互连位于逻辑单元之上

图 8.8　标准单元设计的进展

例 8.2　三输入 NAND 门单元

为了说明前面所观察到的一些结果,在图 8.9 中描述了一个 0.18 μm CMOS 工艺实现的三输入 NAND 标准单元门。库中实际上有该单元的 5 个版本,支持的电容负载从 0.18 pF 至 0.72 pF,面积从 16.4 μm² 至 32.8 μm²。所示的单元代表一个低性能、高能量效率的设计情形,并采用了高阈值晶体管来减少漏电。在下拉(上拉)网络中 NMOS 和 PMOS 管的(W/L)尺寸比都近似于 8。

注意版图策略是如何按照图 D.2 中概括的方法来实现的。电源线水平布置并为同一行的单元所共用。输入信号实际上用多晶硅垂直布线。输入/输出端口位于整个单元体的各处,这与现今标准单元方法在单元上面布线的方式一样。

标准单元已经变得非常普及,并且在今天的集成电路中几乎已用于实现所有的逻辑元件。唯一的例外出现在需要极高性能或极低能耗的时候,或者是所需功能的结构非常规则的时候(例如存储器或乘法器)。

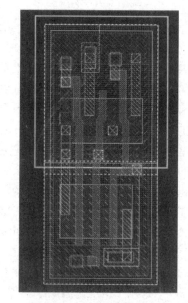

图 8.9　三输入 NAND 标准单元(经 ST Microelectronics公司许可刊登)

标准单元方法的成功可以归因于许多方面的发展,包括以下几个方面。

- **与多层布线层一同实现的自动单元布局和布线工具质量的提高**。事实上,许多研究已经表明,今天的自动化方法已能与复杂和不规则逻辑电路的手工设计相匹敌。这与数年前的情况大不相同,那时自动化的版图会占用大量的面积。
- **成熟的逻辑综合工具的出现**。逻辑综合的方法可以使设计进入一个运用布尔方程、状态机和寄存器传输语言(如 VHDL 和 Verilog)的高级抽象层次。综合工具自动地将技术要求转变为一个门的网表,使面积、延时或功耗这样的特定代价函数达到最小值。早期的综合工具(如在 20 世纪 80 年代前半叶所使用的工具)大部分集中在最小化两个层次的逻辑。虽然它使自动设计映射首次成为可能，但它限制了所生成电路的面积使用效率和性能。直到 20 世纪 80 年代后期出现了多层逻辑综合之后，自动设计生成才真正开始广泛应用。实际上现在没有哪个设计者在使用标准单元方法时会不借助于自动综合。本章后面的"设计方法插入说明 F"对设计综合过程有更详细的描述。

历史回顾：可编程逻辑阵列

在早期的 MOS 集成电路设计中，逻辑设计和优化是一项手工完成和费力的工作。那时所采用的技术是卡诺图和 Quine-McCluskey 表。20 世纪 70 年代末第一个将枯燥乏味的逻辑电路设计过程自动化的方法出现了，这得益于以下两个重要进展。

- 在逻辑电路的版图设计中不再使用专门的方法，而是采用了一种规则的结构化的方法，称为可编程逻辑阵列(PLA)。这一方法使两层逻辑电路的自动版图生成成为可能，而且更重要的是，它能够预见面积和性能。
- 随着两层逻辑的自动逻辑综合工具[Brayton84]的出现，我们可以把任何可能的布尔表达式转化为一个优化的两层("积之和"或"和之积")逻辑结构。随后又很快出现了时序电路的综合工具。

结构化逻辑设计的思想很快站稳了脚跟，并且到 20 世纪 80 年代中期它已被像 Intel 和 DEC 这样一些主要的微处理器设计公司所采用。虽然 PLA 在今天的半定制逻辑设计中用得不多，但还是有必要对它进行一些讨论(特别是由于 PLA 可能会再次受到青睐)。

这一概念可以用一个例子给出最好的解释。考虑以下逻辑功能，通过逻辑操作已将其方程转换为积之和的形式：

$$f_0 = x_0 x_1 + \overline{x_2}$$
$$f_1 = x_0 x_1 x_2 + \overline{x_2} + \overline{x_0} x_1 \tag{8.1}$$

这一表达方式的重要优点是很容易构想出一个标准的实现，如图 8.10 所示。第一层门实现 AND 操作，也称为积项或小项；而第二层实现 OR 操作，称为和项。因此，一个 PLA 是一个矩形的宏单元，由一个晶体管的阵列构成，它们排列成行对应积项，而列对应输入和输出。输入和输出列把这个阵列分为两个子阵列，分别称为 AND 和 OR 平面。

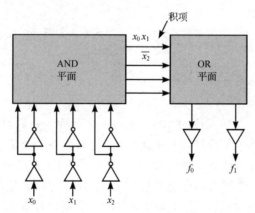

图 8.10　布尔函数标准的两层实现

图 8.10 的线路图并不是可直接实现的，因为 CMOS 的单层逻辑功能总是反相的。通过进行一些简单的布尔变换，式(8.1)可以重写为 NOR-NOR 形式：

$$\overline{f_0} = \overline{\overline{(\overline{x_0 + x_1})} + \overline{x_2}}$$

$$\overline{f_1} = \overline{\overline{(\overline{x_0 + x_1 + x_2})} + \overline{x_2} + \overline{(x_0 + \overline{x_1})}}$$

(8.2)

思考题 8.1　两层逻辑表达式

　　同样可以设想用 NAND-NAND 形式来表达式(8.1)。由于大扇入 NAND 门速度慢,一般更愿意采用 NOR-NOR 的表达方式。然而,NAND-NAND 结构密度很高,因此有助于降低功耗。试推导式(8.2)的 NAND-NAND 表达方式。

　　把一组两层逻辑功能转变为一个物理设计的工作现在可以简化成一项"编程"的工作,即决定在 AND 和 OR 平面的什么地方放置晶体管。这一任务很容易自动化,因此 PLA 也获得了早期的成功。图 8.11 显示了式(8.2)所描述逻辑功能的自动生成的 PLA 实现。可惜的是,这一规则的结构虽然能够预见,却要消耗许多面积并具有很长的延时(正如在版图中可以清楚看到的那样),这使它在半定制设计领域中最终消失。如果想知道 AND 和 OR 平面实际上是如何实现的可以参见第 12 章,在那里将讨论 PLA 的晶体管级实现。

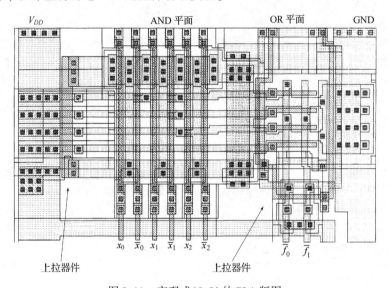

图 8.11　实现式(8.2)的 PLA 版图

8.4.2　编译单元

　　不能低估实现和表征一个单元库的成本。现今的单元库含有数百个到一千个以上的单元。每次引入一个新工艺时必须重新设计这些单元。而且,它们在一个工艺代的发展中也会发生变化。例如,最小金属线宽或接触规则会经常改变以提高成品率,其结果是整个库必须重新进行设计和表征。此外,即便是一个很大的库也具有不连续的缺点,这就是说设计选项的数目是有限的。当性能或功耗是主要目标时,优化了晶体管尺寸的定制设计单元是吸引人的。随着互连线负载影响的增加,提供能够调整驱动器尺寸的单元无论从性能还是功耗的角度来看都是绝对必要的[Sylvester98],因此需要自动的(或编译的)单元生成。

　　许多自动设计方法已被开发出来,它们在给定晶体管网表的基础上可以很快生成单元版图,但是要生成高质量的自动单元版图仍然是一个问题。早期的方法基于固定的拓扑结构。后来的方法允许在布置晶体管时比较灵活(如[Hill85])。现在,版图密度已接近人工设计的结果,并且已有许多单元生成工具可以通过商业途径得到,例如[Cadabra01,Prolific01]。

例 8.3　自动单元生成

一个典型的单元生成流程可以用一个简单反相器的例子进行说明(采用 Abracad 工具[Cadabra01])。

- 首先画出单元的电路图。自动版图的生成从 Spice 网表开始。生成工具检查网表并且确定晶体管的几何图形。在 CMOS 反相器的情形中,单元只含有两个晶体管,如图 8.12(a)所示。
- 自动工具的工作顺序与设计者的操作步骤一样。晶体管按预先定义的拓扑规则放置在单元的基本结构上,如图 8.12(b)所示。这一结构与库中所有单元的结构相同,其中包括单元高度、电源及地线、引线的布置、布线和接触形式等。
- 单元用版图符号来连线,如图 8.12(c)所示。
- 重新安排布线,压缩单元使其符合设计规则和该库优先的选择,如图 8.12(d)所示。
- 最后修正有任何其他设计规则错误的单元并生成最终的版图,如图 8.12(e)所示。

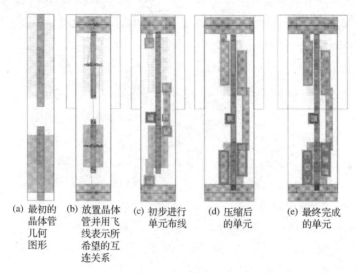

(a) 最初的晶体管几何图形　　(b) 放置晶体管并用飞线表示所希望的互连关系　　(c) 初步进行单元布线　　(d) 压缩后的单元　　(e) 最终完成的单元

图 8.12　自动生成单元版图

8.4.3　宏单元、巨单元和专利模块

逻辑门级的标准化对于设计随机逻辑功能是非常有吸引力的,它对于设计诸如乘法器、数据通路、存储器以及嵌入式微处理器和 DSP 等比较复杂的结构效率是比较低的。如果抓住这些功能块的具体特点,就能使它们的实现在性能上比标准 ASIC 设计过程的结果好得多。复杂性超过在典型标准单元库中所达到程度的单元称为宏单元(macrocell),有时也称为巨单元(megacell),宏单元可以分为两种类型,即硬宏单元和软宏单元。

硬宏单元(Hard Macro)代表一个具有指定功能及预先确定的物理设计的模块。在该模块内部晶体管和布线的相对位置是固定的。在本质上,一个硬宏单元代表一个所要求功能的定制设计。在某些情形中,宏单元被参数化,即存在或可以生成这一宏单元的特性略有不同的多种版本。乘法器和存储器就是这样的例子:一个硬乘法器宏单元不仅能生成 32×16 乘法器,而且也能生成 8×8 乘法器。

硬宏单元的优点是它本身具有定制设计的所有好处:密集的版图、优化和可预见的性能和功耗。通过把功能包括在一个宏单元中,它就可以一次又一次地在不同的设计中重复使用。这一可复用性有助于补偿最初的设计成本。硬宏单元的缺点是它很难把这一设计移植到其他工艺或其他制造厂商。对于每一种新的工艺,有必要对这一功能块的大部分进行重新设计。由于这一理由,硬宏单元应用得越来越少,并且它们主要用在当自动生成方法的结果实在太差或甚至根本不可能实现的时候。嵌入式存储器和微处理器是硬宏单元很好的例子。它们一般由 IC 制造商(他们也提供标准单元库)或能提供特定功能的半导体供应商(如标准的微处理器或 DSP)提供。

在宏单元可以参数化的情形下,采用一种称为模块编译器(module compiler)的生成器来产生实际的物理版图。通过把预先设计的叶子单元搭接成二维阵列拓扑结构可以很容易地构成规则的结构,如 PLA、存储器和乘法器等。如果单元设计得正确,那么所有的互连都由搭接来实现,因此不需要或只需要很少的额外布线,这将使寄生电容减到最小。图 8.11 的 PLA 就是这种结构的一个例子。整个阵列可以用最少数目的单元构成。生成器本身只是一个简单的软件程序,它决定在阵列中不同叶子单元的相对位置。

例 8.4　存储器宏模块

图 8.13 是一个“硬”存储器宏单元的例子。这一 256×32 SRAM 模块由一个参数化的模块生成器生成。除了生成版图外,这一生成器也提供精确的时序和功耗信息。现代的存储器生成器也包括一定数量的冗余以克服缺陷问题。

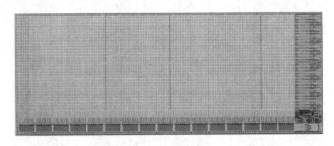

图 8.13　可参数化的存储器“硬”宏单元。这一具体例子可存储 256×32(或 8192)位。译码器位于版图底部。所有8位地址位及32位数据输入和输出端口均布置在该单元的右侧。这一存储器模块以 0.18 μm CMOS工艺实现时的总面积只有0.094 mm²(经ST Microelectronics公司许可刊登)

软宏单元(Soft Macro)代表一个具有指定功能但却没有具体物理实现的模块。一个软宏模块的布局及布线在不同的情况下可以各不相同。这表明时序数据只能在最终的综合及布局和布线阶段完成之后才能确定,换言之,这一设计过程是不可预见的。然而通过真正理解这一模块的内部结构以及对物理生成过程提出精确的时序和布局方面的约束,软宏单元通常能成功地提供明确定义的时序保证。软宏单元虽然没有定制设计方法的优点并依赖于半定制的物理设计过程,但它们的主要优点是可以被移植到许多工艺过程中,因此可以把设计所花费的精力和成本分摊在范围很广的一组设计上。

软宏单元生成器取决于它们所实现的功能种类而分为不同的类型。事实上它们都属于结构生成器类型:给定所希望的功能及所要求的参数值,这一生成器生成了一个网表,列出了所用的标准单元及其互连关系。它也提供了布局和布线工具应当满足的一组时序约束。这一方法的优点是生成器利用了对所考虑功能的理解,生成比逻辑综合可能产生的结果更为高效率的巧妙结构。例如,设计快速和面积利用率高的乘法器一直是几十年来研究的主题①。对于乘法器文献中必须提供的技巧,乘法器生成器只是把其中最好的技巧具体实现在一个自动生成工具中。

---

① 乘法器的设计将在第 11 章比较全面地介绍,该章将讨论运算结构的设计。

例 8.5　乘法器宏模块

图 8.14 为具有不同宽长比的两个 8 × 8 乘法器模块的例子。这两个模块都是用 Synopsys 公司的 Module Compiler 工具生成的[ModuleCompiler01]。正如从版图中可以看到的, 它采用了一种通常的标准单元方法来生成物理布线图。宏单元生成器的作用是把简洁的输入描述转变成满足时序约束的标准单元的最优连接。这一"软"方法的优点是可以很容易地生成具有不同宽长比的模块, 而且在不同制造工艺之间的移植也比较容易。

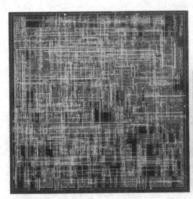
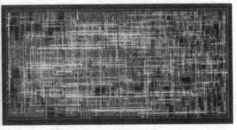

```
string mat = "booth";
directive (multtype = mat );
output signed [16] z = A * B;
```

图 8.14　乘法器"软"宏单元模块。两个版图均实现 8 × 8 的 booth 乘法器, 但具有不同的宽长比。对这一编译器的简洁输入描述显示在上面的灰色方框中

利用宏模块已经从根本上改变了 21 世纪半定制设计的前景。由于集成电路的复杂性呈指数地增长, 从草图开始设计每一个新的集成电路的想法已变成一种很不经济和很不合理的主张。而且电路正越来越多地由复杂性和功能日益增加的可复用功能块构成。一般来说, 这些模块都从第三方的供应商那里得到, 这些供应商通过专利权税或许可协议来提供这些功能。以这种方式提供的宏模块称为专利(Intellectual Property, IP)模块。这一方法有点类似于软件界, 即一个大型的编程任务一般都大量使用可复用的软件库。通常可以采用的专利模块是嵌入式微处理器和微控制器、DSP 处理器、总线接口(如 PCI)以及几种专用的功能模块, 如用于 DSP 应用的 FFT 和滤波器模块、用于无线通信的纠错编(译)码器以及用于视频的 MPEG 译码和编码模块。显然, 为了使一个 IP 模块有用, 它不仅必须提供硬件, 而且也必须同时提供合适的软件工具(如嵌入式处理器的编译器及调制工具)、预测模型以及测试程序。后者是非常重要的, 因为它们是最终用户验证这些模块是否能提供所承诺的功能和性能的唯一手段。

片上系统的设计已迅速成为在不同细节程度上重复利用的过程。在最低层次上, 我们有标准单元库; 在较高一些层次上, 有功能模块, 如乘法器、数据通路和存储器; 再高一层, 有嵌入式处理器; 最后, 有专用的巨单元(application-specific megacell)。随着越来越多的系统功能在单个芯片上实现, 往往可以看到一个典型的 ASIC 将由各种各样的设计形式和模块组成, 它在大量的标准单元中嵌入了许多硬宏单元和软宏单元。

例 8.6　无线通信处理器

图 8.15 是一个实现一组室内无线通信系统协议的集成电路[Silva01]。芯片的大部分面积用于嵌入式微处理器(Tensilica Xtensa 处理器[Xtensa01])和它的存储系统。这一处理器可以灵活地实现较高层次的一组协议(Application/Network), 并能改变芯片的功能, 甚至在芯片制造之后也能如此。存储器模块采用工艺厂商提供的模块编译器生成。处理器核本身是由 Verilog 高层次描述自动生成的, 并且利用标准单元完成它的物理实现。采用"软核"方法的优点是处理器

的指令集可以根据应用来裁剪,同时处理器本身也可以很容易地移植到不同的工艺和制造过程中。

要在微处理器上实现该协议中计算强度很高的部分(MAC/PHY),将要求非常高的时钟速度,也不必要地增加了芯片的功耗。幸好这些功能是固定的,一般并不要求可变的实现。因此它们用标准单元实现为一个加速器模块。采用硬布线实现可用较低的功耗水平和时钟频率完成极大量的计算任务。片上系统的设计者将继续决定什么是他更希望有的挑战——是芯片制造后仍具有灵活性还是在较低的功耗水平下达到较高的性能。所幸的是,正在出现一些工具可为设计者提供信息,帮助他们研究设计空间并分析各种可能的综合选择[Silva01]。同时我们注意到该芯片也包括一组I/O接口,以及一个嵌入式网络模块,这一模块有助于协调在处理器及各种加速器和I/O模块间的信号传送。

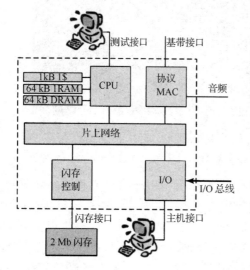

图8.15　无线通信处理器——混合的 ASIC 设计方法学的一个例子。这一处理器组合了一个嵌入式微处理器和它的存储系统以及专用的硬件加速器及I/O模块。同时注意到还有片上的网络模块[Silva01]

宏模块的生成过程取决于这一功能块的硬或软的特性以及设计实体的层次。在下一节中,将简略讨论某些常用的方法。

8.4.4　半定制设计流程

至此我们已定义了以单元为基础的设计方法学的各个组成部分。在本节中将讨论各部分是如何组合在一起的。图8.16详细描述了设计一个半定制电路通常采用的一系列步骤。这些称为设计流程的各个步骤列在图中,以下是每一步的简短描述。

1. **设计获取**(Design Capture)使设计进入 ASIC 设计系统中。可以用各种方式来实现这一点,包括线路图和方块图;硬件描述语言(HDL)如 VHDL 和 Verilog,以及最近几年出现的 C 语言的派生语言如 SystemC;在行为描述语言之后则是高层次综合;引入的专利模块。
2. **逻辑综合**(Logic Synthesis)工具把用 HDL 语言描述的模块转换成网表(netlist)。然后就可以插入可复用的或生成的宏单元网表,以形成该设计的完整网表。
3. **版图前模拟和验证**(Prelayout Simulation and Verification)。检查设计是否正确。性能分析是根据估计的寄生参数及版图参数进行的。如果此时发现该设计不能工作,就必须再次重复设计获取或逻辑综合这两个阶段。

4. **平面规划**(Floor Planning)。根据估计的模块尺寸,规划出芯片面积的总体分配。全局的电源和时钟分布网络也在此时构思。

5. **布局**(Placement)。确定各个单元精确的位置。

6. **布线**(Routing)。各单元和功能块之间的互连布线。

7. **提取模型参数**(Extraction)。从实际的物理版图中产生该芯片的模型,包括精确的器件尺寸、器件寄生参数以及导线的电容和电阻。

8. **版图后模拟和验证**(Postlayout Simulation and Verification)。在考虑版图寄生参数的情况下,验证芯片的功能和性能。如果发现芯片有不足之处,则也许有必要重复进行版图规划、布局与布线三个步骤。这常常也不能解决问题,此时也许有必要进行另一轮的结构设计过程。

9. **记带**(Tape Out)。一旦认为设计已满足所有的设计目标和功能,就生成包含制造掩模所需全部信息的二进制文件。这一文件然后送至 ASIC 供应商或制造厂。芯片"一生"中的这一重要时刻称为记带。

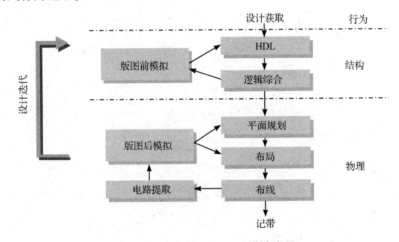

图 8.16　半定制(即 ASIC)设计流程

虽然以上描述的设计流程很好地为我们服务了许多年,但已被发现,当工艺达到 0.25 μm CMOS 的范围时,它表现出严重的不足。当设计技术进入深亚微米领域时,版图的寄生参数(特别是互连的寄生参数)起了越来越重要的作用。逻辑和结构综合工具所使用的预测模型已不能再对这些寄生参数提供精确的估计。因此第一次生成的设计就能满足时序约束的机会非常小,如图 8.17(a)所示。为此,设计者(或设计队伍)不得不进行多次颇费成本的反复综合及随之的版图生成,直到一个可接受的设计图能满足时序约束为止,如图 8.17(b)和图 8.17(c)所示。这些反复中每一次都可能需要好几天的时间——在最先进的计算机上仅仅布线一个复杂的芯片就可能需要一周的时间!随着工艺尺寸的缩小,所需反复的次数继续在增加。这一称为时序最终确定(timing closure)的问题显然表明需要新的解决办法及设计方法学上的改变。

通常的解决办法是在逻辑和物理设计过程之间建立起一个比较紧密的整体联系。例如逻辑综合工具也进行某些部分的布局或者指导布局,这样就可以得到比较精确的版图参数估计。图 8.18 是把 RTL 综合与初步的布局布线合在一起的一个设计环境的例子。所生成的网表被送入一个优化工具进行细节的布局布线并同时保证满足时序约束。虽然这一方法已证明在减少设计反复次数方面非常成功,但它对设计工具的开发者提出了很大的挑战。随着工艺尺寸逐渐缩小,寄生效应的数目越来越多,必须考虑所有这些因素的设计优化过程变得极为复杂,因此也就需要其他方法。在后面几章中将着重说明能帮助减轻这样一些问题的"设计解决办法"。在逻辑层和物理层都采用规则的和可预见的结构就是一个例子。

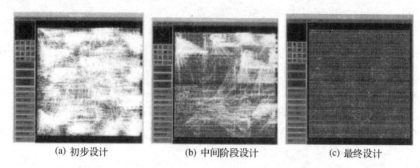

(a) 初步设计　　　　　　　(b) 中间阶段设计　　　　　　　(c) 最终设计

图 8.17　时序最终确定过程。白线表示违反时序的网点。在设计过程
　　　　　的每次反复中通过优化逻辑、插入缓冲器、约束布局及合理
　　　　　布线来消除时序错误,直到实现一个无错误的设计为止[Avanti01]

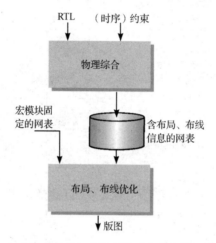

图 8.18　集成综合与布局布线减少了在深亚微米设
　　　　　计中达到时序最终确定所需要的迭代次数

8.5　以阵列为基础的实现方法

虽然设计自动化有助于减少设计时间,但它并不能减少制造过程中所花费的时间。至今所讨论的所有设计方法仍然要求一个制造的全过程。这可能需要三周至几个月的时间,因而有可能会大大延误产品的推出。此外,随着掩模成本的日益增长,完成一个专用的工艺过程成本很高,因此还要根据产品的经济性来决定这是否可行。

为此,人们开发了许多其他实现方法,这些方法不要求经过一个完整的制造工艺,或者说可以完全避免专用的工艺。这些方法的优点是具有较低的 NRE(非重复发生的费用),因此特别适合于小批量生产。但其代价是较低的性能和集成密度,或者较高的功耗。

8.5.1　预扩散(或掩模编程)阵列

在这一方法中,厂商大批量制造并存放含有基本单元或晶体管阵列的圆片。制造晶体管所需要的全部生产过程都是标准化的并且与最终的应用无关。

为了使这些还没有最终确定应用场合的圆片转变成一个实际的设计，只需加上所希望的互连线，因此决定芯片的整体功能只需要几个金属化的步骤。这些工艺层的设计可以很快完成，然后应用到预先制造好的圆片上，从而使周转时间减少到一周或几天。

根据预扩散的圆片的不同类型，这一方法常常称为门阵列或门海方法。为了说明这一概念，考虑图 8.19(a) 所示的门阵列的基本单元。它由 4 个 NMOS 和 4 个 PMOS 管、多晶硅栅连线以及电源和地线构成。每个扩散区有两个可能的接触点，而多晶条有两个可能的连接点。在金属层上增加几条额外的导线和接触孔，就可以把这一至此尚未实现任何逻辑功能的单元转变成一个实际的电路，如图 8.19(b) 所示，图中该单元变成了一个四输入的 NOR 门。

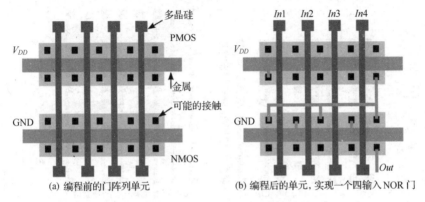

(a) 编程前的门阵列单元　　(b) 编程后的单元，实现一个四输入 NOR 门

图 8.19　门阵列方法的一个例子

最初的门阵列方法[①]把单元布置在被布线通道隔离的行中，如图 8.20(a) 所示。总体看来这类似于通常的标准单元法。当采用更多的金属层时可以取消布线通道，而在基本单元之上布线——有时需要留出一个单元不用。这一无通道结构称为门海（sea of gates），如图 8.20(b) 所示，它可以提高密度，并且有可能使一个单片上的集成密度达到百万个门的水平。门海方法的另一个优点是它可以定制设计 Metal1 与扩散区和多晶硅之间的接触层，而不像标准门阵列那样预先定义接触点，如图 8.19(a) 所示。这种灵活性的结果是可以进一步缩小单元的尺寸。

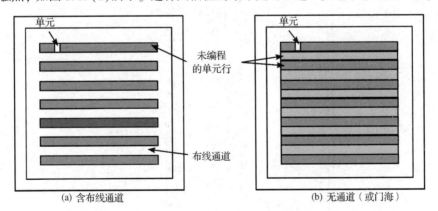

(a) 含布线通道　　　　　　　　　　(b) 无通道（或门海）

图 8.20　门阵列结构

设计一个门阵列（或门海）基片的主要问题是决定基本单元的组成及各个晶体管的尺寸。必须提供足够数量的布线通道以使浪费在互连上的单元数目降到最小。选择单元时应当使预先制

---

① 这一方法常常称为通道门阵列。

造的晶体管能够在一个相当广泛的设计范围上被最大程度地利用。例如图 8.19 中的结构非常适合于实现四输入的门,但若用来实现两输入门则浪费了器件。实现一个触发器时需要多个单元。图 8.21 以简化的形式画出许多其他的单元结构。第一种方法中每个单元含有有限数目的晶体管(4 至 8 个)。门由氧化层绝缘(也称为几何隔离)的方法隔离。多晶栅上的"棒骨形"终端使布线能够更加密集。第二种方法提供了很长的晶体管行,它们共享同一扩散区。在这一结构中,必须在电气上使某些器件关断,以便在相邻门之间形成隔离,这是通过把 NMOS 和 PMOS 管分别连至 GND 和 V_{DD} 实现的。这一方法称为栅隔离,虽然为提供隔离浪费了一些晶体管,但在总体上提高了晶体管的密度。

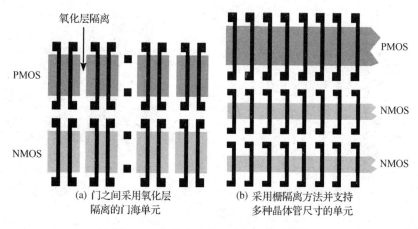

图 8.21   门海基本单元的例子[Veendrick92]

图 8.22 是一个栅隔离的门阵列的基本单元[Smith97]。这一单元的宽度为一条布线的宽度,含有一个 p 型沟道和一个 n 型沟道晶体管。同时该图还显示了一个含有所有可能接触位置的基本单元。在垂直方向有容纳 21 个接触点的空间,这意味着该单元的高度为 21 条布线的宽度。

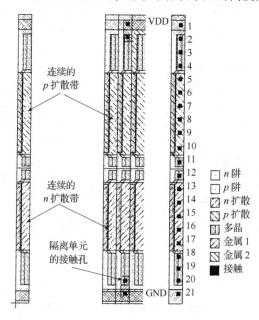

图 8.22   栅隔离门阵列的基本单元[Smith97]

值得注意的是，图 8.21(b) 中的单元提供了两行较小的 NMOS 管，它们可以在需要时并联。在实现传输管逻辑或存储器单元时，采用较小的晶体管比较方便。确定单元中晶体管的尺寸显然是一个挑战。由于以阵列为基础的设计方法具有面向互连的特点，因此其传播延时一般是由互连电容决定的。针对这一特点似乎应当用较大的器件尺寸，但这会造成器件未利用时有较大的面积损失。为此可以把几个小器件并联起来构成较大的晶体管。

把逻辑设计映射到一个单元阵列基本上是一个自动化过程，涉及逻辑综合及之后的布局和布线。这些工具的质量对于门海实现的最终密度和性能有极大的影响。门海结构的利用率与所实现的应用类型有很大关系。规则结构(如存储器)的利用率可以接近 100%。其他应用的利用率主要受布线的限制，因而可能相当低(小于 75%)。图 8.23 是在栅隔离门阵列库中实现的一个触发器宏单元的例子。

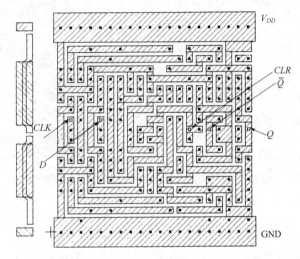

图 8.23　在栅隔离门阵列库中实现的触发器。左边为基本单元[Smith97]

与标准单元所展示的情形类似，门海阵列的设计者发现一个具有大量门的设计也需要大量的存储器。虽然可以用门阵列基本单元实现这些存储单元，但这种方法的效率不高。更为有效的方法是留出一些面积来专门放置存储模块。这种门阵列与固定宏单元的混合称为嵌入式门阵列方法。微处理器和微控制器等其他模块也是嵌入的理想模块。

例 8.7　门海

图 8.24 是一个门海实现的例子。这一阵列的最大容量是 30 万门，用 0.6 μm CMOS 工艺实现。阵列的左下部分实现一个存储器子系统，它形成一个规则的模块化版图。阵列的其余部分实现随机逻辑。

设计考虑——门阵列与标准单元对比

在 20 世纪 80 年代和 20 世纪 90 年代大多数芯片上只有不足 50 000 个门，设计周期可以用几周或几个月来衡量。因此设计门阵列能够节省 2 或 3 周对于整个设计周期来讲是相当可观的一部分时间，足以补偿它增加芯片尺寸的不利之处。随着今天深亚微米工艺及数百万门复杂性的出现，所需要的设计时间增加了，设计周期的少量缩短不再那么重要。此外，金属化已成为半导体制造过程中最费时和最影响成品率的部分，这进一步降低了门阵列曾经具有的优势，结果使门阵列丧失了许多魅力。另一种快速建立原型的方法(将在下一节讨论的预布线阵列)已经出现，并且已经占领了门阵列的很大一部分市场份额。

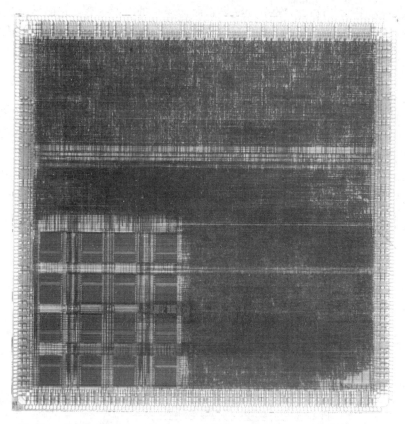

图 8.24　门阵列芯片的显微照片(LEA300K)(经 LSI Logic 公司许可刊登)

还要注意,不要认为掩模编程逻辑模块已成为过去。一个规则和固定的版图形式具有易于精确估计负载系数、导线寄生参数和交叉耦合噪声的优点。这一点与标准单元方法不同,在标准单元方法中只有在完成布局、布线和参数提取之后才能最后确定这些值。也可以考虑用包含未确定功能(预扩散)的逻辑单元的一个规则阵列叠加上一个布线网格来布满一个大芯片的各部分。模块的实际编程是通过在预先定义的位置上放置通孔来完成的。如图 8.25 所示,采用通孔可编程交叉点转接就可以在一个规则和重复的布线网格上实现各种不同的布线样式。因此有人认为预扩散阵列还有相当一段时间的寿命。

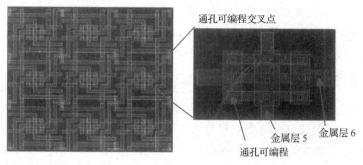

图 8.25　通孔可编程门阵列。通孔用来使一个通用的布线网格变成一个具体的布线样式,由此得到一个可预见的阵列[Pileggi02]

8.5.2　预布线阵列

虽然预扩散阵列提供了快速实现的途径,但如果可以完全避免专用的制造步骤则效率甚至会更高。这就产生了预先生产芯片使它们可以现场编程(即在半导体生产厂之外编程)以实现一组给定布尔函数的想法。这样一个可编程、预布线的单元阵列称为现场可编程门阵列(FPGA)。这一方法的优点是制造过程完全与实现阶段脱离,并且可以在大量的设计中分摊成本。实现本身可以在用户处完成,因此周转时间几乎可以忽略。与定制方法相比,这一方法的主要缺点是它的性能和设计密度较低。

当试图在一个规则单元阵列的基础上实现一组布尔函数而不需要任何工艺步骤时必须解决两个主要问题:

1. 如何实现"可编程"逻辑,即这一逻辑如何能实现任何可能的布尔函数?
2. 如何以及在何处存储程序(也称为配置)? 它使该可编程阵列转变成一定的逻辑功能。

对第二个问题的回答取决于所使用的存储技术。由于存储技术是后面一章的内容,所以在此只限于一个高层次的概述。一般来说,可以有以下三种不同的存储技术。

- **一次性写或熔丝型 FPGA**。逻辑阵列通过熔断熔丝或短路"反熔丝"转变成一个特定的功能。熔丝是一个连接元件,它通常相当于短路。利用大电流可以使熔丝熔断从而形成开路。反熔丝具有相反的特点。图 8.26[El-Ayat89]是反熔丝实现的一个例子。一次性写的优点是可编程存储器(即熔丝)所消耗的面积很小。但它的主要缺点是只可编程一次,因此无法对电路进行纠错或扩展,所以每次改变设计时都需要有新的部件。

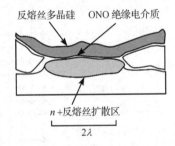

图 8.26　反熔丝示例。一个 10 nm 厚(< 10 nm)的 ONO(氧化物-氮化物-氧化物)绝缘层淀
积在导电的多晶硅和扩散层之间。该电路通常情形下为开路,除非外加一个编程
大电流,它将使绝缘层熔化,于是就形成了具有固定电阻的永久性连接[Smith97]

- **非易失性(nonvolatile) FPGA**。程序存储在非易失性存储器中,这一存储器甚至在电源关断后仍保留其值。例如 EEPROM(电擦除可编程只读存储器)和闪存都属于此类存储器。一经编程,逻辑即保持同样的功能直到进行新的编程。这一方法的缺点是非易失性存储器需要特殊的制造工艺步骤,如淀积超薄的氧化层。同时编程和擦除存储单元需要高电压(>10 V)。产生这些高电压并将其分布到整个逻辑阵列增加了设计的复杂性。

- **易失性或 RAM 型 FPGA**。这一常用的编程逻辑阵列的方法采用易失性静态 RAM(随机存取存储器)单元来储存编程内容。由于这些存储器在 FPGA 断电时会丢失其存储的内容,所以每次这一部件通电后需要从外部的永久存储器中重新装载要配置的结构形式。为了在开始时对这一部件进行编程,编程数据通过一条连线(或引线)串行进入该部件。就实际目的而言,在这期间可以认为 FPGA RAM 单元被配置成了一个巨大的移位寄存器。一且所有的存储单元都已装载,正常的执行就可以开始。配置的时间与可编程元件的数量成正比。对于今天大于 100 万门的较大的 FPGA,这一时间会变得太长。因此现在的部件越来越多地依靠并联编程接口,以便能同时对多个单元进行编程。

与非易失性存储器相反,易失性 FPGA 不需要有特殊的制造工艺,并且可以用一般的 CMOS 工艺实现。此外,在建立原型期间设计者可以重复使用芯片。在现场采用时,也可以对逻辑进行修改或升级——可以把一个新的配置文件送交用户来升级芯片而不是给用户一个新的芯片。此外还可以在执行期间对逻辑即刻进行动态修改。后一种方法称为重构逻辑(reconfiguration),这在 20 世纪 90 年代后期已变得非常普遍。从某种意义上讲,这是编程(由微处理器实现)业界在逻辑设计领域一个极为成功的范例。

对于第一个问题,其解决办法成本较高。以可编程的方式实现一个复杂的电路要求逻辑功能以及逻辑之间的互连都要以一种可配置的方式实现。在下面几节中,首先讨论实现可编程逻辑的不同方法,然后概述可编程互连。最后,详细介绍将这二者合在一起的一些特殊方法。

可编程逻辑

与半定制设计的情况一样,当前最常用的可编程逻辑有两种基本不同的方法:阵列型和单元型可编程逻辑。

阵列型可编程逻辑

前面已经讨论了一个可编程逻辑阵列(PLA)如何以一种规则的形式实现任意的布尔逻辑功能。现场可编程器件也可以采用类似的方法。例如,考虑图 8.27 的逻辑结构。在交叉处的一个圈(○)表示一个可编程连接,即该互连点既可以连通(有效)也可以断开(无效)。考察该图可以发现它相当于一个 PLA,即 AND 和 OR 平面都可以通过使连接有效或无效来编程。这一方法允许以两层积之和的形式来实现任意的逻辑功能。AND 平面实现所要求的小项,而 OR 平面则取所选择的一组积的和形成输出。为了在一个具体的小项中包括一个指定的输入变量(例如 I_1),只要在输入信号和该小项的交叉点处闭合开关即可。同样,闭合 OR 平面中适当的连接点就可以使输出中包括某一个小项。PLA 的功能是由输入、输出和小项的数目来决定的。

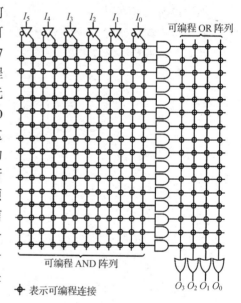

图 8.27　熔丝可编程逻辑阵列(PLA)

我们看到 PLA 还可以延伸为其他结构,图 8.28 显示了其中的两个。在两条线交叉处的点(●)代表不可熔断的硬线连接。第一个结构代表 PROM 结构,其中 AND 平面是固定的,并列出了所有可能的小项。第二个结构称为可编程阵列逻辑器件(PAL),它是另一个极端,即 OR 平面是固定的,而 AND 平面是可编程的。PLA 是实现任意逻辑功能的最一般化的结构。而 PROM 和 PAL 结构则牺牲灵活性来换取密度和性能。选择何种结构在很大程度上取决于所要实现的布尔函数的性质。所有这些方法都可以归类为可编程逻辑器件(PLD)。

在图 8.27 和图 8.28 中,PLA,PROM 和 PAL 的单个阵列结构在更高集成密度的时代不再具有明显的吸引力。首先,在单个大阵列上实现非常复杂的逻辑功能会降低编程密度和性能。其次, 图 8.27 和图 8.28 所示的阵列只实现组合逻辑。为了实现完全的、含时序子电路的设计, 还必须要有寄存器或触发器。这些缺点可以用如下方法来克服:

1. 把该阵列划分成许多较小的部分, 通常称为宏单元。

2. 引入触发器并提供从输出信号到输入端的反馈路径。

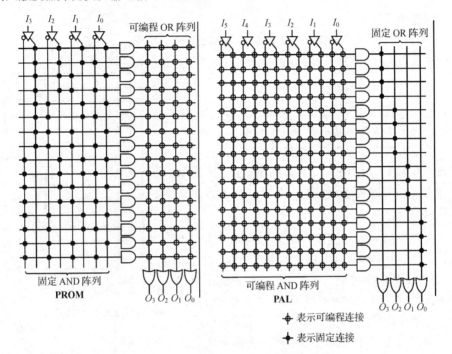

图 8.28　另外两种熔丝型可编程逻辑器件(PLD)

图 8.29 是实现这一方法的一个例子。PAL 含有 k 个宏单元, 每一个都可以从 i 个输入中进行选择, 最多产生 j 个积项。每一个宏单元含有一个寄存器, 它也是可编程的——可以把它配置成一个 D 触发器、T 触发器、J-K 触发器或一个钟控 S-R 触发器。k 个输出信号反馈回输入总线, 从而形成 i 个输入信号的一个子集。

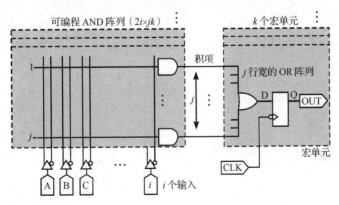

图 8.29　具有 i 个输入、j 个小项/宏单元以及 k 个宏单元(或输出)的 PAL 线路图[Smith97]

采用 PLA 方法实现可配置逻辑有两个突出的优点:

• 结构非常规则, 因此很容易估计其寄生参数, 并能精确地预计其面积、速度和功耗。

● 在实现能很好地映射成两层次逻辑描述的逻辑功能时效率很高。具有大扇入的功能即属于此类。用于控制器和定序器的有限状态机就是这样的例子。

但是,阵列结构具有较大的开销。每一个中间节点都有一个相当大的电容,这对性能和功耗会产生负面影响。特别是在只有部分阵列工作(即只有一些积项被有效使用)时尤为如此。

例8.8　编程宏单元举例

图 8.30 显示了如何编程 PROM 模块。通过编程该结构来实现前面讨论 PLA 所用过的逻辑功能[见式(8.1)]:

$$f_0 = x_0 x_1 + \overline{x_2}$$

$$f_1 = x_0 x_1 x_2 + \overline{x_2} + \overline{x_0} x_1$$

注意,只使用了阵列中的一部分,因为输入(3 个)和输出(2 个)变量的数目小于 4×4 阵列的规模。未使用的输入变量连到 0 或 1。输出平面上较大的黑点代表已编程的节点。读者可以用图 8.27 和图 8.28 中的 PLA 和 PAL 模块重复这一练习。

以单元为基础的可编程逻辑　积之和的方法得到规则的结构,并且对于实现具有大扇入的逻辑功能(如有限状态机)效率很高。但是对于具有大扇出的逻辑或采用多层逻辑实现比较有利时它表现得却很差(比如像加法和乘法这样的运算操作就是其中的一个例子)。因此可以设想与标准单元和门海方法中优先考虑的多层逻辑方法更一致的其他方法。

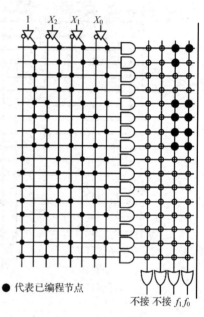

● 代表已编程节点

不接 不接 $f_1 f_0$

图 8.30　编程一个 PROM

可以采用多种方法来设计一个逻辑模块,它能通过配置实现范围很广的逻辑功能。一种办法是采用多路开关作为功能生成器。考虑图 8.31 的两输入多路开关,它实现下列逻辑功能:

$$F = A \cdot \overline{S} + B \cdot S \tag{8.3}$$

通过仔细选择变量 X 和 Y 与多路开关输入口 A, B 和 S 之间的连接关系,我们可以对它编程,对这些输入的一个或多个变量实现 10 个有用的逻辑操作(见图 8.31)。

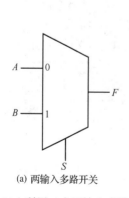

(a) 两输入多路开关

配置			
A	B	S	$F =$
0	0	0	0
0	X	1	X
0	Y	1	Y
0	Y	X	XY
X	0	Y	$X\overline{Y}$
Y	0	X	$\overline{X}Y$
Y	1	X	$X+Y$
1	0	X	$\overline{X}$
1	0	Y	$\overline{Y}$
1	1	1	1

(b) 逻辑功能

图 8.31　利用一个两输入多路开关作为一个可配置的逻辑模块。通过将输入 A, B
和 S 合适地连至输入变量 X 或 Y(0或1),可以得到10个不同的逻辑功能

可以把几个多路开关组合起来形成更为复杂的逻辑门。例如，考虑图 8.32 所示的在 Actel ACT 系列 FPGA 中采用的逻辑单元。它包括三个两输入多路开关和一个两输入 NOR 门。该单元可以通过编程实现任意两输入和三输入的逻辑功能、某些四输入的布尔功能和一个锁存器。

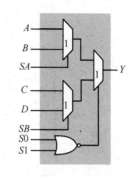

图 8.32　Actel 熔丝型 FPGA 中采用的逻辑单元

例 8.9　可编程逻辑单元

可以验证图 8.32 的逻辑单元在如下编程情况下可作为一个两输入的 XOR。假设当控制信号为高电平时，多路开关选择底部的输入信号。我们有：

$$A = 1; B = 0; C = 0; D = 1; SA = SB = In1; S0 = S1 = In2$$

作为一个练习，决定实现两输入 XNOR 功能所要求的编程。一个三输入 AND 门可以按如下方式实现：

$$A = 0; B = In1; C = 0; D = 0; SA = In2; SB = 0; S0 = S1 = In3$$

最后，可以实现的最大功能是四输入多路开关。A, B, C 和 D 为输入，而 SA, SB 和 $(S0 + S1)$ 为控制信号。

"多路开关作为功能块"的方法通过可编程互连提供了可配置的能力。而查找表(lookup table, LUT)法则采用了非常不同的策略。为了对一个扇入为 i 的完全可编程的模块进行配置以实现一个具体的功能，一个较大的存储器(称为查找表)的内容被编程为这个功能的真值表。输入变量作为一个多路开关的控制输入，以便从存储器中选择合适的值。对于两输入单元的这一设计显示在图 8.33 中。为了实现一个 EXOR 功能，在查找表中装入 EXOR 真值表输出列的内容，即"0 1 1 0"。当输入值为"0 0"时多路开关选择查找表中的第一个值("0")，依次类推。采用这一方法，任何两输入的逻辑功能都可以用一个存储器的简单(再)编程来实现。

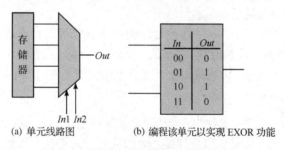

(a) 单元线路图　　　　(b) 编程该单元以实现 EXOR 功能

图 8.33　利用查找表的可配置逻辑单元

与基于多路开关的方法中的情形一样，也可以构成更为复杂的门。这可以通过组合多个 LUT (查找表)或加大 LUT 的容量来实现，也可以两者都用。通过加入触发器可以实现更多的功能。

例 8.10　利用查表的可编程逻辑单元

图 8.34 所示的基本单元称为可配置逻辑功能块(Configurable Logic Block, CLB)，用在 Xilinx 4000 系列的 FPGA 中[Xilinx 4000]。它组合了两个送入一个三输入 LUT 的四输入 LUT。该单元有两个触发器，它们的输入可以是 LUT 输出 F，G 或 H 中的任何一个，或者来自外部的输入 D_{in}，而输出则出现在输出引线 XQ 和 YQ 上。输出 X 和 Y 送出这些 LUT 的输出并有可能构成更复杂的组合功能。该单元另外有 4 个输入($C1 \cdots C4$)，它们可以作为触发器的输入或置位/复位以及时钟使能信号。

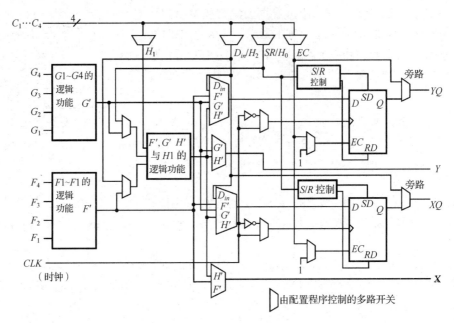

图 8.34　Xilinx 4000 系列 CLB 的简化方框图(未显示 RAM 和进位逻辑功能)[Xilinx 4000]

可编程互连

至今我们已经在一定深度上讨论了如何使逻辑可编程。一个必须回答的问题是如何使这些门之间的互连关系可变或可编程。为了充分利用已有的逻辑单元,互连网络必须灵活并且必须避免布线瓶颈。速度要求则是另一个前提,因为互连延时往往决定了这类设计的性能。同时读者应当了解,可编程互连的代价是明显损失了性能,包括面积、速度和功耗损失。事实上,在现场可编程结构中的大部分功耗是由互连网络引起的[George01]。

我们同样可以区分掩模可编程、一次性可编程以及重复可编程方法。同时区分局部的单元至单元间互连以及全局的信号(如时钟)也很值得,后者必须分布在整个芯片上并具有较低的延时。对于局部区域的这类互连,可编程布线主要分为两大组:阵列(array)布线和接线盒(switchbox)布线。

阵列型可编程布线。在这一方法中,导线组合成布线通道,每个通道都有一个包含水平和垂直布线的完整网格。通过短路水平和垂直线之间的某些交叉点就可以把互连线编程到这个结构中(见图 8.35)。为了实现这一点,可以在每个交叉点处放置一个传输晶体管。接通互连线(在交叉点处)就是使控制信号上升,即把一个"1"编程到所连接的存储单元 M 中(见图 8.36)。然而这一方法是难以接受和代价很高的,因为它需要大量的晶体管和控制信号。同时连接在每条导线上的大量晶体管形成了很大的扇出,这相当于增加了延时和功耗。熔丝是一种效率较高的可编程连接元件。在这一方法中,每个布线通道是一个水平和垂直互连线完全连在一起的网格,当不需要一个连接时就使熔丝熔断。可惜的是互连网络常常连接得很稀松,因此需要中断大量的连接,这使编程时间太长而难以接受。

为了克服这个问题,可以采用反熔丝(antifuse),如图 8.26 所示。反熔丝只是在布线通道中要求连接时才起作用。这只是整个网格中很小的一部分。注意在图 8.35 中如何只需要两个反熔丝就可以建立起一个连接。注意该图没有显示出编程电路。这一操作是一次性的并且不能逆转。因此阵列型布线方法在一次性写类型的 FPGA 中一直是极成功的。这里电路的纠错或扩展是不可能的,因此每当改变设计时就需要新的部件。为了提供真正的现场(重复)可编程性,需要更为有效的布线策略。

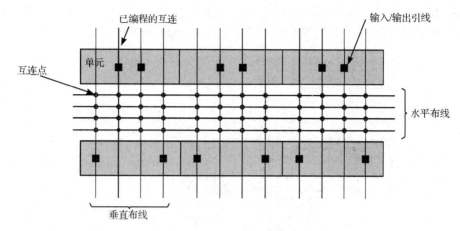

图 8.35　阵列型可编程布线

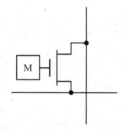

图 8.36　可编程互连点。存储单元控制互连。存放 0 或 1 分别意味着一个开路或一个闭路。存储单元可以是非易失性的(EEPROM)或易失性的(SRAM)

接线盒型可编程布线。一旦我们认识到完全连通的布线网格实际上意味着大部分连接要被破坏掉,就能很容易地想出比较高效的可编程布线方法。通过限制布线资源和互连点的数量,可以设法实现所希望的互连,同时大大降低布线的开销。这一方法的缺点是偶尔会有一个互连无法布通。但这常常可以通过重新变换设计来解决,例如对于给定的功能选择另一组逻辑单元。

通过在相邻单元间提供类似于网格的互连可以解决大多数局部互连问题。例如,使每个逻辑单元(LC)的输出可以分配给其上下左右的相邻单元。为了解决没有连在一起的单元间的互连或为了提供全局的互连,在单元之间放置了布线通道,它们含有固定数量但还没有确定连接关系的垂直和水平布线(见图 8.37)。在水平和垂直线的连接处提供了 RAM 可编程的开关矩阵电路(S 盒)以控制数据的布线。单元的输入和输出通过 RAM 可编程互连点(C 盒)连至全局互连网络。图 8.38 为一个比较详细的视图,显示了用晶体管实现的转接和互连盒。注意,用单个传输管实现连接时会有阈值电压损失。虽然减少信号摆幅从功耗的角度看是有好处的,但它对性能却有负面影响。因此也许需要采用特殊的设计技术,如零阈值器件、电平恢复器或提升控制信号等。

网格结构为连接大量元件提供了一种灵活的手段。它对于局部连接有很高的效率,因为单条互连线穿过的转接开关的数量很少并且扇出也很小。然而网格网络本身并不适合于全局互连。由许多转接开关及大电容负载一起造成的延时会变得太长。因此大多数网格型的 FPGA 结构提供了另外一些布线资源,以便有效地进行全局布线。图 8.39 为实现这一任务的一种方法。除了标准的 S 盒至 S 盒的布线以外,这一网络也包括了把中间相隔一个 S 盒的两个 S 盒连接起来的导线。由于这两个 S 盒的互连上少了一个 S 盒,所以使电阻减小。同样,也可以包括更长的导线,连接所有第 4 个、第 8 个或第 16 个 S 盒。事实上我们正在增加的是具有不同细节程度(单倍节距、双倍节距等)的分层网格。较长的导线优先考虑映射到具有较大节距的布线网格上。

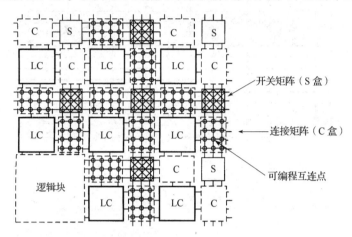

图 8.37 可编程网格型互连网络(经 Andre Dehon 及 John Wawrzyniek 许可刊登)

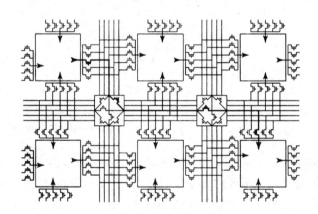

图 8.38 网格型可编程布线网络的晶体管级线路图(经 Andre Dehon 及 John Wawrzyniek 许可刊登)

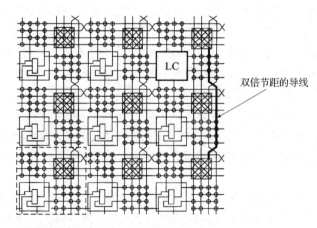

图 8.39 附加 2×2 网格层的可编程网格型互连结构(经 Andre Dehon 及 John Wawrzyniek 许可刊登)

联合两种可编程实现方法

现在可以把逻辑单元可编程方法与互连可编程方法联合起来组成一个完全的现场可编程门阵列。可以(并且已经)构想出许多不同的结构。最先要做出的最重要决定是实现配置的方式(一次性写、非易失性、易失性)。这将对能采用什么类型的单元和互连提出某些限制。由于进行全面介绍已超出了本书的范围,所以我们只局限在两种常用的结构上来说明这一领域。有兴趣的读者可以在[Trimberger94],[Smith97],[Betz99]和[George01]中找到更多的信息。

Altera MAX 系列[Altera01]　MAX 系列的器件(见图 8.40)属于非易失性 FPGA 类型,通常称为电子可编程逻辑器件(Electrically Programmable Logic Devices, EPLD)。它采用了 PAL 模块(见图 8.29)作为基本的逻辑模块。这一模块(在 Altera 中称为逻辑阵列块或 LAB)在该系列的各种类型中几乎没什么不同:一个很宽的可编程 AND 阵列之后加上一个很窄的固定 OR 阵列及可编程的反相操作。一个 LAB 通常含有 16 个宏单元。

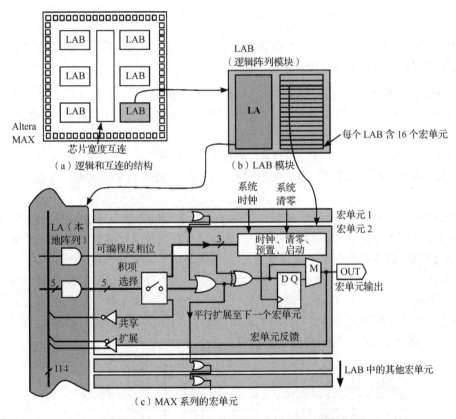

图 8.40　Altera MAX 结构[Smith97] 扩展电路通过经该逻辑
阵列的另一条通路可以增加现有的积项

各种类型 LAB 间的主要差别在于互连结构。规模较小的器件(MAX 5000, MAX 7000)采用阵列型布线结构。布线通道的主要部分是由所有宏单元的输出加上芯片的直接输入形成的。它们可以通过可编程的互连点连至 LAB 的输入端。这种可编程互连阵列(Programmable Interconnect Array, PIA)结构的优点是简单,在模块间的布线延时完全可以预见并且是固定的(见图 8.41)。缺点是它并不能很好地加大规模。这就是为什么这一系列中规模较大的类型(MAX9000)必须采用另一种方法来实现的缘故。当宏单元的数目增加到 560 个时,单通道方法驱动能力不足,从而变得很慢,因此采用网格型布线结构。每个宏单元可以同时连至行通道和列通道,这些通道都是很宽的(48~96 条线)。

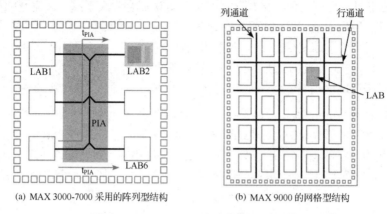

(a) MAX 3000-7000 采用的阵列型结构   (b) MAX 9000 的网格型结构

图 8.41   Altera MAX 系列采用的互连结构

EPLD 方法可以提供多至 15 000 个逻辑门,它一般用在要求高性能的情况下。当需要有更为复杂的功能时就希望用其他的结构来实现。

Xilinx XC40xx 系列   这一常用的 RAM 可编程器件系列结合了实现逻辑单元的查表方法以及网格型的互连网络。该系列中最大的部件(XC4085)采用 56×56 的 CLB 阵列提供几乎 10 万个门。CLB 的结构曾显示在图 8.34 中。一个令人感兴趣的特点是利用在 F′和 G′模块中的存储器查找表,CLB 也可以被配置成一个读/写存储单元阵列。根据所选择的模式,单个 CLB 可以配置成 16×2, 32×1 或 16×1 位的阵列。这一特点很有用,因为一般来说大的逻辑模块也需要相应数量的存储单元。

互连结构也提供非常多的形式,并组合了许多不同类型的布线资源,如图 8.42 所示。所加上的网格层含有长度为 1, 2 和 4 的布线部分。某些部件还支持直接连接,即不用一般的布线资源就可以把相邻的 CLB 联系起来。直接在互连上布线的信号具有最小的导线延时,因为扇出很小。这些直连(Direct)在实现快速运算模块时特别有效,因为这些模块的特点是有许多关键的局部连线。为了解决全局布线的问题,提供了长线来形成在阵列的整个长度或宽度上走线的金属互连线网格。这些互连线用于时序关键的大扇出信号节点,或用于分布在长距离上的节点(如总线)。此外,还提供了专门的导线用来布时钟线。

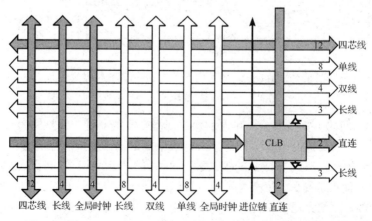

图 8.42   XilinxXC 4000 系列的互连结构。图中标注的数字表示每一种资源现有的数目

在有关可配置阵列结构的讨论中至今没有提及的一个主题是输入/输出结构。为了达到最大的利用率,关键是使部件的 I/O 引线比较灵活,使它们能提供范围很广的选择,如方向、逻辑电平和驱动强度。图 8.43 为 XC4000 系列采用的一种输入/输出模块(IOB)的类型。通过编程可以使它作为输入、输出或双向端口。它包括一个触发器,可以编程为边沿触发或电平敏感的形式。转换速率摆率控制提供了各种驱动强度并可以降低非关键信号的上升-下降时间。

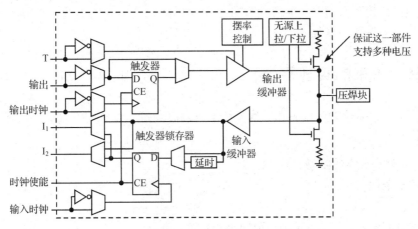

图 8.43　XC4000 系列的可编程输入/输出模块

例 8.11　FPGA 的复杂性和性能

为了了解易失性的现场可编程部件可以实现什么,看一看 Xilinx 4025。它是约由 1000 个 CLB 组成的一个 32×32 的阵列。这相当于最多的等效门数为 25 000 门。该芯片含有 422 Kb 的 RAM,大部分用来编程。单个 CLB 可工作在 250 MHz。在考虑互连网络及试图实现比较复杂的逻辑结构(如加法器)时,时钟速度可达到 $20 \sim 50$ MHz。从集成复杂性来看,32 位的加法器需要大约 62 个 CLB。图 8.44 是一个 XC4025 部件芯片的显微照片。可以很容易看出水平和垂直的布线通道。

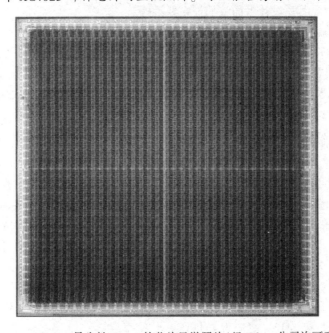

图 8.44　XC4025 易失性 FPGA 的芯片显微照片(经 Xilinx 公司许可刊登)

预布线逻辑阵列已迅速占领了逻辑元件市场相当大的份额。它们的出现已有效地终止了以 TTL 逻辑系列为代表的运用分立元件进行逻辑设计的时代。通常认为这些元件的影响会随着工艺尺寸的进一步缩小而增加。然而为使这一方法成功需要有先进的软件支持，如单元布置、信号布线以及综合等。同时，我们也不应当忽略灵活性所带来的开销。采用可编程逻辑实现时，在能耗和性能指标方面的效果至少不及 ASIC 方法的 1/10。因此，至今它主要限于建立原型和小规模的应用上。但是，灵活性和可复用性仍然有其独特的魅力。现场可编程元件在不久的将来必将会迅速地增加。

8.6 综述：未来的实现平台

今天先进的片上系统的设计者在实现方法上可以有非常广范围的选择。最终选择什么方法取决于许多因素：

- 性能、功耗和成本的限制；
- 设计的复杂性；
- 可测性；
- 进入市场需要的时间，更精确地说即收益时间；
- 市场的不确定因素，或设计以后是否变更；
- 设计所覆盖的应用范围；
- 设计队伍过去的经验。

这些因素都预示着部件具有更加灵活和可编程的趋势，这些部件可以重复使用，并且甚至在制造完成之后还能进行修改。但提供"最佳性价比"的解决办法往往总是最终的赢家。而采用过多灵活性的解决办法常常造成效率太低和成本太高，因此很快就会被淘汰。在这两个极端之间找到一个平衡点是当今芯片设计者面临的最主要挑战。

在这些观察的基础上，很自然可以想象未来的实现平台将是在本章中已讨论的各种策略的组合，它能在需要的时间和地点提供实现的高效率和灵活性。片上系统正在成为嵌入式微处理器与其他功能块的组合，包括微处理器本身的存储子系统、DSP、固定的 ASIC 形式的硬件加速器、参数化的模块以及以 FPGA 方式实现的可变逻辑。如何均衡这些部件取决于应用要求以及预期的市场。

例 8.12 混合式实现平台举例

图 8.45 是无线应用的两个不同的实现平台。第一个器件为 Xilinx 的 Virtex-II Pro[Xilinx Virtex01]，它主要是一个大型的 FPGA 阵列。阵列的中心嵌入了一个 PowerPC 微处理器。该处理器为应用级的功能和系统级的控制提供了有效的实现方法。为了提供信号处理应用的高性能，增加了一个嵌入式的 18×18 乘法器阵列。这些专门的部件与完成同样功能的纯 FPGA 实现相比，无论在性能、功耗还是面积上都表现出明显的优势。最后，还提供了一些高速的 3.125 Gbps 的收发器，以便进行高速串行的片外通信。

图 8.45(b)的设计所提供的方法有些不同[Zhang00]。该器件的中心是一个 ARM-7 嵌入式微处理器，其作用像是整个芯片的管理者。需要高性能和高能量效率的功能可转为由一个可配置的功能单元阵列(如乘法器、ALU、存储器和地址发生器)来完成。这些部件可以动态地组合成专用的处理器。该芯片还提供了一个嵌入式 FPGA 阵列以实现需要位级层次操作的功能。

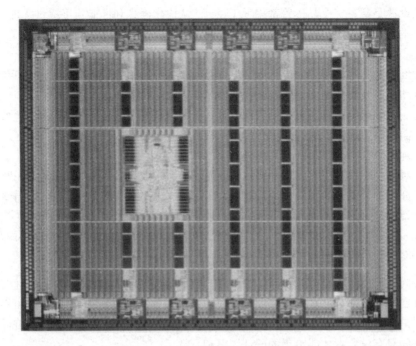

(a) Xilinx Virtex-II Pro 将一个 Power PC 微处理器嵌入到 FPGA 内部（经 Xilinx 公司允许刊登）

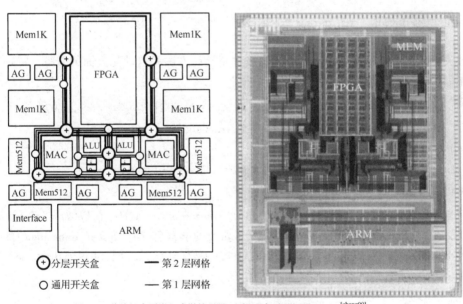

(b) Maia 芯片组合了嵌入式微处理器、可配置加速器以及 FPGA[zhang00]

图 8.45　混合式实现平台的例子

8.7　小结

在本章中简要描述了数字集成电路设计实现策略的复杂领域。在过去数十年中，许多新的实现形式迅速出现，为设计者提供了广泛的选择空间。这些设计技术和相应的工具对今天的设计方法有着重要的影响，并且使那些我们已非常熟悉的令人振奋和印象深刻的处理器和专用电路得以实现。在本章中，我们已经接触到以下这些问题。

- 定制设计是指每一个晶体管都用手工设计,从优化面积和性能角度提供实现。但这一方法的成本高得令人难以接受,因此只用于设计少数需要极高性能的关键模块或经常复用的库单元。
- 以标准单元方法为基础的半定制方法是当今数字设计领域的有力工具。其优势是设计高度自动化。其面临的主要挑战是深亚微米工艺带来的影响。
- 为了应对集成电路日益复杂的情况,设计者越来越依赖于现成的大型宏单元,如存储器、乘法器和微处理器。这些模块常常由第三方销售商提供,由此开创了一个致力于"知识产权专利模块"的新型产业。
- 如果对每一个新应用的出现都要从头开始设计,那么其成本会非常高。现在大多数半导体市场都侧重于灵活的解决办法,使单个部件通过软件编程或重新配置可适于多种应用。可配置硬件推迟了所需功能实际提交给硬件实现的时间。本章还讨论了有关实现推迟绑定(late binding)硬件的各种方法。推迟绑定需付出降低效率的代价:提供的灵活性越多,对于性能和功耗的影响就越大。

毫无疑问,新的设计形式不久将很快出现。熟悉这些已有的选择是数字设计初学者学习过程中一个重要的组成部分。本章虽然简要,但希望能鼓励读者进一步挖掘各种可能性。最后要说明的一点是,虽然数字电路设计过程的自动化程度越来越高,但新的挑战仍然在不断出现——这些挑战需要只有设计者才能给予的深刻洞察和直觉。

8.8 进一步探讨

在过去数十年中已经涌现出许多数字集成电路设计方法和自动化方面的文献。特别值得提及的是下面一些参考著作:

- ASIC and FPGA Design Methodologies(ASIC 与 FPGA 设计方法学):[Smith97]
- FPGA Architectures(FPGA 的总体结构):[Trimberger94],[George01]
- System on a Chip(片上系统):[Chang99]
- Design Methodology and technology(设计方法与技术):[Bryant01]
- Design Synthesis(设计综合):[DeMicheli94]

设计自动化领域的最新进展一般发表在 *IEEE Transactions on CAD*,*IEEE Transactions on VLSI System* 以及 *IEEE Design and Test Magazine* 上。最重要的学术会议有 Design Automation Conference (DAC)和 International Conference on CAD(ICCAD)。主要的电子设计自动化公司(Cadence,Synopsys,Mentor 等)的网站也都提供了有价值的信息。

参考文献

[Altera01] Altera Device Index, *http://www.altera.com/products/devices/dev-index.html*, 2001.

[Avanti01] Saturn Efficient and Concurrent Logical and Physical Optimization of SoC Timing, Area and Power, *http://www.synopsis.com/product/avmrg/saturn_ds.html*.

[Betz99] V. Betz, J. Rose, and A. Marquardt, *Architecture and CAD for Deep-Submicron FPGAs*, Kluwer International Series in Engineering and Computer Science, Kluwer Academic Publishers, 1999.

[Brayton84] R. Brayton et al., *Logic Minimization Algorithms for VLSI Synthesis*, Kluwer Academic Publishers, 1984.

[Bryant01] R. Bryant, T. Cheng, A. Kahng, K. Keutzer, W. Maly, R. Newton, L. Pileggi, J. Rabaey, and A. Sangiovanni-Vincentelli, "Limitations and Challenges of Computer-Aided Design Technology for CMOS VLSI," *IEEE Proceedings*, pp. 341–365, March 2001.

[Cadabra01] AbraCAD Automated Layout Creation, *http://www.cadabratech.com/?id=145products*, Cadabra Design Automation.

[Chang99] H. Chang et al., "Surviving the SOC Revolution: A Guide to Platform-Based Design," Kluwer Academic Publishers, 1999.

[DeMicheli94] G. De Micheli, *Synthesis and Optimization of Digital Circuits*, McGraw-Hill, 1994.

[El-Ayat89] K. El-Ayat, "A CMOS Electrically Configurable Gate Array," *IEEE Journal of Solid State Circuits,* vol. SC-24, no. 3, pp. 752–762, June 1989.

[George01] V. George and J. Rabaey, *Low-Energy FPGAs*, Kluwer Academic Publishers, 2001.

[Grundman97] W. Grundmann, D. Dobberpuhl, R. Allmon, and N. Rethman "Designing High-Performance CMOS Processors Using Full Custom Techniques," *Proceedings Design Automation Conference*, pp. 722–727, Anaheim, June 1997.

[Hill85] D. Hill, "S2C—A Hybrid Automatic Layout System," *Proc. ICCAD-85*, pp. 172–174, November 1985.

[ModuleCompiler01] Synopsys Module Compiler Datasheet, *http://www.synopsys.com/products/datapath/datapath.html*, Synopsys, Inc.

[Philips99] The Nexperia System Silicon Implementation Platform, *http://www.semiconductors.philips.com/platforms /nexperia/*, Philips Semiconductors.

[Pileggi02] Pileggi, Schmit et al., "*Via Patterned Gate Array*," CMU Center for Silicon System Implementation Technical Report Series, no. CSSI 02-15, April 2002.

[Prolific01] The ProGenensis Cell Compiler, *http://www.prolificinc.com/progenesis.html*, Prolific, Inc.

[Rabaey00] J. Rabaey, "Low-Power Silicon Architectures for Wireless Applications," *Proceedings ASPDAC Conference*, Yokohama, January 2000.

[Silva01] J. L. da Silva Jr., J. Shamberger, M. J. Ammer, C. Guo, S. Li, R. Shah, T. Tuan, M. Sheets, J. M. Rabaey, B. Nikolic, A. Sangiovanni-Vincentelli, P. Wright, "Design Methodology for PicoRadio Networks," *Proc. DATE Conference*, Munich, March 2000.

[Smith97] M. Smith, *Application-Specific Integrated Circuits*, Addison-Wesley, 1997.

[Sylvester98] D. Sylvester and K. Keutzer, "Getting to the Bottom of Deep Submicron," *Proc. ICCAD Conference*, pp. 203, San Jose, November 1998.

[Trimberger94] S. Trimberger, *Field-Programmable Gate Array Technology*, Kluwer Academic Publishers, 1994.

[Veendrick92] H. Veendrick, *MOS IC's: From Basics to ASICS*, Wiley-VCH, 1992.

[Xilinx4000] The Xilinx-4000 Product Series, *http://www.xilinx.com/apps/4000.htm*, Xilinx, Inc.

[XilinxVirtex01] Virtex-II Pro Platform FPGAs, *http://www.xilinx.com/xlnx/xil_prodcat_landing page.jsp?title=Virtex-II +Pro+FPGAs*, Xilinx, Inc.

http://www.xilinx.com/xlnx/xil_prodcat_landing page.jsp?title=Virtex-II+Pro+FPGAs, Xilinx, Inc.

[Xtensa01] Xtensa Configurable Embedded Processor Core, *http://www.tensilica.com/technology.html*, Tensilica.

[Zhang00] H. Zhang, V. Prabhu, V. George, M. Wan, M. Benes, A. Abnous, and J. Rabaey, "A 1 V Heterogeneous Reconfigurable Processor IC for Baseband Wireless Applications," *Proc. ISSCC*, pp. 68–69, February 2000.

习题

有关设计方法学方面的思考题和习题请访问 http://icbook.eecs.berkeley.edu/。

设计方法插入说明 E——逻辑单元和时序单元的特性描述

- *库单元特性描述的挑战*
- *逻辑单元和寄存器的特性描述方法*
- *单元参数*

库单元特性描述的重要性及其挑战

一个逻辑综合工具所生成结果的质量在很大程度上取决于各个单元特性描述的细节程度和精确性。为了估计一个复杂模块的延时,逻辑综合程序必须依赖于各个单元较高层次的延时模型——返回到全部电路级或开关级的时序模型来估计每一个延时是完全不可能的,因为这需要太长的计算时间。因此产生延时模型是标准单元库开发过程中一个重要的组成部分。在前面几章中已经了解到一个复杂门的延时与扇出数(由所连接的门及其导线组成)以及输入信号的上升和下降时间有关。此外,由于制造过程的偏差,一个单元的延时在不同的生产批次之间也会有所不同。

在这一插入说明中,首先讨论逻辑单元中通常使用的模型和特性描述方法。时序寄存器要求有额外的时序参数,所以需要单独讨论。

逻辑单元的特性描述

遗憾的是,标准单元还没有采用一个通用的延时模型。每一个制造商都有他们自己偏爱的单元特性描述方法。即使在同一个设计工具中,也经常可能采用各种延时模型从而用精度来换取性能。然而,它们的基本概念是非常类似的,并且与在第 5 章和第 6 章中所介绍的概念密切相关。所以,在这一节选择集中讨论一组模型——更确切地说,集中讨论那些在最常用的综合工具之一 Synopsys Design Compiler[DesignCompiler01] 中使用的模型。一个模型一旦被采用,这个功能块的所有单元就必须都使用它;换言之,单元与单元之间不能随便改变模型。

如图 E.1 所示,总延时由四部分组成:

$$D_{total} = D_I + D_T + D_S + D_C \tag{E.1}$$

其中,D_I 代表本征延时,这是在没有输出负载时的门延时。D_T 是变化部分,即由输出负载引起的门延时部分。D_S 是由于输入斜率造成的延时,最后 D_C 是门输出端连线的延时。对所有这些延时都描述了其上升和下降翻转的特性。

翻转延时的最简单模型是第 5 章中的线性延时模型。我们有:

$$D_T = R_{driver}(\Sigma C_{gate} + C_{wire}) \tag{E.2}$$

式中,ΣC_{gate} 是与这一逻辑门输出相连的所有门的输入电容之和,而 C_{wire} 则是连线电容的估计值。斜率延时 D_S 近似为前一个门翻转延时 D_T 的线性函数,即

$$D_S = S_S D_{Tprev} \tag{E.3}$$

式中,S_S 是斜率敏感系数,D_{Tprev} 是前一级的翻转延时。

因此库单元的特性描述必须包括以下各部分,每一部分要针对每个输入且同时描述上升和下降翻转特性:

- 本征延时；
- 输入端电容；
- 等效输出驱动电阻；
- 斜率敏感度。

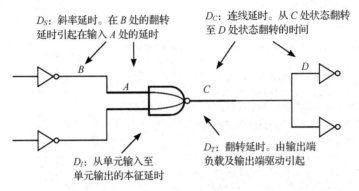

D_S：斜率延时。在 B 处的翻转延时引起在输入 A 处的延时

D_C：连线延时。从 C 处状态翻转至 D 处状态翻转的时间

D_I：从单元输入至单元输出的本征延时

D_T：翻转延时。由输出端负载及输出端驱动引起

图 E.1   一个组合门的各部分延时[DesignCompiler01]

除了单元模型，综合工具还必须有一个导线模型。因为线长在布置单元之前是未知的，所以要根据功能块的大小和门的扇出数来估计 C_{wire} 和 R_{wire}。一条导线的长度常常与它必须连接的终端数目成正比。

例 E.1   三输入 NAND 门单元

表 E.1 列出了前面例 8.2 中所介绍的三输入 NAND 标准单元门的特性描述（经 ST Microeletronics 公司同意刊登）。该表列出了在两种不同电源电压和工作温度下，单元的性能与负载电容以及输入上升（下降）时间的关系。单元按 0.18 μm CMOS 工艺设计。

表 E.1   在两种边界工作条件（电源电压–温度组合为 1.2 V-125℃和 1.6 V-40℃）下，一个三输入 NAND 门的延时特性（单位为 ns）与输入节点的关系。参数为负载电容 C 和输入上升（下降）时间 T

路　　径	1.2 V-125℃	1.6 V-40℃
$In1$—t_{pLH}	$0.073 + 7.98C + 0.317T$	$0.020 + 2.73C + 0.253T$
$In1$—t_{pHL}	$0.069 + 8.43C + 0.364T$	$0.018 + 2.14C + 0.292T$
$In2$—t_{pLH}	$0.101 + 7.97C + 0.318T$	$0.026 + 2.38C + 0.255T$
$In2$—t_{pHL}	$0.097 + 8.42C + 0.325T$	$0.023 + 2.14C + 0.269T$
$In3$—t_{pLH}	$0.120 + 8.00C + 0.318T$	$0.031 + 2.37C + 0.258T$
$In3$—t_{pHL}	$0.110 + 8.41C + 0.280T$	$0.027 + 2.15C + 0.223T$

虽然线性延时模型能提供一个很好的一阶估计，但在综合中，特别是在实际线长被反注到设计中时经常使用更精确的模型。这时就必须采用非线性模型。最常用的方法是获取每一个参数中的非线性关系并做成表格。为了提高计算效率和减少存储及描述特性的要求，只获取有限的一组负载和斜率参数，然后用线性插值法求得其他的未知值。

例 E.2   采用查表的延时模型

下面是一个采用 0.25 μm CMOS 工艺设计的两输入 AND（AND2）单元的部分特性描述（经 ST Microelectronics 公司同意刊登）。分别获取输出端电容为 7 fF，35 fF，70 fF 和 140 fF 以及输入斜率为 40 ps，200 ps，800 ps 和 1.6 ns 时的延时。

```
cell(AND) {
 area : 36 ;
 pin(Z) {
  direction : output ;
  function : "A*B";
  max_capacitance : 0.14000 ;

  timing() {
    related_pin : "A" ; /* delay between input pin A and output pin Z */
cell_rise {
    values( "0.10810, 0.17304, 0.24763, 0.39554", \
        "0.14881, 0.21326, 0.28778, 0.43607", \
        "0.25149, 0.31643, 0.39060, 0.53805", \
        "0.35255, 0.42044, 0.49596, 0.64469" ); }
    rise_transition {
    values( "0.08068, 0.23844, 0.43925, 0.84497", \
        "0.08447, 0.24008, 0.43926, 0.84814", \
        "0.10291, 0.25230, 0.44753, 0.85182", \
        "0.12614, 0.27258, 0.46551, 0.86338" );}
    cell_fall(table_1) {
    values( "0.11655, 0.18476, 0.26212, 0.41496", \
        "0.15270, 0.22015, 0.29735, 0.45039", \
        "0.25893, 0.32845, 0.40535, 0.55701", \
        "0.36788, 0.44198, 0.52075, 0.67283" );}
    fall_transition(table_1) {
    values( "0.06850, 0.18148, 0.32692, 0.62442", \
        "0.07183, 0.18247, 0.32693, 0.62443", \
        "0.09608, 0.19935, 0.33744, 0.62677", \
        "0.12424, 0.22408, 0.35705, 0.63818" );}
    intrinsic_rise : 0.13305 ; /* unloaded delays */
    intrinsic_fall : 0.13536 ;
   }
  timing() {
    related_pin : "B" ; /* delay between input pin B and output pin Z */
    ...
intrinsic_rise : 0.12426 ;
    intrinsic_fall : 0.14802 ;
   }
  }
 pin(A) {
  direction : input ;
  capacitance : 0.00485 ; /* gate capacitance */
 }
 pin(B) {
  direction : input ;
  capacitance : 0.00519 ;
 }
}
```

寄存器的特性描述

在第 7 章已指出一个寄存器有三个重要的时序参数。建立时间(t_{su})是在时钟翻转（对于一个正沿触发寄存器即为 0 至 1 的翻转）之前数据输入（D 输入）必须有效的时间。维持时间(t_{hold})是时钟边沿之后数据输入必须仍然有效的时间。最后，传播延时(t_{c-q})等于在时钟事件之后数据被

复制到 Q 输出所需要的时间。这最后一个参数的说明如图 E.2(a)所示。

锁存器的行为稍微复杂一些，所以需要增加一个时序参数。t_{C-Q} 相当于已到达一个关闭的锁存器的数据"再次"发送的延时，而 t_{D-Q} 则等于该锁存器处于透明状态时 D 端和 Q 端之间的延，如图 E.2(b)所示。

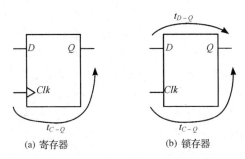

(a) 寄存器　　　　　(b) 锁存器

图 E.2　时序部件传播延时的定义

$t_{C-Q}(t_{D-Q})$ 的特性描述比较简单，与组合逻辑单元的情形不同，它由针对输入斜率和输出负载的不同值测定 $Clk(D)$ 与 Q 的 50% 翻转之间的延时构成。

建立时间和维持时间的特性描述则比较复杂，因为这要取决于在建立时间和维持时间的定义中"有效"这两个字的含义是什么。考虑建立时间的情形。缩短数据到达 D 输入和 Clk 事件之间的时间间隔并不会造成电路立即出错(正如在第 7 章一阶分析中所假设的那样)，但是它会使寄存器的延时逐渐变差。这在图 E.3(a)中得到证实，该图画出了一个寄存器的数据到达时间接近建立时间时的情况。如果 D 在时钟边沿之前很久就已改变，那么 t_{C-Q} 延时就是一个常数值。使数据的改变向时钟边沿靠近将增加 t_{C-Q}。最后，如果数据的改变距时钟边沿太近，那么寄存器就会错误地把翻转也一起"寄存"下来。

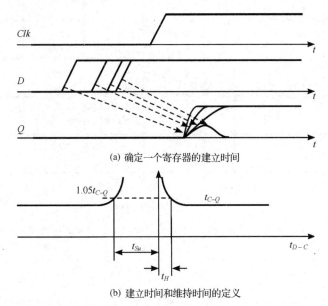

(a) 确定一个寄存器的建立时间

(b) 建立时间和维持时间的定义

图 E.3　时序元件的特性描述

显然，需要有一个更为精确的"建立时间"概念的定义。通过画出 t_{C-Q} 延时与数据-时钟间时间差的关系就可以得到一个非常明确的技术规定，如图 E.3(b)所示。从图中可以看到数据和时钟间时间差较小时延时会变差。因此现行的建立时间的定义非常靠不住。如果把它定义为引起触发器出错的最小 $D\text{-}Clk$ 时间差，那么当 $D\text{-}Clk$ 时间差接近但仍大于出错点时，这个触发器后面的逻辑就会经历过长的延时。另一种办法是把它定义在使 $D\text{-}Clk$ 时间差与 $t_{c\text{-}q}$ 延时的和最小时寄存器的工作点上。这一点使触发器的延时总开销最小，它在图 E.3(b) 中延时曲线的斜率等于 45°时可以达到[Stojanovic99]。

　　虽然定制设计可以使触发器接近它们的出错点(自然也伴随着所有出错的风险)，而半定制设计则必须采取比较保守的方法。对于一个标准单元库中寄存器的特性描述，建立时间和维持时间通常都定义为相应于 $t_{c\text{-}q}$ **增加某一固定百分比时(一般设定在 5%) 数据-时钟($D\text{-}Clk$) 的时间差，如图 E.3(b) 所示。注意这些曲线在 0-1 和 1-0 翻转时不同，因而对 0 和 1 值得到不同的建立(和维持)时间。与时钟至输出延时一样，建立时间也取决于时钟和数据的斜率，它们在非线性延时模型中用一个二维表格来表示。同样的定义对锁存器也成立。

例 E.3　寄存器的建立时间和维持时间

　　在本例中，我们考察第 7 章中介绍过的传输门主从寄存器的建立和维持特性(见图 7.18)。寄存器的负载是一个 100 fF 的电容，现考察它在时钟和数据斜率为 100 ps 时的建立时间和维持时间。图 E.4 画出了模拟结果。当数据在时钟边沿"很久"之前就已稳定时，时钟至输出的延时为 193 ps。将数据的改变向时钟边沿靠近将造成 $t_{c\text{-}q}$ 延时增加。这一现象在数据和时钟间的时间差大约为 150 ps 时变得明显起来。当数据在时钟前 77 ps 时寄存器完全不能锁存数据。在 93 ps 时 $D\text{-}Q$ 时间差与 $t_{c\text{-}q}$ 的和最小。在 125 ps 时 $t_{c\text{-}q}$ 增加 5%，这一时间被放在单元库中，作为这一具体的数据和时钟斜率的建立时间。这一建立时间的特性描述使设计余量提高了约 30 ps。从这些模拟中还可以确定这一寄存器的维持时间为 -15 ps。

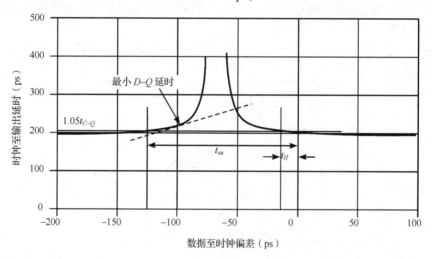

图 E.4　一对传输门锁存器的时钟至输出延时以及建立和维持时间的特性描述

参考文献

[DesignCompiler01] Design Compiler, Product Information, *http://www.synopsys.com/products/logic/ design_compiler. html*, Synopsys, Inc.

[Stojanovic99] V. Stojanovic, V.G. Oklobdzija, "Comparative analysis of master-slave latches and flip-flops for high-performance and low-power systems," *IEEE Journal of Solid-State Circuits*, vol. 34, no. 4, April 1999.

设计方法插入说明 F——设计综合

■ **电路综合、逻辑综合和结构综合**

对于必须在短时间内生成一个技术指标要求苛刻的电路的设计者来说，最诱人的建议之一无疑是提供给他一个工具，使之能够自动把技术指标转变成一个满足所有要求的工作电路。半导体电路之所以能够达到今天这样复杂得令人不知所措的程度，原因之一就是实际上存在这样的综合工具——至少在某种程度上是这样。综合可以定义为是两种不同设计形态之间的转换。典型情况下，它代表把一个设计实体的行为描述转变为一种结构描述。简言之，它把一个模块应当执行的功能描述(即行为)转变为一种组合，即许多元件的互连(结构)。综合步骤可以在每一抽象层次上定义：电路综合、逻辑综合和结构综合。图 F.1 概括了各种不同的综合层次以及它们所产生的影响。综合过程可以因所要求实现的形式不同而各不相同。例如，逻辑综合把一组布尔公式给出的逻辑描述转变为门的互连。在这一过程中所涉及的技术很大程度上取决于所选择的实现形式是两层逻辑(PLA)还是多层逻辑(标准单元或门阵列)。我们将简略描述在每个不同模型层次上的综合任务。读者可参考[DeMicheli94]以得到更多的信息和对设计综合进行更深入的了解。

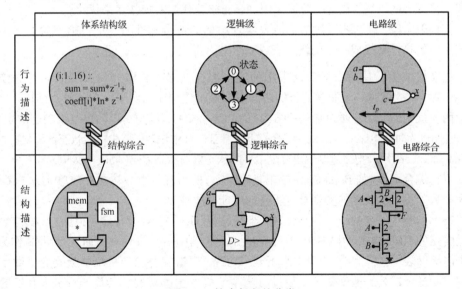

图 F.1　综合任务的分类

电路综合

电路综合的任务是把一个电路的逻辑描述转变为一个能满足时序约束条件的晶体管网络。这一过程可以分为以下两个阶段。

1. 根据逻辑方程推导出晶体管电路图。这需要选择一种电路类型(互补静态、传输管、动态、DCVSL 等)和建立一个逻辑网络。前者通常由设计者决定，而后者则取决于所选择的实现形式。例如，可以运用设计方法插入说明 D 中介绍的逻辑图技术来推导静态 CMOS 门的互补下拉网络和上拉网络。同样，已开发出能生成 DCVSL 逻辑形式的下拉树结构的自动化技术，从而使所要求的晶体管数目最少[Chu86]。

2. 确定晶体管的尺寸以满足性能要求。这是在本书中多次出现的议题。晶体管尺寸的选择对一个电路的面积、性能和功耗有重要的影响。我们已经知道这是一个非常精细的过程。例如,一个门的性能要受许多版图寄生参数的影响,如扩散区的面积、扇出和布线电容等。尽管有这些令人望而生畏的挑战,但人们已开发出一些功能很强的确定晶体管尺寸的工具[如 Fishburn85, AMPS99, Northrop01]。这些工具成功的关键是采用 RC 等效电路精确地模拟电路的性能并了解随后的版图产生过程的细节。后者能确保精确地估计寄生电容的值。

虽然已证明电路综合是功能很强的工具,但它还不能尽如人意地贯穿整个设计领域。其主要原因之一是单元库的质量对整个设计有很大的影响,而设计者又不愿意把这一重要任务交给自动化工具去完成,因为这样可能会产生很差的结果。然而对越来越大的单元库的需要以及晶体管尺寸对电路性能和功耗的影响正积极地推动着电路综合工具的普遍开发。

逻辑综合

逻辑综合的任务是产生一个逻辑级模型的结构描述。这一模型可以用许多不同的方式来说明,如状态转移图、状态图、电路图、布尔表达式、真值表或 HDL(硬件描述语言)描述。

综合技术因电路性质(是组合电路还是时序电路)或希望采用的实现结构(是多层逻辑还是 PLA 或 FPGA)而不同。综合过程包括一系列优化步骤,它们的顺序和特点取决于所选择的目标函数——面积、速度、功率或它们的组合。一般来说,逻辑优化系统把这个任务分为两个阶段:

1. 与工艺无关的阶段,在这一阶段运用许多布尔或代数变换技术来优化逻辑。
2. 工艺映射阶段,在这一阶段考虑所要实现结构的特点和性质。把在第一阶段产生的与工艺无关的描述转换成一个门级网表或一个 PLA 描述。

两层逻辑最小化工具是最早广泛采用的逻辑综合技术。美国加州大学伯克利分校开发的 Espresso 程序[Brayton84]就是一个非常流行的两层逻辑最小化程序的例子。在一段时间内,这一工具的广泛使用使规则的、以阵列为基础的结构(如 PLA 和 PAL)成为实现随机逻辑功能的主要选择。这一时期也为时序电路或状态机的综合打下了基础。其中包括以减少机器状态数为目的的状态简化(state minimization)以及把二进制编码分配给有限状态机的状态编码(state encoding)[DeMicheli94]。

多层逻辑综合环境(如 Berkeley MIS 工具[Brayton87])的出现使重心转向标准单元或 FPGA 实现,它们使大多数随机逻辑功能的实现具有更高的性能和集成度。

这些技术与时序综合的结合为整个寄存器传输(RTL)综合环境开辟了道路,RTL 综合环境以一个时序电路的 HDL 描述(用 VHDL 语言或 Verilog 语言——见设计方法插入说明 C)作为输入并产生一个门级网表[Carlson91, Kurup97]。可以毫不夸张地说,逻辑综合已经从根本上改变了数字电路设计的面貌。同样可以公平地说使这一设计方法学最终发生改观的工具是 Synopsys 开发的设计编译器(Design Compiler)环境。甚至在它出现 20 年之后,设计编译器仍然支配着市场并且是大多数数字 ASIC 设计者所选择的综合工具。设计编译器是以布尔优化和工艺映射为中心,并结合如时序、面积和功耗优化、单元尺寸确定以及测试插入等先进技术构成的[Kurup97, DesignCompiler]。

例 F.1 逻辑综合

为了说明两层和多层逻辑综合之间的差别,采用这两种方法来综合以下全加器方程,全加器的细节将在第 11 章详细讨论。

$$S = (A \oplus B) \oplus C_i$$
$$C_o = A \cdot B + A \cdot C_i + B \cdot C_i \tag{F.1}$$

两层和多层综合都可采用 MIS-II 逻辑综合环境。表 F.1 是全加器 PLA 实现的最简真值表。

可以验证,所得到的电路符合上面列出的全加器方程。PLA 有 3 个输入、7 个积项和两个输出。注意,在和与进位输出之间没有积项可以共享。NOR-NOR 实现要求在 PLA 阵列中有 26 个晶体管(17 个在 OR 平面,9 个在 AND 平面),这个数目不包括输入和输出缓冲器。

表 F.1　全加器的最简 PLA 真值表。短划线(−)表示相应的输入不出现在积项中

A	B	C_i	S	C_o
1	1	1	1	−
0	0	1	1	−
0	1	0	1	−
1	0	0	1	−
1	1	−	−	1
1	−	1	−	1
−	1	1	−	1

图 F.2 是用 MIS-II 产生的多层实现。在工艺映射阶段采用了一个通用的标准单元库。这一全加器的实现只需要 6 个标准单元,相当于在静态 CMOS 实现中的 34 个晶体管[①]! 可以看到该实现采用了 EXOR 和 OR-AND-INVERT 这样的复合逻辑门。在这一例子中,选择了使面积最小作为主要的优化目标。其他实现也可以将性能作为主要目标。例如,从 C_i 到 C_o 的关键时序路径(延时)可以通过信号的重新排序来减少。这要求设计者能识别出这条路径是最关键的路径,但事实上仅仅通过观察全加器方程很难发现这一点。

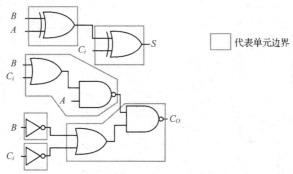

代表单元边界

图 F.2　全加器的标准单元实现,由多层逻辑综合生成

结构综合

结构级综合是近年来发展起来的综合领域,也称为行为综合或高层次综合。它的任务是对于一个给定执行目标的行为描述和一组性能、面积和功耗的约束条件产生一个总体结构设计的结构图。这包括确定需要什么样的结构资源(执行单元、存储器、总线和控制器)来执行这一任务,然后把行为操作与这些硬件资源相联系,并确定在所产生的结构上执行操作的顺序。用综合的术语来说,这些功能称为定位(allocation)、分配(assignment)和排序(scheduling)[Gajski92, DeMicheli94]。虽然这些过程代表结构综合的核心,但其他步骤也会对综合结果的质量产生重大影响。例如,可以对最初的行为描述进行优化变换以得到一个在面积或速度方面的最优结果。流水线就是这一变换的典型例子。从某种意义上讲,综合过程的这一部分类似于软件编译器中的优化变换。

例 F.2　结构综合

为了说明结构综合的概念和能力,考虑图 F.3 中的简单计算流程图。它描述了一个程序从片

---

① 如何只用 9 个晶体管来实现一个静态 CMOS EXOR 门留给读者作为练习。

外输入三个数 a, b 和 c, 然后在输出端产生它们的和。

图 F.4 显示了由 HYPER 综合系统产生的两种可能的实现方法[Rabaey91]。第一个实现要求四个时钟周期并且输入总线与加法器分时共享。第二个结构只用一个时钟周期完成这一过程。

为了达到这一性能, 需要把这一算法流水线化, 也就是使多个运算迭代同时进行。正如可以预料的那样, 速度的提高是以硬件成本的

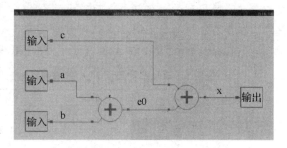

图 F.3　执行三个数求和的简单程序

提高为代价的——增加了一个额外的加法器、几个额外的寄存器以及一个包括三个输入口的专用总线结构。这两种结构都是在给出行为描述和时钟周期的约束条件之后自动生成的, 其中包括流水线变换。

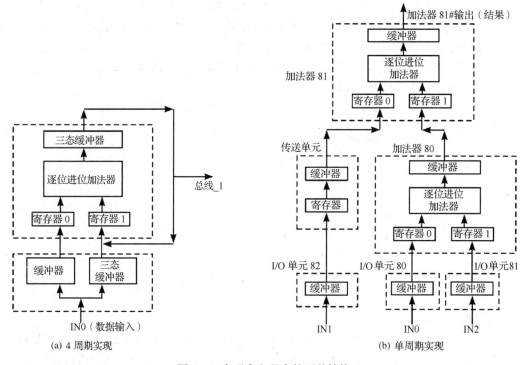

(a) 4 周期实现　　　(b) 单周期实现

图 F.4　实现求和程序的两种结构

虽然学术界已对结构编译器进行了广泛研究(如[DeMan86], [Rabaey91]), 但其总体影响还十分有限。在进入商业市场方面一直很不成功。造成这一进展缓慢的原因可以列出许多。

- 行为综合假设可以利用已建立的寄存器传输级的综合方法。但这一观点到最近才被广泛接受。同时, 关于行为级应采用何种输入语言的讨论已经造成了许多混乱。只是在出现了像 SystemC 这样被广为接受的输入语言之后才能改变这一现象。
- 长期以来, 结构综合一直集中于整个设计过程中几个有限的方面。例如长期以来一直忽略了互连线对总体设计成本的影响。同样, 对结构范围的限制也使每个有经验的设计者感到综合的结果很差。
- 最为重要的是片上系统革命的到来超过了综合领域发展的速度。将嵌入式处理器与 ASIC 加

速器结合在一起的嵌入式系统结构的混合特点最终限制了结构综合的使用范围。当前的逻辑和时序综合工具可能足以满足加速电路的要求，因此挑战的重心已经转移到对嵌入式处理器上运行的软件进行综合以及芯片级操作系统、驱动器生成、互连网络综合和结构等问题的探讨。

尽管存在上述这些事实，结构综合已证明在某些特殊的应用领域是非常成功的。在如无线通信、存储、图像和消费类电子等领域中，高性能加速器单元的设计已从能把高层次算法功能转换为硬布线专用电路结构的综合编译器中获益。

例 F.3　无线通信处理器的结构综合[Silva01]

无线调制解调器采用的一个高级基带处理器可以根据高层次描述在 Simulink 环境中自动生成 [Mathworks01]（见图 F.5）。Simulink 和 MATLAB 是通信设计领域广泛采用的工具。在这一环境中熟悉设计说明非常有助于在系统设计者和电路实现工程师之间建立起桥梁。Simulink 转化为实现的

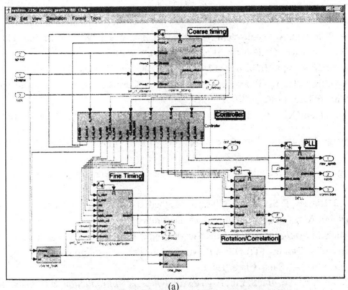

(a)

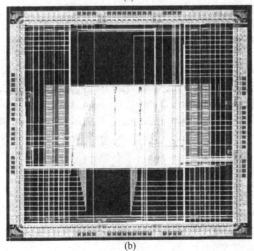

(b)

图 F.5　无线基带处理器在 Simulink 环境下的结构综合(a)及所实现的硅芯片(b)。该芯片核心部分的面积受限于压焊块，用0.18 μm CMOS工艺实现时仅为2 mm², 含有60万个晶体管。这一芯片上晶体管的高集成密度(0.3个晶体管/μm²)表明了当今物理设计工具的高效率

过程是由"一日成片"(Chip-in-a-day)的设计环境来控制的[Davis01]。这一工具对各个功能块从行为级到门级进行综合、完成芯片布局、产生时钟树并监控物理综合的进行。整个生成和验证过程所需的时间稍大于 24 小时。一种类似的方法对于在快速建立原型的平台(如 FPGA)上映射高层次信号处理功能也已证明非常成功。例如,Xilinx 公司的系统生成器(System Generator)工具可将 Mathworks Simulink 环境中描述的滤波器、调制器和解调器等模块直接映射到一个 FPGA 模块上[SystemGenerator]。

进一步探讨

要更深入地了解设计综合的概况, 请参阅[DeMicheli94]。

参考文献

[AMPS99] AMPS, Intelligent Design Optimization, *http://www.synopsys.com/products/analysis/amps_ds.html*, Synopsys, Inc.

[Brayton84] R. Brayton et al., *Logic Minimization Algorithms for VLSI Synthesis*, Kluwer Academic Publishers, 1984.

[Brayton87] R. Brayton, R. Rudell, A. Sangiovanni-Vincentelli, and A. Wang, "MIS: A Multilevel Logic Optimization System," *IEEE Trans. on CAD*, CAD-6, pp. 1062–81, November 1987.

[Carlson91] S. Carlson, *Introduction to HDL-Based Design Using VHDL*, Synopsys, Inc. 1991.

[Chu86] K. Chu and D. Pulfrey, "Design Procedures for Differential Cascode Logic," *IEEE Journal of Solid State Circuits*, vol. SC-21, no. 6, Dec. 1986, pp. 1082–1087.

[Davis01] W.R. Davis, N. Zhang, K. Camera, F. Chen, D. Markovic, N. Chan, B. Nikolic, R.W. Brodersen, "A Design Environment for High Throughput, Low Power, Dedicated Signal Processing Systems," *Proceedings CICC 2001*, San Diego, 2001.

[DesignCompiler] Design Compiler Technical Datasheet, *http://www.synopsys.com/products/logic/ design_compiler.html*, Synopsys, Inc.

[DeMan86] H. De Man, J. Rabaey, P. Six, and L. Claesen, "Cathedral-II: A Silicon Compiler for Digital Signal Processing," *IEEE Design and Test*, vol. 3, no. 6, pp. 13–25, December 1986.

[DeMicheli94] G. De Micheli, *Synthesis and Optimization of Digital Circuits*, McGraw-Hill, 1994.

[Fishburn85] J. Fishburn and A. Dunlop, "TILOS: A Polynomial Programming Approach to Transistor Sizing," *Proceedings ICCAD-85*, pp. 326–328, Santa Clara, 1985.

[Gajski92] D. Gajski, N. Dutt, A. Wu, and S. Lin, *High-Level Synthesis—Introduction to Chip and System Design*, Kluwer Academic Publishers, 1992.

[Kurup97] P. Kurub and T. Abassi, *Logic Synthesis using Synopsys*, Kluwer Academic Publishers, 1997.

[Mathworks01] Matlab and Simulink, *http://www.mathworks.com*, The Mathworks

[Northrop01] G. Northrop, P. Lu, "A Semicustom Design Flow in High-Performance Microprocessor Design," *Proceedings 38th Design Automation Conference*, Las Vegas, June 2001.

[Rabaey91] J. Rabaey, C. Chu, P. Hoang and M. Potkonjak, "Fast Prototyping of Datapath-Intensive Architectures," *IEEE Design and Test*, vol. 8, pp. 40–51, 1991.

[Silva01] J.L. da Silva Jr., J. Shamberger, M.J. Ammer, C. Guo, S. Li, R. Shah, T. Tuan, M. Sheets, J.M. Rabaey, B. Nikolic, A. Sangiovanni-Vincentelli, P. Wright, "Design Methodology for PicoRadio Networks," *Proceedings DATE Conference*, Munich, March 2000.

[SystemGenerator] The Xilinx System Generator for DSP, *http://www.xilinx.com/xlnx/xil_prodcat_product.jsp?title= system_generator*, Xilinx, Inc.

第 9 章　互连问题

- 驱动大电容
- 导线中的传输线效应
- 存在互连寄生参数时信号的完整性问题
- 电源网络中的噪声

9.1　引言

前几章已经指出互连寄生现象对数字集成电路各项设计指标的影响正在增加。互连引起三种类型的寄生效应(电容的、电阻的和电感的)，它们都会影响信号的完整性并降低电路的性能。既然我们已集中考虑过建立导线特性模型的问题，现在就可以分析互连效应如何对电路的工作产生影响，并介绍克服这些影响的许多设计技术。本章将按顺序对每一种寄生现象进行讨论。

9.2　电容寄生效应

9.2.1　电容和可靠性——串扰

由相邻的信号线与电路节点之间不希望有的耦合引起的干扰通常称为串扰(cross talk)。其所导致的干扰如同一个噪声源，会引起难以跟踪的间断出错，因为所注入的噪声取决于在相邻区域上布线的其他信号的瞬态值。在集成电路中，这一信号间的耦合可以是电容性的和电感性的(见图1.10)，但在当前的开关速度下，电容性的串扰是主要因素。在设计混合信号电路的输入/输出电路时电感耦合是主要的考虑因素，但这在数字设计中目前还不是一个问题。

电容性串扰可能产生的效应受所考虑导线的阻抗的影响。如果该线是浮空的，那么由耦合引起的干扰就会持续存在并且可能会因邻近导线上后续的切换而变得更糟。反之，如果导线是被驱动的，那么信号会回到其原来的电平。

浮空线

考虑图9.1的电路结构。线 X 通过寄生电容 C_{XY} 与线 Y 耦合。线 Y 至地的总电容等于 C_Y。假设节点 X 处的电压发生了一个等于 ΔV_X 的阶跃变化，这一阶跃在节点 Y 处因电容分压而衰减：

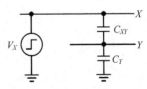

图 9.1　浮空线的电容耦合

$$\Delta V_Y = \frac{C_{XY}}{C_Y + C_{XY}} \Delta V_X \qquad (9.1)$$

对电容性串扰特别敏感的电路是位于全摆幅导线($\Delta V_X = V_{DD}$)附近的具有低摆幅预充电节点的电路。例如动态存储器、低摆幅片上总线以及某些动态逻辑系列。为了解决串扰问题，在现今的动态逻辑电路中必须要有电平恢复器件(或电平保持器件)！

例 9.1　线间电容和串扰

考虑图9.2的动态逻辑电路。动态节点 Y 的存储电容 C_Y 是由预充电和放电晶体管的扩散电容、所连反相器的栅电容以及导线电容构成。在反相器一个晶体管的多晶栅之上的一条 Al1(第一层铝)线上有一个不相关的信号 X。这就造成了相对于节点 Y 的寄生电容 C_{XY}。现在假设节点 Y 预充电到 2.5 V,并且信号 X 发生了一个从 2.5 V 至 0 V 的翻转。电荷的重新分布造成了在节点 Y 上的一个电压降 ΔV_Y,如式(9.1)所示。

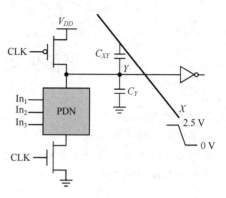

图 9.2　动态电路中的串扰

假设 C_Y 等于 6 fF。在 Al1 和多晶之间存在的 $3 \times 1 \ \mu m^2$ 的重叠形成了一个 0.5 fF($3 \times 1 \times 0.057 + 2 \times 3 \times 0.054$)的寄生电容,如从表 4.2 所得到的那样。导线重叠时边缘效应的计算是很复杂的,并且还取决于导线的相对取向。在本分析中假设导线横截面的两边都会形成寄生电容,因此在 X 上一个 2.5 V 的翻转会在动态节点上引起 0.19 V(或 7.5%)的电压扰动。当与诸如电荷重新分布和时钟馈通等其他寄生效应一起考虑时,这也许会引起电路操作出错。

被驱动线

如果线 Y 被一个内阻为 R_Y 的信号源驱动,线 X 上的阶跃变化就会引起线 Y 上的瞬态响应,如图 9.3(a)所示,这一瞬态响应以时间常数 $\tau_{XY} = R_Y(C_{XY} + C_Y)$ 衰减。对"受害线"的实际影响与干扰信号的上升(下降)时间有很大关系。如果上升时间近似或大于上述时间常数,那么干扰的峰值就会减小。这可以从图 9.3(b)的模拟波形看出。显然,保持导线的驱动阻抗(因而 τ_{XY})较低对降低电容串扰的影响有很大帮助。在一个动态栅或预充电导线上加一个保持晶体管(keeper transistor)是通过降低阻抗来控制噪声的绝好例子。

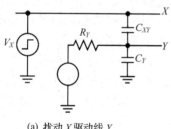

(a) 扰动 X 驱动线 Y

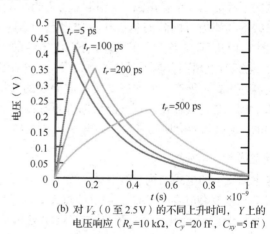

(b) 对 V_x(0 至 2.5 V)的不同上升时间,Y 上的电压响应(R_x=10 kΩ,C_y=20 fF,C_{xy}=5 fF)

图 9.3　驱动线的电容耦合

总之,串扰对被驱动节点上信号完整性的影响是非常有限的。其造成的毛刺可能引起后面连接的元件操作错误,因而应当十分小心。然而其最重要的影响是加大了延时,这一点将在以后讨论。

设计技术——克服电容串扰的方法

串扰是比例噪声源。这意味着放大信号电平对加大噪声容限没有任何帮助,因为噪声源也同样按比例被放大了。解决这一问题的唯一选择是控制电路的几何形态，或采用对耦合能量较不敏感的信号传输规范。可以确立以下（如[Dally98]）所提议的基本规则。

1. 如有可能，尽量避免浮空节点。对串扰问题敏感的节点，如预充电总线，应当增加保持器件以降低阻抗。

2. 敏感节点应当很好地与全摆幅信号隔离。

3. 在满足时序约束的范围内尽可能加大上升（下降）时间。但应当注意这对短路功耗可能会有影响。

4. 在敏感的低摆幅布线网络中采用差分信号传输方法。这能使串扰信号变为不会影响电路工作的共模噪声源。

5. 为了使串扰最小，不要使两条信号线之间的电容太大。例如，使同一层上的两条导线平行布置很长一段距离就是一个很不好的做法，尽管在两相位系统中分配两个时钟或在布置总线时人们常常试图这么做。同一层上的平行导线应当足够远离。增加导线的节距（如对于总线）能够减少串扰，因而可提高性能。相邻层上导线的走向应当相互垂直。

6. 必要时可在两个信号之间增加一条屏蔽线——GND 或 V_{DD}（见图9.4）。它能有效地使线间电容转变为一个接地电容，从而消除干扰。屏蔽的不利影响是增加了电容负载。

7. 不同层上信号之间的线间电容可以通过增加额外的布线层来进一步减少。当可以采用四层或更多的布线层时，我们可以回到在印刷电路板设计中常常使用的一种方法：每一个信号层都用一个 GND 或 V_{DD} 金属平面相间隔（见图9.4）。∎

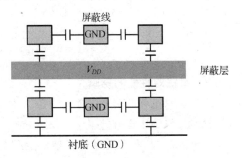

图9.4 布线层的截面图，说明了如何用屏蔽来减少电容串扰

9.2.2 电容和 CMOS 电路性能

串扰与性能

前一节讨论了电容串扰对信号完整性的影响。即便串扰没有引起电路彻底失效，仍应非常小心，因为它还会影响到逻辑门的性能。图9.5 中的电路图说明了电容串扰如何使传播延时因数据不同而改变。假设输入三条平行导线（X、Y 和 Z）的信号同时翻转。导线 Y（称为"受害线"）的翻转方向与其相邻信号 X 和 Z 的翻转方向相反。此时耦合电容的电压摆幅是信号摆幅的两倍，因而表示等效电容负载是 C_c 的两倍。换言之，它受到了密勒效应（如在第 5 章中介绍的那样）的影响。由于耦合电容在深亚微米高密度布线结构的总电容中占很大一部分，这一电容的增加是很显著的，并对电路的传播延时产生主要的影响。注意这是最坏的情况。如果所有的输入都同时向同一方向切换，那么耦合电容上的电压将保持不变，结果对等效负载电容的影响为零。因此逻辑门 Y 上的总负载电容取决于其邻近信号的数据变化情况，其范围为

$$C_{GND} \leqslant C_L \leqslant C_{GND} + 4C_c \tag{9.2}$$

其中，C_{GND} 是节点 Y 对地的电容，包括扩散电容和扇出电容。[Sylvester98]中说明了，对于 $0.25~\mu m$ 工艺，一个有噪声的导线延时可能比没有噪声的导线延时大 80%（如图9.5 所示，图中导线长度 $= 100~\mu m$，扇出数 $= 2$）。

分析这一问题的复杂性在于其电容不仅取决于周围导线的值，还取决于这些信号翻转的实际时

序。是否同时翻转只能通过详细的时序模拟测得，这使得时序的验证过程明显变得更加复杂。因此，由于实际延时具有不可预见性，随之而来的验证成本的大大增加是人们主要关注的问题。对电容假设最坏情形(即假设存在密勒效应时)会导致估计过于保守，并最终因过度保守而扼杀了电路设计。

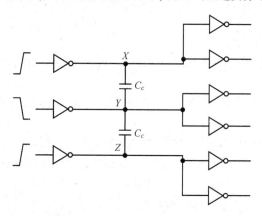

图 9.5　串扰对传播延时的影响

例 9.2　串扰对性能的影响

为了说明串扰的影响，考虑一条 N 位的总线，这些线(长度为 L)平行排列，间距均等，并分别被驱动。假设所有 N 个输入同时翻转。由于存在线间电容，第 k 条导线的延时和其相邻的第 $k-1$ 条和第 $k+1$ 条导线的翻转有关，根据 Elmore 定律，可得到这个延时一个很好的近似式：

$$t_{p,k} = gC_W(0.38R_W + 0.69R_D) \qquad (9.3)$$

式中，$C_W = c_w L$，$R_W = r_w L$。c_w 和 r_w 分别代表单位长度导线的对地电容和电阻，而 R_D 是驱动器的等效电阻。修正系数 g 考虑了串扰效应，它与比率 $r = c_i/c_w$ 及导线上的活动性有关。c_i 代表单位长度的线间电容。表 9.1 给出了一组具有代表性的 g 值。当所有三条导线($k-1$, k, $k+1$)以同一方向翻转时，线间电容并不表现出来，因此 $g=1$。最坏情形发生在当相邻的两条线与线 k 的翻转方向相反时，这使 $g=1+4r$。在 $c_i = c_w$ 似乎合理的情形下，$g=5$。因此仅仅由于线上翻转方向的影响，导线延时在最坏情形和最好情形之间就可以有 500% 的差别！

表 9.1　总线的延时比率系数 g 与相邻导线同时翻转的关系。表中只包括了有代表性的例子，但能很容易地扩充以包括一组所有可能的翻转情况。符号—，↑ 和 ↓ 分别表示无、正向和反向的翻转

第 $k-1$ 位	第 k 位	第 $k+1$ 位	延时系数 g
↑	↑	↑	1
↑	↑	—	$1+r$
↑	↑	↓	$1+2r$
—	↑	—	$1+2r$
—	↑	↓	$1+3r$
↓	↑	↓	$1+4r$

设计技术——可预见导线延时的电路单元

由于串扰使导线延时越来越难以预计，设计者可以选用许多不同的方法来解决这一问题，包括以下这些方法。

1. **估计和改进**。经过细致的(参数)提取和模拟可以确定延时的瓶颈，然后对电路进行适当的修改。

2. **能动性的版图生成**。在导线的布线程序中考虑相邻导线的影响,以保证满足性能方面的要求。

3. **可预测的结构**。通过使用预先定义的、已知的或保守的布线结构,保证电路能满足设计者提出的技术要求并且串扰不会引起失效。

4. **避免最坏情形**。消除或避免引起最坏延时情形的导线翻转。

第一种方法最经常使用。其缺点是在整个设计产生过程中需要多次的反复,因而非常慢。第二种方法很有吸引力。但其所要求的工具的复杂性使得人们怀疑在可预见的将来能否以一种可靠(且能承受)的方式来实现这一雄心勃勃的目标(虽然已经有了一些主要的突破;见[Apollo02])。第三种方法也许是唯一真正可行的方法,至少在短期内是这样。正如在20世纪80年代早期规则的结构帮助解决了晶体管版图的复杂性问题一样,规则和可预见的导线拓扑连接也可能成为解决电容串扰问题的途径。例如,在数据通路结构中保留位片(bit slice)方式可使布线有序,从而使串扰得以控制。现场可编程门阵列(FPGA)及其特性明确的互连网格则是另一个有代表性的例子。多层金属互连的出现也使这一方法可用于半定制(以及全定制)设计。图9.6的密集型布线结构[Khatri01]即表示了这一解决方法。最小宽度的导线先以最小节距布线。相邻层的导线相互垂直布线,以使串扰最小。同一层上的信号用 V_{DD} 或 GND 屏蔽间隔。这一布线结构通过在适当的位置提供通孔来实现个性化。这一方法的优点是事实上消除了串扰,并且使延时的差别也下降到不超过2%。其代价是面积和电容增加了5%——随之也增加了延时和功耗。对于大多数设计,这一性能上的损失很容易从设计和验证时间的节省上得到补偿。第8章中介绍的VPGA方法即是密集型布线结构方法的一个例子。

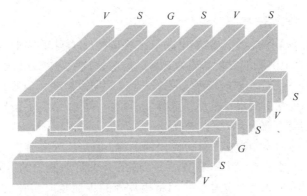

图9.6 密集型布线结构(DWF)[Khatri01]。S,V 和 G 分别代表信号、V_{DD} 和 GND

方法4避免了最坏情形的翻转组合,展示了一种令人感兴趣的可能性。在总线的情形中,可以将数据编码以去除"有害"于延时的翻转。这就要求总线接口单元包括编码器和译码器的功能(见图9.7)。虽然这意味着额外的硬件和延时开销,但对于大规模的总线它可以帮助减少多至两倍的延时[Sotiriadis01]。数据在总线上传输之前进行编码还有助于降低功耗,因为它使翻转的次数减到最少[Stan95]。然而后一种方法本身并不能解决串扰问题。 ■

电容负载和电路性能

互连电容值的增加,特别是全局连线电容值的增加,使得更需要能以足够快的速度对电容进行充(放)电的高效驱动电路。这一需要由于以下事实变得更为突出,即在复杂的设计中单个门常常需要驱动很大的扇出,因而具有很大的电容负载。片上大负载的典型例子有总线、时钟网络以及控制线。后者包括复位(reset)和置位(set)信号。这些信号控制着大量门的操作,所以扇出通常很大。其他大扇出的例子可以在存储器中遇到，那里有大量的存储单元连接到一小组控制线和数据线上。这些节点的电容很容易达到几皮法的范围。最坏情况发生在当信号送出芯片的时候。这时负载由封装导线、印刷电路板导线以及所连接的IC或部件的输入电容组成。片外负载可以大至50 pF，这比一个标准的片上负载要大数千倍。因此能以足够快的速度驱动这些节点成为最关键的设计问题之一。

有效驱动大电容负载的主要秘密已在第5章中揭示。它们可以归纳为以下两个主要概念：

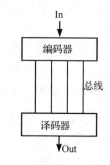

图9.7　编码数据消除最坏情形
　　　　的翻转能够使总线加速

- 合适确定**晶体管的尺寸**有助于解决大负载的问题。
- 把**驱动器划分**成逐渐增大的缓冲器链有助于解决大扇出系数的问题。

为了清楚起见，从分析中得到的其他一些重要结论也值得在此重复提出：

- 在优化性能时，多级驱动器的延时应当**平均分配到所有各级中**。
- 如果可以自由选择级数，那么对于目前的半导体工艺，**每级扇出(尺寸)系数大约为4时**可以使延时最小。选择再稍大一些的扇出系数不会对性能有多大的影响，但会大大节省面积。

在下面几小节中将进一步仔细研究这一问题。我们将特别集中在非常大的电容的驱动问题上，如那些在片外遇到的电容，此外还将介绍一些特别的和非常有用的驱动器电路。

驱动片外电容——实例研究

正如在第2章中已说明的，当今集成电路复杂性的增加意味着需要大量增加输入/输出引线(pin)。具有1000个以上引线的封装已成为必品。这就抗噪声能力而言对压焊块的设计提出了难度很高的要求。许多压焊块同时切换，而每一个又都驱动一个大电容，从而造成很大的瞬态电流，并引起电源线和地线上的电压波动。这降低了噪声容限，影响了信号的完整性，这些内容在本章的后面会变得清楚起来。

与此同时，工艺尺寸的缩小减小了片上的内部电容，但是片外电容仍大致保持不变，一般为10~20 pF。其结果是，随着工艺尺寸的缩小，一个输出引线驱动器总的等效扇出 F 出现了净增长。在一个协调一致的系统设计方法中，我们希望片外的传播延时与片上的延时能以同样的方式缩小。这就使压焊块缓冲器的设计变得更加困难。压焊块驱动器设计所面临的挑战可以通过以下一个简单的实例研究来说明。

例9.3　输出缓冲器设计

考虑一个片上最小尺寸的反相器需要驱动20 pF的片外电容 C_L 的情形。在0.25 μm CMOS工艺中一个标准门的 C_i 约等于2.5 fF。这相当于 t_{p0} 近似为30 ps。总的等效扇出 F(C_L 与 C_i 之比)等于8000，这无疑要求多级缓冲器设计。根据式(5.36)，并假设 $\gamma = 1$，可以得到接近最优的设计为7级，其尺寸放大系数 f 等于3.6，总传播延时等于0.97 ns。对于PMOS与NMOS之比为1.9(这是例5.6中标准工艺参数下推导得到的最优比率)和最小尺寸为0.25 μm的情形，可以推导出前后各级反相器中NMOS和PMOS晶体管的宽度，如表9.2所示。

显然这一结果需要一些栅宽大至1.5 mm的超大晶体管！这一缓冲器的总体尺寸是最小尺寸反相器的数千倍，这是完全无法接受的，因为一个复杂的芯片需要许多这样的驱动器。这一结论清楚地说明，要得到最优延时需要付出巨大的代价。

表9.2　最优尺寸串联缓冲器的晶体管尺寸

级数	1	2	3	4	5	6	7
$W_n(\mu m)$	0.375	1.35	4.86	17.5	63	226.8	816.5
$W_p(\mu m)$	0.71	2.56	9.2	33.1	119.2	429.3	1545.5

用性能换取面积和能量的减少　幸运的是,在大多数情况下并不需要达到最优的缓冲器延时。片外通信常常能以片上时钟速度的几分之一来进行。放宽延时要求仍然可以使片外时钟速度超过100 MHz,但却大大降低了对缓冲的要求。这一重新定义的缓冲器设计问题如下:

给出一个最大传播延迟时间 $t_{p,max}$,确定使总面积最小的缓冲器的级数 N 和所需的尺寸放大系数 f。这相当于找出能使 t_p 尽可能接近 $t_{p,max}$ 的解决办法。

现在的最优化问题可重述成在满足式(9.4)的约束条件下求 N 的最小整数值的问题

$$\frac{t_{p,max}}{t_{p0}} \geq \ln(F)\frac{1+f/\gamma}{\ln(f)} = N \times (1+\frac{F^{1/N}}{\gamma}) \tag{9.4}$$

这一复杂的优化问题可以通过运用一个小计算机程序或利用数学软件工具(如 MATLAB[Etter93])来解决。图9.8画出了对于某些 F 值,式(9.4)右侧表达式与 N 的关系曲线。对于一个给定的总等效扇出 F 和延时的最大值 $(t_{p,max}/t_{p0})$,查找合适的曲线可得到缓冲器的最少数目 N [①]。

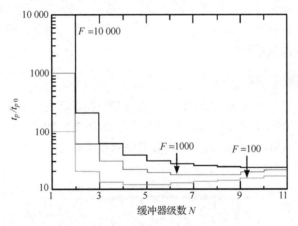

图9.8　总扇出 F 取不同值时 t_p/t_{p0} 与缓冲器级数的关系

如以晶体管的总宽度为衡量标准,我们可以设计具有较大尺寸系数的电路以节省面积。假设最小反相器的面积等于 A_{min},晶体管的尺寸放大系数为 f 时其面积也增加同样的倍数,由此可以推导出驱动器的面积与 f 的关系:

$$A_{driver} = (1+f+f^2+\cdots+f^{N-1})A_{min}$$
$$\left(\frac{f^N-1}{f-1}\right)A_{min} = \frac{F-1}{f-1}A_{min} \tag{9.5}$$

简言之,驱动器的面积近似地与锥形(逐级增大)的尺寸系数 f 成反比。选择较大的 f 值有助于显著降低面积成本。

---

① 在时序约束条件下使缓冲面积最小时,保持扇出系数 f 不变实际上并不是一个最佳解决办法。逐级增加扇出系数能够提供更好的结果[Ma94]。我们将在第11章中再次简要讨论该问题。

还有一点值得提及，即以指数形式增大的缓冲器对能量消耗的影响。虽然只需消耗等于 $C_L V_{DD}^2$ 的能量就能切换负载电容，但驱动器本身还需要消耗能量以切换它的内部电容(忽略短路能耗)。驱动器的额外能量消耗可近似表示成下列表达式：

$$E_{driver} = (1 + f + f^2 + \ldots + f^{N-1})(1+\gamma)C_i V_{DD}^2$$
$$= \left(\frac{F-1}{f-1}\right)(1+\gamma)C_i V_{DD}^2 \approx \frac{2C_L}{f-1} V_{DD}^2 \tag{9.6}$$

这意味着快速驱动大电容(即采用3.6的最优锥形系数)较未缓冲的情况多消耗80%的能量。对于大的负载电容来说，这是一个很大的开销。降低这一最优的锥形系数有助于减少这一额外的消耗。

例9.4 输出驱动器设计——再次考虑

把这些结果应用到压焊块驱动器问题中并设定 $t_{p,max} = 2$ ns，则有 $N = 3$，$f = 20$，$t_p = 1.89$ ns。所要求的晶体管尺寸总结在表9.3中。

表9.3   重新设计的串联缓冲器的晶体管尺寸

级数	1	2	3
$W_n(\mu m)$	0.375	7.5	150
$W_p(\mu m)$	0.71	14.4	284

这一设计的总面积大约是最优设计的13%，而它的速度降低不到1/2。每次切换翻转因缓冲器本征电容引起的额外能量消耗减少到了几乎可以忽略不计的程度。缓冲器和负载的总能耗降低了24%，对于给定的负载电容大小，这是一个相当大的数量。显然，**把一个电路设计成合适的速度而不是最高的速度是值得的**！

设计考虑——宽晶体管的实现

即使是这一重新设计的缓冲器也需要较宽的晶体管，在设计这些器件时必须十分小心，因为大的 W 值意味着非常长的栅连线。较长的多晶线通常有较高的电阻，从而降低了开关性能。这个问题可以用以下办法来解决：一个宽的晶体管可以通过并联许多较小的晶体管(也称为"指状"晶体管)来构成(见图9.9)。

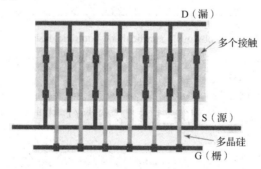

图9.9   将许多晶体管(或称"指状"晶体管)并行排列来实现非常宽的晶体管

采用低电阻的金属线旁路连接较短的多晶部分可以降低栅的电阻。图9.10是采用这些技术设计的一个压焊块驱动器的例子。当试图决定一个很宽的晶体管是否应当划分成多个较小的器件时，采用下列经验法则：多晶栅的 RC 延时应当总是大大小于整个数字门的开关延时。   ■

设计挑战——设计可靠的输入和输出压焊块

显然，压焊块驱动器的设计是一项关键和不容易的工作，由于噪声和可靠性的考虑使这一任

务变得更加复杂。例如，切换大输出电容引起的大瞬态电流可以引起闩锁。带有保护环的阱和
衬底的多个接触孔可以帮助避免这一破坏性效应的发生。

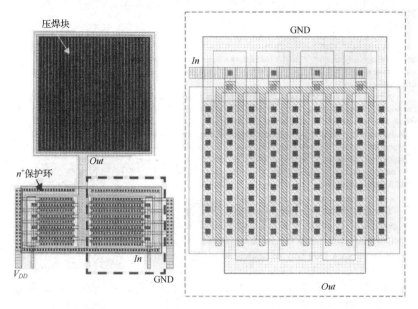

图 9.10　压焊块驱动器最后一级的版图。右图是一个连接在 GND 和 *Out* 之间的 NMOS 管的放大图

保护环是 p 阱中接地的 p^+ 扩散区和 n 阱中接电源线的 n^+ 扩散区，它们用来收集注入的少数
载流子以防止其到达寄生双极型晶体管的基极。这些环应当环绕在输出压焊块驱动器最后一级
的 NMOS 和 PMOS 晶体管的周围。

　　一个输入压焊块的设计者面临着各种不同的挑战。输入缓冲器第一级的输入直接与外部电
路相连，因此对被连的输入引线上的任何电压变化都很敏感。一个人在空气相对湿度为 80% 或
以下时走过一条化纤地毯能够积累 1.5 kV 电势的电压——你也许有过在这些情形下触摸一个金
属物件时手上打出火花的经历。对于装配机器也是这样。一个 MOS 管的栅连接具有非常高的输
入电阻($10^{12} \sim 10^{13}$ Ω)。使栅氧层击穿和损坏的电压大约为 10～20 V，并随着栅氧层厚度的变薄
而减小。因此，无论是人还是机器，当被充电到很高的静电势时若接触输入引线就很容易造成输入
晶体管致命的损伤。这一现象称为静电放电(ESD)，已使许多电路在制造和安装过程中被破坏。

　　采用电阻与二极管一起构成的钳位电路可以泄放和限制这一可能造成破坏的电压。图 9.11(a)
是一个典型的静电保护电路。当节点 X 上的电压上升至高于 V_{DD} 或下降至低于地电平时保护
二极管 D_1 和 D_2 即导通。电阻 R 用来在出现不寻常电压变化时限制流过二极管的峰值电流。当
前设计者常常采用阱电阻(n 阱中的 p 扩散区或 p 阱中的 n 扩散区)作为该电阻，其值可以在
200 Ω～3 kΩ 的范围内。设计者应当清楚，由此形成的 RC 时间常数有可能是限制高速电路性
能的因素。图 9.11(b)为一个典型输入压焊块的版图。■

　　看来随着每一代新工艺的出现，压焊块设计者的任务变得越来越困难。可喜的是，目前正在
出现许多新的封装技术，它们可以减少片外电容。例如，球栅阵列(ball grid array)及板上芯片
(chip-on-board)非常有助于降低片外驱动要求(回顾第 2 章)。

　　一些有意义的驱动器电路　至此，我们讨论的大多数驱动器电路都是简单的反相器。但有
时还需要它们有其他一些功能。三态缓冲器即是不同类型驱动器的一个例子。在大多数数字系
统中总线非常重要——总线是一束共用的导线，它们连接一组发送和接收器件，如处理器、存储

器、磁盘以及输入/输出器件。当一个器件通过总线发送信息时，所有其他的发送器件都应当与总线断开。这可以通过把这些器件的输出缓冲器置于高阻态 Z 来实现，它有效地使逻辑门与输出线断开。这样的缓冲器具有三种可能的状态 0，1 和 Z，因而称为三态缓冲器。

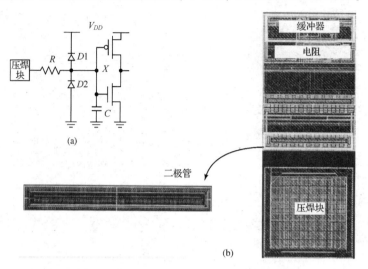

图 9.11　(a)输入保护电路；(b)输入压焊块的版图

　　在 CMOS 中实现一个三态反相器很容易。同时关断 NMOS 和 PMOS 管时产生一个浮空的输出节点，它断开了与反相器输入的联系。图 9.12 显示了一个三态缓冲器两种可能的实现。第一个较简单[①]，第二个则较适合于驱动大的电容。应当避免在输出级上堆叠晶体管，因为这会消耗大量的面积。

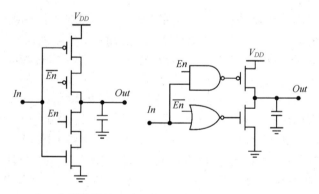

图 9.12　一个三态缓冲器的两种可能的实现方式。$En=1$ 使该缓冲器工作

9.3　电阻寄生效应

9.3.1　电阻与可靠性——欧姆电压降

　　电流流经一条有电阻的导线时会导致欧姆电压降，从而降低了信号电平。这在电源分布网络中尤为重要，因为在那里电流能够很容易达到安培级，如图 9.13 所示的 Compaq(以前为 Digital Equipment Corporation 公司) Alpha 处理器系列。

---

①　注意这个三态缓冲器与 C2MOS 锁存器很相似。

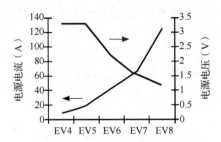

图 9.13 Compaq 公司各代高性能 Alpha 微处理器系列的电源电流和电源电压。新一代产品即便降低了电源电压,仍需要有100 A的总电源电流来支持[Herrick00]

现在考虑一条长 2 cm 的 V_{DD} 或 GND 线, 其每 μm 宽度的电流为 1 mA。这一电流密度接近于一条铝线所能承受的最大值, 这是由于电迁移的原因, 将在后面一节讨论。假设薄层电阻为 0.05 Ω/□, 该导线(每 μm 宽度)的电阻等于 1 kΩ。一个 1 mA/μm 的电流将导致 1 V 的电压降。这一供电电压值的改变将降低噪声容限并使电路各点的逻辑电平与离开电源端的距离有关。如图 9.14 的电路所示, 图中把一个离电源和地引线(Pin)都很远的反相器连接到一个接近电源的器件上。由在电源地线上 *IR* 电压降引起的逻辑电平差可能使晶体管 M_1 部分导通。这可能引起一个预充电的动态节点 *X* 意外放电, 或者如果连接的门是静态的, 则有可能引起静态功耗。总之, 来自片上逻辑和存储器以及 I/O 引线上的电流脉冲会造成电源分布网络的电压降, 并且这是片上电源噪声的主要来源。除了造成可靠性风险外, 电源网络的 *IR* 下降也会影响系统的性能, 因为电源电压的一个很小下降都可能造成延时的明显增加。

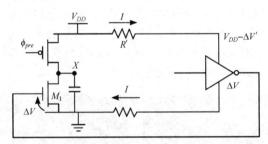

图 9.14 电源地线上的欧姆电压降减少了噪声容限

解决这一问题最明显的办法是缩短电源引线端与电路的电源接线端之间的最大距离。最容易实现的方法是设计一个电源分布网络的结构化版图。图 9.15 是一些四周具有压焊点的片上电源分布网络。在所有这些方法中, 电源线和地线都是经由位于芯片四周的压焊块引入芯片上的。采用哪一种方法取决于可用于电源分布的宽线金属层(即厚的、节距大的、最上面的金属层)的数目。在第一种方法中, 如图 9.15(a)所示, 电源线和地线垂直(或水平)排布在同一层上。电源从芯片的两边引入。局部的电源线搭接到这个上层网格上, 然后再在下面的金属层上进一步布线。图 9.15(b)所示的方法采用两个宽线金属层分布电源, 电源从芯片的四周引入。这一方法用于 Compaq 公司 EV5 这一代的 Alpha 处理器中[Herrick00], 它的电源和时钟分布一起占据了第三层和第四层 Al 90%以上的面积。更为大胆的方法采用两个整块的金属板来分布 V_{DD} 和 GND, 如图 9.15(c)所示。这一方法的优点是大大降低了电源网络的电阻。金属板也在数据信号传送层之间起到了屏蔽作用, 因而减弱了串扰。此外, 它们还有助于减少片上电感。显然, 这一方法只有在有足够的金属层可用时才行得通。

确定电源网络的尺寸并不是一个简单的任务。可以把电源网格模拟成一个含有上亿个元件的电阻(导线)和电流源(逻辑)的网络。在电源引线端与一个芯片模块或门的电源接线端之间常常存在许多路径。虽然一般来说电流会流过电阻最低的路径,但确切的电流流动还取决于诸如共用同一电路的邻近模块中的电流这样一些因素。这一分析的复杂性在于所连模块中的峰值电流是随时间分布的。即 IR 压降是一种动态现象! 电源网格的最大问题可以主要归因于诸如时钟和总线驱动器所引起的同时切换事件。对电源网络电流的需要通常在时钟翻转之后或大的驱动器切换时最大。与此同时,将所有峰值电流相加的最坏情形几乎总是导致导线的总体尺寸过大。

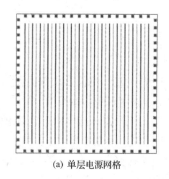 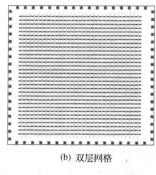 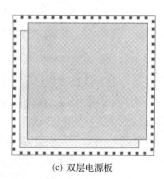

(a) 单层电源网格　　　　　　(b) 双层网格　　　　　　(c) 双层电源板

图9.15　片上电源分布网络

由此可见,计算机辅助设计工具是电源分布网络设计者必备的工具。就当前集成电路的复杂性而言,对整个电源网络的要求进行晶体管级的分析是不现实的。与此同时,将问题划分成几个子部分也可能使分析的结果不精确。电源网格中某一部分的改变常常会影响到全局。这可以用图9.16来说明,图中显示了一个复杂数字电路模拟的 IR 电压降。第一个实现,如图9.16(a)所示,其问题是在设计右上角的电压降大得无法接受,因为只有上面部分的电源网格供电给上面的大驱动器。这一模块的下面部分并不直接与网格连接。只要将一条搭接线增加到网络上,即可以基本上解决这个问题,如图9.16(b)所示。

最大电压降

(a)　　　　　　　　　　　　　(b)

图9.16　一个复杂数字集成电路的两种电源分布网络中模拟的 IR 电压降。用灰度来表
示电压降的严重程度。增加一条附加的搭接线到电源网络的上几层(b)即可
解决最初设计中(a)右上模块较大的电压降问题[Cadence-Power]　(见彩图8)

所以除非整个芯片作为一个实体进行验证,否则就无法得到精确的 IR 风险的情况。为此目的所采用的任何工具必须具有分析数百万个电阻的网格的能力。好在当前已经有了一些有效和非常精确的电源网格分析工具[Cadence-Power, RailMill]。它们结合了对电路模块所要求的电流进行动态分析以及对电源网络进行细节的模拟。这样的工具在今天的设计流程中是非常必要的。

9.3.2 电迁移

金属导线上的电流密度(单位面积的电流)受到电迁移效应的限制。在一条金属线上较长时间地通过直流电流会引起金属离子的移动。这最终会导致导线断裂或与另一条导线短路。这类故障只发生在器件已使用了一段时间之后。图 9.17 显示了由电迁移引起故障的一些例子。注意，从第一张照片可以清楚地看到在电子流动的方向上形成的小丘。

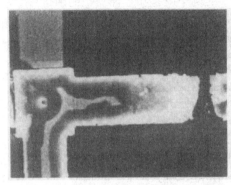

(a) 导线的开路故障　　　　　　　　　　(b) 接触塞的开路故障

图 9.17　与电迁移有关的故障情况(经 U.C. Berkeley 大学 N. Cheung 及 A. Tao 许可刊登)

电迁移的发生率取决于温度、晶体结构和平均电流密度。后者是电路设计者唯一能够有效控制的因素。通常使电流保持在低于 $0.5 \sim 1$ mA/μm 可以防止电迁移。这一参数可以用来决定电源和接地网络导线的最小宽度。信号线中通常为交流电，因此不易发生电迁移。电子的双向流动常常会对晶体结构的任何破坏起到退火作用。大多数公司根据它们的测量和以往的经验对设计者提出了许多确定导线尺寸的严格规则。研究结果表明，这些规则中有许多都过于保守[Tao94]。

设计规则

电迁移效应与通过导线的平均电流成正比，而 *IR* 电压降则与峰值电流有关。 ∎

在工艺层次上，可以采取许多预防措施来减少发生电迁移的风险。有一种办法是在铝中加入合金元素(如 Cu 或 Tu)以阻挡铝离子的运动。另一种方法是控制离子的粒度。引入新的互连材料也非常有效。例如，当用铜互连代替铝时导线的预期寿命可增加 100 倍。

9.3.3 电阻和性能——*RC* 延时

在第 4 章中，我们已说明了一条导线的延时随其长度呈平方关系增加。线长增加 1 倍，它的延时就是原来的 4 倍！因此长导线的信号延时往往主要取决于 *RC* 效应。这在以全局连线平均长度增加(见图 4.27)(同时每一门的平均延时减少)为特点的现代工艺技术中，越来越成为一个大问题。这就出现了一种非常奇怪的现象，即可能需要多个时钟周期来使一个信号从芯片的一边到达它的另一边[Dally01]。提供精确的同步和正确的操作已成为这些情形下的主要挑战。本节中将讨论一些设计技术来帮助处理由导线电阻引起的延时问题。

采用更好的互连材料

减少 *RC* 延时的第一种方法是采用更好的互连材料。硅化物和铜分别有助于降低多晶硅和金属线的电阻，而采用具有较低介电常数的绝缘材料能够减小电容。在先进的 CMOS 工艺(从 0.18 μm 开始的工艺代)中，采用铜和低介电常数绝缘层已十分普遍。然而设计者应当了解这些新的材料只能暂时维持一两代，并不能解决长导线延时的根本问题。更新设计技术常常是解决这一问题的唯一途径。

例9.5　先进的互连材料的影响

就纯材料而言，铜的电阻率是铝的 0.6 倍（见表 4.4）。表面处理及其他制造过程使片上铜导线的电阻增加到大约 $2.2 \times 10^{-8}\ \Omega \cdot m$。

通常很难避免不使用长的多晶线。一个典型的例子就是在存储器中的地址线，它必须连接到大量晶体管的栅上。地址线全部采用多晶线可以避免额外金属接触的开销，因而能够显著提高存储器的密度。可惜的是，只用多晶线的选择会导致传播延时过大。一种可能的解决办法是同时从线的两端驱动地址线，如图 9.18(a) 所示。它有效地使最坏情形的延时缩小为原来的 1/4。另一种方法是增加一条额外的金属线，称为旁路，它与多晶线平行并且每隔 k 个单元与其相连，如图 9.18(b) 所示。现在延时主要由两个接触点之间短得多的多晶线部分决定，并正比于 $(k/2)^2$。每隔 k 个单元才有接触是为了有助于保持实现的密度。例如，在一个有 1024 个单元的地址线中，每隔 16 个单元与旁路线连接一次可以使延时减少为约 1/4000。

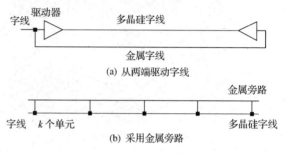

图 9.18　减少地址线延时的方法

采用更好的互连策略

随着线长成为互连线延时和能量消耗的主要因素，任何有助于缩短线长的方法都会起到重要的作用。前面已经指出增加互连层常常能够缩短平均线长，因为这减少了布线的拥挤程度而且互连线可以在源端与终端之间更多地走直接路径。然而，目前布线工具中典型的"曼哈顿式"（横平竖直）布线方法面积消耗很大，而这一点常常被忽视。在曼哈顿式布线方法中，互连线首先沿两个最佳方向中的一个方向布线，接着连接另一个方向，如图 9.19(a) 所示。显然沿对角线方向布线能够显著节省线长——最多能节省 29%。有趣的是，在早期的集成电路设计中 45° 角布线非常普遍，但是由于复杂性的问题、对设计工具的影响以及掩模制造方面的考虑这种方式一度不再流行。最近，已证明这些考虑能够得到适当的解决，因此 45° 角布线完全切实可行[Cadence-X]。它对布线的影响是非常明确的：能够减少 20% 的线长！这反过来又提高了电路的性能，降低了功耗并缩小了芯片面积。图 9.19(b) 是一个没有完全采用曼哈顿方向布线结构的版图例子，从图中可以清楚地看到这一布线结构的密度。

插入中继器（repeater）

减少长导线传播延时最常用的设计方法是在互连线中插入中间缓冲器（也称为中继器），如图 9.20 所示。将互连线长度缩短至 $1/m$，会使它的传播延时以平方关系减小，这在导线足够长时足以弥补由于插入中继器造成的额外延时[Cong99, Adler00]。假设中继器的延时固定为 t_{pbuf}，利用与优化一条传输门链相类似的分析方法，可以推导出应当插入中继器的最优数目 m_{opt}。即得到

$$m_{opt} = L \sqrt{\frac{0.38rc}{t_{pbuf}}} = \sqrt{\frac{t_{pwire(unbuffered)}}{t_{pbuf}}} \tag{9.7}$$

该导线相应的最小延时为

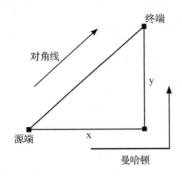

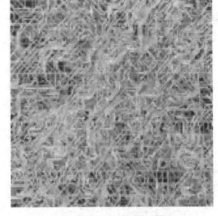

(a) 曼哈顿方法采用优先沿正交轴布线, 而对角线方法允许 45° 布线

(b) 采用 45° 布线的版图实例

图 9.19 曼哈顿布线与对角线布线

$$t_{p,opt} = 2\sqrt{t_{pwire(unbuffered)}t_{pbuf}} \tag{9.8}$$

使各导线段的延时等于中继器的延时, 即可得到这个最优结果。

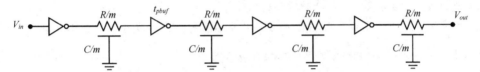

图 9.20 通过插入中继器减少 RC 互连延时

例 9.6 用中继器来减少导线延时

在例 4.8 中, 推导出一条长 10 cm、宽 1 μm 的 All 线的传播延时为 31.4 ns。式 (9.7) 表明, 假设中继器的 t_{pbuf} 固定为 0.1 ns 时, 将该线分隔成 18 段可以使它的延时最小。其结果是总延时为 3.5 ns, 因此得到了大幅改善。同样, 对于长度相同的多晶线和 Al5 线, 当分别插入 1058 级和 6 级时, 它们的传播延时也分别降至 212 ns (原来为 112 μs) 和 1.3 ns (原来为 4.2 ns)。

上面的分析是简化的和乐观的。即 t_{pbuf} 与负载电容无关。确定中继器的尺寸对减少延时是至关重要的。一个互连线链更为精确的延时表达式是通过将中继器模拟为一个 RC 网络并应用 Elmore 延时方法而得到的。设最小尺寸的中继器的电阻和输入电容分别为 R_d 和 C_d, 得到下列表达式:

$$t_p = m\left(0.69\frac{R_d}{s}\left(s\gamma C_d + \frac{cL}{m} + sC_d\right) + 0.69\left(\frac{rL}{m}\right)(sC_d) + 0.38rc\left(\frac{L}{m}\right)^2\right) \tag{9.9}$$

这里为简单起见, 假设在这条互连线的末端添加了一个额外的中继器。

式 (9.9) 中的 γ 如式 (5.29) 的定义, 是中继器的本征输出电容和输入电容之比。设 $\partial t_p/\partial m$ 和 $\partial t_p/\partial s$ 为零, 得到 m 和 s 的最优值以及 $t_{p,min}$ 为

$$m_{opt} = L\sqrt{\frac{0.38rc}{0.69R_dC_d(\gamma+1)}} = \sqrt{\frac{t_{pwire(unbuffered)}}{t_{p1}}}$$

$$s_{opt} = \sqrt{\frac{R_dc}{rC_d}} \tag{9.10}$$

$$t_{p,min} = (1.38 + 1.02\sqrt{1+\gamma})L\sqrt{R_dC_drc}$$

其中, $t_{p1} = 0.69R_dC_d(\gamma+1) = t_{p0}(1+1/\gamma)$ 代表扇出为 1 ($f=1$) 的反相器的延时。式 (9.10) 清楚

地表明插入中继器怎样使一条导线的延时与长度的关系改变为线性。还要注意, **对于一个给定的工艺和给定的互连层, 存在着中继器之间导线段的最优长度**。这一临界长度由下列表达式给出:

$$L_{crit} = \frac{L}{m_{opt}} = \sqrt{\frac{t_{p1}}{0.38rc}} \tag{9.11}$$

可以推导出, **临界长度导线段的延时**总是可以由下式得到并且**与布线层无关**:

$$t_{p,crit} = \frac{t_{p,min}}{m_{opt}} = 2\left(1 + \sqrt{\frac{0.69}{0.38(1+\gamma)}}\right)t_{p1} \tag{9.12}$$

对于典型值 $\gamma = 1$, $t_{p,crit} = 3.9t_{p1} = 7.8t_{p0}$。插入中继器来减少导线延时只有在导线长度至少为临界长度的两倍时才有意义。

例9.7　使导线的延时最小(再次考虑)

在第5章中(见例5.5)确定了在我们0.25 μm CMOS工艺中最小尺寸反相器的 t_{p1} 为32.5 ps, R_d 和 C_d 的(平均)值分别为7.8 kΩ和3 fF, $\gamma = 1$。对于一条 All 线($c = 110$ aF/μm, $r = 0.075$ Ω/μm), 由此得到最优的中继器尺寸系数为 $s_{opt} = 62$。插入31个这些已放大尺寸的反相器使例9.6中10 cm长的导线的最小延时达到更为现实的3.9 ns。这与插入31个最小尺寸的中继器不同, 由于这些中继器的驱动能力较差, 后者实际上将延时增加到61 ns。

All 线的临界长度计算为3.2 mm, 而多晶线和 Al5 的临界长度分别等于54 μm和8.8 mm。

插入中继器已证明是解决长导线延时的有效和基本的手段, 现代设计自动化工具已能自动完成这一任务。

优化互连结构

即便插入了缓冲器, 一条有电阻的导线的延时也不能低于式(9.10)所指出的最小值。因此长导线所显示的延时常常会大于所设计的时钟周期。例如, 例9.7中10 cm长的 All 线的最小延时为3.9 ns(即便在插入了缓冲器和优化了尺寸之后), 而本书中用到的0.25 μm CMOS工艺可以支持的最大时钟速度超过1 GHz(即时钟周期在1 ns以下)。仅导线延时本身就成为集成电路所能达到性能的限制因素。对付这一瓶颈的唯一途径是在系统总体结构的层次上来解决这个问题。

导线流水线就是这类普遍采用的改善性能的技术。在第7章中, 作为改善具有长关键路径的逻辑模块的数据处理量性能的一种途径介绍了流水线的概念。可以采用一种类似的方法来提高导线的数据处理量, 如图9.21所示。通过插入寄存器或锁存器把导线分成 k 段。虽然这并不能减少通过各段导线的延时——一个信号通过整个导线需要经过 k 个时钟周期——但却有助于提高它的数据处理能力, 因为在任意一个时刻该导线同时在处理 k 个信号。各段导线的延时可以通过插入中继器进一步优化, 并且应当小于一个时钟周期。

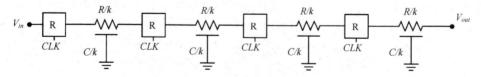

图9.21　导线流水线提高一条导线的数据处理量

这仅仅是芯片结构设计者用于处理导线延时问题的许多技术中的一个例子。这一讨论要传递的最重要的信息是, 应在设计过程的早期考虑布线问题, 而不能再像过去那样把它作为事后才考虑的问题。

9.4　电感寄生效应*

除了寄生电阻和电容以外，互连线也显示出电感寄生效应。寄生电感的一个重要来源是压焊线和芯片封装引起的。即使是中等速度的 CMOS 设计，通过输入/输出连线的电流也可能会发生快速的翻转，从而引起电压降、振荡及过冲这些在 RC 电路中不存在的现象。在较高的切换速度时，甚至会出现波传播和传输线效应。本节将分析这两个效应并提出设计方面的解决办法。

9.4.1　电感和可靠性——$L\dfrac{di}{dt}$ 电压降

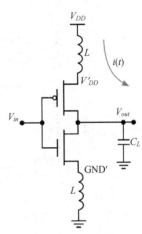

图 9.22　外部和内部电源电压间的电感耦合

在每一个切换过程中，来自（或流入）电源轨线的瞬态电流都对电路电容充电（或放电），如图 9.22 所示。无论 V_{DD} 还是 V_{SS} 连线都是通过压焊线和封装引线连到外部电源上，因而具有一个不可忽略的串联电感。所以，瞬态电流的变化会在芯片外部和芯片内部的电源电压（V'_{DD}，GND′）之间产生一个电压差。这一情形在输出压焊块上特别严重，因为驱动外部大电容会产生一个很大的电流。内部电源电压的偏差会影响逻辑电平并使噪声容限减小。

例 9.8　由具有电感的压焊线和封装引线引起的噪声

假设图 9.22 的电路是输出压焊块驱动器的最后一级，它驱动一个 10 pF 的负载电容，电压摆幅为 2.5 V。反相器的尺寸设计成使输出信号 10%～90% 的上升时间和下降时间（t_r, t_f）等于 1 ns。由于电源和接地线是通过电源引线连到外部电源上的，所以两根连线都具有一个串联电感 L。对于传统的穿孔（through-hole）封装技术，其电感一般在 2.5 nH 左右。为了简化分析，先假设反相器的作用像一个电流源，它以不变的电流充（放）电负载电容。为达到 1 ns 的输出上升和下降时间，所需要的平均电流为 20 mA：

$$I_{avg} = (10\ \text{pF} \times (0.9 - 0.1) \times 2.5\ \text{V})/1\ \text{ns} = 20\ \text{mA}$$

这一情形发生在缓冲器输入端由一个很陡的阶跃函数来驱动的时候。图 9.23 的左边画出了 $t_f = 50$ ps 时模拟得到的输出电压、电感电流和电感电压随时间变化的情况。突然的电流变化在电感上引起了高达 0.95 V 的尖峰电压。事实上，如果这一电压降本身不能使翻转变慢和降低对电流的要求，它的值会更大。然而，变化如此之大的电源电压是无法接受的。

实际上，充电电流总在变化。一个较好的近似是假设电流直线上升到一个最大值，之后又同样以线性方式下降到零。因此电流随时间的分布模型如一个三角形。这一情形发生在缓冲器的输入信号表现出缓慢的上升和下降时间时。在这一模型中，（估计）电感的电压降为

$$v_L = Ldi_L/dt = (2.5\ \text{nH} \times 40\ \text{mA})/((1.25/2) \times 1\ \text{ns}) = 133\ \text{mV}$$

峰值电流为（近似）40 mA 是由于传送的总电荷（或在 I_L 下的积分面积）是固定的，这意味着三角形电流分布的峰值是矩形电流分布峰值的两倍。上式的分母因子是估计从零到达峰值电流所需要的时间。图 9.23 的右面是 $t_f = 800$ ps 时这一情形的模拟结果。可以看到，在较慢的输入斜率时电流的分布确实变为三角形。模拟得到的电感上的电压降为 100 mV。这说明在驱动大电容的驱动器的输入端上避免快速变化的信号对减少 Ldi/dt 效应大有帮助。

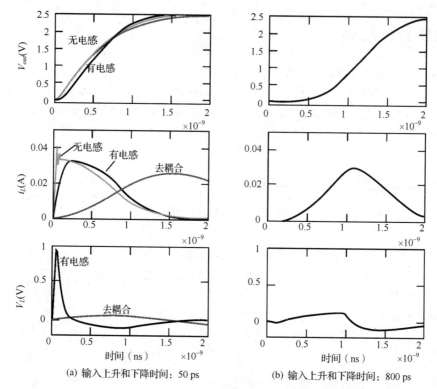

(a) 输入上升和下降时间: 50 ps   (b) 输入上升和下降时间: 800 ps

图9.23　连至压焊块的输出驱动器信号波形的模拟结果。输入上升/下降时间分别为
(a)50 ps 和(b)800 ps。图中的波形是不同情形下的模拟结果:1)电源分布网
络中没有电感(理想情况);2)存在电感;3)增加了200 pF的去耦电容

　　在一个实际的电路中,单个电源引线常常用于许多门或输出驱动器。这些驱动器同时切换
会引起甚至更为严重的瞬态电流和电压降。结果,内部电源电压与外部电源电压有相当大的偏
差。例如,如果一条输出总线的16个输出驱动器的电源线都连到同一条封装引线上,那么它们
的同时切换就会引起至少1.1 V的电压降。

　　封装技术的改进使在每个封装上可以有越来越多的引线。目前已经有超过1000条引线的封
装。相当多数量的引线同时切换会在电源轨线上引起很大的冲击,这些冲击必然会干扰内部电
路以及连在同一电源上的其他外部部件的工作。

设计技术

设计者可以采用许多方法来解决 $L(\mathrm{d}i/\mathrm{d}t)$ 问题:

1. **I/O 压焊块和芯片内核有各自的电源引线。** 由于 I/O 驱动器要求的切换电流最大,它们引
起的电流变化也最大。因此,一个聪明的办法就是通过提供各自不同的电源和接地引线,
把发生大多数逻辑活动的芯片内核与驱动器分开。

2. **多个电源和接地引线。** 为了减少每条电源引线的 $\mathrm{d}i/\mathrm{d}t$,可以限制连到同一条电源引线
上的 I/O 驱动器的数目。一般每条电源引线连接 5 到 10 个驱动器。要知道,这一数目
很大程度上取决于驱动器的开关特性,例如同时切换的门的数目以及上升和下降时
间等。

3. **仔细选择封装上电源引线和接地引线的位置。** 位于封装四角处的导线和压焊线的电感明
显较大(见图9.24)。

4. **将片外信号的上升和下降时间增加到所允许的最大程度**，并将其分配到整个芯片上，特别是属于数据总线的部分。前面的例子说明设计中过度减少输出驱动器的上升和下降时间不仅会消耗许多面积，还会影响电路的工作和可靠性。在 9.2.2 节曾总结过，就节省面积而言，一个好的驱动器能满足规定延时而不是具有最小延时。当考虑噪声时，最好的驱动器是在输出端具有最大允许的上升和下降时间并满足所规定的延时。

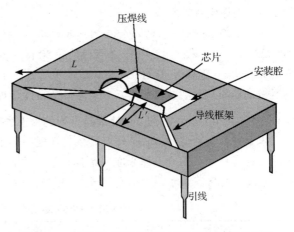

图 9.24　压焊线/引线的总电感取决于引线的位置

思考题 9.1　设计上升/下降时间较小的输出驱动器

假定一个为满足给定延时所设计的串级输出驱动器在电源线上产生过多的噪声，确定以下哪一种选择是解决噪声问题的最佳方法：(a) 缩小缓冲器所有级的尺寸；(b) 只缩小最后一级的尺寸；(c) 除最后一级以外缩小所有级的尺寸。

5. **安排好消耗大电流的翻转使它们不会同时发生**。例如可以错开一组输出驱动器的控制输入，使它们的切换稍稍错开一些。

6. **采用先进的封装技术**（如表面封装或混合封装）可以大大减小每条引线的电容和电感。例如，从表 2.2 中可以看到，采用焊球（solder-bump）技术以倒装（flip-chip）方式安装在衬底上的芯片，其压焊线电感减小至 0.1 nH，这约为标准封装电感的 $\frac{1}{50} \sim \frac{1}{100}$。

7. **增加印刷电路板上的去耦电容**。应当为每条电源引线加上去耦电容，这些电容的作用如同一个本地电源，它们稳定了从芯片上看到的电源电压。它们隔离了压焊线的电感和印刷电路板上互连线的电感（见图 9.25）。实际上，这一旁路电容与电感结合，起到了低通网络的作用，它滤去了电源线上瞬态电压脉冲的高频成分。

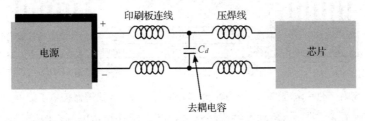

图 9.25　去耦电容将印刷电路板上的电感与压焊线及引线电感隔开

8. **增加芯片上的去耦电容**。在切换速度高和信号翻转快的高性能电路中，在芯片上集成去耦电容已变得越来越普遍，这保证了电源电压更干净。片上旁路电容把需要的尖峰电流降低至平均值。为了使电压波动限制在 0.25 V 以内，在 0.25 μm CMOS 工艺中每 50 K 门的模块大约需要有一个 12.5 nF 的电容[Dally98]。这一电容一般用薄栅氧层来实现。一个薄栅氧层电容基本上是一个漏和源连在一起的 MOS 晶体管。也可以采用扩散电容来达到这一目的。

例9.9　去耦电容的影响

一个 200 pF 的去耦电容加在例 9.8 中考察过的缓冲器电路的电源接口之间。它的影响见图 9.23 的模拟结果。对于一个上升时间为 50 ps 的输入信号,电源线上的脉冲信号从没有去耦电容时的 0.95 V 下降到 70 mV 左右。该波形还显示了在开始时充电输出电容的电流是如何从去耦电容中汲取的。到翻转过程的后期,电流是通过压焊线电感逐渐从电源网络中汲取的。

例9.10　Compaq 公司 Alpha 处理器系列的片上去耦电容[Herrick00]

本章前面提到过的 Alpha 处理器系列在过去十年中一直是处于领先地位的高性能微处理器。把时钟速度推向极至对电源分布网络提出了严重的挑战。Alpha 处理器是最先采用片上去耦电容的。表 9.4 列出了该系列中三个连号处理器的一些特性。

表9.4　Alpha 处理器系列的片上去耦电容

处理器	工艺	时钟频率	总开关电容	片上去耦电容
EV4	0.75 μm CMOS	200 MHz	12.5 nF	128 nF
EV5	0.5 μm CMOS	350 MHz	13.9 nF	160 nF
EV6	0.35 μm CMOS	575 MHz	34 nF	320 nF

栅电容为 4 fF/μm² (t_{ox} = 9.0 nm) 时, EV6 型微处理器的 320 nF 去耦电容需要 80 mm² 的芯片面积,即占总芯片面积的 20%。为了使电感耦合的影响最小,这一电容放置在主要的总线部分。即便用了这么大的面积来去耦,设计者还是感到电容不够,于是他们不得不采用某些新技术来提供更多的芯片附近的去耦。这一问题的解决是通过压焊线把一个 2 cm² 的 2 μF 电容连至芯片上,并用 160 对 V_{DD}/GND 压焊线把电源网格连到该电容上。图 9.26 即表示了这一焊线附接芯片电容(wire-bond-attached chip capacitor, WACC)的方法。这一例子清楚地说明了电源网格设计者在高性能领域所面临的问题。目前采用的其他解决办法包括采用先进的芯片倒装(flip-chip)封装方法,这一方法是把电源网络接入集成在封装上的去耦电容。例如,在 Intel Pentium 4[Pentium02] 中就采用了这种技术。 ■

最后,请注意在相邻导线之间的互感也会引起串扰。这一影响在 CMOS 中还不是主要的考虑,但在极高的切换速度时则肯定会出现问题[Johnson93]。

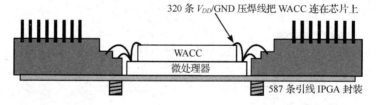

320 条 V_{DD}/GND 压焊线把 WACC 连在芯片上

WACC

微处理器

587 条引线 IPGA 封装

图9.26　焊线附接芯片电容(WACC)方法为 Compaq 的 EV6 微处理器提供了额外的芯片附近去耦电容[Gieseke97]。该微处理器用 389 条信号引线和 198 条电源/接地引线与外部相连

警告: 电源分布网络中的电容(导线电容和去耦电容)和电感共同使电路成为一个可能振荡的谐振电路。在各种谐振中,最显著的是由封装电感 L 与去耦电容 C_d 一起引起的谐振,它的谐振频率为 $f = 1/(2\pi\sqrt{L \cdot C_d})$。电源网格如果与系统时钟一起谐振,电源就可能会发生危险的波动。在过去,电源网络的谐振频率大大高于时钟频率。近年来,电源网络的谐振频率已在稳步下降(因为对于几乎为常数的 L, C_d 在一代代地增加),而处理器的时钟频率却在继续提高。现在电源网络的谐振频率低于时钟频率已非常普遍,因此电源网络的振荡已成为一个严重的问题。

正确地抑制这些振荡是绝对必要的。事实上,这里是数字电路设计中电阻有用的几个少有的地方之一。去耦电容经常设计成与一个数值可控制的电阻串联，然而这会使 *IR* 电压降增加，因此必须在 *IR* 电压降和谐振引起的电压降之间仔细权衡。此外，正确地选择和分布去耦电容可以帮助使谐振频率移至永远不会被触发或激励的范围。

9.4.2 电感和性能——传输线效应

当互连线很长或当电路速度很快时，导线电感开始成为影响延时的决定因素，此时必须考虑传输线效应。这种情形在信号的上升和下降时间可与由光速决定的信号波形飞速经过导线的时间相比拟时更为真切。直至最近，这还只是发生在板级上实现的最快数字设计中，或诸如 GaAs 和 SiGe 的特殊工艺技术中。随着工艺进步使互连线长度和开关速度提高，这一情形也在最快的 CMOS 电路中逐渐变得普遍起来，因此传输线效应必将成为 CMOS 设计者需要考虑的问题。

本节将讨论一些减小或缓解互连线效应的技术。最早的技术是采用合适的终端连接。然而终端连接技术只是在电流回路工作良好时才有效。可以证明，屏蔽易于产生传输线效应的导线将是必需的[1]。

终端连接

在第 4 章关于传输线的讨论中可以明显看出，合适的终端连接是使延时最小的最有效途径。使负载阻抗与传输线的特征阻抗匹配即可得到最快的响应。这就形成了以下的设计规则：

为了避免传输线效应的负面影响(如振荡或较慢的传播延时)，导线的终端应当在源点(串联)或者终点(并联)连接一个与导线的特征阻抗 Z_0 相匹配的终端电阻。

图 9.27 画出了这两种情形——串联终端连接和并联终端连接。串联终端连接要求信号源的阻抗与所连接的导线匹配。这一方法适合于许多 CMOS 设计，因为在那里终点处的负载是纯电容性的。反相驱动器的阻抗可以通过仔细地确定晶体管的尺寸来与传输线匹配。例如，为了驱动一条 50 Ω 的传输线，需要一个 53 μm 宽的 NFET 和 135 μm 宽的 PFET(用我们的 0.25 μm CMOS 工艺)以得到一个 50 Ω 的额定输出阻抗。

使驱动器的阻抗与传输线很好地匹配非常重要，如果需要避免行波的过多反射，一般偏差应在 10% 以内。遗憾的是，FET 的导通电阻可以因工艺、电压和温度的偏差而有 100% 的改变。这可以通过使驱动器晶体管的电阻用电气方法可调节来弥补，如图 9.28 所示。驱动器的每一个晶体管用一分段驱动器来代替，各分段由控制线 c_1 至 c_n 接入或切断，使驱动器的阻抗尽可能与传输线的阻抗匹配。每一分段具有不同的电阻，由形状系数 s_i(一般该比例系数为 2)确

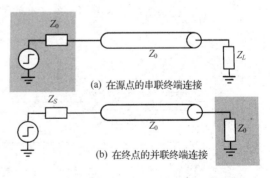

图 9.27 传输线特性的导线的终端匹配情况

定电阻的大小。一个固定驱动器 s_0 与可调驱动器并联，因此限定了调节范围并且可以用较少的位来进行比较精确的调节。控制线通常由一个反馈控制电路驱动，它将一个片上的参照驱动器晶体管与一个固定的外部参照晶体管进行比较[Dally98]。

类似的考虑对终端在终点时也适用，这称为并联终端连接。注意，这一方法导致一个附加

---

[1] 在 IBM 的 P. Restle 网站上[Restle01]可以看到许多深入描述传输线效应和终端连接影响的内容。

(standby)电流,若保持这一电流连续不断地流动则可能导致无法接受的大功耗。并联终端连接常用于高速芯片间和板级的互连,这时的终端连接经常是通过在导线末端处(封装的)输入引线旁边插入一个接地电阻来实现。这个片外终端连接并未考虑封装的寄生参数和内部电路,因此有可能在信号线上引起无法接受的过大反射。一个更为有效的方法是在封装内包含一个终端电阻以考虑封装的寄生参数。

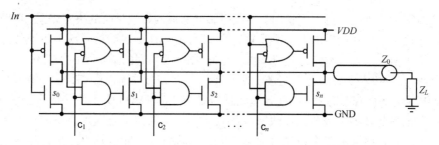

图9.28　可调节的分段驱动器为一个传输线负载提供匹配的串联终端连接

　　CMOS 制造工艺并未为我们提供制造精确的、对温度不敏感的晶体管的方法。虽然互连线材料或 FET 晶体管可以作为电阻,但是静态或动态的调节对于克服它们对温度、电源电压和工艺的依赖关系是必要的。如本节前面提到的数字调节可以用来达到这一目的。使用 MOSFET 作为电阻的另一个问题是要保证器件在所考虑的工作区域上表现出线性的特性。由于 PMOS 管一般都比相应的 NMOS 管的线性工作区要大,所以更应优先考虑采用它们作为终端连接电阻。假设图9.29(a)中三极管方式连接的 PMOS 与 V_{DD} 连接作为一个50 Ω 的匹配终端。根据模拟结果,如图9.29(d)所示,可看到 V_R 值较小时电阻几乎保持不变,但一旦晶体管饱和,它就很快增加。我们可以通过加大 PMOS 晶体管的偏置电压来扩大它的线性范围,如图9.29(b)所示。但这需要一个额外的电源电压,而这在大多数情况下并不实际。一个更好的办法是增加一个二极管连接的NMOS 晶体管与 PMOS 器件并联,如图9.29(c)所示。这两个器件的组合使在整个电压范围上都有一个几乎不变的电阻(如第6章讨论传输门时所看到的)。如今已经设计出了许多其他更巧妙的办法,但它们已超出本书的范围。更详细的情形建议读者参阅[Dally98]。

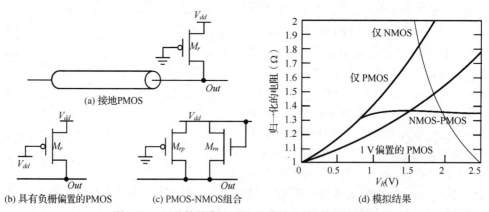

图9.29　用晶体管作为电阻的传输线并联终端连接

屏蔽

　　一条传输线从本质上讲是一个两端口(四端子)网络。虽然我们主要集中于信号去路,但也不应当忽视信号回路。基尔霍夫定律告诉我们,将一个电流 i 注入一个信号导体时,必然会有 $-i$ 的净电流流回。传输线的特征(如它的特征阻抗)与信号的返回有很大的关系。因此如果希望控制一条具有传输线特性的导线的行为,则应仔细地计划和安排如何返回电流。同轴电缆是一个定义确切的传输线的好例子,它的信号线外包裹着一层圆筒形的接地平面。为了在印刷电路板上或芯片上实现类似的效果,设计者常常在信号线的周围布上接地(电源)平面和屏蔽导线。虽然这要占据一些空间,但增加屏蔽使互连线的特性和延时更容易预测。然而即使有这些预防措施,对于将来的高性能电路设计者,功能很强的参数提取和模拟工具仍必不可少。

例9.11 输出驱动器的设计——再次考虑

作为本节的结论,我们模拟一个输出驱动器,它包括了本章介绍的大多数寄生效应。图9.30(a)是这一驱动器的电路图。这里电源、接地和信号引线的电感(估计为2.5 nH)以及印刷电路板的传输线效应都已包括在内(假设导线长度为15 cm,这是一个典型的印刷电路板连线长度)。驱动器最初设计为在总负载电容10 pF时产生0.33 ns的上升和下降时间。为产生所要求的60 mA的平均电流要求在驱动器最后一级NMOS和PMOS管的宽度分别为120 μm和275 μm。图9.30(b)的第一张图为这一情况的模拟波形图,可以看到有严重的抖动。因此很显然,驱动器电阻为欠阻尼——因而造成很大的过冲和很长的稳定时间。

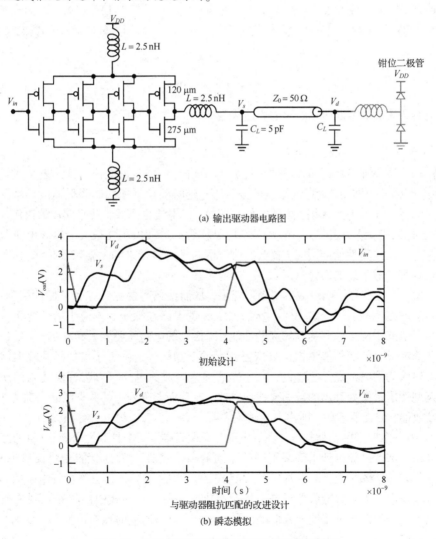

(a) 输出驱动器电路图

初始设计

与驱动器阻抗匹配的改进设计

(b) 瞬态模拟

图9.30 各种终端连接时输出驱动器的模拟结果

重新设计该电路可以消除其中的一些效应。首先,减小驱动器晶体管的尺寸以使它们的阻抗与传输线的特征阻抗匹配(NMOS 和 PMOS 的宽度分别减至 65 μm 和 155 μm)。在驱动器的电源上增加一个 200 pF 的去耦电容。最后,模型中加入了一个扇出器件的输入保护二极管以更加符合实际情况。模拟结果显示这些改进非常有效,使电路更快和工作得更好。

9.5   高级互连技术

至此已讨论了许多技术来处理互连线引起的电容、电阻和电感寄生效应。为了提供一些未来的前景,本节中将讨论一些近年来已出现的更先进的电路。具体而言,下文将讨论降低信号摆幅如何有助于减少驱动大电容的导线所需的延时和功耗,同时将介绍一些技术来降低信号摆幅。

9.5.1   降摆幅电路

增加驱动器晶体管的尺寸(因而增加开关期间的平均电流 I_{av})仅仅是解决由大负载电容引起的延时的一种方法。另一种方法是降低驱动器输出端和负载电容上的信号摆幅。从直观上我们可以理解,减少必须被移位的电荷对于门的性能可能是有益的。只需回顾传播延时公式(5.16)就能得到最好的理解:

$$t_p = \int_{v_1}^{v_2} \frac{C_L(v)}{i(v)} \mathrm{d}v \tag{9.13}$$

假设负载电容为常数,可以简化延时的表达式为

$$t_p = \frac{C_L V_{swing}}{I_{av}} \tag{9.14}$$

这里,$V_{swing} = v_2 - v_1$ 是在输出上的信号摆幅,I_{av} 是平均的充(放)电电流。这一表达式清楚地表明在充(放)电电流不受电压摆幅降低影响的条件下,延时随信号摆幅的降低而线性地降低。简单地降低整个电源电压并不起作用:虽然降低了摆幅,但电流也降低了几乎同样的比例。这在前面图 3.28 中已有说明,该图表明,一个充(放)电晶体管的等效电阻在很大的电源电压范围内近似为常数。在有可能提高性能的同时,较低的信号摆幅进一步带来的主要好处是降低了动态功耗,这在负载电容很大时可以非常显著。

另一方面,降低信号摆幅也减少了噪声容限,从而使信号的完整性和可靠性受到负面影响。此外,由于 MOS 器件的跨导相对较小,所以 CMOS 逻辑门在探测和响应小信号变化方面并不特别有效。为了能够正确工作并达到较高的性能,降摆幅的电路需要放大器电路,它的作用是以最短的时间和消耗最小的额外能量把信号恢复到它的全摆幅。这一由于增加额外放大器造成的开销只对有大扇入的网络节点是合理的,在这样的网络中放大电路可以为许多输入门所共用。这类节点的典型例子是微处理器的数据或地址总线,或存储器阵列中的数据线。在前者中,放大器通常称为接收器,而在后者中,则称为灵敏放大器[1]。

图 9.31 为一个典型的降摆幅电路图,包括一个驱动器、一个具有大电容/电阻的互连线和一个接收器电路。迄今已经设计出许多不同的驱动器和接收器[Zhang00],但我们将仅讨论其中几个。一般来说,降摆幅电路主要分为两类:静态和动态(即预充的)。区分降摆幅电路的另一个因素是信号的传输技术。大多数接收器电路采用单端方式,在这一方式中接收器探测单条线上电压的绝对变化。另一类电路采用差分或双端信号传输技术,这时同时传送信号及其反信号,接收器

---

①   关于灵敏放大器电路方面的更详细内容见第 12 章有关半导体存储器部分。

探测两条线间电压的相对变化。虽然后一种方法显著增加了所需要的布线空间,但它在存在噪声时具有比较稳定的优点。

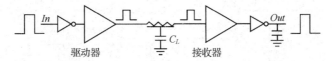

图 9.31　降摆幅互连电路。驱动器电路将正常的电压摆幅降至较低的值,而接收器则检测该信号并把它恢复到正常的摆幅值

静态降摆幅网络

如果有第二个较低电压的电源线 V_{DD_L},就可以大大简化设计降摆幅网络的任务。图 9.32 是一个使用第二个电源的简单而可靠的单端驱动器电路。困难在于接收器的设计。仅仅用一个反相器并不能很好地工作:NMOS 管输入上的小摆幅引起了一个小的下拉电流,从而在输出端形成一个缓慢的高至低的翻转;而且较低的 V_{DD_L} 值也不足以关断 PMOS 管,这使性能甚至更糟,此外还会导致静态功耗的发生。

图 9.32 是一个受第 6 章中讨论的 DCVSL 门的启发而进一步改进的电路。在接收器中采用了一个低电压反相器,以在本地产生输入信号的反信号。接收器现在的作用像一个差分放大器。交叉耦合的负载晶体管保证了输出被恢复到 V_{DD},并且在稳定状态下没有静态功耗。正反馈有助于加速翻转。该电路的缺点是,对于较低的摆幅值,它的速度太慢而难以接受。

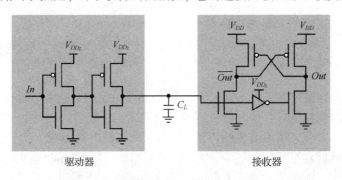

图 9.32　单端静态降摆幅驱动器和接收器

图 9.33 的电路避免了采用第二种电源线。通过在驱动器的最后一级交换 NMOS 和 PMOS 晶体管的位置,可以把互连线上的信号摆幅限制为从 $|V_{Tp}|$ 到 $V_{DD} - V_{Tn}$,即大约比电源电压 V_{DD} 小两个晶体管的阈值电压[①]。对称的接收器/电平转换器(converter)由两对交叉耦合的晶体管(P1-P2 和 N1-N2)以及两个隔离降摆幅互连线与全摆幅输出信号的晶体管(N3-P3)构成。

为了理解接收器的工作情况,假设节点 $In2$ 由低到高,即由 $|V_{Tp}|$ 到 $V_{DD} - V_{Tn}$ 变化。节点 A 和节点 B 初始时分别为 $|V_{Tp}|$ 和 GND。在翻转期间,随着 N3 和 P3 同时导通,A 和 B 上升至 $V_{DD} - V_{Tn}$,如图 9.33(b)所示。因而 N2 导通,Out 降为低电平。反馈晶体管 P1 进一步上拉 A 至 V_{DD},使 P2 完全关断。$In2$ 和 B 仍停留在 $V_{DD} - V_{Tn}$。这里没有旁路电流路径从 V_{DD} 经过 N3 至 GND,虽然 N3 的栅-源电压几乎为 V_{Tn}。由于电路是对称的,类似的说明也适用于由高至低翻转的情况。细心的读者将注意到,晶体管 P1 和 N1 的作用是电平恢复器,正如在前面传输管逻辑中看到的。因此它们可以非常弱,这有助于减小它们与驱动器的竞争。该接收器的探测(灵敏放大)延时小到等于两个反相器的延时。

---

① 这一方法的缺点是在互连线上的电压摆幅取决于阈值电压和体效应等工艺参数,因而因芯片不同而有所不同。

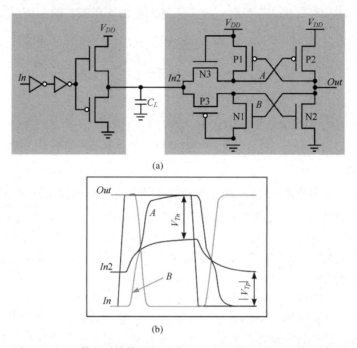

(a)

(b)

图 9.33　(a)带电平转换器的对称源极跟随驱动器；(b)模拟波形

思考题 9.2　降摆幅接收器的能量消耗

假设电容取决于导线的负载电容，推导图 9.33 的电路与全摆幅电路相比时每一信号翻转可以降低的能量。

至此所介绍的互连系统都是单端的。图 9.34 显示了一个差分技术。驱动器利用第二种电源线产生两个互补的降摆幅信号。接收器只不过是前面 7.4.2 节曾介绍过的一个以灵敏放大器为基础的寄存器。这一差分方法对共模噪声信号(如电源线噪声和串扰干扰)有很高的抑制能力。信号摆幅因而可以降低到很低的水平——已经看到有摆幅低至 200 mV 的工作电路。驱动器的上拉和下拉网络都采用 NMOS 管。这一差分方法的主要缺点是使导线的数量加倍，这在许多设计中是一个主要考虑的问题。额外的时钟信号也进一步增加了开销。

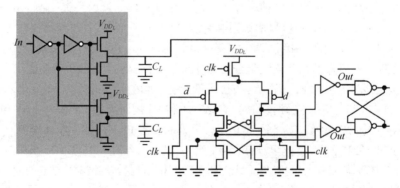

图 9.34　在驱动器上另加一种电源线的差分降摆幅互连系统。接收器是一个钟控的差分触发器[Burd00]

动态降摆幅电路

加快大扇入电路(如总线)响应速度的另一种办法是运用预充电技术，图 9.35 即为这样的一个例子。在 $\phi = 0$ 期间，总线通过晶体管 M_2 预充电至 V_{DD}。因为这一器件为所有的输入门所共享，所以可以使它足够大以保证充电时间很快。在 $\phi = 1$ 期间，总线电容由其中一个下拉晶体管有条件地放电。这一过程是缓慢的，因为大电容 C_{bus} 必须通过一个小的下拉器件 M_1 放电。

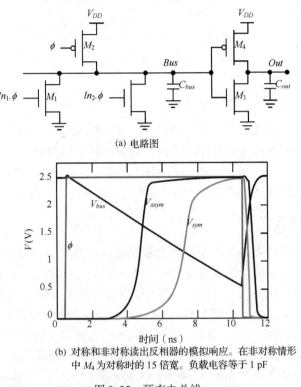

(a) 电路图

(b) 对称和非对称读出反相器的模拟响应。在非对称情形中 M_4 为对称时的 15 倍宽。负载电容等于 1 pF

图 9.35　预充电总线

之所以能以噪声容限为代价来加快速度，是因为可以看到，在总线上所有晶体管在求值期间都是由高至低翻转。通过使后续反相器的开关阈值上移可得到更快的响应速度，但这时的反相器门将不对称。在传统的反相器设计中，确定 M_3 和 M_4 的尺寸使 t_{pHL} 与 t_{pLH} 相等，因此反相器的开关阈值 (V_M) 处于 $0.5V_{DD}$ 左右。这意味着总线电压 V_{bus} 必须降至 $V_{DD}/2$ 以下才能使输出反相器切换。这可以通过加大 PMOS 器件因而提高 V_M 来避免，从而使输出缓冲器可以较早开始切换。

预充电方法可以大大提高驱动大电容线的速度。然而，它也具有动态电路技术的所有缺点——电荷分享、漏电以及由串扰和噪声引起的不希望的电荷丢失。相邻导线之间的串扰在密集布线的总线网络中更成问题。非对称接收器所降低的噪声容限 NM_H 使这一电路对寄生效应特别敏感。因此，在设计大的预充电电路时要格外小心并应进行大量的模拟。增加一个小的电平恢复器件使电路达到伪静态有助于该电路更具恢复能力。

图 9.35(b) 是预充电总线网络响应的模拟结果。图中同时画出了对称和非对称输出反相器的输出信号波形。上移开关阈值使传播延时的降低超过 2.5 ns。这可以进一步缩短求值周期、减少 0.6 V 的总线电压摆幅和 18% 的能量损耗。为得到该电路的最大收益，必须仔细地确定预充电/求值信号的时序。

另一种动态技术是图 9.36 所示的脉冲控制驱动器技术。其思路是控制驱动器的充（放）电时间以在互连线上得到所希望的摆幅。互连线被预充电至一个参考电压 REF，通常为 $V_{DD}/2$。接收器包括一个（伪）差分灵敏放大器，它把互连线上的电压与 REF 进行比较。由于放大器有静态功耗，所以只能使它作用很短一段时间。这一电路的优点是可以细微调节脉冲宽度以得到一个很低的摆幅，而不需要额外的电源电压。这一概念已被广泛地应用于储存器的设计中。然而，它只是在预先知道电容负载时才有效。此外，当驱动器不工作时导线是浮空的，这使它更容易受噪声的影响。

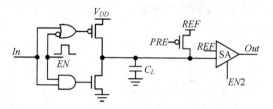

图9.36　带有灵敏放大器的脉冲控制驱动器

上面介绍的这些电路仅仅是目前已经设计出的许多降摆幅电路中的一小部分。例如，可以利用电荷分享的概念设计出电荷在导线与导线间循环的降电压摆幅工作的总线。我们向有兴趣的读者推荐一些更深入的参考资料，如 [Zhang00]。在大胆投身于降摆幅互连电路这一领域中时，应当清楚在功耗和性能与信号完整性和可靠性之间存在的权衡取舍。

9.5.2　电流型传输技术

以上所有这些方法假设在导线上传输的数据是由一组参照电源轨线电压的电平来代表的。虽然这一方法与数字逻辑中通常使用的逻辑电平是一致的，但从性能、功耗和可靠性的角度来看它并不一定代表最好的解决办法。考虑在一条特征阻抗为 50 Ω 的很长的传输线上传送一位(bit)数据。传统的电压模式方法显示在图9.37(a)中。驱动器在两条分别代表 **1** 和 **0** 的电源线之间切换该传输线，驱动器的阻抗为 R_{out}。接收器是一个 CMOS 反相器，用来比较输入电压和以电源为参照的阈值电压，这一阈值电压一般为两条电源轨线电压的中间值。噪声方面的考虑限制了信号摆幅的最小值。更具体来说，电源噪声具有很大的影响，因为它既会影响信号电平又会影响接收器的开关阈值。后者在很大程度上还受制造工艺变化的影响。

另一种方法是采用低摆幅电流模式传输系统，如图9.37(b)所示。在导线上，驱动器注入一个电流 I_{in} 代表 **1**，而注入一个反向电流 $-I_{in}$ 则代表 **0**。这在传输线上引起一个 $2 \times I_{in} \times Z_0$ 的电压波，它最终由并联终端电阻 R_T 所吸收。收敛时间取决于终端电阻与传输线特征阻抗的匹配程度。用一个差分放大器来检测 R_T 上的电压变化。注意，信号路径和它的返回路径都与电源线及其相关的噪声隔离，这使所有的电源噪声对差分接收器而言都是共模的。模拟电路设计者将证实，在任何设计得很好的差分放大器中这类噪声很容易被抑制。

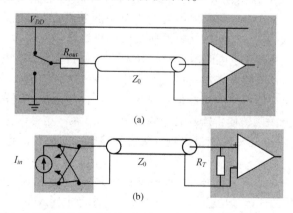

图9.37　电压与电流模式传输系统的对比。后者对电源噪声具有较高的抗噪声能力

尽管这两种方法能达到几乎同样的性能水平,但电流模式方法在(动态)功耗方面占有绝对优势。由于有抗电源噪声的能力,与电压模式电路相比,它可以工作在噪声容限低得多因而摆幅也低得多的情况下。在传输线上传播的电压波的值可低至100 mV。设计一个高效电流模式电路的主要挑战是静态功耗。但这在超高速网络中不成问题,因为这时的动态功耗往往起主要作用。

电流模式 CMOS 传输系统在高速片外互连领域已非常普遍。在高性能处理器和存储器中对 I/O 带宽的极度追求已使它成为一个非常重要的研究课题。对芯片间信号高速传送感兴趣的读者可参阅[Dally98]和[Sidiropoulos01]。

9.6 综述:片上网络

随着芯片尺寸和时钟速率在持续增加以及特征尺寸以稳定的速度在减小,不难看出互连问题会在未来相当长的一段时间内伴随着我们。物理限制(如光速和热噪声)决定了在"长"距离上的通信速度和可靠性。正如通信的瓶颈已是超超级计算机性能的主要障碍,类似的限制也开始阻碍集成系统("片上系统")的发展。在工艺和电路层次上,新提出的解决办法只能帮助暂时推迟一下这些问题。最终的解决办法是要把片上的互连线问题当成通信问题来对待,并且运用那些已使全球范围的大规模通信系统和网络系统正确可靠地运行了许多年的技术和方法。例如,令人叹服的是 Internet 对于给定的范围和大量的连接点能够一直正确地工作。这一成功的秘密就在于一个思考周密的协议层(protocol stack),它把各种各样的功能、性能和可靠性方面的考虑分隔开并互相独立。因此,不要把片上互连线看成点到点的导线,而应当把它们抽象为通信信道,在这些信道上我们要"高服务质量"地传送数据,并对通过量、等待时间以及正确性进行约束[Sgroi01]。

作为一个例子,今天的片上互连线信号传送技术已把噪声容限设计得足够大,以保证每一位(bit)总能被正确地传送。也许比较保险的说法是,未来的设计可能会采取更为极端的策略——它们也许为了能量/性能的缘故而完全放弃信号完整性,因而允许在传输信号上发生错误。这些错误可以通过设计其他具有纠错能力或能重新传送受损数据的电路来纠正。

在较高抽象层次上,我们已经看到出现了完整的片上"网络",如图9.38所示。数据不再是按固定的布线从源端至终端,而是作为一个数据包注入包括布线、开关和路由器(router)的整个网络中,正是这个网络动态地决定了如何及何时使这些数据包通过它的各部分[Dally01]。最终,当器件尺寸和片上距离之间的差别变得很大时,这是唯一切实可行的可靠方法。

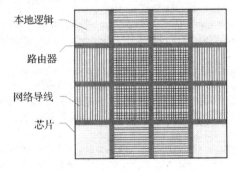

本地逻辑
路由器
网络导线
芯片

图 9.38 片上网络把多个处理器和它们的互连网络组合在同一芯片上

9.7　小结

本章介绍了许多解决互连线对数字集成电路性能和可靠性影响的技术。由互连引起的寄生效应对电路的工作有双重的影响：(1)引起噪声；(2)增加了传播延时和功耗。概括如下。

- 密集的布线网络中电容性串扰会影响系统的可靠性，从而影响了它的性能。因此必须采用工作性状良好的常规结构或运用先进的设计自动化工具仔细设计。对于总线或时钟信号线这样的导线提供必要的屏蔽十分重要。
- 在 CMOS 中快速驱动大电容时需要引入串级缓冲器，它们的尺寸必须仔细地确定。更为先进的方法包括降低长导线上的信号摆幅，以及采用电流模式的信号传输。
- 电阻率由于引起 *IR* 电压降而影响电路的可靠性。这对电源网络特别重要，在电源网络中确定导线的尺寸非常重要。
- 由 *RC* 效应引起的额外延时可以通过插入中继器以及采用较好的互连技术来最小化。
- 在较高的切换速度时互连线的电感变得很重要。当前芯片封装是电感最重要的来源之一。随着高速技术的发展，新的封装技术变得日益重要。
- 由在电源线上 Ldi/dt 电压降引起的地线抖动是当前集成电路中最重要的噪声来源。通过提供足够多的电源引线以及控制片外信号的斜率可以减少地线抖动。
- 传输线效应正在迅速成为超吉赫兹设计中的一个问题。提供正确的终端连接是解决传输线延时的唯一途径。
- 最后，我们在处理互连线问题时应当选择前瞻性的方法。结构化的单元加上总体结构和系统层的解决办法将大有帮助。

9.8　进一步探讨

有关数字设计中互连线问题的非常优秀的综述见[Bakoglu90]，[Dally98]和[Chandrakasan01]。

参考文献

[Adler00] V. Adler and E. Friedman, "Uniform Repeater Insertion in RC Trees," *IEEE Transactions on Circuits and Systems—I: Fundamental Theory and Applications*, vol. 47, no. 10, Oct. 2000.

[Apollo] Apollo-II, High-Performance VDSM Place and Route System for Soc Designs, *http://www.synopsys.com/products/avmrg/apolloII_ds.html.*

[Bakoglu90] H. Bakoglu, *Circuits, Interconnections and Packaging for VLSI*, Addison-Wesley, 1990.

[Burd00] T. Burd, T. Pering, A. Stratakos, and R. Brodersen, "A Dynamic Voltage Scaled Microprocessor System," *IEEE ISSCC Dig. Tech. Papers*, pp. 294–5, Feb. 2000.

[Cadence-Power] R. Saleh, M. Benoit, and P. McCrorie, "Power Distribution Planning," *http://www.cadence.com/whitepapers/powerdistplan.html*, Cadence Design, 2001.

[Cadence-X Initiative] The X Initiative, *http://www.cadence.com/industry/x2.html*, Cadence Design, 2001.

[Chandrakasan01] A. Chandrakasan, W. Bowhill, and F. Fox, Ed., *Design of High-Performance Microprocessor Circuits*, IEEE Press, 2001.

[Cong99] J. Cong and D.Z. Pan "Interconnect Estimation and Planning for Deep Submicron Designs," *Proc. 36th ACM/IEEE Design Automation Conf.*, New Orleans, LA., pp. 507–10, June, 1999.

[Dally98] B. Dally, *Digital Systems Engineering*, Cambridge University Press, 1998.

[Dally01] W. Dally, "Route Packets, Not Wires: On-Chip Interconnection Networks," *Proceedings Design Automation Conference*, pp. 684–9, Las Vegas, June 2001.

[Dally01] W. Dally, "Route Packets, Not Wires: On-Chip Interconnection Networks," *Proceedings Design Automation Conference*, pp. 684–9, Las Vegas, June 2001.

[Etter93] D. Etter, "Engineering Problem Solving with Matlab," Prentice Hall, 1993.

[Gieseke97] B. Gieseke et al., "A 600 MHz superscalar RISC microprocessor with out-of-order execution," *IEEE ISSCC Digest of Technical Papers*, pp. 176-177, Febr. 1997.

[Herrick00] B. Herrick, "Design Challenges in Multi-GHz Microprocessors," *Proceedings ASPDAC 2000*, Yokohama, January 2000.

[Johnson93] H. Johnson and M. Graham, *High-Speed Digital Design—A Handbook of Black Magic*, Prentice Hall, 1993.

[Khatri01] S. Khatri, R. K. Brayton, A. L. Sangiovanni-Vincentelli, *Cross Talk Immune VLSI Design Using Regular Layout Fabrics*, Kluwer Academic Publishers, June 2001.

[Ma94] S. Ma and P. Franzon, "Energy Control and Accurate Delay Estimation in the Design of CMOS Buffers," *IEEE Journal of Solid-State Circuits*, vol. 29, pp. 1150–1153, Sept. 1994.

[Pentium02] Intel Pentium 4 Processor Home Page, *http://www.intel.com/products/desk_lap/processors/desktop/pentium4*

[RailMill] "RailMill Datasheet—Power Network Analysis to Assure IC Performance," *http://www.synopsys.com/products/phy_syn/railmill_ds.html*, Synopsys, Inc.

[Restle01] P. Restle Home Page, *http://www.research.ibm.com/people/r/restle*, IBM Research, 2001.

[Sgroi01] M. Sgroi, M. Sheets, A. Mihal, K. Keutzer, S. Malik, J. Rabaey, A. Sangiovanni-Vincentelli, "Addressing the System-on-a-Chip Interconnect Woes Through Communication-Based Design," *Proceedings Design Automation Conference*, pp. 678–83, Las Vegas, June 2001.

[Sidiropoulos01] S. Sidiropoulos, C. Yang, and M. Horowitz, "High Speed Inter-Chip Signaling," Chapter 19, pp. 397–425, in [Chandrakasan01].

[Sotiriadis01] P. Sotiriadis and A. Chandrakasan, "Reducing Bus Delay in Submicron Technology Using Coding," *Proceedings ASPDAC Conference 2001*, Yokohama, January 2001.

[Stan95] M. Stan and W. Burleson, "Bus-Invert Coding for Low-Power I/O," *IEEE Transactions on VLSI*, pp. 49–58, March 1995.

[Sylvester98] D. Sylvester and K. Keutzer, "Getting to the Bottom of Deep Submicron," *Proceedings ICCAD Conference*, pp. 203, San Jose, November 1998.

[Tao94] J. Tao, N. Cheung, and C. Hu, "An Electromigration Failure Model for Interconnects under Pulsed and Bidirectional Current Stressing," *IEEE Trans. on Devices*, vol. 41, no. 4, pp. 539–45, April 1994.

[Zhang00] H. Zhang, V. George, J. Rabaey, "Low-swing on-chip Signaling Techniques: Effectiveness and Robustness," *IEEE Transactions on VLSI Systems*, vol. 8, no. 3, pp. 264–272, June 2000.

习题

可以在 http://icbook. eecs. berkeley. edu/找到新的一组思考题、设计题和习题。

第10章 数字电路中的时序问题

- 时钟偏差和抖动对性能及功能的影响
- 其他时序方法
- 数字 IC 和印刷电路板设计中的同步问题
- 时钟产生

10.1 引言

所有的时序电路都具有一个共同的性质——如果要使电路正确工作就必须严格执行预先明确定义好的开关事件的顺序。如果不这样做，也许会把错误的数据写入储存元件，导致操作出错。同步系统方法，即采用全局分布的周期性同步信号(即全局时钟信号)使系统中所有存储单元同时更新，是执行这一次序的有效和非常普遍的方法。电路的功能性是通过对时钟信号的产生以及它们在遍布整个芯片的存储单元上的分布实行某些严格的限定来保证的，违背这些限定常常会使功能出错。

本章首先概括介绍各种不同的时序方法，重点放在普遍采用的同步方法上。我们将分析时钟信号在空间上的变化(称为时钟偏差)和时间上的变化(称为时钟抖动)所带来的影响，并介绍解决这两个问题的办法。这些因素从根本上限制了常规设计方法所能达到的性能。

时序电路设计的另一个极端是非同步(异步)设计方法，它由于不需要全局分布时钟因而完全避免了时钟的不确定性问题。在讨论非同步设计方法的基本原理之后，我们将分析与其相关的开销并介绍一些实际应用。有关不同时钟域之间的同步以及非同步与同步系统之间的接口这样一些重要问题也值得深入探讨。最后，还将介绍用反馈产生片上时钟的原理以及未来在时序方面的发展趋势。

10.2 数字系统的时序分类

在数字系统中，信号可以根据它们与本地时钟的关系进行分类[Messerschmitt90][Dally98]。只在预先决定的时间周期上发生翻转的信号相对于系统时钟可分为同步的(synchronous)、中等同步的(mesochronous)或近似同步的(plesiochronous)。反之，可以在任意时间发生翻转的信号称为异步(asynchronous)信号。

10.2.1 同步互连

一个同步信号具有与本地时钟完全相同的频率并与该时钟保持一个已知的固定相位差。在这样一个时序框架内，信号与该时钟"同步"，因此数据可以直接采样而没有任何不确定性。在数字逻辑设计中，同步系统是最简单的互连类型。在这样一个电路中数据流与系统时钟步伐一致，如图 10.1 所示。

图中，输入数据信号 In 由寄存器 R_1 采样，产生与系统时钟同步的信号 C_{in}，随后传送至组合逻辑模块。在经过适当的稳定时间之后，输出 C_{out} 有效。C_{out} 的值由 R_2 采样并通过时钟与输出同步。从某种意义上讲,是信号 C_{out} 的确定期(certainty period)——数据有效的时期——与系统时钟同步。这使寄存器 R_2 有十足的把握对数据采样。**不确定期的长度**(即数据无效的时期)**决定了同步系统最快能以什么样的时钟速度来同步**。

图 10.1 同步互连方法

10.2.2 中等同步互连

一个中等同步(mesochronous)信号(meso 在希腊文中是"中间"的意思)不仅与本地时钟具有同样的频率,而且相对于该时钟具有未知的相位差。例如,如果数据在两个不同的时钟域之间传送,那么从第一个模块传送来的数据信号与接收模块的时钟之间可以有一个未知的相位关系。在这样一个系统中,不可能直接在接收模块对输出采样,因为它们的相位差不确定。如图 10.2 所示,可以用一个中等同步器使数据信号与接收时钟同步。同步器的作用是调整接收信号的相位以保证正确采样。

在图 10.2 中,信号 D_1 与 Clk_A 同步。然而 D_1 和 D_2 与 Clk_B 是中等同步的,因为 Clk_A 和 Clk_B 之间的相位差未知,并且模块 A 和模块 B 之间路径的互连延时也未知。同步器的作用是调整可变延时线,使数据信号 D_3(延时的 D_2)与模块 B 的系统时钟正确对齐。在这一例子中,通过测量接收信号与本地时钟间的相位差来调整可变延时元件。寄存器 R_2 在确定期采样输入的数据,在此之后,信号 D_4 与 Clk_B 同步。

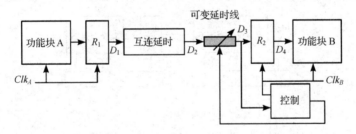

图 10.2 采用可变延时线的中等同步通信方法

10.2.3 近似同步互连

一个近似同步(plesiochronous)信号是一个频率与本地时钟频率名义上相同但其真正频率却稍有不同的信号(在希腊文中 plesio 是"相近"的意思)。这会使相位差随时间漂移。当两个相互作用的模块具有由各自的晶体振荡器产生的独立时钟时,就很容易发生这一现象。由于被传送的信号可能以与本地时钟不同的速率到达接收模块,所以需要运用缓冲技术以保证能接收到所有的数据。通常近似同步互连只发生在包含长距离通信的分布系统中,这是因为芯片级甚至板级电路一般都使用同一个振荡器来产生本地时钟,图 10.3 为近似同步互连的一种可能的结构。

在这一数字通信结构中,发送模块以某一未知的频率 C_1 产生数据,它相对于 C_2 来说是一个近似同步信号。时序恢复单元的作用是从数据序列中取出时钟 C_3 并在一个 FIFO(先进先出寄存器)中缓冲该数据。结果 C_3 将与 FIFO 输入端的数据同步并与 C_1 中等同步。由于来自原始模块的时钟频率与接收模块的时钟频率不一致,所以如果传输频率较快就有可能丢失数据,而如果传输频率慢于接收频率,则数据可能被重复。但是,通过使 FIFO 足够大,并且只要出现溢出情况就定期重新设定系统,就能够得到稳定的通信。

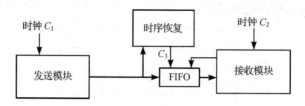

图 10.3 采用 FIFO 的近似同步通信

10.2.4 异步互连

异步信号可以在任何时候随意变化,并且它们不服从任何本地的时钟。因此,把这些随意的变化映射到一个同步的数据流中并不容易。通过检测这些变化并将等待时间(latency)引入与本地时钟同步的数据流中,就可以同步异步信号。然而,一个更加自然地处理异步信号的方法就是去掉本地时钟并采用自定时的异步设计方法。在这一方法中,模块之间的通信由握手协议控制,它保证了正确的操作次序。

当一个逻辑块完成一个操作时(见图 10.4),它将产生一个完成信号 DV 来表示输出信号已有效。于是握手信号就开始把数据传送到下一个模块。这一模块将新的数据锁存并且在启动信号 I 有效后开始新的计算。异步设计的优点在于计算以逻辑块的本地速度进行,而且只要有了合法数据,逻辑块就能随时进行计算。这一方法不需要解决时钟的偏差(clock skew)问题,并且是一种非常模块化的方法,即块与块之间的相互作用只是简单地通过一个握手过程来完成。但是,这些协议增加了电路的复杂性以及通信开销,而这会影响性能。

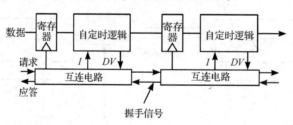

图 10.4 简单流水线互连的异步设计方法

10.3 同步设计——一个深入的考察

10.3.1 同步时序原理

实际上今天设计的所有系统都采用周期性的同步信号或时钟。时钟的产生和分布对系统的性能和功耗会产生显著的影响。让我们暂且假设一个正边沿触发系统,其中时钟的上升沿标志着一个时钟周期的开始和结束。在理想情况下,假设从中心分布点到每个寄存器的时钟路径完全均衡,那么在系统不同点处的时钟相位(即相对于参照时间的时钟边沿的位置)也应当完全相同。图 10.5 表示一个同步流水线数据通路的基本结构。在理想情形中,寄存器 1 和寄存器 2 的时钟具有相同的周期,并且在完全相同的时刻翻转。

假设已知下列时序电路的时序参数:

- 寄存器的"污染"或最小延时 $t_{(c-q,cd)}$ 和最大传播延时 t_{c-q}；
- 寄存器的建立时间 t_{su} 和维持时间 t_{hold}；
- 组合逻辑的污染延时 $t_{(logic,cd)}$ 和最大延时 t_{logic}；
- 时钟 CLK_1 和 CLK_2 的上升沿相对于全局参照时钟的位置（分别为 t_{clk1} 和 t_{clk2}）。

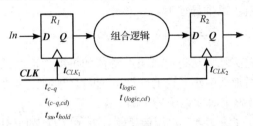

图 10.5　流水线数据通路的电路和时序参数

在理想情况下，$t_{clk1} = t_{clk2}$，因此这一时序电路要求的最小时钟周期仅取决于最坏情况的传播延时。周期必须足够长，以便在时钟的下一个上升沿之前数据能够传播通过寄存器和逻辑并在目标寄存器处建立起来（满足建立时间要求）。正如在第 7 章中所见，这一约束由以下表达式给出：

$$T > t_{c-q} + t_{logic} + t_{su} \tag{10.1}$$

与此同时，目标寄存器的维持时间必须小于通过逻辑网络的最小传播延时：

$$t_{hold} < t_{(c-q,cd)} + t_{(logic,cd)} \tag{10.2}$$

遗憾的是，上述分析多少有点简单化，因为时钟永远也不会是理想的。实际上不同的时钟事件既不是理想周期性的也不是完全同步的。由于工艺和环境的变化，时钟信号同时会在空间和时间上发生偏差，这会导致性能下降或电路出错。

时钟偏差（Clock Skew）

集成电路中一个时钟翻转的到达时间在空间上的差别通常称为时钟偏差。在一个集成电路中，两点 i 和 j 之间的时钟偏差为 $\delta(i, j) = t_i - t_j$，这里 t_i 和 t_j 是该时钟上升沿相对于参照时钟的位置。考虑图 10.5 中在寄存器 R_1 和 R_2 之间传送数据。根据布线方向和时钟源的位置，时钟偏差可以有正有负。图 10.6 显示的是正偏差情况下的时序图。如图所示，在第二个寄存器处时钟上升沿延迟了一个正的 δ。

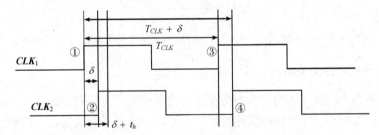

图 10.6　研究时钟偏差对性能和功能影响的时序图。在本例的时序图中，$\delta > 0$

时钟偏差是由时钟路径的静态不匹配以及时钟在负载上的差异造成的。根据定义，各个周期的偏差是相同的。这就是说，如果在一个周期 CLK_2 落后于 CLK_1 一个 δ，那么在下一个周期它也将落后同一数量。需要注意的是，时钟偏差并不造成时钟周期的变化，造成的只是相位的偏移。

时钟偏差现象无论对时序系统的性能还是功能都有很大的影响。首先,考虑时钟偏差对性能的影响。从图10.6中可以看到,由 R_1 在边沿①处采样的一个新输入 In 将传播通过组合逻辑并被 R_2 在边沿④处采样。如果时钟偏差为正,那么信号由 R_1 传播到 R_2 的可用时间就增加了一个时钟偏差值 δ。组合逻辑的输出必须在 CLK_2 上升沿(点④)的一个建立时间之前有效。于是对这一最小时钟周期的约束就可以推导如下:

$$T+\delta\geq t_{c-q}+t_{logic}+t_{su} \quad 或 \quad T\geq t_{c-q}+t_{logic}+t_{su}-\delta \tag{10.3}$$

该式提示我们时钟偏差实际上具有改善电路性能的可能。也就是电路可靠工作所要求的最小时钟周期随时钟偏差的增加而减小!这的确没错,但可惜的是,增加偏差会使电路对竞争情况更加敏感,而这有可能危及整个时序系统的正确工作。

这一点可以用以下的例子来说明:再次假设输入 In 在 CLK_1 的上升沿(即边沿①)处被采样进入 R_1。R_1 输出端的新数据传播通过组合逻辑并且应当在 CLK_2 的边沿④之前有效。然而,如果组合逻辑块的最小延时很小,那么 R_2 的输入就有可能在时钟边沿②之前改变,导致求值出错。为了避免竞争,我们必须保证通过寄存器和逻辑的最小传播延时足够长,以使 R_2 的输入在边沿②之后的一段维持时间内保持有效。这一约束可以表示成:

$$\delta+t_{hold}<t_{(c-q,cd)}+t_{(logic,cd)}$$

或 $\tag{10.4}$

$$\delta<t_{(c-q,cd)}+t_{(logic,cd)}-t_{hold}$$

图10.7 显示的是 $\delta<0$ 情况下的时序图。这时,CLK_2 的上升沿发生在 CLK_1 的上升沿之前。R_1 在 CLK_1 的上升沿处采样一个新的输入。该新数据传播通过组合逻辑,并且在 CLK_2 的上升沿处(相应于边沿④)被 R_2 采样。正如图10.7及式(10.3)显示的那样,负的时钟偏差对时序系统的性能有负面的影响。然而,假设 $t_{hold}+\delta<t_{(c-q,cd)}+t_{(logic,cd)}$,负偏差则意味着系统永远不会失误,因为边沿②发生在边沿①之前!

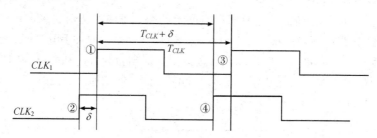

图10.7 $\delta<0$ 情况下的时序图。CLK_2 的上升沿早于 CLK_1 上升沿到达

正时钟偏差和负时钟偏差的例子见图10.8。

- $\delta>0$。这相当于时钟布线的方向与数据通过流水线的方向一致,如图10.8(a)所示。在这种情形下,时钟偏差应严格控制并满足式(10.4)。如果不能满足这一约束,那么无论什么样的时钟周期电路都会出错。降低一个边沿触发电路的时钟频率并不能帮助解决时钟偏差问题!所以在设计时必须满足对维持时间的约束。反之,正如式(10.3)所示,正偏差能够增加电路的数据通过量。即时钟周期可以缩短 δ。但这一改进的范围是有限的,因为较大的 δ 值很快就会导致违反式(10.4)的情况。

- $\delta<0$。当时钟布线与数据方向相反时,如图10.8(b)所示,时钟偏差为负值并显著提高了抗竞争的能力;如果维持时间为零或负值,竞争就可以被消除,因为上式可以无条件成立!

由于偏差降低了可用于进行实际计算的时间，所以时钟周期必须增加一个$|\delta|$。总之，在与数据相反的方向上布时钟线可以避免出错，但会降低电路的性能。

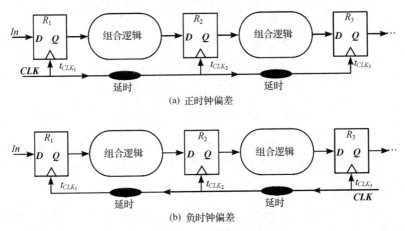

(a) 正时钟偏差

(b) 负时钟偏差

图 10.8　正时钟偏差和负时钟偏差的情形

遗憾的是，由于在一般的逻辑电路中数据可以在两个方向上流动（如具有反馈的电路），所以这种消除竞争的方法并不总能奏效。图 10.9 显示的是根据数据传送的方向时钟偏差值可正可负。在这些情况下，设计者必须考虑最坏情况下的时钟偏差。一般来说，使时钟布线只发生负偏差是不现实的。因此，设计一个偏差小的时钟网络才是最重要的。

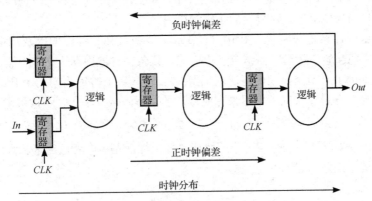

图 10.9　具有反馈的数据通路结构

例 10.1　估计传播延时和污染延时

考虑图 10.10 中的逻辑电路。对给定的最坏情况下的门延时 t_{gate}，确定该电路的污染延时和传播延时。我们也可以假设门的最大延时和最小延时相等。

污染延时很容易求出，它是数据通过 OR_1 和 OR_2 的延时，等于 $2t_{gate}$。然而，计算最坏情况下的传播延时却并不那么简单。初看起来最坏情况似乎相应于路径①，因而延时为 $5t_{gate}$。但当分析数据相关性时会发现路径①根本不会有信号经过。路径①称为虚假路径（false path）。如果 $A=1$，那么关键路径经过 OR_1 和 OR_2。如果 $A=0$ 及 $B=0$，则关键路径经过 I_1，OR_1 和 OR_2（相应于延时为 $3t_{gate}$）。对于 $A=0$ 而 $B=1$ 的情况，最长的路径经过 I_1，OR_1，AND_3 和 OR_2。换言之，在这一简单（但有创意）的电路中，输出甚至与输入 C 和 D 无关（即这里有**冗余**）。因此，实际的传播延时为 $4t_{gate}$。如果给定传播延时和污染延时，电路所允许的最小偏差和最大偏差可以很容易地计算出来。

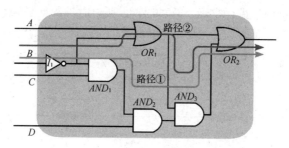

图 10.10　用于计算性能的逻辑电路

警告：由于存在虚假路径，组合逻辑最坏情况的传播延时不能简单地通过相加各个逻辑门的传播延时来计算。关键路径很大程度上取决于电路的拓扑结构以及数据的相关性。

时钟抖动(Clock Jitter)

时钟抖动是指在芯片的某一个给定点上时钟周期发生暂时的变化，即时钟周期在每个不同的周期上可以缩短或加长。时钟抖动是严格衡量时钟暂时不确定性的一项指标，并且经常针对某一给定点进行说明。**抖动**可以用许多方法来衡量和表征，它是一个**零均值随机变量**。绝对抖动(t_{jitter})是指在某一给定位置处的一个时钟边沿相对于理想的周期性参照时钟边沿在最坏情形下的变化(绝对值)。周期至周期抖动(T_{jitter})一般是指单个时钟周期相对于理想参照时钟的时变(time-varying)偏离。对于一个给定的空间位置 i，$T_{jitter}^i(n)=t_{clk,n+1}^i-t_{clk,n}^i-T_{CLK}$，其中 $t_{clk,n+1}^i$ 和 $t_{clk,n}^i$ 分别代表第 $n+1$ 个和第 n 个时钟边沿到达节点 i 的时间，而 T_{CLK} 则是名义时钟周期。在最坏情况下，周期至周期抖动的值等于绝对抖动的 2 倍($2t_{jitter}^i$)。

抖动直接影响时序系统的性能。图 10.11 显示了一个名义时钟周期以及周期的变化。在理想情况下，时钟周期起始于边沿②而结束于边沿⑤，其名义时钟周期为 T_{CLK}。然而，最坏情况发生在当前时钟周期的上升沿因抖动而延后(边沿③)，而下一个时钟周期的上升沿又因抖动而提前(边沿④)。结果，在最坏情况下可用来完成操作的总时间减少了 $2t_{jitter}$，这可由下式得出：

$$T_{CLK}-2t_{jitter}\geq t_{c-q}+t_{logic}+t_{su} \quad 或 \quad T\geq t_{c-q}+t_{logic}+t_{su}+2t_{jitter} \tag{10.5}$$

上式表明，抖动直接降低了一个时序电路的性能。如果性能是一个考虑因素，那么重要的是严格保证抖动在限定的范围之内。

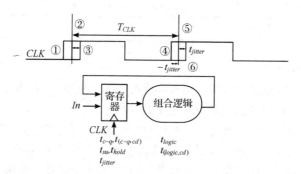

图 10.11　研究抖动对性能的影响的电路

偏差和抖动的共同影响

本节讨论通常的边沿触发时钟的偏差和抖动的共同影响。考虑图 10.14 的时序电路。

假设由于时钟分布的原因，两个寄存器上的时钟信号之间存在一个静态偏差 δ(假设 $\delta>0$)。

而且，两个时钟都有抖动 t_{jitter}。为了确定对最小时钟周期的限制，必须先看一下完成所要求的计算可用的最小时间是多少。最坏情况发生在 CLK_1 的当前时钟周期的上升沿推迟出现（边沿③）而 CLK_2 的下一个时钟周期的上升沿提前出现（边沿⑩）时。由此得到了下列约束条件：

$$T_{CLK} + \delta - 2t_{jitter} \geq t_{c-q} + t_{logic} + t_{su}$$

或

$$T \geq t_{c-q} + t_{logic} + t_{su} - \delta + 2t_{jitter} \tag{10.6}$$

上式表明，正偏差可以带来性能上的好处。反之，抖动总是对最小时钟周期有负面影响[1]。

为了推导最小延时约束公式，考虑 CLK_1 周期的上升沿提前到达（边沿①），而 CLK_2 当前周期的上升沿推迟到达（边沿⑥）的情形。边沿①和边沿⑥之间的间隔时间应当小于经过整个电路的最小延时。由此得到：

$$\delta + t_{hold} + 2t_{jitter} < t_{(c-q, cd)} + t_{(logic, cd)}$$

或

$$\delta < t_{(c-q, cd)} + t_{(logic, cd)} - t_{hold} - 2t_{jitter} \tag{10.7}$$

这一关系表明两个信号的抖动降低了可接受的时钟偏差值。

现在考虑负偏差（$\delta < 0$）的情况，如图 10.12 所示。假设 $|\delta| > t_{jitter}$。可以证明最坏情形下的时序与前面所分析的情况完全一致，只是 δ 为负值。因此负偏差会降低性能。

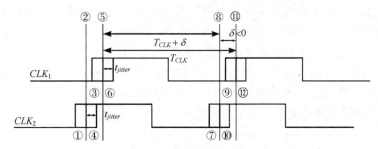

图 10.12 具有负时钟偏差（δ）的时序电路。假设偏差大于抖动

10.3.2 偏差和抖动的来源

一个理想的时钟定义为同时触发芯片上各种存储元件的周期性信号。然而由于制造工艺和环境变化的不同，时钟并不那么理想。为了说明偏差和抖动的来源，考虑一个简化的典型时钟产生和分布网络，如图 10.13 所示。一个高频时钟可以由片外提供，也可以在片上产生。时钟从中心点出发，利用多条匹配路径向低层的时序元件分布。图中显示了两条路径。时钟路径包括导线以及相关的分布缓冲器，用以驱动互连线和负载。实现时钟分布时应当了解的关键点是**经过时钟分布路径的绝对延时并不重要**，重要的是它们到达每一条路径末端寄存器处的相对时间。只要所有的时钟同时到达芯片上所有的寄存器，那么时钟信号经过多个周期从中心分配点到达低层的寄存器是完全可以接受的。

有许多原因使这两条并行路径不能有完全相同的延时。时钟不确定性的来源可以按几种方式来分类。首先，出错可以分为两类：系统错误和随机错误。系统错误名义上在不同的芯片之间

---

[1] 这一分析完全是针对最坏情形的。它假设在源端与终端节点上的抖动值是独立的统计变量。实际上，涉及维持时间分析的时钟边沿是由同一个时钟边沿推导出来的，因此它们在统计学上相关。当考虑这一相关性时会显著降低对时序的约束条件。

是完全一样的并且是可以预见的(如每条时钟路径上的总负载电容不同)。从理论上讲,只要有足够好的模型和模拟工具,这类错误可以在设计阶段进行模拟并予以纠正。简言之,系统错误可以通过测试一组芯片发现,然后通过调整设计来弥补。而随机错误是由于制造中的变化产生的,所以很难模拟和消除(例如掺杂变化引起阈值变化)。

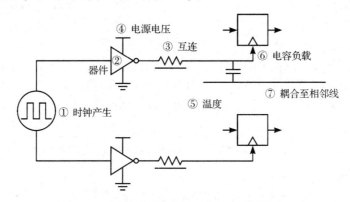

图 10.13　同步时钟分布中的偏差和抖动的来源

时钟不一致(未对准)也可以分为静态的和时变的。例如,一个芯片上的温度梯度会在毫秒大小的时间上发生变化。虽然一个经一次校准的时钟网络易受由温度梯度变化引起的时变失配(时钟不一致)的影响。但热的变化对于一个带宽为几兆赫的反馈电路来说却显得相当稳定。另一个例子就是电源噪声。时钟网络是芯片上最大的信号网络,因此时钟驱动器的同时翻转会在电源上引起噪声。但这一高速的影响并不会引起时变失配,因为它对每个时钟周期都相同,并且以相同的方式影响每个时钟上升沿。自然这一电源上的毛刺(glitch)如果在芯片各处不相同则仍然会引起静态失配。图 10.13 所示的偏差和抖动的各种来源将在以下各节中仔细讨论和表征,图 10.14 则表示在时序电路中偏差与抖动对边沿触发系统的影响。

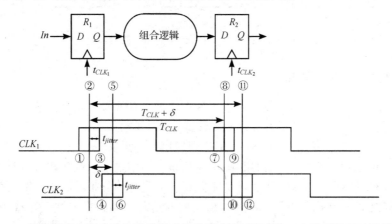

图 10.14　研究偏差与抖动对边沿触发系统的影响的时序电路。本例假设正时钟偏差(δ)

时钟信号的产生(1)

时钟信号的产生本身就会引起**抖动**。一个典型的片上时钟发生器(如将在本章最后介绍的)以一个低频参照时钟信号为输入产生一个处理器所需要的高频全局参照信号。这样一个发生器的核心是一个电压控制振荡器(Voltage-Controlled Oscillator, VCO)。这是一个模拟电路,它对器件的本征噪声和电源电压的变化很敏感。它的主要问题是来自周围数字电路的噪声通过衬底的耦合。这在现代制造工艺中更是一个问题，因为这些工艺采用在重掺杂衬底上的轻掺杂外延层(以防止闩锁)，这会使衬底噪声在芯片上传递一段很长的距离[Maneatis00]。这些噪声源会引起时钟信号的暂时改变，并不经过滤地通过时钟驱动器传播到触发器，从而引起周期至周期的时钟周期变化。

器件制造中的偏差(2)

分布在电路中的缓冲器是整个时钟分布网络的一部分。它们必须同时驱动寄存器负载以及全局和本地互连线。在多条时钟路径上缓冲器器件的匹配对于减小时序的不确定性非常关键。遗憾的是，由于工艺的偏差，使在不同路径上缓冲器的器件参数也不尽相同，从而引起静态时钟偏差。偏差有许多来源，例如氧化层的变化(影响到增益和阈值)、掺杂的变化以及横向尺寸(长和宽)的变化。掺杂的变化会影响结深和掺杂的分布形态，从而造成器件电气参数(如器件的阈值和寄生电容)的变化。

多晶硅的走向对器件参数也有一定影响。因此使整个芯片上时钟驱动器保持同一取向非常关键。多晶硅关键尺寸的变化影响特别大，因为它直接影响 MOS 晶体管的沟道长度，从而影响驱动电流和开关特性。时钟在空间上的变化包括圆片级(即圆片上)的变化和芯片级(即芯片上)的变化。这些变化至少有一部分属于系统级的，因此可以进行模拟和弥补。然而随机变化最终限制了时钟的匹配(一致性)，以及可以达到的最小时钟偏差。

互连偏差(3)

互连线垂直和横向尺度的偏差造成芯片上互连线电容和电阻的不同。由于这些差别是静态的，所以会造成不同路径间的**时钟偏差**。互连线偏差的一个重要来源是层间电介质(Inter-layer Dielectric, ILD)厚度的不均。在形成铝互连线时二氧化硅层夹在互连图形的金属层之间。氧化物淀积在已形成图形的金属层上时，一般都会留下一些台阶高度或表面形貌。化学机械抛光(Chemical-Mechanical-Polishing, CMP)用来"平整"表面并除去淀积和刻蚀所造成的形貌，如第 3 章所描述及图 10.15(a)所示。虽然在特定范围内(即在一条单独的金属线上)CMP 能够达到很高的平整度，但从整个芯片范围上来讲平整度就很有限了。这主要是由于抛光速率有所不同，而抛光速率又与电路版图的密度以及图形的影响有关。图 10.15(b)显示了这一影响——在空间密度较低的区域抛光速率较高，因而使电介质的厚度较小，电容较大。

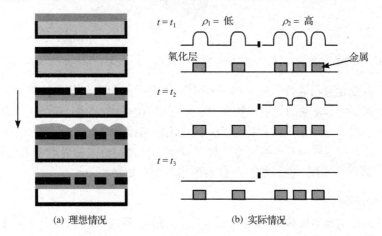

(a) 理想情况　　　　　(b) 实际情况

图 10.15　层间电介质(ILD)厚度因空间密度而改变(经 Duane Boning 许可刊登)

确定并控制这些变化对半导体工艺的发展和制造至关重要。在开发根据空间密度估计 ILD 厚度变化的解析模型方面已经有了显著的进展。由于这部分经常可以根据版图来预测，所以实际上有可能在设计阶段就对这一系统性的偏差部分予以纠正(例如通过适当增加延时或通过加入"虚设填料"而使密度一致)。图 10.16 是一个高性能微处理器的空间图形密度和 ILD 厚度图。该图清楚地显示了图形密度与电介质厚度之间的对应关系。因此,时钟分布网络必须利用这样的信息来减少时钟偏差。

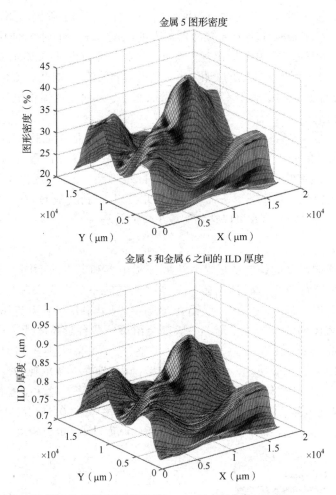

图 10.16   一个高性能微处理器的图形密度和 ILD 厚度的变化(经 Duane Boning 许可刊登)

互连线的其他变化包括导线宽度和线间距离的变化,这与光刻和刻蚀过程有关。在多层金属结构的较低金属层上,光刻的影响比较重要;而在较高的金属层上,与线宽和版图有关的刻蚀影响起主要作用。线宽是一个关键参数,因为它直接影响导线的电阻,而线间距离则影响线间电容。在[Boning00]中对器件和互连线的变化做了详细的综述。近来的处理器采用铜互连线,由于CMP 形成凹坑和磨损的作用,铜线的厚度也表现出与图形密切相关[Park00]。

环境变化(4 和 5)

环境变化可能是引起**时钟偏差和抖动**的最重要因素。环境变化的两个主要来源是温度和电源。芯片上的温度梯度起因于芯片上各处的功耗不同。如图 10.17 所示,温度梯度可以非常大,图中显示的是 DEC 21064 微处理器表面温度的快照。随着时钟门控选通(clock gating)的出现,温度差异已成为一个重要问题,因为时钟门控选通使芯片上的某些部分不工作,而其余部分则满负荷工作。近年来时钟门控选通作为使不工作模块功耗最小的一种方法(将在下一节介绍)已变得越来越普遍。关断部分芯片会导致温度有很大差别。由于器件参数(如阈值和迁移率)与温度密切相关,所以一个时钟分布网络中不同路径上的缓冲器延时可以有很大的不同。更重要的是,这部分差别是时变的,因为温度随电路的逻辑活动而改变。因此仅模拟最差温度情形下的时钟网络是不够的,温度差别最大的情况也必须进行模拟。一个有趣的问题是温度差异是否对时钟偏差或抖动起作用。显然,温度差异随时间而变化,但这些变化很慢(一般温度变化的时间常数在毫秒的范围内)。因此通常把温度差异看成引起时钟偏差的原因,并且把它作为最坏情况的条件来使

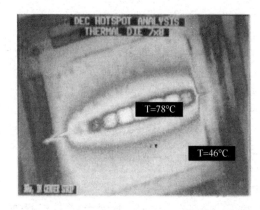

图 10.17　DEC 21064 微处理器表面温度差异的快照。最高温度发生在中心时钟驱动器处[Herrick00]

用。幸运的是,利用反馈电路可以校准温度影响并对它进行补偿。

反之,供电变化则是时钟分布网络中**抖动**的主要原因。经过缓冲器的延时与电源电压密切相关,因为它直接影响晶体管的驱动能力。与对温度一样,电源电压对开关的活动性也有很大的影响,因此不同路径上缓冲器的延时会有很大的不同。电源电压的变化可以分为慢的(或称静态的)变化和高频率的变化。静态电源电压的变化可源于从不同模块汲取不同的固定电流,而高频率的变化则是由于开关活动的起伏引起电源网格上瞬时的 IR 压降造成的。电感对电源电压的影响也是一个重要因素,因为它会引起电压的波动。同样,时钟门控选通使这一问题变得更加严重,因为逻辑在闲置与工作状态间的切换会造成电源供电电流的重大变化。由于供电电压可以快速变化,使时钟信号周期也在各个不同的周期上变化,从而造成了抖动。两个不同时钟点的抖动有可能相关也可能不相关,这取决于供电网络的结构和切换方式的分布形态。遗憾的是,高频率的供电变化即使采用反馈技术也很难补偿。因此,**电源噪声基本上限制了时钟网络的性能**。为了减少供电变化,高性能的设计都在主要时钟驱动器的周围加上去耦电容。

电容耦合(6 和 7)

电容负载的变化也会影响到时序的不确定性。电容负载变化有两个主要来源:时钟线与相邻信号线之间的耦合,以及栅电容的变化。时钟网络同时包括互连线电容和锁存器及寄存器的栅电容。时钟线与相邻信号之间的任何耦合都会引起时序的不确定性。由于相邻信号可以在任意时间向任意方向变化,所以与时钟网络的确切耦合在不同的时钟周期是不固定的,因而造成了**抖动**。时钟不确定性的另一个主要来源是所连时序元件栅电容的变化。负载电容是高度非线性的并取决于所加的电压。对于许多锁存器和寄存器来说,时钟负载与锁存器/寄存器的当前状态(即存储于电路内部节点上的值)以及下一个状态有关。这就造成了通过时钟缓冲器的延时在不同的周期不一样,这也会造成抖动。

例 10.2　与数据有关的抖动

考虑图 10.18 的电路,图中一个最小尺寸的局部时钟缓冲器驱动一个寄存器(实际上每个时钟缓冲器要驱动四个寄存器,但这里只显示了一个)。模拟显示了 CKb,即第一个反相器输出的四种可能的变化($0{\to}0$, $0{\to}1$, $1{\to}0$, $1{\to}1$)。它说明了因电容与数据有关而引起的时钟抖动。一般来说,解决这一问题的唯一方法是采用负载变化与数据关系不大的寄存器,例如第 7 章中所介绍的差分灵敏放大器型寄存器。

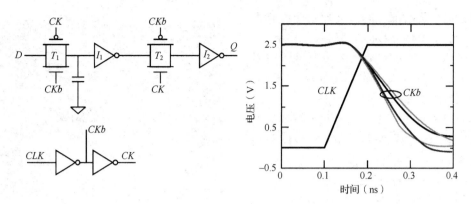

图 10.18 传输门寄存器中与数据相关的时钟负载对时钟抖动的影响

10.3.3 时钟分布技术

从前面的讨论可以清楚地看到,时钟偏差和抖动是数字电路中存在的主要问题,它们可能从根本上限制了数字系统的性能。因此在设计时钟网络时必须使这二者都最小。与此同时还应当密切注意与之相关的功耗问题。因为在大多数高速数字处理器中,大部分功率消耗在时钟网络中。为了降低功耗,时钟网络必须支持时钟管理,即具有关断部分时钟网络的能力。可惜的是,时钟门控选通会导致附加的时钟不确定性(正如前面所描述的那样)。

本节将概述高性能时钟分布技术的基本结构,并以 Alpha 微处理器中的时钟分布作为例子。在时钟网络的设计中有许多方面的自由度,包括导线材料的类型、基本的拓扑和层次、导线和缓冲器的尺寸、上升和下降时间以及负载电容的划分,等等。

时钟网络的结构

时钟网络一般都包括一个全局分配网络和一个最后一级的局部分配网络。全局分配网络用来把全局参照时钟分布到芯片的各个部分,而最后一级的局部分配网络则根据末端局部负载的不同情况,合理地进行时钟的局部分布。大多数时钟分布技术都利用这样一个事实,即从中央时钟源到时钟控制元件的绝对延时并没有什么关系——只有在时钟控制点之间的相对相位才是重要的。因此一个通常的时钟分布方法是采用均衡的路径(称为树结构)。

最常用的时钟分布技术是 H 树网络(H-tree network),如图 10.19 的一个 4×4 处理器阵列所示。首先把时钟连到芯片的中心点,然后包括匹配的互连线和缓冲器的均衡路径把参照时钟分布到每一个叶节点上。在理想情况下,如果每一条路径绝对均衡,那么时钟偏差就为零。尽管一个信号也许需要多个时钟周期才能从中心点传播到每个叶节点,但到达每个叶节点处的时间却是完全相同的。然而在实际中,由于制造过程和环境的变化会造成时钟发生偏差和抖动。

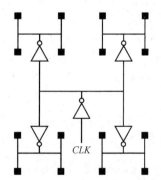

图 10.19 16 个叶节点的 H 树时钟分布网络的例子

H 树型结构对于规则的阵列电路特别有用,因为在这样的阵列中所有的元件都完全相同,因而时钟可以按二进制树那样来分布(例如完全相同处理器的铺瓦式阵列)。这一概念可以一般化为比较通用的情形。这个更为一般化的方法称为匹配 RC 树,它是一个分布时钟信号的平面布置方法,能使传送时钟信号至子功能块的互连线具有相同的长度。也就是说,这种一般的方法并不依赖规则的实际结构。图 10.20 是 RC 匹配的一个例子。芯片被划分成 10 个负载均衡的部分(瓦片)。全局时钟驱动器将时钟分布到位于图中各黑点处的瓦片驱动器上。用一个较低层次的 RC 匹配树来驱动每一个瓦片中另外 580 个驱动器。图 10.21 是一个树型网络中时钟延时的三维显示图。

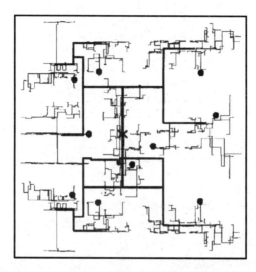

图 10.20　　一个 IBM 微处理器 RC 匹配分布的例子[Restle98]

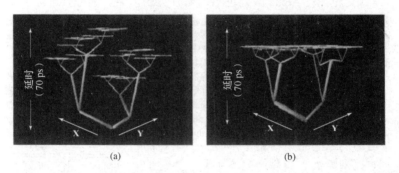

(a)　　　　　　　　　　　　　　(b)

图 10.21　　在一个驱动不同负载的树型网络中时钟延时的三维显示图。X 和 Y 轴代表芯片上
　　　　　　的位置,Z 轴代表时钟延时。图中线宽与设计的导线宽度成正比。图(a)清楚地
　　　　　　显示,负载的不均衡导致较大的时钟偏差。通过仔细调整导线宽度来平衡负载,
　　　　　　从而尽可能地减小了时钟偏差,如图(b)所示[Restle01]。同时可参见彩图9

　　另一种时钟分布的方法是采用图 10.22 的网格结构[Bailey00]。网格结构一般用在时钟网络的最后一级,它把时钟分布到钟控元件负载上。这一方法与均衡 RC 方法在原理上不同。主要差别在于最后一个驱动器到每一个负载的延时并不匹配。但如果网格的尺寸很小,那么它的绝对延时也减到最小。这样一个网格结构的主要优点是它允许在设计后期进行改动,这是由于在芯片上的各个点处很容易得到时钟。遗憾的是,由于该结构具有许多"多余"的互连线,所以它的功耗损失也相对较大。除了前面介绍的技术外,还设计出了其他一些时钟分布的方法。长度匹配的曲折形(serpentine)方法就是其中的一个[Young97]。

　　在设计一个复杂电路的较早阶段就考虑时钟分布问题是非常重要的,因为它可能会影响芯片平面布置的形状和形式。对于一个设计者来说也许希望能在设计的早期阶段忽略时钟网络而只把它放在设计周期的最后阶段再予以考虑,但这时芯片的大部分版图已成定局,因此这会使时钟网络难以合理分布,并且所导致的多个时序约束会影响最终电路的性能和工作。经过仔细规划,设计者可以避免这些问题,而时钟的分布也成为一个易于控制的操作。

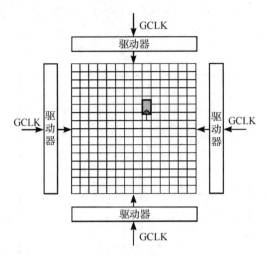

图 10.22　网格结构的时钟分布使时钟偏差较小，也使
物理设计比较灵活，代价是功耗较大[Bailey00]

时钟分布实例研究——Alpha 数字微处理器

　　这一部分将详细讨论三代 Alpha 微处理器的时钟分布策略。这些处理器一直处于技术的前沿，因此它们很能说明时钟分布领域总的进展情况[Herrick00]。

　　Alpha 21064 处理器　数字设备公司(Digital Equipment Corporation)的第一代 Alpha 微处理器(21064 或 EV4)采用的是单个全局时钟驱动器[Dobberpuhl92]。时钟负载电容在各个功能块中的分布情况见图 10.23。时钟的总负载等于 3.25 nF! 该处理器采用单相时钟方法，即把 200 MHz 的时钟送到具有五级缓冲的二进制树结构中。时钟驱动器的输入被短接在一起以消除输入信号中的不平衡。最终的输出级位于芯片的中央，用来驱动时钟网络。时钟驱动器及其相关的预驱动器占据了 40% 的等效开关电容(12.5 nF)，因此它的功耗很大。在 0.75 μm 工艺中它的时钟驱动器的总宽为 35 cm 左右。当考虑制造工艺的变化时，对时钟偏差的详细模拟表明它的时钟不确定性小于 200 ps(<10%)。

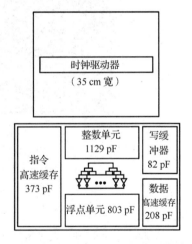

图 10.23　21064 Alpha 微处理器时钟负载电容的分布情况

　　Alpha 21164 微处理器　第二代 Alpha 微处理器(EV5)采用 0.5 μm CMOS 工艺，在一个 16.5 mm×18.1 mm 的芯片上集成了 930 万个晶体管，工作时钟频率为 300 MHz[Bowhill95]。该处理器选用单相时钟方法并大量采用动态逻辑设计，造成了 3.75 nF 的大时钟负载。整个时钟分布系统的功耗为 20 W，是该处理器总功耗的 40% 。

　　进入芯片的时钟信号首先通过位于芯片中央的一个 6 级缓冲器。它所产生的信号用金属层 3(Metal3)分配到位于二级高速缓存存储器和执行单元外边沿之间的左右两排最终时钟驱动器上，如图 10.24(a)所示。这些驱动器所产生的信号被驱动到一个金属层 3 和金属层 4 导线的网格上。最终的时钟驱动反相器的等效晶体管宽度为 58 cm! 为了保证整个芯片上时钟网格的完整性，从版图中提取该网格，并对所得到的 RC 网络进行模拟。图 10.24(b)是这一模拟结果的三维图形。

该图表明，左右驱动器输出处的时钟偏差为零。绝对时钟偏差的最大值小于 90 ps。关键的指令和执行单元的时钟均在 65 ps 内到达。

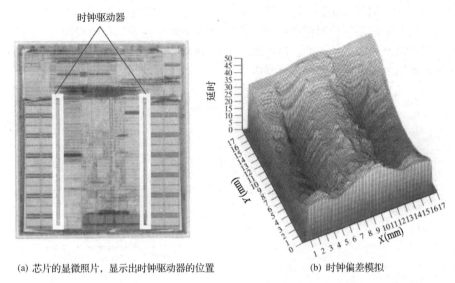

时钟驱动器

(a) 芯片的显微照片，显示出时钟驱动器的位置　　　　　　(b) 时钟偏差模拟

图 10.24　一个 300 MHz 微处理器的时钟分布和时钟偏差(经 Digital Equipment Corporation 许可刊登)

时钟偏差和竞争问题采用"混合匹配"的方法来解决。通过将时钟沿与数据相反的方向布线(以少量性能作为代价)或确保数据不会超过(追上)时钟可以消除时钟的偏差问题。整个芯片采用了电平灵敏传输门锁存器的标准库。为了避免出现穿通竞争情形，采用了以下设计准则：

- 仔细确定本地时钟缓冲器的尺寸以使它们的时钟偏差最小。
- 在互相连接的锁存器之间至少应当插入一个门。这个门可以是逻辑功能的一部分或就是一个简单的反相器，以保证最小的污染延时。已经开发了专门的设计验证工具以保证整个芯片都符合这一准则。

为了改善层间绝缘介质的一致性，在间距较宽的连线之间插入多边形填充材料，如图 10.25 所示。虽然这样可能会增加邻近信号线的电容，但由于改善了绝缘层的一致性，从而减少了它们的差别和时钟的不确定性。这些虚设填充物自动插入并与其中一条电源线(V_{DD} 或 GND)相连。现在都要求插入虚设填料以使 CMP 刻蚀均匀(见第 3 章)。这一技术用于今天许多工艺中以控制时钟偏差。

这个例子说明解决大规模、高性能同步设计中的时钟偏差和时钟分布问题是可以实现的。然而要使这样一个电路可靠地工作则需要精心地规划和周密的分析。

图 10.25　虚设填料减少了 ILD 变化并改善了时钟偏差

Alpha 21264 处理器　　在 600 MHz 的 Alpha 21264(EV6)处理器(用 0.35 μm CMOS 工艺制造)中采用了层次化的时钟技术，如图 10.26[Bailey98]所示。选择层次化的时钟技术是这个处理器与前两个处理器的主要差别，因为在前两个处理器中除了全局时钟网格之外没有一个分层次的时钟结

构。采用层次化的时钟方法可以在功耗和时钟偏差的控制之间均衡取舍。由于每个功能块的时钟网络可以门控选通,因而可以降低功耗。正如从前面两代微处理器中所见,时钟功耗占了整个功耗的很大一部分。同时,由于具有局部时钟的灵活性,设计者在模块层次上选用电路形式时有了更多的自由度。采用层次化时钟网络的缺点是使减小时钟偏差变得比较困难。时钟到达不同的本地寄存器可以经过非常不同的路径,这就可能引起偏差。然而,运用时序验证工具,我们可以通过调整时钟驱动器来解决时钟偏差问题。

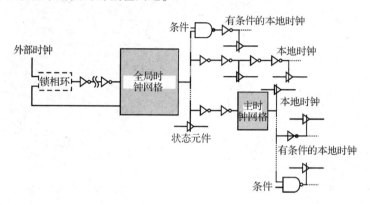

图 10.26   Alpha 21264 处理器的时钟系统

时钟层次系统由一个遍布整个芯片的全局时钟网格(global clock grid)组成,称为 GCLK。在 GCLK 之后从零至高层次都有状态元件和钟控点。片上产生的时钟被连接到芯片的中央并用树结构分配到 16 个分布时钟驱动器(见图 10.27)。全局时钟分布网络采用一种窗格结构,这一结构把时钟分为四个区域,缩短了从驱动器到负载的距离,从而达到一个较低的时钟偏差。每一个网格窗格都从四边来驱动,以此减少制造偏差造成的影响。这也有助于解决电源供电和散热问题,因为把驱动器遍布到了整个芯片上。

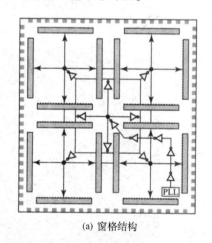

(a) 窗格结构

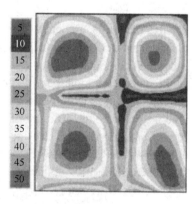

(b) 芯片上时钟偏差的分布情况

图 10.27   窗格结构的全局时钟分布网络

采用网格化时钟的优点是减少了时钟偏差,同时使各处都有时钟信号。缺点是比起树型分配方法 GCLK 的电容较大。在 GCLK 之外的下一个时钟层次上有一个主时钟网络。引入主时钟的目的是为了降低功耗:它们使负载成为本地负载,因此可以合适地确定它们的尺寸,使之满足在本地负载条件下关键时序单元处的时钟偏差和时钟边沿要求。

时钟层次系统中的最低一层是由本地时钟构成的,它们可以根据需要从其他任何时钟中产生。一般来说它们可以定制设计以满足本地的时序约束。本地时钟为逻辑功能块的设计提供了很大的灵活性,但与此同时也明显使时钟偏差的控制变得更加困难。此外,本地时钟对来自数据线的耦合更为敏感,因为它们不像全局网格时钟那样有屏蔽。因此本地时钟的分布在很大程度上取决于它的本地互连情况,所以以需要非常精心地设计。 ■

从上面的讨论中,可以总结出以下一些减少时钟偏差和抖动的非常有用的指导原则:

1. 为使偏差最小,可以采用 H 树结构或更为一般的布线匹配的树结构,使从中央时钟分配源到单个钟控元件的时钟路径均衡。在采用时钟树布线时,必须使包括导线和晶体管负载在内的每条路径的等效时钟负载相等。

2. 采用本地时钟网格(而不是树型布线)可以减少时钟偏差,但代价是增加了电容负载和功耗。

3. 如果与数据相关的时钟负载变化引起了显著的抖动,就应当使用时钟负载不受数据影响的差分寄存器。采用门控选通时钟来节省功耗会使时钟负载与数据相关,从而增加抖动。在固定负载较大的时钟网络中(如在时钟网格中),与数据相关的变化可能并不显著。

4. 如果数据沿一个方向流动,可使数据和时钟按相反的方向布线。这可以消除竞争,代价是性能有所降低。

5. 通过将时钟线与相邻信号线屏蔽,可以避免与数据相关的噪声。把电源线(V_{DD} 或 GND)放在时钟线的旁边可以减少或避免与相邻信号网络的耦合。

6. 由于层间绝缘电介质厚度不均造成的互连电容的变化可以通过采用虚设填料来大大减少。虚设填料的使用非常普遍,它通过提高绝缘层的一致性来减少时钟偏差。系统性的偏差应当通过模拟并予以弥补。

7. 芯片上各处温度的不均匀会引起时钟缓冲器延时的变化。采用基于延时锁定环(delay-locked loop)的反馈电路(将在本章后面讨论)可以弥补温度偏差问题。

8. 电源供电不稳是引起抖动的重要原因,因为这会使经过时钟缓冲器的延时在周期与周期之间不同。通过加入片上去耦电容可以减少高频的电源电压变化。遗憾的是,去耦电容需要很大的面积,因此必须采用有效的封装方法以缩小芯片面积。 ■

10.3.4 锁存式时钟控制*

在时序电路中采用寄存器意味着这是一个稳妥可靠的设计方法。然而以锁存器为基础的设计方式具有显著的性能优势,这一设计方式用透明的锁存器把组合逻辑分隔开。在一个边沿触发的系统中,两个寄存器之间最坏情况下的逻辑路径决定了整个系统的最小时钟周期。如果一个逻辑块在时钟周期结束之前已完成操作,它必须等待下一个时钟边沿。采用锁存式方法使时序控制更加灵活,它允许这一级可以让出这一等待时间或从其他级借用时间。这一灵活性的增加也提高了系统的总体性能。注意,可以把锁存式方法看成在主从触发器的两个锁存器之间加入了一个逻辑。

考虑图 10.28 所示的锁存式系统,它采用了两相时钟控制技术。假设时钟是理想的,并且两个时钟互为反相(为简单起见)。在这一结构中,在 CLK_1 的下降沿(位于边沿②)处组合逻辑块 $A(CLB\_A)$ 有一个稳定的输入。它的最大求值时间等于 $T_{CLK}/2$,即 CLK_1 全部低电平相位的时间。在 CLK_2 的下降沿(位于边沿③),锁存输出 CLB_A,并开始计算 CLB_B。CLK_2 的低电平相位计算

CLB_B，并在 CLK_1 下降沿(位于边沿④)时得到输出。从时序角度来看，这种情形似乎相当于一个边沿触发的系统，CLB_A 和 CLB_B 串接在两个边沿触发寄存器之间(见图 10.29)。显然无论哪种情况，能够用来计算 CLB_A 和 CLB_B 组合的时间都是 T_{CLK}。

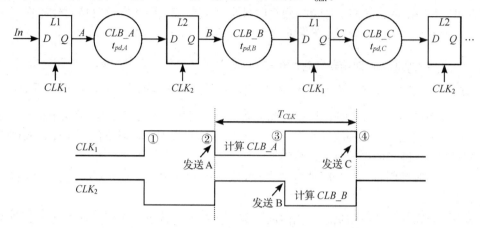

图 10.28 在锁存式设计中透明的锁存器被组合逻辑隔开

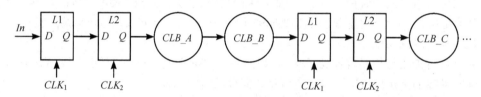

图 10.29 图 10.28 逻辑的边沿触发流水线(背靠背的锁存器实现边沿触发寄存器)

然而，在性能方面它们有一个重要的差别。在锁存式系统中，一个逻辑块可以利用上一个逻辑块没有用完的时间。这一现象是由于锁存器在其导通期间是透明(transparency)的，称之为用剩时间借用(slack borrowing)[Bernstein98]。它并不需要明显改变设计，因为用剩时间是自动从一个模块传递到下一个模块的。用剩时间借用的主要优点是它允许处于周期边界之间的逻辑使用比一个周期更长的时间，同时又能满足对周期时间的总限制。换言之，如果一个时序系统以某一特定的时钟速率工作，并且一个完整工作周期的总逻辑延时大于该时钟周期，那么这意味着已从前几级中借用了未用完的时间，即借用了用剩时间。正式的说法是如果 $T_{CLK} < t_{pd,A} + t_{pd,B}$，即说明已发生了用剩时间传递，逻辑因此能正确工作(为简单起见，忽略了与锁存器有关的延时)。这意味着时钟速率可以高于最坏情况的关键路径!

正如前面提及的，用剩时间的传递是锁存器对电平敏感的特性所导致。在图 10.28 中，CLB_A 的输入信号必须在 CLK_1 的下降沿(边沿②)有效。那么如果前一级的组合逻辑块结束较早，使在边沿②之前就有了一个 CLB_A 的有效输入数据又会如何呢? 由于锁存器在时钟的整个高电平相位期间是透明的，所以一旦上一级已经完成了计算，CLB_A 的输入数据就会立即有效。这就意味着 CLB_A 可以使用的最长时间是它的相位时间(即 CLK_1 的低相位时间)加上前面计算剩余的任何时间。

考虑图 10.30 中的锁存式系统。在这个例子中，信号 a(CLB_A 的输入信号)在边沿②之前有效。这意味着前面的功能块并没有用完分配给它的全部时间，它所产生的用剩时间用灰色的阴影部分表示。根据这一结构，一旦信号 a 有效，CLB_A 就可以开始计算。它利用这一用剩时间在分配给它的时间(边沿③)之前很久就已完成了计算。由于 L_2 是透明的锁存器，在 CLK_2 高电平相位时有效，所以 *CLB_B* 利用 *CLB_A* 所提供的用剩时间开始计算。*CLB_B* 又在分配给它的时间（边沿④）之前就完成了计算，它把少量的用剩时间传递给下一个周期。如图所示，整个工作周期的延时，即 *CLB_A* 和 *CLB_B* 延时之和，大于时钟周期。由于流水线的正确工作，所以已发生了用剩时间的传递并使我们获得了较高的数据通过量。

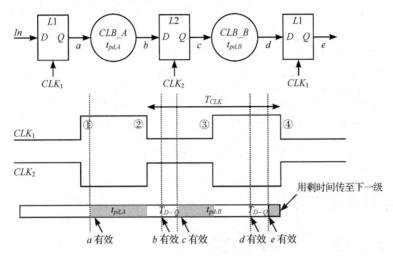

图 10.30　用剩时间借用的例子

关于用剩时间的一个重要问题是，可以传递通过周期边界的可能的最大用剩时间是多少。在图 10.30 中，很容易看到 *CLB_A* 可以开始计算的最早时间是在边沿①。这发生在前面的逻辑块没有用去任何分配给它的时间（CLK_1 的高相位），或是它利用前面各级留下的用剩时间已完成了计算。因此从上一级中可借用到的最长时间是半个时钟周期，即 $T_{CLK}/2$。同样，*CLB_B* 必须在边沿④之前完成操作。这意味着最大的逻辑周期延时等于 $1.5 \times T_{CLK}$。但要注意，对于一个 n 级流水线，总的逻辑延时不能超过可用的时间 $n \times T_{CLK}$。

例 10.3　用剩时间传递举例

首先，考虑图 10.31 中的负沿触发流水线。假设原始输入 *In* 在时钟上升沿稍后时有效。我们可以推导出所要求的最小时钟周期为 125 ns。等待时间（latency）为两个时钟周期（实际上，输出在输入稳定后 2.5 个周期时才有效）。注意，对第一个流水级，半个周期被浪费了，因为输入数据只有在时钟的下降沿之后才对 CL_1 有效。这一时间在锁存式系统中就可以被利用。

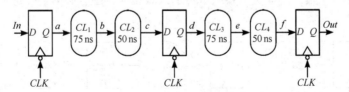

图 10.31　通常的边沿触发流水线

图 10.32 显示的是同一电路的锁存式方式。正如时序所指出的，只用 100 ns 的时钟周期就能实现与上面完全相同的时序。这要归功于在各逻辑部分之间借用了用剩时间。

如果读者对用剩时间的传递或借用感兴趣，我们推荐阅读 [Bernstein98]，这本书对这一吸引人而又富有挑战性的方法做了精辟的定量分析。

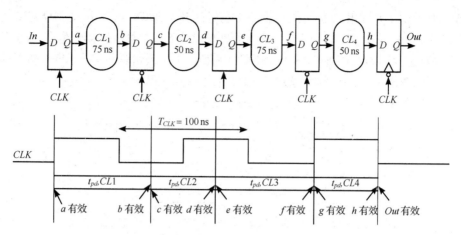

图 10.32　锁存式流水线

10.4　自定时电路设计 *

10.4.1　自定时逻辑——一种异步技术

前几节提议的同步设计方法假设了所有电路事件的发生都由一个中心时钟来协调控制。这些时钟具有两方面的作用:

- 保证了实际的时序约束条件能得到满足。下一个时钟周期只有在所有的逻辑翻转都已完成并且系统已进入稳定状态时才能开始,这就保证了只有合法的逻辑值才会被用于下一轮的计算。简言之,用时钟来考虑逻辑门、时序逻辑元件和连线在最坏情况下的延时问题。
- 用时钟事件作为全局系统事件的逻辑排序机制。时钟提供了决定何时发生何事的时间基础。在每次时钟翻转时就会开始许多操作来改变这一时序电路的状态。

考虑图 10.33 中的流水线数据通路。在这一电路中数据变化在时钟的控制下通过各逻辑级。需要注意的是时钟周期应当选择得大于每一个流水级最坏情况下的延时,即 $T > \max(t_{pd1}, t_{pd2}, t_{pd3}) + t_{pd,reg}$。这将保证满足实际的约束条件。每次时钟翻转时,新的一组输入被采样并且又一次开始计算。系统的数据通过量(即每秒钟处理采样数据的数目)等于时钟的速率。但何时采样一个新的输入以及何时产生一个输出则取决于系统事件的逻辑排序,在这个例子中这显然是由时钟来协调的。

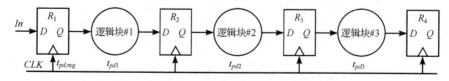

图 10.33　流水线的同步数据通路

同步设计方法具有某些非常明显的优点。它用一种结构化的确定性的方法来安排发生在数字设计中的大量事件。所采用的方法就是使所有的操作延时相同并且都等于这些操作中最坏情况下(最长)的延时。这一方法非常可靠并且易于采用,所以它用得极为普遍。但它也有如下几个缺点。

- 对于同步设计，假设在整个电路上所有的时钟事件或时序参照事件都同时发生。但由于存在像时钟偏差和抖动这样的影响，使实际情况并非如此。
- 当电路中所有的时钟同时翻转时，在很短的时间内会有很大的电流流过（由于有很大的电容负载）。由于封装的电感和电源网格的电阻，这会引起很大的噪声问题。
- 把实际约束和逻辑约束联系在一起，会对性能有某些明显的影响。例如，图 10.33 中流水线系统的数据通过率就直接与流水线中最慢元件在最坏情况下的延时有关。按平均来说，每一个流水级的延时要小于这个最慢延时。所以同一个流水线所能支持的平均数据通过率要显著高于采用同步方法时的数据通过率。例如，一个 16 位加法器的传播延时与数据有很大的关系：两个 4 位数相加比两个 16 位数相加所需的时间短得多。

避免这些问题的一种方法是采用异步设计方法来取消所有的时钟。设计一个纯异步的电路并不容易，并且可能具有潜在的问题。为了保证电路在任何操作条件和输入序列下都能避免潜在的竞争情况而正确工作，必须对这一电路的时序进行仔细的分析。事实上，事件的逻辑排序是由晶体管网络的结构和信号的相对延时来决定的。通过改变逻辑结构和信号路径的长度来实现时序约束时，需要充分运用 CAD 工具，因此建议只有在极为必要的时候才采用这一方法。

一种更加稳妥可靠的技术是采用自定时方法，这是一种局部解决时序问题的方法[Seitz80]。图 10.34 用流水线数据通路来说明这是如何实现的。假设每一个组合功能都有一种方式来表明自己已经完成了一组特定数据的计算。一个逻辑功能块的计算通过一个 *Start*（开始）信号来启动。这一组合逻辑块对输入数据进行计算，计算方式与数据情况有关（考虑实际的约束条件），一旦计算完毕就产生一个 *Done*（完成）标志信号。此外，运算器还必须互相发出信号，说明它们是否已做好了接收下一个输入字的准备，或者它们的输出端是否已有一个准备好可供使用的合法数据。相互发送通知信号保证了事件的逻辑排序，它可以借助另外的 *Ack*（应答）和 *Req*（请求）信号来达到这一目的。在流水线数据通路的情形中，其按如下过程进行。

1. 一个输入字到达，功能块 *F*1 的 *Req* 信号上升。如果此时 *F*1 没有在运行，它就会传送数据，并且应答输入缓冲器以确认这一事实，此时输入缓冲器可以继续进行并取下一个字。
2. *Start* 信号上升使 *F*1 运行。经过一段时间（取决于数据值和工作情况）*Done* 信号升高，表明已完成计算。
3. 向 *F*2 模块送出一个 *Req* 信号。如果此时这一功能块（*F*2）空闲，*F*1 就会传送出它的输出值，并且 *F*2 会有一个 *Ack* 信号上升，此时 *F*1 可以继续进行它的下一次计算。

自定时方法有效地区分了电路时序中所隐含的实际排序和逻辑排序功能。完成信号 *Done* 保证实际的时序约束得到了满足，并且在接受新的输入之前电路处于稳定状态。而操作的逻辑排序则由"应答–请求"（acknowledge-request）策略（即通常所称的握手协议）来保证。彼此感兴趣的双方通过相互认同的协议（或者说通过"握手"）来同步。上面描述并在模块 HS 中实现的排序协议只是许多可能的实现方法中的一个。选择什么样的协议是很重要的，因为它对电路的性能和稳定性有很大的影响。

与同步方法相比，自定时方法具有如下一些非常吸引人的特点。

- 与同步技术中全局中心控制的方法不同，自定时的时序信号在局部产生，因而避免了与分布高速时钟相关的所有问题及额外开销。
- 区分实际排序和逻辑排序的机制有可能改善系统的性能。在同步系统中，不得不拉长时钟周期以包容在所有可能的输入序列中最慢的路径。在自定时系统中，一个已完成计算的数据字并不需要等待下一个时钟边沿的到来就能进入后续的处理阶段。由于电路延时常常取决于实际的数据值,所以自定时电路以硬件的平均速度进行工作,而不像同步逻辑那样取决于最坏情形模式。对于一个逐位进位加法器,其进位传播的平均长度为 $O(\log(N))$。自定时电路可以利用这一事实,而在同步方法中,则必须采用随位数($O(N)$)成线性变化的最坏情况下的电路性能。

- 自动关断未在使用的功能块可以节省功率。此外自定时电路还部分避免了产生和分布高速时钟的功耗开销。正如前面讨论过的,这一开销可以很大。在同步设计中采用门控时钟可以产生类似的效果。

- 就其本质来说,自定时电路对于制造过程和工作条件(如温度)的变化稳定性很强。同步系统受限于它们在极端工作条件下的性能。自定时系统的性能是由实际的工作情况决定的。

遗憾的是,自定时电路的这些一般特性是需要代价的——它们要求较大的电路成本,这是由于它们需要产生完成信号和握手协议造成的,握手协议就像是一个本地的交通管理部门负责维持电路事件的次序(见图 10.34 中的 HS 功能块)。在下面几节中将比较详细地讨论这两个问题。

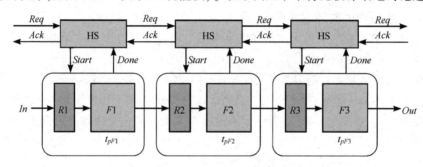

图 10.34   自定时的流水线数据通路

10.4.2   完成信号的产生

自定时逻辑必不可少的一个部分是需要有一个电路来指明具体的某一部分电路何时已经完成了它对当前一组数据的操作。有两种常用和可靠的方法来产生完成信号。

双轨编码

一种常用的产生完成信号的方法是双轨编码。它实际上要求在数据表示中引入冗余,以表明一个具体的数据位是处在过渡状态还是稳定状态。考虑表 10.1 中的冗余数据形式。它采用两位($B0$ 和 $B1$)来表示单个数据位 B。为使数据有效或要完成一个计算,电路必须处于合法 0($B0=0$,$B1=1$)或合法 1($B0=1$,$B1=0$)的状态。($B0=0$,$B1=0$)的情况表示数据无效或此时电路处于复位或过渡状态。($B0=1$,$B1=1$)的状态是非法的,因此永远不应当出现在实际的电路中。

表 10.1   冗余信号表示方法(包括表示过渡状态)

B	$B0$	$B1$
过渡状态(或复位)	0	0
0	0	1
1	1	0
非法	1	1

　　图 10.35 是实际实现这样一个冗余表示的电路，这是一个动态形式的 DCVSL 逻辑电路，其中的时钟为 *Start* 信号所代替[Heller84]。DCVSL 就其差分双轨结构的本质来说采用的是冗余的数据表示方式。当启动(*Start*)信号为低电平时，电路由 PMOS 管进行预充电，输出(*B0*, *B1*)进入复位-过渡(Reset-Transition)状态(0, 0)。当 *Start* 信号变为高电平时，表示开始计算，于是 NMOS 下拉网络进行求值，其中一个预充电节点被拉至低电平。*B0* 或是 *B1*(但不会二者同时)变为高电平，于是升高 *Done* 信号表示计算已完成。

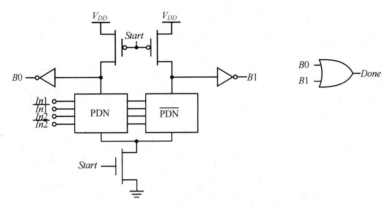

图 10.35　在 DCVSL 中产生完成信号

　　由于 DCVSL 的差分本质，它比非冗余电路占用更多的面积，因而成本较高。完成信号的产生与逻辑求值串行进行，因此它的延时要直接加到这个逻辑块的总延时上。一个 *N* 位数据字所有位的完成信号必须联合在一起才能产生整个数据字的完成信号，所以完成信号的产生同时要以面积和速度为代价。但产生动态时序方法的好处常常可以使这一付出较为合理。

　　除了表 10.1 中的方法之外冗余信号还可以有其他的表示方法。过渡状态是一个基本要素，它表示电路正处于求值模式，因而输出数据尚未就绪。

例 10.4　自定时加法器电路

　　图 10.36 是一个高效实现的自定时加法器电路[Abnous93]。它采用了曼彻斯特进位链来提高电路的性能。提出这一方法是基于以下观察：一个加法器的电路延时主要由进位传播路径决定，所以只需在进位路径中使用差分信号就足够了，如图 10.36(a)所示。通过联合不同级的进位信号就可以很快产生完成信号，如图 10.36(b)所示，因为和的产生取决于进位信号的到达，所以可以有把握地假设和的产生要比完成信号的产生快。这一方法的优点是完成信号能够较早开始产生，并且与和的产生并行进行，从而缩短了关键的时序路径。所有其他信号，如 *P*(传播)，*G*(产生)，*K*(取消)和 *S*(和)不需要产生完成信号，因此可以用单端逻辑来实现。如图 10.36 的电路图所示，两个差分进位路径实际上完全相同，它们的唯一差别是 *G*(产生)信号为 *K*(取消)信号所代替。简单的逻辑分析表明这确实产生了一个相反的进位信号，因此是一个差分信号方式。

仿真延时

　　虽然上面介绍的双轨编码能够跟踪信号统计信息，但它的功耗较大。每个门对每一新的输入向量都必须翻转，而不管数据向量的值是什么。如图 10.37 所示，一种减少检测完成信号开销的方法是把关键路径仿真成一个延时元件。为了启动一个计算，*Start* 信号上升使逻辑电路开始进行计算。与此同时，启动信号也同时送入跟踪逻辑电路关键路径的仿真延时线。构成这一仿真结构时最重要的是使它不会发生误翻转(glitching transition)。由于延时线是对关键路径的仿真,所以当延时线的输出翻转时,它表明逻辑运算已经完成。一般来说,在延时线上增加一个额外的调节部分很重要,以弥补随机的工艺偏差。

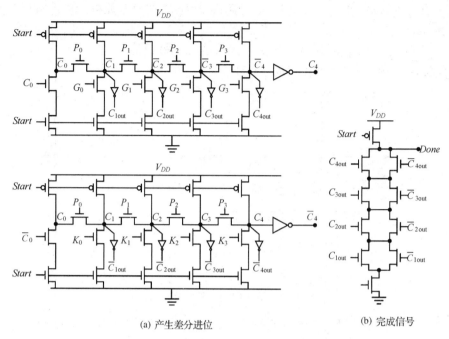

(a) 产生差分进位　　　　　　　(b) 完成信号

图 10.36　采用差分信号表示的曼彻斯特进位链

这一方法的优点是它的逻辑可以用标准的非冗余电路形式(如互补 CMOS)来实现。同时,如果多个逻辑单元并行进行计算,就有可能在多个功能块上共享延时线的开销。注意这一方法是在最坏情况下经过电路的延时时间之后产生完成信号,所以它并不利用输入数据的统计特性。但是,它能够跟踪工艺偏差和环境变化(如温度或电源电压的变化)的局部

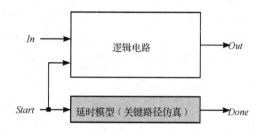

图 10.37　采用延时模块产生完成信号

影响。这一方法广泛用于通常使用自定时技术的半导体存储器中,以产生内部时序。

例 10.5　另一种利用电流检测完成信号的电路

在理想情况下,应当采用非冗余的 CMOS(例如静态 CMOS)来实现逻辑,同时完成信号电路应当能跟踪数据的相关性。图 10.38 显示的就是意在实现这一原理的一种方法[Dean94]。这种方法插入一个电流检测器与组合逻辑相串联以监测流经逻辑的电流。电流检测器在没有电流流经逻辑(即逻辑不工作)时输出一个低电平值,而在组合逻辑发生切换时输出一个高电平值。这一信号有效地确定了逻辑何时完成它的工作周期。注意,这一方法跟踪与数据相关的计算时间——如果一个加法器只有较低几位切换,那么一旦这些较低位切换到最终值,电流就将停止流动。如果输入数据向量未引起逻辑从一个周期到下一个周期的任何变化,那么静态 CMOS 逻辑就不会从电源吸取任何电流。在这种情况下一个跟踪通过逻辑的最小延时的延时元件和电流检测器都用来产生完成信号。因此,电流检测器的输出和最小延时元件的输出联合起来一起作用。

这一方法很有吸引力,但它需要仔细进行模拟电路设计。主要的挑战是既要保证它的可靠性又要保持所附加的电路较小。这些考虑使这一方法的应用还十分有限,但它的潜力是非常明显的。

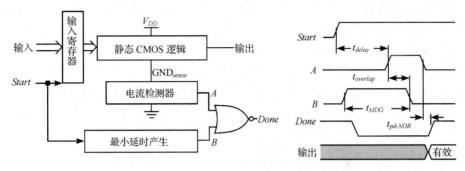

图 10.38　利用电流检测产生完成信号

10.4.3　自定时的信号发送

除了产生完成信号，自定时方法也要求有一个握手协议对电路事件进行逻辑排序，以避免出现竞争和故障。发送信号(或称握手)逻辑的作用可用图 10.39 的例子来说明。该图显示了一个发送模块(sender module)如何把数据传输到一个接收器(receiver)上[Sutherland89]。首先，发送器把数据值放在数据总线上①，并通过改变 Req(请求)控制信号的极性在该信号上产生一个事件②。在有些情况下，请求事件是一个上升过渡；而另一些时候，它是一个下降过渡——但这里所描述的协议对它们并不加以区分。接收器在接收到请求后一旦就绪就接收数据，并在 Ack(应答)信号上产生一个事件以表明数据已被接收③。如果接收器正在工作或者它的输入缓冲器已满，就不会产生 Ack 信号，于是发送器停止工作直到接收器可以接收数据，例如它的输入缓冲器已有了空间。一旦产生 Ack 信号，发送器就继续工作并产生下一个数据字①。以上四个事件——数据变化、请求、数据接收和应答——循序进行，周而复始。但前后周期所占用的时间不同，这取决于每个周期产生或消化数据所需要的时间。

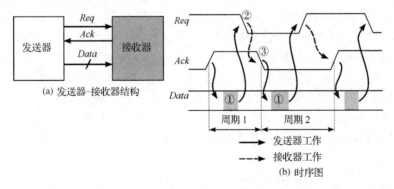

图 10.39　两相位握手协议

这一方法称为两相位协议，因为每一个数据的传送只有两个工作相位可以区分，即发送器的工作周期和接收器的工作周期。这两个相位都要依靠某一事件来终止：发送器的工作周期由 Req 事件终止，而接收器的周期由 Ack 事件终止。发送器在它的工作周期可以自由改变数据，但一旦 Req 事件发生，那么只要接收器在工作，发送器就必须保持数据不变。接收器只有在工作周期才能接受数据。

这个发送器–接收器系统的正确工作要求信号发送事件有严格的排序，如图 10.39 中的箭头所示。保证这一排序是握手逻辑的任务，从某种意义上来说，它执行对事件的逻辑操作。事实上所有握手模块最基本的部件都是 Muller C 单元。这个门对事件执行"与"(AND)的操作，它的电路符号和真值表见图 10.40。当 C 单元的两个输入一样时，它的输出即是其输入的复制。如果两个输入不一致，则输出就保持其原来的值。换句话说，只有在 Muller C 单元的两个输入上都发生事件时，它的输出才会改变状态并产生一个输出事件。如果不是这样，它的输出就保持不变并且不产生任何输出事件。一个 C 单元的实现是以锁存器为基础的，只要看一下二者的真值表有多么相似就不会对此感到奇怪。图 10.41 是该功能的一个静态和一个动态电路实现。

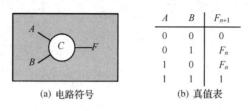

A	B	F_{n+1}
0	0	0
0	1	F_n
1	0	F_n
1	1	1

(a) 电路符号　　　　　(b) 真值表

图 10.40　Muller C 单元

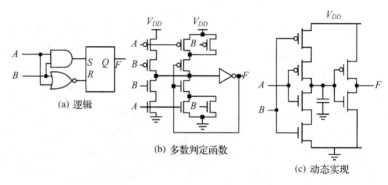

(a) 逻辑　　(b) 多数判定函数　　(c) 动态实现

图 10.41　Muller C 单元的实现

图 10.42 表示对于发送器–接收器系统如何运用这一部件来保证两相位握手协议。假设信号 Req，Ack 和 Data Ready 最初均为零。当发送器准备传送下一个字时，信号 Data Ready 变为 1，它触发了 C 单元，因为这时它的两个输入均为 1。于是信号 Req 变为高电平，这通常表示成 Req↑。发送器现在回到等待模式，把控制转交给接收器。此时 C 单元被锁住，并且只要接收器还未处理传输来的数据，就不会有任何新的数据发送到数据总线上(Req 维持在高电平)。一旦接收器处理完这一数据，Data accepted(数据已被接收)信号就会上升。这可能引起许多不同的操作，如有可能涉及与后续功能块通信的其他 C 单元。接着是一个 Ack↑，它解锁 C 单元并把控制交回给发送器。这时一个 Data ready↓事件(它有可能在 Ack↑之前就已发生)产生一个 Req↓，于是整个周期又重新开始。

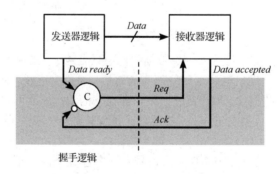

图 10.42　Muller C 单元实现两相位握手协议。Muller C 单元下面一个输入上的小圈代表反相

思考题 10.1　两相位自定时 FIFO

图 10.43 是一个具有三个寄存器的 FIFO(first-in first-out, 先进先出)缓冲器的一个两相自定时实现。假设寄存器在 En 信号的正沿翻转和负沿翻转都接受一个数据字, 而 $Done$ 信号只是 En 信号的一个延迟形式。画出相关的所有信号的时序来考察 FIFO 的工作情况。你怎样才能看到 FIFO 是全空或全满的(提示: 确定产生 Ack 和 Req 信号的必要条件)。

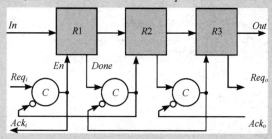

图 10.43　运用两相位信号协议的三级、自定时 FIFO

两相位协议具有简单和快速的优点。但这一协议要求能检测出可能发生在任何方向上的翻转。然而大多数 MOS 工艺的逻辑器件往往只对电平或某一特定方向的翻转敏感, 因此像两相位协议中所要求的事件触发逻辑除要求寄存器和计算元件中的状态信息外, 还要求有额外的逻辑。鉴于信号翻转方向的重要性, 使所有的 Muller C 单元初始化到合适的状态就非常重要。否则电路就有可能锁死, 这意味着所有的元件都被永久地锁住, 再也不会发生任何事情。关于如何实现事件触发逻辑的详细研究可参阅[Sutherland89]。

唯一的变通办法是采用不同的信号发送方法, 如四相位信号发送或归零法(return-to-zero, RTZ)。这类信号发送要求在下一个周期开始之前所有控制信号都回到其起始值。我们再一次用发送器-接收器的例子来说明这一点。图 10.44 是发送器-接收器例子的一个四相位协议。

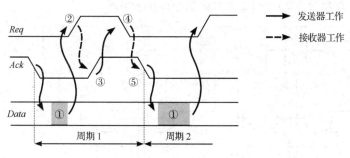

图 10.44　四相位握手协议

这一协议开始时与两相位协议一样, 但 Req 和 Ack 最初都处在零状态。当一个新的数据被放在总线上之后①, Req 信号上升($Req\uparrow$ 或②), 并把控制传递给接收器。接收器一切就绪后就接受数据并提升 Ack($Ack\uparrow$ 或③)。至此, 一切与两相位协议没有什么不同。但接着四相位协议依次把 Req($Req\downarrow$ 或④)和 Ack($Ack\downarrow$ 或⑤)送回它们的起始状态。只有回到这一状态, 才允许发送器把下一个新的数据放在总线上①。这一协议称为四相位(four-phase)信号发送, 因为每个周期可以看到四个不同的时间区域: 两个是发送器的; 两个是接收器的。前两个相位与两相位协议完全一样, 而后两个则用来恢复到原来的状态。图 10.45 是基于 Muller C 单元的这一握手协议的实现。有意思的是, 四相位协议需要有两个串联的 C 单元(因为必须表示四个状态)。$Data\ ready$ 和 $Data\ accepted$ 信号则必须是脉冲而不是单个的过渡信号。

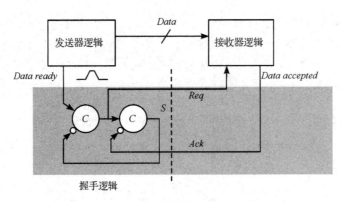

图 10.45   用 Muller C 单元实现四相位握手协议

> ### 思考题 10.2   四相位协议
>
> 推导图 10.45 中信号的时序图。假设 *Data ready* 信号是一个脉冲信号,而 *Data Accepted* 信号则是 *Req* 的延迟形式。

四相位协议的缺点是比较复杂和速度较慢,因为每次传输需要两个 *Ack* 事件和两个 *Req* 事件。另一方面,它具有稳定性好的优点。在发送器和接收器模块中的逻辑并不需要处理可能来自不同方向的翻转。它只需考虑上升(或下降)翻转事件或信号电平,因此很容易用通常的逻辑电路来实现。由于这一原因,四相位握手协议是大多数目前自定时电路首选的实现方法。两相位协议主要用于发送器和接收器相隔较远而控制线(*Ack* 和 *Req*)上的延时又很大的时候。

例 10.6   流水线数据通路——再次考察

前面已经介绍了信号发送的惯例和产生完成信号的概念,现在就可以把它们合在一起来考虑。我们用前面介绍过的流水线数据通路的例子来加以说明。图 10.46 是一个包括时序控制的自定时数据通路。逻辑功能 *F1* 和 *F2* 用双轨差分逻辑来实现。

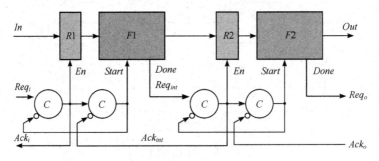

图 10.46   自定时流水线数据通路——完整的组成

为了理解这一电路的工作情况,假设所有的 *Req* 和 *Ack* 信号(包括内部的信号)都设为零,这意味着在数据通路中没有任何活动。所有的 *Start* 信号为低电平,所以所有的逻辑电路都处在预充电状态。假设这是一个正沿触发或一个电平敏感的实现,当一个输入请求变高($Req_i\uparrow$)时触发了第一个 C 单元,于是 R1 的启动信号 *En* 上升,有效地把输入数据锁存在寄存器中。应答信号 $Ack_i\uparrow$ 表示已接收该数据。由于此时 Ack_{int} 为低电平,所以第二个 C 单元也被触发。这就使 *Start* 信号上升并启动 *F1* 求值。当求值完成时其输出数据被放在总线上,同时启动第二级的请求信号($Req_{int}\uparrow$),而第二级则通过提升应答信号 Ack_{int} 表示已接收该数据。

此时,第一级始终被阻止进一步计算。但输入缓冲器可以通过使 Req_i 回复到零状态($Req_i\downarrow$)而

对 $Ack_i\uparrow$ 事件做出响应。这又使 En 和 Ack_i 变为低电平。在接收到 $Ack_{int}\uparrow$ 后，$Start$ 变为低电平，预充电阶段开始，$F1$ 已准备好接收新的数据。注意，这一序列过程相应于前述的四相位握手机制。图 10.47 的状态切换图(state transition diagram, STG)更形象地画出了各事件间的相互依赖关系。这些 STG 可以变得非常复杂，因此常用计算机工具来推导 STG 以保证正确工作并优化性能。

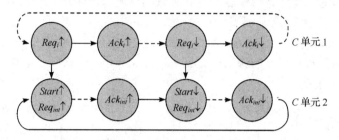

图 10.47　流水线第一级的状态翻转图。节点代表信号事件，而箭头表示依赖关系。虚线箭头表示上一级或下一级的动作

10.4.4　自定时逻辑的实例

自定时电路可以具有明显的性能优势。可惜的是，它的附加电路开销阻碍了它在通用数字计算中的广泛应用。然而，许多实际应用正在利用自定时电路的基本概念。在此列举一些例子来说明如何利用自定时原理节省功率或提高性能。

利用自定时减少毛刺(glitch)

在较大的数据通路(如位片式加法器和乘法器)中，不必要的电容切换主要来自毛刺传播(glitch propagation)造成的误翻转。逻辑电路中的不均衡造成了逻辑门或功能块的输入在不同的时间到达，从而引起毛刺。在如乘法器这样的较大的组合功能块中，当原始输入的变化逐级通过逻辑时，这些毛刺以波动方式发生。只有当所有输入都已稳定后才启动逻辑块有助于减少甚至消除毛刺。达到这一目标的一种办法是采用自定时门控选通方法，它把每一个计算逻辑块分成几个较小的功能块和不同的相位。在每个相位之间插入三态缓冲器以阻止毛刺传播通过数据通路(见图 10.48)。对于一个任意的逻辑电路，有理由假设它的逻辑块 1 的输出是不同步的。当在逻辑块 1 输出处的三态缓冲器启动时，逻辑块 2 就可以进行计算。为了减少毛刺，这个三态缓冲器应当在逻辑块 1 的输出已稳定并有效时才启动。三态缓冲器由一个自定时的启动信号控制，这一启动信号通过使系统时钟经过一个模拟该处理器关键路径的延时链而产生。延时链则在相应于缓冲器的位置上抽头，所产生的信号分布到整个芯片上。即使是考虑到延时链、门控选通信号分布和缓冲器的开销，这一技术也能大大减少像乘法器这样的组合逻辑块的切换电容[Goodman98]。

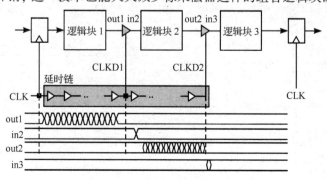

图 10.48　利用自定时减少毛刺

后充电逻辑

自定时逻辑的一个非常有意思的形式是自复位 CMOS。这一结构采用了与传统的自定时流水线不同的控制结构。它不是等待所有的逻辑级完成它们的操作之后再过渡到复位阶段，而是设想在一个逻辑块完成它的操作之后便尽快对它进行预充电。由于预充电发生在操作之后而不是求值之前，所以常称它为后充电逻辑(postcharge logic)。图 10.49 是后充电逻辑的一个方框图[Williams00]。从图中可以看出，L1 在它的后一级完成操作并不再需要它的输入时即开始预充电。虽然一个功能块有可能根据自己的输出已完成来进行预充电，但必须小心保证后面一级已正确求值并且输入已不再有用。

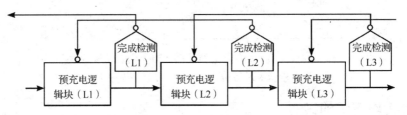

图 10.49　自复位逻辑

需要注意的是，与其他逻辑形式不同，这一方法的信号是脉冲形式并且只在一段有限的时间内有效。脉冲的宽度必须小于复位延时，否则在预充电器件和求值开关器件之间就会出现竞争。这一逻辑形式虽然提供了潜在的速度优势，但必须特别小心保证它的时序正确。此外还需要有将电平信号变换为脉冲及进行反变换的电路。图 10.50 是自复位逻辑的一个例子[Bernstein98]。假设所有的输入都是低电平，*int* 最初被预充电。如果 *A* 上升到高电平，则 *int* 将下降，使 *out* 上升到高电平。这又使该门开始预充电。当 PMOS 预充电器件工作时，输入必须处于复位状态以避免竞争。

时钟延时多米诺

运用延时匹配概念的一个很有意思的自定时电路应用是时钟延时(clock-delayed，CD) 多米诺[Yee96][Bernstein00]。这是一种动态逻辑形式，没有全局时钟信号，它每一级的时钟由前一级的时钟推导而来。图 10.51 是一个时钟延时多米诺级的简单例子。用两个反相器延时加上时钟路径上的传输门来模仿通过动态逻辑门最坏情况下的延时。传输门总是导通，而时钟路径的延时则可以通过这些器件的尺寸来调整。在 IBM 的 1 GHz 微处理器中就采用了时钟延时多米诺，它也广泛用于高速多米诺逻辑。时钟延时多米诺可以同时提供反相和非反相的功能，这就缓解了传统多米诺技术只能提供非反相逻辑的主要限制。这里在下拉网络之后的反相器并不重要，因为时钟只有在当前这一级已经求值之后才会到达下一级，因此时钟求值边沿只会在输入稳定之后到达。但增加反相器可以消除最底下的(求值)开关(见第 6 章)。

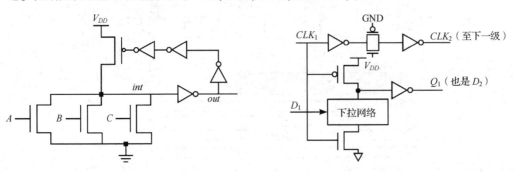

图 10.50　自复位三输入 OR 门　　　图 10.51　时钟延时多米诺逻辑：一种自时钟控制的逻辑形式

10.5　同步器和判断器*

10.5.1　同步器——概念与实现

虽然一个完整的系统可全部按同步方式来设计, 但它仍必须与外部通信, 而这种通信一般都是异步的。如图 10.52 所示, 一个异步输入可在相对于同步系统时钟边沿的任何时候改变其值。

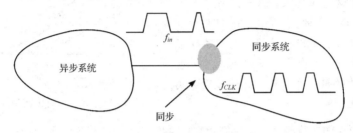

图 10.52　异步–同步接口

考虑一个典型的个人计算机。该系统内部的所有操作由一个提供参考时间的中央时钟来协调。这一参考时间决定了计算机系统内任何时间点所发生的事情。这一同步计算机必须通过鼠标或键盘与人交流, 尽管这个人对参考时间一无所知, 但可以在任何时间敲击键盘。一个同步系统处理这样的非同步信号的方法是定期对它采样或查询, 并检查其值。如果采样速率足够高, 就不会丢失任何翻转——这在通信领域中称为奈奎斯特(Nyquist)准则。然而信号有可能恰在翻转的中间被查询, 使所得到的值既不是低电平也不是高电平, 而是一个不确定的值。这时就不清楚这个键是否曾被敲击。把这个不确定的信号送入计算机中会引起各种各样的麻烦, 特别是当把它引入不同的功能块或门中时, 它们可能会对它做出不同的解释。例如, 一个功能块可能认为这个键已被敲击, 所以开始某一操作, 另一个功能块则可能倾向于另一种理解而产生一个与之竞争的命令。这就会引起冲突, 因而导致可能的崩溃。因此, 在对这个不确定的状态进一步做出解释之前必须以某种方式来判定。其实得出什么决定并不重要, 重要的是有一个唯一结果。比如, 它或者决定键盘上的键并未被敲击(那么这种情形将在下一次查询键盘时被纠正), 或者得出结论键已被敲击过。

因此, 必须判断出一个异步信号是高电平还是低电平状态后才能进入同步环境。实现这一决定功能的电路称为同步器(Synchronizer)。遗憾的是, **要建立一个理想的、总能做出合法回答的同步器是不可能的**[Chaney73][Glasser85]！一个同步器需要一些时间来做出决定, 并且在某些情况下这一时间可能会任意长。因此一个异步–同步接口总是易于出错, 这称为同步失效。设计者的任务就是保证这一失效的概率足够小, 因而不会干扰系统的正常工作。一般通过加长做出决定前的等待时间可以使这一失效概率以指数方式减小。这在键盘操作的例子中不会有太多的麻烦, 但一般来说等待时间过长会影响系统的性能, 所以应当尽量避免。

为了说明为什么等待有助于减少同步器的失效率, 考虑图 10.53 中的同步器。这个电路是一个锁存器, 它在时钟的低相位期间是透明的并在时钟 *CLK* 的上升沿处采样输入信号。然而, 由于被采样信号与时钟信号不同步, 因此有可能违反锁存器的建立时间或维持时间(这一概率与输入和时钟的翻转频率有很大的关系)。其结果是, 一旦时钟升高, 锁存器的输出就有可能处在不确定过渡区的某个地方。即便出现上述情况, 被采样的信号最终还是会变为一个合法的 0 或 1, 因为锁存器只有两个稳定状态。

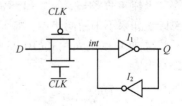

图 10.53　一个简单的同步器

例10.7 同步器的输出变化轨迹

图 10.54 是一对交叉耦合静态 CMOS 反相器在初始状态接近亚稳态点时输出节点的模拟轨迹。反相器由最小尺寸的器件构成。

如果被采样的输入信号使这对交叉耦合的反相器起始于亚稳态点,那么在没有噪声时它的电压就将一直保持在这一亚稳状态。如果被采样的数据稍有偏差(正的或负的),那么这一偏差电压就会以指数形式变化,变化的时间常数取决于晶体管的强度和寄生电容的大小。而它到达可接受信号区域所需要的时间取决于被采样信号最初离开亚稳态点的距离。

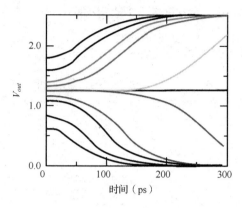

图 10.54　一个简单同步器的模拟轨迹

为了确定所要求的等待时间,让我们建立一个双稳态元件行为的数学模型,并利用这一结果来确定同步失效概率与等待时间的关系[Veendrick80]。

一对交叉耦合的反相器在亚稳态点附近的瞬态特性可以用一个具有单个主极点的系统来精确模拟。在这一假设条件下,采样时钟关断之后双稳态元件的瞬态响应可以模拟为

$$v(t) = V_{MS} + (v(0) - V_{MS})e^{t/\tau} \tag{10.8}$$

其中,V_{MS} 是锁存器的亚稳态电压,$v(0)$ 是采样时钟关断之后的起始电压,τ 是系统的时间常数。模拟表明这个一阶模型非常精确。

现在可以用这个模型来计算在等待一段时间 T 之后仍会引起出错或电压仍处于不确定区域的 $v(0)$ 值的范围。如果一个信号的值处于 V_{IH} 和 V_{IL} 之间,那么这个信号就称为是不确定的:

$$V_{MS} - (V_{MS} - V_{IL})e^{-T/\tau} \leqslant v(0) \leqslant V_{MS} + (V_{IH} - V_{MS})e^{-T/\tau} \tag{10.9}$$

式(10.9)给出了一个重要信息:**引起同步出错的输入电压的范围随等待时间 T 的增加呈指数关系缩小**。如果把等待时间从 2τ 增加到 4τ,则错误发生的时间段和可能性就会减小到 13.5%。

计算出错概率需要有一些关于同步信号的信息。假设 V_{in} 是一个周期波形,它发生翻转的平均周期为 T_{signal},并且具有相同的上升和下降时间 t_r。同时假定波形在不确定区域的斜率可以用一个线性函数来近似,如图 10.55 所示。利用这一模型,可以估计出 $v(0)$(即采样时的 V_{in} 值)处在不确定区间的概率:

$$P_{init} = \frac{\left(\dfrac{V_{IH} - V_{IL}}{V_{swing}}\right)t_r}{T_{signal}} \tag{10.10}$$

发生同步出错的机会取决于同步时钟 ϕ 的频率。采样事件越多,发生出错的机会越大。这意味着如果不采用同步器,则每秒同步出错的平均次数 $N_{sync}(0)$ 可由式(10.11)求出。由此可以写出:

$$N_{sync}(0) = \frac{P_{init}}{T_\phi} \tag{10.11}$$

式中,T_ϕ 是采样周期。

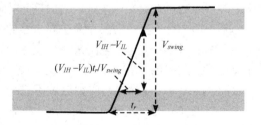

图 10.55　信号斜率的线性近似

从式(10.9)可以看到，在观察输出之前等待一段时间 T 可以使信号仍处于不确定区域的概率呈指数关系减小：

$$N_{sync}(T) = \frac{P_{init}\mathrm{e}^{-T/\tau}}{T_\phi} = \frac{(V_{IH} - V_{IL})\mathrm{e}^{-T/\tau}}{V_{swing}}\frac{t_r}{T_{signal}T_\phi} \tag{10.12}$$

因此，一个异步-同步接口的稳定性是由下列参数决定的：信号的切换速率和上升时间、采样频率及等待时间 T。

例 10.8 同步器和平均失效时间

考虑以下的设计例子：$T_\phi = 5\ \mathrm{ns}$，这相当于一个 200 MHz 的时钟；$T = T_\phi = 5\ \mathrm{ns}$；$T_{signal} = 50\ \mathrm{ns}$；$t_r = 0.5\ \mathrm{ns}$；$\tau = 150\ \mathrm{ps}$。由一个典型 CMOS 反相器的 VTC 可以推导出在电压摆幅为 2.5 V 时 $V_{IH} - V_{IL}$ 近似等于 0.5 V。代入式(10.12)求值得到出错概率为 1.38×10^{-9} 个错误/秒。N_{sync} 的倒数称为平均失效时间(mean time to failure, MTF)，它等于 7×10^8 s 或 23 年。如果没有使用同步器，则 MTF 就仅为 2.5 μs!

设计考虑

当设计一个同步-异步接口时，必须注意以下事实。

- 一个系统可接受的失效率取决于许多经济和社会因素，因而与系统的应用领域有很大关系。
- 式(10.12)的指数关系表明失效率对 τ 值极为敏感。首先，τ 的精确值并不很容易确定，因为不同芯片的 τ 值不尽相同，而且它还与温度有关。因此，即使是同一个设计，发生出错的概率也可以在很大的范围内波动。为此设计必须考虑最坏的情况。如果最坏情形下的失效率超过了一定的标准，则可以通过增加 T 值来减少它。问题出在当 T 值超过采样周期 T_ϕ 的时候。这时可以通过串联一定数量的同步器(即形成流水线)来解决，如图 10.56 所示。每个这样的同步器都具有一个等于 T_ϕ 的等待时间。注意，这一安排要求 φ 脉冲足够短，以避免出现竞争情况。整个等待时间等于所有各个同步器等待时间 T 的和。增加 MTF 的代价是等待时间(latency)增加。

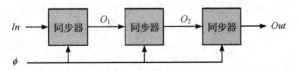

图 10.56 串联(边沿触发)同步器提高了平均失效时间

- 由于同步出错的随机性，所以很难对它们进行跟踪。即便使平均失效时间非常大也不能完全阻止出错。因此应当**严格限制系统中同步器的数目**。建议每个系统最多用一到两个同步器。

10.5.2 判断器

最后还应当提及的是同步器的一个"同类"，它称为判断器(arbiter)、互锁单元或互斥电路。判断器是一个决定两个事件中哪一个先发生的单元。例如，它允许多个处理器访问一个资源，如共用一个大的存储器。事实上，同步器是判断器的一种特殊情形，因为它决定一个信号翻转是发生在时钟事件之前还是之后。所以，同步器是其中一个输入连至时钟的判断器。

图 10.57 是互斥电路的一个例子。它对按四相位信号协议工作的两个输入请求信号进行操

作, 即 *Req*(*uest*)信号必须在一个新的 *Req*(*uest*)信号能够产生之前返回到复位状态。输出由两个 *Ack*(*nowledge*)信号构成, 它们应当互相排斥。虽然两个请求(*Request*)可以同时发生, 但只允许其中一个 *Acknowledge* 变为高电平。这一操作在两个输入都在低电平时最容易看清楚, 此时没有任何器件发出请求信号, 两个节点 *A* 和 *B* 均为高电平, 而两个 *Acknowledge* 信号均为低电平。其中一个输入上的一个事件(如 *Req*1 ↑)会引起触发器切换, 这时节点 *A* 变为低电平, 而 *Ack*1 ↑。两个输入上同时发生事件将使触发器进入亚稳态, 于是信号 *A* 和 *B* 可能会有一段时间不确定。交叉耦合输出结构使两个输出值都保持在低电平, 直至 NAND 的两个输出的差别超过一个阈值 V_T。这个方法消除了输出端的毛刺(glitch)。

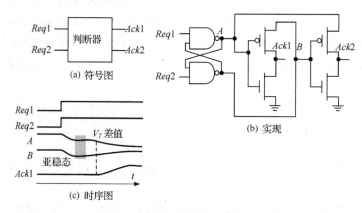

图 10.57 互斥元件(即判断器)

10.6 采用锁相环进行时钟综合和同步*

许多数字应用都要求在片上产生周期信号。同步电路需要有全局的周期参考时钟来协调各个事件。当前的微处理器和高性能数字电路要求时钟频率在千兆赫的范围。与此相反, 晶体振荡器只在十几赫兹到约 200 兆赫的频率范围内产生精确的低抖动时钟。为了产生数字电路所要求的较高频率, 一般要采用一个锁相环(phase-locked loop, PLL)结构。一个 PLL 输入一个外部低频的参考晶体频率的信号并把它的频率扩大一个有理数的倍数 *N*(见图 10.58 左侧)。

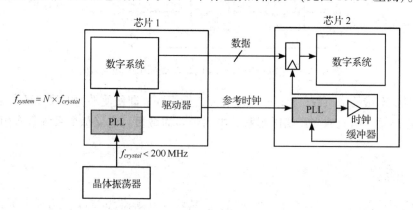

图 10.58 锁相环(PLL)的应用

PLL 另一个同样重要的功能是对芯片之间的通信进行同步。如图 10.58 所示, 一个参考时钟与正在通信的数据一起并行传送(在这个例子中, 只显示了从芯片 1 到芯片 2 的传送路径)。由于芯片间的通信速率通常比片上时钟速率低, 所以将参考时钟进行分频, 但仍与系统时钟保持同相位。在芯片 2，用参考时钟来同步所有的输入触发器，这在数据总线较宽的情况下可表现出很大的时钟负载。遗憾的是，采用时钟缓冲器来解决这个问题会引起在数据和采样时钟之间的时钟偏差。一个 PLL 能够使时钟缓冲器相对于数据进行对准（即消除时钟偏差）。此外，PLL 还可以倍频输入的参考时钟频率，使第二个芯片的核心能够以比输入参考时钟更高的频率工作。

10.6.1　基本概念

对于具有相同频率的一组周期信号，如果我们知道其中一个信号以及它相对于其他信号的相位，那么这组信号就是确定的，如图 10.59 所示，图中 ϕ_1 和 ϕ_2 代表两个信号的相位。相对相位是指两个信号相位之差。

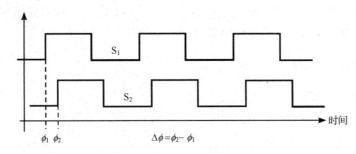

图 10.59　两个周期信号的相对相位和绝对相位

一个 PLL 是一个复杂的、非线性的反馈电路。它的基本操作可以通过图 10.60 得到最好的理解[Jeong87]。电压控制振荡器（Voltage-Controlled Oscillator，VCO）输入一个模拟的控制输入信号并产生一个具有所希望频率的时钟信号。一般来说，在控制电压（v_{cont}）和输出频率之间存在一个非线性的关系。为了综合一个具有特定频率的系统时钟，需要把控制电压设置在一个合适的值。这就是 PLL 的其余功能块和反馈环的功能。反馈环对于跟踪工艺和环境变化是非常关键的。反馈还能实现倍频。

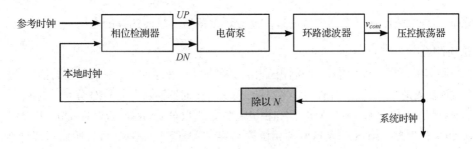

图 10.60　一个锁相环（PLL）的功能组成

一般来说，参考时钟是在片外由一个精确的参照晶体产生的。通过一个相位检测器把它与分频后的系统时钟（即本地时钟）进行比较，这个相位检测器能够确定这两个信号间的相位差别并在本地时钟滞后或领先参照信号时产生一个 UP 或 DN 信号。它检测出这两个输入信号中究竟哪一个较早到达并产生出恰当的输出信号。然后 UP 和 DN 信号被送入电荷泵，电荷泵把数字编码的控制信息转变为一个模拟电压[Gardner80]。一个 UP 信号增加控制电压的值并加速 VCO，这样就使本地信号能够跟上参考时钟。反之，一个 DN 信号将减慢振荡器，从而消除本地时钟的相位领先。

把电荷泵的输出直接送到 VCO 中会产生一个抖动的时钟信号。本地时钟的边沿瞬间地来回跳动并在目标位置附近振荡。正如前面所讨论的，时钟抖动是极不希望有的，因为它缩短了可以用来进行逻辑计算的时间，因此应当使它保持在整个时钟周期一定的百分比以内。通过引入环路滤波器(loop filter)可以部分达到这个目的。这一低通滤波器滤去了 VCO 控制电压中的高频成份并平滑了它的响应,从而减少了抖动。注意,PLL 结构是一个反馈结构。由高阶滤波器引入的额外相移可能会引起不稳定。PLL 的重要性质包括它的锁相范围(lock range),即锁相环能维持正确工作的输入频率的范围;锁相时间(lock time),即 PLL 锁定一个给定输入信号所需的时间;以及抖动。在锁定期间,系统时钟是参考时钟频率的 N 倍。

　　PLL 是一个模拟电路,因而它本质上对噪声和干扰很敏感。对环路滤波器和 VCO 尤其是这样,因为对它们来说所引起的噪声对产生时钟抖动有直接的影响。干扰的主要来源是经过电源轨线和衬底的噪声耦合。这一点在数字环境中需要特别注意,因为在那里噪声可以由许多不同的来源产生。所以希望有像差分 VCO 这样具有较高电源抑止比的模拟电路[Kim90]。总之要把一个高度敏感的部件集成在一个会对它造成干扰的数字环境中并不是一件容易的事,它需要精细巧妙的模拟设计。下面几小节将比较详细地介绍 PLL 中的各个部件。

10.6.2　PLL 的组成功能块

电压控制振荡器(VCO)

　　一个 VCO 产生一个频率与输入控制电压 v_{cont} 成线性关系的周期信号。换言之,VCO 频率可以表示为

$$\omega = \omega_0 + K_{vco} \cdot v_{cont} \tag{10.13}$$

由于相位是频率对时间的积分,所以 VCO 功能块的输出相位为

$$\phi_{out} = \omega_0 t + K_{vco} \cdot \int_{-\infty}^{t} v_{cont} \mathrm{d}t \tag{10.14}$$

式中,K_{vco} 是 VCO 的增益,单位为 rad/s/V。ω_0 是固定的频率偏置,而 v_{cont} 控制一个中心在 ω_0 附近的频率。输出信号的形式为

$$x(t) = A \cdot \cos\left(\omega_0 t + K_{vco} \cdot \int_{-\infty}^{t} v_{cont} \mathrm{d}t\right) \tag{10.15}$$

VCO 的各种实现策略已在第 7 章中讨论过。差分环振荡器是目前选择的方法。

相位检测器

　　相位检测器确定两个输入信号之间的相对相位差并输出一个正比于这一相位差的信号。相位检测器的一个时钟输入是一般产生于片外的参考时钟,而另一个时钟输入则是 VCO 分频后的形式。通常采用两种基本类型的相位检测器——XOR 门和相位频率检测器(phase frequency detector, PFD)。

　　XOR 相位检测器　　XOR 门是这两种相位检测器中最简单的一种,它之所以可以作为一个相位检测器是由于以下事实:两个输入间的相对相位差是由这两个输入在不同时间的差异来反映的。图 10.61 显示了经 XOR 操作的两个波形。把这一输出送入一个低通滤波器就会产生一个与相位差成正比的直流信号,如图 10.61(c)所示。

　　对于这一检测器,无论从正方向还是负方向偏离理想的同相位(即相位误差为零)情况都使占空系数发生相同的变化,因而产生相同的平均电压。因此线性相位的范围只有 180°。在稳定状态,PLL 锁定在两个输入之间存在 90°(偏差 1/4 周期)的相位关系上。

　　相位频率检测器　　相位频率检测器(PFD)是最常用的相位检测器形式,它解决了前面讨论过的检测器的几个不足之处[Dally98]。顾名思义,PFD 的输出同时与输入信号之间的相位差和频率差有关。因此,它不可能锁定在一个不正确的频率倍数上。PFD 有两个时钟输入并产生两个输出 *UP* 和 *DN*,如图 10.62 所示。

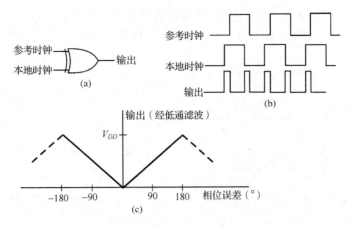

图 10.61 (a) XOR 作为相位检测器; (b) 低通滤波之前的输出; (c) 传输特性

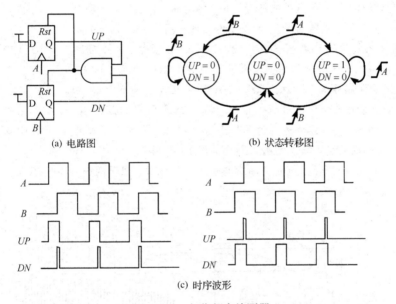

图 10.62 相位频率检测器

PFD 是一个有三个状态的状态机。假设输出 UP 和 DN 开始时都处于低电平, 当输入 A 领先 B 时, 输出 UP 在输入 A 的上升沿处有效。信号 UP 保持该状态直至输入 B 上发生低至高的翻转。这时输出 DN 有效, 使两个触发器通过异步复位信号复位。注意, 在输出 DN 上有一个小的脉冲, 它的宽度等于通过 AND 门的延时加上寄存器 Reset 至 Q 的延时。UP 脉冲的宽度等于 A 和 B 这两个信号之间的相位误差。对于 A 滞后于 B 的情况, 各信号的作用反过来。这时在输出 DN 上产生一个正比于相位误差的脉冲。如果环路处于锁定状态, 那么在输出 UP 和 DN 上就产生短的脉冲。

这一电路也有频率检测器的作用, 它能测量频率误差(见图 10.63)。在 A 的频率比 B 高的情况下, PFD 产生许多 UP 脉冲(平均脉冲数正比于频率差)而 DN 的平均脉冲数接近于零。在 B 的频率比 A 高的情况下, 情况则正好相反——在输出 DN 上产生的脉冲比输出 UP 上多得多。

相位检测器的相位特性显示在图 10.64 中。注意它的线性范围已扩展到 4π。

电荷泵

UP 和 DN 脉冲必须转换为控制 VCO 的模拟电压。图 10.65 是一种可能的实现方法。UP 信号上的一个脉冲把一个数量正比于 *UP* 脉冲宽度的电荷加到了电容上。如果 *UP* 脉冲的宽度大于 *DN* 脉冲的宽度,那么控制电压就会有一个净增加。这将有效地提高 VCO 的频率。

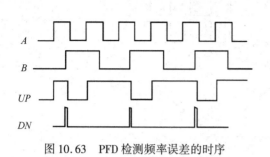

图 10.63　PFD 检测频率误差的时序

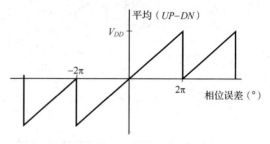

图 10.64　PFD 的相位特性

例 10.9　锁相环的瞬态特性

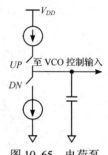

图 10.65　电荷泵

PLL 的稳定时间即它达到稳定状态行为时所需要的时间。它启动时过渡的时间长度与环路滤波器的带宽有很大的关系。图 10.66 是一个用 0.25 μm CMOS 工艺实现的 PLL 的 SPICE 模拟结果。这里用了一个理想的 VCO 来加速模拟。在这个例子中,选用了一个 100 MHz 的参考频率,而 PLL 把这一频率提高了 8 倍,达到 800 MHz。图 10.66(a)表示了 VCO 控制电压输入的瞬态响应和稳定过程。控制电压一旦达到它的最终值,输出频率(数字系统的时钟)就会达到稳定状态。图右的模拟显示了参考频率、驱动器的输出以及稳定状态的输出频率。图 10.66(b)表示 PLL 锁定在 $f_{out} = 8 \times f_{ref}$,而图 10.66(c)则是当输出与输入不同相位、因而两个频率间不存在分频关系时锁定过程的波形。

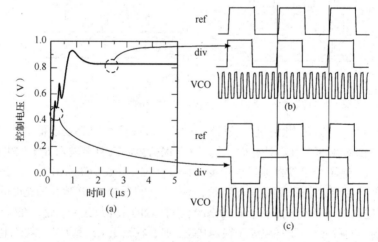

图 10.66　一个 PLL 的 SPICE 模拟结果。VCO 的控制电压以及锁定之前和锁定之后的波形

小结

在很短一段时间内,锁相环已成为任何高性能数字设计中的关键部件。它们的设计要求具有相当高的技巧,以把模拟电路集成到一个对它有干扰的数字环境中。然而,经验已经表明这一结合是完全可行的,而且它带来了新的、更好的解决方法。

10.7　综述：未来方向和展望

本节重点描述把高性能和低功耗结合起来的时序优化的某些趋势。

10.7.1　采用延时锁定环(DLL)分布时钟

目前高性能时钟技术的趋势是采用延时锁定环(也称延时锁相环, delay locked loop, DLL), 这是 PLL 结构的另一种形态。图 10.67(a)是一个 DLL 的电路图[Maneatis00]。DLL 的关键部件是一个电压控制延时线(voltage-controlled delay line, VCDL)。它由一个可调延时元件(例如一个电流可控反相器, current-starved inverter)的串联链组成。**它的基本思想是推迟输出时钟, 使它能与参考时钟完全对齐。**与 VCO 的情况不同, 这里没有时钟产生器。参照频率被送入 VCDL 的输入。与 PLL 结构类似, 一个相位检测器将延时线的输出(F_O)与参照频率比较, 并产生 *UP-DN* 的误差信号。注意, 它只需要相位检测而不需要相位频率检测。当锁定时, 两个时钟之间没有误差。反馈的功能是调节通过 VCDL 的延时, 以使输入参考时钟(f_{REF})的上升沿与输出时钟(f_O)对准。

图 10.67(b)是 DLL 中信号的定性波形图。开始时 DLL 并没有锁定。由于输出的第一个边沿在参考边沿之前到达, 所以产生了宽度等于两个信号之间误差的 *UP* 脉冲。电荷泵的作用是产生一个与该误差成正比的一定数量的电荷, 以增加 VCDL 的控制电压。这就使输出信号的边沿在下一个周期被延迟(这一 VCDL 的实现假设较大的电压将产生较长的延时)。在许多周期之后, 相位误差被纠正, 于是两个信号被锁定。注意, DLL 并不改变参考输入的频率, 而只是调整它的相位。

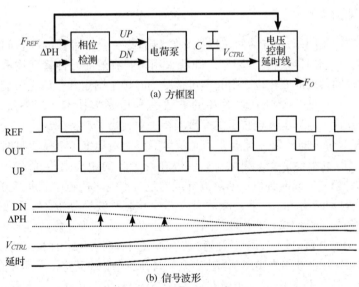

(a) 方框图

(b) 信号波形

图 10.67　延时锁定环[Maneatis00]

图 10.68 是在时钟分布网络中运用一个 DLL 结构。芯片被划分成许多小区域(或称为瓦片)。一个全局时钟以很小的偏差(skew)分配到每一个瓦片, 这可以通过软件工具或运用实现小时钟偏差的片上布线技术来完成。为简单起见, 该图显示的是一个两瓦片的芯片, 但这可以很容易地扩展为有许多区域的情形。在每一个瓦片的内部, 全局时钟在驱动数字负载之前都要被缓冲。在每一个缓冲器的前面是一个 VCDL。时钟网络的目标是以接近于零的偏差和抖动把信号传送到

数字电路。正如在前面所观察到的,缓冲器的静态和动态变化使经过缓冲的时钟之间的相位误差不为零,并且是时变的。每个瓦片内的反馈调整 VCDL 的控制电压,使缓冲后的输出锁定在全局输入时钟的相位上。反馈环同时补偿了静态的工艺偏差和较慢的动态变化(如温度)。这样的结构在高性能数字微处理器以及在媒体处理器中已变得非常普遍。前面采用多个 DLL 的时钟分布方法也可以延伸为采用片上多个分布式 PLL[Gutnik00]。分布式 PLL 方法具有潜在的性能优势,但为了稳定工作需要进行仔细的系统分析。

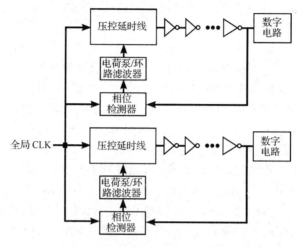

图 10.68　用 DLL 方法分布时钟

10.7.2　光时钟分布

现在,读者应当了解未来几吉赫的高性能系统将面临一些根本性的同步问题。一个数字设计的性能基本上受工艺和环境变化的限制。即使采用大胆有效的时钟管理技术,如采用 DLL 和 PLL,电源电压和时钟负载的变化也会引起不可接受的时钟不确定性。研究者们正在极力寻找突破性的解决方法。另一种已受到众多关注的方法是利用光学技术实现系统范围的同步。在[Miller00]中对光互连技术和电互连技术的原理及得失对比做了精辟的综述。

光学技术用于时钟分布的潜在优点在于光信号的延时对温度不敏感而且时钟边沿在经过很长距离(即几十米)后也不会变差。事实上,可以在几十米的距离上传送一个最大不确定性在10～100 ps的光时钟信号。光时钟可以通过波导或通过自由空间在芯片上进行分配。图 10.69 是一个采用波导的光时钟结构图。片外光源被引入芯片并通过波导分布,然后通过接收器电路转换为一个本地的电时钟分布网络。芯片被分割成许多小部分(或称为瓦片),全局时钟由光子源通过具有分束器的波导分布并弯向每一部分。注意,在分配光时钟时采用了 H 树结构。波导的终端是一个光子检测器,它可以用硅或锗来实现。当代表全局时钟的光脉冲到达每一部分的检测器时,它们就转变为电流脉冲。这些电流很小(几十微安),它们被送入一个放大器。放大器把电流信号放大到适合进行数字处理的电压信号,然后电时钟就可以采用传统的技术分布到本地的负载上[Kimerling00]。

光学方法的优点是全局时钟与光子检测器之间的偏差实际上为零。虽然光信号在到达时间上会有一些差别,但差别很小。例如,波导弯头的差别可以使路径与路径之间的能量损失不同。光学方法的另一个优点是避免了许多与电磁波传播相关的难题,如串扰和电感耦合。

另一方面,设计光学接收器的工作具有挑战性。把小的电流脉冲放大和转换为合适的电压信号需要多级放大器。它们对工艺和环境变化都很敏感,因此也对偏差很敏感。这使问题变得与传统的电气方法非常相似。然而,好在这一问题仅限于这些接收器,所以还比较容易控制。

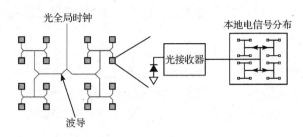

图 10.69　光时钟分布的总体结构（经 Lionel Kimerling 许可刊登）

光时钟在高性能系统中会有很重要的前景。为使它变为现实，必须首先应对光电电路工艺偏差问题所提出的挑战。

10.7.3　同步与非同步设计

自定时方法为日益复杂的时钟分布问题提供了一种可能的解决方法。它把全局时钟信号转变为许多局部的同步问题。它借助于"完成"信号摆脱了实际时序的限制，并通过握手逻辑保证了电路事件的逻辑排序，从而避免了竞争情况。但这需要遵守一定的协议，这些协议通常包括两个或四个相位。

尽管自定时电路有很多优点，但它只用在一些孤立的情形中。自定时电路的例子可以在信号处理器[Jacobs90]、快速运算单元（如自定时除法器）[Williams87]、简单的微处理器[Martin89]以及存储器（静态 RAM，FIFO）中找到。一般来说，同步逻辑不但较快而且较为简单，因为它省去了产生完成信号和握手逻辑的开销。而设计一个对竞争、活锁和死锁都比较稳定可靠的"傻瓜型"握手单元网络并不容易，它需要有专门的设计自动化工具。

另一方面，分布一个高速时钟也变得极端困难。处理时钟偏差问题除了需要仔细设计以外还要进行大量的模拟和分析。因此把这一方法延伸到下一代的设计中并不容易。随着同步电路中时序不确定性的日益增加，自定时技术势必在未来更加具有吸引力[Sutherland02]。目前最新一代大规模并行超级计算机的路径分配网络（routing network）就完全是用自定时来实现的[Seitz92]，这一事实就已经反映出了这一趋势。然而，要使自定时成为一个主流设计技术还需要进一步开发创造性的电路和信号技术以及设计方法学。

还可能会有其他时序方法出现。比较有可能的是全异步设计或用一个异步网络连接各个孤立的同步单元岛。后者称为全局异步局部同步方法，它很吸引人。因为它避免了在局部电路层上采用自定时设计的不足，同时又消除了同步设计对芯片上相距较远的各功能块之间严格的相位同步要求。事实上，一味要求片上系统中大模块之间相位完全同步常常是一个过高的约束条件。采用中等同步（mesochronous）或近似同步（plesiochronous）也同样可以很好地工作。我们推测，这些形式的同步方法在未来的十年中将变得更加普遍。

10.8　小结

本章阐明了时序电路的时序问题：

- 深入分析了同步数字电路和时钟方法。时钟偏差和抖动对一个系统的功能和性能有很大影响。重要的参数是所采用的时钟技术以及时钟产生和分布网络的性质。
- 其他时序方法，如自定时设计在解决时钟分布问题中已变得越来越引人注目。自定时设计利用完成信号和握手逻辑把实际时序约束与事件排序区分开来。

- 同步和异步部件的连接会引起同步失效的危险。引入同步器可以帮助减少这一危险，但不能完全消除它。
- 锁相环（PLL）正在成为数字设计者工具箱中的重要元件。它们用来产生芯片上的高速时钟信号。PLL 的模拟本质使它的设计成为真正的挑战。
- 时钟分布的重要趋势包括采用延时锁定环来有效地调整片上延时。
- 本章的关键信息是同步和时序是今后十年中数字设计者面临的最为错综复杂的挑战。

10.9 进一步探讨

虽然系统时序是一个非常重要的主题，但却还没有一本有关这一领域的综合性的参考著作。目前，对这一主题最好的论述之一是 Chuck Seitz 在[Mead80]中所写的一章（第 7 章）。其他深入综述的文献有[Bakoglu90]、[Johnson93，第 11 章]、[Bernstein98，第 7 章]以及[Chandrakasan00，第 12 章和第 13 章]。在[Friedman95]中收集了许多有关时钟分布网络方面的论文。大量其他有关这一主题的文章刊登在一些前沿期刊中，其中一部分列在以下的参考文献中。

参考文献

[Abnous93] A. Abnous and A. Behzad, "A High-Performance Self-Timed CMOS Adder," in *EE241 Final Class Project Reports*, by J. Rabaey, Univ. of California–Berkeley, May 1993.

[Bailey98] D. Bailey and B. Benschneider, "Clocking Design and Analysis for a 600-MHz Alpha Microprocessor," *IEEE Journal of Solid-State Circuits*, vol. 33, pp. 1627–1633, November 1998.

[Bailey00] D. Bailey, "Clock Distribution," in [Chandrakasan00].

[Bakoglu90] H. Bakoglu, *Circuits, Interconnections and Packaging for VLSI*, Addison-Wesley, pp. 338–393, 1980.

[Boning00] D. Boning, S. Nassif, "Models of Process Variations in Device and Interconnect," in [Chandrakasan00].

[Bowhill95] W. Bowhill et al., "A 300 MHz Quad-Issue CMOS RISC Microprocessor," *Technical Digest of the 1995 International Solid State Circuits Conference (ISSCC)*, San Francisco, pp. 182–183, February 1995.

[Bernstein98] K. Bernstein et al., *High Speed CMOS Design Styles*, Kluwer Academic Publishers, 1998.

[Bernstein00] K. Bernstein, "Basic Logic Families," in [Chandrakasan00].

[Chandrakasan00] A. Chandrakasan, W. Bowhill, and F. Fox, *Design of High-Performance Microprocessor Circuits*, IEEE Press, 2000.

[Chaney73] T. Chaney and F. Rosenberger, "Anomalous Behavior of Synchronizer and Arbiter Circuits," *IEEE Trans. on Computers,* vol. C-22, pp. 421–422, April 1973.

[Dally98] W. Dally and J. Poulton, *Digital Systems Engineering*, Cambridge University Press, 1998.

[Dean94] M. Dean, D. Dill, and M. Horowitz, "Self-Timed Logic Using Current-Sensing Completion Detection," *Journal of VLSI Signal Processing*, pp. 7–16, February 1994.

[Dobberpuhl92] D. Dopperpuhl et al., "A 200 MHz 64-b Dual Issue CMOS Microprocessor," *IEEE Journal on Solid State Circuits*, vol. 27, no. 11, pp. 1555–1567, November 1992.

[Friedman95] E. Friedman, ed., *Clock Distribution Networks in VLSI Circuits and Systems,* IEEE Press, 1995.

[Gardner80] F. Gardner, "Charge-Pump Phase-Locked Loops," *IEEE Trans. on Communications*, vol. COM-28, pp. 1849–58, November 1980.

[Glasser85] L. Glasser and D. Dopperpuhl, *The Design and Analysis of VLSI Circuits*, Addison-Wesley, pp. 360–365, 1985.

[Goodman98] J. Goodman, A. P. Dancy, A. P. Chandrakasan, "An Energy/Security Scalable Encryption Processor Using an Embedded Variable Voltage DC/DC Converter," *IEEE Journal of Solid State Circuits*, pp. 1799–1809, 1998.

[Gutnik00] Gutnik, V., A. P. Chandrakasan, "Active GHz Clock Network Using Distributed PLLs," *IEEE Journal of Solid State Circuits*, pp. 1553–1560, November 2000.

[Heller84] L. Heller et al., "Cascade Voltage Switch Logic: A Differential CMOS Logic Family," *IEEE International Solid State Conference Digest*, San Francisco, pp. 16–17, February 1984.

[Herrick00] B. Herrick, "Design Challenges in Multi-GHz Microprocessors," *Proceedings ASPDAC 2000*, Yokohama, January 2000.

[Jacobs90] G. Jacobs and R. Brodersen, "A Fully Asynchronous Digital Signal Processor," *IEEE Journal on Solid State Circuits*, vol. 25, no. 6, pp. 1526–1537, December 1990.

[Jeong87] D. Jeong et al., "Design of PLL-Based Clock Generation Circuits," *IEEE Journal on Solid State Circuits*, vol. SC-22, no. 2, pp. 255–261, April 1987.

[Johnson93] H. Johnson and M. Graham, *High-Speed Digital Design—A Handbook of Black Magic*, Prentice Hall, 1993

[Kim90] B. Kim, D. Helman, and P. Gray, "A 30 MHz Hybrid Analog/Digital Clock Recovery Circuit in 2 μm CMOS," *IEEE Journal on Solid State Circuits*, vol. SC-25, no. 6, pp. 1385–1394, December 1990.

[Kimerling00] L. Kimerling, "Photons to the Rescue: Microelectronics becomes Microphotonics," *Interface*, vol. 9, no. 2, 2000.

[Martin89] A. Martin et al., "The First Asynchronous Microprocessor: Test Results," *Computer Architecture News*, vol. 17, no. 4, pp. 95–110, June 1989.

[Maneatis00] J. Maneatis, "Design of High-Speed CMOS PLLs and DLLs," in [Chandrakasan00].

[Mead80] C. Mead and L. Conway, *Introduction to VLSI Design*, Addison-Wesley, 1980.

[Messerschmitt90] D. Messerschmitt, "Synchronization in Digital Systems," *IEEE Journal on Selected Areas in Communications*, vol. 8, no. 8, pp. 1404–1419, October 1990.

[Miller00] D. Miller, "Rationale and Challenges for Optical Interconnects to Electronic Chips," *Proceedings of the IEEE*, pp. 728–749, June 2000.

[Park00] T. Park, T. Tugbawa, and D. Boning, "An Overview of Methods for Characterization of Pattern Dependencies in Copper CMP," *Chemical Mechanical Polish for ULSI Multilevel Interconnection Conference* (CMP-MIC 2000), pp. 196–205, March 2000.

[Restle98] P. Restle, K. Jenkins, A. Deutsch, P. Cook, "Measurement and Modeling of On-Chip Transmission Line Effects in a 400 MHz Microprocessor," *IEEE Journal of Solid State Circuits*, pp. 662–665, April 1998.

[Restle01] P. Restle, "Technical Visualizations in VLSI Design," *Proceedings 38th Design Automation Conference*, Las Vegas, June 2001.

[Seitz80] C. Seitz, "System Timing," in [Mead80], pp. 218–262, 1980.

[Seitz92] C. Seitz, "Mosaic C: An Experimental Fine-Grain Multicomputer," in *Future Tendencies in Computer Science, Control and Applied Mathematics*, Proceedings International Conference on the 25th Anniversary of INRIA, Springer-Verlag, pp. 69–85, 1992.

[Sutherland89] I. Sutherland, "Micropipelines," *Communications of the ACM*, pp. 720–738, June 1989.

[Sutherland02] I. Sutherland and J. Ebergen, "Computers Without Clocks," *Scientific American*, vol. 287, no. 2, pp. 62–69, August 2002.

[Veendrick80] H. Veendrick, "The Behavior of Flip Flops Used as Synchronizers and Prediction of Their Failure Rates," *IEEE Journal of Solid State Circuits*, vol. SC-15, no. 2, pp. 169–176, April 1980.

[Williams87] T. Williams et al., "A Self-Timed Chip for Division," in *Proceedings of Advanced Research in VLSI 1987*, Stanford Conference, pp. 75–96, March 1987.

[Williams00] T. Williams, "Self-Timed Pipelines," in [Chandrakasan00].

[Yee96] G. Yee et al., "Clock-Delayed Domino for Adder and Combinational Logic Design," *Proceedings IEEE International Conference on Computer Design (ICCD)*, pp. 332–337, 1996.

[Young97] I. Young, M. Mar, and B. Brushan, "A 0.35 μm CMOS 3-880 MHz PLL N/2 Clock Multiplier and Distribution Network with Low Jitter for Microprocessors," *IEEE International Solid State Conference Digest*, pp. 330–331, 1997.

习题

关于具有挑战性的习题和设计问题, 可访问本书配套网站(http://icbook.eecs.berkeley.edu/)。

设计方法插入说明 G——设计验证

- 模拟与验证
- 电气验证和时序验证
- 形式验证

至此，我们已经非常依赖于模拟，把它作为保证一个设计的正确性和提取如速度和功耗这些关键参数的首选方法。然而，模拟只是设计者用来完成这些目标的工具箱中的一种技术。一般来说，区分模拟和验证之间的差别非常重要。

在模拟步骤中，像噪声容限、传播延时或能耗这样的设计参数值是通过把一组激励向量应用到所选的电路模型上，然后从所得到的信号波形中提取参数来确定的。这一方法虽然非常灵活，但它的一个缺点就是其结果很大程度上取决于所选择的激励。例如在一个动态逻辑门中如果不输入造成电荷分享的输入图形的确切序列，模拟就无法测出电荷重新分配的情况。同样，一个加法器的延时会因输入信号的不同而有很大的变化。确认最坏情况下的延时需要仔细地选择激励向量，使整个进位路径都在变化。换句话说，设计者必须对电路模型和它的操作本质有很好的了解，否则就会得到毫无意义的结果。

与此相反，验证是试图直接从电路描述中提取系统的参数。例如可以通过检查它的电路图或模型来识别一个加法器的关键路径。这一方法的优点是得到的结果与所选择的激励向量无关，所以可以认为是安全可靠的。但是，它依赖于一些有关设计技术和方法学的隐含假设条件。例如在加法器的例子中，确定它的传播延时要求了解组成电路的逻辑操作，比如是动态逻辑还是静态逻辑，以及对传播延时的定义。作为第二个例子，如果要确定一个同步电路的最大时钟速度，首先必须确定它的寄存器单元。因此，由此得到的工具仅限于一定的范围并只处理有限类型的电路，如单相同步设计。在本插入说明中将分析一些常用的验证技术。

电气验证

给出一个数字设计的晶体管电路图，我们就有可能验证它是否满足某些基本的规则。以下一些典型规则的例子可以帮助说明这一概念，其他许多规则可以从前面几章中推导出来：

- 两个 C^2MOS 门之间的反相次数应当是偶数。
- 在一个伪 NMOS 门中，在 PMOS 上拉器件和 NMOS 下拉器件之间必须有一个恰当的尺寸比，以保证有足够的低电平噪声容限 NM_L。
- 为了保证信号波形的上升和下降时间处于限定范围之内，可以根据扇出来限定驱动器晶体管尺寸的最小允许值。
- 在动态设计中电荷分享的最大数量应当不破坏高电平噪声容限。

单凭直觉可以帮助确定设计永远应当遵循的许多规则。应用这些规则需要对电路结构有深入的了解，因此电气验证首先从在整个电路图中识别出我们熟知的子结构开始。典型的识别模板是简单的逻辑门、传输管和寄存器。验证器逐条规则地检查所生成的电路。由于具体的设计形式往往都有各自具体的电气规则，因而这些规则应当很容易进行修改。例如，基于规则的专家系统(rule-based expert system)可以很容易地更新规则基础[DeMan85]。有些规则可能很复杂，甚至必须借助于电路模拟器来模拟该电路中的一小部分子电路，以验证是否满足给定的条件。总之，电气验证是一种非常有用的工具，它能大大降低功能出错的风险。

时序验证

随着电路变得越来越复杂，确切地确定整个网络中的哪一条路径是时序的关键路径也变得更为困难。一种解决办法是大范围地运行 SPICE 模拟，这需要很长时间才能完成。即使是这样，还不能保证所识别出来的关键电路一定是最坏情况，因为延时路径与所应用的信号图形有关。一个时序验证器能够检查整个电气网络并根据延时对各条路径排序。这一延时可以用许多方法来确定。其中一种方法是建立网络的 *RC* 模型并计算所得到的无源网络的延时范围。为了得到更为精确的结果，许多时序验证器都首先基于 *RC* 模型提取最长路径的细节，然后对简化的电路进行电路模拟以得到较精确的估计。早期时序验证器的例子有 Crystal[Ousterhout83] 和 TV[Jouppi84] 系统。

许多早期验证系统存在的一个问题是它们识别出来的是虚假路径，即正常的电路操作期间决不会经过的"关键路径"。例如在第 11 章所讨论的进位旁路加法器中就存在一条虚假路径（同时以简化形式显示在图 G.1 中）。单从电路拓扑的简单分析可能会猜想这个电路的关键路径如图中箭头所示通过加法器和多路开关模块。但对电路工作的进一步观察则表明这样一条路径并

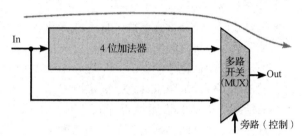

图 G.1　时序验证中虚假路径的例子

不可行。当 *In* 传播通过整个加法器时，加法器的所有各位必定处在传播模式。然而旁路信号在这些情况下是有效的，因此应选择图中下面一条经过多路开关的路径。所以实际的关键路径比初次分析所预见的路径要短。检测出虚假时序路径并不容易，因为它要求了解电路的逻辑功能。较新的时序验证器在完成这一点上非常成功并且已成为高性能电路设计者比较重要的一种设计工具[Devadas91]。

例 G.1　时序验证的例子

图 G.2 显示了 Synopsys 公司的静态时序验证器 PathMill 工具[PathMill] 的输出结果。验证过程的输入是一个晶体管级的网表，但也可以包括门级和模块级的模型。分析考虑了从晶体管电路或版图中提取到的电容和电阻寄生参数。

时序分析的输出是一个关键时序路径的排序表。对于图 G.2 的例子，最长的路径从节点 *B*（下降沿）经节点 S1, S2 和 X3 延伸到节点 *Y*（下降沿）。预测的延时为 1.14 ns。接近这一关键路径的其他路径按延时减少的顺序排列为：$B(F){\to}Y(R)$（1.11 ns），$B(R){\to}Y(F)$（1.04 ns），$C(R){\to}Z(R)$（1.04 ns）和 $D(R){\to}Y(R)$（1.00 ns）。注意，该电路含有多个链状的传输管，它们使分析变得复杂并增加了产生虚假路径的机会。后者的一个例子就是在 $B=0$ 时路径 $A(F){\to}X1{\to}X3{\to}Z(R)$。在 *B* 为低电平值时，节点 *Z* 只做下降的翻转。

功能（或形式）验证

一个电路的每一个部件（晶体管、门或功能块）都可以按其行为描述成它的输入和内部状态的函数。把这些部件的描述合在一起就可以产生一个用符号来描述整个电路行为的完整电路模型。形式验证将这些推导出来的行为与设计者最初的行为说明进行比较。这两种描述虽然不完全一样，但如果电路是正确的，那么它们必须在数学上是等效的。

形式验证是设计者的最高理想，即设计自动化应当能够证明电路将能如设计所说明的那样去工作。然而现在还没有实现一个一般的和被广泛接受的验证器。这一问题的复杂性可以这样来说明：

证明两种电路描述完全一致的一种办法是列举
所有可能的输入图形和顺序,然后比较它们的
输出。这是一个很难实现的方法,因为计算时
间与输入数目和状态数目成指数关系。

但这并不意味着形式验证是一种空想。人
们已提议并成功实现了对某些类型电路的一些
形式验证技术。例如,假设一个电路是同步的
即可使搜索空间最小。证明两个状态机等效已
成为主要的研究目标之一并已取得显著进
展[Coudert90]。一般来说,形式验证技术主要分为
以下两大类:

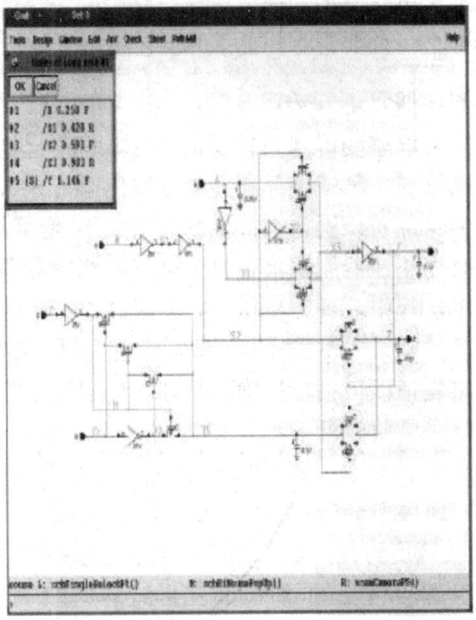

图 G.2　由 PathMill 工具产生的静态时序验证器响
应的例子(经 Synopsys 公司同意刊登)。
结果采用 Cadence DFII 工具显示。关键路
径从节点 B 经过节点 $S1$, $S2$ 和 $X3$ 至节点 Y

- 等效证明。设计常常遵循一种不断优化
  的方法。一个最初的高层次描述要经过
  一步一步地优化才能成为一个更为细节
  的描述。等效证明工具就是确定所得到
  的结果与最初的描述是否等效。例如,
  这样一个工具能够确定一个 N 输入静态
  CMOS NAND 门的晶体管级电路图是否
  真正实现了所希望的 NAND 功能。
- 性质证明。一个设计者经常希望知道他的
  作品是否具有某些明确的性质。一个可能的要求可以是"我的电路应当永远不会出现竞争情
  况"。性质证明工具将分析这一目标是否得到满足;如果不满足,这一工具还将分析详细情况。

使形式验证可行的基本必要条件之一是设计必须以非常明确的方式来描述而且意义(或语
义)必须定义得很清楚。在满足了这些条件的情况下,形式验证技术能产生一些显著的结果而且
非常有效。例如,在有限状态机(FSM)领域,形式验证技术已取得了某些重要的进展。成功的秘
密就在于它有定义明确的数学描述模型。

小结

功能验证虽然还不是设计自动化过程的主流,但它也许会变成设计者工具箱中的重要财富
之一。为使这一天到来,在设计描述和解释转换领域还必须要有重大的进展。

参考文献

[Coudert90] O. Coudert and J. Madre, *Proceedings ICCAD 1990*, pp. 126–129, November 1990.

[De Man85] H. De Man, I. Bolsens, E. Vandenmeersch, and J. Van Cleynenbreugel, "DIALOG: An Expert Debugging System for MOS VLSI Design," *IEEE Trans. on CAD*, vol. 4, no. 3, pp. 301–311, July 1985.

[Devadas91] S. Devadas, K. Keutzer, and S. Malik, "Delay Computations in Combinational Logic Circuits: Theory and Algorithms," *Proc. ICCAD-91*, pp. 176–179, Santa Clara, 1991.

[Jouppi84] N. Jouppi, *Timing Verification and Performance Improvement of MOS VLSI Designs*, Ph. D. diss., Stanford University, 1984.

[Ousterhout83] J. Ousterhout, "Crystal: A Timing Analyzer for nMOS VLSI Circuits," *Proc. 3rd Caltech Conf. on VLSI* (Bryant ed.), Computer Science Press, pp. 57–69, March 1983.

[PathMill] PathMill: Transistor-Level Static Timing Analysis, *http://www.synopsys.com/products/analysis/pathmill_ds. html*, Synopsys, Inc.

第 11 章　设计运算功能块

■ 加法器、乘法器及移位器考虑性能、面积或功耗的设计
■ 数据通路模块的逻辑和系统级优化
■ 数据通路中功耗与延时的综合考虑

11.1　引言

在深入地学习了基本数字门的设计和优化之后，现在该是测试我们能否把获得的技术应用于一些较大规模的电路并把它们放在一个更面向系统的情形中考虑的时候了。

我们将应用前面几章所介绍的技术来设计在微处理器和信号处理器的数据通路中经常用到的一些电路。更具体地说，我们将讨论一些有代表性的模块设计，如加法器、乘法器和移位器。这些单元的速度和功耗常常决定了整个系统的性能，因此需要进行仔细的设计优化。我们很快就会发现，设计任务并不那么容易。对于每个模块，存在多个等效的逻辑和电路拓扑形态，它们在面积、速度或功耗方面都有各自的优缺点。

本章提供的分析虽然远不够全面，但它帮助我们集中致力于在数字设计过程中必须综合考虑的问题。你将看到，如果只在一个设计层次上优化，例如只优化晶体管的尺寸，则只能得到一个低劣的设计。因此从全局考虑极为重要。数字电路设计者把他们的注意力集中在对他们的目标功能影响最大的逻辑门、电路或晶体管上。而非关键部分的电路可以按常规设计。我们也可以开发出一些有助于理解一个模块基本特性的一阶性能模型。本章还将阐明哪些计算机辅助工具能帮助简化和自动化这一阶段的设计过程。

在分析运算模块的设计之前，简短地讨论一下在数字处理器结构中数据通路的作用是有益的。这不仅突出了对数据通路设计的特殊要求，而且也把本书的其余部分联系了起来。其他处理器模块包括输入/输出、控制器以及存储器模块，它们各有不同的要求并已在第 8 章中讨论过。在分析加法器、乘法器和移位器设计中面积-功耗-延时的权衡取舍之后，我们将运用同样的结构来说明在第 6 章中介绍过的一些功耗最小化的方法。本章最后简短总结数据通路的设计和对它各方面的综合考虑。

11.2　数字处理器结构中的数据通路

在第 8 章中已介绍了数字处理器的概念。它由数据通路、存储器、控制器以及输入/输出模块组成。数据通路是处理器的核心——它是进行所有计算的地方。处理器中的其他模块是支持单元，它们或者存储数据通路产生的结果，或者帮助决定下一周期将发生什么。一个典型的数据通路是由如算术运算器(加法、乘法、比较和移位)或逻辑运算器(AND, OR 和 XOR)等基本的组合功能互连而成的。算术运算器的设计是本章的主题。所希望的应用决定了数据通路设计的约束条件。在某些情况下，比如在 PC 机中，处理速度就是一切。而在其他大多数应用中，会有最大功耗的限制，或者规定了能用于计算的最大能量而同时又保持所希望的数据通过量。

数据通路常常组织成位片式(bit-sliced)结构，如图 11.1 所示。处理器中的数据不是对单个

位的数字信号进行操作,而是组织成以字(word)为基础的形式。一般来说,微处理器的数据通路是 32 位或 64 位宽,而专用的信号处理数据通路,如在 DSL 调制解调器、磁盘驱动器或光盘播放器中的数据通路则可以有任意的宽度,一般为 5~24 位。例如一个 32 位处理器对 32 位宽的数据字进行操作。这反映在数据通路的结构上。由于必须频繁地对数据字的每一位进行同样的操作,所以数据通路含有 32 个位片,每一个对一位进行操作——因此称为位片式。所有位的位片或者完全相同,或者类似于同样的结构。数据通路的设计者只需集中设计一个位片然后重复操作 32 次即可。

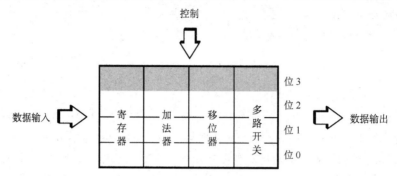

图 11.1　位片式数据通路结构

11.3　加法器

加法是最常用的运算操作,它也常常是限制速度的元件。因此仔细优化加法器极其重要。优化可以在逻辑层或电路层上进行。一般逻辑层上的优化意在重新安排布尔方程以得到一个速度较快或面积较小的电路。这样一个逻辑优化的例子是将在本章后面讨论的超前进位加法器(carry lookahead adder)。另一方面,电路层优化则着眼于改变晶体管的尺寸以及电路的拓扑连接来优化速度。在考虑这两种优化过程之前,先对加法器电路的基本定义做一个简短的概述(如在任何有关逻辑设计的书中定义的那样[例如 Katz94])。

11.3.1　二进制加法器:定义

表 11.1 列出了一个二进制全加器的真值表。A 和 B 是加法器的输入,C_i 是进位输入,S 是和输出,而 C_o 是进位输出。S 和 C_o 的布尔表达式如下:

$$S = A \oplus B \oplus C_i$$
$$= A\bar{B}\bar{C_i} + \bar{A}B\bar{C_i} + \bar{A}\bar{B}C_i + ABC_i \tag{11.1}$$
$$C_o = AB + BC_i + AC_i$$

表 11.1　全加器真值表

A	B	C_i	S	C_o	进位状态
0	0	0	0	0	取消
0	0	1	1	0	取消
0	1	0	1	0	传播
0	1	1	0	1	传播
1	0	0	1	0	传播
1	0	1	0	1	传播
1	1	0	0	1	产生/传播
1	1	1	1	1	产生/传播

从实现的角度把 S 和 C_o 定义为某些中间信号 G（进位产生，generate）、D（进位取消，delete）和 P（进位传播，propagate）的函数常常是非常有用的[①]。$G = 1$（$D = 1$）时，将保证在 C_o 产生（取消）一个进位，而与 C_i 无关，而 $P = 1$ 时将保证有一个进位输入传播至 C_o。这些信号的表达式可以通过观察真值表推导出来：

$$G = AB$$
$$D = \overline{A}\,\overline{B} \qquad\qquad (11.2)$$
$$P = A \oplus B$$

可以把 S 和 C_o 重新写为 P 和 G（或 D）的函数：

$$C_o(G, P) = G + PC_i$$
$$S(G, P) = P \oplus C_i \qquad\qquad (11.3)$$

注意，G 和 P 仅是 A 和 B 的函数而与 C_i 无关。同样，我们也可以推导出 $S(D, P)$ 和 $C_o(D, P)$ 的表达式。

一个 N 位加法器可以通过把 N 个一位的全加器（FA）电路串联起来构成，即对于从 $k = 1$ 至 $N-1$ 把 $C_{o,k-1}$ 连接到 $C_{i,k}$，并使第一个输入进位 $C_{i,0}$ 连接至 0（见图 11.2）。这一结构称为逐位进位加法器或行波进位加法器（ripple-carry adder），因为进位位从一级"波动"到另一级。通过该电路的延时取决于传播必须通过的逻辑级的数目并且与所加的输入信号有关。对于某些输入信号，完全不会发生行波进位效应，而对于另一些信号，进位必须从最低有效位（least significant bit，lsb）一直波动到最高有效位（most significant bit，msb）。这样一个结构（也称为关键路径，critical path）的传播延时定义为对所有可能的输入图形在最坏情形下的延时。

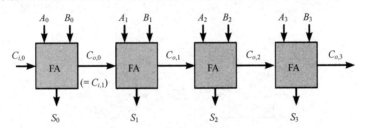

图 11.2　四位逐位进位加法器的拓扑结构

在逐位进位加法器中，最坏情形的延时发生在当最低有效位上产生的进位一直全程传播到最高有效位时。这一进位最终在最后一级上被吸收，以产生和。因此，延时正比于输入字的位数 N 并近似为

$$t_{adder} \approx (N-1)t_{carry} + t_{sum} \qquad\qquad (11.4)$$

式中，t_{carry} 和 t_{sum} 分别等于从 C_i 至 C_o 及 S 的传播延时[②]。

例 11.1　逐位进位加法器的传播延时

推导 A_k 和 B_k（$k = 0, \cdots, N-1$）的值以得到逐位进位加法器最坏情形下的延时。最坏情形是在 lsb（最低有效位）上产生了一个进位。由于第一个全加器的输入进位 $C_{i,0}$ 总是 0，这意味着 A_0 和 B_0 必须同时等于 1。其他所有各级必须处于传播模式。因此，A_i 或 B_i 必为高电平。最后，我们可以实际度量一下在 msb（最高有效位）的和位上发生翻转的延时。假设 S_{N-1} 的初值为 0，我们必须

---

① 注意，进位传播信号有时也定义为输入 A 和 B 的逻辑"或"（OR）函数——这一条件也保证了当 $A = B = 1$ 时输入进位传播至输出端。我们在使用这一定义时将随时给予适当的提醒。

② 式（11.4）假设在最低有效位处从输入信号 A_0（或 B_0）至 $C_{o,0}$ 的延时，以及所有其他位 C_i 至 C_o 的延时都等于 t_{carry}。

安排一个 $0 \to 1$ 的翻转。这可以通过使 A_{N-1} 和 B_{N-1} 同时为 0(或同时为 1)来实现,于是在输入进位为 1 时就产生一个高电平的和位。

例如,以下 A 和 B 的值将导致一个 8 位加法最坏情形下的延时:

$$A: 00000001; B: 01111111$$

为了得到一个延时最长的翻转,可以使所有的输入在 A_0 由 $0 \to 1$ 翻转时保持为常数。

最左边的位代表这个二进制表达式中的最高有效位。注意,这只是许多最坏情形中的一个。这一情形使最终的和经历 $0 \to 1$ 的过渡延时。推导几个其他经历 $0 \to 1$ 和 $1 \to 0$ 过渡的情形。

从式(11.4)中可以得出两个重要结论:

- 逐位进位加法器的传播延时与 N 成线性关系。在设计当前和未来计算机所希望的宽数据通路($N = 16, \cdots, 128$)加法器时这一点变得日益重要。
- 在设计一个快速逐位进位加法器的全加器单元时,优化 t_{carry} 比优化 t_{sum} 重要得多,因为后者对 t_{adder} 总延时值的影响较小。

在深入讨论全加器单元的电路设计之前,值得提及的是全加器的另一个逻辑性质:

把一个全加器的所有输入反相,它的所有输出也反相。

这一性质也称为加法器的反相特性,可用下列两式来描述:

$$\begin{aligned}
\bar{S}(A, B, C_i) &= S(\bar{A}, \bar{B}, \overline{C_i}) \\
\overline{C_o}(A, B, C_i) &= C_o(\bar{A}, \bar{B}, \overline{C_i})
\end{aligned} \tag{11.5}$$

这在优化逐位进位加法器的速度时非常有用。它说明图 11.3 中左右两个电路(在逻辑关系上)完全等效。

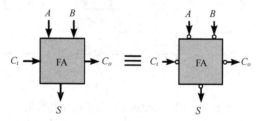

图 11.3　全加器的反相特性。图中的小圈代表反相器

11.3.2　全加器:电路设计考虑

静态加法器电路

实现全加器电路的一种方法是把逻辑方程(11.1)直接转变为互补 CMOS 电路。进行某些逻辑变换可以帮助减少晶体管的数目。例如,只要不减慢进位产生的速度(如前所述进位产生是最关键的部分),则在“和”与“进位产生”的子电路之间共享某些逻辑非常有利。以下是这样一个重新组织方程组的例子:

$$C_o = AB + BC_i + AC_i \tag{11.6}$$

和

$$S = ABC_i + \overline{C_o}(A + B + C_i)$$

很容易验证它与原方程组等价。相应地,采用互补静态 CMOS 的加法器设计见图 11.4,它需要 28 个晶体管。除了消耗较大的面积以外,这一电路的速度也较慢,因为:

- 在进位产生与和产生电路中堆叠着许多 PMOS 管。

- C_o 信号的本征负载电容很大,包括两个扩散电容、6 个栅电容,再加上布线电容。
- 在进位产生电路中信号传播通过两个反相级。正如前面提到的,最小化进位路径的延时是高速加法器电路设计者的首要目标。如果进位链输出上的负载(扇出)很小,那么有两个逻辑级就显得太多,因而引起额外的延时。
- 和的产生要求一个额外的逻辑级,但这并不那么重要,因为这一项在逐位进位加法器的传播延时公式(11.4)中只出现一次。

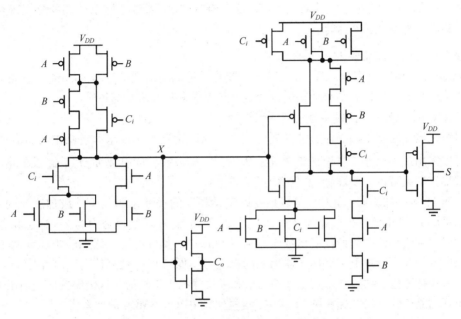

图 11.4 利用互补静态 CMOS 实现的全加器

这一电路尽管慢,但却体现了某些聪明的设计技巧。注意,在进位产生电路第一个门的设计中 C_i 信号放在串联数较少的 PMOS 管支路上,从而使它的逻辑努力降低为 2。同时,连接到 C_i 的 NMOS 和 PMOS 管尽可能地放在靠近这个门的输出端。这直接应用了 4.2 节中讨论过的电路优化技术——关键路径上的晶体管应当尽可能放在接近门的输出端。例如在加法器的第 k 级,信号 A_k 和 B_k 在 $C_{i,k}$($=C_{o,k-1}$)到达之前就已经存在并已稳定了很长时间。因此,在晶体管链中内部节点的电容事先已被预充电或放电。当 $C_{i,k}$ 到达时,只有节点 X 的电容必须充(放)电。如果把 $C_{i,k}$ 晶体管放在靠近 V_{DD} 和 GND 处,则不仅需要充(放)电节点 X 的电容,而且也要充(放)电内部节点的电容。

现在,这一电路的速度可以利用上一节讨论过的加法器的某些性质逐步加以改善。首先,利用加法器的反相特性,即把一个全加器单元的所有输入反相则它的所有输出也反相,这可以减少进位路径中反相级的数目。如图 11.5 所示,这一特性允许我们在一个进位链中消除反相器。

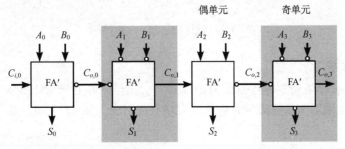

图 11.5 在进位路径中取消反相器。FA′代表进位路径中没有反相器的全加器

镜像加法器设计

图 11.6[Weste93]是一个经过改进的加法器电路, 也称为镜像加法器(mirror adder)。它的工作基础是式(11.3), 但它的进位产生电路值得分析。首先, 如前节所建议的, 取消了进位反相门。其次, 门的 PDN 和 PUN 网络不再是对偶的, 而是巧妙地实现了进位传播/产生/取消功能——当 D 或者 G 为高时, $\bar{C}_o$ 分别被置为 V_{DD} 或 GND。当满足进位传播条件时(即 P 为 1)[1], 输入进位(以反相的形式)传播到 $\bar{C}_o$。这一结构使面积和延时都有相当程度的减少。求和电路的分析留给读者自己完成。以下一些事实值得考虑。

- 该全加器单元仅需要 24 个晶体管。
- NMOS 和 PMOS 链完全对称, 由于求和与进位功能的自对偶性(self-duality), 它同样能产生正确的功能。但这一结果使在进位产生电路中最多只有两个晶体管串联。
- 连接 C_i 的晶体管放在最接近门的输出端处。
- 只有在进位电路中的晶体管才需要优化尺寸以改善速度。在求和电路中的所有晶体管都可以采用最小尺寸。当设计该单元的版图时, 最关键的问题是使节点 $\bar{C}_o$ 处的电容最小。共享扩散区可以减少堆叠(晶体管)的节点电容。
- 在图 11.4 的加法器单元中, 可以独立确定反相器的尺寸来驱动下一级加法器的 C_i 输入。如果图 11.6 中的进位电路尺寸对称, 则其每一个输入的逻辑努力为 2。这意味着优化尺寸以达到最小延时的最优扇出数应当为(4/2) = 2。然而, 这一级的输出驱动两个内部的栅电容和 6 个所连下一级加法器单元的栅电容。保持每一级晶体管尺寸相同的一个巧妙办法是把进位级的尺寸增加至大约为求和级尺寸的 3 至 4 倍。这仍保持优化扇出为 2。所得到的晶体管的尺寸标在图 11.6 中, 这里假设 PMOS/NMOS 的比率为 2。

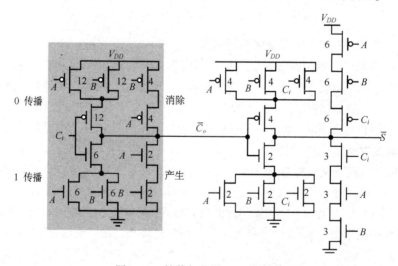

图 11.6　镜像加法器——电路图

传输门型加法器

一个全加器也可以采用多路开关和 XOR 来设计。虽然这在互补 CMOS 实现中并不可行, 但当多路开关和 XOR 采用传输门实现时它就变得很有吸引力。图 11.7 即为基于这一方法实现的

---

[1]　这里采用的是 $P = A + B$ 的进位传播信号定义。

一个全加器,它使用了 24 个晶体管。它来源于式(11.3)的进位传播-产生模型。进位传播信号即输入 A 和 B 的 XOR,用来选择输入进位值的正信号或反信号作为新的和输出。根据进位传播信号值的不同,输出进位或者为输入进位,或者为输入 A 和 B 的其中之一。这种加法器的一个有意义的特点是它的和与进位输出具有近似的延时。

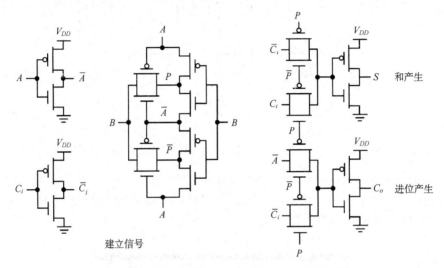

图 11.7　求和与进位延时相近的传输门型全加器

曼彻斯特(Manchester)进位链加法器

图 11.7 中的进位传播电路可以通过增加进位产生和进位消除信号来简化,如图 11.8(a)所示。进位传播路径不充电,如果进位传播信号($A_i \oplus B_i$)为真,则 C_i 被传送至输出 C_o。如果传播条件不满足,则输出或者由信号 D_i 下拉或者由 $\bar{G}_i$ 上拉。如图 11.8(b)所示,动态实现甚至可以使电路更加简单。由于动态电路中的晶体管是单方向工作的,所以可以只用 NMOS 传输管来代替传输门。预充电输出使电路不再需要进位取消信号(对于进位链,传播的是进位信号的反信号时的情形)。

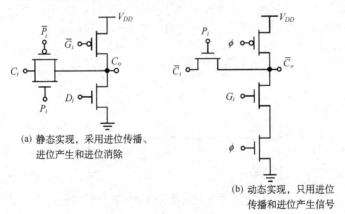

(a) 静态实现,采用进位传播、
进位产生和进位消除

(b) 动态实现,只用进位
传播和进位产生信号

图 11.8　曼彻斯特进位门

曼彻斯特进位链加法器用串联的传输管来实现进位链[Kilburn60]。图 11.9 是以图 11.8 介绍的动态电路为基础的一个例子。在预充电阶段($\phi = 0$),传输管进位链中的所有中间节点都被预充电至 V_{DD}。在求值阶段,当有输入进位且传播信号 P_k 为高电平时,或者当第 k 级的进位产生信号(G_k)为高电平时,节点 C_k 放电。

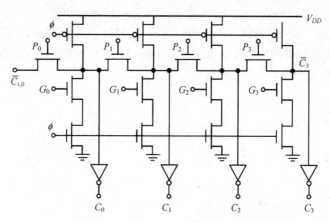

图 11.9　以动态逻辑实现的曼彻斯特进位链加法器(四位部分)

　　图 11.10 是曼彻斯特进位链棍棒式(stick-diagram)版图的一个例子。数据通路版图由三排组织成位片式的单元组成。最上一排单元计算进位传播信号和进位产生信号,中间一排由左至右传播进位,最下面一排产生最终的和。

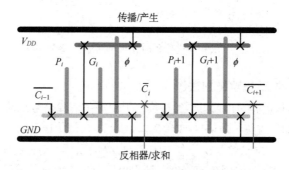

图 11.10　一个两位曼彻斯特进位链的棍棒图

　　将图 11.9 中加法器进位链在最坏情形下的延时模拟成图 11.11 中的线性 RC 网络。如在第 4 章中所推导的,当所有的 $C_i = C$ 且 $R_j = R$ 时,这样一个网络的传播延时等于:

$$t_p = 0.69 \sum_{i=1}^{N} C_i \left(\sum_{j=1}^{i} R_j \right) = 0.69 \frac{N(N+1)}{2} RC \tag{11.7}$$

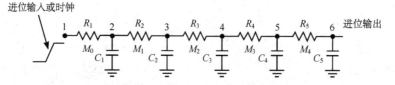

图 11.11　决定进位链传播延时的等效网络

例 11.2　确定曼彻斯特进位链的尺寸

　　进位链上每一节点的电容等于四个扩散电容、一个反相器输入电容以及与这一单元尺寸成正比的导线电容。反相器和 PMOS 预充电晶体管可以保持在单位尺寸,加上导线电容,固定电容可以估计为 15 fF(就我们的工艺而言)。如果一个宽度为 W_0 的单位尺寸晶体管的电阻为 10 kΩ,扩散电容为 2 fF,则宽度为 W 的晶体管链的 RC 时间常数为

$$RC = \left(6\ \text{fF} \cdot \frac{W}{W_0} + 15\ \text{fF}\right) \cdot 10\ \text{k}\Omega \cdot \frac{W_0}{W}$$

增加晶体管的宽度能缩小这一时间常数，但这也增加了前一级门的负载。因此，晶体管的尺寸受输入负载电容的限制。

很遗憾，进位链的分布 RC 特性使传播延时与位数 N 成平方关系。为了避免这一点，需要插入信号缓冲反相器。正如在第 9 章中已讨论过的，每一缓冲器的最佳级数取决于反相器的等效电阻以及传输管的电阻和电容。在我们的工艺中，以及在其他大多数实际情形中，这一数目在 3 到 4 之间。增加反相器使总传播延时与 N 成线性关系，这与逐位进位加法器的情形一样。

11.3.3　二进制加法器：逻辑设计考虑

逐位进位加法器只适用于实现较小字长的加法。大多数台式计算机采用 32 位的字长，而服务器则要求 64 位，诸如大型机、超级计算机或多媒体处理器（如 Sony Play Station2）[Suzuoki99] 等速度很快的计算机要求的字长达 128 位。加法器速度与位数的线性关系使得采用逐位进位加法器很不实际。因此需要进行逻辑优化，使加法器的 $t_p < O(N)$。下面一节将简短地讨论一些优化方法。我们将集中在电路设计方面，因为这里介绍的大部分结构在传统的逻辑设计文献中是熟知的。

进位旁路加法器（Carry-Bypass Adder）

考虑图 11.12(a) 中的 4 位加法器模块。假设 A_k 和 $B_k(k=0,\cdots,3)$ 的值使所有的进位传播信号 $P_k(k=0,\cdots,3)$ 为高电平。在这一状况下，一个进位输入 $C_{i,0}=1$ 传播通过整个加法器链并使进位输出 $C_{o,3}=1$。换言之：

$$\text{如果}(P_0P_1P_2P_3 = 1)，\text{则}\ C_{o,3} = C_{i,0}$$
$$\text{否则发生进位消除或进位产生} \qquad (11.8)$$

这一信息可以用来加速加法器的操作，如图 11.12(b) 所示。当 $BP = P_0P_1P_2P_3 = 1$ 时，进位输入通过旁路晶体管 M_b 立即送至下一个模块，因而称之为进位旁路加法器（carry-bypass adder）或进位跳越加法器（carry-skip adder）[Lehman62]。如果 $P_0P_1P_2P_3 \neq 1$，则通过正常路径得到进位输出。

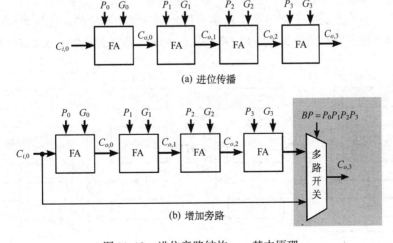

(a) 进位传播

(b) 增加旁路

图 11.12　进位旁路结构——基本原理

例11.3 曼彻斯特进位链加法器中的进位旁路

图11.13为用曼彻斯特进位链实现的全加器电路中可能的进位传播路径。图中显示了进位旁路如何加速加法运算：进位通过旁路传播，或者在进位链中的某处产生进位。在这两种情形中，延时都小于通常的逐位进位结构。因增加旁路而增加的面积很小，一般在10% ~ 20%的范围内。但是，增加旁路破坏了规则的位片结构(位片结构如图11.10所示)。

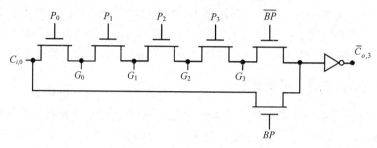

图11.13 用曼彻斯特进位链实现的旁路加法器

现在让我们来计算一个 N 位加法器的延时。首先，假设整个加法器被划分成 (N/M) 个等长的旁路级，每一级含有 M 位。由图11.14(a)可以推导出这个加法器总传播时间的近似表达式(11.9)，即

$$t_p = t_{setup} + Mt_{carry} + \left(\frac{N}{M} - 1\right)t_{bypass} + (M-1)t_{carry} + t_{sum} \tag{11.9}$$

其中各部分参数定义如下：

- t_{setup}：形成进位产生信号和进位传播信号所需要的固定时间。
- t_{carry}：通过一位的传播延时。最坏情形下通过具有 M 位的一个级的进位传播延时大约为 t_{carry} 的 M 倍。
- t_{bypass}：通过一级旁路多路开关的传播延时。
- t_{sum}：产生最后一级的"和"所需要的时间。

关键路径在图11.14的方框图中以灰色表示。由式(11.9)可知 t_p 与位数 N 仍然为线性关系，因为在最坏情况下进位产生于第一位的位置，逐位通过第一个模块，跃过 $(N/M-2)$ 个旁路级，并且被吸收在最后一位的位置上而不产生输出进位。每一旁路模块的最优位数是由工艺参数来决定的，如旁路选择多路开关的额外延时、在进位链中的缓冲要求以及通过逐位进位和通过旁路的延时的比值。

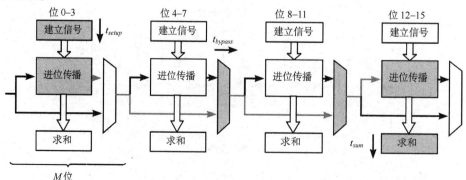

图11.14 ($N=16$)进位旁路加法器的组成。灰色部分为最坏情形的延时路径

尽管进位旁路加法器的延时与位数 N 仍然是线性关系,但旁路加法器延时增加的斜率比在逐位进位加法器中要平缓,如图 11.15 所示。这一差别对于较大的加法器是很明显的。注意,逐位进位加法器实际上在 N 值较小时比较快,这时额外的旁路多路开关的开销使旁路结构并不具有什么意义。交叉点(即何时采用进位旁路)取决于工艺考虑,通常 N 在 4 到 8 位之间。

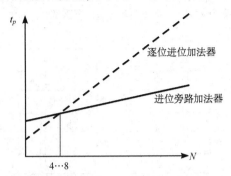

图 11.15 逐位进位加法器与进位旁路加法器传播延时的比较

思考题 11.1 进位跳越(Carry-Skip)加法器的延时
确定引起一个 16 位(4×4)进位旁路加法器中最坏情形延时的输入样式。假设 $t_{carry} = t_{setup} = t_{skip} = t_{sum} = 1$,确定其延时并与一般的逐位进位加法器进行比较。

线性进位选择加法器(Linear Carry-Select Adder)

在逐位进位加法器中,每一个全加器单元必须等待输入进位到达之后才能产生一个输出进位。避免这一线性依赖关系的一种方法是预先考虑进位输入两种可能的值,并提前计算出针对这两种可能性的结果。一旦输入进位的确切值已知,正确的结果就可以通过一个简单的多路开关级很容易地选出。这一设想的实现非常恰当地称为进位选择加法器(carry-select adder)[Bedrij62],它显示在图 11.16 中。考虑加法器相加第 k 位至第 $k+3$ 位的模块。它不再等待第 $k-1$ 位的输出进位到达,而是对 0 和 1 两种可能性都进行分析。从电路的角度来看,这意味着实现了两个进位路径。当 $C_{o,k-1}$ 最终确定下来后,就可以通过多路开关选择 0 或者 1 路径的结果,这可以用一个最小的延迟时间来完成。从图 11.16 中可以清楚地看到,进位选择加法器所增加的硬件开销限于一个额外的进位路径和一个多路开关,大约等于逐位进位结构的 30%。

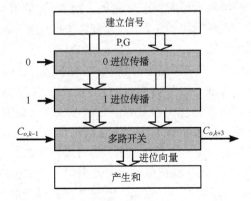

图 11.16 4 位进位选择模块——拓扑结构

一个完整的进位选择加法器现在就可以如进位旁路方法那样,通过链接许多相等长度的加法器级来构成(见图 11.17)。图中关键路径以灰色显示。通过观察这一电路,可以推导出这一模

块最坏情形下传播延时的一阶模型，即可写为

$$t_{add} = t_{setup} + Mt_{carry} + \left(\frac{N}{M}\right)t_{mux} + t_{sum} \tag{11.10}$$

式中，t_{setup}，t_{sum} 和 t_{mux} 是固定延时，N 和 M 分别代表总的位数和每一级的位数。t_{carry} 是进位通过单个全加器单元的延时。通过单个模块的进位延时正比于该级的长度，即等于 Mt_{carry}。

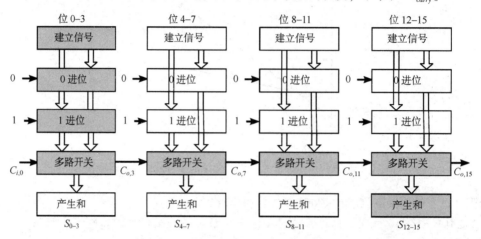

图 11.17　16 位线性进位选择加法器。关键路径以灰色显示

加法器的传播延时再次线性地正比于 N[见式（11.10）]。形成这一线性关系的原因是在最坏情形下选择 0 或 1 的运算结果的模块选择信号仍然必须逐一通过所有的级。

> **思考题 11.2　线性进位选择延时**
>
> 　　决定一个 16 位线性进位选择加法器的延时，假设所有单元都采用单位延时。与思考题 11.1 的结果进行比较，同时比较不同的模块结构。

平方根进位选择加法器（Square-Root Carry-Select Adder）

以下结构说明了一个聪明的设计师所能起到的重要作用。为了优化设计，最重要的是首先确定关键时序路径的位置。考虑一个 16 位线性进位选择加法器的情形。为了简化讨论，假设全加器和多路开关单元具有相同的传播延时，并都等于一个归一化的值 1。在最坏情形下相对于输入时间时信号到达电路不同节点的时间标注在图 11.18（a）上。这一分析显示加法器的关键路径逐级通过后续各级的多路开关电路。

这里出现了一个极好的机会。考虑最后一级加法器的多路开关门。这个多路开关的输入是这一模块的两个进位链以及来自前一级模块的多路开关信号。可以观察到这些信号的到达时间有明显的差别。进位链的结果在多路开关信号到达之前很久就已稳定下来。因此使这两条路径的延时相等是有意义的。这可以通过在该加法器中逐渐增加后续各级的位数来实现，因而后续各级需要有更多的时间来产生进位信号。例如，第一级可以相加两位，第二级是 3 位，第三级是 4 位，等等，如图 11.18（b）所示。图中标出的到达时间表明这一加法器的拓扑结构虽然增加了额外一级，但还是比线性结构快。事实上，一个 20 位加法器的传播延时也和它一样。注意，在各个多路开关节点上两条路径到达时间的差别已消除。

实际上，这一加法器逐级加长的简单方法使加法器结构具有亚线性延时特性。这可以通过以下分析来说明：假设一个 N 位加法器含有 P 级，第一级相加 M 位。后续各级依次增加一位。

于是下述关系成立:

$$N = M + (M + 1) + (M + 2) + (M + 3) + \cdots + (M + P - 1)$$
$$= MP + \frac{P(P-1)}{2} = \frac{P^2}{2} + P\left(M - \frac{1}{2}\right) \tag{11.11}$$

如果 $M \ll N$(例如, $M = 2$, $N = 64$), 则第一项起主要作用, 式(11.11)可以简化为

$$N \approx \frac{P^2}{2} \tag{11.12}$$

或

$$P \approx \sqrt{2N} \tag{11.13}$$

利用式(11.13)重写式(11.10), 可以把 t_{add} 表示成 N 的函数:

$$t_{add} = t_{setup} + Mt_{carry} + (\sqrt{2N})t_{mux} + t_{sum} \tag{11.14}$$

所以, 对于大的加法器($N \gg M$)延时与 $\sqrt{N}$ 成正比, 即 $t_{add} = O(\sqrt{N})$。这一平方根关系具有重要意义, 这可以从图 11.19 看出, 图中画出了线性进位选择加法器和平方根进位选择加法器的延时与位数 N 的关系曲线。可以看到, 当 N 值很大时, t_{add} 几乎变为常数。

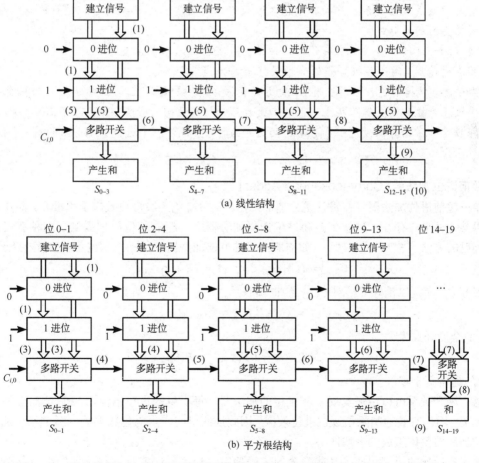

图 11.18 进位选择加法器中最坏情形下信号到达的时间(信号到达时间表示在括号内)

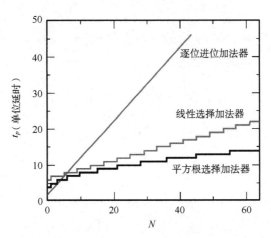

图 11.19　平方根进位选择加法器与线性逐位进位加法器以及线性选择
加法器传播延时的比较。采用单位延时模型模拟单元延时

思考题 11.3　进位旁路加法器中不相等的旁路组

　　细心的读者也许有兴趣把上面的技术应用于进位旁路加法器。我们在前面已看到，它们的延时与位数成线性关系。是否有可能通过采用不同大小的旁路组对它们进行修改以得到比线性关系更好的延时呢？

　　逐级加大连续的各组确实有作用。但是，用在进位选择加法器中的这一技术并不能直接用于现在的情形，因为各级规模的递增最终也将使延时增加。考虑一个最后一级最大的进位旁路加法器：传播通过该级并在 msb(最高有效位)位置被吸收(没有旁路传送它的机会)的进位信号处于产生和的关键路径上。因此加大最后一组的大小对解决问题并没有帮助。

　　根据这一讨论并假设进位和旁路门的延时为常数，设计一个进位旁路电路的结构，使它的延时优于上述线性关系。

超前进位加法器(Carry-lookahead Adder) *

单一超前进位加法器　在设计更快速的加法器时，避免逐级进位效应至关重要，而这一效应仍然以某一种形式存在于进位旁路和进位选择加法器中。超前进位原理提供了一种有可能解决这一问题的方法[Weinberger56, MacSorley61]。如前所述，在 N 位加法器中每一位的位置上都存在下列关系：

$$C_{o,k} = f(A_k, B_k, C_{o,k-1}) = G_k + P_k C_{o,k-1} \tag{11.15}$$

通过展开 $C_{o,k-1}$ 可以消除 $C_{o,k}$ 对 $C_{o,k-1}$ 的依赖联系：

$$C_{o,k} = G_k + P_k(G_{k-1} + P_{k-1} C_{o,k-2}) \tag{11.16}$$

$C_{o,k}$ 的完全展开式为

$$C_{o,k} = G_k + P_k(G_{k-1} + P_{k-1}(\cdots + P_1(G_0 + P_0 C_{i,0}))) \tag{11.17}$$

其中 $C_{i,0}$ 通常等于零。

　　这一展开关系可以用来实现一个 N 位的加法器。每一位的进位输出与"和"位输出都与前面的位无关，因而有效地消除了逐位进位效应，因此加法时间应当与位数无关。图 11.20 是一个超前进位加法器整体组成的方块图。

　　这一高层次的模型包括了某些隐含的依赖关系。当我们研究这一加法器的细节电路图时就会很清楚地发现，与位数无关的加法时间只是一种希望的想法，真正的延时至少随位数呈线性地增加。这一点表现在图 11.21 中，它是 $N=4$ 时式(11.17)的一种可能的电路实现。注意，该电路利用超前进位公式的自对偶性和递归性建立了一个镜像结构，与图 11.6 的一位全加器的形式相类似[①]。这一电路的大扇入使它在 N 值较大时极慢。如果用较简单的门来实现，则要求多个逻辑层次。这两种情况都会使传播延时增加。此外，某些信号上的扇出常常过度增加，从而使加法器变得甚至更慢。例如，G_0 和 P_0 信号出现在后续每一位的表达式中。因此在这些线上的电容是很可观的。最后，这一电路实现的面积也随 N 而逐渐增加。因此，式(11.16)所建议的超前结构只在 N 值较小(≤ 4)时有效。

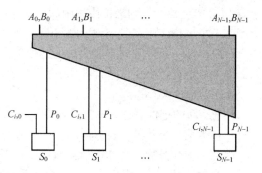

图 11.20　超前进位加法器的原理图

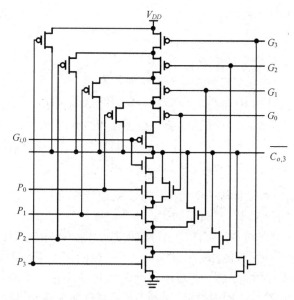

图 11.21　4 位超前进位加法器镜像实现的电路图[Weste85]

对数超前进位加法器——原理　对于一个 N 位的超前进位组，它的晶体管实现具有 $N+1$ 个并行分支并且最多有 $N+1$ 个晶体管堆叠在一起。由于门的分支和晶体管的堆叠较多使性能较差，所以超前进位计算在实际中至多只能限于 2 或 4 位。为了建立非常快速的加法器，需要把进位传播和进位产生组织成递归的树形结构。一个比较有效的实现方法是把进位传播层次化地分解成 N 位的子组合：

$$C_{o,0} = G_0 + P_0 C_{i,0}$$
$$C_{o,1} = G_1 + P_1 G_0 + P_1 P_0 C_{i,0} = (G_1 + P_1 G_0) + (P_1 P_0) C_{i,0} = G_{1:0} + P_{1:0} C_{i,0}$$
$$C_{o,2} = G_2 + P_2 G_1 + P_2 P_1 G_0 + P_2 P_1 P_0 C_{i,0} = G_2 + P_2 C_{o,1} \qquad (11.18)$$
$$C_{o,3} = G_3 + P_3 G_2 + P_3 P_2 G_1 + P_3 P_2 P_1 G_0 + P_3 P_2 P_1 P_0 C_{i,0}$$
$$= (G_3 + P_3 G_2) + (P_3 P_2) C_{o,1} = G_{3:2} + P_{3:2} C_{o,1}$$

在式(11.18)中，进位传播过程被分解成两位的子组合。$G_{i:j}$ 和 $P_{i:j}$ 分别表示一组位(从第 i 位

---

①　与镜像加法器类似，这一电路要求将传播信号定义为 $P = A + B$。

至第 j 位)的进位产生和进位传播函数。因而我们称之为块进位产生和块进位传播信号。如果该组产生一个进位,则 $G_{i:j}$ 等于 1,而与输入进位无关。如果一个输入进位传播通过整个这一组,则 $P_{i:j}$ 即为 1。这一条件等同于前面讨论过的进位旁路。例如,当进位产生于第 3 位或当进位产生于第 2 位并传播通过第 3 位时,则 $G_{3:2}$ 等于 1(即 $G_{3:2} = G_3 + P_3 G_2$)。当输入进位传播通过这两位时,$P_{3:2}$ 为 1(即 $P_{3:2} = P_3 P_2$)。

注意,新的进位表达式的形式与原来的一样,只是进位产生和进位传播信号由块进位产生和块进位传播信号所代替。符号 $G_{i:j}$ 和 $P_{i:j}$ 一般化了原来的进位公式,因为 $G_i = G_{i:i}$ 和 $P_i = P_{i:i}$。另一个可能的一般化是把产生和传播函数看成一对$(G_{i:j},\ P_{i:j})$,而不是单独的函数。现在可以引入一个新的布尔运算,称为点操作($\cdot$),这一操作针对这些成对的函数并且允许对一个块的位进行组合和运算:

$$(G, P) \cdot (G', P') = (G + PG', PP') \tag{11.19}$$

利用这一操作现在我们可以分解$(G_{3:2},\ P_{3:2}) = (G_3,\ P_3) \cdot (G_2,\ P_2)$。点操作服从结合律,但不符合交换律。

例 11.4   用点操作表示逐位进位加法器

利用点操作,一个 4 位的逐位进位加法器可以重写为

$$(C_{o,3}, 0) = [(G_3, P_3) \cdot (G_2, P_2) \cdot (G_1, P_1) \cdot (G_0, P_0)] \cdot (C_{i,0}, 0)$$

利用结合律可以重写这一函数并把 $C_{o,3}$ 表示为两组进位的函数:

$$(G_{3:0}, P_{3:0}) = [(G_3, P_3) \cdot (G_2, P_2)] \cdot [(G_1, P_1) \cdot (G_0, P_0)]$$
$$= (G_{3:2}, P_{3:2}) \cdot (G_{1:0}, P_{1:0})$$

利用点操作的结合律,可以构成一个树结构来有效地计算所有 $2^i - 1$ 个位置(即 1,3,7,15 等)上的进位($i = 1, \cdots, \log_2(N)$)。最重要的优点是在位置 $2^i - 1$ 上的进位只需要 $\log_2(N)$ 步就可以计算出来。换言之,一个 N 位加法器的输出进位可以在 $\log_2(N)$ 的时间内计算出来。这比起前面所描述的加法器来有很大的改进。例如,对于一个 64 位的加法器,线性加法器的传播延时正比于 64。对于一个平方根选择加法器,它减小到正比于 8,而对于一个对数加法器,这一比例常数减为 6。这显示在图 11.22 中,图中画出了一个 16 位对数加法器的原理图。位置 15 处的进位通过联合块(0:7)和(8:15)的结果计算出。这两个结果中的每一个又是由各层次组成的,例如,(0:7)是由(0:3)和(4:7)组成的,而(0:3)是由(0:1)和(2:3)组成的,等等。

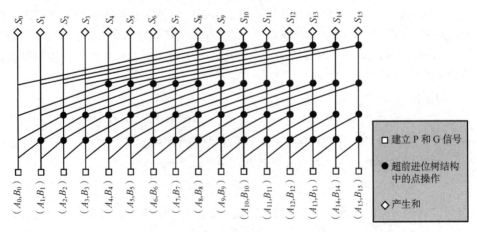

图 11.22   Kogge-Stone 16 位超前进位对数加法器的原理图

只计算在位置 2^i-1 上的进位显然是不够的,还需要推导出在中间位置上的进位信号。实现这一点的一个方法是在每一位上都重复这一树结构,如图 11.22 对于 $N=16$ 的情形所示。例如,位置 6 处的进位通过组合块 $(6:3)$ 和 $(2:0)$ 的结果来计算。这整个结构常常称为 Kogge-Stone 树[Kogge73],它是基数为 2 的树结构中的一种。基数为 2 是指这一树结构是二进制树:它在每一结构层次上一次只组合两个进位字。整个加法器需要 49 个复杂逻辑门,每个都实现点操作。此外,还需要 16 个逻辑模块在第一层上产生进位传播和进位产生信号(P_i 和 G_i),以及 16 个门产生和。

设计举例——用动态逻辑实现一个超前进位加法器

如果最终目的是实现很高的性能,那么联合超前进位(CLA)技术和动态逻辑似乎是一种理想的方法。因此经历一个动态 CLA 设计的全过程是很有益的。

第一个模块产生进位传播和进位产生信号,如图 11.23 所示。所附加的单独用来驱动保持器的反相器稍难理解一些。这一技术在驱动较大扇出的门中是很有用的。在翻转开始后通过使保持器的驱动器与该电路的扇出间失去联系可以使保持器很快脱离工作。另一方面,驱动后续逻辑门的反相器则被优化来驱动两个(对于 G 输出)或三个(对于 P 输出)NMOS 下拉网络的扇出。

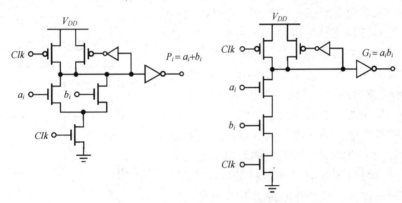

图 11.23　进位传播和进位产生信号的动态实现

图 12.22 中每个黑圆点代表计算块级的进位传播和进位产生信号的两个门,如图 11.24 所示。由于这两个门的位置不在一条流水线的开始处,所以如第 6 章已讨论过的,求值晶体管(也称为最底下开关)为可选件。这一方法通常用在动态数据通路中。在预充电阶段,多米诺门的所有输出都保证处于低电平,从而关断了在后续多米诺级中的任何放电路径。在除第一级以外的任何一级都取消最底下开关可以减小该门的逻辑努力,从而加速求值过程。例如图 11.24 中产生进位传播信号的门的逻辑努力为 2/3 而不是 1(假设反相器是对称的)。然而这一方法有一个缺点。在预充电阶段,没有最底下开关的所有门中都存在一个短路电流,直到它们的输入被预充电为止。为了避免这一短路电流,每一级的时钟 Clk_k 比它的前一级延迟一点时间。这一方法如在第 10 章中已介绍过的那样称为时钟延迟多米诺(clock-delayed domino)。注意,对于每一级位片单元时钟都延迟相同的时间,从而简化了电路实现。

把几个逻辑级按位片式放在一起,即在 P-G 产生之后有 6 个点操作,就可以构成一个 64 位的加法器。为完成动态加法器设计还缺少的一个逻辑级是最终的和的产生。和的产生需要有 XOR 功能,而它不能很容易地用多米诺逻辑来实现。虽然可以采用静态 XOR 门,但这些门会产生非单向的过渡,因此不能用来驱动其他多米诺门。这本身也许不是一个问题,因为和的产生一般都是加法运算的最后一级。然而在和产生之后的锁存器却不能是透明的,因为这可能会违反后续多米诺级的翻转规则。

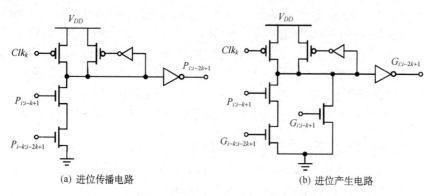

(a) 进位传播电路　　　　　　　　(b) 进位产生电路

图 11.24　动态逻辑中实现的点操作: 在第 k 级第 i 位处(见图 11.22)

用多米诺实现求和的一种方法是通过求和选择(sum selection)电路, 在此电路中求和的两种条件计算为 $S_i^0 = \overline{a_i \oplus b_i}$ 及 $S_i^1 = a_i \oplus b_i$。于是图 11.25 的动态门就可以根据输入进位选择其中的一种可能性。

多路开关门的实现要求三个逻辑层, 这是因为在多米诺逻辑中没有任何互补的进位。与通常一样, 在所有动态节点上都应当放有保持器, 但图中所示的那个保持器绝对是最重要的。前面两个多米诺级(在上部)违反了多米诺逻辑的设计规则: 两个动态门串联在一起而没有插入反相器。如果这两个门用同一个时钟来求值, 那么在第二个门的输出处就有可能发生毛刺(glitch)。使第二个门的时钟(*Clkd*)延迟有助于解决这个问题, 尽管延迟时钟要求有一个严格的时序界限, 即第二个门的所有输入都必须在时钟上升之前完成它们的翻转。

应当强调的是当设计者选择采用这些设计技术时, 电路的稳定性不能牺牲。所有的时钟都会出现随机的偏差, 但延迟时钟必须具有足够的余量以吸收最坏情形下的时钟偏差。如果 *Clkd* 提前到达, 则加法器将会误操作。然而使保持器有合适的尺寸将有助于保证该设计稳定可靠, 它在时钟提前到达的情况下可以

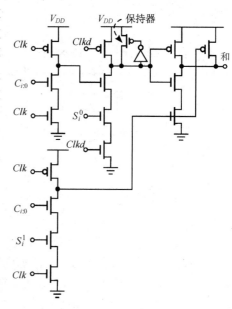

图 11.25　动态逻辑实现和选择电路

抑制在第二级输出端的毛刺。保持器的尺寸必须足够大以减少这一虚假翻转, 但同时又不能太大以免影响性能。

另一种选择是用差分多米诺逻辑来实现加法器, 由于此时两种信号极性都存在, 所以避免了反相问题。然而整个设计的功耗还是非常大的。

思考题 11.4　静态加法器超前进位树结构设计
　　用静态互补 CMOS 设计一个 16 位的超前进位加法器树。利用反相逻辑门设计超前进位树结构, 以避免增加额外的反相器。标明这一加法器的关键路径。沿关键路径的门的逻辑努力是什么? 如何设计它的尺寸使延时最小?

另一种对数超前进位加法器　快速加法器的设计者在综合考虑面积、功耗或性能时常常回

过头来采用其他类型的树结构。我们简短讨论一下另外两种比较常用的结构，即 Brent-Kung 加法器及四进制加法器。

图 11.22 的 Kogge-Stone 树结构具有某些有意义的特性。首先它的互连结构比较规则，这使其非常容易实现。而且整个树结构各处的扇出，特别是在关键路径上的扇出，基本上是一个常数。因此简化了为达到最优性能确定晶体管尺寸的任务。但与此同时，为产生中间进位需要复制进位树结构，这造成了在面积和功耗方面较大的代价。设计者常常选择较不复杂的树结构，以较长的延时来换取较少的面积和功耗。一个较为简单的树结构只计算 2 次幂位上的进位[Brent82]，如图 11.26 对于 $N = 16$ 的情形所示。

正向二进制树(forward binary tree)只实现在 $2^N - 1$ 位置上的进位信号：

$$(C_{o,0}, 0) = (G_0, P_0) \cdot (C_{i,0}, 0)$$
$$(C_{o,1}, 0) = [(G_1, P_1) \cdot (G_0, P_0)] \cdot (C_{i,0}, 0) = (G_{1:0}, P_{1:0}) \cdot (C_{i,0}, 0)$$
$$(C_{o,3}, 0) = [(G_{3:2}, P_{3:2}) \cdot (G_{1:0}, P_{1:0})] \cdot (C_{i,0}, 0) = (G_{3:0}, P_{3:0}) \cdot (C_{i,0}, 0) \tag{11.20}$$
$$(C_{o,7}, 0) = [(G_{7:4}, P_{7:4}) \cdot (G_{3:0}, P_{3:0})] \cdot (C_{i,0}, 0) = (G_{7:0}, P_{7:0}) \cdot (C_{i,0}, 0)$$
$$\cdots$$

正向二进制树结构不足以产生全部进位位，因此需要一个反向二进制树(inverse binary tree)来实现其他进位位(在图 11.26 中用灰线表示)。这一结构组合中间的结果以产生其余的进位位。请读者去验证这一结构确实产生所有进位位的正确表达式。由此得到的结构常称为 *Brent – Kung* 加法器，它采用了 26 个点操作的门，这几乎是完全的二进制树所需要的 49 个点操作门数的一半，并且它所需要的导线也较少。然而布线结构不太规则，并且各个门的扇出也不相同，这使优化性能比较困难。尤其是对于中间节点($C_{o,7}$)的扇出，在本例中它等于一个求和以及 5 个点操作，是一个应主要考虑的问题。这一事实使 Brent-Kung 加法器很不适于非常大(大于 32 位)的加法器。

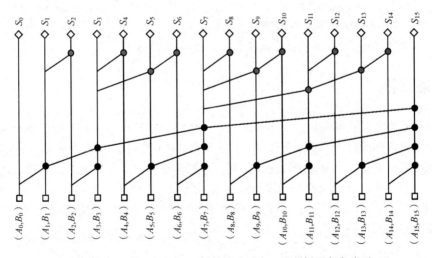

图 11.26 16 位 Brent-Kung 树结构。反向二进制树用灰色表示

减少树结构深度的一种选择是在每一结构层次上每次组合四个信号。由此得到的树结构就是四进制树结构，因为它采用的基本构造模块是四线的，如图 11.27 所示。一个 16 位的加法只需要两级进位逻辑。但应当知道这里每一个门是比较复杂的，因此使逻辑级较少并不总能实现较快的操作(如我们从第 5 章中所看到的那样)。

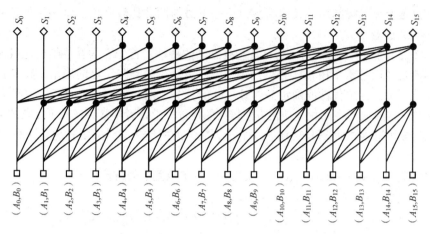

图 11.27　16 位操作数的四进制 Kogge-Stone 树结构

思考题 11.5　用动态逻辑实现四进制点操作

用动态逻辑设计四进制点操作。以二进制电路作为参考。对四进制如何实现"求和选择"功能？利用逻辑努力方法比较二进制和四进制设计的 16 位加法器的延时。哪一个更快些？

平均而言，一个超前进位加法器要比一个逐位进位加法器大数倍，但对于较大的操作数，它有非常明显的速度优势。对数特性使它在 N 值较大时优于旁路加法器和选择加法器。其交叉点的确切值很大程度上取决于工艺和电路设计。

对于加法器的讨论还没有结束。鉴于它对计算结构性能的重要影响，快速加法器电路的设计已是许多论文的主题。甚至还有可能设计出传播延时与位数无关的加法器结构。这些加法器的例子是进位保留(carry-save)结构和冗余二进制算法结构(redundant binary arithmetic structure)[Swartzlander90]。这些加法器要求有数字的编码和解码步骤，它们的延时是 N 的函数。因此，它们只有在嵌入较大的结构(如乘法器或高速信号处理器)中时才有意义。

11.4　乘法器

乘法代价很高并且运算很慢。许多计算问题的性能常常是由乘法运算所能执行的速度决定的。这一事实已促使设计者将整个乘法单元集成在例如现代数字信号处理器和微处理器中。

乘法器事实上就是一个复杂的加法器阵列，因此前几节讨论过的大部分问题对这部分内容也很有价值。乘法器的分析能使我们进一步深入了解如何优化复杂电路拓扑结构的性能(或面积)。在简短地讨论乘法运算之后，我们将讨论基本的阵列乘法器。我们还将讨论产生部分积、累加以及最终求和的不同方法。

11.4.1　乘法器：定义

考虑两个没有符号的二进制数 X 和 Y，分别为 M 位宽和 N 位宽。为了说明乘法运算，可以用二进制形式来表示 X 和 Y：

$$X = \sum_{i=0}^{M-1} X_i 2^i \qquad Y = \sum_{j=0}^{N-1} Y_j 2^j \qquad (11.21)$$

其中，$X_i, Y_j \in \{0,1\}$。于是乘法运算定义如下：

$$Z = X \times Y = \sum_{k=0}^{M+N-1} Z_k 2^k$$

$$= \left(\sum_{i=0}^{M-1} X_i 2^i \right)\left(\sum_{j=0}^{N-1} Y_j 2^j \right) = \sum_{i=0}^{M-1}\left(\sum_{j=0}^{N-1} X_i Y_j 2^{i+j} \right)$$

(11.22)

执行一个乘法运算最简单的方法是采用一个两输入的加法器。对于 M 和 N 位宽的输入，乘法采用一个 N 位加法器时需要 M 个周期。这个乘法的移位和相加算法把 M 个部分积（partial product）加在一起。每一个部分积是通过将被乘数与乘数的一位相乘（这本质上是一个"与"操作），然后将结果移位到这个乘数位的位置得到的。

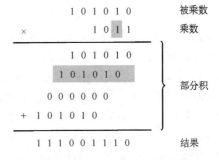

图 11.28 二进制乘法的例子

实现乘法的一个更快的办法是采用类似于手工计算乘法的方法。所有的部分积同时产生并组成一个阵列。运用多操作数相加来计算最终的积。这一方法如图 11.28 所示。这一组操作可以直接映射到硬件。所形成的结构称为阵列乘法器（array multiplier），它结合了下面三个功能：产生部分积、累加部分积和最终相加。

思考题 11.6 与常数相乘

经常需要实现一个操作数与常数相乘。说明你将如何进行这一任务。

11.4.2 部分积的产生

部分积是被乘数 X 和一个乘数位 Y_i 进行逻辑 AND 操作的结果（见图 11.29）。部分积阵列中的每一行或者是被乘数的一个副本或者全部是 0。仔细地优化部分积的产生能够显著减少延时和面积。注意，大多数情况下部分积阵列中有许多行全部是 0，它们对运算结果没有任何影响，因而在进行相加时是一种浪费。当一个乘数全部由 1 构成时，所有部分积都存在，而在乘数全部为零时则一个部分积也没有。这一观察可以使我们把所产生的部分积的数量减少一半。

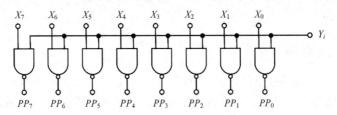

图 11.29 部分积产生逻辑

例如假设有一个 8 位乘数 01111110，它将产生 6 行非零的部分积。如果把该数字（$2^7 + 2^6 + 2^5 + 2^4 + 2^3 + 2^2$）记成另一种形式，则可以大大减少非零行的数目。读者可以验证形式 $1000000\bar{1}0$（这里 $\bar{1}$ 是 –1 的缩写符号）表示的是同一个数字。采用这一形式，我们只需相加两个部分积，但最终的加法器必须也能执行减法。这种形式的变换称为波兹（Booth）编码[Booth51]，它使部分积的数目至少可以减少到原来的一半。它保证了在每两个连续位中最多只有一个是 1 或 –1。部分积数目的减少意味着相加次数的减少，从而加快了运算速度并减少了面积。从形式上说，这一变换

相当于把乘数字变换为一个四进制形式, 而不是通常的二进制形式:

$$Y = \sum_{j=0}^{(N-1)/2} Y_j 4^j \ (Y_j \in \{-2,-1,0,1,2\}) \tag{11.23}$$

注意, 1010…10 代表了最坏情况的乘数输入, 因为它产生的部分积最多(为一半)。虽然与{0, 1}相乘相当于一个 AND 操作, 但乘以{-2, -1, 0, 1, 2}还需要结合反相逻辑和移位逻辑。编码可以在运行中进行并需要一些简单的逻辑门。

大小不同的部分积阵列对乘法器设计并不合适, 因此最经常使用的是改进的波兹编码(modified Booth's recoding)[MacSorley61]。乘数按三位一组进行划分, 相互重叠一位。每一组的三位按表 11.2 编码, 并形成一个部分积。所形成的部分积的数目等于乘数宽度的一半。编码过程由 msb(最高有效位)至 lsb(最低有效位)进行, 进入编码的输入位是两个当前的位和一个来自相邻低位组的最高位。

简而言之, 改进的波兹编码本质上是从 msb 至 lsb 检查乘数中 1 的字串, 并用一个以 1 开头以 -1 结尾的字串来代替它们。例如, 011 被理解为是一串 1 的开始, 所以用一个开头的 1 来代替(即 $10\bar{0}$), 而 110 则被看做是一串 1 的结尾, 所以用最低有效位处的 -1 来代替(即 $0\bar{1}0$)。

表 11.2　改进的波兹编码

部分积选择表	
乘数位	编码位
000	0
001	+ 被乘数
010	+ 被乘数
011	+2 × 被乘数
100	-2 × 被乘数
101	- 被乘数
110	- 被乘数
111	0

例 11.5　改进的波兹编码

考虑前面提及的 8 位二进制数 01111110。从 msb 至 lsb, 可以把它分为三位一组首尾重叠的四组: 01(1), 11(1), 11(1), 10(0)。根据表 11.2 编码得到: 10(2 ×), 00(0 ×), 00(0 ×), $\bar{1}0$(-2 ×), 或以组合形式表示为 $1000 00\bar{1} 0$。这与前面得到的结果一样。

思考题 11.7　波兹编码器

利用表 11.2 设计一个组合逻辑来实现并行乘法器的改进波兹编码。比较它的互补和传输管 CMOS 实现。

11.4.3　部分积的累加

部分积产生之后, 必须将它们相加。这种累加基本上是一个多操作数的加法。一个直接累加部分积的方法是用许多加法器形成阵列, 因而得名阵列乘法器(array multiplier)。一个更为先进的方法是以树结构的形式完成加法。

阵列乘法器

图 11.30 显示了一个阵列乘法器的组成。它的硬件结构与图 11.28 中的手工乘法之间在拓扑结构上一一对应。产生 N 个部分积需要有 $N \times M$ 个两位的 AND 门(如图 11.29 的方式)[①]。乘法器的大部分面积都用于把 N 个部分积相加, 这需要有 $N-1$ 个 M 位的加法器。使部分积正确对

---

① 这一具体实现并未采用波兹编码。加入编码并不在本质上改变它的实现。加法器的数目可以减少一半, 但部分积的产生要略微复杂一些。

位的移位通过简单布线来完成, 而不需要任何逻辑电路。整个结构可以很容易地压缩成一个矩形, 使它的版图非常紧凑。

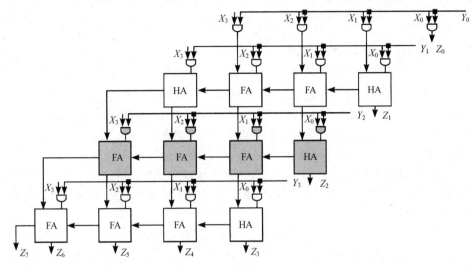

图 11.30　一个无符号数 4×4 位阵列乘法器的组成。HA 代表半加器, 即一个只有两个输入的加法器单元。灰色代表产生和相加一个部分积的硬件部分

由于是阵列结构, 所以确定这一电路的传播延时并不容易。考虑图 11.30 的实现。它的部分和加法器用逐位进位结构实现。为了优化性能, 首先需要识别关键的时序路径。这一任务并不简单。事实上, 可以看到这里有许多长度几乎一致的路径。图 11.31 标出了其中的两条。更仔细地观察这些关键路径可以得到一个传播延时的近似表达式(这里推导的是关键路径 2 的延时)。我们把它写为

$$t_{mult} \approx [(M-1)+(N-2)]t_{carry} + (N-1)t_{sum} + t_{and} \tag{11.24}$$

其中, t_{carry} 是输入和输出进位之间的传播延时, t_{sum} 是全加器输入进位与"和"位之间的延时, 而 t_{and} 则是 AND 门的延时。

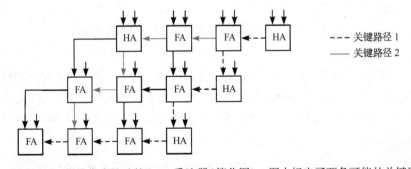

图 11.31　以逐位进位为基础的 4×4 乘法器(简化图)。图中标出了两条可能的关键路径

由于在这里所有的关键路径都具有同样的长度, 所以从设计的角度来看, 只加速它们其中的一条(例如, 通过用一个像进位选择加法器这样的较快的加法器来代替一个加法器)并没有太大的意义。因此, 必须同时考虑所有的关键路径。由式(11.24)可以看出, 要使 t_{mult} 最小, 要求同时使 t_{carry} 和 t_{sum} 也最小。这时, 如果使 t_{carry} 等于 t_{sum} 就可能有益。这与前面讨论过的对加法器单元的要求不同, 在加法器设计中最重要的是使 t_{carry} 最小。一个 t_{sum} 和 t_{carry} 延时相近的全加器电路的例子见图 11.7。

思考题 11.8　有符号的二进制乘法器

图 11.30 中的乘法器只能进行无符号数的相乘。修改结构使二进制补码表示的数也能被接受。

进位保留乘法器(Carry-Save Multiplier)

由于阵列乘法器中有许多几乎相同的关键路径,通过调整晶体管的尺寸来提高这一结构的性能效果非常有限。但若注意到,当使进位输出位如图 11.32 所示向下沿对角线通过而不只是向左通过时乘法的结果并不改变,就可以得到一个更有效的实现。我们加入一个额外的加法器来产生最终的结果,这个加法器称为向量合并(vector-merging)加法器。由此所得到的乘法器称为进位保留乘法器[Wallace64],因为进位位并不立即相加,而是"保留"给下一级加法器。在最后一级进位与"和"在一个快速的进位传播(如超前进位的)加法器中合并。虽然这一结构略微增加了一些面积(多了一个加法器),但它具有在最坏情形下关键路径最短并且是唯一确定的优点,如图 11.32 所示,并可描述为

$$t_{mult} = t_{and} + (N-1)t_{carry} + t_{merge} \tag{11.25}$$

这里仍然假设 $t_{add} = t_{carry}$。

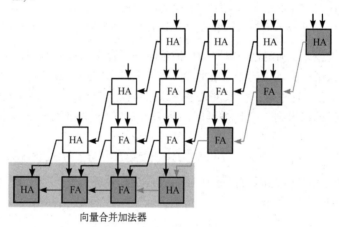

向量合并加法器

图 11.32　一个 4×4 进位保留乘法器。关键路径用灰色标出

例 11.6　进位保留乘法器

当把图 11.32 的进位保留乘法器映射到硅片上时,还必须考虑其他一些拓扑问题。为了便于把乘法器集成到芯片的其余部分,建议使这一模块的外形近似于矩形。图 11.33 是为达这一目标的进位保留乘法器的平面布置图。注意这一拓扑的规则性。这使该结构适于自动化生成。

树形乘法器

部分和加法器也可以安排成树形,这可以同时减少关键路径和所需的加法器单元数目。考虑四个部分积的一个简单例子,每一个部分积都是四位宽,如图 11.34(a) 所示。可以看到在阵列中只有第三列必须加四位,所以可以减少这一操作所需的全加器数目。其他所有的列则稍微简单些。这显示在图 11.34(b) 中,图中原来的部分积矩阵重新安排成树形以直观地说明它的不同深度。困难在于如何用最小的深度和最少数量的加法元件来实现整个矩阵。可以"覆盖"该矩阵的第一类运算器是全加器(FA),它有三个输入并产生两个输出:位于同一列的"和"与位于相邻一列的"进位"。因此全加器又称 3-2 压缩器。它用包含三个位的圈表示。另一类运算器是半加器(HA),它在一列中取两个输入位并产生两个输出。半加器用一个包含两个位的圈表示。

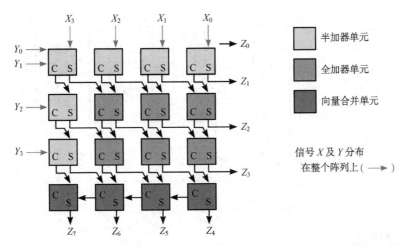

图 11.33 进位保留乘法器的矩形平面布置图。不同的单元用不同灰度表示。信号 X 和 Y 在相加之前先进行 AND。最左面一列单元是冗余的,可以删去

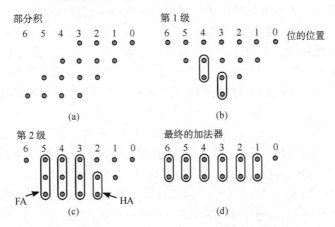

图 11.34 运用反复覆盖过程把一个部分积树(a)转变为一个 Wallace 树(b,c,d)。图中是一个四位操作数的例子

为了得到面积最小的实现, 我们从树结构最密的部分开始, 反复地用全加器和半加器来"覆盖"树。第一步, 在第 4 列和第 3 列引入半加器, 如图 11.34(b)所示。缩减后的树如图 11.34(c)所示。第二轮的缩减产生了一个深度为 2 的树, 如图 11.34(d)所示。这两步缩减过程只用了三个全加器和三个半加器, 而图 11.32 中的进位保留乘法器则需要 6 个全加器和 6 个半加器! 最后一级由一个简单的两输入加法器构成, 可以采用任何类型的加法器(11.4.4 节"最终相加"将对此进行讨论)。

以上介绍的结构称为 Wallace 树形乘法器[Wallace64], 它的实现如图 11.35 所示。该树形乘法器明显节省了较大乘法器所需要的硬件, 同时也减少了传播延时。事实上可以看到, 通过这个树的传播延时等于 $O(\log_{3/2}(N))$。虽然 Wallace 乘法器在乘数位数较多时比进位保留结构快得多, 但它的缺点是非常不规则, 这使后面高质量的版图设计任务变复杂。这一不规则性甚至在图 11.35 的四位乘法器的实现中就可以看出。

还有许多其他实现累加部分积树的途径。文献中已提出了许多压缩电路, 对它们的细节讨论已超出了本书的范围。但它们都是基于同一个概念, 即把全加器作为 3:2 压缩器时, 乘法器每级部分积的数目减至三分之二。我们甚至可以更进一步设计一个 4-2(或更高比例的)压缩器, 如在[Weinberger81, Santoro89]中所示。事实上目前许多高性能的乘法器正是这样做的。

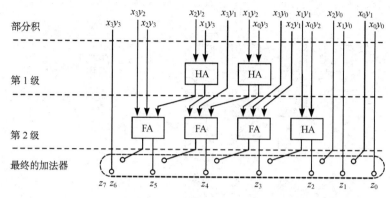

图 11.35　四位乘法器的 Wallace 树

11.4.4　最终相加

完成乘法的最后一步是在最终加法器中合并结果。这一"向量合并"操作的性能至关重要。加法器类型的选择取决于累加阵列的结构。如果加法器的所有输入位同时到达,则最好选择一个超前进位加法器,因为它产生最小可能的延时。当一个流水线级正好放在最终相加的前面时就是这种情况。流水线是高性能乘法器经常采用的技术。在非流水线乘法器中,由于乘法器树逻辑深度不同,最终加法器输入到达的时间非常不一致。这时,采用其他加法器结构,如进位选择加法器,常常能达到与超前进位加法器类似的性能指标,而硬件的成本却低得多[Oklobdzija01]。

11.4.5　乘法器小结

综合利用以上介绍的所有这些技术可以产生出性能极高的乘法器。例如,通过将波兹编码与 4-2 压缩器形成的 Wallace 树结合并采用传输管实现,最终的加法器采用进位选择和超前进位的混合结构时,一个 0.25 μm CMOS 工艺的 54×54 乘法器可以达到仅 4.4 ns 的传播延时[Ohkubo95]。在许多参考资料[如 Swartzlander90, Oklobdzija01]中可以找到有关这些加法器(以及其他加法器)的更多信息。

11.5　移位器

移位操作是另一个基本的运算操作,它要求合适的硬件支持。移位操作广泛应用于浮点单元、换算单元以及与常数的乘法中。后者可以联合加法操作和移位操作来实现。将一个数据字左移或右移一个常数位数是一个非常简单的硬件操作,并且可以通过恰当的信号布线来实现。但是,一个可控制的移位器则是比较复杂的并且需要有源电路。从本质上讲,这样一个移位器其实就是一个复杂的多路开关电路。图 11.36 是一个简单的一位左右移位器。根据不同的控制信号,输入字或者左移或者右移,或者维持不变。多位移位器可以通过串联许多这样的单元来实现。当移位的位数较多时,这一方法很

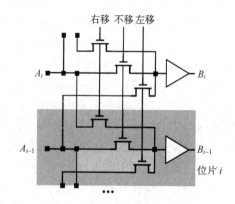

图 11.36　一位可控制的(左右)移位器。在 nop (不移位)条件下数据按原来方式传送

快变得太复杂、不实用和速度极慢,因此应当采用更为结构化的方法。下面将讨论两个常用的移位器结构,即桶形移位器(barrel shifter)和对数移位器(logarithmic shifter)。

11.5.1 桶形移位器

图 11.37 是一个桶形移位器的结构。它由一个晶体管阵列构成,其行数等于数据的字长,而列数则等于最大的移位宽度。在本例中,二者均为 4。控制线沿对角线布置通过该阵列。这种移位器的主要优点是信号最多只需通过一个传输门。换言之,传播延时在理论上是常数,与移位的位数或移位器的规模无关。但在实际中并不是这样,因为缓冲器输入端的电容随最大移位宽度线性地增加。

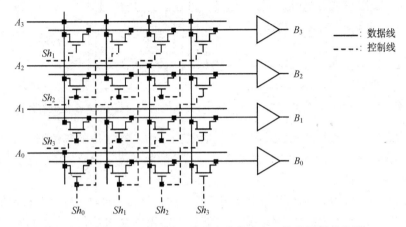

图 11.37 可控制向右移位、移位宽度为 0 至 3 位的桶形移位器。该结构支持符号位(A_3)的自动复制,也称为符号位扩展

这一电路的一个重要特点是它的版图尺寸并不是像其他运算电路那样由有源晶体管来决定,而是由通过该单元的布线数目来决定。更具体地说,移位单元的尺寸由金属线的节距来确定!

选择移位器时另一个重要的考虑是移位值必须表示为何种形式。从图 11.37 的电路图中可以看到,桶形移位器的每个移位都需要一条控制线。例如,一个四位的移位器需要四条控制信号。为了移三位,信号 Sh_3:Sh_0 的值应为 1000。只有一个信号是高电平。在处理器中,通常把需要移位的值以更为简洁的二进制形式编码。例如,这里的编码控制字只需要两个控制信号,对于移动三位控制信号表示为 11。为了把后一个表示方法转化为前者(即只有一位为高电平),需要增加一个译码器模块(译码器将在第 12 章中详细介绍)。

思考题 11.9　二进制补码移位器

解释为什么图 11.37 中的移位器实现了二进制补码移位。

11.5.2 对数移位器

桶形移位器把整个移位器实现为传输管的单个阵列,而对数移位器则采用分级的方法。总的移位值被分解成几个 2 的指数值。一个具有最大移位宽度 M 的移位器包括 $\log_2 M$ 级,它的第 i 级或者把数据移动 2^i 位或者原样传送数据。图 11.38 是一个最大移位值为 7 位的移位器的例子。例如,要移动 5 位,第一级设置在移位模式,第二级为通过模式,而最后一级又是移位模式。注意,这个移位器的控制字已经编码,所以不需要单独的译码器。

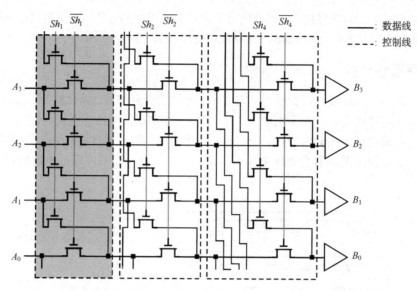

图 11.38　最大移位宽度为右移 7 位的对数移位器(只显示了 4 个最低有效位)

对数移位器的速度以对数方式取决于移位宽度,因为一个 M 位的移位器需要 $\log_2 M$ 级。同时,对于较大的移位值,传输管的串联连接会减慢移位器的速度。因此,如在第 6 章中所讨论的,有必要仔细插入中间缓冲器。

一般来说我们的结论是,桶形移位器适用于较小的移位器,而对于较大的移位值,采用对数移位器在面积和速度方面都更为有效。而且对数移位器很容易参数化,便于自动生成设计。这一节中最重要的概念是利用运算器的规则性有利于密集和高速的电路实现。

11.6　其他运算器

前面几节只讨论了在微处理器和信号处理器设计中所需要的大量运算电路的一部分。除了加法器、乘法器和移位器以外也常常会需要其他一些运算器,如比较器、除法器、计数器以及三角函数计算器(正弦、余弦、正切)。对这些电路进行全面的分析超出了本书的范围。建议有兴趣的读者参考一些有关这方面已有的优秀资料(如[Swartzlander90],[Oklobdzija01])。

读者应当了解,本章中介绍的大多数设计概念也适用于这些其他运算器。例如比较器可以设计成与位数有线性关系、平方根关系和对数关系。实际上,某些运算器只是前面介绍的加法器或乘法器结构的简单衍生。例如,图 11.39 说明了如何用一个二进制补码加法器加上一个反相级来实现一个二进制补码减法器,以及如何运用一个减法器来实现 $A \geqslant B$ 的判断。

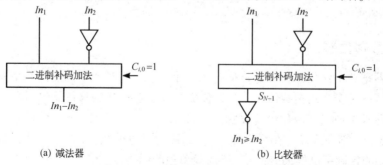

图 11.39　由一个全加器衍生出的运算结构

思考题 11.10　比较器

设计一个比较器的逻辑图，实现以下功能：≥，= 和 ≤。

实例研究——设计一个算术逻辑单元(ALU)

算术逻辑单元(ALU)是任何微处理器或微控制器的核心。ALU 把加法、减法与如移位和按位逻辑运算(AND, OR 和 XOR)等其他操作结合在一起。

图 11.40 是一个 64 位高端微处理器中的一个 ALU。它由两级宽位多路开关、一个 64 位加法器、一个逻辑单元、一个运算合并多路开关和写回总线驱动器构成。第一对 9:1(九选一)多路开关选自 9 个不同的输入源，其中三个来自寄存器堆和高速缓存(cache)。另外 6 个则直接来自 6 个 ALU 的旁路路径，该微处理器一个周期能产生 6 个整数指令。其中一个旁路回路实际上把这个 ALU 的输出又反馈回它自己的输入，形成一个单周期的回路，它定义了关键路径。在输入 A 上的第二个 5:1 多路开关完成操作数的部分移位，而输入 B 上的 2:1 多路开关只是使操作数反相以实现减法。加法器对操作数 A 和 B 执行二进制补码的加法或减法运算。二进制补码的减法运算是通过把操作数 B 所有的位反相(用 2:1 MUX)并置输入进位为 1 来完成的。和选择模块不仅实现和的选择，而且也合并算术与逻辑单元的输出。最后，一个很强的缓冲器驱动回路总线，因为后者对 ALU 是一个很大的负载。例如，对于一个 6 发射(six-issue)的 Intel/HP Itanium(安腾)处理器[Fetzer02]，总线必须连至所有 6 个单元，这相当于在 0.18 μm 工艺中长度为 2 mm 以上的导线。当加上来自寄存器堆的负载时，它表现出超过 0.5 pF 的电容负载。

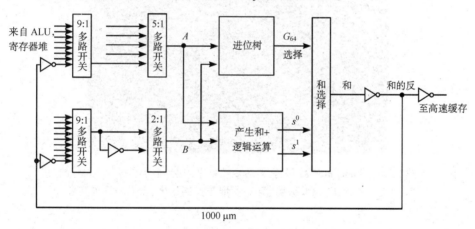

图 11.40　一个 64 位的算术逻辑单元

ALU 代表了一个位片式设计的典型例子。每个模块中每一位片的节距都是相匹配的，这可以使垂直布线最少。图 11.41 是一个 64 位 ALU 的平面布置图。除了第一级与第二级以及第二级与第三级加法器之间较长的水平导线分布在 Metal3 和 Metal4 上以外，单元间的布线均水平布置在 Metal3 上。例如，若加法器用一个四进制 CLA 实现，那么在第二个 PG 级之后的最长导线跨越 48 个单元。

返回回路布线在顶层金属层上(如 Metal5)。正如能从图 11.42 所看到的那样，在多发射微处理器的情形中这些总线跨越了所有的 ALU。返回回路总线的数量常常决定了多发射 ALU 的位节距。在我们的例子中有 9 条 64 位宽的总线必须跨过 ALU 返回。为了避免增加额外的布线空间，位宽设定为 9 条总线的导线节距。由于这些导线很长，设计中将它们的宽度加倍，间距也至少加倍以减少它们的电阻和电容。

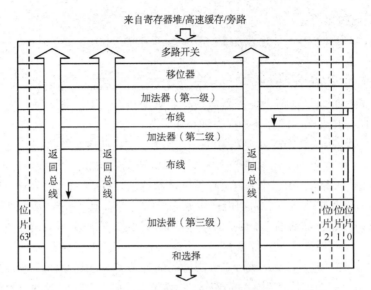

图 11.41　64 位 ALU 的平面布置

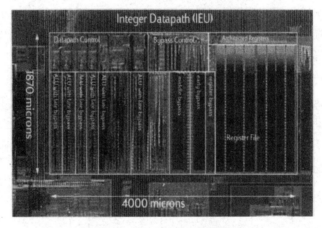

图 11.42　Itanium(安腾)处理器的显微照片,照片显示了位片式设计的
6个ALU以及旁路、寄存器堆与控制逻辑(经Intel许可刊登)

11.7　数据通路结构中对功耗和速度的综合考虑 *

在前面关于加法器、乘法器和移位器的讨论中,主要展示了速度与面积之间的综合考虑,而忽略了功耗问题。本节将简略地分析设计空间的第三维。由于大多数最小化功耗的方法已在第6章中做了介绍,以下讨论主要是作为第 6 章中提出的概念的举例。

典型的数字设计都受到等待时间(latency)或流通量的限制。一个受等待时间约束的设计必须在规定时间内完成计算。交互式通信和电子游戏就是这样的例子。而受流通量约束的设计则必须维持所要求的数据通过量。一个 1000BaseT 千兆位以太网连接必须维持 1 Gbps 的流通量。设计者可以根据不同的设计要求采用不同的结构优化技术。例如,流水线或并行处理对于受流通量约束的情形非常有效,但它可能并不适合于受等待时间约束的情况。又如,通过并行处理4个250 Mbps 的数据流,可以在千兆位以太网上用铜导线实现 1 Gbps 的数据通过量。

一个固定的数据通路结构可以通过选择电源电压、晶体管阈值和器件尺寸来调整它的速度、面积和功耗之间的关系。这为我们打开了多种多样功耗最小化技术的大门，这些技术总结在表 11.3 中，可以分为以下两类。

- **实现低功耗技术的时间**。一些设计技术是在设计时间实现的。例如晶体管的宽度和长度是在设计时间固定下来的。而电源电压和晶体管的阈值既可以在设计阶段固定，也可以在运行时间动态改变。其他技术主要考虑数字设计中的一个功能或模块在什么时间处在不工作的模式（或待机状态）。因此只有要求处在休眠模式（sleep mode）的模块功耗绝对最小时才有意义。
- **针对功耗来源**。另一类功耗管理技术考虑它们所指出的功耗的来源：工作（动态）功耗或漏电（静态）功耗。例如，降低电源电压是一个非常有吸引力的技术：它不仅以平方关系减少了每次翻转所消耗的能量（尽管这是以性能为代价的），而且也减少了漏电电流。但是，提高阈值电压则主要影响漏电电流部分。

表 11.3　功耗最小化技术

	固定数据通过量/等待时间		可变数据通过量/等待时间
	设计时间	休眠模式	运行时间
工作功耗	降低 V_{DD}，多种电源电压，调整晶体管尺寸，逻辑优化	门控时钟	动态电压调节
漏电功耗	多种阈值 + 其他有效技术	休眠晶体管，可变阈值 V_{Th}	可变阈值 V_{Th} + 其他有效技术

休眠模式的工作值得给予某些特别的关注。如果一个数字模块在不工作（idle）模式时仍然接收时钟，那么即便它没有执行任何计算，它的时钟分布网络以及连在一起的触发器将继续消耗能量。回想一下，一般来说一个数字系统总能量的三分之一是消耗在时钟分布网络上的。在不工作模式时降低功耗的一个常用方法就是第 10 章中介绍过的门控时钟（clock gating）技术。在这一方法中，当一个模块不工作时主时钟与该模块的连接被（门控）切断。但门控时钟并不能减少不工作模块的漏电功耗，因此必须采用更复杂的技术来降低待机时的功耗，如提高晶体管的阈值或切断电源线。

在下面几节中将详细讨论这些在设计时间和运行时间实现的每一个技术。

11.7.1　在设计时间可采用的降低功耗技术

降低电源电压

降低电源电压能够使功耗呈二次方地降低，因此它是最令人感兴趣的方法，但反过来 CMOS 门的延时却随电源电压的降低而增加。在数据通路这一层次上，性能的这一损失可以用诸如逻辑和结构的优化等其他方法补偿。例如一个逐位进位加法器可以用一个较快的结构来代替，如超前进位加法器。虽然后一个实现比较大且比较复杂，即意味着较大的实际电容和开关电容，但这样做的益处超过了它的负面影响，因为较快的加法器在较低的电源电压下运行可以达到同样的性能。

逐位进位和超前进位之间的权衡取舍可以在逻辑层上进行。类似的甚至更为有效的是可以利用结构优化来补偿降低 V_{DD} 的影响，如例 11.7 所示。

例 11.7　采用并行结构使功耗最小

为了说明如何运用结构上的技术来补偿（由于降低电压造成的）速度损失，下面分析一个简单的由一个加法器和一个比较器构成的 8 位数据通路，假设采用的是一个 2 μm CMOS 工艺[Chandrakasan92]。如图11.43所示,将输入A和B相加,其结果与输入C相比较。假设在最坏情形下通过加法器、比较器和锁存器的延时在电源电压为5 V时近似为25 ns。在最好情形下,该系统可以在时钟周期$T = 25$ ns下工作。当要求以这一最大可能的流通量运行时,显然工作电压不能再进一步降低,因为不允许有更大的延时。我们以这一拓扑结构作为研究的参考数据通路并相对于这一参照来说明功耗改善的程度。这个参考数据通路的平均功耗为

$$P_{ref} = C_{ref}\, V_{ref}^2\, f_{ref} \tag{11.26}$$

其中,C_{ref}是每个时钟周期切换的总等效电容。该等效电容可以通过对在一系列均匀分布的随机输入图形下的功耗进行平均来确定。

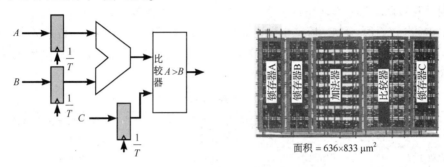

图11.43　一个简单的数据通路及其相应的版图

面积 = $636 \times 833\ \mu m^2$

　　降低电源电压时仍维持流通量的一种方法是采用并行结构。如图11.44所示,将两个相同的加法器-比较器数据通路并联能够使每个单元以原来一半的速率工作,而又保持原有的总流通量。由于对加法器、比较器和锁存器的速度要求已从25 ns放宽到50 ns,所以电压可以从5 V降低到2.9 V(该电压使延时加倍)。虽然数据通路的电容增加为2倍,但工作频率也相应地降低为1/2。可惜的是,由于附加的布线和数据的多路选择,总的等效电容还会有少量的增加。结果使电容增加为原来的2.15倍。于是这一并行数据通路的功耗为

$$P_{par} = C_{par}V_{par}^2 f_{par} = (2.15C_{ref})(0.58V_{ref})^2\left(\frac{f_{ref}}{2}\right) \approx 0.36P_{ref} \tag{11.27}$$

　　这一方法说明了用面积换取低功耗的途径,因为所需要的面积大约是原设计面积的3.4倍,所以这一技术只适用于面积不受限制的设计。此外,并行结构也造成额外的布线要求,这也可能引起功耗的增加。因此必须仔细优化以使这一额外的开销最小。

　　并行结构并不是补偿性能损失的唯一方法。其他结构方法,例如运用流水线也可以达到同样的目的。以上分析中最重要的概念是如果功耗是主要的考虑因素,那么降低电源电压是达到这一目的最为有效的手段。而由此造成的性能上的损失如有必要可通过增加面积来弥补。这在一定的范围内是可以接受的,因为在过去十年中集成度水平的迅速提高已使面积不再是首先令人关注的问题。

思考题11.11　降低电源电压并采用流水线

　　在图11.44中参考数据通路的加法器和比较器之间插入一个流水线级。虽然它使电容增加了15%,但仍可以假设这使该逻辑的传播延时大致减半。显然,在输入C处也需要有一个额外的流水线寄存器。确定采用这一方法能节省多少功耗,但要求与参考数据通路相比流通量必须仍然维持不变。请对面积开销进行评价。

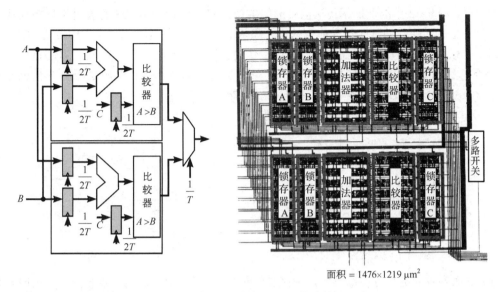

面积 = 1476×1219 μm²

图 11.44 采用并行结构实现的简单数据通路

采用多种电源电压

降低电源电压虽然非常简单直接,但它未必是最佳方案。降低电源电压可同等程度地降低所有逻辑门的功耗,但同时也同等程度地增加了它们的延时。一个更好的办法是有选择地降低以下这些门上的电源电压:

- 相应于较快路径和完成计算较早的门。
- 驱动大电容的门,增加同样延时的时候能够得到最大收益。

然而,这一方法要求采用一种以上的电源电压。多电源电压在今天的 IC 中已经常采用。为兼容起见 I/O 配备了一个单独的电源电压,为此 I/O 环的设计采用了具有较厚栅氧层的晶体管以承受较高的电压。逻辑核心则采用较低电压的电源,并采用氧化层较薄的晶体管。可以把这一方法扩展用于降低电路的功耗。例如,每一个模块都可以从两个(或更多个)电源中选择一个最合适的电压。甚至可以逐个门来指定多个电源电压。

模块级的电压选择 例如,考虑图 11.45 中的数字系统,它由一个具有 10 ns 关键路径的数据通路和一个具有短得多的 4 ns 关键路径的控制块组成,在同一个 2.5 V 的电源电压下工作。另外假设数据通路块具有一个固定的等待时间(latency)和流通量,并且不能用结构变换来降低它的电源电压。由于控制块结束操作较早(换言之,它在时间上有松弛),因此可以降低它的电源电压。如果把电压降低至 $V_{DDL} = 1$ V,它的关键路径延时将增加到 10 ns,而功耗则降低至 1/5 以下[1]。我们有效地利用了各模块关键路径长度上的差异(称为松弛时间,即 slack),有选择地降低有较大松弛时间模块的功耗。

当在一个芯片上同时有多个电源电压时,如果电源电压较低的模块必须驱动一个电压较高的门,则需要有电平转换器。当一个电源电压为 V_{DDL} 的门(直接)驱动一个电压为 V_{DDH} 的门时,PMOS 管就不关断,导致静态电流和输出摆幅降低,如图 11.46 所示。电平转换在不同电源电压域间进行,它防止了这些问题的出现。图 11.46 是一个以 DVSL 类型(第 6 章)为基础的异步电平

---

① 这里简单地假设传播延时与电源电压成反比。

转换器,它与图 9.32 中的低摆幅传送信号的门类似。交叉耦合的 PMOS 管通过正反馈完成电平转换。这一电平转换器的延时对晶体管的尺寸和电源电压问题非常敏感。与 PMOS 管相比 NMOS 管是以一个减少的过驱动(即 $V_{DD_L} - V_{Tn}$)进行工作的,因此它们必须设计得较大以超过正反馈的作用。当 V_{DDL} 较低时,延时会变得很长。由于减少了过驱动,电路对电源电压的变化也非常敏感。注意,对于降低电压的变换并不需要电平转换器。

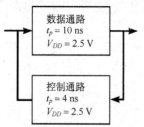

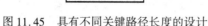

图 11.45 具有不同关键路径长度的设计

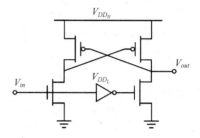

图 11.46 电平转换器

注意,大多数的电平转换都发生在寄存器界面上,因此可以利用这一点来减少一些电平转换所增加的开支。比如,图 11.45 中数据通路的控制输入通常在一个寄存器中被采样。图 11.47 是一个电平转换寄存器。这是以通常的传输门实现的一对主从锁存器,它把一对交叉耦合的 PMOS 管嵌入在从锁存器中来完成电平转换。

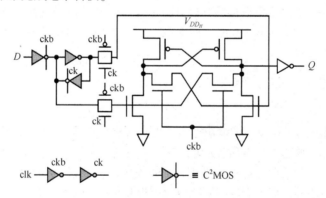

图 11.47 电平转换寄存器。涂灰色的门由 V_{DD_L} 供电[Usami95]

在一个功能块内采用多个电源 可以用更细小的粒度来运用同一种方法,即分别对一个功能块内的每个电源确定一个电源电压[Usami95, Hamada01]。考察一个典型数字功能块关键路径延时的分布图可以发现,只有几条路径是关键的或接近关键的,而许多路径具有短得多的延时。较短的路径基本上在浪费能量,因为虽然提早完成却无任何"回报"。对于每一条这样的路径,电源电压可以降低到最优的程度。当所有的路径都变为关键路径时就达到了最小能耗。然而这一点并不那么容易实现,因为许多逻辑门都是在不同的路径间共享的,因此产生和分配范围很广的电源电压是不切实际的。一个比较实际的实现是只采用两种电源,如图 11.48 所示。采用成组电压降低(clustered voltage-scaling)技术使每条路径从高电源电压开始,并且当存在延时松弛时间(delay slack)时就切换到低电源电压。电平转换采用如图 11.47 所介绍的电路在各条关键路径末端的寄存器中实现。注意,只有当(这些寄存器)后面的逻辑部分在不用低电源电压就完全不能工作的情况下才必须采用电平转换。

这一方法的效果如图 11.49 所示,图中画出了采用单电源和双电源时一个典型逻辑块的路径长度分布图。当采用单电源时,大部分路径比关键路径要明显短得多。增加第二个电源后延时的分布更接近于目标延时,使更多的路径成为关键路径。如果一个设计具有非常少的关键路径而且大多数的路径都提前完成,那么引入第二个电源电压就能节省很多能量,反之,如果一个功能块内部的大多数路径都是关键路径,那么引入第二个电源电压并不能节省任何能量。读者也许会问增加第三个甚至第四个电源电压是否会对均衡差别较大的延时分布有更多的好处。遗憾的是,许多研究表明对于典型的路径延时分布,增加更多的电源只能产生有限的能量节省[Hamada01, Augsburger02]。

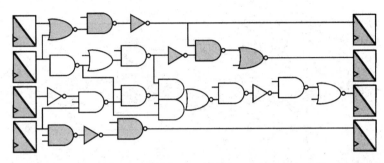

图 11.48 采用成组电压降低的双电源设计。每条路径开始于高电源电压,并且当存在延时松弛时间(delay slack)时就切换到低电源电压。电平转换在寄存器中实现

同样,读者会问这种双电源技术比起统一降低电源电压是否有更大的好处。当采用成组电压降低时,**如果大切换电容集中在功能块的末端,就像在缓冲器链中的情形,那么双电源方法就比较有效**[Stojanovic02]。这一情况与第 9 章中所介绍的低摆幅总线的概念是一致的。一条总线一般都表现出最大的电容,因此降低它的驱动器上的电源电压比起降低任何其他逻辑门上的电源电压来更为有利。由于总线具有最大的电容,因此对于同样的延时增量,在节省功耗方面的收效是最大的。

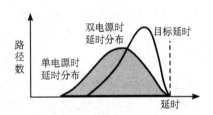

图 11.49 在采用第二个电源前后典型的路径延时分布

在一个芯片上分布多个电源电压使电源分布网络的设计变得复杂,并且往往加重了通常布局和布线工具的负担。正如我们在前面多次看到的,一个结构化的方法有助于使这一影响最小。一个简单的选择是把具有不同电源电压的单元放在一个标准单元版图的不同行中,如图 11.50 所示。第二个电源可以从芯片外引入或利用 DC-DC(直流至直流)转换器在芯片内产生。转换成较低电压的 DC-DC 转换器,其转换效率可以远在 90% 以上,因此只有很小的额外损耗。然而 V_{DD} 的分布网络仍然要满足所有必需的设计要求,如去耦以使电压的变化最小以及提高抗电迁移的能力。

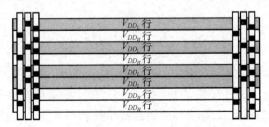

图 11.50 一个双电源逻辑块的版图,图中具有不同电源的所有单元放在不同的行中

采用多种器件阈值

采用多种阈值的器件提供了另一种权衡速度和功耗的方法。大多数亚 0.25 μm CMOS 工艺

都提供 n 型和 p 型两种晶体管,它们的阈值电压相差约 100 mV。具有较高阈值的器件其漏电电流大约比具有较低阈值的器件低一个数量级,其代价是工作电流也降低了约 30%。因此,低阈值器件优先用在关键时序路径中,而高阈值器件则用在任何其他地方。器件的分配以每个单元为基础,而不是按每个晶体管来考虑[Wei99, Kato00]。注意,采用多种阈值并不需要电平转换器或任何其他的特殊电路,如图 11.51 所示。也不需要将逻辑成组(clustering)。应当把尽可能多的门变成高阈值,直到时序松弛时间全部被利用。仔细分配阈值可以使漏电功耗减少 80% ~ 90%。

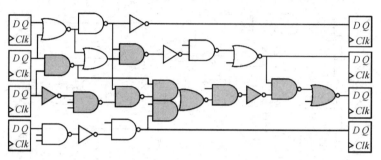

图 11.51　采用两种阈值的门。涂灰色的门采用低阈值并只用在关键路径上

虽然多阈值方法主要用来解决漏电电流的问题,它也有降低少量工作功耗的附加优点。这主要是由于减少了在关断状态时的栅-沟道电容以及减少了一个门内部节点上少量的信号摆幅($V_{DD} - V_{Th_H}$)。这一减小部分地被所增加的源和漏结的侧壁电容所抵消,因此总的工作功耗大约只减少 4%。

通过调整晶体管的尺寸减少开关电容

一个互补 CMOS 门的输入电容直接与它的尺寸成正比,因而也与它的速度成正比。在第 6 章中曾考察过对门的尺寸优化,并发现在一个逻辑路径中每个门的尺寸应当使等效的扇出大约为 4,以达到该路径最小的延时。一个令人感兴趣的问题是当允许的延时大于最小延时的时候,应如何确定一个电路的尺寸以达到最小的能耗?

我们知道对于负载和级数一定的一个反相器链,当链中每个反相器的尺寸是它前后相邻反相器尺寸的几何平均数时反相器链的延时最小:

$$s_i^2 = s_{i+1}s_{i-1} \tag{11.28}$$

如果采用这一尺寸达到的最小延时低于所希望的延时,就可以定义一个最优化问题,即在满足延时约束的条件下使开关电容最小。一种选择是如第 9 章建议的那样减少级数而加大锥形系数(级比)。而更好的选择是采用这一优化问题的解析解[Ma94],这一最优方法按照下式来调整每一级的锥形系数:

$$s_i^2 = \frac{s_{i+1}s_{i-1}}{1 + \mu s_{i-1}} \tag{11.29}$$

参数 μ 是一个非负数,它取决于可利用的时序松弛时间的大小(相对于为达到最小延时而确定尺寸的反相器链)。这个解在直观上非常清楚——反相器链中的最后几级是最大的,因此它们是减小尺寸的主要对象。由于按一定比例减小反相器链中任何一个反相器的尺寸都会使延时增加相同的数量,因此我们当然去减小能得到最大收益的反相器级的尺寸,而这就是尺寸最大的反相器级。

同样的原理也适用于逻辑链。当它被优化以达到最小延时时,每一级的延时相同(但各个门的本征延时不同),因此应当首先增加能耗最大的门的延时。这一概念可以延伸到一个一般组合逻辑块的能量-延时优化问题。然而在实际中应用它却并不容易。使一条路径的尺寸减小会影响与之共享逻辑门的所有路径的延时，这使隔离并优化一条具体的路径变得很困难。此外，在一般的组合块中许多路径都会重新汇聚在一起。

例 11.8 加法器设计中能量-延时的综合考虑

让我们来考察 64 位 Kogge-Stone 树形加法器的能量-延时优化问题。通过一个加法器有许多条路径，并不是所有这些路径都是均衡的。一个重要的问题是如何发现需要重新调整尺寸或确定最初尺寸的路径。一种办法是选出加法器中与关键路径相等的所有路径。由于通过一个加法器的这些路径大致对应于不同的位片，我们可以把加法器中的每一个门分配到某一个位片中。这里有 64 个位片，总共有 9 级逻辑。这一划分方法在图 11.52(a) 中很成功，图中显示了达到最小延时时所得到的能耗图。可以看出这一加法器在沿最长的进位路径上消耗最大的能量。图 11.52(b) 显示了同一加法器的能耗图，但这次加法器被重新调整尺寸以允许增加 10% 的延时。此时能耗减少了 54%。与此对比，双电源的解决办法只节省 27% 的能耗，而单个降低电压的电源节省 22%[Stojanovic02]。总之，**调整尺寸对数据通路来说是一种降低功耗的有效办法，因为数据通路中的大部分能量都消耗在这一功能块的内部而不是消耗在驱动外部负载上。**

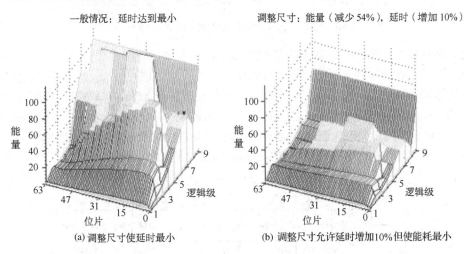

图 11.52 一个 64 位加法器的能耗分布图

优化逻辑和结构降低开关电容

由于等效电容是实际电容和开关活动性的乘积，所以应当同时使这两个因子最小。有许多能降低活动性而无需以性能为代价的优化方法。其中有些已经在第 6 章中介绍过。为了简洁起见，我们只介绍几个有代表性的优化方法(深入的综述请参阅[Rabaey96]和[Chandrakasan98])。

通过资源分配降低开关活动性 通过多路开关使几个操作共享单个硬件单元会使功耗增加。因为除了增加实际电容外，它还增加了开关活动性。这可以用图 11.53 的简单实验来说明。这一实验比较了两个计数器同时运行时的功耗。在第一种情形中，两个计数器连在各自的硬件上运行，而在第二种情形中，它们通过多路开关连至同一单元。图 11.53(b) 画出了开关次数与两个计数器之间时间偏差(skew)的关系。除了两个计数器完全同步运行以外，不用多路开关的情形总是较好。采用多路开关往往使出现在工作单元上的数据信号随机化，其结果是增加了开关活动性。因此当功耗是一个考虑因素时，避免过度复用资源常常是有好处的。注意，CMOS 硬件单元在不工作时消耗极少的功率。采用专用的特殊运算器只增加额外的面积，而一般在速度和功耗方面都会有收益。

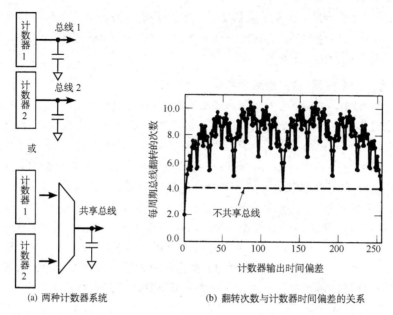

(a) 两种计数器系统   (b) 翻转次数与计数器时间偏差的关系

图 11.53   采用多路开关增加了开关活动性

通过均衡路径减少毛刺   动态故障或毛刺(glitching)是加法器和乘法器这样一些复杂结构中功耗的主要来源。在这样的一些结构中,当信号路径的长度之间存在很大差别时就有可能引起寄生的瞬态过程。如图 11.54 所示,该图是一个 16 位逐位进位加法器在所有输入同时从 0 变为 1 时所得到的模拟响应。图中显示了一些"和"位与时间的关系。理论上所有的和位都应当为零。遗憾的是,在所有的输出端都短暂地出现了 1,这是因为进位需要较长时间才能从第一位传播到最后一位。注意,毛刺在传播通过该进位链时是如何变得越来越显著的。

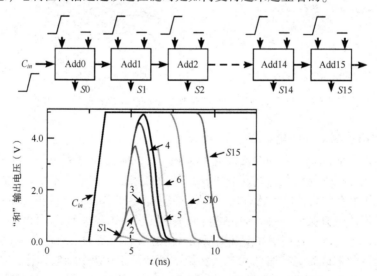

图 11.54   16 位逐位进位加法器"和"位中的毛刺

选择具有均衡信号路径的结构可以大大减少毛刺的活动性。树形超前进位加法器结构(如 Kogge-Stone)和树形乘法器都具有这一特点,因此,即便它们存在着较大的实际电容,但从功耗角度来看它们应当比较有吸引力。对图 11.22 中超前结构的考察表明,到达点操作器输入端的时序路径长度相近,尽管由于负载和扇出不同,也许会存在一些差异。

11.7.2 运行时间的功耗管理

动态电源电压调节(DVS)

正如前几节讨论过的,固定地降低电源电压是以性能为代价来减少每一操作的能耗并延长电池的寿命。这一性能方面的损失常常不能被接受,特别是在以等待时间(latency)为约束条件的应用中尤为明显。但我们注意到并不是持续不断地要求最高性能,因此仍然可以设法使功耗显著降低。例如,考虑一个便携式应用中的一个通用处理器,如笔记本电脑、电子管理器(electronic organizer)和手机。这类处理器所执行的计算功能主要分为三类:高强度计算任务、低速功能和闲置模式操作。高强度计算和短等待时间的任务要求处理器满流通量计算以满足实时约束。MPEG 视频和音频压缩器就是这样的例子。而如文本处理、数据输入和存储备份等低流通量和长等待时间的任务则在宽松得多的限定时间内完成工作,因此只需要微处理器最大流通量的一小部分。这时,提早完成计算没有任何回报,相反如果一个任务完成太早还会被认为浪费了能量。最后,便携式处理器有很大一部分时间处于闲置状态,等待着使用者的操作或外部的启动。总之,对一个移动处理器所要求的计算流通量和等待时间在不同的时刻会有很大的不同。

即便是像 MPEG 译码这样高强度的计算操作,在处理一个典型的数据流时也表现出不同的计算要求。例如,一个 MPEG 解码器每帧视频画面计算离散反余弦变换(IDCT)的次数因视频画面的运动数量而有很大差别。这可以从图 11.55 中看出,图中画出了一个典型视频序列中每帧画面 IDCT 次数的分布图。可见,完成这一运算的处理器对于每帧的计算负荷都不相同。

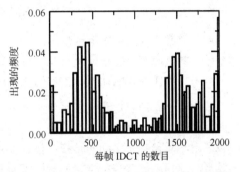

图 11.55 MPEG 解码中典型的 IDCT 直方图

当执行较低负荷的工作时降低时钟频率能够降低功率,但却不能节省能量——因为每个操作仍然在较高的电压下进行。但如果同时降低电源电压和频率则能量就可以降低。为了在高负荷时保持所要求的流通量和低负荷时的最小能量,电源电压和频率都必须根据当时正在执行的应用要求动态地变化。这一技术称为动态电压调节(dynamic voltage scaling, DVS)。这一概念可以用图 11.56 来说明[Burd00, Gutnik97]。它的工作原则是一个功能应当总是**在满足时间约束的最低电源电压下工作**。

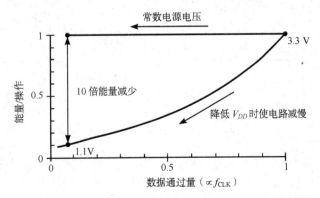

图 11.56 在固定和可变电源电压下工作时每个操作的能量与流通量($1/T$)的关系

DVS 的概念能够成立是由于以下的观察,即在一定的电源电压范围内大多数 CMOS 电路的延时及其功能都能很好地相互跟踪,这是系统能在电源电压变化的情况下进行工作的必要条件。

图 11.57 显示了电源电压在 1~4 V 范围内时一些有代表性的 CMOS 功能块(如 NAND 门、环形振荡器、寄存器堆和 SRAM)的延时[Burd00]。从图中可以看到极佳的性能跟踪情形。注意,有些电路系列(如纯 NMOS 的传输管逻辑)并不在整个电源电压范围内遵循这一特性。

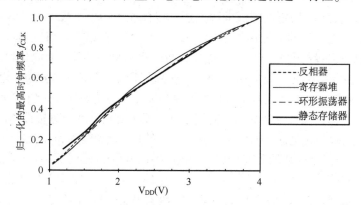

图 11.57　0.6 μm CMOS 工艺中有代表性的 CMOS 功能块的延时与电源电压的关系

因此,一个动态电压调节系统的实际实现包括以下几部分:

- 一个能在很宽电源电压范围内工作的处理器
- 一个电源调节回路能设定在所希望频率下工作所需的最小电压
- 一个操作系统能计算所要求的频率以满足所需的流通量和完成任务的时间限制

图 11.58 是动态电压调节系统一种可能的实现。该 DVS 系统的核心是一个环形振荡器,它的振荡频率与微处理器的关键路径匹配。当包括在电源控制回路内时,这一环形振荡器提供在电源电压和时钟频率之间的转换。操作系统用数字方式设置所需要的频率(F_{DES})。测量环形振荡器当前的频率值并与所希望的频率值进行比较。它们之间的差值用来作为反馈误差。通过调整电源电压,可使电源电压回路改变环形振荡器的频率以使这一误差值为 0。

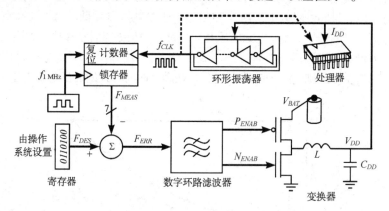

图 11.58　一个动态电压调节系统的方框图

调节程序(即实时操作系统)的任务是动态地决定最优频率(或电压)与系统中正在运行的所有任务的综合计算要求之间的关系。在通用处理器的比较复杂的情形中,每一项任务都应说明一个完成的时限(如视频帧速率)或所希望的工作频率。然后电压调节程序预测完成每一任务所需要的处理器周期数,并计算最优的处理器频率[Pering99]。对于有不同性能要求的单个任务,可以用一个队列来决定计算负载并相应地调节电压,如图 11.59 所示。图中用输入队列的深度来设置以数据流为基础的信号处理器的电源电压(和频率)[Gutnik97]。

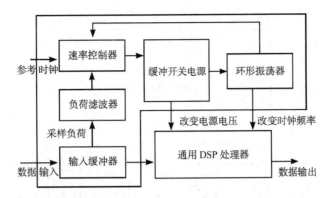

图 11.59 利用队列决定一个信号处理器的工作负荷[Gutnik97]

动态阈值调节(Dynamic Threshold Scaling,DTS)

与动态改变电源电压相类似,动态调节晶体管的阈值电压也非常有吸引力。对要求低等待时间的计算,应当把阈值降低到它的最小值;对于低速计算可以增加阈值;而对于待机模式则应当把它设置在最高可能的值,以使漏电电流最小。衬底偏置是使我们能动态改变阈值电压的控制钮。为了达到此目的,必须将晶体管作为一个四端器件来工作。这只有在三阱工艺中才有可能实现,因为需要独立地控制 n 型和 p 型器件的所有四个端子,如图 11.60 所示。整个芯片上的衬底偏置可以按一个个功能块或一个个单元来实现。但是,按逐个单元的细粒程度来设置衬底偏置需要很大的版图成本。

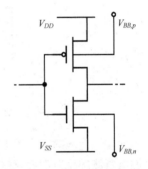

图 11.60 用来控制阈值的一个带有体终端的反相器

与动态电源电压调节技术一样,可变阈值电压技术也以反馈环为基础,它可以设置为实现以下各个目的:

- 可以降低待机模式时的漏电。
- 可以在电路正常工作期间补偿芯片各处的阈值偏差。
- 可以根据性能要求调整电路的数据流通量以降低工作功耗和漏电功耗。

由于流入衬底的电流比流入电源线的电流小得多,DTS 的电路开销也要比 DVS 的小。图 11.61 是一个设计用来控制数字模块中漏电的反馈系统[Kuroda96和Kuroda01]。它由一个漏电控制监测器和一个衬底偏置电荷泵构成,并加到所需要的数字功能块中。

漏电电流监测器是实现这一技术的关键。晶体管 M_1 和 M_2 偏置在亚阈值范围内工作。当一个 NMOS 管处于亚阈值范围时,它的电流为

$$I_D = I_S/W_0 \cdot W \cdot 10^{V_{GS}/S} \tag{11.30}$$

其中,S 为亚阈值斜率。这一偏置产生器的输出 V_b 等于

$$V_b = S \cdot \log(W_2/W_1) \tag{11.31}$$

由被监测的功能块中所有晶体管的总宽度 W_{BLOCK},可求得总电流的放大倍数为:

$$\frac{I_{LCM}}{I_{BLOCK}} = \frac{W_{LCM}}{W_{BLOCK}} \cdot 10^{\frac{V_b}{S}} = \frac{W_{LCM}}{W_{BLOCK}} \cdot \frac{W_2}{W_1} \tag{11.32}$$

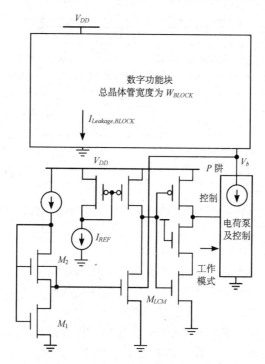

图 11.61　用漏电电流监测器实现可变阈值控制技术[Kuroda96]

为使监测造成的功率损失最小，漏电监测器应当设计得尽可能地小。但是，如果太小的话，整个漏电监测的反应就会较慢，致使衬底偏置不能紧密地跟踪变化。最优值可以设置得很低，即监测器晶体管可以小至芯片上总晶体管宽度的 0.001%。

一个传统的电荷泵把电流吸入和排出衬底。控制电路监测漏电电流。如果漏电电流超过了预定值——该值相应于工作模式，那么由用户或操作系统从外部设置，电荷泵就通过把电流排出衬底来增加负的衬底偏置。当漏电流达到预定值时，电荷泵关闭。电路中的 pn 结漏电流和碰撞电离最终将再次使衬底偏置电压上升，这将重新激活反馈环。由于不需要提供连续的大电源电流，这一技术比动态电压调节更容易实现。

遗憾的是，自适应体偏置的效率随着工艺尺寸的进一步缩小而降低。这是由于原本就较低的体效应系数以及由于能带至能带的隧道效应引起结漏电增加而造成的。

11.7.3　降低待机(或休眠)模式中的功耗

闲置模式代表了动态功耗管理空间中的一个极端情况。由于没有发生任何工作切换，所有的功耗都来自漏电——假设合适的时钟和输入的门控选通(gating)在适当的位置上。降低待机期间漏电的一种方法是上一节所介绍的 DTS 技术。一个更为简单的降低功耗的方法是用大尺寸的休眠晶体管在电路处于休眠状态时切断电源轨线。这一直接的方法大大降低了漏电电流，但却增加了设计的复杂性。如图 11.62 所示，这可以通过只在电源线上加一个电源开关来实现，或甚至更好的方法是在电源线和地线上都加上开关。

在正常工作模式时，休眠(SLEEP)信号处于高电平，休眠晶体管的电阻应当尽可能地小。这些休眠晶体管非零的电阻会在电源轨线上引起噪声，这是因为逻辑所汲取的电源电流会发生变化。确定休眠晶体管的尺寸和选择合适的阈值是一个需要全盘考虑的问题。为了使电源电压的波动最小，休眠晶体管的导通电阻应当很低，所以管子就要很宽。然而，增加这些管子的尺寸势

必要付出版图方面的很大代价。当可以用较高阈值的晶体管时，就能较好地抑制漏电。但高阈
值器件甚至要更大才能产生与低阈值器件相同的电阻。降低漏电的原理是 6.4.2 节所介绍的原
理的直接延伸。加入休眠晶体管有效地增加了晶体管的堆叠高度，因此使漏电降低到几十分之
一(对低阈值开关)至上千分之一(对高阈值开关)。

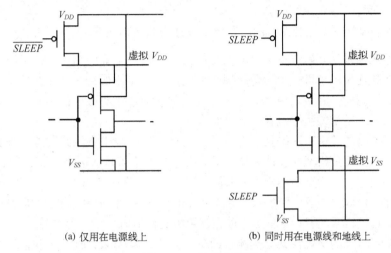

(a) 仅用在电源线上　　　　　　　　(b) 同时用在电源线和地线上

图 11.62　休眠晶体管

　　与简单的时钟选通不同，关断电源会删除功能块内寄存器的状态。在某些应用中，这是可以
接受的，比如当再次唤醒一个功能块后执行的是一个全新的任务时。但是在需要保存原来的状
态时就需要一些附加的努力。一种办法是如第 7 章所讨论的和图 7.18 所示，把所有的寄存器都
连至没有门控的电源轨线 V_{DD} 和 V_{SS} 上。另一种方法是利用操作系统把所有寄存器的状态都保存
到一个非易失性存储器中。

11.8　综述：设计中的综合考虑

　　对加法器和乘法器电路的分析再次清楚地表明数字电路设计实际上就是在面积、速度和功
耗要求之间进行综合考虑。这可以用图 11.63 来说明，图中画出了前面讨论过的某些加法器归一
化的面积和速度与位数之间的关系[1]。总的设计目标和约束条件决定了哪个因素占主导地位。

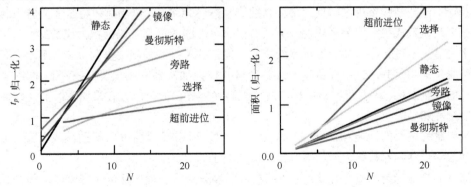

图 11.63　各种加法器结构的面积和传播延时与位数 N 的关系。基于[Vermassen86]的结果

---

① 注意，这些是针对一个具体工艺的具体实现的结果。扩展到其他工艺时应当特别小心。

芯片面积对一个集成电路的成本有很大影响。正如第1章所述,较大的芯片尺寸意味着在一个圆片上只能放上较少的部件。减小(芯片)面积有助于提高一个产品的生命力。最高性能是最新微处理器的卖点,而最低可能的功耗则是手机市场的最大优势。因此了解一个产品的市场需求在决定如何取舍这些因素时至关重要。应当清楚,如速度、功耗和面积等所有的设计约束都会影响一个设计的可行性或者市场的成功与否。

在这里,有必要把本章已介绍过的一些重要设计概念总结如下。

1. 最重要的规则是在开始进行细节的电路优化之前选择正确的结构。精确地优化晶体管的尺寸和拓扑连接以求得一个复杂结构的最优性能未必能得到一个最好的结果。在较高的抽象层次(如在逻辑级或结构级)上进行优化常常会产生更显著的结果。简单的一阶计算有助于对一个结构的优缺点有一个全局的了解。

2. 决定通过电路的关键时序路径并把大部分的优化努力集中在电路的这一部分。除手工分析外还可以用计算机辅助设计工具来帮助决定关键路径并确定晶体管的合适尺寸。注意,可以减小某些非关键路径的尺寸来降低功耗。

3. 电路尺寸不仅取决于晶体管的数目和尺寸,还取决于其他因素,如布线以及通孔与接触孔的数目。这些因素随着尺寸的缩小或在需要极高性能时变得尤为重要。

4. 尽管一个不常见的优化在某些时候有助于得到更好的结果,但要注意它是否会造成不规则和复杂的拓扑连接。规则性和模块化是设计者最好的朋友。

5. 功率和速度可以通过选择电路尺寸、电源电压和晶体管阈值进行互换。

11.9 小结

本章从性能、面积和功耗的角度研究了数据通路运算器的实现。特别注重于开发一阶性能模型,它使我们能在埋头于费时的晶体管级优化之前快速分析和比较不同的逻辑结构。

- 数据通路最好用位片式来实现。将一小片版图重复用于数据字中的每一位。这个规则的步骤减轻了设计工作并能快速完成密集的版图。

- 逐位进位加法器的性能与位数成线性关系。电路的优化集中在减少进位路径的延时。对许多电路结构的研究表明,仔细优化电路拓扑和晶体管的尺寸有助于减少进位位上的电容。

- 其他加法器结构运用逻辑优化来提高性能。进位旁路、进位选择和超前进位加法器的性能分别与位数成平方根关系或对数关系。但这一性能的提高是以面积为代价的。

- 乘法器只不过是一个加法器串联的集合。但它的关键路径则要复杂得多,并且性能优化的路线也大相径庭。进位保留技术依靠逻辑变换把加法器阵列变为具有很好的关键时序路径的规则结构,因此很容易优化。波兹编码和部分积的树形方式累加降低了大型乘法器的复杂性和延时。

- 可控制移位器的性能和面积是由布线决定的。利用规则性可以帮助减少互连线的影响。桶形移位器和对数移位器结构即是这样的例子。

- 通过适当地选择电路、逻辑或总体结构可以显著降低功耗。这可能需要以面积为代价,但面积在亚微米器件时代也许并不那么关键。

- 设计者可以采用范围很广的设计时间和运行时间的优化技术来使功耗最小。在设计时间,功耗和延时的互换除了可以通过晶体管尺寸调整和逻辑优化来实现之外,还可以通过选择电源电压和阈值电压来实现。采用并行结构和流水线技术可以帮助降低电源电压而保持流通量不变。通过避免不必要的损耗(如过度采用多路开关造成的浪费)可以减少等效电容。

- 有些应用在变化的流通量和延时的情况下工作。利用可变电源和可变晶体管阈值可以降低这类系统的活动性或漏电功耗。对便携式电池操作的设备来说使待机能耗最小极为重要。

11.10 进一步探讨

有关算法和计算机元件方面的文献非常多。了解最新进展的重要来源有 *Proceedings of the IEEE Symposium on Computer Arithmetic*, *IEEE Transactions on Computers* 以及 *IEEE Journal of Solid-State Circuits*(对于集成电路实现而言)。这一领域最有影响的论文的优秀汇编可以在一些 IEEE 出版社重印的合订本中找到[Swartzlander90]。这里列出了许多其他参考文献,如[Omondi94]、[Koren98]以及[Oklobdzija01]以供进一步阅读。

参考文献

[Augsburger02] S. Augsburger, "Using Dual-Supply, Dual-Threshold and Transistor Sizing to Reduce Power in Digital Integrated Circuits," M.S. Project Report, University of California, Berkeley, April 2002.

[Bedrij62] O. Bedrij, "Carry Select Adder," *IRE Trans. on Electronic Computers*, vol. EC-11, pp. 340–346, 1962.

[Booth51] A. Booth, "A Signed Binary Multiplication Technique," *Quart. J. Mech. Appl. Math.*, vol. 4., part 2, 1951.

[Brent82] R. Brent and H.T. Kung, "A Regular Layout for Parallel Adders," *IEEE Trans. on Computers,* vol. C-31, no. 3, pp. 260–264, March 1982.

[Burd00] T.D. Burd, T.A. Pering, A.J. Stratakos, R.W. Brodersen, "A Dynamic Voltage Scaled Microprocessor System," *IEEE Journal of Solid-State Circuits*, vol. 35, no. 11, November 2000.

[Chandrakasan92] A. Chandrakasan, S. Sheng, and R. Brodersen, "Low Power CMOS Digital Design," *IEEE Journal of Solid State Circuits,* vol. SC-27, no. 4, pp. 1082–1087, April 1992.

[Chandrakasan98] A. Chandrakasan and R. Brodersen, Ed., *Low-Power CMOS Design*, IEEE Press, 1998.

[Fetzer02] E.S. Fetzer, J.T. Orton, "A Fully-Bypassed 6-Issue Integer Datapath and Register File on an Itanium Microprocessor," 2002 *IEEE International Solid-State Circuits Conference, Digest of Technical Papers*, San Francisco, CA, pp. 420–421, February 2002.

[Gutnik97] V. Gutnik, and A. P. Chandrakasan, "Embedded Power Supply for Low-Power DSP," *IEEE Transactions on Very Large Integration (VLSI) Systems*, vol. 5, no. 4, pp. 425–435, December 1997.

[Hamada01] M. Hamada, Y. Ootaguro, and T. Kuroda, "Utilizing Surplus Timing for Power Reduction," *Proceedings of the IEEE 2001 Custom Integrated Circuits Conference*, San Diego, CA, pp. 89–92, May 2001.

[Kato00] N. Kato *et al.*, "Random Modulation: Multi-Threshold-Voltage Design Methodology in Sub-2-V Power Supply CMOS," *IEICE Transactions on Electronics*, vol. E83-C, no. 11, p. 1747–1754, November 2000.

[Katz94] R.H. Katz, *Contemporary Logic Design*, Benjamin Cummings, 1994.

[Kilburn60] T. Kilburn, D.B.G. Edwards and D. Aspinall, "A Parallel Arithmetic Unit Using a Saturated-Transistor Fast-Carry Circuit," *Proceedings of the IEE*, Pt. B, vol. 107, pp. 573–584, November 1960.

[Kogge73] P.M. Kogge and H.S. Stone, "A Parallel Algorithm for the Efficient Solution of a General Class of Recurrence Equations," *IEEE Transactions on Computers*, vol. C-22, pp. 786–793, August 1973.

[Koren98] I. Koren, *Computer Arithmetic Algorithms*, Brookside Court Publishers, 1998.

[Kuroda96] T. Kuroda and T. Sakurai, "Threshold Voltage Control Schemes Through Substrate Bias for Low-Power High-Speed CMOS LSI Design," *Journal on VLSI Signal Processing,* vol. 13, no. 2/3, pp. 191–201, 1996.

[Kuroda01] T. Kuroda, and T. Sakurai, "Low-Voltage Technologies," in *Design of High-Performance Microprocessor Circuits*, Chandrakasan, Bowhil, Fox (eds.), IEEE Press, 2001.

[Lehman62] M. Lehman and N. Burla, "Skip Techniques for High-Speed Carry Propagation in Binary Arithmetic Units," *IRE Transactions on Electronic Computers*, vol. EC-10, pp. 691–698, December 1962.

[Ma94] S. Ma, P. Franzon, "Energy Control and Accurate Delay Estimation in the Design of CMOS Buffers," *IEEE Journal of Solid-State Circuits*, vol. 29, no. 9, pp. 1150–1153, September 1994.

[MacSorley61] O. MacSorley, "High Speed Arithmetic in Binary Computers," *IRE Proceedings*, vol. 49, pp. 67–91, 1961.

[Mathew01] S. K. Mathew *et al.*, "Sub-500-ps 64-b ALUs in 0.18-μm SOI/Bulk CMOS: Design and Scaling Trends," *IEEE Journal of Solid-State Circuits*, vol. 36, no. 11, pp. 1636–1646, November 2001.

[Ohkubo95] N. Ohkubo *et al.*, "A 4.4 ns CMOS 54*54-b Multiplier Using Pass-Transistor Multiplexer," *IEEE Journal of Solid-State Circuits*, vol. 30, no. 3, pp. 251–257, March 1995.

[Oklobdzija01] V. G. Oklobdzija, "High-Speed VLSI Arithmetic Units: Adders and Multipliers," in *Design of High-Performance Microprocessor Circuits*, Chandrakasan, Bowhil, Fox (eds.), IEEE Press, 2001.

[Omondi94] A. Omondi, *Computer Arithmetic Systems*, Prentice Hall, 1994.

[Pering00] T. A. Pering, *Energy-Efficient Operating System Techniques*, Ph.D. Dissertation, University of California, Berkeley, 2000.

[Rabaey96] J. Rabaey, and M. Pedram, Ed., "Low-Power Design Methodologies," Kluwer Academic Publishers, 1996.

[Stojanovic02] V. Stojanovic, D. Markovic, B. Nikolic, M. A. Horowitz, and R. W. Brodersen, "Energy-Delay Tradeoffs in Combinational Logic using Gate Sizing and Supply Voltage Optimization," *European Solid-State Circuits Conference, ESSCIRC'2002*, Florence, Italy, September 24–26, 2002.

[Suzuoki99] M. Suzuoki *et al.*, "A Microprocessor with a 128-bit CPU, Ten Floating-Point MAC's, Four Floating-Point Dividers, and an MPEG-2 Decoder," *IEEE Journal of Solid-State Circuits*, vol. 34, no. 11, pp. 1608–1618, November 1999.

[Swartzlander90] E. Swartzlander, ed., *Computer Arithmetic—Part I and II*, IEEE Computer Society Press, 1990.

[Usami95] K. Usami, and M. Horowitz, "Clustered Voltage Scaling Technique for Low-Power Design," *Proceedings, 1995 International Symposium on Low Power Design*, Dana Point, CA, pp. 3–8, April 1995.

[Vermassen86] H. Vermassen, "Mathematical Models for the Complexity of VLSI," (in dutch), Master's Thesis, Katholieke Universiteit, Leuven, Belgium, 1986.

[Wallace64] C. Wallace, "A Suggestion for a Fast Multiplier," *IEEE Trans. on Electronic Computers*, EC-13, pp. 14–17, 1964.

[Weinberger56] A. Weinberger and J. L. Smith, "A One-Microsecond Adder Using One-Megacycle Circuitry," *IRE Transactions on Electronic Computers*, vol. 5, pp. 65–73, 1956.

[Wei99] L. Wei, Z. Chen, K. Roy, M.C. Johnson, Y. Ye, and V. K. De, "Design and Optimization of Dual-Threshold Circuits for Low-Power Applications," *IEEE Transactions on Very Large Scale Integration (VLSI) Systems*, vol. 7, no. 1, pp. 16–24, March 1999.

[Weinberger81] A. Weinberger, "A 4:2 Carry-Save Adder Module," *IBM Technical Disclosure Bulletin*, vol. 23, January 1981.

[Weste85&93] N. Weste and K. Eshragian, *Principles of CMOS VLSI Design: A Systems Perspective*, 2d ed., Addison-Wesley, 1985 and 1993.

习题

关于思考题、有关运算模块的设计难题和设计项目，可登录 http://icbook.eecs.berkeley.edu/。

第 12 章　存储器和阵列结构设计

- 存储器的分类和结构
- 只读、非易失性及读写存储器的数据储存单元
- 外围电路——灵敏放大器、译码器、驱动器和时序产生器
- 存储器设计中的功耗和可靠性问题

12.1　引言

许多现代数字设计中硅片面积的大部分用于存储数据值和程序指令。在今天高性能的微处理器中一半以上的晶体管用于高速缓存（cache），并且预期这一比例还会进一步提高。这一情形在系统级甚至更为突出。高性能的工作站和计算机含有几吉字节（Gbyte）的半导体存储器，这一数字还在继续上升。随着半导体音频（MP3）和视频（MPEG4）播放器的出现，对非易失性存储器的需求突飞猛涨。显然，密集的数据存储电路是数字电路或系统设计者的主要考虑之一。半导体存储器的总市场份额在 2003 年将超过 450 亿美元，这相当于 1998 年的两倍。

在第 7 章中介绍了基于正反馈或电容存储的存放布尔值的方法。虽然半导体存储器建立在同一概念上，但简单地采用寄存器单元作为大容量存储手段会要求过多的面积。为此将存储单元组织成大的阵列，这可以使外围电路的开销最小并增加存储密度。这些阵列结构的大尺寸和复杂性造成了各种各样的设计问题，其中一些将在本章中讨论。

我们首先介绍基本的存储器结构以及它们主要的构建块。接着，将分析不同的存储单元以及它们的性质。单元结构和拓扑连接主要受制于现有的工艺，而不太受数字设计者的控制。另一方面，外围电路对于存储单元的稳定性、性能和功耗有着巨大的影响。因而，仔细分析外围电路设计的选择和考虑是恰当的。可靠性和功耗是半导体存储器设计者关心的另外两大问题，将在后面几小节中单独讨论。

第 12 章的意义在于它应用了前几章中介绍过的大量电路技术。从某种意义上讲，可以把存储器设计看成一个高性能、高密度和低功耗电路的设计实例。这一点在学习完本章末的两个实例分析后就变得非常清楚了。

12.1.1　存储器分类

电子存储器有许多不同的形式和类型。适合于某一具体应用的存储器单元的类型与所要求的存储容量、存取数据需要的时间、存取方式、具体应用以及系统要求密切相关。

容量　在不同的抽象层次上可以用不同的方式来表示一个存储单元的容量。电路设计者往往用位（bit）来说明存储器的容量，位数相当于存储数据所需的单元（触发器或寄存器）数。芯片设计者用字节（8 或 9 位一组）或它的倍数——千字节（Kbyte）、兆字节（Mbyte）、吉字节（Gbyte）及太字节（Tbyte）来表示存储容量。而系统设计者则喜欢用字（word）来说明存储要求。字代表一个基本的运算实体，例如，在对 32 位数据进行操作的计算机中，32 位一组代表一个字。

时序参数　图 12.1 显示了一个存储器的时序特性。从存储器中取（读）出数据所需的时间称为读出时间（read-access time），它等于从提出读请求到数据在输出端上有效之间的延时。这一

时间与写入时间不同, 写入时间是指从提出写请求到最终把输入数据写入存储器之间所经过的时间。最后, 还有一个重要参数是存储器的(读或写)周期时间, 它是在前后两次读或写操作之间所要求的最小时间间隔。这一时间通常大于存取时间, 其原因到本章后面就会明白。读周期和写周期并不一定要一样长, 但为了简化系统设计可以认为它们的长度相等。

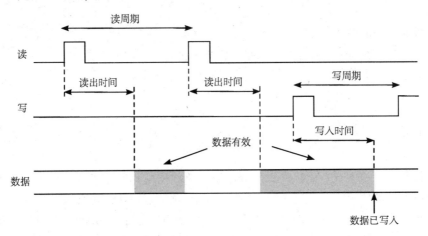

图 12.1　存储器时序定义

功能　半导体存储器最常使用的分类方法是按照存储器的功能、存取方式以及存储机理的本质来分类。例如可以区分为只读(ROM)和读写(RWM)存储器。RWM 结构的优点是同时提供读和写功能且存取时间相当, 是最具灵活性的存储器。数据或者存放在触发器上或者作为电容上的电荷。与在讨论时序电路时所介绍的分类方法一样, 这些存储单元分别称为静态和动态单元。前者只要保持电源电压就一直会保持它们的数据, 而后者则需要周期性地刷新以补偿因漏电引起的电荷损失。由于 RWM 存储器利用有源电路来存放信息, 所以它们属于所谓的易失性存储器, 当电源电压关断时, 在这类存储器中的数据就会丢失。

另一方面, 只读存储器把信息编码成电路的拓扑结构——例如, 通过添加或移去晶体管。由于这一拓扑结构是硬布线连接的, 数据不能修改, 它只能被读出。此外, ROM 结构属于非易失性存储器, 切断电源电压不会造成所存储数据的丢失。

近年来进入这一领域的存储模块也属于非易失性存储一类, 但它们同时提供读和写的功能。一般来说, 其写操作所需要的时间比读操作要长得多。我们称它们为非易失性读写(NVRWM)存储器。这一类存储器有 EPROM(可擦除可编程只读存储器), E^2PROM(电擦除可编程只读存储器), 以及闪存。在过去十年中新的廉价和高密度非易失性存储技术的出现使这一存储方式成为存储器领域中发展最快的一支。

存取方式　存储器的第二种分类方法是根据存取数据的顺序。大多数存储器属于随机存取这一类, 即以随机顺序来读写存储单元位置。人们也许会以为这一类存储器应称为RAM(random-access memory)模块(随机存取存储器)。但由于历史的原因, 这一名字已留给了随机存取 RWM 存储器, 这也许是因为缩写 RAM 比 RWM 更容易发音的缘故。注意, 大多数 ROM或 NVRWM 单元也是随机存取, 但不要用缩写 RAM 来表示它们。

有些存储器类型限定存取顺序, 这使它们的存取时间更快、面积更小或者具有特殊功能。例如串联存储器: FIFO(first-in first-out, 先进先出), LIFO(last-in first-out, 后进先出, 常用做堆栈)以及移位寄存器。视频存储器是这类存储器中的一个重要成员。在视频图像处理时, 数据被串行地获取和输出, 所以不需要随机存取。按内容寻址存储器(contents-addressable memory, CAM)

代表了非随机存取存储器的另一种重要类型。一个 CAM(也称为关联存储器)不是用一个地址来寻找数据,而是以查询形式用数据字本身作为输入。当输入数据与存放在存储器阵列中的数据字匹配时,就使 MATCH 标志位上升。如果存储器中没有存放与输入字相匹配的数据,那么 MATCH 信号就保持在低电平。关联存储器是许多微处理器高速缓存体系结构的重要组成部分。

图 12.2 概括了上面介绍的存储器类型。所提及的每一种存储器结构的实现将在后续各节中讨论。它将显示存储器的性质不仅影响基本存储单元的选择而且还影响外围单元的组成。

RWM		NVRWM	ROM
随机存取	非随机存取	EPROM E²PROM FLASH	掩模编程 可编程(PROM)
SRAM DRAM	FIFO LIFO 移位寄存器 CAM		

图 12.2 半导体存储器分类

输入/输出结构 半导体存储器的最后一种分类法是根据数据输入和输出端口的数目划分的。虽然大多数存储器单元只有一个端口,为输入和输出所共享,但具有较高带宽要求的存储器常常具有多个输入和输出端口——因而称为多端口存储器。后者的例子如用于 RISC(精简指令集计算机)微处理器中的寄存器堆。但增加更多的端口往往会增加存储单元设计的复杂性。

应用 在上个世纪结束之前,大多数大容量存储器都是作为单独应用的 IC 来封装的。随着片上系统和把多种功能集成在单个芯片上的技术的出现,现在已有容量越来越大的存储器与逻辑功能集成在同一芯片上。这种类型的存储器称为嵌入式存储器。这些不同的功能放在一起将对存储器的设计产生重大影响——不仅影响到存储器的总体结构,而且也影响到实现它的工艺和电路技术。

当需要大容量存储时(几吉字节或更多),半导体存储器往往会变得成本太高。这时应当采用性价比更好的技术,如磁盘或光盘。虽然它们能以每位较低的成本提供极大的存储容量,但它们往往较慢或只能提供有限的存取方式。例如,磁带一般只允许串行存取。由于上述原因,这些存储器并不直接与计算处理器通信,而是通过一些较快的半导体存储器作为接口。它们称为二级或三级存储器,有关这方面的内容已超出了本书的范围。

12.1.2 存储器总体结构和单元模块

当实现一个 N 个字、且每字为 M 位的存储器时[①],最直接的方法是沿纵向把连续的存储字堆叠起来,如图 12.3(a)所示。如果我们假设这一模块是一个单口存储器,那么通过一个选择位(从 S_0 至 S_{N-1})每次选择一个字来读或写。换言之,在任何时候只有其中一个信号 S_i 可以为高电平。为简化起见,让我们暂时假设每个存储单元都是一个 D 触发器并用选择信号来激励(时钟控制)这个单元。这一方法虽然比较简单并在很小的存储器中能工作得很好,但当试图把它用在较大的存储器中时则会遇到许多问题。

---

① 一个字的长度在 1 至 128 位之间。在存储器产品芯片中,字长一般为 1,4 或 8 位。

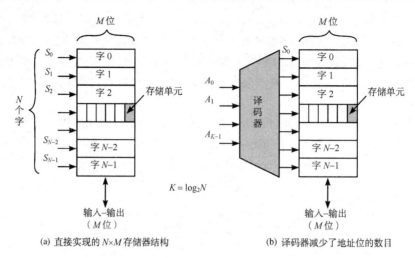

图 12.3　N 个字存储器的总体结构(其中每个字为 M 位)

　　假设我们想要实现一个含 100 万个($N = 10^6$)8 位($M = 8$)字的存储器。应当注意 100 万是实际储存容量的简化说法，因为存储器的容量总是 2 的几次方。在这一具体例子中，实际的字数等于 $2^{20} = 1024 \times 1024 = 1\,048\,576$。为使用方便，在实际中常常把这一存储器表示为 1 M 字单位。

　　当采用图 12.3(a)的策略来实现这一结构时，我们很快发现需要 100 万个选择信号——每个字需要一个。由于这些信号通常由片外或由芯片的另一部分来提供，这意味着存在难以克服的布线或封装问题。插入一个译码器可以减少选择信号的数目，如图 12.3(b)所示。通过提供一个二进制编码的地址字(A_0 至 A_{K-1})来选择一个存储字。译码器把这一地址转换成 $N = 2^k$ 条选择线，其中每次只有一条起作用。这一方法把例子中外部地址线的数目从 100 万减少到 20($\log_2 2^{20}$)，从而事实上消除了布线和封装问题。一般将译码器的尺寸设计成与存储单元的尺寸以及这二者之间的连线相匹配，具体来说即图 12.3(b)中的 S 信号不需要占用任何额外的面积。这一方法的价值可以通过把图 12.3(b)看成一个存储器模块的实际平面布置来体会。通过使译码器和存储器核之间的节距相匹配，S 线可以非常短，并且不需要任何大的布线通道。

　　虽然这解决了选择问题，但并没有说明存储器的宽长比。对这个象征性例子中存储阵列尺寸的估计表明，假若基本存储单元的形状几乎总是近似于方形，那么它的高度约比它的宽度大128 000 倍($2^{20}/2^3$)。显然，这样的设计是无法实现的。除了这一不合寻常的形状问题以外，这样的设计在运行时也极慢。因为把存储单元连接到输入/输出的垂直线会变得过长。记住，一条互连线的延时至少会随它的长度线性地增加。

　　为了解决这个问题，存储阵列被组织成垂直尺寸和水平尺寸处在同一数量级上，于是宽长比接近于 1。多个字被存放在同一行中并被同时选择。为了把所需要的字送到输入/输出端口，需要再加上一个称为列译码器的额外电路，其原理如图 12.4 所示。地址字被分成列地址(A_0 至 A_{K-1})和行地址(A_K 至 A_{L-1})。行地址可读写一行的存储单元，而列地址则从所选出的行中找出一个所需要的字。

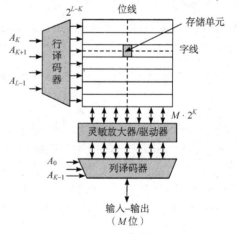

图 12.4　阵列结构的存储器组织

例 12.1　存储器结构

　　另一种方法是把上例中的存储器内核组织成一个 4000×2000（更精确地应为 4096×2048）单元的阵列，它的宽长比接近于一个正方形。其中每一行存放 256 个 8 位的字，因此行地址有 12 位，而列地址为 8 位。可以验证总地址空间仍等于 20 位。

　　图 12.4 介绍了一些常用术语。图中水平选择线可以选择一行单元，称为字线（word line），而把一列单元连至输入/输出电路的导线则称为位线（bit line）。

　　大容量存储模块的面积主要是由存储器内核的尺寸来决定的。因此，使基本存储单元的尺寸尽可能地小非常关键。我们可以用一个第 7 章介绍的寄存器单元来实现一个 R/W 存储器。但这样一个单元中每位所要求的晶体管数很容易就会超过 10 个，把它用在大容量存储器中会使所要求的面积过大，因此半导体存储单元通过牺牲数字电路所希望的某些特性，如噪声容限、逻辑摆幅、输入/输出隔离、扇出或速度来减少单元面积。虽然限定在存储器内核范围内的噪声电平可以得到严格的控制，因而在这一范围内降低其中的某些特性是允许的，但当与外界或外围电路接口时这却是不能接受的。为此必须依靠外围电路来恢复所希望具有的数字信号特性。

　　例如，常常把位线上的电压摆幅降低至明显低于电源电压。这可以同时降低传播延时和功耗。由于在存储器阵列内部可以仔细地控制串扰和其他干扰，这就保证了即使对于这些小的信号摆幅也能得到足够的噪声容限。反之，与外部接口时则要求把内部摆幅放大到电源至地的全幅度。这是由图 12.4 所示的灵敏放大器（sense amplifier）来完成的。这些外围电路的设计将在12.3 节中讨论。放宽对许多数字电路特性的要求使得设计者有可能把单个存储单元的晶体管数目减少到在 1 至 6 个晶体管之间！

　　图 12.4 的结构很适合于 64 Kb 到 256 Kb 范围的存储器。更大的存储器由于字线和位线的长度、电容和电阻变得过大而开始出现严重的速度下降问题。因此较大的存储器在地址空间上再进一步增加一个层次，如图 12.5 所示。

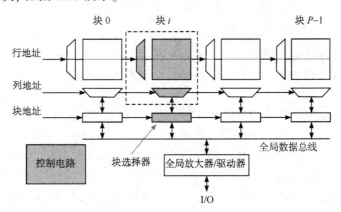

图 12.5　层次化的存储结构。块选择器使每次只有一个存储块工作

　　把存储器分割成 P 个小块，每一小块的组成与图 12.4 中的相同。字的选择是基于送入所有各块的行地址和列地址。此外还有另一个地址字称为块地址（block address），它负责在 P 个块中选出需要读写的一块。这个方法具有如下双重优点。

1. 可以使本地字线和位线的长度（即各块内部的线长）保持在一定的界限内，这使存取速度较快。
2. 块地址只用来激活被寻址的块。未被寻址的块置于省电模式，它们的灵敏放大器和行与列译码器都不工作。这可以如所希望的那样节省许多功耗，因为功耗是非常大容量的存储器中的一个主要考虑因素。

例12.2　层次化的存储结构

作为一个例子，可以把一个 4 Mb 的 SRAM 设计成由 32 块组成的结构[Hirose90]，每一块含有 128 Kb(见图 12.6)，由 1024 行和 128 列的阵列构成。行地址(X)、列地址(Y)和块地址(Z)分别为 10，7 和 5 位宽。

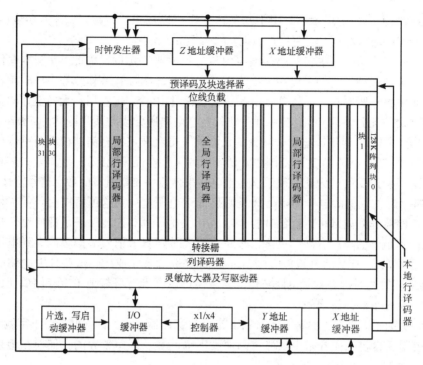

图 12.6　4 M 位存储器的方框图[Hirose90]

所提出的这一结构可以有多种不同的形式。它们之间的差别包括灵敏放大器的位置、字线和位线的分割以及所采用的译码器类型。但基本概念是相同的，即把一个大容量存储器分割成较小的子部分有利于解决由于连线过长引起的延时问题。由此带来的性能和功耗方面的获益很容易超过因分割造成的额外开销。

串行和按内容寻址存储器的性质自然决定了这类存储器在结构和组成上的不同。图 12.7 是一个 512 字的 CAM 存储器，它支持三种工作模式：读、写和匹配。CAM 阵列中读写模式的存取和控制数据的方式与一般存储器一样。匹配模式是相联存储器所特有的。匹配数据字送入比较字(comparand)模块，屏蔽(mask)字指明其中哪些位要进行比较。例如，为了在 CAM 阵列中找出所有在最高几位有效位中样式为 0 × 123 的字，我们把样式为 0 × 12300000 的字送入比较字模块，并用 0 × FFF00000 屏蔽。于是 CAM 阵列中所有 512 行同时将比较字的这 12 个最高有效位与本行中所包含的数据比较。与这一样式符合的各行被传送到匹配有效模块。由于我们并不关心那些包含不匹配数据的行(这常发生在阵列不满的时候)，因此只有匹配的行才被送至优先权编码器。如果有两个或更多的行与这一样式符合，则可用 CAM 阵列中的行地址来打破这一平局。这时，优先权编码器考虑所有 CAM 阵列中的 512 条匹配线，选出地址最高的一个并进行二进制编码[1]。由于在 CAM 阵列中有 512 行，所以需要有 9 位来指明相匹配的最高行。因为也有可能没有一行能与比较字样式相匹配，所以又增加了一个"发现匹配"位。

---

① 最高地址常常对应于最后进入高速缓存的字，这也是最希望有的匹配。

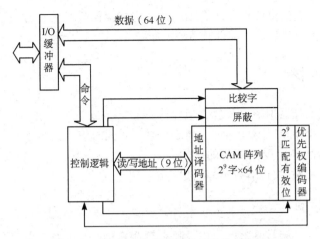

图 12.7 512 字按内容寻址存储器的总体结构

最后，存储器设计常常被忽略的部分是输入/输出接口和控制电路。I/O 接口的性质对存储器的总体控制和时序具有极大的影响。这一点只要把典型 DRAM 和 SRAM 部件的输入输出行为与相关的时序结构相比较就可以清楚地看出。

很久以来，DRAM 设计者就已选择采用多路分时寻址技术。在这一模型中，地址字下半部分和上半部分依次出现在同一个地址总线上。这一方法减少了封装引线的数目并且在以后各代存储器中一直沿用。DRAM 一般都以较高的批量生产。降低引线数目可以降低成本和体积，但要以性能为代价。可以通过升高几个读取选通脉冲来确认是否有新的地址字存在，如图 12.8(a) 所示。升高 RAS(行读取选通脉冲)信号表示地址的最高有效位(msb)部分已出现在地址总线上，因此可以开始字(地址)译码过程。随后放上地址的最低有效位(lsb)部分，并使 CAS(列读取选通脉冲)信号有效。为了保证存储器正确工作，应当仔细安排 RAS-CAS 期间的时序。事实上，RAS 和 CAS 信号的作用相当于存储器模块的时钟输入，它们用来同步存储器的工作，如译码、存储器核存取和灵敏放大等。

另一方面，SRAM 设计者选择了一种自定时方式，如图 12.8(b) 所示。整个地址字一次出现，并提供电路自动检测该地址总线上的任何变化。不需要任何外部的时序信号，所有内部的时序操作(如启动译码器和灵敏放大器等)都来自内部产生的翻转信号。这一方法的优点是 SRAM 的周期时间接近或等于它的存取时间，这一点与 DRAM 的情形完全不同。采用 DRAM 存储数据的计算系统整体性能的提高要求 DRAM 的速度也以相同的步伐提高。已经有了几种新的方法可以改进 DRAM 读操作的性能，例如同步 DRAM(SDRAM)和 Rambus DRAM(RDRAM)。这些新结构的主要新颖之处并不在存储器内核，而是在于它们如何与外部通信。这些将在本章后面讨论。

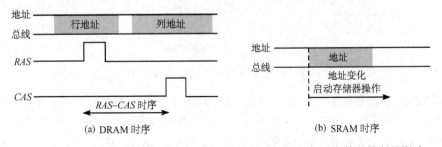

图 12.8 DRAM 和 SRAM 存储器的输入/输出接口以及它们对存储器控制的影响

设计控制和时序电路使存储器能在一个很广范围的制造误差和温度下工作是一个必须满足

的任务,它要求进行广泛的模拟和设计优化。这是构成存储器整体设计过程但又常被忽略的一部分,它对于存储器的可靠性和性能都有重要的影响。

12.2 存储器内核

这一节集中讨论存储器内核以及各类半导体存储器组成单元的设计。虽然在设计大容量存储器时最迫切的问题是使单元尺寸尽可能地小,但与此同时应当注意保证其他重要的设计质量指标(如速度和可靠性)不会受到致命的影响。我们依次讨论只读、非易失和读写存储器内核。本节最后将简短讨论相联(按内容寻址)存储单元。

12.2.1 只读存储器

只能读不能更改的存储器概念虽然初看起来有些古怪,但再看一下就会发现它具有很大的应用潜力。用途固定的处理器(如洗衣机、计算器和游戏机)程序一旦开发并调试后,只需读取就可以了。在制造期间固定存储器的内容可以使它面积较小而实现较快。

ROM 单元概述

ROM 单元的内容是永久固定的这一事实大大简化了它的设计。应将单元设计成当它的字线有效时就有 0 或 1 出现在它的位线上。图 12.9 显示了实现这一点的几种方式。

首先考虑最简单的单元,如图 12.9(a)所示,这是一个基于二极管的 ROM 单元。假设位线 BL 电阻性地接地,即 BL 通过一个接地电阻被下拉,没有任何其他的激励或输入。这确实就是 0 单元中发生的情况。由于字线 WL 和位线 BL 之间不存在任何实际的连接,所以 BL 的值为低电平而与 WL 的值无关。反之,当把一个高电压 V_{WL} 加在 1 单元的字线上时二极管导通,字线被上拉至 $V_{WL} - V_{D(on)}$,结果在位线上形成了一个 1。总之,在 WL 和 BL 之间是否存在一个二极管区分了 ROM 单元中存放的是 1 还是 0。

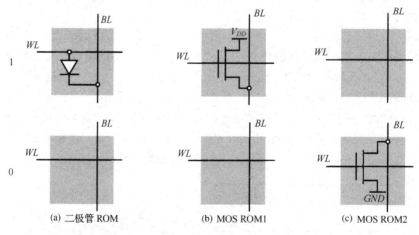

图 12.9 ROM 的 1 和 0 单元的不同实现方式

二极管单元的缺点是位线与字线不隔离。所有需要用来充电位线电容的电流必须通过字线和它的驱动器来提供,这些电流在大容量存储器中可能会很高,因此这一方法只适用于小存储器。一个较好的办法是在单元中运用一个有源器件,如图 12.9(b)所示。这里二极管被一个 NMOS 管的栅-源连接所代替,管子的漏与电源电压相连。它的工作与二极管单元相同,只有一个主要差别:它的所有输出驱动电流都是由单元中的 MOS 管提供的。字线驱动器只负责充电和放电字线电容。

改善隔离的代价是单元比较复杂和面积较大。后者主要是由额外的电源接触孔造成的。这一接触必须提供给每一个单元,所以电源线必须分布到整个阵列上。图 12.10 是一个 4×4 阵列的例子。注意图中如何使电源线在相邻单元之间共享而减少了它们的用量。这要求奇数单元相对水平轴成镜像,这一方法广泛用于所有类型的存储器内核中。

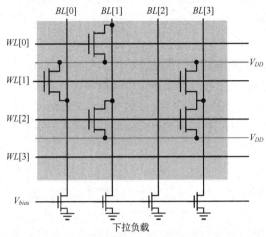

图 12.10　一个 4×4 OR ROM 单元阵列

思考题 12.1　ROM 阵列
　　确定图 12.10 的 ROM 中存放在地址 0, 1, 2 和 3 处的数据值。

图 12.9(c)是采用 MOS 单元的另一种实现方法。这一单元的工作要求把位线通过电阻接到电源电压上,或者说输出的默认值必须等于 1。因此,在 WL 和 BL 之间没有晶体管意味着存放 1。0 单元通过在位线和地之间连接一个 MOS 器件来实现。在字线上加一个高电压使该器件导通,从而把位线下拉至 GND。图 12.11 是一个 4×4 MOS ROM 阵列的例子。一个 PMOS 负载用来在连接的 NMOS 器件没有一个导通时上拉位线。

思考题 12.2　MOS NOR ROM 存储器阵列
　　确定图 12.11 的 ROM 中存放在地址 0, 1, 2 和 3 处的数据值。

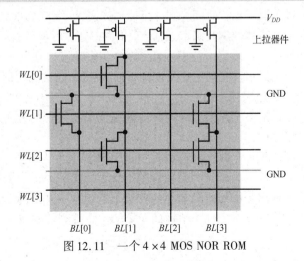

图 12.11　一个 4×4 MOS NOR ROM

ROM 存储器编程

注意,在上面的例子中,位线、PMOS 上拉管和 NMOS 下拉管的组合其实就是一个**用字线作为输入的伪 NMOS NOR 门**。一个 $N \times M$ 的 ROM 存储器可以看成 M 个 NOR 门的组合,每一个门最多有 N 个输入(当一列的所有位置都有 NMOS 管时)。因而它称为 NOR ROM[①]。在正常工作情况下,只有一条字线变高,因此最多只有一个下拉器件导通。这就提出了一些值得注意的有关存储单元和上拉晶体管尺寸的问题:

- 为了使单元尺寸和位线电容较小,下拉器件应当尽可能靠近以使尺寸最小。
- 另一方面,上拉器件的电阻必须大于下拉电阻以保证有合适的低电平。在第 6 章中,我们推导过伪 NMOS 门的比例因子至少为 4。这一较大的电阻对于位线电平由低至高的翻转有不利的影响。位线电容包括所有与之相连的器件的电容,因此容量较大的存储器的位线电容可以达到皮法的水平。

这就是存储器设计与逻辑设计的不同之处。为提高密度和性能,可以放宽对数字门质量标准的某些要求。在 NOR ROM 中,我们可以用噪声容限来换取性能,即允许位线的 V_{OL} 处在一个较高的电平上(例如对于一个 2.5 V 的电源,处在 1 ~ 1.5 V 之间)。这样就可以加宽上拉器件以改善低至高电平的翻转。降低噪声容限在存储器内核中是可以接受的,因为在核内可以仔细地控制噪声情况和信号干扰。但当信号到达外部时就需要恢复到全电压摆幅。这是通过外围器件来完成的,在这里是灵敏放大器。例如,把位线电平输入一个开关阈值经过适当调整的互补 CMOS 反相器就可以恢复全摆幅信号。

图 12.12 为图 12.11 中 4 × 4 NOR ROM 阵列的两种可能的版图。这一阵列是通过水平方向和垂直方向上重复相同的单元构成的,其中奇数单元相对水平轴成镜像以便共享 GND 线。这两个版图的区别在于它们编程的方式。在图 12.12(a)的结构中,存储器是通过按需要有选择地增加晶体管来写入的(用户化)。这只需要借助扩散层(制造工艺中的 ACTIVE 掩模)来完成。在第二种方法中,如图 12.12(b)所示,存储器通过有选择地加入金属至扩散层的接触孔来编程。连至位线的金属接触存在时就建立起一个"0"单元,不存在时则表明为一个"1"单元。注意,在这种情况下只用一个掩模层(即 CONTACT)对存储器进行编程。

比较基于同一设计规则的 ACTIVE 和 CONTACT 这两种实现方法可以看到,前者节省约 15% 的面积。另一方面,CONTACT 编程方式的优点是接触层是制造过程中比较靠后的步骤。这就推迟了在工艺周期中存储器的实际编程时间。圆片可以预先完成直到 CONTACT 掩模前的工艺制造过程并存放起来。一旦一个具体的编程确定下来,余下的制造过程就可以很快完成,从而缩短了定货和交货之间的等待时间。在多层工艺中,编程越来越多地安排在其中一个 VIA 掩模中来实现。最终采取哪一种编程方法取决于最主要的设计指标——尺寸/性能还是交货时间。

注意,在布线 GND 信号时采用了扩散区。一般来说,这是绝对不行的,然而在存储器中为了增加密度它仍然是经常采用的办法。采用一条具有规则间隔搭接带的金属旁路可保持地线上的电压降在一个严格的范围之内。

应当注意到,晶体管只占据了整个单元尺寸的很小比例,大约为 $70\lambda^2$。因此实际上可以使晶体管的尺寸超过最小尺寸而不影响单元的面积。图 12.12 的例子中选择了一个宽长比为 4/2 的晶体管。单元的大部分面积用于位线接触和接地连接。避免这一开销的一种方式是采用不同的存储器结构。图 12.13 是一个基于 NAND 结构的 4 × 4 ROM 阵列。构成一列的所有晶体管都串

[①] 同样,图 12.10 的存储器结构实现 OR 功能,因而称之为 OR ROM。

联。NAND 门的一个基本特性是在下拉链中的所有晶体管都必须全部导通才能产生一个低电平值。字线必须以负逻辑模式工作以实现这一存储功能。除了被选中行的字线置 0 以外，所有的字线在默认时是高电平，因此未被选中行的晶体管都导通。现在假设在我们感兴趣的行与列之间的交叉处不存在任何晶体管。由于串联链上的所有其他晶体管均被选上，所以输出被下拉，因此该处存储的值等于 0。反之，如果交叉处存在一个晶体管，当相关的字线被置于低电平时这个晶体管不导通，这会导致输出高电平，相当于读取 1。

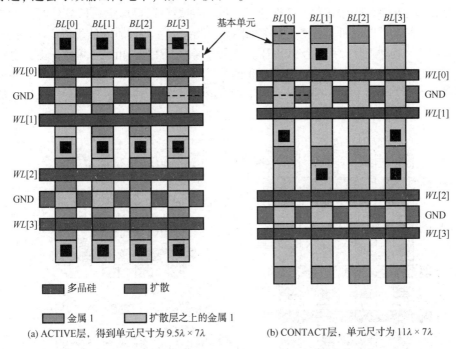

(a) ACTIVE层，得到单元尺寸为 $9.5\lambda \times 7\lambda$　　　　(b) CONTACT层，单元尺寸为 $11\lambda \times 7\lambda$

图 12.12　一个 4×4 MOS NOR ROM 的可能版图。位线用 Metal1 实现并在单元扩散层之上布线。GND线在扩散层水平分布)

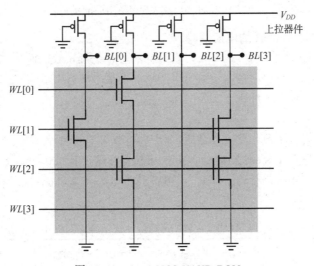

图 12.13　4×4 MOS NAND ROM

思考题 12.3 MOS NAND ROM

确定图 12.13 的 ROM 中地址 0, 1, 2 和 3 处存放的数据值。

NAND 结构的主要优点是它的基本单元只由一个晶体管构成(或缺少一个晶体管),并且不需要连接任何电源电压。这就大大缩小了单元尺寸,如图 12.14 的版图所示。这里同样可以采用不同的编程方法。第一种采用 Metal1 金属层来有选择地短路晶体管,如图 12.14(a)所示。它使单元的尺寸比最小的 NOR ROM 单元还要小约 15%。如果可以再增加一道额外的注入工序来编程存储器,那么甚至可以使面积有更为显著的降低。当注入 n 型杂质降低阈值使器件成为一个耗尽型晶体管时,不管加上什么样的字线电压它总是导通的,因此它相当于短路。由此得到的单元面积为 $30\lambda^2$,它不到等效 NOR ROM 单元面积的 1/2。然而这要付出代价。下一节将说明 NAND 结构会使性能有相当大的损失,因而只适用于小容量存储阵列。同时,额外的注入步骤意味着增加工艺步骤,一般不被设计者所采用。

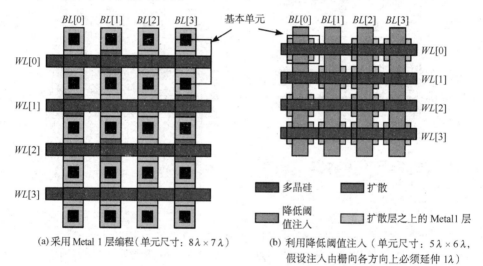

(a)采用 Metal 1 层编程(单元尺寸:$8\lambda \times 7\lambda$)　(b)利用降低阈值注入(单元尺寸:$5\lambda \times 6\lambda$,假设注入由栅向各方向上必须延伸 1λ)

图 12.14　4×4 MOS NAND ROM

例 12.3　NOR 和 NAND ROM 的电压摆幅

假设图 12.12 和图 12.14 中的版图采用我们标准的 0.25 μm CMOS 工艺实现,确定 PMOS 上拉器件的尺寸使最坏情况下 V_{OL} 值不会高于 1.5 V(电源电压为 2.5 V)。这相当于字线摆幅为 1 V。确定 8×8 和 512×512 阵列的值。

1. NOR ROM

因为每次最多只有一个晶体管可以导通,所以 V_{OL} 值与阵列尺寸无关,也与阵列的编程无关。通过分析一个下拉器件尺寸为(4/2)的伪 NMOS 反相器可以计算出输出低电平。该电路在第 6 章讨论不同工作区域时曾详细分析过。注意,PMOS 和 NMOS 在上面提到的偏置条件下速度达到饱和,由此可以确定:

$$\frac{(W/L)_p}{(W/L)_n} = \frac{k'_n[(V_{DD}-V_{Tn})V_{DSATn} - V_{DSATn}^2/2](1+\lambda_n V_{OL})}{-k'_p[(-V_{DD}-V_{Tp})V_{DSATp} - V_{DSATp}^2/2](1+\lambda_p(V_{OL}-V_{DD}))}$$

对 $V_{DD} = 2.5$ V 和 $V_{OL} = 1.5$ V 求解,得到 PMOS/NMOS 的尺寸比为 2.62,即所要求的 PMOS 器件的尺寸 $(W/L)_p = 5.24$。

2. NAND ROM

由于是串联链，V_{OL} 值与存储器尺寸(行数)及编程都有关。最坏情况发生在一列中的所有位都置为 1 时，这意味着在下拉网络中有 N 个晶体管串联。为简单起见，假设这 N 个晶体管可以用一个 N 倍长的器件来代替，对于(8×8)和(512×512)的情形可以推导出$(W/L)_p$的值。注意图 12.14(b)中的设计采用了$(3/2)$的最小尺寸器件，于是：

$$对于(8 \times 8) 阵列：(W/L)_p = 0.49$$
$$对于(512 \times 512) 阵列：(W/L)_p = 0.0077$$

虽然在第一种情况下得到的 PMOS 器件尚可接受，但第二种情况则要求极长的上拉晶体管，这是无法接受的。由于这一点，NAND ROM 很少用于 8 行或 16 行以上的阵列中。

ROM 的瞬态性能

一个存储阵列的瞬态响应定义为从一条字线开始切换至位线经过一定电压摆幅 ΔV 所需要的时间。由于位线电压通常要送入灵敏放大器，所以没有必要使它通过它的全摆幅。电压降(或升高)ΔV 足以使灵敏放大器做出响应。ΔV 的典型值大约在 0.5 V 的范围内。

在逻辑门传播延时分析和存储阵列传播延时分析之间的一个重要差别是存储阵列的大部分延时来自互连寄生参数，因此精确地模拟这些寄生参数非常重要。这可以用下面的例子来说明，它提取了前面介绍过的 NOR 和 NAND ROM 阵列字线和位线的寄生电阻和电容。我们将比较全面地来说明这一例子，因为同样的方法也适用于其他类型的存储器，如 SRAM 和 DRAM。

例 12.4 字线和位线的寄生参数

在本例中，首先分别为图 12.12(b)和图 12.14(b)的存储阵列建立一个等效模型。同时考虑阵列中所有的晶体管会使公式和模型变得非常复杂，特别是对于较大的存储器尤为如此。显然，需要进行简化和抽象。这里我们只考虑(512×512)阵列的情形。

1. NOR ROM

图 12.15 是一个适合于进行 NOR ROM 字线和位线延时分析的模型。字线可以非常恰当地模拟成分布的 RC 线，因为它是用有相对较高薄层电阻的多晶硅实现的。采用硅化物多晶硅显然很合适。反之，位线是用铝实现的，只有在导线很长时其电阻才起作用。因此，对于本例可以合理地假设位线是一个纯电容模型，并且所有与位线连接的电容负载可以集总成单个元件。

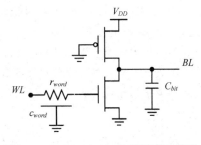

图 12.15 NOR ROM 的等效瞬态模型

字线寄生参数[对于图 12.12(b)的存储阵列]如下所示。

电阻/单元：$(7/2) \times 5 \ \Omega/sq = 17.5 \ \Omega$(利用表 4.5 中的数据)

导线电容/单元：$(3\lambda \times 2\lambda)(0.125)^2 0.088 + 2 \times (3\lambda \times 0.125) \times 0.054 = 0.049 \ fF$(摘自表 4.2)

栅电容/单元：$(4\lambda \times 2\lambda)(0.125)^2 6 = 0.75 \ fF$

位线寄生参数如下所示。

电阻/单元：$(11/4) \times 0.1 \ \Omega/sq = 0.275 \ \Omega$(可以忽略)

导线电容/单元：$(11\lambda \times 4\lambda)(0.125)^2 0.041 + 2 \times (11\lambda \times 0.125) \times 0.047 = 0.09 \ fF$

漏电容/单元：$(5\lambda \times 4\lambda)(0.125)^2 \times 2 \times 0.56 + 14\lambda \times 0.125 \times 0.28 \times 0.6 + 4\lambda \times 0.125 \times 0.31 = 0.8 \ fF$

最后一项(漏电容/单元)需要进行解释。漏电容来自连在位线上的每个单元,包括底部结电容、侧壁电容和覆盖电容。可以假设除了正被切换的一个单元之外,其他所有单元均处于关断状态。这就解释了为什么只考虑栅电容的覆盖部分。进一步假设位线在 1.5 V 和 2.5 V 之间摆动。在这样的条件下底部面积和侧壁的 K_{eq} 因子分别可估计为 0.56 和 0.6。关于所有其他的电容值请参阅表 3.5。

2. NAND ROM

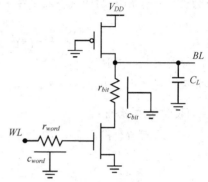

与 NOR ROM 中采用的步骤一样,我们可以推导出分析 NAND 结构延时的等效模型。此时,字线模型不变,而位线特性的模拟则由于串联晶体管的长链而比较复杂。最坏情形发生在该链底部的晶体管被切换而这一列又都存在晶体管时。图 12.16 为这一情形的近似模型。每一个串联晶体管(通常都处于导通状态)模拟为一个电阻-电容组合。对于大容量存储器整个链可以模拟为一个分布式 rc 网络。

图 12.16　NAND ROM 字线和
　　　　　位线的等效模型

字线寄生参数(对于图 12.14 中的存储阵列)如下所示。

电阻/单元: $(6/2) \times 5\ \Omega/\text{sq} = 15\ \Omega$

导线电容/单元: $(3\lambda \times 2\lambda)(0.125)^2 0.088 + 2 \times (3\lambda \times 0.125) \times 0.054 = 0.049\ \text{fF}$

栅电容/单元: $(3\lambda \times 2\lambda)(0.125)^2 6 = 0.56\ \text{fF}$

位线寄生参数如下所示。

电阻/单元: $13/1.5 = 8.7\ \text{k}\Omega$

导线电容/单元:包含在扩散电容内

源/漏电容/单元: $((3\lambda \times 3\lambda)(0.125)^2 \times 2 \times 0.56 + 2 \times 3\lambda \times 0.125 \times 0.28 \times 0.6 + (3\lambda \times 2\lambda)(0.125)^2 \times 6 = 0.85\ \text{fF}$

源/漏电容必须包括栅-源电容和栅-漏电容,即它指整个栅电容。这与 NOR 情形不同,在那里它只包括漏-源覆盖电容。

确定晶体管的平均电阻比较复杂。事实上,由于晶体管在链中的位置不同,各个器件的栅源电压和体效应不同,因而造成它们各自的电阻也不同。在这里的一阶分析中,只是简单地采用了第 3 章中推导的等效电阻。这一近似在第 6 章四输入 NAND 门的例子中也曾得到过合理的结果(见例 6.4)。

有人也许会问要是模拟可以很容易地产生更精确的结果,何必还要费心去利用模型呢。我们应当知道,存储器模块可以含有千百万个晶体管,这使得重复的模拟速度会变得非常慢。模型还可以帮助我们更容易地了解存储器的行为,而计算机模拟并不能告诉我们存储器的瓶颈在何处以及如何去解决它们。

利用计算数据和等效模型,现在可以推导出存储器内核及其部件的传播延时的估计值。

例 12.5　一个 512 × 512 NOR ROM 的传播延时

1. 含有 M 个单元的分布 rc 线的字线延时可以利用第 4 章中推导的公式来近似:

$$t_{word} = 0.38\,(r_{word} \times c_{word})\,M^2 = 0.38\,(17.5\ \Omega \times (0.049 + 0.75)\ \text{fF})\,512^2 = 1.4\ \text{ns}$$

2. 对于位线,它的响应时间取决于翻转方向。假设(如例 12.3 中推导的)有一个(0.5/0.25)下拉器件和一个(1.3125/0.25)上拉晶体管,利用所熟悉的技术可以计算传播延时为

$$C_{bit} = 512 \times (0.8 + 0.09) \text{ fF} = 0.46 \text{ pF}$$

$$t_{HL} = 0.69 (13 \text{ k}\Omega / 2 \parallel 31 \text{ k}\Omega / 5.25) \, 0.46 \text{ pF} = 0.98 \text{ ns}$$

用类似的方法可以计算低至高的响应时间：

$$t_{LH} = 0.69 (31 \text{ k}\Omega / 5.25) \, 0.46 \text{ pF} = 1.87 \text{ ns}$$

上面的结果表明字线延时起主要作用。它几乎完全源自多晶线的大电阻。第 9 章中所介绍的一些减少分布 rc 线延时的技术可以非常方便地用在这里。从两端驱动地址线和采用金属旁路线(经常称为全局字线)对解决字线延时问题很有帮助(见图 9.18)。然而最为有效的方法是仔细地把存储器分割成许多尺寸合适的子块以均衡字线和位线的延时。分割也有助于减少因驱动和切换字线引起的能量损耗。

如有必要，也可以减小位线延时。最常用的方法是进一步减少位线上的电压摆幅，然后由灵敏放大器把输出信号恢复到全摆幅。电压摆幅在 0.5 V 左右是很常见的。

例 12.6　NAND ROM 的传播延时

利用与例 12.5 相类似的技术，我们来确定 512×512 NAND ROM 的字线延时和位线延时。

1. 字线延时与 NOR 的情况非常相似：

$$t_{word} = 0.38 (r_{word} \times c_{word}) M^2 = 0.38 (15 \, \Omega \times (0.049 + 0.56) \text{ fF}) \, 512^2 = 1.3 \text{ ns}$$

2. 关于位线延时，最坏情况发生在当整个一列除一个单元以外都存放 0，并且最下面的晶体管导通时。分布模型给出了一个相当好的延时近似值(虽然它忽略了上拉晶体管的影响)：

$$t_{HL} = 0.38 \times 8.7 \text{ k}\Omega \times 0.85 \text{ fF} \times 511^2 = 0.73 \text{ μs}$$

由低至高翻转的最坏情况发生在当最下面的晶体管关断的时候。运用 Elmore 延时方法，我们得到：

$$t_{LH} = 0.69 (31 \text{ k}\Omega / 0.007 \, 7) (511 \times 0.85 \text{ fF}) = 1.2 \text{ μs}$$

这些延时在大多数情形下显然是不能接受的。把存储器分割成较小的模块似乎是唯一合理的选择。

功耗与预充电的存储阵列

上面提出的 NAND 和 NOR 结构继承了第 6 章中讨论过的伪 NMOS 门的所有缺点，如下所示。

1. **有比逻辑**　V_{OL} 是由上拉和下拉器件的尺寸比决定的。正如在前面的例子中显示的那样，它可能导致不可接受的晶体管尺寸比。

2. **静态功耗**　当输出为低电平时，在电源轨线之间存在静态电流通路。这可能会引起严重的功耗问题。

例 12.7　NOR ROM 的静态功耗

考虑 (512×512) NOR ROM 的情况。可以合理地假设平均有 50% 的输出是低电平。例 12.4 设计的静态电流大约等于 0.21 mA(输出电压为 1.5 V 时)。这意味着在没有任何操作时，总静态功耗为 $(512/2) \times 0.21 \text{ mA} \times 2.5 \text{ V} = 0.14 \text{ W}$。显然这与所期望的相差甚远。

为了解决这两个问题，我们可以回过头来采用在设计数字门时采用的方法。一种方法是采用全互补 NAND 或 NOR 门。但这需要大量的晶体管和至电源及地线的连接，从而使这一方法从面积的角度来看并不足取。一种更好的方法是采用预充电逻辑，如图 12.17 所示。这一方法消除了静态功耗以及对有比逻辑的要求，同时保持了单元的复杂程度不变。由于 NAND 和 NOR ROM 的逻辑结构都很简单并且只有一个层次的逻辑深度，所以可以保证在预充电期间所有的下拉通路关断。这就使我们可以取消在下拉网络底部的使能（求值）NMOS 晶体管，从而保持存储单元比较简单。

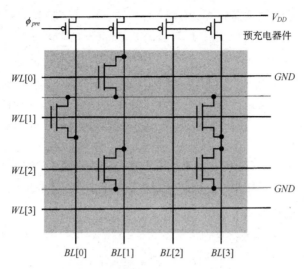

图 12.17 预充电的 (4×4) MOS NOR ROM

动态结构使我们可以独立控制上拉和下拉时间。例如 PMOS 预充电器件的尺寸可以按需要设计得较大。但必须了解，这个晶体管也是时钟驱动器的负载，所以也许会变得越来越难以设计。

思考题 12.4   预充电 NAND ROM

预充电虽然在 NOR ROM 中工作得非常好，但它应用到 NAND ROM 时却会出现某些严重的问题。请解释这是为什么。

预充电方法的这些优点已使它成为存储器结构的主要选择。实际上，目前设计的所有大容量存储器（包括 NVRWM 和 RAM）都采用动态预充电结构。

ROM 存储器：从用户的角度看

读者应当意识到，前面几节所提到的大多数静态、动态和功耗问题在本质上是普遍存在的，因此也适合于其他存储器结构。在谈到这些结构之前，有必要先讨论一下 ROM 模块的分类以及各种编程方法。第一类 ROM 模块是所谓的专用 ROM，这类存储器模块是一个较大定制设计的一部分，并且仅为这一具体的应用来编程。在这种情况下，设计者具有全方位的自由度并且可以运用任何掩模层（或者是几层的组合）来给器件编程。

第二类是商品 ROM 芯片，它是商家大量生产、且以后可根据用户要求编程的存储器模块。这时，重要的是编程涉及的工艺步骤应当最少并且可以在制造过程的最后阶段完成。这样就可以预先大量生产未编程的芯片。正如在某些例子中已显示的那样，掩模编程方法最好采用接触孔（或金属）掩模来使存储器用户化或进行编程。一个 ROM 模块的编程要涉及制造商，从而造成产品开发过程中不愿看到的延迟。所以这种方法已变得越来越不流行。片上系统（system on a chip）领域采用了类似的方法，它预先制成芯片的主要部分，只有很小一部分需要用掩模编程，最好是采用最上面几层金属中的一层。这一方法可以用来编程嵌入在芯片上的微控制器以满足不同的应用。

一个更合乎要求的方法是用户可以用自己的设备来编程存储器。PROM（可编程 ROM）结构就是能够提供这种能力的一项技术，它允许用户对存储器进行一次编程；因而称为 WRITE ONCE

(写一次)器件。最常用的实现方法是在存储器单元中加入熔丝(用镍铬合金、多晶硅或其他导体来实现)。在编程阶段利用高电流使其中某些熔丝熔断,从而断开连接的管子。

PROM 虽然具有"用户可编程"的优点,但只能写一次,这一点使它们缺乏吸引力。比如,由于在编程中或应用中的一个错误就会使器件报废。因此目前人们更偏爱可以编程若干次(尽管慢)的器件。下一节将解释如何实现这一点。

12.2.2　非易失性读写存储器

NVRW 存储器的结构实际上与 ROW 的结构一样。它的存储内核是由一个放在字线/位线网格上的晶体管阵列构成的。存储器通过有选择地使其中某些器件有效或无效来进行编程。在 ROM 中,这是通过掩模层的变化来完成的。而在 NVRW 存储器中则用结构经过修改的晶体管来代替,这一晶体管的阈值电压可以通过电学方式来改变。改变的阈值甚至在关断电源电压后仍能永久(至少是在相当长的寿命期内)保持不变。若要对存储器重新编程,必须先擦除原有的编程值,然后才能开始新一轮的编程。擦除方式的不同是各类可重新编程的非易失性存储器之间的主要差别。存储器的编程一般比它的读操作慢一个数量级。

这一节先从浮栅晶体管开始描述,它是大多数可重新编程存储器的核心器件。本节的其余部分用于说明这一器件的许多不同种类,主要是它们的擦除过程不同。这些不同种类形成了不同的 NVRWM 系列。本节最后将讨论一些新出现的非易失性存储器。

浮栅晶体管

多年来人们一直试图建立一种可以用电学方法来改变其特性并具有足够可靠性来支持多次写操作的器件。例如,MNOS(金属氮氧化物半导体)晶体管一直被认为很有希望,但至今还尚未成功。在这一器件中,改变阈值的电子被捕获到淀积在 SiO_2 栅上面的 Si_3N_4 层中[Chang77]。另一个更容易接受的方法是采用图 12.18 所示的浮栅晶体管,它事实上构成了目前已有的所有 NVRW 存储器的核心。这一结构与通常的 MOS 器件类似,但多了一个额外的多晶硅条插在栅和沟道之间。这一多晶硅条不与任何东西连接,因而称为浮栅。插入这一额外栅最明显的影响是使栅氧层的厚度 t_{ox} 加倍,从而降低了器件的跨导并使阈值电压升高。这两个特性都不是人们特别希望的。从其他角度来看这一器件的作用与一个通常的晶体管没什么两样。

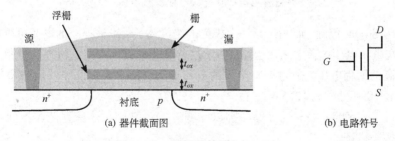

(a) 器件截面图　　　　　　　　(b) 电路符号

图 12.18　浮栅晶体管(FAMOS)

但比较重要的是,该器件具有一个有趣的特性,即它的阈值电压是可编程的。在源和栅-漏终端之间加上一个高电压(10 V 以上)可以产生一个高电场并引起电子雪崩注入。电子得到足够的能量变"热"并穿过第一层氧化物绝缘体而在浮栅上被捕获。这一现象在栅氧层厚度为 100 nm 时就会发生,所以器件的制造相对比较容易。就编程机制而言,浮栅晶体管又常被称为浮栅雪崩注入 MOS(floating-gate avalanche-injection MOS, FAMOS)[Frohman74]。

在浮栅上被捕获的电子有效地降低了这个栅上的电压,如图 12.19(a)所示。这个过程是自约束的——浮栅上积累的负电荷降低了在氧化层中的电场,所以最终它变得不再能加速热电子。移去电压后已引起的负电荷仍留在原来的位置上,从而使中间浮栅产生一个负电压,如图 12.19(b)所示。从器件的角度看,这相当于有效地增加了阈值电压。为使器件导通,必须有一个更高的电压来克服所引起的这一负电荷的影响,如图 12.19(c)所示。一般由此得到的阈值电压在 7 V 左右,因而 5 V 的栅-源电压不足以使晶体管导通,于是该器件等同于无效。注入浮栅上的电荷有效地平移了晶体管的 I-V 曲线,如图 12.20 所示。曲线 A 表示"0"状态,而曲线 B 表示具有 V_T 偏移的晶体管,它代表"1"状态。V_T 的偏移值可以表示为

$$\Delta V_T = (-\Delta Q_{FG})/C_{FC} \tag{12.1}$$

其中,C_{FC} 为外栅接触与浮栅之间的电容,而 ΔQ_{FG} 为注入浮栅的电荷。

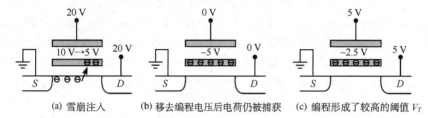

(a) 雪崩注入　　　(b) 移去编程电压后电荷仍被捕获　　　(c) 编程形成了较高的阈值 V_T

图 12.19　浮栅晶体管编程

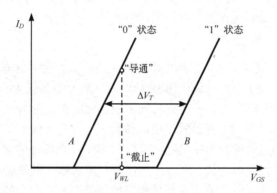

图 12.20　热电子编程使 I-V 曲线平移。字线电压 V_{WL} 导
致有电流("0"状态)或没有电流("1"状态)

由于浮栅为 SiO_2 所包围,而 SiO_2 是一个极好的绝缘体,所以被捕获的电荷可以在浮栅上存放许多年,即使在电源电压被移去之后也是如此,这就是非易失性存储的机理。浮栅方法的一个主要问题是需要高的编程电压。通过调整杂质的分布形态,技术人员已能将所需的电压从原来的 25 V 降低到现今存储器的 12.5 V 左右。

实际上,当前所有的非易失性存储器都以浮栅方法为基础。这些存储器不同类型的区分主要在于它们的擦除机理。

可擦除可编程只读存储器(EPROM)

EPROM 是通过封装上的一个透明窗口把紫外光(UV)照射到单元上来进行擦除的。UV 辐射通过在氧化物材料中直接产生电子-空穴对而使这一材料稍稍导通。这一擦除过程很慢,根据 UV 光源的强度可能需要几秒到几分钟的时间。编程需要 5 ~ 10 μs/字。这一方法的另一个问题是有限的耐久性——每编程周期的擦除次数一般最多为 1000 次,这主要是由于采用了 UV 擦除过程。可靠性也是一个问题。器件阈值可能随重复编程周期的次数而变化,因此大多数 EPROM 存储器还包含有一个片上电路来控制阈值在编程过程中处于所要求的范围之内。最后,注入(电

荷)过程总需要一个很大的沟道电流,例如,在控制栅电压为 12.5 V 时这个电流可高至 0.5 mA。这造成了编程过程功耗很大。

另一方面,EPROM 单元结构极简单,密度极高,因此有可能以较低成本来生产大容量存储器。所以 EPROM 在不需要经常重新编程的应用中很受欢迎。但由于价格和可靠性问题,EPROM 已经不再那么受到青睐,而被闪存所替代。

电擦除可编程只读存储器(EEPROM 或 E²PROM)

EPROM 方法的主要缺点是擦除过程必须在"系统外"进行。这意味着存储器必须从印刷电路板上取走并放在一个 EPROM 的编程器上进行编程。EEPROM 采用另一种向浮栅注入或移去电荷的机制,称为隧穿效应(tunneling),从而避免了 EPROM 这一费力而又令人烦恼的过程。为此采用了一种经过修改的称为 FLOTOX(floating-gate tunneling oxide)晶体管的浮栅器件作为可支持电擦除过程的可编程器件[Johnson80]。图 12.21(a)是 FLOTOX 结构的截面图。它与 FAMOS 器件类似,但隔离浮栅与沟道和漏端的那一小部分绝缘介质的厚度减少到大约 10 nm 或更少。当把一个约 10 V 的电压(相当于约 10^9 V/m 的电场强度)加到这一很薄的绝缘层时,电子通过 Fowler-Nordheim 隧穿机理穿入或穿出浮栅[Snow67]。图 12.21(b)为隧穿结的 I-V 特性曲线。

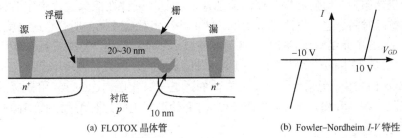

(a) FLOTOX 晶体管   (b) Fowler–Nordheim I-V 特性

图 12.21 FLOTOX 晶体管,它运用 Fowler-Nordheim 隧穿效应编程

这一编程方法的主要优点在于它的可逆性,即只要把在写过程中所加的电压反过来即可实现擦除。向浮栅注入电子将使阈值升高,而相反的操作则降低 V_T。但这一双向工作带来了阈值控制的问题:从浮栅上移走过多的电荷会形成耗尽器件,不能用标准的字线信号将其关断。注意,由此形成的阈值电压取决于浮栅上的初始电荷以及所加的编程电压。它也与氧化层的厚度有很大关系,而后者在整个芯片上存在不能忽略的偏差。为了弥补这一问题,在 EEPROM 单元上又增加了一个额外的晶体管与浮栅晶体管串联。这一晶体管在读操作期间作为读取器件,而 FLOTOX 管则执行存储功能(见图 12.22)。这不同于 EPROM 单元,在 EPROM 中 FAMOS 管既作为编程器件又作为读取器件。

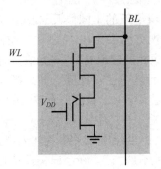

图 12.22 EEPROM 单元读操作时的情况。当被编程时,FLOTOX 器件的阈值高
于 V_{DD},从而相当于无效。如果没有被编程则它相当于一个闭合的开关

　　由于 EEPROM 单元有两个晶体管,所以比相应的 EPROM 要大。而 FLOTOX 器件由于其隧穿氧化层需要额外的面积,因而本身就比 FAMOS 管大,所以这一面积上的付出就更大了。此外,制造非常薄的氧化层是一个难度很大、成本很高的工艺过程,因此 EEPROM 部件成本高于 EPROM,但却只能集成较少的位数。二者相比,EEPROM 的长处是适应性较好,它们也往往更耐久,因为它们能支持多至 10^5 次擦除/写周期①。但反复编程会使一些电荷永久地被捕获在 SiO_2 中,从而使阈值电压发生漂移。这最终会导致功能出错或器件不能重新编程。

快闪电擦除可编程只读存储器(Flash)

　　Flash EEPROM 的概念在 1984 年提出,并很快发展成为应用最普遍的非易失性存储器结构。它结合了 EPROM 的高密度和 EEPROM 结构的变通性的优点,其成本和功能介于它们二者之间。

　　在技术上,Flash EEPROM 是 EPROM 和 EEPROM 方法的组合。大多数 Flash EEPROM 器件采用雪崩热电子注入的方法来编程器件。擦除则和 EEPROM 单元一样,采用 Fowler-Nordheim 隧穿来完成。两者主要的差别是 Flash EEPROM 的擦除是对整个芯片或存储器的子部分成批进行的。虽然这代表了在灵活性方面的减弱,但它的优点是可以省去 EEPROM 单元中额外的存取晶体管。一次擦除整个存储器内核使得有可能在擦除过程中仔细监测器件的特性,以保证未编程晶体管的行为仍然像一个增强器件。存储器芯片上的监控硬件在擦除过程中定时检查阈值电压值并动态调整擦除时间。这一方法只适用于一次擦除许多存储单元的时候,这也就是 Flash 概念的来源。由于 Flash 单元结构比较简单,从而显著减小了单元尺寸,提高了集成密度。

　　例如,图 12.23 是 Intel[Pashley89] 推出的 ETOX Flash 单元。这只是现有各种 Flash 单元中的一个。它与 FAMOS 门类似,但采用了一个非常薄的隧道栅氧化层(10 nm)。用栅氧的不同区域来进行编程和擦除。在栅和漏端加上高电压(12 V)并使源接地时进行编程,而擦除则发生在栅接地而源处于 12 V 时。

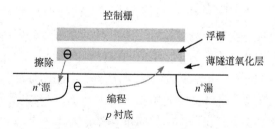

图 12.23　用做 Flash EEPROM 存储器的 ETOX 器件

　　图 12.24 说明了这个单元怎样与 NOR ROM 结构合一。编程过程从擦除操作(a)开始:在栅上加上 0 V 电压,源端加上一个高电压(12 V)。浮栅上的电子将通过隧穿注射到源端。于是所有的单元被同时擦除。单元初始阈值电压的不同以及氧化层厚度的不同都会引起擦除操作结束时阈值电压的不同。这一点可以从两方面来弥补:(1)在应用擦除脉冲之前,将阵列中的所有单元都编程,以使所有的阈值都从大致相同的值开始。(2)在此之后加上一个可控制宽度的擦除脉冲。接着读整个阵列以检查这些单元是否已被擦除。如果尚未全部擦除,则再应用另一个擦除脉冲,接着又是一个读周期。如此进行下去,直至所有单元的阈值电压都低于所要求的电平。一般擦除时间在 100 ms 到 1 s 之间。对于写(编程)操作(b):把一个高电压脉冲加在所选器件的栅上。如果这时在漏端加上"1",就会产生热电子并将其注入浮栅上,使阈值电压上升(相当于使其变为一个总是关断的器件)。如果不加"1",则浮栅仍保持在原来没有电子的状态,即相当于

---

① 薄氧化层并不是实现电子隧穿的唯一途径。其他方法包括采用构造表面来局部加强表面电场[Masuoka91]。

"0"状态。为使阈值电压按所需从 3 V 变化至 3.5 V, 一般必须加上范围在 1 ~ 10 μs 的脉冲。读操作(c)过程与所有的 NOR ROM 结构一样。为选择一个单元, 将字线上升至 5 V, 使位线有条件地放电。

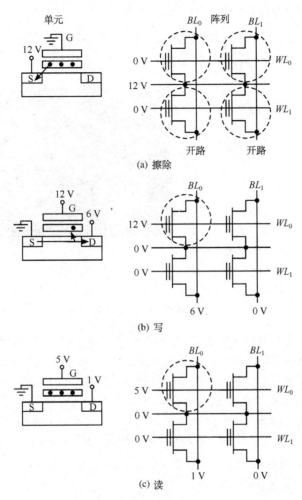

图 12.24 NOR Flash 存储器的基本操作[Itoh01]

NOR 结构使随机读取时间很快。与此同时, 由于需要精确地控制阈值电压, 它的擦除和编程时间却很慢。这些特性使这类 Flash 存储器(闪存)比较适合于存放程序代码这类的应用。其他一些应用如视频或音频类存储器等并不需要快速的随机存取, 但却需要有较大的存储密度(降低存储器成本)、快速的擦除、编程以及快速的串行存取。对这些要求采用前面描述的 NAND ROM 结构更为适宜, 因此有许多 Flash 存储器的制造商已采用这一拓扑结构。它们的基本模块由 8 到 16 个浮栅晶体管串联而成, 如图 12.25 所示。这一串联链借助两个选择晶体管分别与位线和电源线(GND)相连。由于消除了字线之间的所有接触孔, 这样得到的单元尺寸比 NOR 单元约小 40%。图中显示的存储器均采用 Fowler-Nordheim 隧穿来编程和擦除。在擦除过程中, 模块中的所有单元都被编程而成为耗尽型器件(即晶体管具有负的阈值电压)。这是通过在位线和电源线上加上 20 V 的电压并在字线上加上 0 V 的电压来完成的。在编程过程中, 两个选择晶体管设置成与位线连接而与电源线断开。若要写一个"1", 则使位线接地, 并在选中的字线上加上高电压(20 V)。于是电子隧穿进入浮栅, 使阈值上升。若要写"0", 则保持单元的阈值不受干扰(保持位线高电平)。读操作过程与 NAND ROM 一样,让两个选择晶体管都有效。运用隧穿作为基本机理降低了对电流的要求,并且可以在功耗得到控制的情况下对许多模块同时编程。这样每字节的编程时间可以快达 200 ~ 400 ns。通过同时处理整个模块,可以得到快速和可靠的擦除,使整个芯片的擦除速度快到 100 ms 左右。

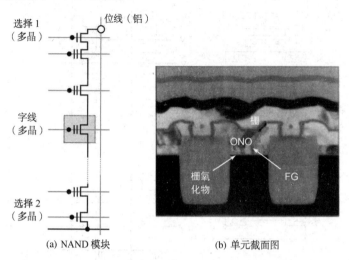

(a) NAND 模块   (b) 单元截面图

图 12.25　NAND 型 Flash 存储器模块[Nakamura02]。第二个栅采用了高介电常数的绝缘材料
(ONO 即氧化物–氮化物–氧化物)增加 C_{FG} 电容,从而增加电荷注入对 VT 的影响

目前已经提出了许多其他的闪存结构,它们在读取性能、擦除和编程速度及密度之间权衡。所有这些都是基于前面确定的原理。要了解更为详细的情况,建议读者参阅[Itoh01]有关这方面的综述。有一个问题需要特别关注,这就是所有的非易失性存储器都需要高电压(> 10 V)来进行编程和擦除。这些电压有些可以通过电荷泵在片上产生,特别是如果要求的电流较低,像 Fowler-Nordheim 隧穿这样的情况。但另一方面,热电子注入需要大量的电流(>0.5 mA),因而需要一个外部电源,这增加了系统的成本和复杂性,因此人们的研究无疑是想寻求不需要高电压和外部电源的非易失性存储器。

非易失性存储器的新趋势

目前我们讨论的所有非易失性存储器都是基于浮栅晶体管的概念。这些年来,已提出了许多其他方法。虽然这些方法中的大多数已经销声匿迹并未能进入产业市场,但也有一些新的单元结构正在受到关注,并且有可能在不久的将来产生重大影响。其中最为突出的两个是 FRAM(Ferroelectric RAM,铁电 RAM)和 MRAM(Magnetoresistive RAM,磁电阻 RAM)。然而现在就宣布浮栅器件时代已结束还为时尚早。像多位存储单元这样的新方法正在为实现密度更大的非易失性存储器提供机会。下面我们将简短讨论这些令人振奋的新产品的基本概念。

多位存储的非易失性存储器　至今考虑的所有存储单元都是双稳态的,即它们存放 0 或 1。如果在一个单元中能够存放两个以上的状态,那么存储密度就会显著增加。这一方法的问题在于它要求显著提高存储单元的信噪(信号/噪声)比。如果在一个存储单元中存放 k 位,它可提供的信号就减少为 $1/(2^k - 1)$。好在 Flash 单元具有能提供内部增益的优点,同时可以对每个单元调节 V_T 的能力也有助于克服信噪比的问题。每单元存储两位的存储器已经面世[Baur95]。然而,随着电源电压的进一步降低,多位存储单元的存储器显然肯定不能作为未来的目标。

FRAM　铁电 RAM 宣称"几近成功"已经很久了,这主要是由于人们对它有着乐观的期望。在经过了许多失败之后,看来 FRAM 最终已接近它的"承诺"了。与目前在 NVRWM 中采用的"可编程晶体管"不同，FRAM 以"可编程电容"为基础。在这一铁电介质电容中使用的电介质材料属于一种称为钙钛矿晶体的材料，这些晶体在有电场穿过它们时就会产生极化。若要消除这一极化，则需要加上一个方向相反的电场。

根据这一原理建立的存储单元与下一节将要讨论的单晶体管 DRAM 电路非常相似。在写操作期间，电容单元沿某一方向极化。为读取存储器的内容需要加入一个电场。此时根据电容的状态将产生一个电流，这一电流可以用一个灵敏放大器来检测。

FRAM 的优点是存储密度极高，这使它的单元尺寸小于 DRAM，但同时却能提供非易失性的存储。FRAM 的读/写周期次数也要比 EEPROM 和闪存高几个数量级。它的低功耗使它对于像智能卡和射频标签这样的应用极具吸引力。采用这一技术的主要挑战仍然是生产可靠的大容量存储器。

MRAM　磁电阻随机存取存储器是一种由 DRAM 采用磁荷而不是电荷存储数据位的方法。如果一种金属放在磁场中时它的电阻发生了细微变化，就称这种金属具有磁电阻性。这一概念与早期电子学时代的大型计算机所使用的磁核存储器非常类似。主要差别是它的大小(要小几百万倍)和所使用的材料不同。MRAM 的研发依据了两门学科：(1)自旋电子学，这一学科是磁盘驱动中使用的大型磁电阻磁头的科学基础；(2)隧穿磁电阻(TMR)，这有可能成为未来 MRAM 的基础。IBM 公司的研究人员在 2000 年展示了 1 Kb 的 MRAM 存储器。它的每个单元由一个磁性隧道结和一个 FET 构成，在 $0.25\ \mu m$ CMOS 工艺中每个单元的总面积为 $3\ \mu m^{2\,[Scheuerlein00]}$。它的读写时间已达到 10 ns 的范围。虽然现在来预测这一特殊器件的未来显然还为时过早，但似乎可以清楚地看到这一新的材料和方法必将改变非易失性存储器乃至整个半导体存储器领域。

非易失性读-写存储器小结

一些数字能帮助我们全面了解各种不同的非易失性存储技术。表 12.1 总结了目前非易失性存储器的主要数据。这些数据证实了 EEPROM 结构的灵活性是以密度和性能为代价的。EPROM 和 Flash EEPROM 器件在密度和速度上相当。但 Flash 的适应性好，这也就是为什么它在短时间内能增长得如此之快的原因。

表 12.1　各种非易失性存储器之间的比较[Itoh01]：V_{DD} =3.3 或 5 V；V_{pp} =12 或 12.5 V

	单元-晶体管数	单元面积(相对于 EPROM 的比)	原理		外部电源		编程/擦除周期
			擦除	写	写	读	
掩模 ROM	1T(NAND)	0.35 ~ 5	—	—	—	V_{DD}	0
EPROM	1T	1	紫外光曝光	热电子	V_{PP}	V_{DD}	~100
EEPROM	2T	3 ~ 5	FN 隧穿	FN 隧穿	V_{PP}(int)	V_{DD}	$10^4 \sim 10^5$
闪存	1T	1 ~ 2	FN 隧穿	热电子	V_{PP}	V_{DD}	$10^4 \sim 10^5$
			FN 隧穿	FN 隧穿	V_{PP}(int)	V_{DD}	$10^4 \sim 10^5$

在只读存储器一节中提出的许多设计考虑也适用于 NVRWM。此外(E)EPROM 结构还必须面对编程和擦除电路所带来的复杂性。记住，所有提出的这些结构在编程时都要求在字线和位线上有高电压信号(12 ~ 20 V)，而在读模式期间，在相同字线和位线上采用的是 3 V 或 5 V 的标准信号。这些信号的产生和分布需要某些相应的电路设计，但可惜它们已超出了本书的范围。

12.2.3　读写存储器(RAM)

使一个存储单元的读和写性能大致相等，要求存储单元的结构更为复杂。虽然 ROM 和

442 数字集成电路——电路、系统与设计(第二版)

NVRWM存储器的存储内容体现在单元的拓扑连接上或被编程为器件的特性,但 RAM 存储器中的数据存储与第 6 章所介绍的概念类似,是基于正反馈或电容电荷。这些电路虽然完全适合于 R/W 单元,但往往要消耗太多的面积。本节中简单介绍一些用面积换取性能或电气可靠性的方法。根据它们所采用的存储原理把它们称为 SRAM 或 DRAM。

静态随机存取存储器(SRAM)

图 12.26 是一个通用的 SRAM 单元。它与图 7.21 中的静态 SR 锁存器非常相似。它的每一位需要 6 个晶体管。访问这个单元需要使字线有效,它代替时钟控制两个读写操作共用的传输管 M_5 和 M_6。与 ROM 单元不同,这个单元要求两条位线来传送存储信号及其反信号。尽管并不一定需要提供两种极性的信号输出,但这样做能使读操作和写操作期间的噪声容限得到改善,这在随后的分析中将变得很清楚。

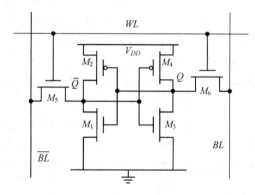

图 12.26　六管 CMOS SRAM 单元

思考题 12.5　CMOS SRAM 单元

图 12.26 中的 SRAM 单元是否消耗维持功耗?解释为什么。画出一个等效的伪 NMOS 实现。它的维持功耗如何?

SRAM 单元的操作　SRAM 单元的尺寸应当越小越好,以达到较高的存储密度。但为了单元操作的可靠性,对尺寸提出了一定的限制。

为了理解存储单元的操作,让我们依次考虑读操作和写操作。同时也推导出晶体管尺寸的约束条件。

例 12.8　CMOS SRAM——读操作

假设"1"存放在 Q 中。并进一步假设两条位线在读操作开始之前都被预充电到 2.5 V。通过使字线有效以开始读周期,在经过字线最初的延时之后使传输管 M_5 和 M_6 导通。在正确的读过程中,BL 维持在它的预充电值而 $\overline{BL}$ 通过 $M_1 \sim M_5$ 放电,从而把存放在 Q 和 $\overline{Q}$ 中的值传送到位线上。晶体管的尺寸必须仔细设计,以避免意外地错把一个"1"写入该单元。这类故障常被称为读破坏(read upset)。

以上过程可以用图 12.27 来说明。考虑单元的 $\overline{BL}$ 这一边。一个较大容量存储器的位线电容在皮法数量级范围,因此当启动读操作时($WL \rightarrow 1$),$\overline{BL}$ 的值仍停留在预充电值 V_{DD} 上。两个 NMOS 管的这一串联组合把 $\overline{BL}$ 下拉至地。对于一个小尺寸单元,我们希望这些晶体管的尺寸尽可能接近最小值,但这会使大的位线电容放电很慢。当 BL 和 $\overline{BL}$ 之间建立起电位差时,灵敏放大器启动以加速读取过程。

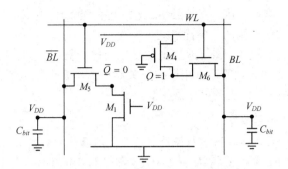

图 12.27　读取期间 CMOS SRAM 单元的简化模型（$Q = 1$, $V_{precharge} = V_{DD}$）

当 WL 上升时, 这两个 NMOS 管之间的中间节点 $\overline{Q}$ 也被拉向 $\overline{BL}$ 的预充电值。$\overline{Q}$ 电压的上升不能太高, 以免引起显著的电流流过 $M_3 \sim M_4$ 反相器, 这在最坏情况下会使单元翻转。因此有必要使晶体管 M_5 的电阻大于 M_1 的电阻, 以避免这种情况发生。

对器件尺寸约束的界限可以通过在电压波动的最大值为 ΔV 时求解电流方程来推导。为了简单起见, 这里忽略了晶体管 M_5 上的体效应, 由此可写出：

$$k_{n,M5}\left((V_{DD} - \Delta V - V_{Tn})V_{DSATn} - \frac{V_{DSATn}^2}{2}\right) = k_{n,M1}\left((V_{DD} - V_{Tn})\Delta V - \frac{\Delta V^2}{2}\right) \qquad (12.2)$$

化简得到：

$$\Delta V = \frac{V_{DSATn} + CR(V_{DD} - V_{Tn}) - \sqrt{V_{DSATn}^2(1 + CR) + CR^2(V_{DD} - V_{Tn})^2}}{CR} \qquad (12.3)$$

式中, CR 称为单元比并定义为

$$CR = \frac{W_1/L_1}{W_5/L_5} \qquad (12.4)$$

图 12.28 画出了采用我们的 $0.25~\mu m$ 工艺时电压上升值 ΔV 与 CR 的关系曲线。为了避免中间节点电压的上升高于晶体管的阈值电压（约 $0.4~V$）, 单元比必须大于 1.2。对大容量存储阵列, 希望在保持读取稳定性的前提下使单元尺寸最小。如果晶体管 M_1 采取最小尺寸, 存取传输管 M_5 则必须通过增加它的长度来变弱。这是我们所不希望的, 因为它增加了字线的负载。一个更好的解决办法是使传输管的尺寸最小并增加 NMOS 下拉管 M_5 的宽度以满足稳定性的要求。这样只是略微增加了单元的最小尺寸。设计者必须仔细进行模拟, 以在工艺的所有偏差范围内都能保证单元的稳定性[Preston01]。

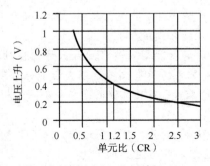

图 12.28　读取时单元内部的电压上升与单元比（M_1/M_5 的比值）的关系。当 $CR > 1.2$ 时单元内部的电压不会升到阈值电压以上

上面的分析是最坏的情况。第二条位线 BL 把 $\overline{Q}$ 钳位至 V_{DD},这使交叉耦合反相器对很难发生意外翻转。这也是双位线结构的主要优点之一。

除了调整单元晶体管的尺寸以外,通过把位线预充电至另一个值,比如 $V_{DD}/2$,也可以防止误翻转。这有效地使 $\overline{Q}$ 无法达到所连反相器的开关阈值。预充电至电压范围的一半也有利于提高一些性能,因为这限制了位线上的电压摆幅。

例 12.9 CMOS SRAM 的写操作

在本例中,我们推导为保证正确的写操作器件所必须满足的约束条件。假设数据 1 存放在该单元中($Q = 1$)。通过使 $\overline{BL}$ 置为 1 和 BL 置为 0,可以把数据 0 写入这个单元,这相当于在 SR 锁存器上加一个复位(reset)脉冲。如果器件尺寸合适,这会使触发器改变状态。

在写操作初期,SRAM 单元的电路图可以简化为图 12.29 的模型。只要翻转尚未开始,就可以合理地假设晶体管 M_1 和 M_4 的栅极分别处于 V_{DD} 和 GND。虽然触发器一旦开始翻转上述状况就不再成立,但这一简化的模型对于手工分析而言已足够精确。

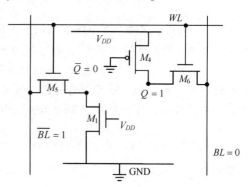

注意,单元的 $\overline{Q}$ 一边不能被上拉到足够高以保证写 1。由于读稳定性对器件尺寸的限制使这一电压保持在 0.4 V 以下,因此单元新值的写入必须通过晶体管 M_6 进行。

如果能够把节点 Q 下拉得足够低,即低于晶体管 M_1 的阈值电压值,那么就能保证单元写

图 12.29 写操作($Q = 1$)期间 CMOS SRAM 单元的简化模型

操作的可靠性①。使这一情况发生的条件可以通过写出在所希望阈值点处的直流电流公式来推导:

$$k_{n,M6}\left((V_{DD} - V_{Tn})V_Q - \frac{V_Q^2}{2}\right) = k_{p,M4}\left((V_{DD} - |V_{Tp}|)V_{DSATp} - \frac{V_{DSATp}^2}{2}\right) \tag{12.5}$$

求解 V_Q 得到:

$$V_Q = V_{DD} - V_{Tn} - \sqrt{(V_{DD} - V_{Tn})^2 - 2\frac{\mu_p}{\mu_n}\mathrm{PR}\left((V_{DD} - |V_{Tp}|)V_{DSATp} - \frac{V_{DSATp}^2}{2}\right)} \tag{12.6}$$

式中,单元上拉比(Pull-up Ratio, PR)定义为 PMOS 上拉管和 NMOS 传输管之间的尺寸比:

$$\mathrm{PR} = \frac{W_4/L_4}{W_6/L_6} \tag{12.7}$$

图 12.30 是 0.25 μm 工艺时 V_Q 与 PR 的关系曲线。PR 越低,V_Q 值就越低。如果我们希望把该节点拉到低于 V_{Tn},那么上拉比就必须低于 1.8。

当 PMOS 上拉管 M_4 和 NMOS 存取管 M_6 都采用最小尺寸器件时就能富富有余地满足上述约束条件。但是,一个设计者必须在工艺的所有偏差范围内都能保证可写的约束条件。当有一个强的 PMOS 器件和一个弱的 NMOS 器件,而且存储器是在一个高于额定电源电压的情况下工作时,即出现最坏的情形[Preston01]。

我们最初的假设是晶体管 M_1 和 M_2 并不参与写过程,但实际情况并不完全如此。一旦单元的一边开始切换,另一边最终也会随之参与这一正反馈。

---

① 从原理上讲,把 Q 下拉至低于 M_1 和 M_2 组成的反相器的开关阈值就足以保证开始切换。当考虑噪声容限时,更为保险的是要求把 Q 下拉至低于 M_1 的阈值。

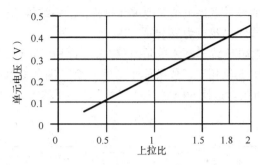

图 12.30　写入单元的电压与上拉比(PMOS 上拉管与存取
管的尺寸比)的关系。上拉比(PR)应当小于1.8

SRAM 单元的性能　在分析 SRAM 单元的瞬态特性时,我们认识到读操作是关键操作。它要求通过所选单元的两个堆叠的小晶体管来充(放)电大的位线电容。例如在图 12.27 的例子中 $C_{\overline{BL}}$ 必须通过 M_5 和 M_1 的串联组合来放电。写时间是由交叉耦合反相器对的传播延时来决定的,因为驱使 BL 和 $\overline{BL}$ 至所希望值的驱动器可以很大。为了加快读的时间,SRAM 采用了灵敏放大器。一旦在 BL 和 $\overline{BL}$ 之间建立起电压差,灵敏放大器即启动并很快使其中一条位线放电。

改进的 MOS SRAM 单元　六管 SRAM 单元虽然简单可靠,但占用较大的面积。除器件本身之外,它还要求有信号布线及连接到两条位线、一条字线以及两条电源轨线上。把两个 PMOS 晶体管放在 N 阱中也占用了不少面积。图 12.31 是这样一个单元可能的版图。它的尺寸取决于布线和工艺层间的接触孔(有 11.5 个接触孔——顶部和底部的接触孔只算一半,因为它们与相邻的单元共享)以及阱所要求的最小空间。

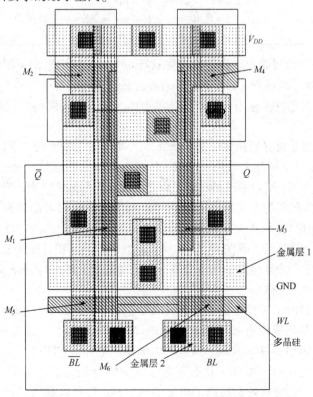

图 12.31　六管 CMOS SRAM 存储器单元的版图

因此大容量存储阵列的设计者提出了其他单元结构,这些结构不仅改进了管子的拓扑结构,而且也采用了一些特殊的器件以及更为复杂的工艺。

考虑图 12.32 中称为电阻负载 SRAM 单元(也称为四管 SRAM 单元)的电路图。这一单元的特点是用一对电阻负载 NMOS 反相器来代替原来的一对交叉耦合 CMOS 反相器。即用电阻来代替 PMOS 管,因而简化了布线。这使 SRAM 单元的尺寸缩小了约 1/3,如表 12.2 中 1Mb SRAM 的例子所示。

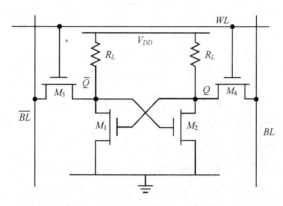

图 12.32　电阻负载 SRAM 单元

表 12.2　1 Mb 存储器中使用的各种 CMOS SRAM 单元的比较

	互补 CMOS	电阻负载	薄膜晶体管单元
晶体管数	6	4	4(+2 薄膜晶体管)
单元尺寸	58.2 μm^2	40.8 μm^2	41.1 μm^2
	(0.7 μm 规则)	(0.7 μm 规则)	(0.8 μm 规则)
维持电流(每单元)	10^{-15} A	10^{-12} A	10^{-13} A

在分析 SRAM 单元的写能力时我们发现它只有一个对上拉电阻的下限约束。由于位线在外部预充电,单元不涉及上拉过程,所以不必像通常的逻辑那样要为很大的上拉器件付出代价。因此一个先进的 SRAM 工艺技术应当包含有特殊的电阻,它们可以做得尽可能地大以使静态功耗最小。

保持每单元的静态功耗尽可能地低是 SRAM 单元设计优先考虑的主要问题。考虑一个 1 Mb SRAM 存储器工作在 2.5 V 电压下且用一个 10 kΩ 的电阻作为反相器负载的情形。如果每个单元吸收 0.25 mA 的静态电流,则总的维持功耗可以达到 250 W! 显然唯一的选择是使负载电阻尽可能地大。一个阻值很大但仍然非常紧凑的电阻可以采用未掺杂的多晶硅来制造,它的薄层电阻为几个 TΩ/sq(1 T = 10^{12})。对于上拉电阻唯一的附加限制是应当能维持住单元的原有状态,即它能补偿漏电流,这一漏电流一般在 10^{-15} A/单元左右[Takada91]。在目前的工艺中采用具有较高阈值的器件来达到低漏电。为此电阻的电流应当至少比漏电流大两个数量级,即 $I_{load} > 10^{-13}$ A。这就为该电阻值设定了一个上限。

由于上拉器件只是出于补偿电荷损失的需要,因而对图 12.26 中的六管存储单元进行了改进。该单元的上拉晶体管没有采用通常成本较高的 PMOS 器件,而是采用薄膜工艺在单元结构的顶部淀积一个附加器件来实现。这些 PMOS 薄膜晶体管(TFT)比通常的器件性质要差,当栅源电压为 5 V 时它在 ON 和 OFF 状态下的电流大约分别为 10^{-8} A 和 10^{-13} A[Sasaki90, Ootani90]。但与电阻性负载相比,它的长处是提高了单元的可靠性,对漏电和软错误不太敏感,同时仍有较低的维持电流。

注意,高电阻率的多晶硅和薄膜晶体管是标准逻辑工艺所没有的附加特点,因此嵌入式 SRAM 单元(如在微处理器高速缓存中所使用的那些)仍继续采用如图 12.26 中惯用的 6T 单元。

动态随机存取存储器(DRAM)

在讨论电阻负载 SRAM 单元时,我们注意到负载电阻的唯一功能是补充由于漏电造成的电荷损失。一种办法是完全取消这些负载并通过周期性地重写这个单元的内容来补偿电荷损失。这一刷新操作包括读单元的内容以及随后进行的写操作,它应当经常发生以保证存储单元的内容决不会因漏电而丢失。一般来说,刷新应当每 1 ms 至 4 ms 发生一次。对于容量较大的存储器来说,单元复杂性的降低足以补偿因刷新要求所增加的系统复杂性。这些存储器称为动态存储器,因为这些单元的工作原理是基于在电容上存储电荷。

三管动态存储单元 第一类动态单元是通过取消图 12.32 电路图中的负载电阻得到的。这一四管单元可以进一步简化,因为我们注意到该单元同时存放数据信号值和它的反信号值,所以这里有冗余。再取消一个器件(例如 M_1)可以消除这一冗余,并由此得到了图 12.33 的三管(3T)单元[Regitz70]。这一单元构成了第一批常用的 MOS 半导体存储器(如 Intel 的第一个 1 Kb 存储器)的内核[Hoff70]。虽然在当今非常大容量的存储器中,它已被更节省面积的单元所替代,但它仍然是许多嵌入在专用集成电路中的存储器所选择的单元。这主要归因于它在设计和操作方面都相对比较简单。

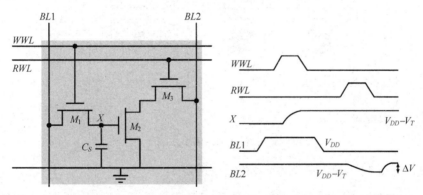

图 12.33 三管动态存储单元及在读和写期间的信号波形

这个单元是通过把要写的数据值放在 BL1 上并使写字线(write-word line, WWL)有效来写入的。一旦 WWL 降低,数据就作为电容上的电荷被保留下来。在读这一单元时,读字线(read-word line, RWL)被提升。存储管 M_2 根据所存放的值或者导通或者关断。位线 BL2 通过一个负载器件(比如一个接地的 PMOS 或饱和的 NMOS 管)钳位到 V_{DD},或者预充电至 V_{DD} 或 $V_{DD} - V_T$。前一种方法需要仔细设计晶体管的尺寸并会引起静态功耗,因此预充电方法一般更为可取。如果存放的数据是 1,则 M_2 和 M_3 的串联组合把 BL2 下拉到低电平。反之则 BL2 维持在高电平。注意,这一单元是反相位的,即把与所存放信号相反的值送到位线上。刷新单元最常用的方法是先读出所存放的数据,然后把它的反信号值放到 BL1 上,再使 WWL 有效,这样依次进行。

与静态单元相比,三管单元的复杂性显著降低,这可以通过图 12.34 的版图例子来说明。该单元的总面积为 $576\lambda^2$,而图 12.31 中 SRAM 单元的面积为 $1092\lambda^2$。这些数字没有包括因与相邻单元共享而可能节省的面积。面积的节省主要是由于减少了接触孔和器件。

如果以更为复杂的电路操作为代价,那么单元结构还可以进一步简化。例如,可以把 BL1 和 BL2 合并为一条线。此时,读和写周期仍可以如前所述那样进行。但读-放大-写刷新周期必须交替进行,因为从单元读出的数据值是所存放数据值的反信号。这就要求位线在一个周期内被驱动至两个值。另一种方法是合并 *RWL* 和 *WWL* 线。同样，这对单元的操作没有本质的改变。一个读操作自动伴随对该单元内容的刷新。但这一方法需要仔细控制字线电压，以防止刷新期间在读出单元的实际值之前就已出现写单元操作。

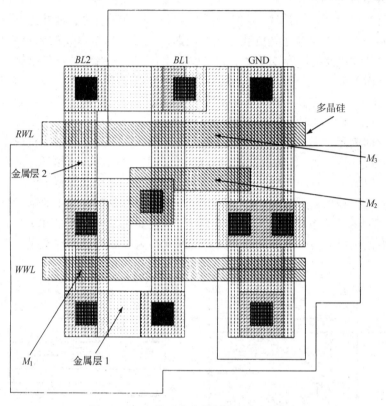

图 12.34　三管动态存储单元的版图例子

最后，3T 单元以下几个有意义的特点值得在此提及：

1. 不同于 SRAM 单元，3T 单元对器件间的尺寸比没有任何约束。这是动态电路的共同性质。器件尺寸的选择只需基于性能和可靠性方面的考虑。注意，当采用静态位线写入方法时这一结论不成立。

2. 不同于其他 DRAM 单元，读 3T 单元的内容是非破坏性的，即存放在单元中的数据值不会受读操作的影响。

3. 不需要任何特殊的工艺处理步骤。3T 单元的存储电容实际上就是读出器件的栅电容。这一点不同于下面要讨论的其他 DRAM 单元，这使它对嵌入式存储器的应用极具吸引力。

4. 当写 1 时，在存储节点 X 上的存放值等于 $V_{WWL} - V_{Tn}$。这一阈值损失减少了在读操作期间流经 M_2 的电流，因而增加了读取访问时间。为了避免这一点，有些设计自举字线电压，即把 V_{WWL} 提升到高于 V_{DD} 的值。

单管动态存储单元　　另一种显著降低单元复杂性的方法是通过进一步牺牲单元的某些性质来得到的。这一结构称为单管 DRAM 单元(1T)，它无疑是存储器产品设计中最广泛采用的动态 DRAM 单元[1]。图 12.35 是它的电路图[Dennard68]。它的基本操作原理极为简单。在写周期期间，数

---

① 也可以设计出只含有两个晶体管的 DRAM 单元。但它不具有明显优于 3T 或 1T 的优点，因而很少使用。

据值被放在位线 BL 上, 而字线 WL 则被提升。根据数据值的不同, 单元电容或者充电或者放电。在进行读操作之前, 位线被预充电至电压 V_{PRE}。当使字线有效时, 在位线和存储电容之间发生了电荷的重新分配。这使位线上的电压发生了变化, 这一变化的方向决定了被存放数据的值。电压摆幅由下列表达式给出:

$$\Delta V = V_{BL} - V_{PRE} = (V_{BIT} - V_{PRE})\frac{C_S}{C_S + C_{BL}} \tag{12.8}$$

其中, C_{BL} 是位线电容, V_{BL} 是电荷重新分配之后位线上的电位, 而 V_{BIT} 则是单元电容 C_S 上的初始电压。由于单元电容通常要比位线电容小一或两个数量级, 这一电压的变化也非常小, 对于现代最先进的存储器来说, 一般在 250 mV 左右[Itoh90]。比值 $C_S / (C_S + C_{BL})$ 称为电荷传输率, 其范围在 1% ~ 10% 之间。

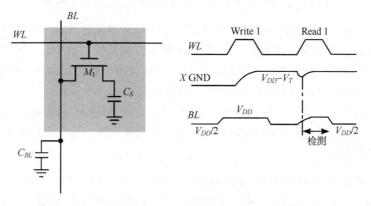

图 12.35 单管动态 RAM 单元及其在读写期间相应的信号波形

若想得到正确的功能, 需要把 ΔV 放大到全电压摆幅。这一事实标志着 1T 与 3T 以及其他 DRAM 单元之间的第一个主要差别。

1. 一个单管 DRAM 的每条位线上都要求有一个灵敏放大器(sense amplifier), 以便能正确工作。这是由于读出操作是基于电荷重新分配的缘故。前面讨论过的所有单元的读操作都取决于吸收电流。需要灵敏放大器只是为了提高读出速度, 而不是出于功能上的考虑。另外, 值得注意的是, 与两条位线上同时存在数据值及其反信号值的 SRAM 不同, DRAM 存储单元是单端的。正如将在 12.3 节中讨论的, 这会使灵敏放大器的设计复杂化。

例 12.10 1T DRAM 的读出

相应于本章前面推导的数字, 假设位线电容为 1 pF, 位线预充电电压为 1.25 V。在存储数据为 1 和 0 时单元电容 C_S (50 fF)上的电压分别等于 1.9 V 和 0 V。这相当于电荷传递率为 4.8%, 而读操作期间位线上的电压摆幅为

$$\Delta V(0) = -1.25 \text{ V} \times \frac{50 \text{ fF}}{50 \text{ fF} + 1 \text{ fF}} = -60 \text{ mV}$$

$$\Delta V(1) = 31 \text{ mV}$$

还有其他一些重要差别值得列举如下。

2. 单管 DRAM 单元的读出是破坏性的。这就是说存放在单元中的电荷数量在读操作期间会被修改, 因此完成一次读操作之后必须再恢复到它原来的值。于是在单管 DRAM 中读和刷新操作必然相互交织在一起。一般在读出期间, 把灵敏放大器的输出加在位线上。只

要保持 *WL* 的高电平就能保证单元电荷在那个时期可以被恢复。如图 12.36 所示,图中画出了在读出期间典型的位线电压波形。

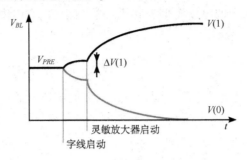

图 12.36　读操作期间的位线电压波形(数据值为 1 和 0)

3. 与依赖于在栅电容上存放电荷的三管单元不同,单管单元要求有一个额外的电容,它必须明确地包括在设计中。为可靠起见,电荷传递率应保持较大,因此该电容的最小值应在 30 fF 左右的范围内。把这样一个大电容放在一个尽可能小的面积内是 DRAM 设计的关键挑战。下一节将简略总结实现它的一些最常用的方法。

4. 我们注意到当把一个 1 写入单元时,就会损失一个阈值电压,从而减少可用的电荷。这一电荷损失可以通过把字线提升到一个高于 V_{DD} 的值来克服。这在现代最先进的存储器设计中用得非常普遍。

图 12.37 是设计单管 DRAM 单元的第一种方法。这一设计的主要优点是可以用一般的 CMOS 工艺来实现。这个单元中的存储节点由夹在多晶硅极板和反型层之间的栅电容构成,反型层是通过在多晶硅极板上加一个正电压偏置而在衬底中感应形成的。当把一个 0 写入单元时,存储节点的电势阱充满电子,即电容被充电。如果把 1 写入单元,(在位线上为高电压)则电子从感应反型层中移去,表面区域被耗尽。于是电容上的电压降低。注意,这与前面描述的情形相反:写入 0 时电容充电,而写入 1 时则电容放电。

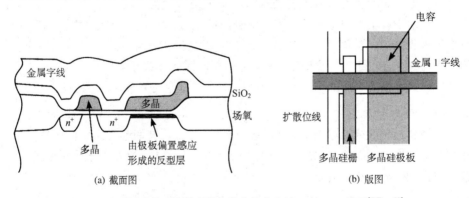

图 12.37　采用多晶硅扩散电容作为存储节点的 1T DRAM 单元[Dillinger88]。字线和多晶硅栅之间的接触孔在相邻的单元中实现

实现密集的存储单元时需要对制造工艺进行一些修改。第一种改变方法是增加第二层多晶硅作为电容的第二块极板,而原来的第一层多晶硅作为第一块极板。当要求越来越密集的单元时,DRAM 工艺(如在 16 Mb 和更大的 DRAM 中所使用的那样)已致力于三维结构,在这种结构中存储电容或者在衬底中垂直实现,或者放在存取管的顶部[Lu89]。图 12.38 为一些最先进的单元的截面图。图中第一个单元是一个沟槽电容(trench-capacitor)单元的截面图。在这一结构中,一

个深达 5 μm 的垂直沟槽被刻蚀入衬底中。沟槽的侧壁和底部都用来作为电容的电极,这样就形成了一个较大的极板表面,但却只占用很少的芯片面积。图 12.38(b)是一个堆叠电容单元(stacked-capacitor cell, STC),它的电容堆叠在存取管和位线的顶部。应用多达 4 层的多晶硅来实现"翅形"电容,以减少有效的单元面积。利用这些方法,一个 64 Mb DRAM 的单元面积在 $1.5 \sim 2.0$ μm^2 的范围内,用 0.4 μm 工艺生产时存储电容可达 $20 \sim 30$ fF! 显然,这些尺寸的缩小是有代价的。生产制造这些器件并得到合理的成品率已变得日益困难和昂贵。抛开物理或工艺实现上的障碍不说,经济成本就将决定是否会有超过 256 Mb 或 1 Gb 的半导体存储器的生存空间。

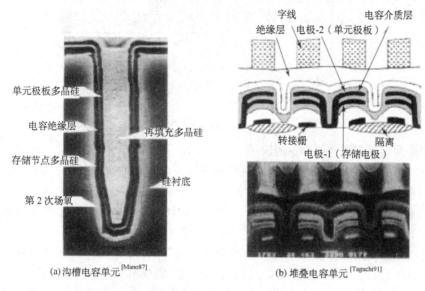

(a) 沟槽电容单元[Mano87]　　　　　　(b) 堆叠电容单元[Taguchi91]

图 12.38　先进的 1T DRAM 存储单元

12.2.4　按内容寻址或相联存储器(CAM)

按内容寻址存储器的概念在本章前面已经描述过。CAM 是一种特殊类型的存储器件,除存储数据外它还能有效地将所有存储数据与新输入的数据进行比较。图 12.39 是 CAM 阵列的一种可能的实现。该单元把一个通常的 6T RAM 存储单元($M_4 \sim M_9$)与一个附加的电路($M_1 \sim M_3$)结合起来完成比较一位数字的功能。当要写入数据时,互补的数据送到两条位线上,而字线则变为有效,这与一个标准的 SRAM 单元相同。在比较模式中,存储的数据(S 及其反信号 $\bar{S}$)与由两条互补位线(Bit 和 $\overline{Bit}$)提供的输入数据进行比较。一行的匹配线与该行所有的 CAM 单元连接,并在最初被预充电至 V_{DD}。如果 S 和 Bit 相符,内部节点 int 放电,于是 M_1 关断,使匹配线保持在高电平。然而,如果所存的位与输入位不同,则 int 被充电至 $V_{DD} - V_T$,使匹配线放电。例如,如果 $Bit = V_{DD}$ 及 $S = 0$,int 通过 M_3 充电。很容易验证该电路实际上完成的就是 XNOR(或比较器)功能。

需要注意的是,该比较器中的下拉器件是以 wired-OR(线或)方式连在一行的每一个 CAM 单元的。这就是说,在一给定行中只要有一位不符,该行的匹配线即被下拉。所以对于一个有 N 行的存储器,在一给定周期中大多数行(与输入不符)将被下拉。显然,这从功耗的角度来看并不具有吸引力。因此一般来说 CAM 功率效率不高! 虽然可以重新安排逻辑使只有匹配线才切换,但这样会使它的性能明显降低。

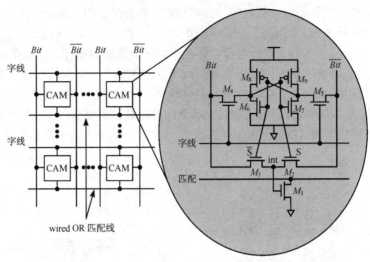

图 12.39　九管 CAM 单元

例 12.11　相联存储器在高速缓存中的应用

图 12.40 是 CAM 单元在一个全相联高速缓存存储器中的应用。高速缓存存储器是一个很小但速度很快的存储器,用来存放数字系统所需要的全部储存中的一小部分内容。它的工作原理是数据在空间和时间上具有局域性。例如,如果一个数据位置在一个程序中的某一时间点被存取,那么它在近期内被再次存取的可能性就极大。高速缓存处于处理器和大容量高密度的主存储器(DRAM)之间。它有助于减少从大存储器中取得数据所需要付出的代价(在时间和功率方面)。高速缓存存储器阵列由两部分组成,存储地址的 CAM 阵列和一个存放数据的一般的 SRAM阵列。当处理器需要写数据时,地址被写入 CAM,数据则写入 SRAM 阵列。当需要写入一个新的地址和数据而高速缓存已满时,就必须有一项(entry)被替换掉。这是通过一个高速缓存替换原则来进行的。比如,存取次数最少的数据字就是很好的被取代对象。在读模式中,所要求数据的地址提交给 CAM 阵列,然后开始并行搜寻。相匹配信号出现说明数据确实存在于高速缓存中。这一匹配信号作为 SRAM 阵列的字线启动信号以最终提供所需要的数据。如果出现不匹配的情况(即所有的匹配线都是低电平),则该数据只能从外部较慢的系统存储器中得到,这就是发生了高速缓存不命中。对此感兴趣的读者可以在许多计算机体系结构方面的教材中找到更多有关高速缓存的信息(如[Hennessy02])。

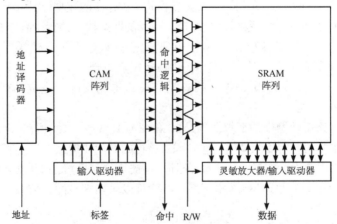

图 12.40　CAM 单元的应用:高性能片上高速缓存存储器

12.3　存储器外围电路 *

由于存储器是用性能和可靠性为代价来换取面积的减小，所以它的设计特别依赖于外围电路设计以同时恢复它的速度和电气的完整性。虽然存储器内核的设计主要取决于工艺考虑并在很大程度上已超出了电路设计者的控制范围，但一个好的设计者正是能在外围电路的设计中发挥作用，使存储器的性能大为改观。本节中将讨论地址译码器、I/O 驱动器/缓冲器、灵敏放大器以及存储器的时序与控制。

12.3.1　地址译码器

当一个存储器能随机根据地址存取时，就必然有地址译码器。这些译码器的设计对存储器的速度和功耗有重要影响。在 12.1.2 节中介绍了两类译码器：行译码器，它的任务是从 2^M 个存储行中确定一行，以及列和块译码器，它们可以描述为有 2^K 个输入的多路开关，这里，M 和 K 是地址字中相应域的宽度。在设计这些存储器时，最重要的是要从整个存储器的布局考虑。这些译码单元应紧密搭接到存储器的内核，所以译码器单元的几何尺寸必须和内核尺寸匹配(节距匹配)。否则就会造成布线的极大浪费以及由此引起的延时和功耗的增加。本章最后的实例研究将显示节距匹配的译码器和存储阵列的例子。

行译码器

从 2^M 中选 1 的译码器只不过是 2^M 个复杂的 M 个输入的逻辑门的组合。考虑一个 8 位地址译码器。它的每一个输出 WL_i 是 8 个输入地址信号(A_0 至 A_7)的一个逻辑函数。例如地址为 0 和 127 的行是由下列逻辑函数确定的：

$$WL_0 = \overline{A}_0\overline{A}_1\overline{A}_2\overline{A}_3\overline{A}_4\overline{A}_5\overline{A}_6\overline{A}_7$$
$$WL_{127} = \overline{A}_0 A_1 A_2 A_3 A_4 A_5 A_6 A_7 \tag{12.9}$$

利用一个八输入的 NAND 门和一个反相器，这一函数可以用两级逻辑来实现。对于单级实现，则可以运用 De Morgan 定律把它变为一个宽 NOR 门：

$$WL_0 = \overline{A_0 + A_1 + A_2 + A_3 + A_4 + A_5 + A_6 + A_7}$$
$$WL_{127} = \overline{A_0 + \overline{A}_1 + \overline{A}_2 + \overline{A}_3 + \overline{A}_4 + \overline{A}_5 + \overline{A}_6 + \overline{A}_7} \tag{12.10}$$

事实上，为实现这一逻辑功能，每行需要一个 8 输入的 NOR 门。这就向我们提出了几个需要解决的难题。第一，宽 NOR 门的版图必须在字线节距的范围内。第二，门的大扇入对性能会有负面影响。译码器的传播延时也是一个非常重要的问题，因为它直接加到读和写的存取时间上。此外，这个 NOR 门必须驱动来自字线的大负载，而它本身又不会使输入地址过载。最后，必须注意译码器的功耗问题。下面将讨论各种静态和动态实现的方法。

静态译码器设计　用互补 CMOS 来实现宽 NOR 功能是不现实的。一种可能的解决办法还是采用伪 NMOS 设计方式，这样能有效地实现宽 NOR 门。但功耗方面的考虑使这种方法在今天约束过严的设计领域不那么有吸引力。

好在第 6 章中介绍的一些原理解决了宽 NOR 功能的实现问题。把一个复杂的门分成两个或更多的逻辑层次通常都能产生更快和成本更低的实现。这一分解的设想使得有可能用互补 CMOS 建立起快速且省面积的译码器，事实上，这在目前大多数存储器中使用得很成功。地址的各段在称为预译码器的第一个逻辑层次被译码，随后，第二层逻辑门产生最终的字线信号。

考虑一个 8 输入的 NAND 译码器的情形。WL_0 的表达式可以重组为以下形式：

$$WL_0 = \overline{\overline{A_0}\,\overline{A_1}\,\overline{A_2}\,\overline{A_3}\,\overline{A_4}\,\overline{A_5}\,\overline{A_6}\,\overline{A_7}}$$

$$= \overline{\overline{(A_0 + A_1)}\,\overline{(A_2 + A_3)}\,\overline{(A_4 + A_5)}\,\overline{(A_6 + A_7)}} \tag{12.11}$$

在这一具体情形中，地址分为每 2 位一组，它们先被译码。所生成的信号随后用一个四输入的 NAND 门组合以产生字线信号的全译码阵列。所形成的结构如图 12.41 所示。

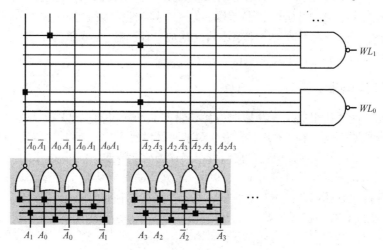

图 12.41　一个采用两输入预译码器的 NAND 译码器

运用预译码器有许多优点：

- 减少了所需要的晶体管数目。假设预译码器用互补静态 CMOS 实现，那么在 8 输入译码器中有源器件的数目等于 $(256 \times 8) + (4 \times 4 \times 4) = 2112$，这是单级译码器的 52%，后者需要 4096 个晶体管。

- 随着 NAND 门输入数目的减半，它的传播延时被减至约 1/4。记住，延时与扇入数之间呈平方关系。

然而，在这一设计中，四输入的 NAND 门仍然直接驱动有很大负载的字线。由于反相器是最好的大电容驱动器，因此，NAND 的输出应当经过缓冲。为了使译码器设计尽可能最优，可以直接应用逻辑努力的规则。在第 6 章中已经证实，当驱动很大的负载时，增加更多的逻辑层次是有益的。通过进行更多的类似于式（12.11）的逻辑变换，可以把译码器分成更多的逻辑层次，每一层由两输入的 NAND、两输入的 NOR 或反相器组成。

例 12.12　译码器设计

使存储器译码器的延时最小是一个非常确定的问题。可以计算出字线的总电容，而作为输入地址线负载的最大电容则是由设计来限定的。这就确定了译码器路径的有效扇出 F。可以推导出许多实现 8 输入 AND 功能的逻辑结构，图 12.42 即是其中的一个。这一结构由反相器和两输入 NAND 构成。首先输入地址被缓冲，并按 4 位一组进行预译码。把这些经预译码的信号垂直布线并连至最后一级译码器。由于最后一级译码器只包含两输入的 NAND，所以能适合字线的节距。

这一路径的逻辑努力为 $G = (4/3)^3 = 2.4$，而本征延时为 $P = 12$。支路总数 B 如图 12.42 所示为 128（$= 2 \times 4 \times 16$）。一旦确定了有效扇出数 F，就可以确定最小延时和门的最优尺寸。

在上述分析中忽略了预译码器和最终译码器之间的导线电容 C_W，但这一电容在较大的存储器中还是很显著的。其原因在考察整个存储器结构（见图 12.6）后就变得很清楚。如果在优化过程中包括这一固定的电容负载，问题就变得困难得多，但还是可以解决的[Amrutur01]。

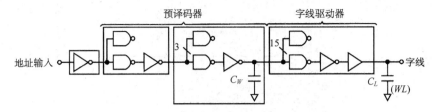

图 12.42 一个 8 位译码器的逻辑路径

考虑到字线通常保持在低电平这一事实，还可以进行性能的最后优化。即我们只需优化上升过渡。通过不对称地设计门的尺寸使得只有利于一个方向的过渡，可以降低路径中所有门的逻辑努力。

所有的大型译码器至少需要由两层结构来实现。这种预译码器–最终译码器结构还有另一个优点。在每一个预译码器中增加一个选择信号，就能在一个存储器块未被选择时禁用其译码器，这就大大节省了功耗。

动态译码器 由于只有一个方向的过渡决定译码器的速度，所以评估一下其他电路实现将是很有意义的。一种办法是采用前面未深入讨论的伪 NMOS 逻辑。动态逻辑则提供了另一种更好的方法。首先采用的解决办法如图 12.43 所示，这是一个 2 至 4 译码器的晶体管图和概念化的版图。注意，这一结构在几何上与 NOR ROM 阵列相同，差别只在于数据形式。

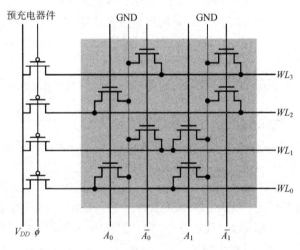

图 12.43 动态 2 至 4 NOR 译码器

以类似的方式还可以用一个 NAND 阵列来实现译码器，有效地实现式(12.9)的反相表达式。这时，在正常情况下，除被选择的行为低电平以外，阵列的所有输出都为高电平。这一"低电平有效"的信号正如在 12.2.1 节中讨论的，与 NAND ROM 的字线要求是一致的。注意，译码器与存储器之间的接口常常包括一个缓冲器/驱动器，它可以在需要时产生反信号。图 12.44 是一个 NAND 结构的 2 至 4 译码器。

在讨论 NAND 和 NOR ROM 阵列时所提出的关于性能和密度的所有考虑在此都成立。NOR 译码器明显较快，但它们比相应的 NAND 译码器浪费面积，而且功耗也大得多。这可以从以下的观察中清楚地看出：在一个 NAND 译码器中预充电之后，只有一条字线被下拉，而在 NOR 情形中只有一条字线处在高电平。与静态译码器设计一样，较大的译码器采用多层(逻辑)的方法来建立。

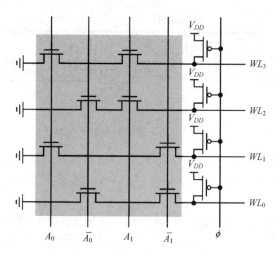

图 12.44 一个 2 至 4 MOS 动态 NAND 译码器。这一实现假设预充电期间的所有地址
信号都是低电平。另一种方法是在每一个晶体管链的底部增加一个求值管

列译码器和块译码器

列译码器应当与存储阵列的位线节距匹配。一个列译码器和块译码器的功能可以用一个具有 2^K 个输入的多路开关进行最好的说明,这里 K 代表地址字的位数。对于读–写阵列,这些多路开关可以是单独的也可以为读和写操作所共用。在读操作期间,它们必须提供一条从预充电位线至灵敏放大器的放电路径。在对存储阵列进行写操作时,它们必须能驱动位线至低电平,以把一个 0 写入存储单元中。

一般采用两种方法来实现这个多路选择功能。究竟选择哪一种方法要取决于面积、性能和总体结构方面的考虑。

一种实现方法是基于第 6 章中介绍的 CMOS 传输管多路开关(见图 6.46)。传输管的控制信号采用一个 K 至 2^K 的预译码器来产生,这一预译码器可按上一节所介绍的步骤来实现。图 12.45 是一个只用 NMOS 管实现的 4 至 1 列译码器的电路图。当这些多路开关为读和写操作共用以提供两个方向的全摆幅时,就必须采用互补传输门。这个方法的主要优点是它的速度快。由于只有一个传输管插在信号路径上,所以它只增加很小的额外电阻。列译码是在读序列中最后执行的操作之一,因此它的预译码可以与其他操作(如存储器的访问及灵敏放大)并行执行,并且只要有了列地址就可以立刻执行,因此它的传播延时不会加到存储器总的存取时间上。较慢一些的实现,如 NAND 译码器甚至也是可以接受的。这一结构的缺点是它的晶体管数目很多。一个 2^K 个输入的译码器需要 $(K+1)2^K + 2^K$ 个器件。例如,一个 1024 至 1 的列译码器需要 12 288 个晶体管。同样应当知道,在节点 D 处的电容以及瞬态响应的时间与多路开关输入的数目成正比。

树形译码器(tree decoder)是一种更为有效的实现方法,它采用了二进制简化技术,如图 12.46 所示。注意它不需要任何预译码器。如下式所示(对于 2^K 个输入的译码器),器件的数目将大大减少:

$$N_{tree} = 2^K + 2^{K-1} + \cdots + 4 + 2 = 2 \times (2^K - 1) \tag{12.12}$$

这意味着一个 1024 至 1 的列译码器只需要 2046 个有源器件,相当于减少到 1/6! 但是不利的方面是,在信号路径中插入了一个由 K 个传输管串联而成的链。由于延时随分段的数目按平方关系增加,所以大译码器采用树结构时会慢得无法接受。这可以通过插入中间缓冲器来弥补。逐次增大(树形译码器中)晶体管的尺寸是另一种办法,即自下而上地增加晶体管的尺寸。最后一种方法是把传输管和以树结构为基础的方法结合起来。地址字的一部分(例如 msb 一边)进行预译码，其余位则采用树结构译码。这样可以同时减少晶体管的数目和传播延时。

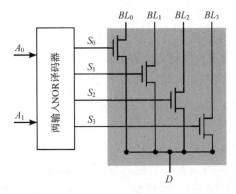

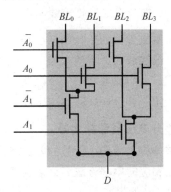

图 12.45　采用 NOR 预译码器的一个四输入传输管列译码器　　图 12.46　一个 4 至 1 的树形列译码器

例 12.13　列译码器

考虑一个 1024 至 1 的译码器。预译码 5 位，使晶体管总数为

$$N_{dec} = N_{pre} + N_{pass} + N_{tree} = 6$$
$$(5+1)2^5 + 2^{10} + 2(2^5 - 1) = 1278$$

此时串联连接的传输管数目减至 6 个。

非随机存取存储器的译码器

非随机存取类存储器并不需要一个全译码器。在一个串行存取的存储器中，如视频行扫描存储器(video-line memory)，译码器可以简化为一个 M 位的移位寄存器，这里 M 为行数。每次只有其中一位处于高电平，它称为指针(pointer)。每执行一次存取，指针就移到下一个位置。图 12.47 显示了这样一个用 C^2MOS D-FF 实现的简化译码器的例子。类似的方法也可以用于其他类型的存储器，如 FIFO(先进先出存储器)。

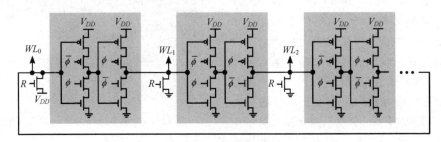

图 12.47　循环移位寄存器的译码器。R 信号使指针回到第一个位置

12.3.2　灵敏放大器

灵敏放大器在存储器的功能、性能和可靠性方面都起着举足轻重的作用。特别是它们执行以下功能。

- 放大。在某些存储器结构中，如单管 DRAM 存储器，由于其电路摆幅一般限制在 100 mV[Itoh01]，所以需要放大才能正确工作。在其他存储器中，灵敏放大器可以分辨具有较小位线摆幅的数据，从而减少了功耗和延时。

- 减少延时。放大器通过加速位线过渡过程，或通过检测位线上很小的过渡变化并把它放大到较大的信号输出摆幅来弥补存储器单元有限的扇出驱动能力。

- 降低功耗。减少在位线上的信号摆幅可以消除大部分与充电和放电位线相关的功耗。
- 恢复信号。由于在单管 DRAM 中读和刷新功能在本质上是联系在一起的,因此有必要在灵敏放大之后把位线驱动至全信号幅度。

灵敏放大器的拓扑结构在很大程度上取决于存储器件的类型、电压大小以及存储器的整体结构。灵敏放大器本质上是一个模拟电路,对它的深入分析需要有坚实的模拟电路专业知识,因此在此只是简要地介绍一下这些器件的设计。关于放大器设计更详尽的讨论,读者可以参阅诸如[Gray01]和[Sedra87]等教材。

差分电压灵敏放大器

差分放大器把小信号的差分输入(即位线电压)放大为大信号的单端输出。一般认为差分方法较之相应的单端方法有许多优点,其中最为重要的一条是共模抑制(common-mode rejection)。这就是说,如果注入两个输入的噪声相同,这个放大器就可以抑制它们。这对存储器特别有吸引力,因为在存储器中位线信号的确切值因芯片不同而不同,甚至在同一芯片的不同位置上也不同。换言之,1 或 0 信号的绝对值并不确切已知,并且可能会在一个很大的范围内变化。这一情况由于存在多个噪声源而变得更为复杂。这些噪声源可以是切换引起的电源电压上的尖峰信号,或字线和位线之间的电容串扰,等等。这些噪声信号的影响有可能非常严重,特别是我们注意到被检测的信号幅值一般都很小。一个差分放大器的功效表现在它抑止共模噪声和放大信号间真正差别的能力。对两个输入相同的信号在放大器的输出端会被抑制一定的倍数,称为共模抑制比(CMRR)。同样,在电源电压上的尖峰信号也会被抑制一定的倍数,这称为电源抑制比(PSRR)。因此考虑采用差分灵敏放大技术。

遗憾的是,差分方法只能直接应用于 SRAM 存储器,因为只有这些存储单元能够提供真正的差分输出。图 12.48 是一个最基本的差分灵敏放大器。放大是根据电流镜原理用一级完成的。输入信号(bit 和 $\overline{bit}$)的负载很大并由 SRAM 存储单元来驱动。这些线上的摆幅很小,因为是用一个很小的存储单元来驱动一个很大的电容负载。输入信号送入差分输入器件(M_1 和 M_2),而晶体管 M_3 和 M_4 则作为一个有源的电流镜负载。放大器的工作状态由灵敏放大器的使能信号 SE 控制。最初,两个输入被预充电且等于同一个值,同时 SE 处在低电平使检测

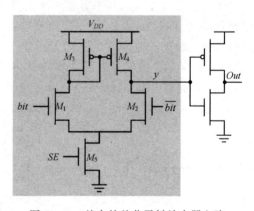

图 12.48　基本的差分灵敏放大器电路

电路无效。一旦读操作开始,两条位线中的一条电压下降。当建立起足够的差分信号后 SE 即启动,于是放大器求值。

这一差分至单端放大器的增益可由下式求得:

$$A_{sense} = -g_{m1}(r_{o2} \parallel r_{o4}) \tag{12.13}$$

其中,g_{m1} 是两个输入管的跨导,r_o 是晶体管的小信号器件电阻。在 MOSFET 的饱和区,MOS 管的 r_o 非常高。输入器件的跨导可以通过加宽器件或增加偏置电流来提高。但后者也降低了 M_2 的输出电阻,从而限制了这一方法的效能。这一方法大约可以达到 100 倍的增益。但实际上,一般把灵敏放大器的增益设置在 10 倍左右,因为灵敏放大器的主要目的是快速产生一个输出信号,因此增益对于响应时间来说是第二位的。若要达到所希望的全摆幅信号,需要采用多级放大电路。

图 12.49 显示了全差分两级灵敏放大方法和 SRAM 的一位列结构。位线被连到两级差分放大器的输入 x 和 $\bar{x}$。一个读周期按如下步骤进行。

1. 第一步，通过下拉 $\overline{PC}$ 使位线预充电至 V_{DD}。同时 EQ-PMOS 管导通，以保证两条位线上的初始电压相同。这一操作称为均压，它对于防止灵敏放大器在导通时出现错误的偏移是必要的。实际上，存储器中的每一个差分信号在进行读操作之前都先要被均压。均压对位线通过 NMOS 上拉器件预充电来说是非常关键的一步，因为预充电值会由于器件阈值的变化而不同。

2. 关断预充电器件和均压器件并启动一条字线开始读操作。其中一条位线被所选择的存储单元下拉。注意，一个与预充电管并联放置的栅接地 PMOS 负载限制了位线摆幅，从而加速了下一轮的预充电周期。

3. 一旦建立起一个足够的信号（一般为 0.5 V 左右），灵敏放大器就会通过提升 SE 而导通。位线上的差分输入信号通过两级放大器被放大，并最终在反相器输出端产生一个全摆幅（从电源轨线至轨线间电压）的输出。

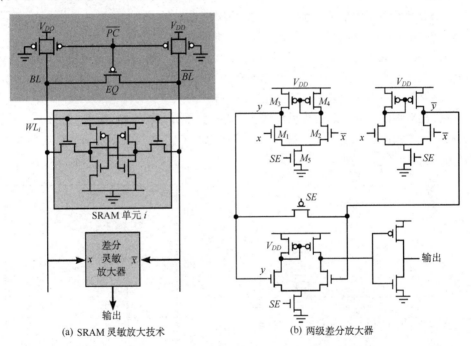

(a) SRAM 灵敏放大技术　　(b) 两级差分放大器

图 12.49　差分灵敏放大技术用在 SRAM 存储器的一列中

图 12.49(b) 为一个两级灵敏放大器电路。虽然这些电路用的都是 PMOS 负载和 NMOS 输入器件，但 PMOS 输入器件和 NMOS 负载的对偶结构也经常使用，这要取决于偏置状况。注意，通过使 SE 脉冲控制信号只在短暂的求值期间有效，可以降低放大器的静态功耗。还应当注意，通过在存储单元和放大器之间插入列译码器传输管，一个灵敏放大器可以在许多列之间共享（在这一情形下放大器的输入电平减少了一个器件阈值），从而节省了面积并降低了功耗。

前面介绍的灵敏放大器都是把输入和输出分开。也就是说它的位线摆幅取决于 SRAM 单元和静态 PMOS 负载。图 12.50 的电路采用了一个完全不同的差分检测方法，这一电路采用一对交叉耦合的 CMOS 反相器作为灵敏放大器。正如在第 5 章中所指出的，当一个 CMOS 反相器处在它的过渡区时将表现出很高的增益。为了使这个触发器起到灵敏放大器的作用，首先通过均压位线使触发器初始化在它的亚稳态点上。读取过程中在位线上建立起一个电压差。一旦这个电压差足够大，灵敏放大器就通过提升 SE 而启动。根据输入情况，这一交叉耦合对会移向它的两个稳定工作点之一。由于正反馈的结果，这一翻转非常快。

虽然触发器型灵敏放大器既简单又快速，但它有一个特点，即输入和输出是合一的，所以全摆幅（从电源轨线至轨线）翻转是在位线上进行的。这恰好是单管 DRAM 所要求的，因为在这一存储器中位线上的信号电平必须恢复才能刷新单元中的内容。因此，在 DRAM 设计中几乎总是要采用交叉耦合单元。如何把一个像 DRAM 单元这样的单端存储器结构变为一个差分结构将在下一节中讨论。

单端灵敏放大

虽然差分灵敏放大至此是优先考虑的方法，但在 ROM、E(E)PROM 和 DRAM 中使用的存储单元从本质上讲都是单端的。解决这一问题的第一种方法是采用单端放大。由于位线一般都要进行预充电，因此采用一个如图 9.35 所介绍的不对称反相器会是一个好办法。在较小的存储器结构中

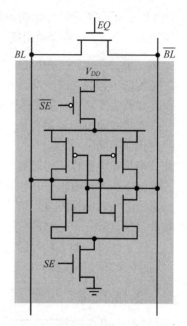

图 12.50　交叉耦合 CMOS 反相器的锁存器作为灵敏放大器

常常采用一种很有趣的不同的非对称反相器，称为电荷重分布放大器（见图 12.51）。它的基本想法就是利用在一个大电容 C_{large} 和一个比它小得多的电容 C_{small} 之间的不平衡性。这两个电容之间用传输管 M_1 隔开[Heller75]。

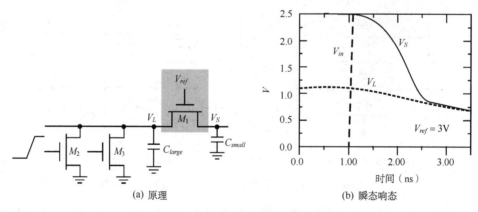

(a) 原理　　　　　　　　　　　(b) 瞬态响态

图 12.51　电荷重分布放大器

通过将节点 S 连至电源电压，节点 L 和 S 上的初始电压（V_{L0} 和 V_{S0}）将预充电至 $V_{ref} - V_{Tn}$ 和 V_{DD}。由于在 M_1 上的电压降，V_L 只能预充电至 $V_{ref} - V_{Tn}$。当其中一个下拉器件（如 M_2）导通时，具有大电容的节点 L 就慢慢放电。只要 $V_L \geqslant V_{ref} - V_{Tn}$，晶体管 M_1 就关断，于是 V_S 保持不变。一旦 V_L 下降到低于触发电压（$V_{ref} - V_{Tn}$），M_1 即导通。电荷重分布开始，节点 L 和 S 电压相等。由于在 S 节点上的电容很小，所以这一过程可以进行得很快。这样，节点 L 上很小的电压变化就转变成节点 S 上很大的电压降，如图 12.51(b) 模拟的瞬态响应所示。电路由此起到了放大器的作用。所得到的信号可以送入切换阈值大于 $V_{ref} - V_{Tn}$ 的反相器，以产生一个电源轨线至轨线的全摆幅。

图 12.52 是一个用于存储器的电荷重分布放大器的电路图。这一结构在 EPROM 存储器中已

经非常普遍。电荷重分布放大器的缺点是工作的噪声容限非常小。由于噪声或漏电引起的节点 L 上的很小变化就有可能造成节点 S 的误放电(见图12.51),因此必须进行仔细的设计和分析。

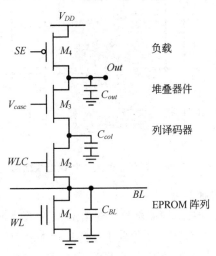

图 12.52 用于 EPROM 存储器中的电荷重分布放大器

单端至差分转换

容量较大的存储器(大于 1 Mb)非常容易受到噪声的干扰,因此常把单端灵敏放大问题转化为差分放大问题。单端至差分转换的基本概念可以用图 12.53 来说明。一个差分灵敏放大器的一边连到单端位线上,另一边则是位于 0 和 1 电平之间的一个参考电压。根据 BL 的值,放大器会沿一个方向或另一个方向翻转。设计一个好的参考电源并不像想像的那么容易,因为电压大小在芯片与芯片间、甚至在同一芯片上都会有所不同,因此这一参考源必须能跟踪这些变化。图 12.54 是在单管 DRAM 中解决这一问题的常用方法。存储阵列被分成两半,差分放大器放在它们的中间。在每一边增加了一列所谓的虚单元。它们也是类似于其他单元的单管存储单元,但它们的唯一目的是作为参考。这一方法通常称为开式位线结构。

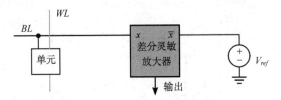

图 12.53 单端至差分的转换

当 EQ 信号提升时,位线 BLL 和 BLR 均被预充电至 $V_{DD}/2$。同时提升 L 和 $\overline{L}$ 保证了虚单元也被预充电至 $V_{DD}/2$。在读周期时,其中一条字线为有效。假设左半阵列中的一个单元由于提升字线 WL_0 而被选中,这会引起在 BLL 上的电压变化。与此同时,通过提升 L 使另一半存储器中的虚单元被选中而建立起合适的参考电压。如果假设左边和右边存储器完全匹配,那么在 BLR 上形成的电压处于 0 和 1 电平之间,因而引起灵敏锁存器发生翻转。注意,确保完全对称非常重要。同时提升字线 WL_0 和 L 使在位线与字线之间的电容耦合变为共模信号,它可以通过灵敏放大器有效地消除。同时注意到把位线分隔成两半能有效地降低位线电容,这可以使电荷传输率加倍并改善信噪比。

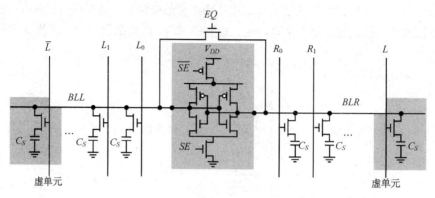

图 12.54　具有虚单元的开式位线结构

例 12.14　单管 DRAM 中的灵敏放大

利用 SPICE 模拟了用开式位线结构实现的单管 DRAM 和锁存灵敏放大器的读操作。存储电容设为 50 fF，而位线电容等于 0.5 pF。这相当于电荷传输率为 9%。假设位线预充电至 1.25 V，电荷的重新分布致使一个 0 信号的电压减少了 110 mV。由于在传输管上的阈值损失，与数据 1 相应的单元电压等于 1.9 V，这相当于在使字线有效后位线上的电压只增加了 60 mV。这些数值为模拟所证实，模拟显示在灵敏放大器导通之前这两个值分别为 110 mV 和 45 mV(见图 12.55)。

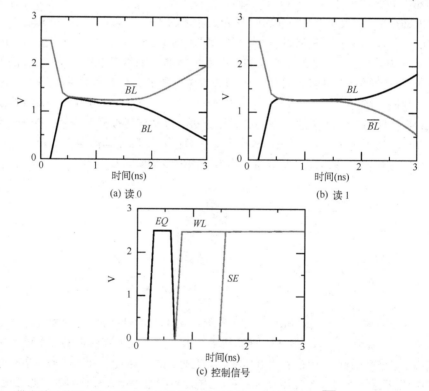

图 12.55　带虚单元的开式位线结构中读操作的模拟结果。虚单元连至 $\overline{BL}$ ($C_S = 50$ fF；$C_{BL} = 0.5$ pF)

12.3.3　参考电压

大多数存储器要求产生某种形式的片上电压。一个高级存储器的设计要求包含有几个参考电压和电源电压，主要包括以下这些。

- 提升的字线电压。在一个采用 NMOS 传输管的通常的单管 DRAM 单元中，能够写在一个单元上的最大电压等于 $V_{DD} - V_{Tn}$，这对存储器的可靠性有负面影响。通过把字线电压提升到 V_{DD} 以上(更具体地说，提升到 $V_{DD} + V_{Tn}$)，就可以写一个全幅的信号。这一"提升字线"的方法通常采用一个电荷泵来产生升高的电压。
- 半 V_{DD}。正如前面讨论的，将 DRAM 的位线预充电至 $V_{DD}/2$。这一电压必须在芯片上产生。
- 降低内部电源电压。大多数存储器电路在低于外部电源的电压下工作。DRAM(以及其他存储器)运用内部电压调节器来产生所需的电压，但它与标准接口电压一致。
- 负衬底偏置。控制存储器内部阈值电压的一个有效方法是给它加上一个负的衬底偏置，再加上一个控制环路。这一方法已用于所有最新一代的 DRAM 存储器中。

参考电压的设计属于模拟电路设计范畴。下面是一些参照电路的简单概述。

降压转换器

降压转换器用于产生较低的内部电源电压，使接口电路能够在一个较高的电压下工作。所以，内部电路可以积极降低电压以利用现代最先进的工艺尺寸缩小技术，但仍保持与外部电路兼容。在深亚微米器件中实际上必须降低电源电压以避免击穿。在第 11 章中讨论过的电平转换器用来作为在存储器内核与外部电路之间的接口。稳压器也用于建立一个稳定的内部电压，同时还要能接受电池操作系统中未经调节的范围很广的输入电压，这样就能适应电池电压随时间变化的实际情况。

图 12.56 是一个降压转换器(也称线性稳压器)的基本结构。它基于上一节描述的运算放大器。该电路运用一个大 PMOS 输出驱动器晶体管来驱动存储器电路的负载(也可以采用一个NMOS 输出器件)。这一电路利用负反馈把输出电压 V_{DL} 设定在参考电压上。

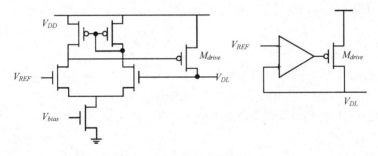

图 12.56　稳压器及其等效的表示

转换器必须提供一个能够承受工作条件变化的电压。比较慢的变化，比如温度的变化，可以通过反馈环路来校正。但要注意，这是一个反馈电路，如果设计不当会不稳定。特别是由负载吸取的负载电流会随时间有很大的不同，因此转换器必须设计为能适应这些大的变化。

电荷泵

字线提升和阱偏置这样的技术经常需要电压源比电源电压高，但却不吸取太多的电流。电荷泵正是能满足这一要求的理想电压发生器。它的原理可以用图 12.57 中的简单电路进行最好的说明。晶体管 M_1 和 M_2 连接成二极管的形式。假设一开始时钟 CLK 处于高电平，在此期间节点 A 处于 GND，而节点 B 处于 $V_{DD} - V_T$，于是存放在电容上的电荷为

$$Q = C_{pump}(V_{DD} - V_T) \tag{12.14}$$

在第二阶段，CLK 下降，节点 A 提升至 V_{DD}。节点 B 也相应升高，从而有效地关断了 M_1。当节点

B 比 V_{load} 高一个阈值时，M_2 开始导通，把电荷传送到 C_{load}。在连续的时钟周期期间，电荷泵不断地将电荷送到 V_{load} 直到输出端的电压达到最高值 $2(V_{DD} - V_T)$。从电压发生器中能够吸取到的电流大小主要取决于电容的大小以及时钟的频率。电压发生器的效率衡量了在每个泵压周期中浪费了多少电流，这一般在 30% ~ 50% 之间。因此，电荷泵应当只用来作为几乎不吸取电流的电压发生器。这里介绍的电路非常简单而且效率也不高。目前已经设计出许多用于较大电压范围和效率较高的比较复杂的电荷泵。

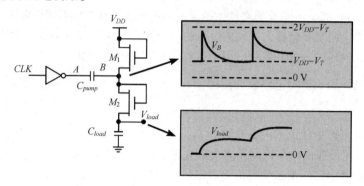

图 12.57　简单的电荷泵及其信号波形

参考电压

一个精确而稳定的参考电压是降压转换器重要的组成部分。参考电压被认为在电源和温度变化时相对比较稳定。图 12.58 是一个 V_T 参考电压发生器的例子。最下面的器件(M_3 和 M_4)作为电流镜使相同的电流通过 M_1 的漏和电阻 R_1。通过使器件 M_1 较大而保持电流足够地小，可以使 M_1 的源-栅电压近似等于 $|V_{T_p}|$，这可以由下式推导出：

$$|V_{GS, M1}| = |V_{Tp}| + \sqrt{\left|\frac{2I_{M1}}{k_{p, M1}}\right|} \tag{12.15}$$

同时，通过电阻的电流和 M_1 的漏电流都等于 $|V_{Tp}|/R_1$。注意，M_2 的作用是偏置晶体管。由于器件 M_1 和 M_5 都经受相同的栅-源电压，M_1 的漏电流也镜像到了 M_5 中。因此参考电压为

$$V_{REF} = |V_{Tp}| \cdot \frac{R_2}{R_1} \tag{12.16}$$

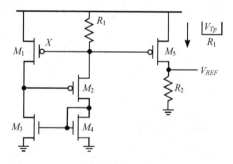

图 12.58　一个简单的 V_T 参考电压发生器

阈值电压的变化可以通过对电阻进行激光修正来校正。V_{REF} 也表现出良好的温度稳定性。通过选择合适的材料来实现 R_1 和 R_2，V_{Tp} 随温度的变化可以用 R_2/R_1 抵销。这一电路用在一个 16 Mb DRAM 中[Hidaka92]，并表现出非常好的稳定性：$\Delta V_{REF}/\Delta T = 0.15$ mV/℃，$\Delta V_{REF}/\Delta V_{DD} = 10$ mV/V。

上面的讨论并不完全，可惜的是，有关参考电压更详尽的讨论已超出了本书的范围。读者可以参阅[Itoh01]和[Gray01]以了解细节。

12.3.4　驱动器/缓冲器

字线和位线的长度随存储器容量的增加而增加。尽管通过分割存储阵列可以使相关性能变差的程度减轻，但读和写存取时间的很大一部分来自于导线的延时。为此，存储器周边面积的绝

大部分用来放置驱动器, 特别是地址缓冲器和 I/O 驱动器。串接缓冲器的设计在第 5 章中已做了详细讨论, 那里提出的所有问题在这里也适用。

12.3.5　时序和控制

前面的讨论为我们展示了存储器模块作为一个复杂实体的情形, 它的操作是由一系列明确定义的操作来控制的, 如地址锁存、字线译码、位线预充电以及电压均衡、灵敏放大器启动和输出驱动。为了能够正确工作, 最主要的是要使这一系列操作能符合所有操作环境以及器件和工艺参数的范围。为达到最高性能, 必须仔细安排不同事件的时序。尽管时序和控制电路只占很少量的面积, 但它的设计很明显是整个存储器设计过程的组成部分。因此需要仔细地优化并且在一定范围的操作条件下进行充分反复的 SPICE 模拟。

多年来, 已经出现了许多不同的存储器时序方法, 它们可以大体分为钟控和自定时两大类。下面讨论每一类的典型例子以说明其差别。

DRAM——一种钟控方法

很早以前, DRAM 存储器就选择多路分时选址技术(multiplexed addressing), 在这一技术中行地址和列地址依次出现在同一地址总线上以节省封装引线。这一方法已经用于许多代的存储器中, 并且今天仍在使用, 尽管它正变得越来越难以处理并且偏离系统级的要求。

在多路分时寻址技术中, 用户必须提供两个主要的控制信号 RAS(行地址选通脉冲)和 CAS(列地址选通脉冲), 它们分别表示行地址和列地址已经存在(见图 12.8)。另一个控制信号(W)则说明需要执行的操作是读还是写。这些信号可以看成外部时钟信号, 它们用来控制内部存储操作的时序。与同步时钟方法一样, RAS 和 CAS 信号的间隔时间必须足够长, 以使所有后续的操作都得以完成。图 12.59 是一个(1×4)Mb DRAM 存储器的简化时序图以及某些必须满足的时序约束。全部技术要涉及 20 多个时序参数, 所有这些参数都必须精确地限制在规定的范围之内以保证正确的操作。显然, 为这些存储器产生正确的时序信号并不是一件轻松的任务!

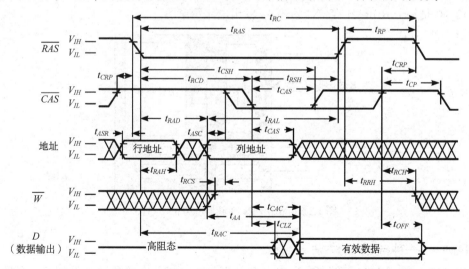

图 12.59　4 M × 1 DRAM 存储器的读周期时序图[Mot91]。读周期的最小时间等于110 ns。RAS 和 CAS 信号下降沿之间的间隔必须在 20 ~ 40 ns 的范围内。从图中可以看到总共24个时序约束

所有内部时序信号(如 *EQ*, *PC* 和 *SE* 信号)都是从外部控制信号派生出来的。为了达到最高性能,其中某些信号必须出现在非常精确的时间间隔内。例如,在字线译码开始后不能过早应用 *SE* 信号,因为这会增加对噪声的敏感性。反之,如果把它推迟得过久又会减慢存储器的速度。这些事件之间的间隔时间与字线的延时有关,而字线延时又可能随温度和工艺的变化而变化。通常的做法是把一条模拟字线(虚字线)模块放入时序产生电路中,利用工作参数来调整时序间隔。这一"延时模块"精确地跟踪实际字线的延时,使存储器在保持性能的同时更加稳定。因此可以很合理地说 DRAM 是把全局层次上使用的同步方法与用来产生某些局部信号的自定时技术结合在了一起。

同步 DRAM 存储器

DRAM 存储器的主要难题之一是它具有较长的存取时间和较低的数据通过量。随着微处理器及其 SRAM 高速缓存的速度越来越快,处理器内核与 DRAM 主存储器之间在性能上的差距也越来越大。这一差距已成为高性能系统设计中的主要挑战之一。为了解决这一问题,已经研发出一些高速的 DRAM 同步存储器,如 SDRAM(同步 DRAM)[Yoo95] 和 RDRAM(Rambus DRAM)[Crisp97]。这些存储器基本上脱离了传统存储器的 RAS/CAS 时序模式。虽然同步 DRAM 在存储器内核上基本没做什么改变,但它利用了内核能高度并行操作的事实——换言之,对每个给定的读和写周期可以同时读/写许多位,但它的速度相对较慢。可以用一个高速的同步接口将这些位送入或送出存储器芯片,其操作速度接近处理器的时钟频率。这样做的代价是在进入存储器内核的接口处需要有额外的锁存器和缓冲器,以及要有高速的电路来支持高数据率的 I/O 接口。这些存储器的主要贡献是重新定义了进入存储器的接口。只要数据被写入容量大而连续的存储块,这种方法已证明是非常有效的。

作为一个例子考虑 RDRAM。输入/输出数据在一条狭窄的总线上串行传递,需要几个时钟周期。然而,总线以极高的速度运行,而且采用有效的数据包协议(packet protocol)。因此在一个很短的周期内可以传递大量的数据。可以把多个存储器芯片连接到这一总线,它称为 *Rambus* 通道。图 12.60 是一个 RDRAM 存储器的输入/输出电路示意图。

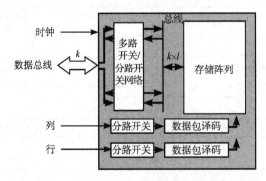

图 12.60　RDRAM 存储器的方框示意图

SRAM——一种自定时的方法

与 DRAM 不同,SRAM 存储器在历史上就一直是从全局静态的角度来设计的。存储器的操作由地址总线上的事件或 *R/W* 信号来启动,如图 12.8(b)所示,无须额外的时序信号或控制信号。看来这样一种方法意味着所有的电路(如译码器和灵敏放大器)都是完全静态实现的,因此其中一个输入信号上的变化(数据或地址总线,*R/W*)都会逐次通过后续的电路层次。

前面的讨论已经清楚说明,无论从面积还是功耗的角度考虑,对于较大容量的存储器,这种全静态方法都是不可行的, 因此 SRAM 存储器采用了一种更聪明的办法, 称为地址变化探测法 (ATD), 这一方法在测得外部环境有变化时就自动产生内部信号, 如 PC 和 SE。

ATD 电路在 SRAM 和 PROM 模块的结构中起着很重要的作用。它是大多数时序信号的来源并且是整个关键时序路径中的一部分, 因此它的速度是最重要的。图 12.61 是 ATD 的一种可能的实现。它由许多信号翻转触发的单脉冲电路(见图 7.50)构成(每一输入位有一个), 连接成一个伪 NMOS NOR 的结构形式。其中任何一个输入信号上的翻转都会引起 ATD 下降到低电平并持续一个 t_d 的时间。由此产生的脉冲作为存储器其余部分主要的时序参考, 但这会造成一个极大的扇出, 因此建议进行适当的缓冲。对于 SRAM 时序更为细致的观察将在本章最后的实例研究中进行。

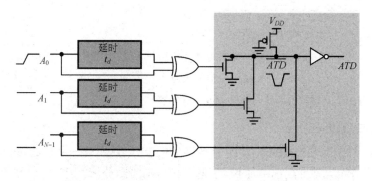

图 12.61 地址变化探测电路。延时线一般用一个反相器链来实现

12.4 存储器的可靠性及成品率 *

无论是 SRAM 还是 DRAM, 存储器都工作在低信噪比的情况下。使信号最大而又使噪声影响最小对得到稳定的存储器操作至关重要。另一个困扰存储器设计的问题是由于结构上的缺陷造成它的低成品率。本节将讨论一些这类问题的本质以及可能的解决办法。

12.4.1 信噪比

人们正在付出巨大的努力来制造每单位面积能产生尽可能大的信号的存储单元。然而正如图 12.62 所示, 所产生信号的质量却随存储密度的增加在逐渐下降。例如, DRAM 单元的电容已经从 16 K 存储器的大约 70 fF 下降到当前这一代存储器的 30 fF 以下。同时, 电压出于功耗和可靠性的考虑也已降低。对于新设计的存储器, 电压在 1 V 或 1 V 以下是符合规范的, 其主要原因是单元中使用的非常薄的氧化层所能承受的电压强度有限。因此从 64 Kb 到 64 Mb 这一代, 存放在电容上的信号电荷已下降至 1/5。尽管在同一时期一个单元的面积已缩小至 1/100, 但电容上的信号电荷也就下降这么多, 这完全是由于对存储单元的各种革新的结果。

与此同时, 集成密度的增加也提高了因信号间耦合造成的噪声电平。尽管字线至位线间耦合电容的问题在 20 世纪 80 年代早期就已存在, 但靠得越来越近的线间距离已使位线至位线间的耦合成为人们注目的中心。对速度的更高要求也是造成这一问题的原因, 速度的提高使新一代存储器的切换噪声也相应增加; 此外还由于 α 粒子引起的软错误, 它们可以随机地改变高阻抗节点的状态, 从而表现为一个附加的噪声源。后一个问题通常只发生在动态存储器中, 但现在也已延伸到静态 RAM, 这是因为 SRAM 存储节点的阻抗正在迅速增加。图 12.63 列举了影响单管 DRAM 单元操作的各种噪声源, 其中大多数将在下面进行详细的讨论。

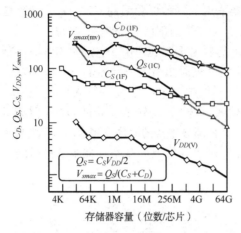

图 12.62　DRAM 存储器的灵敏放大参数的发展趋势[Itoh01]。C_D,V_{smax},Q_S和C_S分别表示位线电容、灵敏放大信号、单元电荷及单元电容

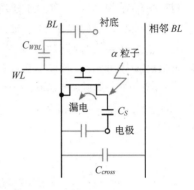

图 12.63　单管 DRAM 中的噪声源

字线至位线间的耦合

考虑图 12.64 中的开式位线存储结构。字线 WL_0 被选中,这引起一定数量的电荷注入左面的位线上。假设右面的虚单元被 WL_D 选中时不会引起任何电荷重新分配,因为它已预充电至 $V_{DD}/2$。但字线与位线间存在的耦合电容 C_{WBL} 却会引起电荷的重新分配,其数值约等于 $\Delta_{WL} \times C_{WBL}/(C_{WBL} + C_{BL})$,其中 Δ_{WL} 是字线上的电压摆幅,C_{BL} 是位线电容。如果存储阵列的两边完全对称,那么注入位线的噪声(Δ_{BL})在两边将完全一样,并将作为一个共模信号出现在灵敏放大器上。可惜情况并非如此,因为无论是耦合电容还是位线电容在整个阵列上都可以有很大的不同。

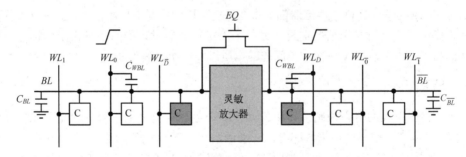

图 12.64　开式位线结构中的字线至位线间的耦合

这个问题可以采用折叠位线结构来解决,如图 12.65 所示。把灵敏放大器放在阵列的一端,并使 BL 和 $\overline{BL}$ 相邻布线以保证它们的寄生电容和位线电容更加匹配。字线信号(WL_0 和 WL_D)同时跨过两条位线,因此即便在 WL_0 和 WL_D 上的电压波形有相当大的差别,交叉耦合噪声也会以共模信号出现。虽然折叠位线结构在抑制噪声方面具有明显的优点,但它常常会增加位线的长度,因而也增加了它的电容。这一额外电容可以通过巧妙地间隔分布单元来最小化。

上面介绍的只是整个情形的一部分。更复杂的字线至位线的耦合可以描述如下:在读操作期间,一条位线 BL 经历了一个电压过渡 ΔV。这一电压变化被耦合到未被选择的字线上,它处于预充电模式,因而表现为高阻抗节点。随后,这一噪声信号又耦合回其他位线。由此所造成的串扰取决于存放在存储器中的数据图形。假设大多数位线正在读 0,这会使未被选取的字线上出现负的样式,它反过来又下拉位线。这对于(少数)正在读 1 的位线特别有害。这一噪声信号取决于数据样式的事实使它很难检测。测试一个存储器的功能需要应用范围很广的各种不同的数据样式。折叠式位线结构有助于抑制这类噪声。

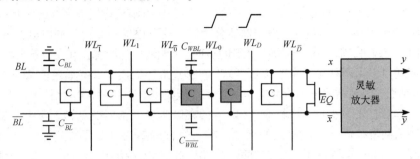

图 12.65　单管 DRAM 的折叠位线结构

位线至位线的耦合

正如第 9 章中详细描述的,导线间交叉耦合的影响随尺寸的缩小而增加。这一点在存储阵列中尤为明显,因为在这些阵列中对噪声敏感的位线一条条并排布置了很长一段距离。解决的办法是设法把噪声信号变为灵敏放大器的共模信号。一种非常巧妙的办法可以用图 12.66 所示的交叉(或绞合)位线结构来表现。第一个图代表原来直接的实现方法。两条 BL 线都通过电容 C_{cross} 耦合到相邻的列(或行)。在最坏的情况下,灵敏放大器看到的信号摆幅可以减少:

$$\Delta V_{cross} = 2\frac{C_{cross}}{C_{cross} + C_{BL}}V_{swing} \qquad (12.17)$$

其中,V_{swing} 是位线上的信号摆幅。由于这一干扰,本来已经很弱的信号可能会再有多至 1/4 的损失[Itoh90]。

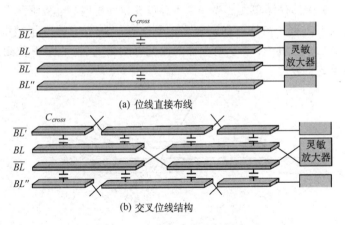

(a) 位线直接布线

(b) 交叉位线结构

图 12.66　位线至位线的耦合

如图 12.66(b)所示,交叉位线结构通过把位线分割成小段并使它们交叉连接来消除这一干扰源。这一改进使相邻位线引起的干扰信号对于 BL 和 $\overline{BL}$ 来说基本上是相同的,从而使它变成了共模信号。另一种方法是利用电容极板层作为数据线之间的额外屏蔽。

漏电

电荷泄漏正迅速地成为存储器中主要的噪声来源。这种情况已不仅仅存在于动态存储器中,而且在高阻抗节点日益增加的静态存储器中也是如此。有两种漏电机制会影响单管 DRAM 中未选单元的存储节点:向衬底的 pn 结漏电和向位线的亚阈值漏电。这一漏电造成存储的信号电荷逐渐流失。对信噪比要求的下限确定了刷新时间 t_{REFmax} 的上限。刷新操作消耗功率,并且从系统的角度看,它们代表了一种纯粹的额外开销,因为它们降低了可以达到的存储带宽。结构改进可以帮助减少刷新开销。一个典型的刷新过程是依次针对每一条字线,并同时刷新连接该字线的所有单元,因此尽可能减少存储器中的行数是有利的。把存储器分割成多块可以进一步允许同时刷新许多行。即便有了这些结构上的改进,随着每一代新存储器的出现,抑制漏电问题也正在变得越来越重要。

结漏电问题可以用两种途径来改善:(1)改进制造工艺的质量,例如改变掺杂的分布形态;(2)降低周边结温,因为结漏电与温度有很大关系。能减少热损耗的低功耗技术以及采用低热阻的封装已证明非常有效。然而,要求一个 64 Gb 的存储器在 25℃时的结漏电应小于 3.5 aA[①]!

保持亚阈值漏电很低是一个更大的挑战。唯一合理的解决办法是提高存取晶体管的阈值,但这时所有其他的电压都降低了!要在这样的情况下仍然保持足够的驱动电流和性能是很困难的。唯一似乎可行的解决办法是更进一步地缩短刷新周期!

临界电荷

早期的存储器设计者对发生在 DRAM 中的软错误(即非重复性和非永久性的出错)感到迷惑不解,因为它们既无法用电源电压噪声也无法用交叉耦合来解释。软错误对于系统设计的影响是很大的。如果找不到对付它们的合适的保护方法,那么它们就有可能造成计算机系统不可逆转的崩溃,使系统的故障诊断和消除在事实上变得毫无希望。May 和 Woods 在其标志性的论文中指出 α 粒子是造成软错误的罪魁祸首[May79]。

α 粒子即 He^{2+} 核(有两个质子,两个中子),是放射性元素在衰变期发射出来的粒子。这类元素的残迹不可避免地会存在于器件的封装材料中。当 α 粒子具有 $8 \sim 9$ MeV 的发射能量时它就可以穿透硅材料深达 $10~\mu m$。这时,它们会与晶格结构发生强烈的相互作用,并在衬底中产生大约 2×10^6 个电子-空穴对。当其中一个粒子的轨迹冲击了存储器单元的存储节点,就会发生软错误问题。考虑图 12.67 中的存储单元。当一个 1 存放在单元中时,电势阱是空的。由一个轰击粒子产生的电子和空穴扩散进入衬底。在复合之前到达耗尽区边缘的电子被电场扫入存储节点。如果存储节点收集到足够的电子,那么所存储的值就可能变成 0。收集率(collection efficiency)是衡量进入单元的电子的百分比。

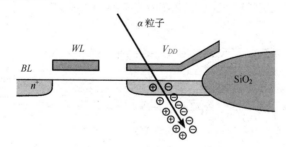

图 12.67 α 粒子引起软错误

最近,已经确认来自宇宙射线的中子是软错误的另一个重要原因。研究表明由中子在 CMOS SRAM 中引起的软错误(SER)与 α 粒子引起的 SER 处于同一水平。而且 CMOS 锁存器的软错误似乎主要是由中子引起的[Tosaka97]。

使存储单元的电荷大于一个临界电荷 Q_C 就可以减少软错误的发生。这确定了存储电容和单元电压的下限。举例来说,一个 50 fF 的电容充电至 3.5 V 时含 1.1×10^6 个电子。单个的 α 粒

---

① a = atto,简称"阿",$1a = 10^{-8}$。——编者注

冲击收集率为 55% 的这样一个单元时，可以擦除它的全部电荷。这就说明了即使是密度最高的存储器的单元电容也要保持在 30 fF 以上。另一种方法是降低收集率。我们已经注意到收集率与单元耗尽区的对角线长度成反比，因此，临界电荷值随工艺尺寸的缩小而缩小！例如，一个对角线长度为 2.5 μm（即相应于一个 64 Mb 存储器）的临界电荷等于 30 fC。芯片加膜（coating）以及材料纯化对于减少 α 粒子的数量来说是必不可少的。例如一个存储器芯片可以再覆盖一层聚酰亚胺以防止 α 射线[①]。

　　虽然通过仔细的设计可以使软错误的发生降低到绝对最少，但要完全消除它很难做到。源自冲击大气的宇宙射线中的游离中子是软错误的另一个来源。这些中子与硅原子核的相互作用（这不大可能但又是有可能发生的事件）就极有可能破坏存储的数据，因为中子产生的电荷数大约是 α 粒子产生的电荷数的 10 倍。

　　因此偶而发生一个错误在所难免，但它不应当是毁灭性的。系统级的技术（如纠错）可以帮助监测和改正大多数错误，这在未来的存储器中将变得越来越不可缺少。下一节将简略讨论这方面的内容。

12.4.2　存储器成品率

　　随着芯片尺寸和集成密度的增加，尽管制造工艺在不断进步，但成品率的降低是在意料之中的。造成一个部件出现故障的原因可能是由于材料的缺陷和工艺的偏差。存储器设计者采用两种方法来提高成品率以降低这些复杂部件的成本：冗余和纠错。后一种技术还具有能够处理偶然发生的软错误问题的优点。

冗余

　　存储器的优点是它的结构极其规则，因此提供冗余硬件非常容易实现。在存储阵列中可以用冗余的位线来代替有缺陷的位线，对于字线也是如此（见图 12.68）。当在测试存储器部件时如果测出一列有缺陷，则可以通过编程与列译码器相连的熔丝单元以用备用列来代替它。典型的做法是用一个编程的激光或脉冲电流熔断熔丝。激光编程方法对存储器性能的影响很小，而且只占用很小的芯片面积。然而它确实需要有特殊的设备并且增加了圆片的处理时间。脉冲电流法可以用标准的测试仪来进行，但面积开销较大。类似的方法也可用于有缺陷的字线。一旦定位了一条失效的字线，字线冗余系统就会启动一条冗余字线来替换它。在现代的存储器中有多至 100 个以上的失效元件可以用备用元件来替换，其额外的开销小于 5%。甚至用于片上系统的嵌入式 SRAM 存储器现在也采用了冗余技术。

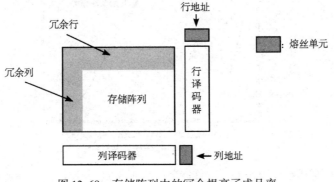

图 12.68　存储阵列中的冗余提高了成品率

[①]　值得一提的是，软错误也是现代最先进的 SRAM 存在的一个问题，因为它更多地依赖于高阻抗节点上的电容存储。

纠错

冗余可以帮助纠正影响到存储器一个较大部分的错误,比如有缺陷的位线或字线。但它在处理分散点的错误(比如由材料缺陷造成的局部错误)时就不那么有效了。在这些情况下达到一个合理的故障覆盖率所要求的冗余度太大,会造成很大的额外面积开销。处理这些缺陷的一个更好的办法是采用纠错。这一技术的原理是采用冗余方式表示数据,使一位(或几位)错误可以被检测出来甚至予以纠正。例如,在数据字上增加一个奇偶校验位来提供一种检测错误(但不能纠错)的方法。对纠错技术的充分讨论可能会使我们离题太远,但可以用一个简单的例子来说明它的基本概念。

例 12.15 运用 Hamming(汉明)编码纠错

考虑一个 4 位数(B_i),用三个校验位(P_i)编码,

$$P_1 P_2 B_3 P_4 B_5 B_6 B_7$$

选择 P_i 使

$$P_1 \oplus B_3 \oplus B_5 \oplus B_7 = 0$$
$$P_2 \oplus B_3 \oplus B_6 \oplus B_7 = 0$$
$$P_4 \oplus B_5 \oplus B_6 \oplus B_7 = 0$$

假设现在有一个错误发生在 B_3。这会使前面两个表达式的值为 1 而最后一个式子仍保持为 0。对于二进制编码,这意味着位 011 即第 3 位有错。这一信息足以纠正这个错误。一般来说,纠正一个错误要求

$$2^k \geqslant m + k + 1 \tag{12.18}$$

其中,m 和 k 分别是数据位和校验位的个数。纠正一个 64 位数据的单个错误需要 7 个校验位,总字长为 71 位。

重要的是,纠错不仅能克服与工艺相关的错误,而且也是处理软错误和时变故障的有效方法。例如,纠错在解决 EEPROM 中的阈值变化时非常有效。

纠错和冗余从不同的角度解决存储器的成品率问题。为了能够全面覆盖,需要把二者结合起来。图 12.69 有力地说明了这一点,该图分别画出了在单独使用一种和同时使用两种成品率改善技术时一个 16 Mb DRAM 的成品率[Kalter90]。

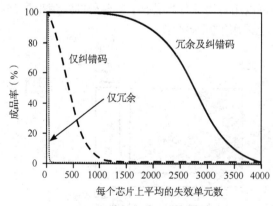

图 12.69 采用纠错码(ECC)和位线冗余技术的 16 Mb DRAM 的成品率曲线[Kalter90]

在这一有关存储器可靠性和成品率的讨论中还有一个问题值得进一步说明。随着存储器容量和性能的日益提高,测试存储器的缺陷需要在越来越昂贵的测试仪上花费更多的时间。这一

情况对于嵌入式存储器甚至更为复杂,因为嵌入式存储器的端口不能通过芯片的 I/O 引线直接控制。解决这一问题的常用方法是使存储器进行自测试。这一内置自测试(BIST)方法是在存储器中附加一个小控制器,它产生输入图形,并验证存储器的响应是否正确。BIST 方法很受欢迎:它免去了昂贵的测试仪费用,可以快速进行测试并可以在每次启动芯片时都进行一次测试。有关 BIST 的更多信息可以在本章末的"设计方法插入说明 H"中找到。

12.5　存储器中的功耗 *

与数字设计的大多数领域一样,降低存储器的功耗正在变得至关重要。虽然在过去 30 年中存储器的容量已增长了 6 个数量级,但存储器设计者一直非常认真地关注功耗问题。然而,挑战越来越严重。便携式应用正不断降低存储器所允许消耗的功率。与此同时,工艺尺寸的缩小及伴随而来的电源电压和阈值电压的降低以及晶体管关态电流(off-current)的恶化造成存储器静态功耗增高,所以介绍一些新的技术是非常必要的。

12.5.1　存储器中功耗的来源

存储器芯片中的功耗有三个主要来源:存储单元阵列、译码器(行、列和块)以及外围电路。一个 m 列 n 行的现代 CMOS 存储器工作功耗的统一近似公式发表在[Itoh01](见图 12.70)。对于一个正常的读周期:

$$P = V_{DD}I_{DD}$$
$$I_{DD} = I_{array} + I_{decode} + I_{periphery} \qquad (12.19)$$
$$= [mi_{act} + m(n-1)i_{hld}] + [(n+m)C_{DE}V_{int}f] + [C_{PT}V_{int}f + I_{DCP}]$$

该式用到以下设计参数:

- i_{act}——被选中(或工作)单元的等效电流
- i_{hld}——不工作单元的数据维持(data retention)电流
- C_{DE}——每一个译码器的输出节点电容
- C_{PT}——CMOS 逻辑电路和外围电路的总电容
- V_{int}——内部电源电压
- I_{DCP}——外围电路的静态(或准静态)电流。这一电流的主要来源是灵敏放大器和列电路。其他来源为片上电压发生器
- f——工作频率

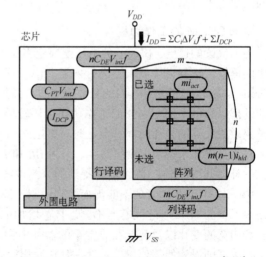

图 12.70　半导体存储器中功耗的来源[Itoh01]

正如预期的那样,功耗与存储器的容量(n, m)成正比。把存储器分成几个子阵列并使 n 和 m 较小对保持功率在规定的范围内非常重要。这一方法显然只适用于不工作存储模块的静态维持功耗很低的情况。

一般来说,存储器的功耗主要来源于阵列本身。外围电路的工作功耗相对于其他功耗部分很小,但是它的维持功耗却可以很大,因此需要把像灵敏放大器这样的电路在不工作的时候关

断。在现代 RAM 存储器中译码器的充电电流也小得可以忽略,当每一个周期只从 n 或 m 个节点中选取一个来充电时尤为如此。

降低存储器功耗本身就值得用一章来讨论。在此只列举一些通常使用的技术,对更详细、更深入的内容感兴趣的读者可以参阅[Itoh01]。

12.5.2　存储器的分割

将存储器适当地分割成几个子模块有助于把存储器的工作功耗限制在整个存储阵列的有限区域内,那些未被使用的存储器单元应当只消耗维持数据所需要的功率。存储器的分割是通过减少 m(一条字线上单元的数目)或 n(一条位线上单元的数目)来实现的。通过把字线分割成几个子字线,它们只在被寻址时才启动,从而降低了每一存取过程总的切换电容。从某种意义上讲,这一技术实际上就是一个多级分层的行译码器。这一方法在 SRAM 存储器中用得非常普遍,在下一节的实例研究中讨论的 4 Mb SRAM 存储器将说明这一点。

同样,分割位线可以减少在每一读/写操作时切换的电容。在 DRAM 存储器中经常使用的一种方法是部分启动位线。位线被分割成几部分(一般为两个或以上)。所有这些部分都共用同一个灵敏放大器、列译码器和 I/O 模块。这一方法已帮助把 16 Kb DRAM 大于 1 pF 的 CBL(位线电容)降低到 64 Mb DRAM 的大约 200 fF。

12.5.3　降低工作功耗

与我们在逻辑电路中所学到的一样,降低电压是减少存储器功耗最为有效的技术之一。然而,不同于逻辑电路,在这里降低电压可能早已用尽潜力。数据保持和可靠性问题使得把电压降低到大大小于 1 V 的水平极具挑战性。此外,仔细控制电容和开关活动性以及使外围部件的导通时间最短也极为重要。

降低 SRAM 的工作功耗

为加快读的速度,位线上的电压摆幅应当尽可能地小,一般在 0.1 ~ 0.3 V 之间。把位线上产生的信号传送到灵敏放大器进行恢复。由于这一信号的变化是位线负载与单元晶体管有比操作(ratio operation)的结果,因此只要在字线有效期间(Δt)就会有电流流过位线。限制 Δt 的值和位线的摆幅有助于使 SRAM 的工作功耗保持较低水平。信噪比问题最终决定位线摆幅能有多小以及灵敏放大器的导通时间。自定时对决定外围电路应当确切导通多长时间有极大的帮助。

对于写操作来说情况变得更糟,因为 BL 和 $\overline{BL}$ 必须做全摆幅的变化。降低内核电压是对此唯一的补救办法(当然,除了前面提到的分割位线方法之外)。内核电压的降低最终会由于 SRAM 单元中一对 MOS 晶体管的不匹配而受到限制。即使它们设计得完全一样,工艺和器件的偏差也会使单元中的 MOS 管之间有所不同。日益增加的 V_T 阈值失配是最重要的原因。注入的不均匀、沟长和沟宽的变化以及甚至在非常小的器件中掺杂原子的细微随机摆动都会造成这一失配。即使工艺工程师设法使阈值保持不变,但它的相对重要性也很快由于电源电压和阈值电压的降低而日益增加。晶体管之间的失配会造成存储器单元的不对称,使它容易偏向 1 状态或偏向 0 状态,这就显著降低了它在存在噪声和在读操作期间的可靠性。在制造期间或是运行期间采用像体偏置这样的技术严格控制 MOSFET 的特性对于低电压工作模式是非常重要的。如果做不到这一点,则需要增加额外的冗余和纠错。

降低电源电压也会影响存储器的存取时间。降低器件的阈值如果能同时有效地解决由此引起的(特别是在不工作单元中)漏电流增加的问题(见 12.5.4 节),那么它是唯一可以选择的解决办法。

降低 DRAM 的工作功耗

一个 DRAM 单元的读出过程(它是破坏性的)必须包括对选中单元依次进行的读出、放大和恢复操作,因此,在每一个读操作中,位线都要经过全电压摆幅(ΔV_{BL})的充电和放电。所以应当注意减少位线的电荷损耗 $m C_{BL} \Delta V_{BL}$,因为是它主要决定了工作功耗的大小。降低 C_{BL}(位线电容)无论从功耗还是从信噪比的角度来看都是有益的,见式(12.28),但由于存储器容量越来越大的趋势,它的实现并不简单。降低 ΔV_{BL} 虽然从功率的角度来看非常有利,但对信噪比有负面影响。这一点从式(12.8)中可以非常清楚地看出,该公式表明存放在单元中的电荷(因而也就是读出信号)直接正比于在写或刷新周期期间所应用的电压摆幅。因此,电压的降低必须通过增加存储电容的大小或者(或同时)通过降低噪声来实现。以下多种技术已被证明非常有效。

- 半 V_{DD} 预充电。把位线预充电至 $V_{DD}/2$ 有助于将 DRAM 存储器中的工作功耗降低近一半。在放大和恢复位线上的读出电压之后,通过简单地短接两条位线来进行预充电。假设这两条位线均衡,那么得到的电压就正好是 $V_{DD}/2$。
- 提升字线。在写操作期间把字线提升到 V_{DD} 以上能消除存取晶体管的阈值压降,从而显著增加了存储电荷。
- 增加电容面积或电容值。就像在开槽和堆叠单元中那样垂直摆放的电容能非常有效地增加电容值,尽管这会增加工艺和制造的主要成本。此外,保持存储电容"接地"极板的电压在 $V_{DD}/2$ 能够降低在 C_s 上的最大电压,从而有可能采用更薄的氧化层。
- 增加单元尺寸。最终,电压极低的 DRAM 存储器操作可能需要牺牲面积的利用率,特别是对于那些嵌入在片上系统的存储器更是如此。然而,在这时,有可能值得去研究一下那些提供增益的单元(如三管 DRAM)是否能提供另一种更好的办法。

12.5.4　降低数据维持功耗

SRAM 中的数据维持

从原理上讲,SRAM 阵列不应当有任何静态功耗(i_{hld})。然而,单元晶体管中的漏电电流正在成为维持电流的主要来源。虽然这一电流在过去一直保持很低,但在近年来的嵌入式存储器中由于存在亚阈值漏电,已经可以看到它们有了显著的增加。这一点显示在图 12.71 中,该图画出了 8 Kb 嵌入式存储器分别以 0.18 μm 和 0.13 μm CMOS 工艺实现时的静态电流曲线。可以看到对于同样的电源电压,静态电流增加至几乎 7 倍。

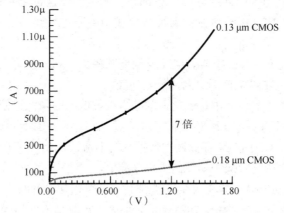

图 12.71　嵌入式 8 Kb SRAM 存储器的漏电流与电压的关系

因此,必须采用能减少 SRAM 存储器维持电流的技术,如下所示。

- **关断不使用的存储块**。存储器的功能(如高速缓存)在大多数时间内不会全部使用所有可用的容量。利用高阈值开关切断不使用的存储块和电源线之间的联系,就可以把它们的漏电降低到一个很低的值。显然,采用这种方法存放在存储器中的数据会丢失掉。
- **用体偏置增加阈值**。对不工作单元采用负偏置能提高器件的阈值从而降低漏电电流。
- **在漏电路径中插入额外的电阻**。在需要维持数据时,在漏电路径中插入一个低阈值开关是减少漏电电流又同时保持数据不变的一种方法,如图 12.72(a)所示。虽然该低阈值器件本身也漏电,但还是足以保持存储器中的状态。与此同时,开关上的电压降在与之相连的存储器单元中产生了"堆叠效应":V_{GS} 的降低加上负的 V_{BS} 使漏电电流显著降低。
- **降低电源电压**。图 12.71 表明漏电电流与 V_{DD} 关系很大。降低维持期间漏电电流的一个有效办法是把电源线的电压降低到一个既能保持漏电在限定范围之内同时又能维持数据的值,如图 12.72(b)所示。数据维持电压的下限(即仍能保持所存储值的电压)因器件的不同而不同。在标准的 0.13 μm CMOS 工艺中一个低至 100 mV 的电源电压(不考虑噪声容限)足以维持数据。把降低电源电压和降低漏电电流结合起来是解决 SRAM 存储器静态功耗问题的极为有效的方法。

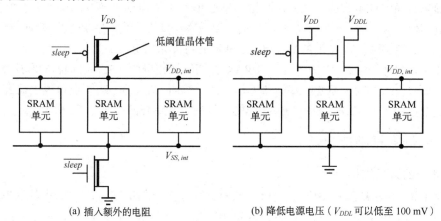

(a) 插入额外的电阻　　　　　(b) 降低电源电压(V_{DDL} 可以低至 100 mV)

图 12.72　SRAM 存储器抑制漏电的技术

DRAM 的维持功耗

DRAM 中的静态功耗与 SRAM 存储器一样都来自漏电。但这也是它们唯一相似的地方。为了克服漏电和丢失信号,DRAM 必须在数据维持模式中不断进行刷新。刷新操作是通过读与一条字线相连的 m 个单元并恢复它们来完成的。这一操作对 n 条字线中的每一条依次重复进行。因此,静态功率如前所定义,与位线电荷损耗及刷新频率成正比。后者与漏电速率有很大关系。保持结温较低是维持漏电在限定范围之内的有效途径。

然而,单元尺寸的缩小和单元中存储电荷的减少以及电压的降低迫使刷新频率升高,因而造成了 DRAM 静态功耗的上升。图 12.73 反映了这一点,图中画出了不同代 DRAM 工作电流和静态电流的变化情况。在 1 Gb DRAM 存储器中数据维持电流已超出了工作电流,除非能发现某些新的抑制漏电的技术,否则它将成为功耗的主要来源。

使 DRAM 存储器中漏电最小的秘密在于控制 V_T。这可以在设计时来完成(固定 V_T 方法),或者通过动态控制(可变 V_T 技术)。减少 DRAM 单元中通过存取晶体管的漏电的一种办法是在不工作单元的字线上加上一个负电压($-\Delta V_{WL}$)来严格关断器件。另一种方法是可以把不使用单元的位线电压提高一定的量(+ ΔV_{BL})。这一方法称为提升检测基准(boosted sense ground),其结果是得到负的栅源电压并使阈值电压略有提高。

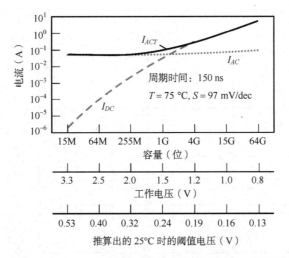

图 12.73 连续各代 DRAM 电流分布的估计情况[Itoh01]

可变 V_T 技术通过阱偏置提升不工作单元中存取管的阈值。控制可以在不同层次的细粒程度(芯片、模块和每个晶体管)上进行,当然开销水平也随之增加。特别要注意阱电压的产生,因为它会引起不稳定性。

12.5.5 小结

SRAM 存储器在功耗方面比 DRAM 具有明显的优势。但是漏电连同降低电源电压的影响在增加,这可能会使这一差距缩小到某一程度。当静态功耗是主要考虑因素时,采用非易失性存储器将是一个行之有效和有吸引力的好办法。

12.6 存储器设计的实例研究

虽然前面各节已介绍了半导体存储器的各个部分,但研究一些例子来理解如何把它们联系在一起是很有价值的。我们将通过两个实例研究来达到这一目的——可编程逻辑阵列和一个 4 Mb SRAM存储器。

12.6.1 可编程逻辑阵列

我们在第 8 章讨论设计实现策略时曾介绍过可编程逻辑阵列(PLA)的概念。PLA 在 20 世纪 80 年代早期作为一种实现随机逻辑的标准方法就已非常流行了。

现在来看看为什么在本章中关于存储器要提出两层逻辑实现的问题。在讨论 ROM 存储器核的时候,我们认识到 ROM 阵列其实就是以非常规则的形式来实现的一个大扇入 NOR(NAND)门的集合。同样,地址译码器也是一个 NOR(NAND)门的集合,因此可以用同样的方法来实现任何两层逻辑的功能,于是就有了 PLA。ROM 与 PLA 的唯一差别是前者的译码器(AND 平面)列出了所有可能的小项(m 个输入产生 2^m 个小项),而后者的 AND 平面只根据逻辑方程实现一个有限集合的小项。从拓扑上讲,这两种结构是完全一样的。

图 12.74 是采用伪 NMOS 电路形式 PLA 的一个 NOR-NOR 实现。这一结构虽然紧凑和快速,但它的大功耗使这一实现不适合于较大的 PLA,此时采用动态方法要更好些。正如我们所知,动

态逻辑平面不能直接串联。解决的办法是可以在两个多米诺平面之间插入一个反相器；或者用 PMOS 管来实现 OR 平面，并用 np-CMOS 方式进行预充电。前一种解决方法会引起节距匹配问题，而后一种方法如果使用最小尺寸的 PMOS 器件则会使这一结构的速度变慢。

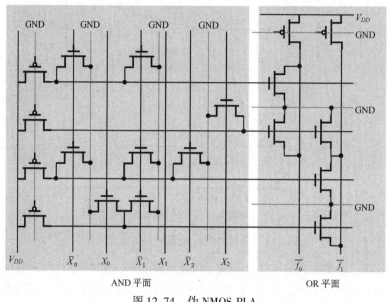

图 12.74   伪 NMOS PLA

我们将利用这一机会来更彻底地考察一下存储器的时序问题。图 12.75 采用更加复杂的时钟技术来解决平面间的连接问题[Weste93]。假设 AND 平面和 OR 平面的上拉管分别由时钟信号 ϕ_{AND} 和 ϕ_{OR} 控制。这些信号定义为在时钟周期开始时同时预充电两个平面。在经过一段足以保证 AND 平面预充电已经结束的时间间隔之后，通过提升 ϕ_{AND} 使 AND 平面开始求值，而 OR 平面此时仍然保持不变，如图 12.76(a)所示。一旦 AND 平面的输出有效，就可以很安全地提升 ϕ_{OR} 使 OR 平面开始工作。

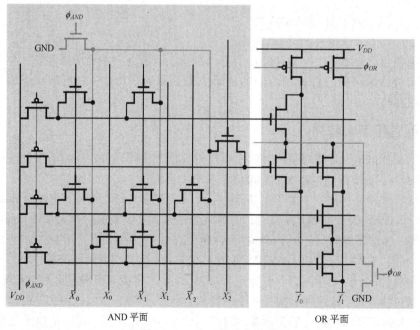

图 12.75   PLA 的动态实现

这些操作的时序不是很确定的,因为它取决于 PLA 的尺寸和编程以及工艺偏差。虽然可以从外部提供时钟信号,但仍建议使用自定时技术以便以最小的风险来达到最大的性能。图 12.76(b)说明了如何由单个时钟 ϕ 推导出合适的时序信号。时钟信号 ϕ_{AND} 是运用单脉冲触发电路(one-shot)从 ϕ 中推导出来的。延时元件由一个具有最大负载的虚 AND 行构成——这一虚行布满晶体管(没有空位),它提供了对最坏情况下预充电所需时间的估计。采用类似的方法,通过利用由 ϕ_{AND} 钟控的虚 AND 行可以推导出 ϕ_{OR}。它提供了对最坏情况下放电时间的估计,包括一些额外的安全余量。虽然这一方法要求额外的逻辑,但它保证了阵列在一定范围的情况下能够可靠地工作。

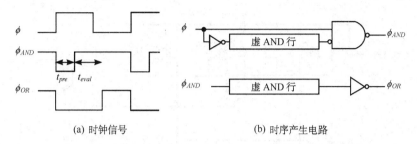

(a) 时钟信号 (b) 时序产生电路

图 12.76 自定时动态 PLA 时钟信号的产生。t_{pre} 和 t_{eval} 分别代表一个 AND 行最坏情形下的预充电时间和求值时间。这些值是借助一个无空位的虚 AND 行来获得的,NOR 网络中所有晶体管除一个以外都被关断。这代表放电的最坏情况

12.6.2　4 Mb SRAM

在图 12.6 中已经显示了一个 4 Mb SRAM 存储器的方块图[Hirose90]。这一存储器在单个 3.3 V 电源电压下的存取时间为 20 ns,用 4 层多晶硅、双层金属 0.6 μm 的 CMOS 工艺制造。存储器安排成 32 块,每块有 1024 行及 128 列。行地址(X)、列地址(Y)和块地址(Z)分别为 10,7 和 5 位宽。

如图 12.77 所示,为了提供一个快速低功耗的行译码,该存储器采用了一种很有意思的方法,称为分级字线译码技术。它不是把译码的 X 地址用多晶硅分布到所有的存储块上,而是用称为全局字线的金属线来进行分布。本地字线被限制在单个存储块上并且只有当这一块由块地址选中时它才有效。为了进一步改善存储器的性能和功耗,还增加了额外一级字线,称为亚全局字线。这一方法使行译码延时只有 7 ns。

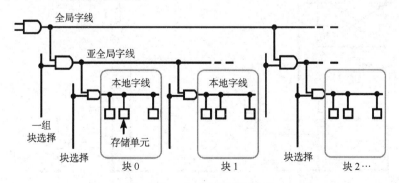

图 12.77　分级字线选择技术

图 12.78 是这一存储器位线的外围电路。存储单元是四管电阻负载单元,面积为 19 μm^2。它的负载电阻等于 10 TΩ。ATD 脉冲的触发引起了预充电并且通过 BEQ 控制信号使被选块的位线均压。注意,位线负载由静态器件和动态器件组成。降低 BEQ 开始读过程。这时,其中一条字线被启动,相应位线开始放电。它们在通过第一层列译码器(CD)之后被连到灵敏放大器。

在这一技术中，每个128列的块只需16个灵敏放大器。放大器由两级构成，如图12.78(b)所示。第一级是一个交叉耦合级，它提供最小的增益，但同时作为一个电平转换器，这使电流镜类型的第二个放大器能在最大的增益点上工作。一个推拉输出级驱动通向三态输入/输出驱动器的大电容数据线。图12.78(c)是这一过程近似的信号波形。这些波形说明了高速操作一个大容量存储器所需的时序和时钟策略的巧妙之处。为了写入存储器，把要写的数据值和它的反信号放在 I/O 和 $\overline{I/O}$ 线上，随后启动相应的行、列和块地址。值得一提的是，该存储器工作在40 MHz时只消耗70 mA的电流。它的静态电流等于1.5 μA。

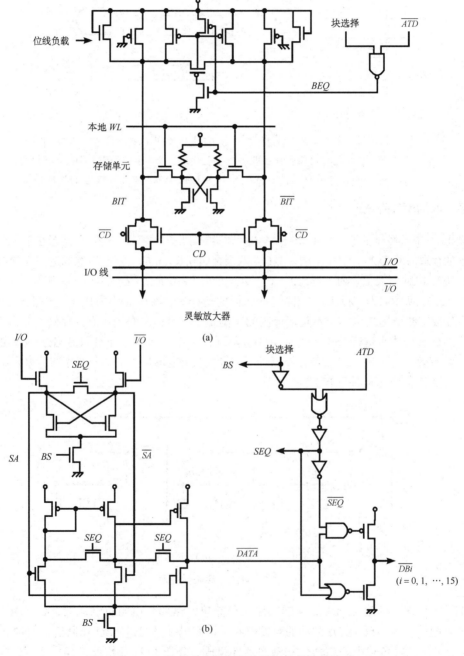

图12.78　位线的外围电路及其相关的信号波形

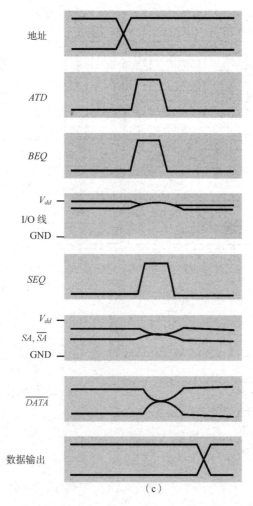

（c）

图 12.78(续)　位线的外围电路及其相关的信号波形

12.6.3　1 Gb NAND Flash 存储器

图 12.79 是一个 1 Gb 位 NAND Flash 存储器的方块图[Nakamura02]。存储器由两块构成，每块为 500 Mb。由于主要考虑单元的尺寸问题，选择了 32 位/块按图 12.25 的 NAND 结构作为基本的存储模块。每一条位线连接 1024 个这样的模块。一个 500 Mb 的块含有 16 895 条这样平行排列的位线。字线从块的两边同时驱动。存储器的页面大小(这是指在一个周期中能被读/写的位数)等于 2 KB。这一较大的页面使存储器的编程速度可以高达 10 MB。为了进一步加快编程速度，在每一条位线上增加了一个额外的"高速缓存"单元，这样就可以在存储器被写入/验证前一个数据的同时读入一个新的数据。

图 12.80 显示了 Flash 存储器的擦/写过程。在擦除期间，一个单块上的所有位都被编程为一个耗尽器件。在写过程中，通过一个编程/验证周期提升被选器件的阈值。至少需要四个这样的周期才能把所有的阈值都提升到 0.8 V 以上，这是使器件能作为一个正确工作的开关(在额定的字线电压下)必须满足的条件。四个周期之后的阈值分布如图 12.80(b)所示。

存储器模块芯片的显微照片以及所列出的特性见图 12.81。该存储器采用 0.13 μm CMOS 三阱工艺来实现，包括一个多晶层、一个多晶硅化层(polycide)、一个钨层和两个铝层。

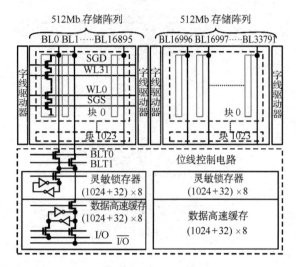

图 12.79　1 Gb Flash 存储器的芯片结构

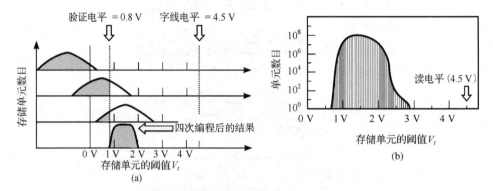

图 12.80　(a)写操作期间单元阈值的变化;(b)四个编程周期之后最终的阈值分布

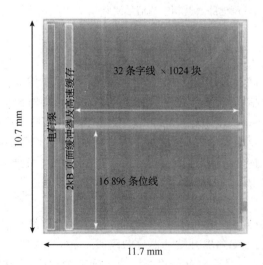

特性	
单元尺寸	0.077 μm²
芯片尺寸	125.2 mm²(在 0.13 μm CMOS 工艺中)
结构	2112 × 8b × 64 页面 × 1kb 块
电源	2.7~3.6 V
周期时间	50 ns
读时间	25 μs
编程时间	200 μs
擦除时间	2 ms/块

图 12.81　1 Gb Flash 存储器芯片的显微照片和芯片特性[Nakamura02]

12.7 综述:半导体存储器的发展趋势与进展

作为本章的结尾,有必要来讨论一下存储器的发展趋势。第一个半导体存储器出现在20世纪60年代,采用双极型工艺,存储容量不超过100位。重要的突破发生在20世纪70年早期,当时出现了第一个 MOS DRAM 存储器,容量为 1 Kb[Hoff70]。这也是存储器飞速发展的开始。现在 1 Gb 的存储器已经出现。这意味着30年来,可以集成在一个单片上的存储量已经增加了6个数量级!可以毫不为过地说,可以集成在单个芯片上的存储单元数目大约每三年增加到4倍(这一般相应于存储器的一代)。图 12.82 概括了各类存储器容量的发展趋势。

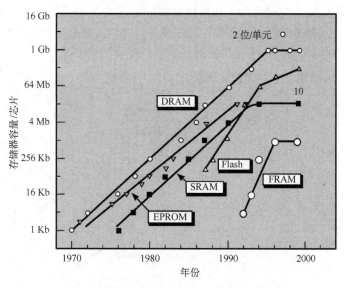

图 12.82 VLSI 存储器存储容量的发展趋势[Itoh01]

了解一下是什么造就了这些惊人的进步是令人非常感兴趣的。图 12.83 画出了单元尺寸在相继各代中的进展情况。DRAM 和 SRAM 的单元尺寸都以每 10 年缩小到原来的 1/50 的规律在减小(即每 3 年缩小到比 1/3 还小)。此外,芯片的尺寸以每一代 1.4 倍的比例增大。把这两个倍数合起来,存储器的密度在代与代之间的增长比例约为 4 倍左右。人们也许会误认为单元尺寸的缩小仅仅是由于工艺尺寸的缩小,其实这只说对了一部分。例如,用在 4K SRAM 存储器中晶体管的 L_{eff} 等于 3 μm 并且在逐代减小,因此 64M SRAM 所使用晶体管的有效沟长为 0.25 μm。这意味着工艺尺寸的缩小使代与代之间单元尺寸的缩小比例为 1.5 × 1.5 = 2.25 倍,但这不足以解释所观察到的趋势。更多的缩小来自于越来越成熟的存储器单元工艺。属于这一类的重要改进包括引入多晶栅、运用 LOCOS 和 U 型凹槽(groove)加大绝缘的密集程度、多晶负载电阻用于 SRAM 单元以及采用开槽或堆叠电容的三维 DRAM 单元。如果当前在集成方面的这种趋势将继续下去,那么不断引入这类革新是必要的。

这也许并不容易,因为近年来一些(影响集成的)主要挑战和障碍已变得越来越明显。这从图 12.82 中已经可以看出,到 20 世纪 90 年代末,SRAM 和 DRAM 存储器的容量已经明显趋于饱和。事实上,可以说现在 Flash 存储器即将与 DRAM 持平。这一情形主要是由于进一步缩小单元尺寸已极为困难而且成本极高。然而这并不是唯一的原因,还有一些其他的考虑。以下简要列出一些影响半导体存储器进一步集成的问题。

- 高密度存储器需要一些与逻辑电路工艺差别极大的特殊工艺。这些工艺的开发越来越严重地影响经济效益。
- 在降低电源电压和阈值电压的情况下仍要维持 SRAM 和 DRAM 的正确工作是相当困难的。漏电和软错误影响所提出的挑战至今尚未解决,因此在存储单元方面必须要有重大的创新。像非易失性 FRAM 和 MRAM 这样的一些新方法也许能另辟蹊径。
- 如上一节所言,功耗正在成为一个单片上能够集成多少存储器的限制因素。
- 但最为重要的是商业气候的变化已经出现。过去前所未有地追求更大的存储容量主要是由计算机工业驱动的。随着大批半导体工业的中心向消费者、多媒体和通信应用转移,对存储器的不同需要已开始增加。例如,移动半导体视频和音频播放机对非易失性存储器提出了需求。同时这些应用对尺寸和价格的限制要求采用集成的片上系统解决方法。大多数存储器应当与处理器和逻辑部件一起嵌入芯片上,这就驱使存储器工艺应当与标准的逻辑电路工艺兼容。

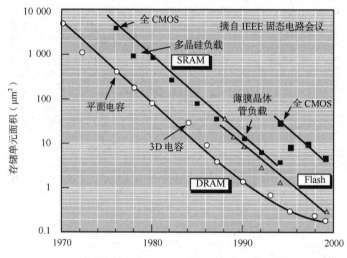

图 12.83 VLSI 存储器存储单元面积的发展趋势[Itoh01]

12.8 小结

本章非常详细地讨论了半导体存储器的设计。虽然设计存储器的技巧与通常逻辑电路的设计有很大的不同,但很明显,存储器设计者解决的许多问题与逻辑设计者遇到的问题很类似。而且,随着片上系统的出现,嵌入式存储器实际上正成为任何复杂设计不可缺少的部分。最后,由于存储器设计工作处于工艺能力的前沿(如最小的器件尺寸),所以许多在现代存储器设计中考虑的问题和解决办法也会在以后的逻辑设计中出现。例如,功耗是高密度存储器设计者所面对的主要挑战之一。在 1 V 左右或更低电压下工作是现代存储器正在采用的解决办法之一。其他方法包括自定时和局域断电。这些技术的大多数也可以应用到逻辑设计中。

最后,存储器设计可以总结如下。

- 存储器结构对存储器是否容易使用、它的可靠性和成品率、它的性能以及功耗都有重要的影响。存储器被组织成单元阵列。每一个单元通过块、列和行地址来寻址。
- 存储单元应当设计成能以最小的面积获得最大的信号。虽然存储器单元的设计主要取决于工艺上的考虑,但一个巧妙的电路设计可以帮助最大化信号值和优化瞬态响应。单元的拓扑在过去的几十年中变化不大。集成密度的大部分提高来自工艺尺寸的缩小和先进的制造过程。我们讨论了只读、非易失性和读写存储器的单元。

- 当单元的弱信号特性给定时，外围电路对存储器操作的可靠性以及合理的性能非常重要。译码器、灵敏放大器和 I/O 缓冲器是每一个存储器设计整体必不可少的部分。本章中的讨论只触及了其表面。除了提到过的功能以外，外围电路中的其他电路还实现了诸如自举、EEPROM 中的电压产生以及电压调节等功能[Itoh01]。尽管讨论这些电路很有趣并具挑战性，但这将使我们离题太远。我们只需说，存储器外围电路的设计仍然是硬核数字电路设计者的竞技场。

- 一个存储器必须能在各种工作和制造条件下正确工作。为了增加集成密度，存储器设计者放弃了信噪比，因此这一设计对全范围的噪声信号是很脆弱的，这在逻辑设计中通常没有这个问题。识别错误操作的可能来源并提供一个合适的模型是解决存储器可靠性首先要解决的问题。处理潜在故障的电路预防措施有冗余和纠错。

12.9 进一步探讨

在主要的电路设计期刊中有关于存储器设计的大量文献。存储器设计中大多数有根本性突破的创新刊登在 *Journal of Solid State Circuits*（特别是 11 月份这一期）、ISSCC 会议论文集以及 VLSI 电路会议的论文集上。但直至最近，并没有许多有关这一方面的教材。近年来发表了一些有趣的辅导性文章，其中一些列在下面的参考文献中。可喜的是，终于有一些关于半导体存储器的大作出版了。[Itoh01] 和 [Keeth01] 为存储器迷们提供了丰富的背景知识。

参考文献

[Amrutur01] B.S. Amrutur, M.A. Horowitz, "Fast Low-Power Decoders for RAMs," *IEEE Journal of Solid-State Circuits*, vol. 36, no. 10, pp. 1506–1515, October 2001.

[Baur95] M. Baur et al., "A Multilevel-Cell 32-Mb Flash Memory," *ISSCC Digest of Technical Papers*, pp. 13–33, February 1995.

[Chang77] J. Chang, "Theory of MNOS Memory Transistor," *IEEE Trans. Electron Devices*, ED-24, pp. 511–518, 1977.

[Crisp97] R. Crisp, "Direct Rambus Technology: The New Main Memory Standard," *IEEE Micro*, pp. 18–28, November/December 1997.

[Dennard68] R. Dennard, "Field-effect transistor memory," U.S. Patent 3 387 286, June 1968.

[Dillinger88] T. Dillinger, *VLSI Engineering*, Chapter 12, Prentice Hall, 1988.

[Frohman74] D. Frohman, "FAMOS—A New Semiconductor Charge Storage Device," *Solid State Electronics*, vol. 17, pp. 517–529, 1974.

[Gray01] P. Gray, P. Hurst, S. Lewis, and R. Meyer, *Analysis and Design of Analog Integrated Circuits,* 4th ed., John Wiley and Sons, 2001.

[Heller75] L. Heller et al., "High-Sensitivity Charge-Transfer Sense Amplifier," *Proceedings ISSCC Conf.*, pp. 112–113, 1975.

[Hennessy02] J. Hennessy, D. Patterson, and D. Goldberg, *Computer Architecture—A Quantitavie Approach,* 2d ed, Morgan Kaufman Publishers, 2002.

[Hidaka92] H. Hidaka et al., "A 34-ns 16-Mb DRAM with Controllable Voltage-Down Converter," *IEEE Journal of Solid State Circuits*, vol. 27, no. 7, pp. 1020–1027, July 1992.

[Hirose90] T. Hirose et al., "A 20-ns 4-Mb CMOS SRAM with Hierarchical Word Decoding Architecture," *IEEE Journal of Solid State Circuits*, vol. 25, no. 5, pp. 1068–1074, October 1990.

[Hoff70] E. Hoff, "Silicon-Gate Dynamic MOS Crams 1024 Bits on a Chip," *Electronics*, pp. 68–73, August 3, 1970.

[Itoh90] K. Itoh, "Trends in Megabit DRAM Circuit Design," *IEEE Journal of Solid State Circuits*, vol. 25, no. 3, pp. 778–798, June 1990.

[Itoh01] K. Itoh, *VLSI Memory Chip Design*, Springer-Verlag, 2001.

[Johnson80] W. Johnson et al., "A 16 Kb Electrically Erasable Nonvolatile Memory," *ISSCC Digest of Technical Papers*, pp. 152–153, February 1980.

[Kalter90] H. Kalter et al., "A 50-ns 16-Mb DRAM with a 10-ns Data Rate and On-Chip ECC," *IEEE Journal of Solid State Circuits*, vol. 25, no. 5, pp. 1118–1128, October 1990.

[Keeth01] B. Keeth and R. Baker, *DRAM Circuit Design—A Tutorial*, IEEE Press, 2001.

[Lu89] N. Lu, "Advanced Cell Structures for Dynamic RAMs," *IEEE Circuits and Devices Magazine*, pp. 27–36, January 1989.

[Mano87] T. Mano et al., "Circuit Technologies for 16-Mbit DRAMs," *ISSCC Digest of Technical Papers*, pp. 22–23, February 1987.

[Masuoka91] F. Masuoka et al., "Reviews and Prospects of Non-Volatile Semiconductor Memories," *IEICE Transactions*, vol. E74, no. 4, pp. 868–874, April 1991.

[May79] T. May and M. Woods, "Alpha-Particle-Induced Soft Errors in Dynamic Memories," *IEEE Transactions on Electron Devices*, ED-26, no. 1, pp 2–9, January 1979.

[Mot91] Motorola, "Memory Device Data," Specification Data Book, 1991.

[Nakamura02] H. Nakamura et al., "A 125-mm2 1-Gb NAND Flash Memory with 10-Mb/s Program Troughput," *ISSCC Digest of Technical Papers*, pp. 106-107, February 2002.

[Ootani90] T. Ootani et al., "A 4-Mb CMOS SRAM with PMOS Thin-Film-Transistor Load Cell," *IEEE Journal of Solid State Circuits*, vol. 25, no. 5, pp. 1082–1092, October 1990.

[Pashley89] R. Pashley and S. Lai, "Flash Memories: The Best of Two Worlds," *IEEE Spectrum*, pp. 30–33, December 1989.

[Preston01] R.P. Preston, "Register Files and Caches," in A. Chandrakasan, W.J. Bowhill and F. Fox (eds.), *Design of High-Performance Microprocessor Circuits*, Piscataway, NJ: IEEE Press, 2001.

[Regitz70] W. Regitz and J. Karp, "A Three-Transistor Cell, 1,024-bit 500 ns MOS RAM," *ISSCC Digest of Technical Papers*, pp 42–43, 1970.

[Sasaki90] K. Sasaki et al., "A 23-ns 4-Mb CMOS SRAM with 0.2-mA Standby Current," *IEEE Journal of Solid State Circuits*, vol. 25, no. 5, pp. 1075–1081, October 1990.

[Scheuerlein00] R. Scheuerlein et al., "A 10-ns Read-and-Write Non-Volatile Memory Array using a Magnetic Tunnel Junction and FET Switch in Each Cell," *ISSCC Digest of Technical Papers*, pp. 128–129, February 2000.

[Sedra87] A. Sedra and K. Smith, *Microelectronic Circuits,* 2d ed., Holt, Rinehart and Winston, 1987.

[Snow67] E. Snow, "Fowler-Nordheim Tunneling in SiO_2 Films," *Solid State Communications*, vol. 5, pp. 813–815, 1967.

[Taguchi91] M. Taguchi et al., "A 40-ns 64-Mb DRAM with 64-b Parallel Data Bus Architecture," *IEEE Journal of Solid State Circuits*, vol. 26, no. 11, pp. 1493–1497, November 1991.

[Takada91] M. Takada and T. Enomoto, "Reviews and Prospects of SRAM Technology," *IEICE Transactions*, vol. E74, no. 4, pp. 827–838, April 1991.

[Tosaka97] Y. Tosaka et al., "Cosmic Ray Neutron-Induced Soft Errors in Sub-Half Micron CMOS Circuits," *IEEE Electron Device Letters*, vol. 18, no. 3, pp. 99–101, March 1997.

[Weste93] N. Weste and K. Eshraghian, *Principles of CMOS VLSI Design*, 2d ed., Addison-Wesley, 1993.

[Yoo95] H. Yoo et al., "A 159-MHz 8-Banks 256-M Synchronous DRAM with Wave Pipelining Methods," *ISSCC Digest of Technical Papers*, pp. 374–375, 1995.

习题

本书配套网站(http://icbook. eecs. berkeley. edu/)有关于存储器方面的最新、富有挑战性的习题和设计题。

设计方法插入说明 H——制造电路的验证和测试

- ■ 生产测试
- ■ 可测性设计
- ■ 测试图形的生成

H.1 引言

虽然设计者往往要花费大量的时间来分析、优化他们的电路和制作版图，但他们常常忽略了一个问题：当一个部件从制造厂返回时，如何才能知道它是否能够工作？它是否符合功能和性能的技术要求？用户期望一个送回来的部件能够如说明书所描述的那样工作。一个部件一旦被运送或应用在系统中后才发现它不工作就很费事了。缺陷发现得越迟，纠错的成本就越高。例如，给一个售出的电视机更换一个部件意味着要更换整个板再加上人工成本。因此应当尽最大可能避免运送一个不工作或部分工作的器件。

一个正确的设计并不能保证制造出来的部件就一定能工作。在生产期间可能出现许多制造上的缺陷，它们或者是由于基础材料的缺陷（例如硅晶体中的杂质），或者是由于工艺过程的偏差（如未对准）造成的。在制造后进行的强化测试也可能会造成另一些缺陷。这些测试使一个部件经受一段时间的高温和高机械强度的考验，以确保它能在一个很宽的工作条件范围内正确工作。典型的缺陷包括有导线和层间的短路和互连线的断开等。这相当于电路节点相互短接或与电源线短接，或者可能是浮空的。

确定一个被送出的部件在所有可能的输入情况下都能正确工作并不像初看起来那么简单。在设计阶段分析电路行为时，设计者可以不受限制地对电路中的所有节点进行检查，自由地应用各种输入图形并且在所希望的任何节点处观察所得到的响应。而一旦部件被制造出来之后情况就不再是这样了。这时查看电路的唯一入口是通过输入-输出引线。一个像微处理器这样复杂的部件是由几千万到几亿个晶体管组成并且含有无数个可能的状态。要使这样的部件处在某一个特定的状态，并通过输入-输出口所提供的有限带宽来观察所产生的电路响应，即使完全有可能，这也是一个非常费时的过程。硬件测试设备往往都非常昂贵，而且一个部件在测试仪中停留的每一秒钟都会增加它的成本。

所以应当在设计过程的早期就考虑测试问题。在电路中进行某些小的修改就能很容易证实它有没有缺陷。这一设计方法称为可测性设计（design for testability, DFT）。虽然 DFT 常常为设计者们所忽视，因为他们宁可集中在设计中更刺激的方面，如晶体管的优化，但它却是整个设计过程中一个非常重要的组成部分，并且应当在设计流程中尽早考虑。"如果你不测试它，它将不工作！（肯定是这样）"[Weste93]。一个 DFT 策略包括两部分：

1. 提供必要的电路以使测试过程加快并且比较全面。
2. 提供测试过程需要采用的测试图形（激励向量）。为了降低成本，希望测试序列尽可能短，但仍能覆盖大部分可能存在的缺陷。

下一节将简短讨论其中每一个部分中最重要的一些问题。在此之前,先简单描述一下一个典型的测试过程以帮助理解这些问题。

H.2　测试过程

生产测试可以根据所希望的测试目的分成以下几类。

- **诊断测试**用在芯片和板级调试期间,其目的是对于一个给定的失效部件识别和指出失效的部位。

- **功能测试**(也称为工作或不工作测试)确定一个制造出的元件是否能工作。这一问题比诊断测试简单,因为只需要回答是或否。由于每一个制造出来的芯片都要经过这一测试,因此它对成本有直接的影响,所以这一测试应当尽可能简单快速。

- **参数测试**在各种工作条件(如温度和电源电压)下检查许多非离散参数,如噪声容限、传播延时和最大时钟频率。这就需要有与只需处理 0 和 1 信号的功能测试不同的测试设备。参数测试一般可分为静态(dc)和动态(ac)测试。

一个典型的生产测试过程如下所述。首先把预先确定的测试图形装入能够向被测器件(device under test, DUT)提供激励并采集相应响应的测试设备。测试图形由测试程序来定义,它描述了所应用的波形、电平、时钟频率以及所期望得到的响应。需要用一个探针卡或 DUT 板把测试仪的输入和输出连到芯片或封装相应的引线上。

新部件被自动送入测试仪。测试仪执行测试程序,把一系列的输入图形加到被测器件上,并把所得到的响应与所期望的响应进行比较。如果发现有差别,就给该部件标记上有缺陷(如打上一个墨点),然后探针自动移到圆片的下一个芯片。在把圆片分割成单个芯片的划片过程中,打点的部件将被自动抛弃。在测试封装好的部件时,把已测部件从测试板上取下并根据测试结果分别放入好的和有缺陷的箱中。每个部件的整个测试过程只需要几秒的时间,因此一个测试仪在一小时内就可以处理几千个部件。

图 H.1 是一个高端逻辑电路测试仪的照片。自动测试仪是非常昂贵的设备。当今高速集成电路对提高性能的要求使这一情况更为严重,造成测试设备的价格一路飙升。减少一个芯片花费在测试仪上的时间是降低测试成本最有效的办法。可惜的是,随着集成电路复杂程度的增加,我们可以看到的却是一个相反的趋势。因此非常希望找到能够减少测试负担的设计方法。

图 H.1　自动测试仪(经 Shlumberger 公司允许刊登)

H.3 可测性设计

H.3.1 可测性设计中的问题

正如前面提及的,一个能够圆满处理现代最先进部件的高速测试仪的价格是一个天文数字。减少单个部件的测试时间可以帮助提高测试仪的测试量,从而对测试成本产生重大的影响。在设计过程的早期就考虑测试有可能简化整个验证过程。本节将介绍能够达到这一目的的某些方法。在详细讲述这些技术之前应当首先了解一下测试问题的一些复杂性。

考虑图 H.2(a)的组合电路块。为了验证该电路的正确性,可以通过无遗漏地应用所有可能的输入图形并观察相应的响应实现。对于 N 个输入的电路,这要求应用 2^N 个图形。对于 $N = 20$,就需要有超过 100 万个的图形。如果一个图形的加入和观察需要 1 μs,那么这一模块的全部测试就需要 1 s。当考虑图 H.2(b)的时序模块时这一情况变得更加严重,因为该电路的输出不仅取决于所加的输入,还要取决于状态值。为了无遗漏地测试这一有限状态机(FSM)需要应用 2^{N+M} 个输入图形,这里 M 是状态寄存器的数目[Williams83, Weste93]。对于一个中等大小的状态机(例如 $M = 10$),这意味着必须测出 10 亿个图形的结果,如果仍用每个图形需要 1 μs 的测试仪,则需要 16 分钟。一个现代微处理器模拟为状态机时相当于一个具有 50 个状态寄存器的模型。要毫无遗漏地测试这样一个模型,需要 10 亿年以上的时间!

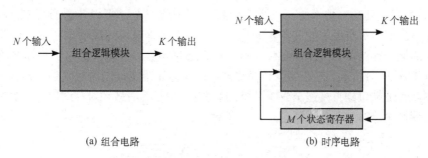

(a) 组合电路   (b) 时序电路

图 H.2 被测试的组合器件和时序器件

很显然,必须采用另一种方法。一种比较灵活的测试方法基于以下前提:

- 无一遗漏地列举所有可能的输入图形会含有相当多的冗余,即电路中的同一个缺陷为许多输入图形所覆盖。检测出这样一个缺陷只需要这些图形中的一个,而其他图形则是多余的。

- 放宽必须检测出所有缺陷这一要求可以大大减少图形的数目。例如,检测出最后百分之几可能的缺陷可能会要求增加太多数目的额外图形,因而测出它们的代价可能会超出最终替换掉它们的成本。为此一般的测试过程只要求 95% ~ 99% 的故障覆盖率。

通过消除冗余和适当降低故障覆盖率就有可能用有限的一组输入向量来测试大多数组合逻辑块。然而这并不能解决时序电路的测试问题。为了测试一个状态机中一定的故障仅仅应用正确的输入激励是不够的,因为首先必须使这个被测部件处于所希望的状态。这需要应用一系列的输入。同时把电路的响应传送到其中一个输出引线可能需要另一个序列的输入图形。换言之,测试一个 FSM 中的单个缺陷需要一系列的向量。这再次会使测试成本过高而不能接受。

解决这一问题的一种方法是在测试过程中把反馈回路断开,从而把时序电路变为组合电路。这是后面将要介绍的扫描测试(scan-test)方法的关键概念之一。另一种方法是让电路自测试。这一测试并不需要外部的向量并且可以以很高的速度进行。自测试(self-test)概念将在后面详细讨论。在讨论设计的可测性,有如下两个特性最为重要。

1. **可控性**表示只利用输入引线就可以使一个电路节点进入某一指定状态的难易程度。如果只用一个输入向量就可以把一个节点带到任何状态,它就是容易控制的。一个具有低可控性的节点(或电路)需要一个很长的向量序列才能被带到所希望的状态。显然,在可测性设计中希望有高度的可控性。

2. **可观察性**表示在输出引线上观察一个节点的值的难易程度。对于一个具有高可观察性的节点,可以在输出引线上直接监测到它的值。一个低可观察性的节点则需要多个周期才能使它的状态出现在输出口上。当电路的复杂性和引线数目一定时,一个可测电路应当具有较高的可观察性。这就是下面一节要讨论的测试技术的确切目的。

组合电路属于容易观察和可控制的电路,因为它的任何一个节点都可以在单个周期中控制和观察到。

时序模块的可测性设计方法可以分为三类:专门测试、扫描测试和自测试。

H.3.2 专门测试

顾名思义,专门测试(ad hoc test)方法集合了一些可用来提高一个设计的可观察性和可控性的技巧和技术,它的应用一般与应用类型有关。

图 H.3(a)是说明这一技术的一个例子,这是一个简单的处理器以及它的数据存储器。在正常设置情况下存储器只有通过处理器才能访问。把一个数据值写入或读出一个存储器位置需要好几个时钟周期。存储器的可控性和可观察性可以通过在数据和地址总线上增加多路开关而大大改善,如图 H.3(b)所示。在正常操作模式时,这些选择器使存储器通向处理器,而在测试期间它的数据和地址端口则直接连至 I/O 引线,这样就可以更为有效地对存储器进行测试。这一例子说明了可测性设计的一些重要概念。

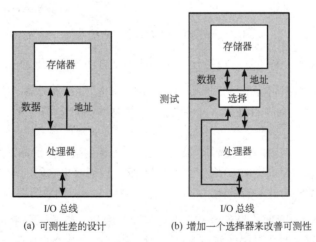

(a) 可测性差的设计   (b) 增加一个选择器来改善可测性

图 H.3   插入多路开关来改善可测性

- 在设计中引入一些虽然没有实际功能但却能改善电路可测性的额外硬件常常是很值得的。虽然这在面积和性能上会有一些小损失,但如果它能大大改善设计的可观察性或可控性,那么设计者仍常常愿意为此付出代价。

- 可测性设计常意味着除正常功能的 I/O 引线外还必须提供一些额外的 I/O 引线。图 H.3(b)

中的测试引线就是这样一个额外引线。为了减少可能需要的额外压焊块的数目，可以采用在同一个压焊块上分路选择（multiplex）测试信号和功能信号的方法。例如，在图 H.3（b）中的 I/O 总线在正常工作期间作为数据总线，而在测试期间则用来提供测试图形和收集响应。

已经设计出了许多专门的测试方法。例如分割大的状态机、增加额外的测试点、提供复位状态和引入测试总线。采用这些技术虽然非常有效，但大多数都要根据具体应用和所面对的总体结构来采用。把它们插入一个给定的设计中需要有专门的知识而且难以自动化。结构化和可自动化的方法要更受欢迎。

H.3.3 扫描测试

避免时序测试问题的一种方法是把所有的寄存器都变成可从外部装入和可读出的元件，这样就把被测电路变成了一个组合电路。为了控制一个节点，需要建立一个合适的向量，把它装入寄存器并传播通过逻辑。激励的结果传播到寄存器并被锁存，然后寄存器中的内容被传送到外部接口。十分遗憾的是，把一个设计中所有的寄存器都连到一条测试总线上会导致无法接受的电路开销。比较巧妙的一个办法是采用如图 H.4 所示的串联扫描方法。

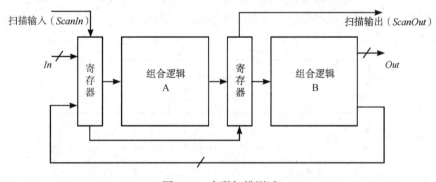

图 H.4　串联扫描测试

在这一方法中，寄存器修改为可以支持两种工作模式。在正常模式它们作为 N 位宽的钟控寄存器。在测试模式期间寄存器被链接在一起作为一个串联的移位寄存器。于是，测试过程按如下步骤进行。

1. 在测试时钟的控制下通过引线 *ScanIn* 输入逻辑模块 A（和/或 B）的激励向量并将其移入寄存器。
2. 激励被加到逻辑模块的输入并传播到它的输出。通过产生一个系统时钟事件把它的结果锁存到寄存器中。
3. 寄存器中的结果通过引线 *ScanOut* 送出电路并与期望的数据进行比较。此时一个新的激励向量可以被同时输入。

这个方法只产生最小的电路开销。扫描链的串联本质减少了布线数量。而且通常的寄存器很容易修改为支持这一扫描技术，如图 H.5 所示，它显示了一个经修改后具有扫描链的 4 位寄存器。唯一增加的是在输入端的一个额外的多路开关。当 *Test* 为低电平时电路处于正常工作模式。把 *Test* 设定为高电平则选择 *ScanIn* 输入，并把寄存器连接到扫描链上。寄存器的输出 *Out* 连接到扇出逻辑上，但同时还要再加一倍，因为 *ScanOut* 引线连接到相邻寄存器的 *ScanIn*。这一方法在面积和性能方面增加的开销都很小，可以限制在 5% 以内。

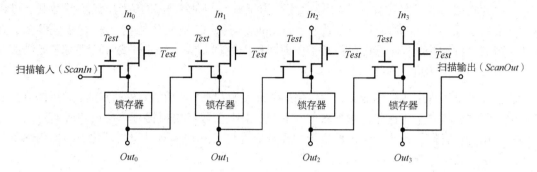

图 H.5　经修改后具有串联扫描链的寄存器

思考题 H.1　扫描寄存器设计

　　修改图 7.10 中的静态两相位主从寄存器，使之支持串联扫描。

　　图 H.6 画出了可用于图 H.4 中电路的时序图，这里假设采用两相位时钟方法。对于 N 位寄存器的一个扫描链，$Test$ 信号首先提升，产生 N 个时钟脉冲，以装载寄存器。$Test$ 信号下降时产生单个时钟脉冲，把在正常电路工作状况下从组合逻辑得到的结果锁存到寄存器中。最后，由另外 N 个脉冲(当 $Test = 1$ 时)把得到的结果传送到输出端。再次注意，扫描输出可以与下一个向量的输入同时进行。

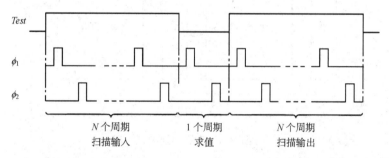

图 H.6　测试序列的时序图。N 代表测试链中寄存器的数目

　　可以设想出许多不同的串联扫描方法。一种由 IBM 公司首次推出的普遍方法称为电平敏感扫描设计(level-sensitive scan design, LSSD)[Eichelberger78]。LSSD 方法的基本功能块是移位寄存锁存器(shift-register latch, SRL)，如图 H.7 所示。它由两个锁存器 L1 和 L2 组成，后者只用于测试目的。在电路正常工作状态时，信号 D、$Q(\overline{Q})$ 和 C 分别作为锁存器的输入、输出和时钟。在这一模式中，测试时钟 A 和 B 为低电平。在扫描模式中，SI 和 SO 分别作为扫描输入和扫描输出。这时时钟 C 为低电平，而时钟 A 和 B 作为不重叠的两相位测试时钟。

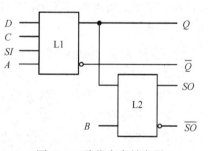

图 H.7　移位寄存锁存器

　　LSSD 方法代表的不仅是一种测试策略，而且也是一种完整的时钟控制原理。当严格遵循这一方法所内含的规则时，就有可能在很大程度上使测试产生和时序验证自动化。这就是为什么在 IBM 内部很长一段时间都要求采用 LSSD。这一方法的主要缺点是 SRL 锁存器的复杂性。

　　并不总是需要使设计中所有的寄存器都是可扫描的。考虑图 H.8 中的流水线数据通路。在这一设计中的流水线寄存器只是为了提高性能，因而在严格意义上并不增加电路的一个新状态。因此只需使输入和输出寄存器可扫描就可以了。在测试生成期间，可以把加法器和比较器一并看成单个的组合块。唯一的差别是在进行测试时需要两个时钟周期，把激励向量的响应结果传送到输出寄存器中。这一方法又称为部分扫描（partial scan），常常用于当性能是主要关注对象的时候。它的缺点是确定应当使哪些寄存器可扫描时并不总是那么一目了然，而且可能需要与设计者交换意见。

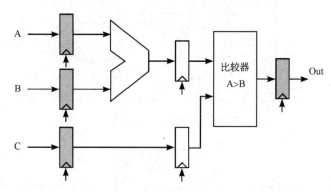

图 H.8　采用部分扫描的流水线数据通路。链中只含涂阴影的寄存器

H.3.4　边界扫描设计

直至最近，测试问题还是集成电路这一级上最有吸引力的问题。测试电路板能够提供丰富的测试点，因而使测试非常方便。穿孔安装方法使封装上的每一条引线都可以在该板的背面看到。对于测试，只要把板放在一组测试探针下（称为"针床"）然后输入和观察感兴趣的信号就可以了。随着高级封装技术如表面封装或多芯片模块（见第 2 章）的出现，情况发生了变化。可控性和可观察性由于探针点数目的大大减少而不再那么容易得到。这一问题可以通过把扫描测试方法延伸到部件级和板级来解决。

由此产生的方法称为边界扫描（boundary scan），并且已经被标准化以确保在不同厂商之间的兼容性[IEEE1149]。从本质上讲，它是把一个板上各部件的输入-输出引线连接成一条串联的扫描链，如图 H.9 所示。在正常工作时，边界扫描压焊块作为正常的输入-输出器件。在测试模式中，向量可以从这些压焊块处扫入扫出，从而在部件的边界上提供可控性和可观察性（边界扫描因此而得名）。测试操作的进行与上面介绍的过程类似。可以利用各种控制模块来测试各个部件以及板上的互连线。这一方法的额外开销是要求稍微复杂一些的输入-输出压焊块以及一个附加的片上测试控制器（一个具有 16 个状态的 FSM）。现在大多数产品部件都提供边界扫描。

H.3.5　内建自测试

可测性的另一个令人感兴趣的方法是让电路自己生成测试图形而不是要求应用外部的图形[Wang86]。更加吸引人的一种技术是电路自己能够决定它所得到的测试结果是否正确。根据被测电路的特点，采用这一方法也许需要增加额外的电路来产生和分析测试图形。但这部分电路的硬件中有些可能就是正常工作电路的一部分，因而已经存在，所以自测电路的面积可以很小。

一个内建自测试（BIST）设计的一般形式如图 H.10 所示[Kornegay92]。它包括向被测器件提供测试图形的方法以及把器件的响应与已知正确的序列进行比较的方法。

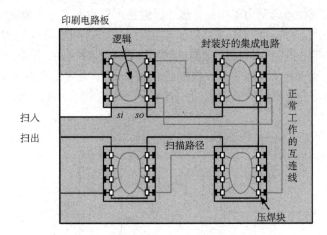

图 H.9　用于板级测试的边界扫描方法

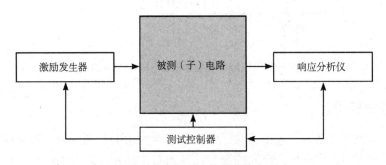

图 H.10　内建自测试结构的一般形式

　　有许多方法可以产生激励,用得最多的是穷尽法和随机法。在穷尽法中,测试长度为 2^N,其中 N 是电路输入的数目。穷尽测试意味着对于给定的所有可以得到的输入信号空间,所有可测的故障都会被检测到。一个 N 位的计数器就是穷尽图形发生器的一个很好的例子。对于 N 值较大的电路,通过整个输入空间的操作所需要的时间是无法接受的。一种替代方法是采用随机测试,这意味着随机选择 2^N 个可能输入图形中的一个子集。选择这一子集的原则是应当能得到合理的故障覆盖率。图 H.11 是一个伪随机图形发生器的例子,这是一个线性反馈移位寄存器(linear-feedback shift register, LFSR),由多个一位的寄存器串联构成。有些输出被异或(XOR)并反馈回移位寄存器的输入。一个 N 位的 LFSR 顺序通过 $2^N - 1$ 个状态,然后再重复这一序列,从而产生一个似乎是随机的图形。把这个寄存器初始化为一定的种子值(在我们的例子中为非零的值)就会产生不同的伪随机序列。

　　虽然可以把响应分析器实现为将所生成的响应与存放在片上存储器中的预期响应进行比较,但这一方法因需要过多的面积而不切实际。一个更经济的技术是在对它们进行比较之前把这些响应进行压缩。存放正确电路的压缩响应只需要很少数量的存储器,特别是在压缩率较高时尤为如此,因此响应分析器由一个动态压缩被测电路输出的电路以及一个比较器构成。被压缩的输出也常常称为该电路的签名,而整个方法称为签名分析。

　　图 H.12 是一个压缩一位信号流的签名分析器的例子。可以看到这一电路只是计数输入流中 0→1 和 1→0 的翻转数目。这一压缩并不能保证接收到的序列是正确的,也就是说许多不同的序列可以有相同数目的翻转。但由于发生这一情况的机会很小,所以在一定范围内也许值得冒这个险。

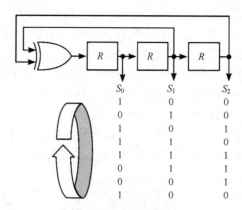

图 H.11　三位线性反馈移位寄存器及所生成的序列

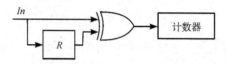

图 H.12　一位信号流的签名分析

　　另一个方法显示在图 H.13(a)中。它是一种改进的线性反馈移位寄存器，其优点是可以用同一硬件来完成图形生成和信号分析。每一个进来的数据字被一个接一个地与 LFSR 的内容相比较(XOR)。在测试序列结束时，LFSR 中含有了这个数据序列的签名或称特征字(syndrome)，可以用它来与正确电路的特征字进行比较。这一电路不仅实现了一个随机图形发生器和签名分析器，而且还能根据控制信号 B_0 和 B_1 的值用来作为正常的寄存器或扫描寄存器，如图 H.13(b)所示。这一测试方法结合了所有不同的技术，称为内建逻辑块监测器(built-in logic block observation)或简称为 BILBO[Koeneman79]。图 H.13(c)是一个 BILBO 的典型应用。选择扫描时种子值被移入 BILBO 寄存器 A 而 BILBO 寄存器 B 被初始化。接着寄存器 A 和 B 分别工作在随机图形发生和签名分析模式。在测试序列结束时通过扫描模式从 B 中读出签名。

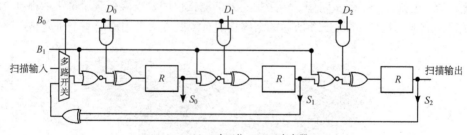

(a) 一个三位 BILBO 寄存器

B_0B_1	工作模式
1　1	正常
0　0	扫描
1　0	图形发生或签名分析
0　1	复位

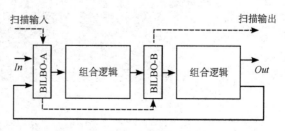

(b) BILBO 模式　　　　　　　(c) BILBO 应用

图 H.13　内建逻辑块监测器(BILBO)

最后值得提及的是，自测在测试规则结构(如存储器)时极为有用。保证这样一个存储器(它是一个时序电路)无缺陷并不容易。这一任务的复杂性在于当把一个数据值读出或写入一个单元时，由于存在交叉耦合和其他寄生效应，这个值会受到存储在邻近单元中的值的影响，因此存储器测试包括以交叉变化的地址序列将许多不同的图形读出或写入存储器中。典型的图形可以是全0或全1，或0和1相间的棋盘图案。寻址方式可以是先写整个存储器，然后整个读出或者采用各种读写交替的序列。这一测试方法可以在集成电路内部建立，与一个存储器的尺寸相比，它只需增加很小的开销，如图H.14所示。这一方法极大地改善了测试时间并减少了外部控制。随着集成部件复杂性的增加和嵌入式存储器的日益普遍，应用自测试技术必将变得更为重要。

图 H.14　存储器的自测试

片上系统时代的到来，并未使测试工作变得更简单一些。一个单片集成电路中就可能包含微处理器和信号处理器、多个嵌入式存储器、ASIC模块、FPGA以及片上总线和网络。这些模块中的每一个都有它自己最适宜的测试方法，因而要把它们组合成一种统一的策略就极具挑战性。内建自测试应当是解决这一问题的唯一出路。图H.15是一个基于BIST的结构化的片上系统测试方法。构成该系统的每一个模块通过一个"外套"连接到片上网络。它是这个功能块与网络之间定制设计的接口，用以支持同步和通信这样的功能。这一外套可以扩展为包括一个测试支持模块。例如，对于有扫描链的一个ASIC模块，测试支持模块提供了与扫描链之间的接口，并为测试图形提供一个缓冲器。这一缓冲器可以通过系统总线直接读和写。同样，可以给一个存储模块配备一个图形发生器和签名分析器。但所有这些仍然是不够的，系统中还需要有一个总的测试协调器。幸运的是大多数SOC都有一个可编程处理器，可以在启动时指导对其他模块的测试和验证。测试图形和签名可以存放在处理器的主存储器中，并在测试时间提供给被测试的模块。这一方法的优点是它利用了芯片上已有的资源。此外，BIST自测试方法允许测试以实际的时钟速度进行，这就减少了测试时间。由于把对外部测试仪的要求降低到了最小的程度，从而降低了测试仪的成本。开发如图H.15所示的结构化的自测试方法是当前的一个研究热点[Krstic01]。

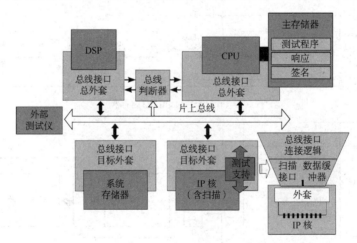

图 H.15　片上系统测试方法

H.4　测试图形的生成

在前几节中已讨论了如何修改一个设计以能有效地应用测试图形。我们至今一直没有提到的是如何确定应当使用什么样的图形才能得到一个好的故障覆盖率这样的复杂问题。这一过程在过去是很成问题的, 那时的测试工程师(与设计者不是同一个人)必须在设计完成之后建立测试向量, 这就必定需要有一个数量相当的纯属浪费的逆工程, 而如果在设计流程的早期就已考虑测试问题, 这一逆工程本来是可以避免的。对可测性设计意识程度的提高和自动生成测试图形(ATPG)的出现使这一情况大为改观。

在本节中, 我们将更深入地研究 ATPG 的问题, 并介绍评估测试序列质量的技术。在开始之前, 必须更详细地分析一下故障的概念。

H.4.1　故障模型

制造缺陷可以是各种各样的, 但它们中最突出的是信号间的短路、与电源线的短路以及节点浮空。为了评估一种测试方法是否有效以及一个电路的好坏, 必须把这些故障与电路模型联系起来, 或者换句话说, 要推导出一个故障模型。最普遍使用的模型称为固定型(stuck-at)故障模型。大多数测试工具只考虑短路至电源线, 我们分别把短路至 GND 和 V_{DD} 称为固 0(stuck-at-zero, sa0)和固 1(stuck-at-one, sa1)故障。

可以证明 sa0-sa1(固 0 固 1)模型并不能覆盖现代最先进集成电路中可能发生的所有故障, 因此还应当考虑开路固定故障(stuck-at-open)和短路固定故障(stuck-at-short)。然而加进这些故障会使测试图形的生成过程复杂化。而且这些故障中许多都可以用 sa0-sa1 模型来覆盖。为了说明这一点, 考虑图 H.16 中的电阻负载 MOS 门。所有与电源间的短路都通过在节点 A, B, C, Z 和 X 处引入 sa0 和 sa1 故障来模拟。图中已标注了一些开路固定故障(β)和短路固定故障(α, γ)。可以看到这些故障已经为各个节点上的 sa0 和 sa1 故障所覆盖。例如, 故障 α 由 A_{sa1} 覆盖, β 由 A_{sa0} 或 B_{sa0} 覆盖, 而 γ 相当于 Z_{sa1}。

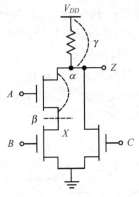

图 H.16　电阻负载的门, 图上标有一些开路固定故障(β)和短路固定故障(α, γ)

即便如此, 短路和开路故障仍可能在 CMOS 电路中造成一些应当关注的现象, 它们未被 sa0-sa1 模型覆盖, 所以值得在此加以说明。考虑图 H.17 中的两输入 NAND 门, 这里发生了一个开路固定故障 α。图中也显示了故障电路的真值表。对于组合($A=1$, $B=0$), 输出节点是浮空的, 因而保持它原先的值, 而正确的值应当是 1。这一故障可能被检测出来也可能检测不出来, 这要取决于前面的激励向量。事实上, 这个电路的行为就像是一个时序电路。为了检测出这一故障,必须先后应用两个向量。第一个迫使输出为 0(即 $A = 1$ 且 $B = 1$),而第二个则为 $A = 1$, $B = 0$。短路固定故障在 CMOS 电路中会引起问题,因为在某些输入值时这一故障会引起电源线和地线之间的直流(dc)电流,从而产生不确定的输出电压。

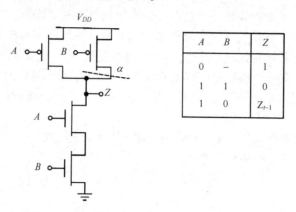

A	B	Z
0	–	1
1	1	0
1	0	Z_{t-1}

图 H.17   存在开路固定故障的两输入互补 CMOS NAND 门及其真值表

尽管 sa0-sa1 故障模型存在一些问题,但它容易使用而且覆盖故障空间相对较大,因此事实上它已成为一种标准模型。在采用时经常再辅之以其他技术,如功能测试、IDDQ 测试(即测试一个 CMOS 电路因短路引起的静态电流的改变)以及延时测试。没有一个单独的测试模型是完全安全可靠的,所以经常需要把几种测试方法结合起来使用[Bhavsar01]。

H.4.2   测试图形的自动生成

测试图形自动生成(Automatic Test-Pattern Generation,ATPG)的任务是确定最小的一组激励向量,它们能覆盖由所采用的故障模型定义的故障集中足够多的部分。一种可能的方法是从一组随机的测试图形集开始,进行故障模拟来决定有多少可能的故障被检测出。随后以所得到的结果为指导反复增减向量。另一种可能更令人感兴趣的方法是基于对一个布尔网络功能的了解推导出适合于给定故障的测试向量。为了说明这一概念,考虑图 H.18 的例子。我们的目的是确定一个能够在该电路输出端 Z 检查出节点 U 处发生 sa0 故障的输入激励。对这样一个激励的第一个要求是它应当迫使故障能够发生(这也就是可控性问题)。为此,要寻找一种输入图形,能够在正常条件下把 U 置于 1。这里唯一的选择是 $A = 1$ 且 $B = 1$。第二个要求是这一故障信号必须传送到输出节点 Z 以能被观察到。这一阶段称为路径敏化。为了使节点 U 处的任何变化都能传送到 Z,需要把节点 X 设为 1 而把节点 E 设为 0。现在可以把 U_{sa0}(唯一)的测试向量组合起来,即 $A = B = C = D = 1$, $E = 0$。

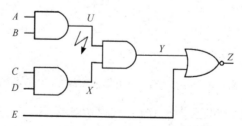

图 H.18   节点 U 处有 sa0 故障的简单逻辑电路

这个例子极为简单,但对于比较复杂的电路,推导它的最小测试向量集就要复杂得多。人们已经开发出了许多解决这一问题的非常好的方法。在这方面起标志性作用的是 D 算法[Roth66] 和

PODEM 算法[Goel81]，它们是当前许多 ATPG 工具的基础。这里只需说 ATPG 是当前设计自动化的主流，而且已经有许多厂商能够提供功能很强的工具就足够了。

H.4.3 故障模拟

一个故障模拟器能够衡量测试程序的质量，确定它的故障覆盖率。故障覆盖率定义为由测试序列检测到的故障总数除以电路中节点数目的两倍，因为每一个节点可以发生一个 sa0 和一个 sa1 故障。自然，所得到的故障覆盖数最多只会与所采用的故障模型一样好。事实上，在 sa0-sa1 故障模型中某些搭接和短路故障并没有被覆盖，因而也不会出现在故障覆盖的统计中。

最常用的故障模拟方法是并行故障模拟技术，这一技术把一个正确电路与许多故障电路同时模拟，每一个故障电路都注入了单个故障。将所得到的结果进行比较。对于一个给定的测试向量集，如果它们的输出不同，那么就给这个故障标记为已测出。这一描述是过分简化了，大多数模拟器都运用许多技术，如首先选择被检测出的机会较高的故障以加速模拟过程。硬件故障模拟加速器也已出现，它们以并行处理器为基础，并能提供比以纯软件为基础的模拟器快得多的速度[Agrawal88, pp. 159~240]。

H.5 进一步探讨

有关可测性设计问题的深入探讨请参阅[Agrawal88]和[Abramovic91]。有关高性能微处理器测试方面的挑战性问题及其解决方法的极好综述可以在[Bhavsar01]中找到。

参考文献

[Abramovic91] M. Abramovic, M. Breuer, and A. Friedman, *Digital Systems Testing and Testable Design*, IEEE Press, Piscataway, NJ, 1991.

[Agrawal88] V. Agrawal and S. Seth, Eds. *Test Generation for VLSI Chips*, IEEE Computer Society Press, 1988.

[Bhavsar01] D. Bhavsar, "Testing of High-Performance Microprocessors," in *Design of High-Performance Microprocessor Circuits*, A. Chandrakasan et al., Ed., pp. 523–44, IEEE Press, 2001

[Eichelberger78] E. Eichelberger and T. Williams, "A Logic Design Structure for VLSI Testability," *Journal on Design Automation of Fault-Tolerant Computing,* vol. 2, pp. 165–78, May 1978.

[Goel81] P. Goel, "An Implicit Enumeration Algorithm to Generate Tests for Combinational Logic Circuits," *IEEE Trans. on Computers*, vol. C-30, no. 3, pp. 26–268, June 1981.

[IEEE1149] IEEE Standard 1149.1, "IEEE Standard Test Access Port and Boundary-Scan Architecture," IEEE Standards Board, New York.

[Koeneman79] B. Koeneman, J. Mucha, and O. Zwiehoff, "Built-in Logic-Block Observation Techniques," in *Digest 1979 Test Conference*, pp. 37–41, October 1979.

[Kornegay92] K. Kornegay, *Automated Testing in an Integrated System Design Environment,* Ph. D dissertation., Mem. No. UCB/ERL M92/104, Sept. 1992.

[Krstic01] A. Krstic, W. Lai, L. Chen, K. Cheng, and S. Dey, "Embedded Software-Based Self-Testing for SOC Design," *http://www.gigascale.org/pubs/139.html*, December 2001.

[Roth66] J. Roth, "Diagnosis of Automata Failures: A Calculus and a Method," *IBM Journal of Research and Development*, vol. 10, pp. 278–291, 1966.

[Wang86] L. Wang and E. McCluskey, "Complete Feedback Shift-Register Design for Built-in Self Test," *Proc. ICCAD 1986*, pp. 56–59, November, 1986.

[Weste93] N. Weste and K. Eshraghian, *Principles of CMOS VLSI Design—A Systems Perspective*, Addison-Wesley, 1993.

[Williams83] T. Williams and K. Parker, "Design for Testability—A Survey," *Proceedings IEEE*, vol. 71, pp. 98–112, Jan. 1983.

思考题答案

3.1 通过加上一个合适的栅电压使晶体管处于所希望的工作模式。把一个电流源 I 加到漏极节点上。流入漏极电容的电流 I_C 可以通过从 I 中减去晶体管的电流 I_D 求出。一旦已知 V_{DS} 和 $I_C(V_{DS})$ 就能很容易求出漏极电容。

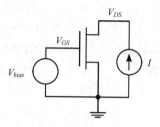

图 P3.1　模拟一个 NMOS 的漏极电容

3.2 假设晶体管中的电流与电压间为平方关系，可得到以下修改后的表格：

	全比例缩小	一般化缩小	恒压缩小
I_{SAT}	$1/S$	S/U^2	S
R_{ON}	1	U/S	$1/S$
t_p	$1/S$	U/S^2	$1/S^2$
P	$1/S^2$	S/U^3	S

4.1 见图 P4.1。

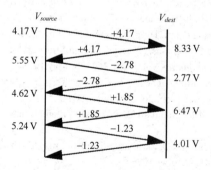

图 P4.1　终端并联不同负载时电压沿类似的路径分布

5.1 当 V_{DD} 比 V_T 大得多时，PMOS 和 NMOS 同时饱和并处在工作点 V_M 附近。通过使流过这两个晶体管的电流相等可以求出 V_M 的表达式。在这一推导中忽略了沟道长度调制系数。

$$\frac{k_n}{2}(V_M - V_{Tn})^2 = -\frac{k_p}{2}(V_M - V_{DD} - V_{Tp})^2$$

5.2 假设 PMOS 和 NMOS 同时饱和并工作在 V_M 附近。写出在此条件下的电流方程，求导并求出 $\mathrm{d}V_{out}/\mathrm{d}V_{in}$。由此得到：

$$\frac{\mathrm{d}V_{out}}{\mathrm{d}V_{in}} = -\frac{k_n(V_{in} - V_{Tn})(1 + \lambda_n V_{out}) + k_p(V_{in} - V_{DD} - V_{Tp})(1 + \lambda_p V_{out} - \lambda_p V_{DD})}{(\lambda_n k_n(V_{in} - V_{Tn})^2 + \lambda_p k_p(V_{in} - V_{DD} - V_{Tp})^2)/2}$$

忽略某些二次项并令 $V_{in} = V_M$ 得到:

$$g = -\frac{k_n(V_M - V_{Tn}) + k_p(V_M - V_{DD} - V_{Tp})}{I_D(V_M)(\lambda_n - \lambda_p)}$$

一旦已知增益,利用式(5.7)可以很容易推导出 V_{IH} 和 V_{IL}。

5.3 利用 MOS 器件在亚阈值区域的电流公式,即式(3.39),忽略沟道长度调制系数并假设 PMOS 和 NMOS 具有相同的强度,可以发现增益为 $-(\mathrm{d}I_D/\mathrm{d}V_{GS})/(\mathrm{d}I_D/\mathrm{d}V_{DS})$。由此直接得到式(5.12)。

5.4 为简单起见,我们只集中考虑 t_{pHL}。在假设放电电流为一个电流源的情况下,t_{pHL} 可近似为

$$t_{pHL} = \frac{C_L(V_{DD}/2)}{I_{av}}$$

式中,I_{av} 是平均放电电流。我们把 I_{av} 计算为在两个所关注点(即 $V_{out} = V_{DD}$ 和 $V_{out} = V_{DD}/2$)之间的平均值。若在放电的大部分时间内 NMOS 晶体管均处于速度饱和状态,则有

$$I_{av} = \frac{I_{Dsat}(1 + \lambda V_{DD}) + I_{Dsat}(1 + \lambda(V_{DD}/2))}{2} = I_{Dsat}\left(1 + \lambda\frac{3V_{DD}}{4}\right)$$

其中,$I_{Dsat} = k_n((V_{DD} - V_{Tn})V_{Dsat} - V_{Dsat}^2/2)$

由此得到如下传播延时的表达式,它非常接近式(5.22)。

$$t_{pHL} = \frac{C_L V_{DD}}{2I_{Dsat}\left(1 + \lambda\frac{3V_{DD}}{4}\right)}$$

5.5 将式(5.32)分别对这三级的输入电容求偏导数,并注意到第 1 级和第 2 级还有附加的扇出 4,得到如下关系:

$$\frac{4C_{g,2}}{C_{g,1}} = \frac{4C_{g,3}}{C_{g,2}} = \frac{C_L}{C_{g,3}}$$

类似地有 $C_L = 64C_{g,1}$。很容易求解这一组方程,并得到以下的尺寸系数:$s_1 = 1$;$s_2 = 2^{4/3} = 2.52$;$s_3 = 2^{8/3} = 6.35$。由此得到在输入和输出之间的最小延时为 $33.24t_{p0}$(假设 $\gamma = 1$)。

5.6 输入斜率的影响随电源电压的降低而减小(对于固定的阈值)。降低电源电压将减少两个器件同时导通的时间间隔,因此也减少了损耗的电流。

6.1 关键的晶体管是那些相串联的晶体管。当 N 个晶体管串联在一起时,我们把它们的宽度乘以 N 得到一个导通电阻等于单个晶体管导通电阻的组合器件。并联的晶体管尺寸不变,因为它们在最坏情形下的电阻等于每一单个器件的电阻。这个方法可以反复用于电路中的每一支路。器件尺寸标注在图 P6.1 的电路图上。从延时的角度来看,这相当于一个 NMOS 尺寸为 $0.5~\mu\mathrm{m}/0.25~\mu\mathrm{m}$ 和 PMOS 尺寸为 $1.5~\mu\mathrm{m}/0.25~\mu\mathrm{m}$ 的反相器。

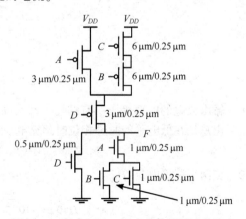

图 P6.1 复合 CMOS 门中晶体管尺寸的确定

6.2 分支的影响为 $b_1 = 4$,$b_2 = 4$,$b_3 = 1$,因此 $B = 16$。路径的等效扇出 $F = 64$。路径逻辑努力 $G = 1$,于是总的路径努力 $H = GFB = 1024$。使延时最小的门的努力为 $(H)^{1/N}$,它等于

$10.079_{\circ}C_{in3}=64C_{g,1}/10.079=6.35C_{g,1}$，$C_{in2}=4*6.35C_{g,1}/10.079=2.52C_{g,1}$。由此得到 $s_1 = 1$；$s_2 = 2.52$；$s_3 = 6.35$。

6.3　由于 N 输入的 XOR 门的输入均不相关且均匀分布，所以翻转概率为

$$\alpha_{0\to1}=\frac{N_0}{2^N}\cdot\frac{N_1}{2^N}=\frac{\frac{2^N}{2}\cdot\frac{2^N}{2}}{2^{2N}}=\frac{1}{4}$$

6.4　由以下观察可以很容易推导出这些翻转概率。一个 AND 门处于 1 状态的机率等于输入 A 为高电平"与"(AND)输入 B 也为高电平时的概率，即 $P_{AND}(1)=P_A\cdot P_B$。由此可以计算出翻转概率。即 $P_{0\to1}=(1-P(1))P(1)$。同样，XOR 门的输出为高电平的概率等于 A 为高电平"或"B 为高电平，但它们不同时为高电平时的机率。这可以表示成：$P_{XOR}(1)=P_A+P_B-2P_AP_B$。注意，互补门(NAND，NOR，NXOR)的翻转概率和它们相应的非反相门的翻转概率完全相同。

6.5　与互补 CMOS 相反，NOR 结构是伪 NMOS 优先考虑的拓扑结构。NOR 结构完全避免了串联的晶体管。

6.6　把 6 个晶体管串联在一起使下拉电阻增加到尺寸为 $0.5\ \mu m/0.25\ \mu m$ 的单个器件的 6 倍。为了把节点 x 下拉到该反相器的开关阈值($V_{DD}/2$)，下拉网络的等效 W/L 也要等于 1。由于最小器件宽度为 $0.375\ \mu m$，所以最大的 W/L 为 $0.375\ \mu m/0.375\ \mu m$(长度也应当增加以有一定的余量)。

6.7　图 P6.7 为放电情形时 NMOS 和 PMOS 电阻的模拟结果。等效电阻近似为 $4\ k\Omega$(对两个端点的值进行平均)。

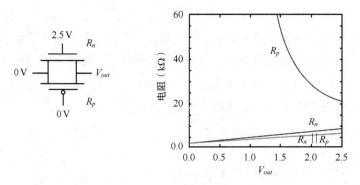

图 P6.7　传输门的放电电阻

6.8　输出放电的概率等于所有的输入都为高电平的概率。这也等于 0 至 1 翻转的概率，因为输出总是在低电平的时钟相位时预充电。

$$\alpha_{0\to1}=p_A\cdot p_B\cdot p_C\cdot p_D=0.012$$

6.9　使两个漏极电流等于：

$$I_S10^{\frac{0}{S}}\left(1-10^{-\frac{nV_x}{S}}\right)=I_S10^{\frac{-V_x}{S}}\left(1-10^{-n\frac{(V_{DD}-V_x)}{S}}\right)$$

假设 V_x 很小，式右边括号中的第二项可以忽略，由此简化为

$$\left(1-10^{-\frac{nV_x}{S}}\right)=10^{\frac{-V_x}{S}}\quad\text{或}\quad e^{\frac{V_x}{nV_{th}}}=1-e^{\frac{V_x}{V_{th}}}$$

定义 $\alpha = \dfrac{V_x}{V_{th}}$ 并假设 α 很小,我们可以在 0 附近运用泰勒展开式得到:

$$1 - \frac{\alpha}{n} = 1 - (1 - \alpha) = \alpha$$

重新整理上式得到:

$$1 - \alpha = 1 - \frac{n}{n+1} = \frac{1}{n+1}$$

由此,再次对式左边的指数项运用泰勒展开式并取对数得到: $V_x = V_{th}\ln(1+n)$。

7.1 就功能而言可以去掉这两个反相器。但输入反相器隔离了输入和内部节点并对触发器提供了一个固定的输入负载。

7.2 图 P7.2 显示了不重叠的关系。可以加入延时 t_{d1} 和 t_{d2} 以增加这两个不重叠时间。

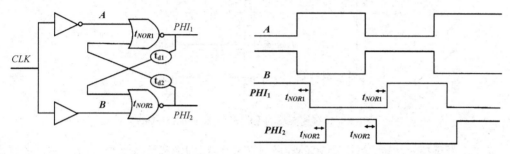

图 P7.2 产生不重叠时钟

7.3 图 P7.3 的电路图表示在锁存器中去掉高阈值 NMOS 或 PMOS 的情形。这两种情形中都存在漏电通路。因此为消除漏电,这两个高阈值晶体管(NMOS 和 PMOS)都需要。

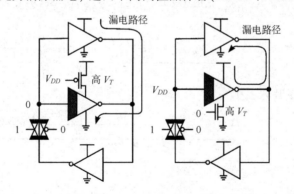

图 P7.3 双阈值寄存器实现低电压工作

7.4 图 P7.4 为一个 NAND 触发器的真值表。输入为 00 是一个不允许的状态。

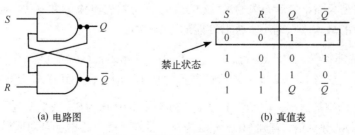

S	R	Q	$\overline{Q}$
0	0	1	1
1	0	0	1
0	1	1	0
1	1	Q	$\overline{Q}$

禁止状态

(a) 电路图   (b) 真值表

图 P7.4 基于 NAND 的触发器

7.5 对于固定的数据通过量,双边沿触发系统的时钟速率可以降低一半。就一阶近似而言,这相当于在时钟分布网络中的功耗降低至1/2。仔细分析表明,对双边沿触发器,连至时钟信号的实际负载也加倍,因此时钟分布网络也必须加大以补偿某些功率增加。驱动一个双边沿触发器门负载的功率将保持不变,因为它虽然有两倍的实际电容,但却以一半的频率切换。

7.6 如图 P7.6 所示,只需要在图 7.36 的电路中增加三个器件与 D 输入串联,就可以得到一个具有使能端的毛刺寄存器(glitch register)。

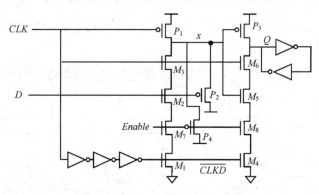

图 P7.6 具有使能端的毛刺寄存器(glitch register)

7.7 对于由低至高的翻转,晶体管 M_2 的导通只在节点 X(即饱和负载反相器 $M_1 \sim M_5$)的输出电压达到如下值的时候发生: $V_X = V_{in} - V_{Tn}$。我们以 V_{in} 的这个值作为 V_{M-} 的近似值。忽略体效应并假设两个器件均处于饱和状态,由此可推导出以下 V_{M-} 的表达式:

$$k'_n\left(\frac{W}{L}\right)_1\left((V_{M-} - V_{Tn})V_{DSATn} - \frac{V^2_{DSATn}}{2}\right) = k'_n\left(\frac{W}{L}\right)_5\left((V_{DD}-(V_{M-} - V_{Tn}) - V_{Tn})V_{DSATn} - \frac{V^2_{DSATn}}{2}\right)$$

$$V_{M-} = \frac{V_{Tn} \cdot V_{DSATn} + \frac{V^2_{DSATn}}{2} + \left((V_{DD} \cdot V_{DSATn})-\frac{V^2_{DSATn}}{2}\right)(W_5/W_1)}{(1 + W_5/W_1) \cdot V_{DSATn}}$$

类似地,可以推导出 V_{M+} 为

$$V_{M+} = \frac{(V_{DD} + V_{Tp}) \cdot V_{DSATp} + \frac{V^2_{DSATp}}{2} + \left(-\frac{V^2_{DSATp}}{2}\right)(W_6/W_4)}{(1 + W_6/W_4) \cdot V_{DSATp}}$$

8.1

$$\overline{f_0} = \overline{\overline{x_0x_1} \cdot x_2}$$

$$\overline{f_1} = \overline{\overline{x_0x_1x_2} \cdot \bar{x}_2 \cdot \overline{\bar{x}_0\bar{x}_1}}$$

9.1 正确的方法是只缩小最后一级的尺寸(b)。这里是发生电流最大变化的地方,因而考虑了最大的 Ldi/dt 效应。只缩小一级对性能的影响很小。

9.2 0-1-0 翻转的能耗等于 $C_L V_{DD}(V_{DD} - V_{Tn} + V_{Tp})$。因此比全摆幅情形节省的能量等于$(V_{DD} - V_{Tn} + V_{Tp})/V_{DD}$。当 $V_{DD} = 2.5$ V 及器件阈值为 0.4 V 时,总共节省32%的能量。

10.1 假设 FIFO 最初被清空,并且 $En1$, $En2$, $En3$ 及 $Ack0$ 均为 0。我们将输入新的数据值但不去掉任何旧的数据值,直到 FIFO 充满为止。注意,每个数据字自动地尽可能向 FIFO 的深处移动。

$$Req_i\uparrow\rightarrow En1\uparrow\rightarrow Done1\uparrow\rightarrow En2\uparrow\rightarrow Done2\uparrow\rightarrow En3\uparrow\rightarrow Req0\uparrow$$
$$\rightarrow Ack_i\uparrow\rightarrow Req_i\downarrow\rightarrow En1\downarrow\rightarrow Done1\downarrow\rightarrow En2\downarrow\rightarrow Done2\downarrow$$
$$\rightarrow Ack_i\downarrow\rightarrow Req_i\uparrow\rightarrow En1\uparrow\rightarrow Done1\uparrow$$
$$\rightarrow Ack_i\uparrow\rightarrow Req_i\downarrow$$

现在可以看到，当三个 $Enable$ 信号（即下一级的 Ack）为 0 和 1 相交替时 FIFO 充满。这在以上情形中为 $En1=1$，$En2=0$，$En3=1$ 及 $Ack0=0$，而 $Req_i=0$。反之，如果所有的 $Enable$ 信号均相等（都为 0 或都为 1），则 FIFO 清空。

10.2 见图 P10.2。

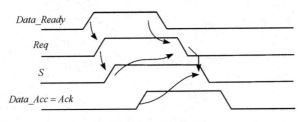

图 P10.2 四相位协议

12.1 (0)0100；(1)1001；(2)0101；(3)0000。

12.2 (0)1011；(1)0110；(2)1010；(3)1111。

12.3 (0)0100；(1)1001；(2)0101；(3)0000。

12.4 电荷分享是预充电 NAND ROM 中要考虑的主要问题。可以在 NAND ROM 中实现，但设计者必须极为小心。

12.5 不消耗维持功耗。这不同于伪 NMOS 单元，在那里单元总有一边是导通的。

材料与物理常数

常数名	符号	数值	单位
室温	T	$300(=27℃)$	K
玻尔兹曼常数	k	1.38×10^{-23}	J/K
电子电荷	q	1.6×10^{-19}	C
热电势	$\phi_T = kT/q$	26	mV(300K 时)
本征载流子浓度(硅)	n_i	1.5×10^{10}	cm^{-3}(300K 时)
硅介电常数	ε_{si}	1.05×10^{-12}	F/cm
二氧化硅介电常数	ε_{ox}	3.5×10^{-13}	F/cm
铝电阻率	ρ_{Al}	2.7×10^{-8}	$\Omega \cdot m$
铜电阻率	ρ_{Cu}	1.7×10^{-8}	$\Omega \cdot m$
真空磁导率(同二氧化硅)	μ_0	12.6×10^{-7}	Wb/Am
光速(真空中)	c_0	30	cm/ns
光速(二氧化硅中)	c_{ox}	15	cm/ns

CMOS 器件模型

CMOS(0.25 μm)——通用模型

	$V_{T0}(V)$	$\gamma(V^{0.5})$	$V_{DSAT}(V)$	$k'(A/V^2)$	$\lambda(V^{-1})$
NMOS	0.43	0.4	0.63	115×10^{-6}	0.06
PMOS	-0.4	-0.4	-1	-30×10^{-6}	-0.1

CMOS(0.25 μm)——开关模型(R_{eq})

$V_{DD}(V)$	1	1.5	2	2.5
NMOS(kΩ)	35	19	15	13
PMOS(kΩ)	115	55	38	31

CMOS(0.25 μm)——BSIM 模型

见本书配套网站：http://icbook.eecs.berkeley.edu/

互连模型

导线平面及边缘电容(0.25 μm CMOS 工艺)

表中的行代表电容的顶部极板,列代表其底部极板。平面电容的单位为 $aF/\mu m^2$,边缘电容(涂灰色的行)的单位为 $aF/\mu m$。

	场氧	有源区	多晶	Al1	Al2	Al3	Al4
多晶	88						
	54						
Al1	30	41	57				
	40	47	54				
Al2	13	15	17	36			
	25	27	29	45			
Al3	8.9	9.4	10	15	41		
	18	19	20	27	49		
Al4	6.5	6.8	7	8.9	15	35	
	14	15	15	18	27	45	
Al5	5.2	5.4	5.4	6.6	9.1	14	38
	12	12	12	14	19	27	52

薄层电阻(0.25 CMOS 工艺)

材　　料	薄层电阻($\Omega/\square$)
n 或 p 阱扩散	1000 ~ 1500
n^+、p^+ 扩散	50 ~ 150
有硅化物的 n^+、p^+ 扩散	3 ~ 5
n^+、p^+ 多晶硅	150 ~ 200
有硅化物的 n^+、p^+ 多晶硅	4 ~ 5
铝	0.05 ~ 0.1

CMOS 组合逻辑

利用逻辑努力设计晶体管的尺寸

$$F = \frac{C_L}{C_{g1}} = \prod_1^N \frac{f_i}{b_i} \qquad G = \prod_1^N g_i \qquad D = t_{p0} \sum_{j=1}^N \left(p_j + \frac{f_j g_j}{\gamma} \right)$$

$$B = \prod_1^N b_i \qquad H = FGB \qquad D_{min} = t_{p0} \left(\sum_{j=1}^N p_j + \frac{N(\sqrt[N]{H})}{\gamma} \right)$$

公式与方程

二极管

$$I_D = I_S(e^{V_D/\phi_T} - 1) = Q_D/\tau_T$$

$$C_j = \frac{C_{j0}}{(1 - V_D/\phi_0)^m}$$

$$K_{eq} = \frac{-\phi_0^m}{(V_{high} - V_{low})(1 - m)} \times$$
$$[(\phi_0 - V_{high})^{1-m} - (\phi_0 - V_{low})^{1-m}]$$

MOS 晶体管

$$V_T = V_{T0} + \gamma(\sqrt{|-2\phi_F + V_{SB}|} - \sqrt{|-2\phi_F|})$$

$$I_D = \frac{k_n'}{2}\frac{W}{L}(V_{GS} - V_T)^2(1 + \lambda V_{DS}) \quad (饱和)$$

$$I_D = \upsilon_{sat}C_{ox}W\left(V_{GS} - V_T - \frac{V_{DSAT}}{2}\right)(1 + \lambda V_{DS})$$
$$(速度饱和)$$

$$I_D = k_n'\frac{W}{L}\left((V_{GS} - V_T)V_{DS} - \frac{V_{DS}^2}{2}\right) \quad (线性区)$$

$$I_D = I_S e^{\frac{V_{GS}}{nkT/q}}\left(1 - e^{-\frac{V_{DS}}{kT/q}}\right) \quad (亚阈值)$$

深亚微米 MOS 通用模型

$$I_D = 0 \quad 当 V_{GT} \leq 0 \text{ 时}$$

$$I_D = k'\frac{W}{L}\left(V_{GT}V_{min} - \frac{V_{min}^2}{2}\right)(1 + \lambda V_{DS}) \quad 当 V_{GT} \geq 0 \text{ 时}$$
$$其中 V_{min} = \min(V_{GT}, V_{DS}, V_{DSAT})$$
$$及 V_{GT} = V_{GS} - V_T$$

MOS 开关模型

$$R_{eq} = \frac{1}{2}\left(\frac{V_{DD}}{I_{DSAT}(1 + \lambda V_{DD})} + \frac{V_{DD}/2}{I_{DSAT}(1 + \lambda V_{DD}/2)}\right)$$

$$\approx \frac{3}{4}\frac{V_{DD}}{I_{DSAT}}\left(1 - \frac{5}{6}\lambda V_{DD}\right)$$

反相器

$$V_{OH} = f(V_{OL})$$

$$V_{OL} = f(V_{OH})$$

$$V_M = f(V_M)$$

$$t_p = 0.69 R_{eq}C_L = \frac{C_L(V_{swing}/2)}{I_{avg}}$$

$$P_{dyn} = C_L V_{DD} V_{swing} f$$

$$P_{stat} = V_{DD}I_{DD}$$

静态 CMOS 反相器

$$V_{OH} = V_{DD}$$

$$V_{OL} = \text{GND}$$

$$V_M \approx \frac{rV_{DD}}{1 + r} \quad 其中 r = \frac{k_p V_{DSATp}}{k_n V_{DSATn}}$$

$$V_{IH} = V_M - \frac{V_M}{g} \qquad V_{IL} = V_M + \frac{V_{DD} - V_M}{g}$$

$$其中 g \approx \frac{1 + r}{(V_M - V_{Tn} - V_{DSATn}/2)(\lambda_n - \lambda_p)}$$

$$t_p = \frac{t_{pHL} + t_{pLH}}{2} = 0.69 C_L\left(\frac{R_{eqn} + R_{eqp}}{2}\right)$$

$$P_{av} = C_L V_{DD}^2 f$$

互连线

集总 $RC : t_p = 0.69\, RC$

分布 $RC : t_p = 0.38\, RC$

RC 链：

$$\tau_N = \sum_{i=1}^{N} R_i \sum_{j=i}^{N} C_j = \sum_{i=1}^{N} C_i \sum_{j=1}^{i} R_j$$

传输线反射：

$$\rho = \frac{V_{refl}}{V_{inc}} = \frac{I_{refl}}{I_{inc}} = \frac{R - Z_0}{R + Z_o}$$